Revolution in Military Affairs

군사혁신(RMA)과 한국군

— 2020년을 넘어서 —

군사혁신(RMA)과 한국군

2020년을 넘어서

2008년 10월 1일 초판 인쇄
2008년 10월 5일 초판 발행

지 은 이 김종하 · 김재엽
펴 낸 이 이찬규
펴 낸 곳 북코리아
등록번호 제10-1519호
주　　소 121-801 서울시 마포구 공덕동 115-13 2층
전　　화 (02)704-7840
팩　　스 (02)704-7848
이 메 일 sunhaksa@korea.com
홈페이지 www.sunhaksa.com

값 20,000원

ISBN 978-89-92521-90-1 93390

"승리의 여신은 전쟁의 변화를 예측하고 준비하는 자에게만 미소를 보낼 뿐, 이미 변화가 일어난 후에야 그것을 받아들일지 주저하는 자의 손을 들어주지 않는다."

－줄리오 두헤－

"모든 군사훈련의 목적은 미래의 전쟁에 대비하기 위해서이다. 왜냐하면 미래전이야말로 군인들이 싸울 가능성이 있는 유일한 전쟁이기 때문이다."

－존 F. C. 풀러－

"과거 전쟁의 경험에 매달리는 나라는 그것을 뛰어넘는 새로운 무기, 전략을 개발한 나라에게 반드시 패배할 수밖에 없다."

－샤를 드골－

Revolution in Military Affairs

군사혁신(RMA)과 한국군

— 2020년을 넘어서 —

김종하 · 김재엽 공저

북코리아

:: 차례

프롤로그

우리도 강군(强軍)을 가질 수 있다!

'고요한 아침의 나라(Land of Morning Calm)'. '백의민족(白衣民族)'. 이들은 전통적으로 한국, 한민족을 일컬어 온 문구들이다. 그와 더불어 또 하나의 공통점이 있다. 바로 전쟁보다 평화를 사랑하는 한민족의 상징이라는 것이다. 한민족은 반만년에 걸친 오랜 역사를 통틀어 "한번도 다른나라를 침략한 적이 없었다"는 것을 큰 자랑으로 여긴다. 이처럼 한민족은 평화애호 민족이라는 전통에 대단한 자부심을 갖고 있다.

하지만 평화를 사랑한다는 민족적 염원과 달리, 한민족의 역사는 무려 900차례가 넘는 이민족과의 전쟁으로 점철되어 왔다. 호전적인 이웃나라들이 대륙과 바다를 연결하는 길목에 위치한 한반도의 지정학적 가치에 호시탐탐 눈독을 들여왔기 때문이다. 그 결과 북쪽에서는 중국의 역대 황조(皇朝)들과 여진, 거란, 몽골 등의 유목민족, 동쪽에서는 바다 건너 일본의 침략에 시달렸다. 심지어 한반도는 19세기 말과 20세기 초에는 제국주의 강대국들의 전쟁터로 전락했으며, 마침내는 35년 동안이나 식민지배 하에서 숱한 정치, 경제, 사회적 박해와 착취를 당하는 고통마저 겪었다. 세계적인 인터넷 여행전문 웹사이트 '론리 플래닛(http://www. lonelyplanet.com)'은 이처럼 파란만장했던 한국의 역사를 아래와 같이 소개하고 있다.[1)]

※ 원문의 내용은 다음과 같다. 한때 국내에서는 이것이 한국의 역사를 왜곡, 비하한 것

"한국이라는 나라가 지금까지도 존재하고 있다는 것은 기적과도 같은 일이다. 서쪽에서는 중국이 다가오는 한편으로, 동쪽에서는 일본이 눈독을 들이면서 과거 수세기 동안이나 자기 의지와는 무관하게 여러 차례의 전쟁을 치러야 했다. 그러나 한국은 끝내 주변 국가들의 계속되는 침략을 이겨내고 살아남았다."

혹자는 반문할지도 모른다. "지금의 한국은 결코 옛날과 같은 약소국이 아니다"라고. 물론 맞는 말이다. 오늘날 한국은 국내총생산(GDP : Gross Domestic Product) 기준으로 세계 11위의 경제대국이자 대외 교역규모에서도 세계 12위를 자랑하는 무역대국이다. 또한 자동차와 철강생산량 세계 5위에 조선(造船) 산업에서는 최근 수년 동안이나 부동의 세계 1위이며, 반도체를 비롯한 전자 및 정보통신, 자동차, 중공업, 건설 등 주요 산업의 세계적인 기업들을 다수 보유한 산업대국이기도 하다. 그리고 한국은 세계 6위 규모인 67만명의 정규군 병력을 보유하고 있으며, 세계에서 11번째로 많은 군사비를 지출하는 군사대국이다. 만일 한국이 동남아시아 혹은 아프리카, 중남미, 오세아니아 등지에 위치했다면 해당 지역에서 막대한 정치, 경제, 군사적 영향력을 행사하는 맹주 국가로 대접받을 것이다.

그러나 애석하게도 한국은 동북아시아의 반도(半島) 국가다. 한국이 상대해야 하는 나라들은 세계 1위의 인구대국인 동시에 최근 20여년 동안이나 세계 최고수준의 고속 경제성장을 구가하고 있는 중국, 경제규모에서 세계 2위이자 아시아에서는 독보적인 1위인 일본, 그리고 지난 20세기 후반에 초강대국으로 군림했던 러시아다. 한반도의 동서남북을 에워싸고 있는 이들 3개 강대국 앞에서 세계 10위권을 자랑하는 한국의 국력은 금세 초라해진다.

정치, 군사적 측면에서 한국이 감당해야 할 조건은 더욱 가혹하다. 1945년

이라는 지적이 제기되어 논란을 빚기도 하였다. "It's a miracle that South Korea still exists. With China looming to its west and Japan nudging it from the east, it's no wonder the country has played unwilling host to centuries of war games. But no matter how many times its neighbours try to swallow it, South Korea manages to survive intact."

일본의 식민지배에서 해방되었으나, 한민족에게 돌아온 것은 승전국이라는 새로운 점령세력에 의해 강요된 분단이었다. 이는 1950년 6.25 전쟁이라는 3년 동안의 동족상잔으로 이어졌고, 이후 한반도에는 반세기가 넘도록 휴전(休戰)이라는 '총성없는 전쟁' 상태가 계속되고 있다. 지금 한국은 100만명이 넘는 대규모의 재래식 병력과 더불어 핵무기를 비롯한 각종 대량살상무기로 무장한 북한을 상대로 비핵화와 평화공존 체제의 정립, 그리고 궁극적으로는 통일을 위해 노력해야 하는 어려운 입장이다.

통일 이후에도 주변 강대국들의 틈바구니 속에서 생존과 평화, 번영을 지켜야 한다는 과제는 그대로 남게 될 것이다. 이처럼 지난 50년 이상을 끌어온 북한으로부터의 '냉전적' 위협뿐만 아니라, 머지않은 미래에 현실화될 주변 강대국에 의한 '탈냉전적' 위협까지 함께 대비해야 한다는 점이 오늘날 한국이 당면하고 있는 고민이다.

전임 노무현 행정부는 역대 정부에 비해 자주(自主)와 평화(平和), 국제협력을 강조하는 외교안보 정책을 지향했다. 대북정책의 이름부터 '평화번영정책'으로 명명하여 과거 김대중 행정부 시절부터 이어져 온 북한과의 교류, 협력 강화에 큰 공을 들였으며, 북한 핵문제 해결을 위한 6자회담을 동북아시아 지역의 다자안보협력기구로 확대, 발전시키자고 역설했던 것이다. 7년만에 이루어진 지난해 10월의 제2차 남북정상회담 이후에는 기존의 휴전체제를 북한과의 명실상부한 평화공존 상태, 즉 한반도 평화체제로 전환하기 위한 '종전선언'과 '평화협정' 추진에도 강한 의욕을 나타냈다. 특히 대외적으로는 "한국이 어떤 선택을 하느냐에 따라 동북아시아의 세력판도가 달라진다"면서 '평화의 균형자' 역할을 자처하기까지 했다. 이 '동북아 균형자론(論)'은 국내외에서 열띤 논쟁의 대상이 되었다.

이러한 노무현 행정부의 노력은 한민족 스스로의 힘과 의지로 외세에 의해 강요된 전쟁, 분단을 막지 못했다는 반성에서 비롯된 것으로 이제는 한국이 자신의 생존과 주권, 평화를 위해 보다 적극적인 역할을 하겠다는 강한 결의를 나타내고 있었다. 아울러 한국의 국력과 국제적 위상이 충분히 이를 뒷받침할 수 있을 정도로 성장했다는 자신감을 반영한 것이기도 했다. 그러나 노무현 행정부의 집권기간 5년 동안 한국이 직면했던 현실은 이러한 의지를 무색하게 만들었다. 북한의 핵실험, 동북공정(東北工程)으로 알려진 중국의 고구려사 왜곡, 일본과의 독도 영유권 대립을 비롯한 해양주권 갈등, 그리고 확대일로에 있는 동북아시아 지역의 군비경쟁 등이 바로 그것이다. 자주와 평화, 협력은 결코 의욕이나 미사어구만으로 이루어질 수 없다는 사실이 다시 한번 증명된 것이다.

이처럼 대륙과 해양으로부터 강대국들에 포위되다시피 한 숙명 속에서 한국이 살아남으려면 경제력만으로는 불충분하다. 스스로의 생존과 평화, 번영을 지켜낼 수 있는 강력한 물리력이 필요한 것이다. 이것이 바로 군사력의 역할이다. 사실 한국 사회는 전통적으로 군사력의 가치, 기능을 폄하하는 인식이 팽배해 있었다. 이는 무(武)를 경시하는 유교사상의 영향, 일부 정치군인들이 자행한 30여년 동안의 군부 권위주의 정권 시대에 대한 반발, 그리고 대북 포용정책 지속에 따른 화해 및 평화정착 가능성에 대한 기대 고조 등이 작용한 결과라고 할 수 있다. 하지만 지난 역사를 돌이켜 보건대 한민족은 상무(尙武) 정신의 기치아래 강한 군사력이 뒷받침된 튼튼한 국방태세 속에서만 생존과 평화, 번영을 보장받을 수 있었다. 만주 대륙을 호령했던 광개토대왕 시대의 고구려와 발해, 동아시아 바다를 주름잡은 통일신라의 해상왕 장보고, 그리고 왜구(倭寇 : 일본 해적)들의 근거지인 쓰시마(對馬)섬을 제압하고 압록강과 두만강으로의 북방 영토확장을 이룩해낸 세종대왕이 그 본보기다. 임진왜란에서 일본의 침략을 막아낸 것도 부처님의 힘으로 나라를 지켜낸다는 팔만대장경이 아니라 충무공 이순신 제독의 판옥선(板屋船) 함대와 거북선이었다.

그렇다면 한국은 스스로의 생존과 평화, 그리고 번영을 지키기 위해 어떠한 군사력을 필요로 하는가? 단순히 많은 병력과 무기만 있으면 되는 것일까? 그렇지 않다. 한국보다 월등히 우세한 국력을 갖춘 중국, 일본, 러시아를 상대로 그저 병사들의 수만 늘리거나, 비슷한 종류의 무기를 잔뜩 확보하는 방법으로는 도저히 주변 강대국들의 군사력을 당해낼 수 없다. 다수의 탄도미사일과 핵, 화학 · 생물무기를 앞세운 북한의 대량살상무기 위협 앞에서도 무력할 뿐이다.

지금 한국군에 필요한 것은 북한 및 주변 강대국과 동급 혹은 더욱 우수한 성능의 무기, 한국이 지향하는 주요 국익과 한반도 전장환경에 적합한 전투력 구조, 이들의 효과를 극대화하는 군사전략 · 전술, 그리고 이러한 군사력을 유지 및 발전시킬 수 있는 국방 정책체계다. 그리하여 병력 규모에서는 상대적으로 불리하더라도 북한과 주변 강대국이 섣불리 넘볼 수 없는 차별화된 군사력을 갖춰야 하는 것이다. 이를 위해서는 병력이나 보유 무기의 양적인 확대 차원을 넘어, 군사력의 형태와 구조, 운용방식 등에 대한 근본적인 재구축이 요구될 수밖에 없다. 이러한 노력들을 한마디로 요약한 것이 바로 '군사혁신(軍事革新)'이다.

사실 '군사혁신'이란 용어나 개념 자체는 결코 새로운 것이 아니다. 전쟁의 역사를 돌이켜볼 때, 승리는 당대의 상식을 뛰어넘는 새로운 무기와 전략을 앞세운 이들의 것이었기 때문이다. 그 가운데서도 지난 1991년과 2003년의 제1, 제2차 걸프전쟁은 가장 최근의 사례라고 할 수 있다. 이들 두 차례의 전쟁은 정보통신 기술 중심의 첨단무기들의 독무대였다고 해도 과언이 아니었으며, 여기에 놀란 세계 각국의 군사당국이 앞 다투어 군사혁신을 위한 연구와 실천에 나선 것이다. 이는 한국 역시 예외가 아니었다. 하지만 지금까지 군사혁신에 관한 국내 학계의 논의를 살펴보면 단순히 새로운 무기와 군사기술에 의한 변화, 혹은 미국을 비롯한 주요 군사선진국 내의 동향이나 사례를 소개하는 것에서 벗어나지 못했음을 부인하기 어렵다. 이에 필자들은 다른 어느 나라도 아닌 한국의 국가안보에 부합하는 군사혁신의 목적, 지향점, 그리고 이들을 위한 정책적 노력 등에 보다 초점을 맞춘 학문적인 고민의 필요성에 공감하게 되었다. 이 책은 바로 그러한 노력에서 비롯된 작은 결과물이라고 할 수 있을 것이다.

지난 100년 동안의 역사는 실로 한국에게 수난과 시련으로 얼룩졌던 시대였다. 20세기가 시작되자마자 35년 동안이나 일본 제국주의의 '식민지'로 전락했고, 광복 이후에도 6.25 전쟁의 폐허와 빈곤 속에서 '가난한 나라'라는 굴레를 벗어나지 못했다. 오늘날의 한국은 그와 같은 역경을 이겨낸 세대들의 노력으로 세계가 인정하는 모범국가로 거듭날 수 있었다. 이제 21세기로 들어선 현재와 미래의 한국에게는 정치 · 군사적 약소국, 즉 '힘없는 나라'에서 벗어나야 한다는 마지막 과제가 남아있다. 이를 위해서는 과거의 영광을 그리워하는 「주몽」, 「태왕사신기」류의 TV 사극(史劇) 드라마나 가상 전쟁소설이 아닌, 바로 우리 세대가 살고 있는 현실 속에서 북한 인민군과 중국 인민해방군, 일본 자위대의 위압적인 모습 앞에서 두려움을 느끼지 않아도 되는, 믿음직한 강군(强軍)이 반드시 필요하다. 군사혁신을 통한 튼튼한 방위력의 건설을 빼놓고서는 달성할 수 없는 과업이다. 아무쪼록 부족함이 많은 이 책이 한국의 군사혁신에 대한 독자들의 관심을 환기시키고, 동시에 군사혁신을 실현하기 위한 학문적, 정책적 노력에 조금이나마 보탬이 될 수 있다면 필자들은 나름대로의 소임을 다했다고 자부할 수 있을 것이다. 다시는 우리 후손들에게 '힘없는 나라'를 물려주지 말자!

대한민국 국군의 건군(建軍) 60주년을 맞이하며

2008년 9월

저자 김종하 · 김재엽

I

군사혁신이란 무엇인가?

1. 정의 및 기본개념

(1) 혁신에 관하여

오늘날 '혁신(革新 : Innovation)'이라는 단어는 결코 생소한 존재가 아니다. 민간 기업에서의 '기술혁신', '조직혁신', '업무혁신'뿐만 아니라, 최근에는 공공기관에서도 '정부혁신'을 강조하고 있을 정도다. 그렇다면 혁신이란 과연 무엇이고, 어떠한 특징과 속성을 갖고 있는가? 혁신은 어떤 방식으로 구현되는가? 그리고 혁신을 가능하게 해주는 원동력에는 무엇이 있는가?

혁신의 정의, 특징

일반적으로 혁신이란 "기존의 제도와 방법, 조직이나 관습 등을 고치거나 버리고, 새롭게 하는 것"을 뜻한다. 이러한 혁신의 가치와 역할, 중요성을 본격적으로 부각시킨 대표적인 인물이 오스트리아 태생의 경제학자 조셉 슘페터다. 슘페터는 1911년에 발표한 그의 저서 『경제발전에 관한 이론』(원제 : *Theorie der Wirtschaftlichen Entwicklung*)에서 '생산수단의 새로운 결합'이라는 표현을 통해 처음으로 혁신의 개념을 소개했는데, 구체적으로 다음의 5가지를 제시하였다.[1)]

- 새로운 종류, 품질의 제품
- 새로운 생산방식과 기술
- 새로운 시장의 개척
- 새로운 원료, 자원 및 공급원
- 새로운 조직구조

1) 조셉 슘페터 저; 박영호 역, 『경제발전의 이론 : 기업가 이윤, 자본, 신용, 이자, 경기순환에 관한 연구』(박영률출판사, 2006), pp.95~104.

슘페터는 전통적인 경제성장 이론에서 강조하는 노동이나 자본, 가격을 비롯한 수량적 요소보다는 이윤 극대화를 추구하는 모험적인 기업가정신(Entrepreneurship)과 더불어 '생산수단의 새로운 결합'과 같은 질적 요소야말로 한 국가의 생산성을 증대시키고, 경제발전을 일으키는 내재적 원인이라고 주장했다. 1942년에 출간된 그의 또 다른 저서 『자본주의, 사회주의, 민주주의』(원제 : *Capitalism, Socialism and Democracy*)에 등장하는 '창조적 파괴(Creative Destruction)'라는 표현도 같은 맥락에서 비롯된 것이다. "내부에서 기존방식의 파괴와 새로운 것의 창조가 끊임없이 발생하여 경제구조에 혁명적인 변화를 가져오는" 창조적 파괴(즉, 혁신)가 자본주의 경제 발전의 본질이라는 것이 슘페터가 주장하는 핵심내용이다.[2)]

그렇다면 위와 같은 슘페터의 '생산수단의 새로운 결합'이나 '창조적 파괴' 등을 근거로 도출해낼 수 있는 혁신의 특징, 속성은 무엇일까? 첫째, 과거에는 없었던 '새롭고도 보다 나은 것(Something New and Better)'을 실현해야 한다. 그리고 둘째, 해당 분야 내부의 제도, 조직구조, 행동양식 등을 질적으로 변화시켜 새로운 성장과 발전의 계기를 창출해내야 한다. 19세기 산업혁명 시대의 증기기관(蒸氣機關 : Steam Engine)이나 전기(電氣 : Electricity), 오늘날의 컴퓨터, 인터넷(Internet)과 같은 신기술이 단순히 소수의 사람들과 조직 내에서만 사용되는 수준을 넘어 다수의 기업 및 산업으로 파급, 실용화되면서 생산이나 업무수행 방식이 바뀌고, 새로운 투자와 소비수요를 고취시켜 경제, 사회를 근본적으로 변화시킨 것이 그 본보기다. 이 점에서 혁신은 단순한 발명(發明 : Invention), 개선(改善 : Improvement)보다 진일보한 개념이라고 할 수 있다.

요소, 투자, 혁신주도형

혁신의 진정한 가치는 특정 산업이나 경제에서 단순히 양적 성장(成長 :

---

2) Joseph A. Schumpeter, *Capitalism, Socialism and Democracy* (London : Allen & Unwin, 1952), pp.82~83.

Growth)을 확대, 강화하는 차원에 그치지 않고, 궁극적으로는 질적 발전(發展 : Development)으로까지 연결시킨다는 점에 있다. 미국 하버드대학교의 경영학 교수 마이클 포터는 이러한 혁신의 기능에 주목한 대표적인 인물이다. 그는 1990년에 발표한 저서 『국가의 경쟁우위』(원제 : *The Competitive Advantage of Nations*)에서 각 국가들의 경제발전과 국가경쟁력 수준이 3개의 발전단계로 나뉜다는 이론을 제시하였다. 첫 번째가 '요소주도형(Factor-Driven)' 단계이며, 그 다음단계인 두 번째는 '투자주도형(Investment-Driven)' 단계, 그리고 세 번째가 가장 높은 수준인 '혁신주도형(Innovation-Driven)' 단계라는 것이다.[3)]

요소주도형 단계는 국가경제 성장의 대부분을 저급의 '기본요소(Basic Factor)'에 의존하는 수준이다. 여기서 기본요소란 풍부한 저임금의 노동력, 토지, 천연자원처럼 일반화된 생산수단들을 뜻하며, 대부분 높은 수준의 교육이나 자본투자, 기술 등의 필요성이 크게 요구되지 않는다. 이 단계에서의 경제성장 및 경쟁력은 기본요소의 안정적인 공급을 통하여 유지되는 낮은 가격에 달려있다. 때문에 요소주도형 단계의 경우 경쟁력을 확보할 수 있는 시장, 산업 분야가 농산물이나 천연자원을 비롯한 소위 1차상품, 그리고 경공업으로 제한되며, 경제성장 과정에서 나타나는 인건비의 상승과 국제환율 변동으로 인한 가격변화에 취약하다는 한계를 갖는다. 이러한 요소주도형 단계는 경제개발 초기에 있는 거의 모든 개발도상국들에서 나타나며, 애덤 스미스나 데이빗 리카르도를 비롯한 고전적 경제학에서 제시하는 경제성장 이론도 주로 요소주도형 단계를 전제로 한 것이다.

투자주도형 단계는 '규모의 경제(Economies of Scale)' 구현을 통한 경제성장과 경쟁력을 추구한다. 이 단계에서의 경쟁력은 시장(市場 : Market)이 원하

---

3) 포터는 이들 3단계 외에도 혁신주도형 이후에 '부(富)주도형(Wealth-Driven)' 발전단계가 나타난다고 언급하지만, 이는 기존의 경제발전으로 확보한 자산에 의존하여 소비에 치중하는 단계이므로 경제의 발전이 아닌 쇠퇴단계라고 지적한다. Michael E. Porter, *The Competitive Advantage of Nations* (Macmillan, 1998), pp.546~556.

는 대량의, 규격화된 제품을 최대한 효율적으로 생산해내는 능력에 좌우된다. 이를 위해서는 대규모의 생산설비, 합리화된 제조기술 및 공정, 교육받은 숙련된 노동력, 도로와 철도 및 항만시설을 비롯한 사회간접자본, 그리고 이들을 뒷받침할 수 있는 자본투자 등이 필요하다. 생산비용 절감이 큰 중요성을 차지한다는 측면에서는 요소주도형 단계와 비슷하지만, 더욱 높은 수준의 기술과 교육, 그리고 무엇보다도 거액의 자본 등이 부가된다는 것이 차이점이다. 투자주도형 단계의 국가들은 대부분 자동차, 철강, 조선, 기계, 석유화학을 비롯하여 대량생산을 지향하는 중후장대(重厚長大)식의 중화학공업 중심으로 경제성장을 추진하고 있다.

요소 · 투자주도형 단계가 성장에 입각한 경쟁력을 추구하는 것이라면, 혁신주도형 단계에서는 발전을 통한 경쟁력 창출을 지향한다. 혁신주도형 단계의 경쟁력은 시장과 산업 내의 경쟁상대가 내놓지 못하는 새롭고도 보다 우수한 제품의 개발 및 상품화 능력, 경쟁상대보다 뛰어난 업무성과를 발휘하는 생산 · 운영방식과 조직구조, 그리고 창의적인 고급인력과 지식 등에서 나온다. 이러한 혁신주도형 단계는 기본요소의 부존 수량, 규격화된 유사제품의 대량생산에 의한 양적 경쟁이 아닌 '차별화(差別化 : Differentiation)'를 통한 질적 경쟁으로 우위를 차지한다는 점에서 요소 · 투자주도형 단계와 명백하게 차이를 나타내며, 따라서 가격이나 비용에 의한 영향에도 크게 구속받지 않는다. 현재의 정보통신(情報通信 : Information & Communications), 컴퓨터, 생명공학 등과 같은 경박단소(輕薄短小)식의 첨단기술 산업 및 관련기업들이 여기에 해당한다.

핵심역량

슘페터의 '창조적 파괴', 포터의 '혁신주도형 단계'와 마찬가지로 '핵심역량(核心力量 : Core Competency)'이라는 개념 역시 경제 · 경영학에서 유래한 것이다. 미국 미시간대학교의 경영학 교수 C.K. 프라할라드와 영국 런던 경영전문대학원의 교수 게리 하멜은 1990년 「하버드 비즈니스리뷰」 5-6월호에 발표한 논문 "기업의 핵심역량(원제 : *The Core Competence of the Corporation*)"에서 처음으로 기업 경쟁력의 원천으로서 핵심역량의 기능을 강조하여 주목을 받았다.[4] 이는 그동안의 기업경영이 산업구조, 시장의 요구, 경쟁업체의 동향과 같은 외부환경에 치중해 왔던 접근방식에서 벗어나 기업 내부로부터 경영 성공과 경쟁력의 열쇠를 찾아야 한다는 필요성에 기인한 것이다.

핵심역량은 "특정 개인이나 기업, 조직이 지향하는 목적, 성과의 달성을 위하여 결정적으로 기여하거나 요구되는 내부의 총체적인 능력"이라고 정의할 수 있다. 프라할라드와 하멜에 따르면, 한 기업 내부의 기술이나 지식, 문화 등이 핵심역량으로 인정받기 위해서는 적어도 3가지의 조건을 충족시킬 필요가 있다. 첫째, 광범위한 분야와 시장으로 파급되어 동시에 활용될 수 있어야 한다. 둘째, 최종적으로 달성하고자 하는 과업이나 제품의 가치창출에 직접적으로 기여해야 한다. 그리고 셋째, 다른 경쟁상대가 쉽게 모방하기 어려운 독특한 것이어야 한다. 여기에는 해당 기업만이 보유한 독창적인 기술이나 조직관리 능력, 업무수행 방식 등이 포함되는데,[5] 무엇보다도 여러 개별화된 능력들을 일련의 통합된 지식과 기능으로 승화시키는 것이 중요하다.

요컨대 핵심역량은 단순히 '잘하는 것'을 넘어서 '경쟁상대에 대한 명백한 우위'를 제공하는 차별화된 능력이자 경쟁력의 출발점이다. 따라서 특정 조직이나 기업, 국가가 혁신을 실천하거나 혁신주도형 단계의 발전으로 나아가려면 스스로의 핵심역량을 식별, 파악하여 집중적으로 강화하는 것은 필수적인 과정이라고 할 수 있다.

---

4) C.K Prahalad and Gary Hamel, "The Core Competence of the Corporation", *Harvard Business Review*, Vol. 68, No. 3, May-June 1990.

5) 예를 들면 소니의 전자제품 소형화 기술, 도요타의 적시(JIT : Just-In-Time) 생산방식, 월마트의 신속한 물류체계, 코카콜라와 맥도널드의 브랜드화(化) 및 마케팅 능력 등이 대표적인 사례라고 할 수 있다.

(2) 군사혁신

지구상의 모든 국가들은 각자의 이익을 추구하며, 국가이익(國家利益 : National Interest)은 크게 4가지로 나뉜다.[6] 첫째, 주권과 영토, 국민생명의 안전을 비롯하여 국가 자체의 생존과 직결되는 '사활적(死活的 : Survival)' 이익이다. 둘째, 사활적 이익을 위태롭게 할 수 있는 위험 요소를 미리 예방하고, 자국의 이익과 자주적 의지에 따른 행동의 자유를 보장받기 위한 '핵심적(核心的 : Vital)' 이익이다. 셋째, 국가의 경제적 부(富)와 경쟁력 향상을 비롯한 총체적인 국력, 국제사회에서의 영향력을 증대시키는 '중요(重要 : Important)' 이익이다. 그리고 넷째, 국내외적으로 국가의 명예와 긍정적 이미지를 강화하는 '지엽적(枝葉的 : Marginal)' 이익이다. 이 가운데 사활적, 핵심적 이익을 포괄하여 국가안전보장(國家安全保障 : National Security), 혹은 줄여서 국가안보(國家安保)라고 일컫는다.

이처럼 다양한 국익을 관철, 보호하기 위해서 국가는 여러 가지의 정책수단들을 사용한다. 가장 기본적인 수단은 외교(外交 : Diplomacy)를 통한 타국과의 평화적 · 호혜적인 교섭이나 협력, 이해관계 조정이다. 경제력을 통한 원조 제공, 혹은 제재(制裁 : Sanction)에 의한 압력 또한 유용한 수단으로 사용된다. 때로는 국제법이나 종교 및 이념적 권위, 인류 보편의 도덕 · 윤리가치에 호소하는 방식도 있다. 하지만 국익을 추구하는 과정에서 다른 나라와 갈등, 분쟁이 발생하고, 그 양상이 좀처럼 타협하기 어려운 수준으로 악화된다면 외교나 경제력, 국제법규와 같은 평화적 수단만으로는 국익을 보호하는 데 어려움이 생길 수밖에 없다. 특히 사활적, 핵심적 이익과 직결되는 국가안보가 위협받는 경우에는 더더욱 그러하다. "사느냐, 죽느냐?"와 "전쟁이냐, 평화냐?", "자유냐, 속박이냐?"라는 문제에서 타협이나 양보를 선택할 수 있는 국가는 없을 것이기 때문이다.

---

6) 4대 국가이익의 유형과 각각의 구체적 내용에 관해서는 김재엽, 『자주국방론』(선학사, 2007), pp.27~31을 참고.

그러므로 어떠한 국가든지 최고 수준의 이익인 안전보장을 지키기 위한 마지막 정책수단으로서 강력한 물리력을 보유하고자 한다. 이는 군사력(軍事力 : Military Power)을 뜻한다. 국가안보에 해당하는 국익을 놓고 발생하는 타국과의 갈등, 분쟁은 최악의 경우 전쟁 혹은 그에 준하는 군사적 충돌로 이어질 수 있다. 또한 군사적 충돌은 그 규모가 어떠하든 불가피하게 상당한 규모의 물질적 파괴, 인명 살상이라는 결과로 귀결되기 마련이다. 이에 따라 모든 국가는 스스로의 주권과 영토, 국민 생명을 지키기 위하여 평시에는 외부세력의 전쟁 도발의도를 예방하고, 일단 전쟁이 터진다면 최소한의 손실로 승리를 거둘 수 있는 우수한 군사력을 확보하길 원한다. 이는 군사력의 건설, 운용방식 등을 지속적으로 개선 및 발전시켜 전쟁수행 능력과 전투효과의 향상을 달성하는 것에 달려있다. 오늘날 RMA(Revolution in Military Affairs)7)라는 용어로 잘 알려진 '군사혁신(軍事革新)'은 이러한 필요성에서 기인한 것이다.

그렇다면 군사혁신이란 무엇을 뜻하는가? 오늘날 일반적으로 가장 널리 수용되고 있는 군사혁신의 대표적인 개념정의 2가지를 살펴보면 다음과 같다.

- "새로운 기술의 혁신적 도입이 군사력 운용 및 조직개념의 극적인 변화와 결합됨에 따라 전쟁 양상과 수행방식을 근본적으로 바꾸면서 일어나는 전쟁 속성의 일대 변화"8) (앤드류 마샬, 미 국방성 총괄평가국(Office of Net Assessment) 국장)
- "새로운 군사기술이 혁신적인 군사력 운용개념과 조직재편과 결합된 다수의 군사체계에 적용되어 군사력 대결의 성격을 근본적으로 변화시키는 것"9) (앤드류 크레피네비치, 미 전략예산평가센터(CSBA) 소장)

---

7) 직역하자면 '군사 분야의 혁명' 혹은 '군사혁명'이라고 불리지만, 한국의 경우 군사혁명은 쿠데타(예 : 1961년 5.16 군사정변)와 동의어로 알려져 있어서 '군사혁신'이라는 용어가 보다 널리 쓰인다. 이에 본 연구에서도 RMA를 군사혁신으로 번역함을 밝혀두고자 한다.

8) 원문 내용은 다음과 같다. "A major change in the nature of warfare brought about by the innovative application of new technologies which, combined with dramatic changes in military doctrine and operational and organizational concepts, fundamentally alters the character and conduct of military operations."

9) Andrew F. Krepinevich Jr., "Cavalry to Computer; the Pattern of Military Revolutions", *The National Interest*, No. 37, Fall. 1994.

이는 앞에서 언급한 바 있는 요소, 투자, 혁신주도형 단계를 적용하여 설명할 수 있다. 먼저 요소주도형에 입각한 군사력 건설은 가장 기본적인 전투력 요소, 즉 인간(人間)에 전적으로 의존한다. 군사력의 충분성은 곧 "얼마나 많은 병사들을 동원하느냐?"를 기준으로 평가하며, 우수한 전투력의 발휘 여부는 전적으로 장병 개개인의 투혼(鬪魂), 단결(團結), 용기(勇氣)와 같은 정신전력에 따라 결정된다는 식의 발상이다.

투자주도형의 경우 군사력 건설에서 인적 요소에 대한 의존도는 상대적으로 줄어든다. 대신 무기의 양적 규모확대를 핵심으로 한다. 다시 말해서 칼이나 총, 탱크, 군함, 항공기를 비롯한 무기의 보유량이 많으면 많을수록 전투력은 강화되며, 이는 막대한 액수의 군사비 지출을 수반하게 된다. 여기서 중요한 것은 확보하고자 하는 무기의 수량이므로 성능을 비롯한 전투력의 질적 수준은 우선적 고려대상이 아니다. 때문에 소수의 신무기보다는 다소 구식일지라도 많은 무기를 도입하는 쪽을 선호한다.

요소, 투자주도형 단계의 군사력 건설이 병력이나 무기의 규모에 우선순위를 두는 양적 개념인 것과는 대조적으로, 혁신주도형 단계에서는 전투력의 질적 향상을 지향한다는 점에서 분명한 차이를 나타낸다. 무기의 경우 보유량은 적더라도 성능이 훨씬 우월한 것을 우선적으로 개발, 확보한다. 뿐만 아니라 신무기의 전투효과를 최대한 발휘할 수 있도록 기존의 병력조직을 개편하거나 새로운 부대를 편성하고, 이를 반영하는 보다 나은 전략 · 전술의 수립에도 많은 노력을 기울인다.

요컨대 군사혁신은 "무기를 포함한 군사용 유형자산과 전투력 운용방식, 조직 등에 대한 급격한 질적 변화가 상호 연계, 결합되어 기존 군사력의 전투수행 능력과 전투 효과를 큰 폭으로 향상시키고, 새로운 전쟁의 양상 및 수행방식을 창출하는 것"이라고 정의할 수 있다. 단순히 새로운 군사기술, 무기를 개발하는 수준에 그치지 않고 이전에 볼 수 없었던 새로우면서 우월한 전투력의 향상을 달성하여 궁극적으로는 전투 효과와 전쟁의 성격 자체까지 변화시키는 보다 광범위한 개념인 것이다. 이 점에서 한때 유사, 경쟁개념으로 제시되었던 군사기술혁명(MTR : Military Technical Revolution)이나 안보혁신(RSA : Revolution in Security Affairs)과는 내용상으로 다소 차이가 나타난다.[10)]

2. 군사혁신의 조건

앞서 언급했듯이 세계의 여러 국가들은 외교를 비롯한 평화적 수단이 자국의 안전보장을 관철하는 데 실패할 경우를 대비하여, 혹은 그 효과를 직·간접적으로 지원하기 위해 일정 수준의 군사력을 보유 및 육성하고 있다. 하지만 단순히 자국의 현존 내지 잠재적인 안보 위협세력[11)]과 대등하거나 더욱 큰 규모의 군사력을 건설하는 것은 그들보다 우월한 질적 전투력의 개발, 발전을 추구하는 군사혁신과 엄연히 다른 성격의 과제다. 후자가 전자의 경우보다 정교하고, 지속적이면서, 광범위한 노력을 요구하기 때문이다. 그렇다면 군사혁신을 촉진시키고, 그 성공 여부를 좌우하는 조건들에는 과연 무엇이 있는 것일까?

---

10) 군사기술혁명(MTR)은 과학기술이라는 단일 요소를 중심으로 전투 효과와 전쟁양상의 급격한 변화를 설명, 평가하는 것이며, 안보혁신(RSA)은 정치, 경제, 사회, 심리, 문화 분야까지 포함하는 광범위하고 총체적인 안보 차원에서 군사 및 사회의 동시·복합적인 변화에 주목한다. 따라서 군사혁신(RMA)은 군사기술혁명보다는 광의(廣義)지만, 안보혁신에 비해서는 협의(狹義)의 개념이라고 할 수 있다. 권태영·노훈, 『21세기 군사혁신과 미래전』(법문사, 2008), pp.52~54.

11) 현존하는 위협(Clear and Present Threat)이란 자국의 사활적 이익인 '국가주권'과 '영토 및 국민생명의 안전'을 부정, 타도하려는 정책을 공식적으로 채택하고 있으며, 이를 실행할 능력을 보유한 상대 국가나 그에 준하는 정치세력을 뜻한다. 잠재적 위협(Potential Threat)은 현 시점에서 사활적 이익을 침해할 정도는 아니지만 핵심적 이익, 즉 '위험 예방' 수준에서는 대립, 분쟁이 이루어지고 있는 동시에 이를 위협할 정도의 능력을 갖춘 세력을 뜻한다. 김재엽, 2007, p.57.

(1) 불리한 군사 · 안보적 환경

군사력이란 전쟁, 혹은 그에 준하는 안보 위협의 가능성을 전제로 존재한다. 때문에 주변 국가들을 비롯하여 해당 국가와의 정치 · 군사적인 대립 당사자가 있다는 것만으로는 군사혁신을 위한 근거가 성립되기 곤란하다. 단지 군사력의 양적 규모를 확대, 성장시키는 방법으로 맞서기에는 한계가 있는, 해당 국가에게 절대적으로 불리한 군사 · 안보적 환경이야말로 군사혁신의 필요성을 부각시키고, 촉진하는 기본적인 조건인 것이다.

좀 더 구체적으로는 다음과 같은 내용들이 포함될 수 있다. 첫째, 정치 · 군사적인 대립의 당사자가 군사력의 규모뿐만 아니라 인구, 자원, 경제력 등을 포함하는 총량적인 국력에서도 크게 우월하여 해당 국가가 이를 단기간 내에 추월하기가 어려운 경우다. 둘째, 지정학적인 취약성도 중요한 문제다. 대부분의 주변 국가들이 자국에 적대적이거나 유사시에 군사적 지원을 제공할 수 있는 믿을만한 동맹국을 기대하기 어렵고, 협소한 국토 면적으로 인해 영토 방어에 필요한 시 · 공간적 여유, 즉 '종심(縱深 : Depth)'을 충분히 확보하기 어려운 경우가 여기에 해당된다. 그리고 셋째, 기존의 군사력으로는 효과적인 대응이 곤란한 상대측의 무기나 군사전략 · 전술, 즉 '미해결된 군사적 도전(Unmet Military Challenges)'의 존재다. 이와 더불어 해당 국가의 패전(敗戰), 세계 및 지역질서의 구조적 변동, 혹은 특정 세력의 정치 · 군사적인 급성장을 비롯한 안보환경의 변화도 군사혁신의 현실적 필요성과 시급함을 높이는 촉매 역할을 할 수 있다.

(2) 혁신을 위한 차별화된 능력

국력 및 군사력의 양적 열세, 취약한 지정학적 조건, 그리고 미해결 상태의 군사적 도전과 같은 불리한 군사 · 안보적 환경을 극복하려면, 유사시 현존 내지 잠재적인 위협세력의 전쟁 수행 방식이나 주요 전력수단을 무력화시키는 동시에, 해당 국가에게 승리를 보장해줄 수 있는 전투력의 질적 우세를 창출해내는 차별화된 내부 능력이 요구된다. 말하자면 '핵심역량'에 해당하는 개념이라고 할 수 있다.

군사혁신의 성패와 직결되는 핵심역량으로 제시될 수 있는 것은 다음과 같다. 첫째, 고성능의 무기 및 군사장비를 연구, 제작할 수 있는 첨단 군사기술과 개발 능력이다. 둘째, 자신들의 군사적 약점을 최소화하는 한편으로 강점을 극대화할 수 있는 전략 · 전술을 구상하고, 이를 위해 필요에 따라서는 기존의 상식과 고정관념에 대한 도전까지 마다하지 않는 군 내부의 창의적인 인적자원이다. 그리고 셋째, 유사시에 자국의 인적, 물적 자원 활용도를 극대화함으로써 국력과 군사력에서의 양적 열세를 극복하는 데 기여할 수 있는 효과적인 동원체제다.

(3) 지도력과 정책적 의지

아무리 우수한 질적 전투력을 구현할 수 있는 차별화된 역량을 갖춘 국가라고 해도, 반드시 군사혁신을 성공시킬 수 있는 것은 아니다. 무엇보다도 군사혁신에 높은 정책적 우선순위를 부여하면서 적극 실천하겠다는 국가 및 정부차원의 뒷받침이 결정적인 역할을 한다. 다시 말해 군사력의 양적 '성장'보다는 질적 '발전'을 지향하는 군사혁신의 필요성을 인식할 뿐만 아니라, 이에 필요한 군사적 핵심역량을 정확하게 식별할 수 있으며, 이들을 지속적으로 집중 육성, 개발할 수 있도록 하는 정치 · 군사지도층의 지도력과 정책적 의지가 요구되는 것이다.

3. 군사혁신의 대상

(1) 무기와 전투력

군사혁신의 출발점은 역시 전쟁 수행을 위한 기본적 수단인 무기와 그 전투효과를 향상시키는 것이다. 일반적으로 전투력은 정보(情報 : Information), 전력투사(戰力投射 : Power Projection), 기동(機動 : Maneuver), 그리고 방호(防護 : Protection) 등 4개로 구분되며, 역사를 통틀어 여러 다양한 무기들이 각각의 군사적 효과를 극대화하기 위해 개발, 개선되어 왔다.

군사분야에 있어서 정보는 "군사력의 사용과 결과에 직접적으로 영향을 주는 상대방과 아방의 의도, 능력, 행동에 관한 일체의 수집, 선별, 가공된 지식"을 의미한다. 『손자병법』(孫子兵法)에서 "적을 알고 나를 안다면 어떠한 전쟁에서도 위태롭지 않다(知彼知己 百戰不殆)"라고 하였듯이, 그 어떤 군사활동도 정확하고 충분한 정보가 전제되지 않으면 성공할 수 없다. 말하자면 인체의 감각기관이나 신경, 사고(思考), 중추기관에 해당하는 것이다. 군사적 기능으로서의 정보는 정보 자체를 획득하기 위한 '정보수집', 확보해낸 정보를 군 지휘부와 실전 부대에 제공 및 전달하는 '통신 · 지휘통제'로 나뉜다.

전력투사란 "상대방의 인적, 물적 자산에 직접 물리적인 힘을 가하여 저지 및 제압하는 능력"이다. 전쟁에서 불가피하게 발생하는 파괴와 살상은 바로 전력투사 기능의 힘에서 비롯된 것이다. 전력투사 기능을 평가하는 기준은 공격하고자 하는 대상을 향해 도달할 수 있는 '투사(投射)범위', 공격 대상을 최소한의 오차로 명중시킬 수 있는 '정확도', 그리고 공격 대상에 물리적 손실을 가할 수 있는 '파괴 · 살상력' 등이 있다.

기동은 "전장에서의 다양한 자연적, 인공적인 시 · 공간적 장애요소를 극복하고 필요한 시간과 장소에서 전투력을 발휘할 수 있는 능력"을 뜻한다. 우수한 기동 능력은 전쟁에서의 시간적, 공간적 우위를 차지하여 보다 유리한 조건으로 적 병력과 맞설 수 있도록 보장하는 효과를 발휘한다. 구체적으로는 가장 기본이라고 할 수 있는 병력의 '이동속도', 특정 시간과 조건 내에서의 '활동범위', 그리고 다른 기상조건과 시간대, 지형 등에서도 움직일 수 있는 '공간극복 능력'을 포함한다.

마지막으로 방호는 "상대방의 직접적인 무력 사용에 따른 파괴, 살상 위험으로부터 생존성을 유지할 수 있는 능력"으로 정의할 수 있다. 그 내용을 보다 구체화하자면 장병 개개인이나 무기 스스로를 방어하기 위한 '개별방호', 광범위한 공간 내에서 활동하는 전투력의 안전을 확보하는 '광역방호', 그리고 불가피하게 상대방의 공격을 막지 못했을 경우 발생하는 전투력의 인적·물적피해를 최소화하고, 가능한 한 신속하게 전투수행 기능을 회복하는 '사후방호'로 나뉜다.

(2) 부대구조

전투력의 획기적인 향상은 기존 무기의 성능 개선, 혹은 이전에 없었던 고성능의 신무기를 개발하는 것만으로 완성되지 않는다. 각 무기들의 전투기능을 최대한 발휘할 수 있는 임무를 부여하고, 이에 적합하게 조직화하는 노력이 수반되어야 한다. 이것은 부대(部隊 : Unit) 구조의 설계, 편성에 관한 것이다. 부대구조의 변화 혹은 혁신은 국가안보전략을 실행하는 주요 정책수단으로서 군사력의 효용성을 증대시키기 위해 새로운 무기와 군사기술, 그리고 전력 운용방식을 구현해내는 역할을 한다. 물론 이 과정에서는 종전의 무기와 군사기술, 전력 운용방식을 반영해 온 기존 부대구조에 대한 조직적, 문화적, 제도적 변화가 수반되는 경우도 적지 않다.

여기서 부대구조는 각 군 예하에 소속된 개별 단위의 부대를 뜻하는 '하부구조'와 이들을 지휘통제하는 주요 사령부인 '상부구조'로 구분될 수 있다. 하부구조의 설계, 편성에 대한 주요 고려사항으로는 부대별 구성 전력의 적정규모, 임무수행 범위와 공간, 임무의 다양화 혹은 특화 여부가 포함된다. 상부구조의 경우 '의사결정 → 실행'으로 이어지는 지휘구조의 단계, 지휘통제 대상의 범위, 그리고 군사력 운용의 주요 원칙 가운데 하나인 '지휘권 통일'의 유지 등이 대표적이다.

(3) 전략

군사전략은 전쟁의 규모, 목적, 동원되는 무기의 종류 등에 따라서 다양하게 분류될 수 있다. 다만 "어떻게 싸울 것인가(How to Fight)?"라는 가장 근본적인 질문에 관한 답을 기준으로 할 경우, 크게 2가지로 나뉘게 된다. 첫 번째는 '섬멸전(殲滅戰 : Annihilation Warfare) 대 마비전(痲痺戰 : Paralysis Warfare)' 이며, 두 번째가 '소모전(消耗戰 : Attrition Warfare) 대 기동전(機動戰 : Maneuver Warfare)'이다.[12)]

섬멸전과 마비전의 차이는 "무엇을 군사력 사용의 표적(Target)으로 할 것인가?"에 관한 것이라고 할 수 있다. 섬멸전은 적 군사력 전체를 완전히 파괴, 제거하는 것이 목표지만, 마비전은 적의 정치 · 경제 · 군사적, 혹은 심리적인 핵심만을 노려서 전쟁수행 능력과 의지를 약화시키는 것을 지향한다. 소모전과 기동전은 "얼마나 군사적 대결을 지속해낼 것인가?"를 두고 차이를 나타낸다. 장기간의 저항이나 압력을 통해 확실하게 승리한다는 것이 소모전이라면, 기동전은 다소 위험부담이 크더라도 최대한 빨리 결정적인 승리를 달성하겠다는 의도를 담고 있기 때문이다.

---

12) 박휘락, 『전쟁, 전략, 군사 입문』(법문사, 2005), pp.36~38.

4. 군사혁신의 특징

앞서 지적했듯이 군사혁신은 단순히 상대측보다 많은 동급의 병력과 무기를 확보하는 것보다는 이전에 없었거나 성능이 급격히 향상된 신무기, 새로운 종류와 형태의 부대구조, 그리고 상대측 군사력의 전쟁수행 방식을 무력화시키는 전략 · 전술의 개발에 우선순위를 둔다. 다시 말해 양적 기준에서 상대측과의 격차를 줄이거나 능가하는 '따라잡기(추격)', '앞지르기(추월)'가 아닌 질적 기준에서의 '넘어서기(도약)', '차별화'를 통해 상대측이 기존 군사적 수단으로는 효과적인 대응이 어려운 다른 차원의 군사력을 창출해내는 것이다.

군사혁신의 궁극적인 지향점은 현존 내지 잠재적인 위협세력의 전쟁수행 방식과 군사적 강점을 무력화 내지 진부화(Obsolete or irrelevant)시키는 것에 있다.[13] 이는 기존 군사력의 기술 · 조직 · 전략적 기반과 연장선상에서 연속적, 점진적으로 이루어지는 진화적(進化的 : Evolutionary) 발전보다는 불연속적, 극적인 양상을 나타내는 혁명적(革命的 : Revolutionary) 발전에 더욱 가깝다.[14]

여기서 유의할 점은 군사혁신이란 본질적으로 군사적 효과성에 대한 '변화의 급격한 규모(規模 : Magnitude)'를 특징으로 하며, '변화의 속도(速度 : Speed)'와는 직접적인 관계가 없다는 것이다. 아무리 혁신적인 기술이나 전략 · 전술 이론, 사상을 창안해 낸다고 해도, 이를 신무기의 개발과 부대구조, 그리고 전략에 반영함으로써 그 군사적 효과가 실제 증명되기까지는 한 세대(世代, 약 10년) 이상의 오랜 시간이 요구될 수도 있기 때문이다.

---

13) Richard O. Hundley, *Past Revolution, Future Transformations* (Santa Monica, CA : RAND, 1999), p.9.

14) 권태영 · 노훈, 2008, p.55

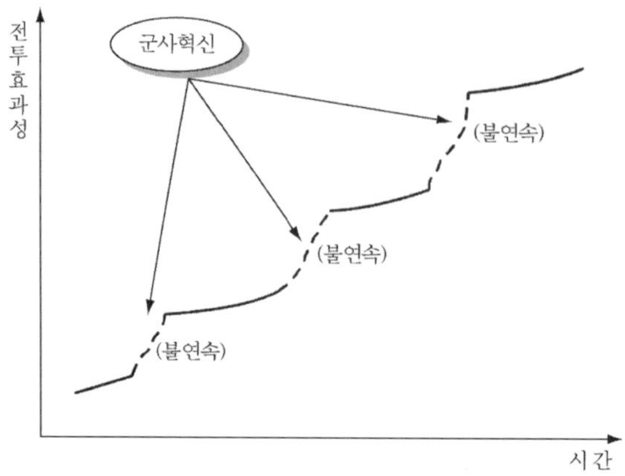

군사혁신에 따른 전투력 향상 정도와 시간의 상관관계

출처: 권태영 · 노훈, 「21세기 군사혁신과 미래전」(법문사, 2008), p.52

일반적으로 군사혁신은 군사기술의 혁신적인 개발 및 응용을 통한 '무기와 전투기능의 급격한 변화', 혹은 다양한 군사적 도전에서 비롯된 '군사전략 · 전술의 변화'로부터 시작되어 부대구조의 변화, 나아가서는 전쟁 양상의 변화로 귀결되는 과정을 거친다. 그 출발점이 무엇이냐를 기준으로 ① 기술주도형(Technology-driven) 군사혁신과, ② 교리주도형(Doctrine-driven) 군사혁신으로 나뉘는 것이다. 양측의 진행과정을 도식화하자면, 아래와 같다.

- **기술주도형 군사혁신**
  새로운 기술 → 새로운 무기 → 새로운 전투력 체계 → 새로운 전투력운용 개념 → 새로운 전략 · 전술 → 새로운 부대구조 → 새로운 전쟁 양상
- **교리주도형 군사혁신**
  새로운 전투력운용 개념 → 새로운 전략 · 전술 → 새로운 군사기술 수요의 등장 → 새로운 기술 → 새로운 무기 → 새로운 전투력 체계 → 새로운 부대구조 → 새로운 전쟁 양상

앞으로 이 책을 통해 보다 자세히 설명하겠지만, 과학기술의 발전은 의도적이든 아니든 새로운 군사적 능력을 창출해 낸다. 물론 이는 단순히 발명 자

체만으로 가능해지는 것이 아니며, 새로 개발된 기술들이 전쟁에서 실질적인 효과를 발휘할 수 있도록 체계화된 형태로 발전시켜야 한다. 새로운 무기와 군사기술의 잠재력을 극대화하는 군사전략 · 전술, 그리고 부대구조의 일대 변화가 바로 여기에 해당된다. 이처럼 무기와 부대구조, 전력 운용방식 등의 요소가 개별적으로 발전되는 것이 아니라 서로 밀접하게 연계, 통합되어 군사력의 총체적인 상승(相乘 : Synergy) 효과를 창출해내는 것 역시 군사혁신의 중요한 특징이다.

군사혁신의 또 다른 특징은 전쟁기간보다는 평화로운 시기에 주로 나타난다는 점이다. 당장의 가시적인 군사적 위협이나 분쟁으로부터 자유로운 상황 속에서 자유로운 시점에서는 자연스럽게 국가 재정(財政)에서 군사관련 부문의 지출이 감소되기 마련이며, 이는 군 당국이 감소된 군사비를 좀 더 효율적으로 사용하기 위해 군사력의 양적 성장보다 질적 발전에 주목할 가능성을 높이는 결과로 이어진다. 또한 평화시에는 과거 전쟁에서의 교훈을 재평가하거나, 그에 따르는 기술적, 전략 · 전술적 한계를 극복하기 위한 여러 가지의 실험에 필요한 시간과 자원을 투입할 여유가 허락된다. 이 과정에서 일부 시행착오가 발생하더라도 곧바로 국가안보에 치명적인 손실을 가할 위험부담은 적으며, 따라서 종전보다 과감하고 획기적, 근본적인 전쟁 양상의 변화를 가져올 새로운 무기와 군사기술, 부대구조, 전력 운용방식의 등장 가능성도 더욱 커지는 것이다.

최근의 군사혁신 추세에서 눈여겨봐야 할 점은 바로 기술발전 속도의 증대, 그리고 주기 단축 현상이다. 인간이 돌과 금속으로 최초의 도구를 만든 이후, 그 대체물로서 화약이 주도적인 전쟁 무기로 등장하기까지는 수천년의 시간이 소요되었다. 하지만 산업혁명에 의한 대량생산능력 덕분에 전쟁에 동원되는 병력과 무기가 대규모화된 것은 화약무기의 발명 이후 약 200~300년이 지난 19세기였다. 그로부터 100년이 채 안된 20세기 전반기에는 탱크와 군함, 항공기를 비롯한 기계화 무기들이 전쟁의 주역으로 떠올랐고, 이후 50

년 안팎의 세월이 흐른 오늘날 전쟁의 양상은 컴퓨터와 첨단 정보기술의 힘으로 다시 한번 전환점을 맞이하고 있다.

이에 따라 앞으로의 군사혁신은 과거에 비해 훨씬 빠른 속도로 일어날 것이며, 새로운 전쟁 양상에 적응하기 위해 필요한 시간도 더욱 줄어들 수밖에 없다. 군사혁신과 그에 관한 연구가 특수한 군사 · 안보적 환경에 놓여있는 일부 국가, 혹은 소수의 군사 선진국들만의 전유물이 아닌 미래 국가안보를 위한 일반화, 보편화된 정책적 노력으로 정착되는 시대가 다가오고 있는 것이다.

II
군사혁신의 역사

1. 도구에서 화약으로

(1) 화약 이전의 군사력

초창기의 무기들

태초의 인간은 매우 나약한 존재였다. 사자와 호랑이, 곰, 늑대를 비롯한 맹수와는 달리 인간에게는 날카로운 이빨, 발톱과 같은 자연적 방어수단이 없었기 때문이다. 하지만 다행히도 인간은 도구를 만들어 쓸 수 있는 창조적인 사고능력을 갖고 있었다. 처음에는 단순히 돌이나 나뭇가지를 자연상태 그대로 쓰는 정도에 불과했으나, 점차 이를 직접 가공하여 도구로 사용하기 시작한 것이다. 그리하여 B.C(기원전) 250만년 이후의 구석기시대에는 돌을 쪼개거나 부수어 만든 '찌르개'와 '돌도끼', '돌날'을 사냥용으로 쓰기에 이르렀다. 인간은 B.C 40만년 경에 처음으로 불(火)을 사용하기 시작했고, B.C 1만 5,000년 무렵에 이르러서는 농업을 통한 정착생활이 자리잡는다. 특히 이집트의 나일 강, 메소포타미아의 티그리스-유프라테스 강, 인도의 인더스 강, 그리고 중국의 황하(黃河) 강을 중심으로는 이른바 '세계 4대 고대문명'이 발달했고, 이 시기의 인간은 돌을 갈고 연마하여 보다 예리한 도구를 사용하는 신석기시대로 들어선다. 이로써 인간은 명실상부하게 자연 상태의 어떠한 존재들보다 우월한 위치를 차지하는 '만물의 영장'으로 거듭난 것이다.

인간의 생활양식이 사냥에서 농업 중심으로 바뀌면서 정착생활을 하는 인구의 수도 점차 늘어났고, 자연스럽게 다수의 인간들이 무리를 지어 생활하는 사회(社會 : Society)의 개념이 나타났다. 처음에는 같은 혈연이나 마을 단위로 시작했던 사회집단은 B.C 4,000년 이후 도시 형태로 발달했으며, 마침내 B.C 3,000~2,000년을 전후로 하여 이집트와 메소포타미아를 비롯한 오리엔트(Orient : 현재의 남아시아, 아랍, 북아프리카 일대) 등지에서 고대국가가 등장하기에 이른다. 고대의 도시, 국가들이 직면했던 최대의 문제는 인구 증가, 농경 위주의 경제력 의존에 따른 생산력 부족이었다. 그리하여 다른 도시 및 국가를 무력으로 정복하여 영토와 재물, 노동력을 빼앗는 것을 해결책으로 삼기에 이른다. 이것이 바로 '전쟁(戰爭 : War)'의 기원이다. 사냥, 농업과 같은 생계유지 목적으로 쓰였던 도구도 점차 전쟁에서의 파괴, 살상을 위한 수단, 즉 군사용 무기로 변화하기 시작했다.

이 무렵 인간은 불을 이용한 제련, 가공기술을 통하여 석기 대신 금속으로 만든 도구를 사용하기 시작했다. 그 첫 번째가 청동(青銅)이었다. 청동은 자연상태의 돌이나 나무보다 훨씬 내구성이 크고, 다양한 형태로 가공할 수 있어서 곧 무기로서의 가치를 인정받았다. 청동제 무기는 B.C 3,000년 경 메소포타미아 지방의 수메르인이 처음 사용한 것으로 전해지는데, 이후 오리엔트 지역으로 널리 보급되었다. 청동은 칼과 창, 활을 비롯한 전력투사용 무기는 물론, 방패와 갑옷 등 방호용 무기의 소재로도 쓰였다. 보병(步兵 : Infantry)의 기본적인 무장형태가 정착된 것이다. 하지만 당시 기술로는 청동의 대량생산이 어려웠기 때문에 일부 군인들만이 청동제 무기를 사용할 수 있을 뿐이었다.

동물의 기동력이 군사적 목적으로 사용되기 시작한 것도 이 무렵이다. B.C 3,000~2,500년 수메르인이 바퀴를 이용하여 말이 끄는 전투용 마차, 즉 전차(戰車 : Chariot)를 처음 전쟁에 선보인 것이다. 초기의 전차는 4개의 바퀴를 갖춘 4륜전차 형태였으

전차의 모습을 담은 고대조각

나 이후 바퀴살을 사용하고, 바퀴를 연결하는 고정 축을 중심으로 회전하여 주행 속도와 안정성이 향상된 2륜전차가 주력무기로 자리잡게 되었다.[1] 당시 전차에는 보통 마부 1명, 칼이나 창으로 무장한 병사 혹은 활을 쏘는 궁수(弓手) 등 2~3명이 탑승하였다. 이로써 전차는 속도의 우위를 앞세워 전쟁에서 승리한다는 기동전의 막을 열어준 것이다. B.C 13세기에는 아시리아가 말을 몰며 싸우는 기마병(騎馬兵)을 최초로 전장에 등장시켰다.

B.C 1,400~1,000년 사이에 이르면서 청동제 무기의 시대는 막을 내리게 된다. 보다 강력한 금속인 철(鐵 : Iron)이 등장했기 때문이다. 철기는 청동보다 내구성이 우수할 뿐만 아니라 제조비용도 훨씬 낮아서 대량생산에 유리했다. 그 결과 청동제 무기가 소수의 정예병력 위주로만 사용되었던 것과는 달리, 이제 대규모의 병력을 더욱 위력적인 철제 창과 칼, 방패로 무장시킬 수 있었다. 철제 무기의 우수성은 이를 적극적으로 도입하기 시작한 아시리아가 B.C 1,200년을 전후로 하여 오리엔트의 새로운 강대국으로 떠오르면서 입증되었다. 아시리아는 여전히 청동제 무기 위주로 무장하고 있던 이집트를 무너뜨리고 이어 메소포타미아까지 정복하여 오리엔트 최초의 대제국을 이룩했다. 중국에서도 B.C 770년 이후 약 500년이 넘는 정치적 격변기, 즉 춘추전국(春秋戰國) 시대를 거쳐 철제 무기가 청동제 무기의 자리를 대신하게 되었다.

B.C 2,333년에는 한민족 최초의 국가인 고조선(古朝鮮)이 요동 및 한반도 서북부 일대를 근거지로 건국되었다. 건국 이후 청동제 무기를 주로 사용해왔던 고조선은 중국 전국시대에 해당하는 B.C 4세기 말~3세기 초부터 철제 무기를 도입하기 시작했으며, 이후 B.C 2세기에 철제 무기의 완전 보급이 이루어졌다.[2]

한편 전쟁의 무대는 육지를 넘어 바다로 확대되어 가고 있었다. 여기에는 B.C 1,200년 이후 지중해의 해상 중개무역을 장악하여 4세기 동안이나 번성

1) 김병오 편저, 『군사과학기술의 이해』(경남대학교, 2007), pp.28~33.
2) 서인한, 『한국 고대군사전략』(국방부 군사편찬연구소, 2005), pp.35~36.

했던 페니키아가 선구적인 역할을 했다. 페니키아인들은 당대 최고의 항해술과 조선 기술을 자랑했으며, 원양항해 선박을 무장시킨 사상 최초의 군함(軍艦)을 만들었다. 고대의 군함은 사람의 힘으로 노를 저어서 움직였고, 때문에 최대한 많은 노를 설치하기 위해 선체를 길게 한 것이 특징이었다. 아울러 항해속도를 높일 수 있도록 폭은 좁혀야 했다. 이러한 노선(櫓船 : Galley) 형태의 군함은 지중해의 그리스 도시국가에서 널리 보급되었고, 주로 2~3단으로 50~170개 내외의 노를 설치하였다.

백병전 시대의 전술

인간이 도구를 사용하기 시작한 이래 무기의 소재는 석기에서 청동, 그리고 철로 바뀌어 왔지만 여전히 칼과 창, 활, 방패, 갑옷 등이 전쟁의 주력 무기로 사용되었고, 이는 중세(中世) 시대로 불리는 서기 1500년대까지 계속되었다. 이들 무기는 모두 병사 개개인의 체력에 의존하는 군사용 도구의 성격이 강했다. 전력투사 기능에서는 활을 제외한 대부분이 근접 전투를 위한 것이었고, 소수의 전차와 기병대를 제외한 대다수 병력의 기동력은 도보(徒步)에 의존했으므로 그 속도가 매우 느렸다. 자연스럽게 전장 공간의 범위도 제한적일 수밖에 없었다. 정보수집은 육안 관측에 의존해야 했다. 통신 및 지휘 · 통제 역시 인간의 시각 · 청각권 이내에서 식별될 수 있는 수단, 즉 깃발이나 나팔, 북, 봉화(烽火) 등을 사용하거나 전령(傳令)을 보내는 방식으로 이루어졌다.

때문에 당시의 전쟁은 대부분 피아 양측의 병력이 서로 접근하여 상대방에게 파괴, 살상을 가하는 백병전(白兵戰)의 양상을 나타냈다. 이러한 형태의 전투에서는 창이나 칼을 비롯한 무기 자체의 힘만으로는 승리를 결정짓기 어려웠다. 여기서 전투 대형(隊形 : Formation)의 개념이 고안되었다. 일정 규모의 병력을 집단화하여 발생하는 물리적 중량의 집중 효과를 앞세워 적진을 돌파, 분쇄하고, 이어서 분열된 적 병력을 손쉽게 처치한다는 것이었다. 이는 전투력의 핵심이 무기보다 병력의 수에 달려 있었음을 보여준다.

역사상 최초의 집단화된 전투 대형은 아테네를 비롯한 고대 그리스의 도시국가들이 채택한 방진(方陣 : Phalanx), 즉 밀집 보병대형이었다. 방진대형은 보통 가로와 세로 각 8명으로 이루어지는 직사각형 모양이었는데, 대형 내의 보병들은 서로 약 90cm 간격을 유지했다. 방진대형을 구성하는 보병들은 공통적으로 길이 2.4m의 창, 직경 1m의 방패, 그리고 투구와 갑옷으로 중무장했으며, 특히 제1열을 비롯하여 정면에 배치된 병사들은 창을 적진 방향으로 내세워서 전진해 나갔다.[3)]

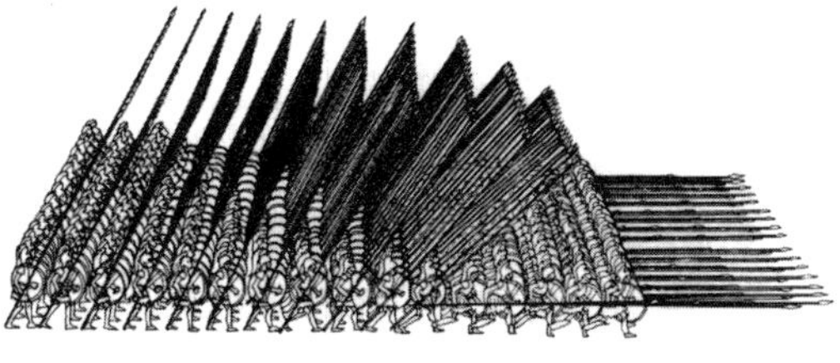

고대 그리스의 방진대형

B.C 490년 아테네와 페르시아 제국이 격돌했던 마라톤 전투는 방진대형의 전투력을 증명해준 시험무대였다. 당시 페르시아는 아시리아, 바빌로니아의 뒤를 이어 B.C 6세기 경에 오리엔트 지역을 아우르는 대제국을 건설하고, 지중해 너머의 그리스까지 손아귀에 넣으려 했다. 게다가 아테네군이 동원한 병력은 보병 중심의 1만명으로 기병대와 궁수까지 보유한 3만명 이상의 페르시아군보다 여러모로 불리한 상황이었다. 그러나 아테네군은 방진대형을 앞세운 강력한 충격, 돌파력과 더불어 페르시아군의 양쪽 측면을 일순간에 포위하는 창의적인 전술로 페르시아군을 궤멸시키는 데 성공했다. 마라톤 전투는 전쟁 역사상 측·후방으로의 포위를 통한 섬멸전을 달성해낸 최초의 사례였으며, 이후 B.C 216년 제2차 포에니전쟁에서 한니발의 카르타고군 3만여명이 6만명 이상의 로마군을 전멸시킨 칸네 전투와 더불어 오늘날까지 섬멸전의 가장 고전적인 사례로 평가받고 있다.

---

3) 당시 고대 그리스의 도시국가들은 일정 수준의 재산과 교양을 갖춘 중·상류층 시민들에게만 군인으로 참전할 수 있는 권리를 주었다. 이 점에서 방진대형은 국가에 대한 장병들의 충성심, 계급적 일체감, 평등의식에서 나타나는 조직 단결력을 극대화하는 효과까지 반영한 것으로 평가받는다. 이내주, 『서양 무기의 역사』(살림, 2006), pp.9~10.

B.C 5세기 후반의 펠로폰네소스 전쟁으로 아테네, 스파르타 등의 도시국가들이 몰락한 그리스의 패권은 필리포스 왕의 마케도니아에게 넘어갔다. 마케도니아군은 이전의 보병용 창보다 더욱 긴 길이 4.5m의 장창을 채택하여 방진 대형에 의한 충격, 돌파효과를 더욱 강화했고, 대형을 구성하는 병력의 수는 가로와 세로 각 16명씩, 총 256명으로 늘어났다. 또한 중무장보병 중심이었던 기존 방진대형에 정보수집을 담당하는 척후병(斥候兵)과 경보병, 기병대(騎兵隊 : Cavalry)의 역할을 강화했다. 무엇보다도 마케도니아군의 최대 업적은 병력을 적의 저지, 유인, 고착을 담당하는 조공(助攻)과 적을 실질적으로 공략하여 승리를 결정짓는 주공(主攻)으로 나누어 운용하는 '망치와 모루' 전술을 정착시켰다는 점이다.[4] 필리포스를 계승한 알렉산더 대왕은 마케도니아의 막강한 군사력을 바탕으로 불과 10년(B.C 334~323년)만에 이집트와 페르시아, 그리고 인도 북부 등 오리엔트 대부분을 정복하여 사상 최초로 동서양에 걸친 대제국 건설의 위업을 달성했다.

하지만 방진대형에도 결정적인 약점이 있었다. 길이가 2~4m나 되는 장창을 휴대한 보병들이 좁은 간격을 두고 밀집하면서 기동성이 매우 떨어졌으며, 충격력 극대화를 통한 정면돌파에만 의존하는 경직된 전투방식이 고착화된 것이다. 그 결과 평야에서는 높은 전투력을 발휘할 수 있어도 기복이 심한 산악, 구릉 지대에서는 대형이 흔들릴 위험이 높았다. 뿐만 아니라 직사각형인 대형의 어느 한쪽이라도 무너진다면 곧바로 패전으로 이어질 수밖에 없다는 것도 큰 약점이었다.

마케도니아의 뒤를 이어 서양의 지배자로 등극한 로마는 그리스 방진대형을 능가하는 독창적인 전투 대형을 만들었는데, 이것이 그 유명한 로마군단(Legion)이다. 로마군은 산악지형이 많은 이탈리아에서 효과적으로 근접전을 수행할 수 있는 보다 민첩하고 유연한 형태의 부대를 필요로 했다. 이를 위해

---

4) 당시 마케도니아군은 기마병이 주공(망치), 보병이 조공(모루) 역할을 담당하도록 했다. 정토웅, 『한권으로 보는 전쟁사 101장면』(가람기획, 1997), pp.51~52.

서 우선 방진대형보다 작은 120명 규모의 중대(中隊)를 기본 단위부대로 설정했고, 1개 군단은 수십개의 중대로 편성되었다.[5] 덕분에 로마군은 전투시에 병사 1명당 활동 여유범위가 1m 이상이나 되었고, 지형에 상관없이 방진대형보다 훨씬 자유로운 기동이 가능했다. 장창을 사용했던 그리스, 마케도니아군과는 달리 로마군의 보병들은 길이 0.5m의 '글라디우스(Gladius)' 단검을 주요 무장으로 삼았으며, 보조무기로는 길이 1.5m 정도의 투창(投槍)이 대표적이었다.

로마군의 전투방식은 먼저 투창을 적진으로 날려 전열을 무너뜨린 후, 이어서 분열된 적 병력을 향해 접근하여 단검으로 무자비한 육박전을 벌이는 것이었다. 이러한 전술은 그리스 방진대형처럼 고정된 형태를 취한 적 병력을 상대로 매우 높은 효과를 거두었다. 로마가 무려 1천년이 넘도록 지속되면서 지중해를 중심으로 거대한 영토를 거느리는 대제국으로 성장한 것도 수백년 동안 서양 최강의 자리를 지켜온 로마군의 전투력을 빼고서는 생각할 수 없는 일이다.

로마군단의 모습

한편 노선이 주력함이었던 이 시대의 해군력은 바다 자체에 대한 통제권, 즉 제해권(制海權 : Command of Sea)의 쟁탈보다는 주로 육지에서 벌어지는 전쟁을 지원하는 경우가 대부분이었다. 다시 말해 바다를 통해 분리된 적의 영토로 병력을 수송하기 위한 상륙(上陸 : Amphibious), 혹은 항구 지역처럼 바다와 가까운 곳에 위치한 적 병력을 포위하는 해상 봉쇄(封鎖 : Blockade)

5) 로마군의 군단 1개는 보통 4,500~5,000명으로 구성되었으며, 이는 군단의 좌우 양측을 호위하는 약 300명의 기병대까지 포함한 규모다.

임무를 주로 수행했던 것이다. 이 과정에서 봉쇄를 당한 측에서 함대(艦隊 : Fleet)를 동원하여 돌파에 나설 때 종종 양측 함대들 사이에서 해전(海戰)이 벌어졌다.[6] B.C 480년 아테네가 다시금 페르시아의 침공을 좌절시킨 살라미스 해전, B.C 241년 로마가 지중해의 강자로 떠오르는 출발점이 된 제1차 포에니전쟁의 아에가테스 해전, 그리고 B.C 31년 옥타비아누스가 이집트를 굴복시키고 로마 최초의 황제로 등극한 악티움 해전 등이 이 시대의 대표적인 해전으로 기록된다.

'근거리 이내에서의 백병전'이라는 당시의 전쟁 수행 방식은 해전에서도 마찬가지였다. 우선 적 함선에 접근하면서 궁수가 활을 쏘아 원거리에서의 제압을 시도하고, 본격적인 근접전을 위하여 적 함대에 대한 포위를 실시한다. 다음으로 적 함선으로 돌진, 충돌하여 선체를 격파시킨다. 이를 위해 당시의 군용 노선들은 뱃머리에 견고한 충각(衝角)을 설치했다. 그래도 격침되지 않는다면 마지막으로 병사들이 적 함선으로 뛰어들어 육박전으로 승부를 결정지었다.

살라미스 해전에서 활약한 고대 그리스의 3단 노선

중국과 오리엔트를 비롯한 아시아 지역도 창이나 칼, 방패를 사용하는 근접전 위주의 전쟁이 벌어졌던 것은 서양과 마찬가지였다. 다만 몇 가지 측면에서는 차이점을 나타내기도 했다. 먼저 특정한 형태의 전투 대형에 집착하기보다는 지형에 따라 다양한 진법(陳法)을 취하여 싸웠으며, 육중한 갑옷을 비롯한 중무장 위주의 그리스, 로마군과는 달리 대부분의 병력이 경보병이었다. 여기에 당시로서는 드문 원거리 전력투사용 무기였던 활의 사용도가 서양보다 높았다. 특히 한민족은 고조선과 삼국시대부터 전통적으로 우수한 활

6) 해군대학 해양전략연구부 편, 『世界海戰史』(해군대학, 1999), p.15.

을 개발, 운용해 왔는데, 보통의 활보다 사거리와 관통력이 훨씬 높은 쇠뇌(弩)는 그 명성이 중국에까지 알려질 정도였다.[7]

이처럼 고대 서양에서 정면대결, 돌파에 주력하는 문자 그대로의 백병전이 주로 벌어졌던 반면, 아시아의 경우 활에 의한 원거리 전투를 통해 적의 전력 손실 및 소모를 강요하는 전술이 애용되었다. 오늘날까지 널리 읽히고 있는 중국 춘추전국시대의 병서(兵書) 『손자병법』은 고대 아시아의 군사력 운용 수준이 이론적, 학문적으로도 서양보다 우수했음을 잘 보여주는 증거다. 총 13개장에 걸친 『손자병법』의 내용은 전술·작전의 원리, 지형의 활용, 기만책, 정보 등을 비롯한 군사 관련 사항뿐만 아니라 국가 차원의 전쟁지도, 외교와 같은 대전략(大戰略 : Grand Strategy)까지 포괄할 정도로 방대하기 때문이다. 이 점은 『손자병법』에서 가장 널리 인용되는 다음 문구에서도 나타난다.[8]

> "싸우지 않고서도 적을 이기는 것이야말로 가장 이상적인 승리다. 그러므로 최선의 방법은 적의 전략을 무력화하는 것이고, 차선책은 적을 외교적으로 고립시키는 것이다. 여의치 않다면 적의 군사력을 공략해야 하며, 가장 바람직하지 못한 선택은 적의 성(城), 도시를 직접 공격하는 것이다"(不戰而屈人之兵 善之善者也. 故 上兵伐謀 其次伐交 其次伐兵 其下伐城)"

한편 이 시대의 가장 효과적이면서 대표적인 방어 수단은 높고 험준한 성곽(城郭)의 건설이었다. 인구가 많은 대도시를 지키고, 주요 교통 요충지를 거점·요새화해서 예상되는 적의 기동과 군수물자 보급 능력을 약화시키는 효과를 기대한 것이었다. 이에 따라 성곽의 함락이냐 사수냐를 놓고 벌어지는 공성전(攻城戰) 역시 동서양을 막론하고 중요한 전투 방식으로 자리잡았으며, 투석기(投石機)나 충차(衝車) 등 여러 가지의 공성(攻城) 장비들이 개발되었

---

7) 구상회, 『韓國의 防衛産業-展望과 對策』(세종연구소, 1998), pp.22~23.
8) 20세기 영국의 전략사상가 바실 리델하트는 1954년에 대전략을 비롯한 소위 '간접접근(Indirect Approach) 전략'의 중요성을 역설하는 저서 『전략론』에서 자신의 논지가 대부분 『손자병법』의 내용에서 영향을 받았다고 인정한 바 있다. 온창일·정토웅·김광수·박일송·황수현, 『군사사상사』(황금알, 2006), pp.27~28.

다. 서양에서는 정복전쟁 대신 기존 영토의 유지에 주력하기 시작한 서기 3~5세기의 로마제국 후기에 주요도시들의 성곽 축성이 활발해져 훈족, 고트족을 비롯한 북방 유목민족들의 침입에 맞섰다. 이후 약 1,000년의 중세 시대를 통틀어 '도시포위 → 공성전 수행 → 구원병력 증원 및 반격'의 단계로 이어지는 전투가 일반화되었다. 아시아에서도 중국 최초의 통일국가인 진(秦) 황조가 역시 유목민족의 침입을 막기 위해 B.C 3세기부터 만리장성(萬里長城)을 세웠다.9)

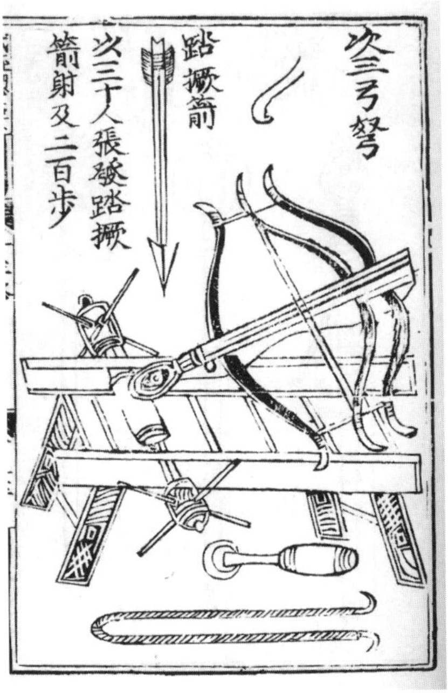

중국의 병서 『무비지』(武備志)에 소개된 한국의 전통 쇠뇌(弩)

한민족의 경우 삼국시대에는 영토확장을 위한 정복전쟁이 활발했던 서기 5~6세기에 기병대와 공성장비, 그리고 고성능의 활 등으로 무장한 강력한 보병부대를 앞세워 공세적인 군사전략을 펼쳤다. 특히 고구려(高句麗)는 광개토대왕과 장수왕의 재위시절 중국이 5호 16국, 남북조 시대로 분열된 정치적 혼란기를 틈타 만주(滿洲) 대부분을 차지하는 대륙 지배세력으로 성장했다. 그러나 7세기 이후에는 중국의 거대 통일국가인 수(隋), 당(唐) 황조의 위협에 맞서기 위해 점차 성곽사수를 통한 방어 위주의 전략에 의존하기 시작했다. 고구려는 청야입보(清野入保 : 마을을 비우고 성안에

9) 현존하는 중국의 만리장성은 길이가 5,000km를 넘으며, 17세기 초 명(明) 황조에 의해 재건된 것이다.

서 싸우는 것)라는 '선(先) 거점방어, 후(後) 반격' 개념의 전술로 수 황조를 612년 살수대첩에서, 당 황조를 645년 안시성전투에서 각각 격퇴하였다. 통일신라의 뒤를 이어 10세기 한반도를 재통일한 고려(高麗)도 산악지형이 많고 대규모 기동을 위한 교통로가 적은 한반도의 지형적 특성을 살려 장기 저항에 유리한 다수의 산성(山城)을 쌓았다. 이를 통해 고려는 10세기 말에서 11세기 초 사이에 20여년 동안 3차례나 계속된 거란과의 전쟁에서 승리할 수 있었다.

기병 세력의 흥망

아시리아가 처음 전쟁에 동원했던 기병대는 이후 페르시아, 마케도니아에서도 주력으로 운용되었으며, 전차를 대신하는 기동전의 핵심으로 자리매김했다. 말의 빠른 주행능력이 제공하는 속도의 우위, 돌파력으로 기습(奇襲 : Surprise Attack) 효과를 극대화하고, 이를 통해 유리한 위치에서 측·후방을 비롯한 적군의 취약점을 공략할 수 있다는 것이 기병대의 최대 강점이다.

그러나 기병대가 처음부터 전장에서의 주도권을 차지했던 것은 아니다. 마라톤 전투에서 페르시아군의 기병대는 아테네군의 중무장보병 앞에 무너졌고, 로마군 역시 기병대를 군단 엄호를 위한 보조 부대 정도로만 삼았을 뿐이었다. 초기의 기마병은 말안장 외에는 이렇다 할 보조장비 없이 말을 탔기 때문에 말에서 떨어지지 않는 것에 온 신경을 써야 했으며, 탑승한 상태에서 칼이나 창, 활, 방패 등의 무기를 사용하기가 매우 어려웠다. 이에 따라 실제로 전투를 수행할 때는 말에서 신속히 내려 일반 보병처럼 싸우고, 재빨리 말에 올라타야 했다.

이처럼 제한적이었던 기병대의 전투능력을 획기적으로 향상시킨 수단이 바로 등자(鐙子 : 발걸이)였다. 8세기 초부터 널리 사용되기 시작한 등자는 기마병이 말 위에서 발을 고정시킨 상태로 안정적인 자세를 취할 수 있도록 해주었다. 이제 기마병들은 질주하는 말 위에서도 자유자재로 무기를 사용하게 되었고, 많은 국가들이 빠른 속도의 힘을 앞세운 기병대의 군사적 효용성을 재평가하기에 이른다. 로마제국의 멸망 이후 유럽의 주도권을 차지한 프랑크

왕국과 동로마의 비잔틴제국은 중(重)기병대를 주력 부대로 삼았으며, 예언자 마호메트의 유지를 받들어 아랍 세계를 제패한 이슬람 제국은 경(輕)기병대 중심의 군사력으로 포교 범위를 확대해 나갔다.

전쟁 역사상 최강의 기병대를 보유했던 주인공은 역시 13세기의 몽골 제국이었다. 12세기 말 몽골의 각 부족들을 통일한 칭기즈 칸은 20여년 동안 동쪽으로는 중국 대륙, 서쪽으로는 페르시아와 러시아, 크리미아 반도, 볼가 강 유역의 동유럽 지역에 이르는 약 777만km^2의 광활한 영토를 정복하는 위업을 이루었다. 1271년에는 그의 손자 쿠빌라이 칸이 베이징(北京)을 수도로 하는 정복황조 원(元)을 중국에 세우면서 몽골 제국은 최전성기를 구가했는데, 당시 세계 30여개국의 인구 1억 이상이 몽골의 지배 아래에 놓였다. 이는 당시 알려진 세계 면적의 절반을 넘는 규모였다. 더욱 놀라운 것은 당시 몽골인의 총인구가 100~200만명, 병력 규모는 15~20만명 내외에 불과했다는 사실이다. 어떻게 이런 일이 가능했을까? 해답은 바로 기병대의 군사적 잠재능력을 극대화한 몽골 제국의 혁신적 병력구조와 운용 방식에 있었다.

몽골 제국의 기병대

몽골인들은 3~4세 때부터 말을 타면서 각종 무기를 다루는 훈련을 받았고, 광활한 사막과 초원에서의 유목생활을 통해 강인한 기마병으로 단련되었다. 몽골 말도 몸집이 작으면서 체력이 강하여 계절이나 기후상의 악조건 속에서도 장거리 행군이 가능했다.[10] 이 점에 착안한 칭기즈 칸은 일부 지원부대를 제외한 대다수의 병력을 기병대로 편성했으며, 그 가운데서도 과반수는 칼과 활, 철제 곤봉으로만 무장한 경기병(輕騎兵)이었다. 또한 선두에는 반드시 소수의 기병 정찰대를 두어 전방 약 100km 범위에 걸쳐 적군에 관한 주요 정보를 파악하는 장거리 정보수집 활동을 수행했다. 요컨대 몽골군 승리의 핵심은 '정보, 기동력의 우위' 추구에 있었던 것이다.

몽골군의 혁신적인 면모는 부대구조뿐만 아니라 전력 운용방식에서도 잘 나타난다. 우선 300~1,000여명의 선발대를 기마병 10명 내외 단위의 소부대로 분산시켜서 적진을 향해 전 방향에서 돌격을 감행, 개전 초부터 적 병력을 혼란에 빠뜨렸다. 이후 선두부대는 고의적으로 적군에 대한 포위를 풀고 후퇴하는 척 하면서 적을 유인했는데, 추격하는 적군은 유인지점에서 미리 매복하고 있던 몽골군의 주력 부대에 의해 궤멸당하기 일쑤였다. 특히 이 전술은 성곽 중심의 거점방어에 주력했던 유럽 지역에서 적을 유인, 격멸하는 데 매우 효과적이었다. 정면승부보다는 다분히 기만, 책략의 힘을 발휘한 결과였다.

유럽에서는 육중한 갑옷과 투구를 갖춘 기사(騎士 : Knight)들이 전장을 주도하고 있었다. 이들은 중세 봉건시대에서 상당한 지위를 차지했던 귀족 계급으로 자신이 충성을 맹세한 영주로부터 토지를 지급받고, 그 대가로 전쟁이 일어날 때는 영주를 위해 앞장서서 싸우는 임무를 담당했다. 물론 평민들로 구성된 보병부대가 있었지만, 이들은 기사들이 주축을 이루었던 중무장 기병대를 보조하는 역할에 불과했다. "100명의 기마병은 1,000명의 보병보다 소중하다"는 중세 유럽시대의 격언은 이를 잘 반영한다.

앞서 지적했듯이 중세 유럽의 전쟁은 성곽과 도시 방어에 주력하는 제한적 양상을 나타냈으며, 부대 단위보다는 기사들 사이의 개별적 대결이 주로 이

---

10) 몽골 제국의 기마병은 항상 여러 마리의 예비용 말을 함께 끌고 다니면서 행군, 전투 중에 필요할 때마다 신속히 바꿔 타기도 했다. 이런 방식으로 몽골군은 하루에 평균 11~12km, 최대 200km까지 행군할 수 있었다. 김종래, 『밀레니엄맨 칭기즈칸』(꿈엔들, 2005), pp.79~82.

루어졌다. 때문에 당시의 무기는 실질적인 전쟁 담당계급이었던 소수 기사들의 필요에 맞춰질 수밖에 없었다. 이 시대의 기사는 길이 1m 이상의 장검, 4m 내외에 이르는 창을 사용하여 공격효과를 크게 높였다. 아울러 기사들은 적의 공격에 대한 방호용 장비로 금속제 투구, 갑옷을 착용했으며, 중세 말기에는 기사가 타는 말에도 갑옷이 입혀졌다. 이처럼 기사들은 투구와 갑옷이 제공하는 방호력, 그리고 로마시대보다 긴 칼과 창을 이용한 공격력을 앞세워 중세 유럽의 전장을 주도했던 것이다.

그러나 14세기를 기점으로 유럽에서는 중무장 기병대의 전성시대가 점차 막을 내리기 시작한다. 기사들의 투구, 갑옷을 무력화할 수 있는 치명적인 무기가 차례로 나타났기 때문이다. 그 시작은 1315년 모르가르텐에서 벌어진 스위스와 오스트리아의 전투였다. 당시 스위스군은 2,000명의 보병으로 기병대 중심의 오스트리아 원정군 5,000명에 맞섰는데, 길이 3m의 미늘창으로 오스트리아 기사들의 투구와 갑옷을 절단하여 수적 열세 속에서도 승리를 거두는 이변을 일으킨 것이다. 여기에 영국과 프랑스 사이의 백년전쟁(1337~1453년)이 결정타가 되었다. 당시 영국군 보병은 기존의 활보다 사거리와 정확도가 우수하고, 신속한 사격이 가능하면서, 기사의 갑옷과 투구까지 관통할 수 있는 장궁(長弓 : Longbow)으로 무장하고 있었다. 장궁의 위력은 1346년의 크래시 전투, 1415년의 아쟁쿠르 전투에서 영국군이 병력 규모에서 우월한 기사 중심의 프랑스군을 크게 이기면서 증명되었다.

크레시 전투의 기록화. 프랑스군(왼쪽)의 기병대를 궤멸시키는 영국군(오른쪽) 장궁 부대의 모습을 묘사하고 있다.

기사들은 이러한 신무기들의 출현에 맞서 갑옷과 투구의 장갑을 더욱 강화해야만 했다. 하지만 이로 인해 기사 1명이 무장할 때의 무게가 무려 50kg까지 늘어나게 되었다. 전장에서 기사의 기동력은 크게 둔화되었으며, 기병대의 생명과도 같은 빠른 주행능력에 의한 '속도의 우위와 돌파력'도 그 가치를 잃을 수밖에 없었다. 그 후에도 기병대 자체는 수백년 동안 명맥을 유지했지만, 더 이상 과거처럼 전투에서 결정적인 역할을 하는 주력 부대의 자리를 차지하지는 못했다.

(2) 화약 : 전쟁의 새로운 지배자

화약무기의 등장

중국인들이 전세계적으로 자랑하는 고대시절의 '세계 4대 발명품'은 종이, 인쇄술, 나침반, 그리고 화약(火藥 : Gunpowder)이다. 이 가운데 화약은 송(宋) 황조 시절인 서기 9세기에 처음 개발된 것으로 알려지는데, 바로 초석(硝石 : 염초)과 유황(硫黃) 그리고 목탄(木炭 : 숯)을 일정 비율로 혼합하여 만들어진 흑색화약이었다. 이후 12세기 말에 화약의 존재가 이슬람 세계에도 전파되었고, 유럽의 경우 1260년 영국의 수도사 로저 베이컨이 화약 제조를 위한 초석, 유황, 목탄의 혼합비율(7 : 5 : 5)을 처음 기록으로 남겼다고 전해진다.[11)]

화약이 처음 개발될 때만 해도 사람들은 이를 '불꽃놀이를 위한 전시용 품목'이나 단순히 '주의해서 다루어야 하는 위험한 물질' 정도로 취급할 뿐이었다. 하지만 곧 군사용 무기로서 화약이 발휘할 수 있는 엄청난 잠재력이 주목받기 시작했다. 화약의 폭발과정에서 일어나는 강력한 물리적 힘을 이용한다면 이전보다 큰 규모의 파괴·살상능력과 더불어, 과거에는 상상조차 못했던 정도의 먼 거리를 공격할 수 있는 길이 열리기 때문이었다. 요컨대 화약의 무기화는 인간 체력에 의존하던 전력투사 기능의 성격을 근본적으로 바꿔놓은

11) 김병오 편저, 2007, p.62.

가히 혁명적 사건이었던 것이다.

최초로 화약을 개발한 중국에서는 13세기 초 몽골 제국의 침략에 맞서고자 송 황조와 여진족의 금(金) 왕조가 사용한 화창(火槍)이 대표적인 초기 화약무기로 기록되어 있다. 이는 보통의 창에 화약과 금속, 돌 등의 파편을 혼합한 것으로 불을 붙이면 화약이 폭발하면서 적군을 향해 파편들을 날리는 인마(人馬)살상용 무기였다. 이후 중국이 몽골 제국의 지배 아래에 놓이면서 몽골 역시 화약의 제조법을 습득하였고, 원 황조 시대인 14세기 초에는 최초의 금속제 총통(銃筒)을 개발, 운용하기에 이른다. 오늘날 사용되는 야포(野砲 : Artillery)의 기원이라고 할 수 있다. 서양에서는 백년전쟁 초기의 크레시 전투에서 처음 대포가 사용된 것으로 기록되는데, 영국군의 장궁이 프랑스 기사들을 제압하여 전 유럽을 놀라게 했던 바로 그 전투였다. 이는 새로운 전쟁의 시대가 왔음을 알리는 서곡에 불과했다.

오스만투르크 제국의 청동제 대포. 1452년 콘스탄티노플 함락의 주역이었다.

화약무기가 처음 각광을 받았던 전투 분야는 공성전이었다. 물론 과거에도 견고한 성곽을 파괴하기 위한 다양한 공성 장비들이 존재했지만, 화약의 폭발력이 낼 수 있는 힘과는 비교할 바가 못되었다. 1452년 당시 이슬람 세계의 맹주였던 오스만투르크 제국의 군대가 비잔틴제국의 수도 콘스탄티노플(현재의 이스탄불)을 함락시킨 것이 그 본보기다. 당시 오스만투르크군은 무게 0.45톤이 넘는 석제(石製) 포탄을 표적으로부터 1마일(약 1.6km) 밖에서 쏠 수 있는 길이 8.2m, 구경 0.9m의 청동제 대포를 비롯한 여러 종류의 포를 동원하여 콘스탄티노플 성벽을 집중 공격했다. 중세시대에서도 가장 견고한 요새로 손꼽히던 콘스탄티노플의 성곽은 6주일 만에 무너졌고, 마지막 보루를 잃은 비잔틴제국은 완전히 멸망하고 말았다. 1천년 가까이 건재했던 중세 유럽의 성곽들이 그 위용을 잃게 된 것이다.

초기의 대포는 지나치게 크고 무거워서 운반에 어려움이 많았고,[12] 주로 수공업자의 손으로 주조하는 방식이었기 때문에 대량으로 제조하기가 어렵다는 것이 단점이었다. 그러나 용광로를 이용한 주조기술의 발달로 점차 많은 대포를 생산할 수 있게 되었으며, 소재도 청동보다 폭발력을 잘 견딜 수 있는 철제로 바뀌었다. 처음에는 대포에 화살 모양의 막대기를 넣어 발사했으나 곧 돌로 만든 석환(石丸)으로 바뀌었고, 이후 납이나 철로 만들어진 금속제 포탄이 사용되기 시작했다. 1453년의 카스티용 전투에서는 250문의 포를 동원한 프랑스군이 영국군에 치명적인 타격을 입히면서 백년전쟁은 프랑스의 승리로 끝났다.[13] 이 전투는 대포가 승패를 좌우하는 결정적 무기로 운용된 첫 번째 사례라는 점에서 큰 의미를 갖는다.

병사 개개인의 손으로 사용하는 개인용 화약무기, 즉 구경 20mm 이하의 소총(小銃)은 대포에 비해 발전속도가 늦은 편이었다. 16세기 초 스페인에서 개발된 일명 손대포(手砲 : Hand Cannon)가 그 시초였는데, 이 무기는 당시 사용되던 일반 대포의 축소판으로 복잡한 사격 준비과정 및 과도한 무게 때문에 매우 효용성이 떨어졌다. 이를 개량하는 과정에서 만들어진 것이 바로 화승총(火繩銃)이다. 초기의 화승총은 대포처럼 병사가 직접 심지에 불을 붙여서 화약을 폭발시키면 그 반발력으로 탄환(彈丸)을 발사하는 점화식(Matchlock)이었다. 하지만 이를 위해서는 항상 불씨를 휴대해야만 했으며, 때문에 건조한 날씨가 아니면 사용하기가 어려웠다.

---

12) 한 보기로 1452년 오스만투르크군이 콘스탄티노플 함락에 동원했던 청동제 대포의 운반을 위해 병력 200명, 황소 60마리가 동원되어야 했다. 정토웅, 1997, p.150.

13) 김철환 · 육춘택 공저, 『전쟁 그리고 무기의 발달』(양서각, 1997), p.58.

화약무기 시대 초기의 소총 사격준비 단계를 묘사한 그림

이러한 문제점을 해결한 것이 수석식(Flintlock) 화승총, 즉 머스킷(Musket) 소총이었다. 머스킷 소총은 방아쇠를 당기면 부싯돌이 움직여 불꽃을 일으키고, 그 불꽃으로 화약이 폭발하면서 탄환이 발사되는 원리로 작동했다. 쉽게 말하자면 화승총과 머스킷 소총의 발사방식은 각각 성냥과 라이터의 점화 방법만큼 차이가 있었던 것이다. 이로써 병사들은 비가 오는 악천후 속에서도 소총을 사용할 수 있게 되었다.

한민족의 화약무기 개발은 14세기 후반으로 거슬러 올라간다. 당시 고려는 1세기 동안이나 계속되어 온 몽골 제국의 반식민지 상태로부터 벗어나기 위한 자주성 회복에 전력을 기울이고 있었는데, 한편으로는 전국 각지에서 왜구들의 침공과 약탈이 계속되어 심각한 안보 위기에 직면한 상태였다.[14)]

14) 1223년부터 고려가 멸망한 1392년까지 왜구들의 한반도 침범횟수는 약 519차례였는데, 이 가운데 507차례의 침범이 1350년 이후의 42년 동안에 집중된 것이다. 정해은, 『고려시대 군사전략』(국방부 군사편찬연구소, 2006), p.319.

그러던 1373년 최무선이 20년 이상의 노력 끝에 흑색화약을 직접 개발해냈으며, 1377년에는 그의 건의에 따라 국가 차원에서 화약무기를 개발 및 생산하는 기관인 화통도감(火筒都監)이 설치되었다. 화통도감에서는 20가지 이상의 다양한 화약무기가 개발, 생산되었는데, 이들은 주로 돌덩이 포탄이나 불화살을 멀리 발사하여 왜구들의 침공 수단인 함선들을 불살라버리기 위한 것이었다.

그리하여 1380년 고려군은 각종 화약무기로 무장한 군함 100척을 동원하여 500척이나 되는 왜구들의 함선들을 진포(현재의 전라북도 군산) 앞바다에서 격파하는 대승리를 거두었다. 진포해전에서 그 위력을 처음 증명해낸 고려의 화약무기는 이후 왜구들의 한반도 침탈 기세를 크게 꺾어 놓았다. 이는 1571년 유럽의 기독교 연합군 함대가 그리스 고린토 만(灣)에서 오스만투르크 제국을 격파한 레판토 해전보다 약 2세기나 앞서 이루어진, 해전에서의 첫 화약무기 사용이었다. 이것만 봐도 당시 한민족의 화약무기 개발, 운용능력이 세계 정상급의 수준이었음을 알 수 있다.

화력과 전쟁의 변화

화약무기가 처음부터 전쟁을 주도하는 핵심 무기로 사용되었던 것은 아니다. 초기의 대포와 총은 지나치게 무겁고, 사거리가 짧았을 뿐만 아니라, 사격을 위한 준비 과정도 매우 복잡해서 신속한 공격에 불리했다. 기존의 칼과 창, 활과 비교해서 결코 편리하거나 효과적이라고 할 수 없었던 것이다. 이로 인해 15~16세기까지만 해도 서양 병사들의 대다수는 여전히 칼과 창, 활로 무장했으며, 대포와 총으로 무장한 병력은 기존 보병부대에 부속된 소수조직일 뿐이었다.

하지만 시간이 지날수록 '인간 체력을 훨씬 능가하는 화약의 물리력'이 갖는 군사적 잠재력은 더욱 주목받게 되었다. 특히 화약무기는 지난 수천년 동안 사용되어 온 도구형 무기보다 짧은 기간 동안에, 더욱 치명적인 군사력을 육성, 확보할 수 있게 해주었다. 예를 들어 화약무기 이전의 가장 강력한 원거리 전력투사 무기였던 장궁을 제대로 사용하려면 병사들은 수년 동안의 훈련을 거쳐야 했다. 반면 소총을 비롯한 화약무기의 경우는 그보다 훨씬 짧은 수개월의 훈련만으로도 충분했다. 16세기 초 유럽의 최강자였던 스페인은 화승총으로 무장한 보병들을 중앙에 배치하는 '테르쇼(Tercio)'라는 전투 대형을 채택하여 지상전에서 큰 위력을 발휘했는데, 소총부대의 좌우 측면에는 탄환을 재장전하는 과정에서 엄호를 담당하는 창병(槍兵)들이 배치되었다.

당시 소총의 유효사거리는 이론상 150~200m 수준이었지만, 의도한 표적에 명중시킬 수 있는 사거리가 50m 내외에 불과할 정도로 정확도 면에서는 여전히 부족했다. 또한 탄환을 총구에 넣어서 장전하는 전장식(前裝式)이어서 빨라야 분당 1~2발을 사격하는 것이 고작이었다.[15] 따라서 화약무기에 의한 전투 효과를 극대화하기 위해서는 적군에게 최대한 많은 양의 탄환을 동시 다발적으로 퍼부을 수 있는 전술이 요구되었다. 여기서 고안된 것이 '일제사격' 방식이다. 16세기 말 스페인의 지배에 저항하던 네덜란드의 오렌지 공(公) 마우리츠가 창안해낸 이 전술의 주요내용은 다음과 같다. 우선 소총으로 무장한 보병들을 여러 줄로 배치한 후 제1열에서 일제히 사격을 실시한다. 사격을 끝낸 제1열의 병사들은 일단 뒤로 물러나 재장전을 하며, 그동안 제2열의 병사들이 제1열로 나서서 적군을 향해 사격한다. 다음에는 제3열의 병사들이 재장전을 위해 후퇴하는 제2열과 교대하여 사격하고, 이후 같은 과정이 반복되는 것이다.[16] 이를 통해 사격 후 재장전을 하는 과정에서 나타나는 공격시간의 공백을 최소화하고, 적 병력에 대한 공격태세를 유지, 강화하는 효과를 거두었다.

마우리츠의 전술을 보다 발전시키면서 화약무기 중심의 군사혁신을 이룩한 대표적인 주인공은 17세기 초 스웨덴의 국왕 구스타프 아돌프 2세(이하 구스타프 대왕)였다. 그는 30년전쟁(1618~1648년)에서 영국, 프랑스 등과 함께 개신교 진영에 합세하여 당대 유럽의 지배세력이던 스페인, 오스트리아 중심

15) 이진호, 『무기의 이해』(양서각, 2007), p.20.
16) 이내주, 2006, p.39.

의 천주교 진영에 맞서 차례로 군사적 승리를 거두어 스웨덴을 일약 북유럽 최강의 강대국으로 만들었다. 이러한 성과는 구스타프 대왕이 주도한 군 개혁에서 비롯된 것이다. 화승총보다 사격 편의성이 개선된 머스킷 소총의 위력에 주목한 구스타프 대왕은 보병부대 내에서 창 대신 소총으로 무장하는 병력의 비중을 확대했는데, 이로써 소총병과 창병의 비율이 1 : 3에서 1 : 1로 대등해졌다. 뿐만 아니라 기동에 편리한 길이 1.2m의 경량화된 야포를 개발, 운용하여 포병을 공성전 이외의 전투에서도 동원이 가능한 독립부대로 운용했다. 기병대는 중세 시대의 갑옷 대신 검이나 권총 등으로 경무장하였다.

스웨덴의 구스타프 대왕. 화약무기 시대의 군사혁신을 주도한 대표적인 선구자다.

그 결과 구스타프 대왕이 지휘하는 스웨덴군은 서양의 다른 어느 군대들보다도 화약무기의 힘을 효과적으로 활용할 수 있었다. 당시 스웨덴군은 종전의 10개 열에서 6개 열로 축소된 보병과 포병, 그리고 측면에 배치된 경기병대가 고도의 협동작전을 수행하는 3병(兵)전술을 펼쳤다. 전방의 중심에서 포병들의 엄호 사격을 지원받는 소총병들이 3개 열(1번째 열은 무릎쏴, 2 · 3번째 열은 서서쏴 자세)씩 교대로 일제사격을 가하여 적 병력에 막대한 피해를 입히고, 뒤이어 창병과 기병대가 돌격하는 방식이었다.[17] 3병전술의 우수성은 1631년 9월 스웨덴과 스페인이 맞붙은 브라이텐펠트 전투에서 그대로 드러났다. 노장 조안 틸리 백작의 스페인군은 3만 5,000여명 가운데 절반이 넘는

17) 정토웅, 1997, p.169.

약 2만 1,000명의 병력을 잃었는데, 구스타프 대왕의 스웨덴군이 입은 인명 손실은 스페인의 10% 정도에 불과했던 것이다.

30년전쟁을 겪었던 17세기를 계기로 총과 대포를 비롯한 화약무기가 명실상부하게 서양세계의 핵심적인 군사력으로 자리잡았다. 수천년 동안 대표적인 원거리 전력투사용 무기였던 활은 전쟁터에서 자취를 감추었다. 30년전쟁 이후 소총병의 비중은 마침내 창병을 앞질렀으며, 총구에 직접 끼울 수 있는 총검(銃劍)이 개발되면서 창은 18세기를 기점으로 역사의 뒤안길로 사라졌다. 이제 '화력(火力 : Firepower)'이 곧 전력투사의 동의어가 된 것이다.

화약무기가 서양 각국의 주력무기가 되면서 부대구조에도 큰 변화가 일어났다. 일제사격 방식에서 나타났듯이 화력의 집중효과를 높이려면 정면에 보다 많은 병력을 배치할 필요가 있었다. 또한 기존의 밀집형 전투 대형은 소총과 대포의 집중사격을 받을 경우 병력 전체가 몰살당하기 쉬워서 방호 측면에서 매우 불리했다. 이에 따라 종심이 크게 축소된 대신 병력을 정면의 가로 방향으로 넓게 배치하는 횡대(橫隊) 대형이 등장했다. 18세기 오스트리아 왕위계승전쟁(1740~1748년)과 7년전쟁(1756~1763년)에서의 승리로 프로이센을 유럽의 신흥 강국으로 성장시킨 프리드리히 대왕은 횡대 대형에 의한 전술을 효과적으로 구사한 대표적인 인물이었다.

화약무기의 위력은 해전의 양상에도 변화를 가져왔다. 이제 군함들도 막강한 파괴력을 갖춘 대포를 주력 무기로 채택하게 된 것이다. 문제는 선원들이 노를 저어서 항해하는 기존의 노선에는 충분한 수의 대포를 싣기가 어렵다는 점에 있었다. 자칫 군함의 항해속도와 기동성이 크게 떨어질 수 있기 때문이었다. 이에 따라 돛대와 돛을 추진장치로 하는 새로운 종류의 함선, 즉 범선(帆船 : Galleon)이 각광받기 시작했다. 인간의 체력에 의존하여 움직이는 노선과는 달리 범선은 자연이 제공하는 무제한의 동력원인 바람을 이용하기 때문에 항속거리를 크게 증대할 수 있었고, 대포를 비롯한 새로운 화약무기의 탑재량에도 훨씬 제한이 적었다. 결국 1571년의 레판토 해전을 계기로 서양

해군의 주력함은 점차 노선에서 범선으로 교체되었다.

레판토 해전으로부터 17년이 지난 1588년 8월에 벌어졌던 영국과 스페인의 해전은 함포(艦砲)로 무장한 범선들로 구성된 함대가 본격적으로 대결한 첫 번째 해전으로 유명하다. 당시 스페인이 자랑하던 '무적함대(Armada)'가 거느린 군함들의 함포는 파괴력이 컸지만, 사거리가 짧은 편이었다. 포격으로 적함의 선체, 돛에 손상을 가하여 움직이지 못하도록 만들고, 수병들을 보내어 기존의 선상(船上) 백병전으로 승부를 결정지으려 했던 것이다. 반면, 영국 함대는 원거리에서 적함을 제압하기 위해 파괴력이 약한 대신 스페인 무적함대보다 긴 사거리의 함포를 갖춘 군함을 다수 동원했다. 결과는 영국의 승리였다. 범선 시대에서 활약한 서양 해군의 주력함들은 규모가 1,000~1,200톤 수준으로 대형화되었으며, 함선의 좌우 측면으로 총 50~100문 내외의 함포를 탑재할 수 있었다.

트라팔가 해전의 기록화. 범선시대의 대표적인 해전으로 유명하다.

범선 시대의 해군은 지상전에서와 마찬가지로 함포에 의한 화력의 위력을 최대한 발휘할 수 있는 전술이 필요했다. 관건은 "어떻게 하면 군함의 측면에 탑재된 함포를 가장 효과적으로 사격할 수 있는가?"에 달려있었다. 그 결과 군함들이 긴 세로 방향의 종렬진(縱列陳)을 이루면서 평행선 방향으로 대치한 적 함대를 향하여 일제사격을 가하는 병항전(竝航戰)이 주로 전개되었다.[18] 한편으로는 개별 군함간의 포격전보다는 적 함대의 일부를 겨냥한 집중공격으로 국지적인 우세를 차지하여 해전 자체의 승리로까지 확대하는 대담한 전술도 등장했다. 특히 영국의 명제독 호레이쇼 넬슨은 이를 위해 적극적인 돌파(突破), 협공(挾攻)을 실시하여 1798년의 이집트 나일강 해전, 1805년 트라팔가 해전에서 프랑스 함대를 격파하는 대승리를 거둔 것으로 유명하다.

고려의 뒤를 이어 조선(朝鮮)이 건국된 지 2세기가 지난 1592년 4월 13일, 20만명의 일본군이 한반도를 전면 침략했다. 임진왜란(壬辰倭亂)이라고 불리는 조선·중국 명(明) 황조와 일본의 7년에 걸친 전쟁이 일어난 것이다. 도요토미 히데요시(豊臣秀吉)의 대륙 정복야욕에서 비롯된 이 전쟁은 동아시아에서 화약무기가 주력으로 사용된 첫 번째 국제전쟁이었다. 당시 일본군은 병력의 절반 이상이 유럽에서 전래된 화승총을 토대로 개발한 조총으로 무장하고 있었지만, 조선군 보병의 주력 무기는 여전히 창과 활이었다. 조총의 힘을 앞세운 일본군은 전쟁이 발발한 지 불과 20일 만에 수도 한양(漢陽 : 현재의 서울)을 함락시켰고, 전쟁 2개월째 되던 7월에는 개성과 평양을 비롯한 대동강 유역의 방어선까지 위협했다.

이러한 절체절명의 위기에서 조선을 구해냈던 것은 전국 각지에서 일어난 의병(義兵)들의 결사적인 항전, 1592년 말부터 본격화된 명 황조의 참전, 그리고 조선군의 우수한 화약무기와 해군력이었다. 비록 개인화기에서는 조총으로 무장한 일본군이 우세했지만, 원거리용 화력의 경우 오늘날의 대포에 해당하는 다양한 총통을 보유했던 조선군이 일본군을 압도하고 있었던 것이다. 임진왜란 당시 조선군은 대구경포의 경우 구경 40~130mm 내외의 황자(黃字)·현자(玄字)·지자(地字)·천자(天字)총통을 운용했으며,[19] 일본군의

18) 해군대학 해양전략연구부 편, 1999, pp.16~17.
19) 이들 가운데 황자총통의 구경은 40mm였으며, 현자총통이 75mm, 그리고 주력 화포로 사용된 지자총통은 100mm였다. 가장 화력이 강력했던 천자총통의 경우 130mm

조총에 대응하는 개인화기로는 20mm 승자(勝字)총통이 있었다.

조선군의 화약무기 가운데서도 특히 혁신적이었던 것은 신기전(神機箭)과 비격진천뢰(飛擊震天雷)다. 신기전은 고려 말기에 개발된 주화(走火)를 개량한 것으로 화살에 화약이 채워진 발화통을 연결하고, 화약이 폭발하면서 생기는 추진력을 이용하여 발사되었다. 말하자면 기존의 활로 쏘는 화살보다 훨씬 긴 수백 m의 사거리를 비행하는 일종의 로켓무기로 운용된 것이다.[20] 임진왜란의 전세를 역전시킨 1593년 2월 12일의 행주대첩 승리에 결정적으로 기여했던 무기도 바로 신기전이었다. 당시 조선군은 최대 100발의 신기전을 장착, 발사하는 화차(火車)를 동원하여 병력 규모에서 10배나 우세한 일본군 약 3만명의 공격으로부터 행주산성을 사수할 수 있었다. 비격진천뢰는 구경 200mm급의 대완구(大碗口)로 발사되어 포탄 자체가 폭발하는 내폭형 무기였는데, 그때까지만 해도 탄환의 사격을 위한 추진제에 불과했던 화약을 직접적인 파괴·살상무기로 사용했다는 점에서 큰 의미를 갖는다.

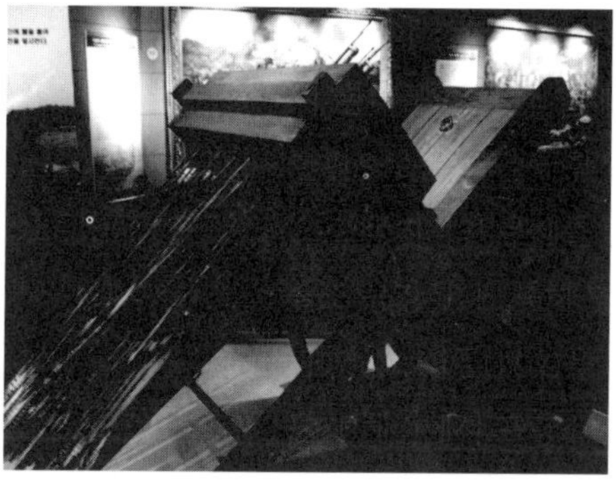

임진왜란에서 사용되었던 조선시대의 화차(火車). 신기전(神機箭) 100발을 장착, 발사할 수 있다.

에 달했다. 사거리는 황자총통(약 600m)을 제외한 나머지 모두 1km 이상이나 되었다.

20) 신기전은 세종대왕의 재위 시절인 지난 1448년 대·중·소 3개 종류로 개발되었으며, 압록강, 두만강으로의 북방 영토확장 당시 여진족과의 전투에서 큰 활약을 거두었다. 특히 가장 위력적인 대(大)신기전은 최대 사거리가 2km나 되어 당시 기준으로 세계 최고의 로켓무기라는 평가를 받는다. 신기전뿐만 아니라 임진왜란 당시 조선군이 운용했던 화약무기의 대부분은 이미 세종대왕 시대에 개발된 것들이었다.

임진왜란 당시 조선 해군을 승리로 이끌었던 거북선(왼쪽)과 판옥선(오른쪽)

일본의 침략을 결정적으로 좌절시킨 것은 조선의 해군력이었다. 해전에서의 승리를 통해 한반도 내륙으로 침략한 일본군 주력에 대한 해상보급을 차단하고, 그 결과 일본군의 침략 지속능력이 크게 약화되면서 조선군이 전세를 역전시킬 수 있었기 때문이다.[21] 조선 해군의 주력함이었던 판옥선(板屋船)은 노를 젓는 비전투원을 아래층에, 전투담당 수병들을 위층에 탑승시키는 2층 구조로 되어 전투력과 기동력을 겸비했다. 또한 판옥선은 아다케부네(安宅船)를 비롯한 일본의 주력 군함보다 선체가 커서 사거리가 1km를 넘는 현자 · 지자 · 천자총통 등의 대포를 척당 20문 이상 탑재할 수 있었다. 덕분에 조선 해군은 주요 무기가 활과 사거리 200m의 조총이 고작이었던 일본 해군보다 확실한 우위를 점했으며, 함포를 이용한 원거리 공격능력을 최대한 발휘하여 일본의 '접근 후 함상에서의 백병전' 전술을 효과적으로 무력화시켰다.[22] 여기에 불세출의 영웅인 충무공 이순신 제독의 용병술이 더해지면서 조선 해군은 1592년 5월 옥포해전을 시작으로 일본 해군을 잇달아 격파해 나갔다. 특히 7월의 한산도대첩에서는 학익진(鶴翼陣)으로 잘 알려진 유인, 포위작전으로 일본 군함 70여척을 궤멸시켜 한반도 주변해역에서의 제해권을

---

21) 장학근, 『조선시대 군사전략』(국방부 군사편찬연구소, 2006), pp.158~161.
22) 이 점에서 임진왜란 당시 조선과 일본의 해전들은 같은 시기에 벌어졌던 영국과 스페인 무적함대의 대결과도 여러모로 비교대상이 되고 있다.

완전히 장악했다.

임진왜란 당시 조선 해군의 승리에서 빼놓을 수 없는 또 하나의 신무기는 거북선이었다. 비록 판옥선을 비롯한 다른 군함들보다는 소수에 불과했지만, 적함을 겨냥한 과감한 돌파, 충돌작전에 나서 일본 함대의 전열을 무너뜨리고, 적을 공포에 몰아넣는 막강한 돌격선으로 활약했던 것이다. 이를 위해 거북선은 일본 군함보다 견고한 설계, 소재를 채택하였고, 특히 선체의 지붕을 철갑으로 만들어 충격 효과와 방호력을 강화했다. 이는 19세기 서양에서 처음 철제 함선을 건조했던 것보다 약 250년이나 앞선 사례다. 거북선의 활약은 오늘날까지도 한국의 가장 자랑스러운 군사혁신의 전통으로 남아있다.

근대전쟁의 완성자, 나폴레옹

30년전쟁 이후 1세기가 넘는 세월동안 서양에서는 대규모의 전쟁이 일어나는 경우가 드물었다. 유럽 각국의 절대군주들에게 전쟁은 곧 지나친 재정부담을 뜻했기 때문이다. 그래서 영토의 확장이나 방어를 위한 전면전쟁보다는 주로 타국의 왕위계승 문제처럼 외교적 갈등에서 자국의 입장을 관철시키려는 제한된 목적의 전쟁이 대부분이었고, 그 방식도 적 병력을 제압하기보다는 결전을 회피하는 소극적 전술로 일관했다.

이러한 양상에 근본적인 변화를 가져온 계기는 1789년 프랑스에서 일어난 시민계급 주도의 유혈혁명, 즉 프랑스대혁명이었다. 프랑스를 제외한 유럽 대부분의 군주국들은 혁명에 따른 기존 신분질서의 동요가 자국으로 확산되는 것을 막기 위하여 프랑스에 대한 정치·군사적 압력을 가해 왔고, 양측의 충돌은 1792년 프랑스와 오스트리아 사이에 전쟁이 발발하면서 현실화되었다. 새로 집권한 프랑스의 혁명 공화정부는 1793년 징집령을 선포하여 일반 국민들로 이루어진 수십만명 규모의 혁명군을 조직하기에 이르렀다.

이처럼 규모가 급격히 커진 프랑스군은 불과 10년도 안되어 한 군사적 천재에 의해 서양 세계에서 가장 막강한 군사력을 자랑하게 되었는데, 그가 바로 나폴레옹 보나파르트다. 코르시카 출신의 무명 포병장교에 불과했던 나폴레옹은 1796년 이탈리아에서 계속된 대승리로 일약 프랑스의 국민적 영웅으로 떠올랐으며, 1800년에는 알프스 산맥을 넘어 진격하는 신출귀몰한 작전으로 오스트리아를 비롯한 적대국들을 굴복시켜 다시금 유럽 군주국들의 압력을 무너뜨렸다. 나폴레옹은 1799년의 쿠데타로 프랑스의 실권을 장악한 후 1804년 황제로 즉위하였고, 이후 유럽 전역에 걸친 정복전쟁으로 프랑스를 로마제국 이후 서양 최대의 대제국으로 만들었다. 나폴레옹의 유럽 지배는 1812년 러시아 침공의 실패, 그리고 1815년 워털루 전투에서 영국 · 프로이센 연합군에 패배할 때까지 10년 이상이나 지속되었다.

1805년 오스텔리츠 전투의 기록화. 나폴레옹의 대표적인 전투로 알려져 있다.

나폴레옹의 프랑스군이 유럽을 제패할 수 있었던 비결은 무엇이었을까? 과학기술의 측면에서 볼 때, 30년전쟁 이후 2세기 동안 서양에서 획기적인 신무기가 개발된 것은 아니었다. 그보다는 화약무기의 등장 이후 꾸준히 발전되어 온 군사력의 각 기능들과 이에 따른 성과를 나폴레옹이 효과적으로 활용한 결과라는 평가가 정확할 것이다.

나폴레옹 시대에 이루어진 여러 군사상의 업적들 가운데서도 먼저 손꼽히는 것은 포병의 적극적인 운용이었다. 18세기에 들어서 서양 각국은 전장에서 효과적으로 사용할 수 있는 보다 경량화되고 기동성 있는 대포를 개발하기 위한 노력을 기울여 왔으며, 프리드리히 대왕 시절에 이르러서는 바퀴를 달고 사람과 말이 끌 수 있는 견인포(牽引砲)가 실전에서 본격적으로 사용되기 시작했다. 그동안 포병부대는 대포의 육중한 무게 때문에 이동 능력에서 큰 제약을 받았지만, 이제 보병의 이동속도와 보조를 맞추면서 원활하게 협동작전을 구사할 수 있었다.[23] 포병장교 출신이었던 나폴레옹은 이 점에 주목하였고, 포병의 새로운 잠재력을 실전에서 최대한 발휘하고자 했다. 30년전쟁 이후 지상전의 화력 기능은 보병의 소총 일제사격이 중심이었지만, 이제 사거리와 파괴 · 살상력에서 훨씬 우월한 포병이 퍼붓는 대포의 일제사격으로 바뀌게 된 것이다.

나폴레옹은 보병의 기동능력도 크게 향상시켰다. 엄격한 훈련을 통해 종전의 1분당 70보(步)였던 보병부대의 행군 속도를 2배에 가까운 120보로 높인 것이다.[24] 덕분에 나폴레옹의 프랑스군은 본격적인 전투가 시작되기 전부터, 적 병력이 미처 접근하지 못한 먼 거리에서 우회(迂廻)하여 취약한 곳을 공략할 수 있는 유리한 위치를 차지할 수 있었다. 나폴레옹이 당시 대부분의 서양 국가들이 고수했던 횡대 대형에 집착하지 않고 혼합 대형을 채택했던 것도 프랑스군의 기동력 강화에 크게 기여했다. 정면의 적 병력과는 전방이 가로 방향으로 넓게 펼쳐진 횡대 대형으로, 적군의 취약지점을 우회 공격할 때는 종대 대형을 유지하며 돌파 공격을 감행하는 방식이었다.

하지만 나폴레옹 시대가 남긴 최대의 군사적 유산은 독립된 작전급의 제병협동부대를 정식 편제로 도입한 것이다. 나폴레옹은 병력 규모가 급격하게

---

23) 이내주, 2006, pp.49~50.

24) 한편으로 나폴레옹은 대규모의 보급, 군수지원 소요를 기동력에 대한 장애요소로 인식하여 현지 조달에 주로 의존했다. 하지만 이러한 방식은 부유한 지역에서 전투가 벌어질 때만 유효했으며, 경제적으로 낙후된 지역에서는 자칫 패전의 위험부담이 높았다는 치명적인 약점이 있었다. 나폴레옹 몰락의 계기가 된 1812년의 러시아 침공 실패가 그 본보기다.

늘어난 프랑스군 전체를 자기 혼자서만 지휘하기 어렵다는 점에 착안하여 기본 병력단위로서 사단(師團 : Division)이라는 새로운 부대편제를 채택했다. 1개 사단은 그 자체가 보병과 포병, 기병 등의 주요 기능부대를 갖추어 충분히 독립적으로 작전을 수행할 수 있었다. 이와 함께 2~3개 사단을 결합해서 군단(軍團 : Corps)을 구성하도록 했다. 거대한 군 전체를 여러 사단으로 세분화한 나폴레옹은 이들을 개별적으로 운용하여 보다 신속하게 작전을 수행할 수 있었고, 필요시에는 공동목표의 달성을 위해 각 사단 · 군단들이 협동작전을 펼치도록 한 것이다.

포병의 역할 강화, 대폭 증대된 보병의 기동력, 그리고 독립작전 수행이 가능한 사단 · 군단 편제의 도입으로 나폴레옹은 20년 가까이 유럽 각지의 전투를 승리로 이끌었다. 중요한 것은 나폴레옹이 달성한 군사적 승리의 대부분이 적 병력을 단순히 몰아내는 수준을 넘어 아예 궤멸시켜 버리는 전형적인 섬멸전의 양상을 나타냈다는 점이다. 이러한 결과는 나폴레옹 자신이 항상 강조한 전쟁수행 원칙, 즉 '결정적 장소와 시점에서의 집중, 우위 달성'[25]에서 비롯된 것이다. 나폴레옹은 적 주력부대의 제압을 전투의 최우선적 과제로 삼았으며, 여기에 다수의 핵심 전력을 투입했다. 먼저 분산 배치된 일부 병력을 적 정면으로 전진시키고, 동시에 독립 포병부대가 집중적인 일제사격을 가하여 적군의 분산 및 고착을 강요한다. 그동안 적 주력의 취약한 측 · 후방과 보급로 방향으로 접근한 핵심 부대는 우세한 기동속도를 앞세운 밀집된 종대 대형으로 중앙돌파를 시도하여 적 전열을 무너뜨리고, 분열된 적군을 각개격파(各個擊破)한다.[26] 마지막으로 적의 보급로와 퇴로를 차단시킨 가운데

---

25) 나폴레옹은 "승패는 단 한수에 달려있다", "그릇의 물을 넘치게 하는 것은 단 한 방울의 물이다"라는 표현으로 집중의 중요성을 강조했다. 나폴레옹의 부장이었던 쟝 빅토르 모로우가 "각하께서는 항상 적은 병력으로 더 많은 적군을 이기셨습니다"라고 감탄하자, 나폴레옹이 "천만에. 전체 병력의 규모에서는 적었을지 모르네만, 내가 싸우고자 하는 곳에서는 늘 다수의 병력으로 소수의 적군을 이겼어"라고 대답한 일화는 유명하다.

26) 이처럼 자체 보급로를 확보하는 가운데 전 병력을 독립적으로 운용하여 공간, 시간적

패퇴하는 적 병력을 철저히 추격하여 완전히 격멸한다. 이러한 방식으로 나폴레옹은 30년전쟁 이후 서양에서는 좀처럼 찾아볼 수 없었던 섬멸전 위주의 승리를 거두었고, 유럽 각국에 공포를 안겨주었다.

나폴레옹이 구현해낸 여러 군사적인 업적들은 서양 세계에서 전략 · 전술의 과학화, 이론화를 촉진하는 계기가 되었다. 나폴레옹 시대의 프랑스군이 도입했던 사단 · 군단 편제는 오늘날까지도 세계 각국의 군대에서 채택하고 있다. 군사학계 불후의 명저(名著)로 유명한 카알 폰 클라우제비츠의 『전쟁론』(원제 : *Vom Kriege*)과 앙리 조미니의 『전쟁술』(원제 : *l'Art de la Guerre*)에 등장하는 '결정적 지점에의 전투력 집중', '무게중심(Center of Gravity)', '작전선' 등의 개념들도 모두 나폴레옹 시대의 산물이다.[27] 무엇보다도 나폴레옹의 최대 업적은 수십만명 규모의 병력이, 이전보다 확장된 전장에서, 보다 신속하고 효과적으로 전투를 수행할 수 있도록 하는 작전술(作戰術 : Operational Art) 차원의 전법을 확립했다는 것이다. 요컨대 나폴레옹은 근대적인 전쟁수행 방식을 완성시킨, 구스타프 대왕과 더불어 서양 세계의 가장 위대한 군사혁신의 공로자였다.

으로 분산된 적군을 견제 및 각개격파 하는 것을 내선작전(內線作戰)이라고 한다. 이는 믿을만한 동맹국 없이 유럽 전체의 군주국들을 홀로 상대해야 했던 당시 프랑스의 정치 · 외교적 환경과도 밀접한 관련이 있다.

27) 클라우제비츠는 프로이센의 군인으로 19세기 초 나폴레옹의 프랑스군에 맞서기 위한 여러 차례의 전쟁에 참전했으며, 베를린 사관학교 교장으로 재직했던 1819년부터 『전쟁론』의 집필에 주력하였으나 완성하지 못한 채 1831년 죽었다. 『전쟁론』은 그의 사후 부인에 의해 출간되었다. 스위스 태생이었던 조미니는 1804년부터 프랑스군 장교로 재직하며 나폴레옹으로부터도 군사이론가로서의 재능을 인정받았지만, 프랑스군 수뇌부의 견제로 진급이 순탄치 못하자 1813년 러시아로 망명하여 고위 장군으로 활약했다.

2. 기계의 시대

(1) 산업혁명과 군사력

강철과 증기기관 그리고 전신(電信)

산업혁명(産業革命 : Industrial Revolution)이란 18세기 중반 이후 영국에서 시작되어 서양, 그리고 이후 세계 각지로 전파된 경제・사회체제의 구조적인 대변혁을 뜻한다. 이 시대에는 역사상 전례가 없을 정도로 많은 새로운 발명품들이 쏟아져 나왔으며, 여러 공장들이 우후죽순처럼 늘어났다. 산업혁명을 계기로 경제와 산업의 중심은 농업에서 상공업으로 완전히 바뀌었다. 이는 농업 중심의 정착생활을 시작한 신석기시대 이후 사람들의 생활양식을 근본적으로 변화시킨, 말 그대로 혁명적 사건이었던 것이다.

본래 산업혁명은 영국 내에서 빠른 속도로 성장하던 섬유 산업에서 유래했다. 수작업에 의존해 왔던 직물의 가공, 생산에 기계가 도입되면서 생산량과 작업속도, 능률이 종전보다 훨씬 높아졌고, 이러한 기계화의 장점이 다른 분야의 산업으로까지 급속하게 확대되기 시작했다. 기계화를 위한 각종 설비의 수요가 급증하면서 생산정밀도가 우수한 자동선반, 공작기계가 실용화되었고, 1830년대 이후에는 '기계에 의한 기계의 대량생산'이 일반화되었다.

산업혁명을 주도한 또 하나의 주역은 새로운 동력, 즉 증기기관이었다. 증기기관은 수증기가 갖는 인공적인 열에너지를 기계적 힘으로 전환시키는 원리를 이용한 것으로 그동안 농업사회에서 주로 사용되어온 사람이나 가축의 체력, 혹은 자연을 원천으로 하는 수력(水力)과 풍력(風力) 등의 기존 동력수단을 크게 능가하였다. 1769년 영국의 제임스 와트가 처음으로 실용 가능한 증기기관을 발명하면서 생산방식의 기계화는 다양한 산업분야에 걸쳐, 빠른 속도로 촉진되었다. 1825년에는 조지 스티븐슨이 개발한 최초의 증기기관차가 운행을 시작하여 철도시대가 막을 올렸고, 이보다 앞선 1807년 미국에서는 로버트 풀턴이 개발한 증기선의 첫 정기운항이 시작되었다. 증기기관으로 움직이는 기차와 증기선은 마차, 범선과는 비교할 수 없는 속도와 규모의 인적이동 및 교류를 가능하게 하여 경제, 산업활동 성장에 큰 힘을 불어넣었다.

증기기관의 보급으로 주요 산업설비, 대규모 교통·운송을 위한 수요가 급증하였고, 그 결과 2가지의 지하자원이 크게 각광받게 되었다. 이들은 증기기관의 동력원이었던 석탄, 그리고 기계 및 운송수단 그리고 철도의 소재가 되는 금속이었다. 특히 금속의 경우 1856년 헨리 베세머가 양질의 강철(鋼鐵)을 저렴한 비용으로, 단기간 내에 대량제조할 수 있는 제강법을 개발하는 성과를 거두었다. 그 후에도 보다 개선된 제강법이 차례로 고안되면서 철강업은 독자적인 산업으로 발돋움하였고, 증기기관과 더불어 산업혁명의 확대를 촉진하는 기술적 기반이 되었다.

하지만 산업혁명 시대에 가장 비약적인 발전을 거두었던 분야는 다름 아닌 통신(通信)이었다. 1844년 사뮤엘 모스가 전선(電線)을 통해 전류변화에 의한 신호를 부호화해서 상대방과의 송수신을 교환할 수 있는 유선전신기를 개발해낸 것이 그 시작이었다. 수천년 동안 인간은 편지나 수신호, 봉화를 통해 수일 내지 수개월이 걸려서야 서로 연락을 주고받을 수 있었지만, 이제 수십, 수백km 떨어진 거리에서도 즉각적인 의사소통이 가능해졌다. 1876년에는 알렉산더 벨의 유선전화기 발명으로 육성 자체를 이용한 통신시대가 열렸으며, 1896년 이탈리아의 구리엘모 마르코니가 전파를 이용한 무선전신 발명에 성공하면서 의사소통의 시·공간적 제약을 더욱 축소시켰다.

이와 같은 산업혁명의 눈부신 기술적 성과들은 군사력의 강화에도 큰 역할을 해냈다. 먼저 화약의 개발 이후 전쟁에서 그 비중이 확대되어 온 화력이 더욱 치명적인 파괴·살상능력을 발휘할 수 있게 되었다. 대포 및 소총의 후장식(後裝式) 탄환장전, 무연화약, 그리고 강선(腔綫)과 뇌관(雷管)의 개발은 이를 가능하게 만들어준 대표적인 기술혁신이다.

강선이란 총신이나 포신 내부에 나선형의 홈을 파놓은 것인데, 탄환이 일직선에 가까운 보다 안정적인 형태의 궤도로 비행하게 만드는 효과가 있다. 덕분에 기존 소총들보다 먼 거리의 표적을 정확히 명중시킬 수 있었다. 본래 강선소총(Rifle)은 19세기 초부터 사용되기 시작했지만, 처음에는 소수의 저격수들만이 사용했을 뿐이었다. 그러던 것이 1820년대 말 요한 드라이제의 후장식 강선소총 개발을 계기로 1860년대에는 보병의 주력 표준무기로 자리잡게 된다. 후장식 소총은 지난 2세기가 넘도록 쓰였던 화승총, 머스킷 소총과는 달리, 탄환을 총구가 아니라 소총 뒷쪽의 탄창에서 장전할 수 있도록 설계되었다. 그 결과 사격 후 재장전을 위한 준비동작이 종전보다 훨씬 단순화되었고, 시간당 사격 가능한 탄환의 수량도 크게 늘어났다. 1855년 영국의 윌리엄 암스트롱이 역시 포신에 강선을 파놓은 최초의 후장식 대포를 개발해냈으며, 이후 1870년대에 들어서는 서양 국가들 대부분이 후장식 대포로 무장하게 되었다.

1880년대에는 알프레드 노벨 등의 발명가들이 여러 종류의 무연화약을 개발해냈다. 무연화약은 과거 5세기 동안이나 사용되어 온 흑색화약에 비해 폭발과정에서 나타나는 연기 발생을 현저히 줄였을 뿐만 아니라, 파괴력도 월등히 우수했다. 이에 따라 본래 민간산업용으로 개발되었던 무연화약은 곧 엄청난 군사적 가치를 인정받았고, 19세기 후반에는 흑색화약을 완전히 대체하는 총과 포의 추진제로 쓰이기 시작했다. 여기에 뇌관이 개발되면서 총과 포의 탄환은 단순한 금속 덩어리에서 그 자체가 폭발력을 내는 파괴·살상무기로 바뀌었다.

산업혁명 시대에 새로이 개발된 화력 무기들 가운데서도 가장 큰 주목을 받은 것은 단연 기관총(機關銃 : Machine Gun)이었다. 1884년 영국의 히람 맥심이 발명한 기관총은 사수가 방아쇠를 당기는 동안 자동적으로 장전, 사격하도록 설계되었는데, 1분에 무려 500~600발 이상의 탄환을 연속 발사하는 대규모 화력을 퍼부을 수 있었다.

철도와 유·무선전신의 경우 그 자체는 군사용 무기가 아니었지만, 총과 대포 이상으로 전쟁의 양상을 크게 바꿔놓는 역할을 해냈다. 기차는 이전까지 도보에 의존해 왔던 보병의 기동 속도와 이동거리를 획기적으로 늘렸으며, 그것도 다수의 병사들을 한꺼번에 움직일 수 있다는 점에서 병력의 대규모 동원 및 기동에 전례 없는 이점을 제공했다. 철도는 처음 개발된 지 20년도 채 안된 1840년대부터 서양 각국에서 군사용으로 동원되기 시작했으며, 이탈리아 통일전쟁(1859년)과 미국 남북전쟁(1861~1865년)에서 대규모 군용물자, 병력의 신속한 수송능력을 입증해냈다. 전신기는 장병 개개인의 시각이나 청각이 미치는 지리·공간적 범위를 훨씬 넘어서는 먼 거리에 배치된 부대들도 직접 상황보고 및 명령, 지시사항의 교환을 가능토록 해주었다. 그만큼 지휘통제의 범위가 크게 확대되었고, 동시에 전황의 변화에 따른 대응시간은 훨씬 짧아진 것이다.

초기의 기관총

한편 바다에서는 증기기관으로 움직이는 선박의 수가 늘어나면서 3세기 이상을 지속해 온 범선시대는 종언을 고했으며, 이는 해군 군함들도 마찬가지였다. 철강의 생산량 증가에 힘입어 1830년대 이후에는 철갑으로 선체를 건조한 장갑함(裝甲艦 : Ironclad Ship) 형태의 증기추진 군함이 건조되기 시작했다. 종전의 목조(木造) 군함들이 대포 공격에 무력할 수밖에 없었던 것에 비하여 장갑함은 훨씬 우수한 방호력을 갖추고 있었다. 남북전쟁이 한창이던 1862년 3월 8~9일 미국 동해안에서는 남부연합 '버지니아'함과 북부 합중국 '모니터'함이 역사상 처음으로 증기추진 장갑함 사이의 해전을 벌였다.

산업혁명에 따른 화력 증대도 해군력의 강화에 큰 영향을 가져왔다. 장갑함의 등장으로 견고해진 적함의 선체를, 보다 먼 거리에서도 파괴할 수 있도록 최소 구경 100~ 150mm의 속사용 함포, 최대 200mm 이상의 대구경 주포가 탑재되기 시작했다. 물론 대다수가 무연화약을 사용하는 후장식 함포였다. 범선 시대에는 함포의 탑재공간이 선체의 좌우 측면으로 한정되었지만, 사격각도를 자유자재로 바꿀 수 있는 선회형 포탑이 개발되면서 더욱 다양한 방향으로 포격할 수 있게 되었다. 20세기 초에는 아예 구경 300mm 이상의 대구경 함포만 10문 이상을 탑재하는 전포거포(全砲巨砲 : All-Big-Gun)형 군함이 등장하기에 이른다.[28] 그 가운데서도 특히 대표적인 것은 1906년 영국 해군이 진수시킨 '드레드노트(배수량 18,000톤)'급 전함이었다.

영국 해군의 '드레드노트'급 전함. 대표적인 전포거포형 군함이었다.

하지만 당시 해전에서의 가장 큰 기술적 발전은 바다에서 직접 배치, 이동하는 신무기 기뢰(機雷 : Naval Mine), 어뢰(魚雷 : Torpedo)의 개발이었다. 군이 수많은 대구경 함포를 탑재하는 거대 군함을 다수 건조하지 않고서도 접근하는 적함에 치명적인 타격을 줄 수 있다는 점에서 비용대비 효과(Cost-Effectiveness)가 매우 높았던 것이다.[29] '바다의 지뢰'라고 할 수 있는

28) 드레드노트급 전함은 305mm의 초대구경 함포를 10문이나 탑재했으며, 이후 '드레드노트'란 명칭은 전포거포형 군함의 대명사가 되었다.

기뢰는 크리미아전쟁과 미국 남북전쟁, 그리고 러일전쟁(1904~1905년)에 이르는 각종 해전에서 그 위력을 떨쳤다. 기뢰의 자체 추진형인 어뢰는 대형 군함뿐만 아니라 소형 함정에서도 발사할 수 있다는 장점 때문에 해전에서 함포 못지않게 유용한 공격무기의 지위를 얻었다.

전쟁의 대형화

산업혁명을 계기로 자동화된 기계의 힘이 인간의 체력, 자연 동력을 대신하여 경제 · 산업활동의 주역을 차지했으며, 이로써 대량생산이라는 새로운 지평이 열렸다. 그리고 산업혁명에 의해 현실화된 대량생산 체제는 군사 부문에도 그대로 적용되었다. 공장에서는 보다 막강한 파괴 · 살상능력을 발휘하는 무시무시한 신무기들이, 표준화된 제조과정을 거쳐 마구 쏟아져 나오기 시작했고, 이제 국가들은 과거에는 상상조차 못했을 정도의 대규모 병력을 무장시킬 수 있었다.

프랑스대혁명 이전의 유럽 주요 국가들이 보유했던 상비군의 병력 규모는 국왕에 의해 고용된 용병(傭兵 : Mercenary)들이 대다수를 차지하는 수만명에 불과했다. 이후 나폴레옹 시대에는 징병제와 병사 개개인의 자발적인 애국심을 통해 이루어진 수십만명의 국민군이 동원되었지만, 상비군의 최고수준 제대는 수만명 단위의 군단이었다. 하지만 산업혁명의 결과로 생산능력이 급성장하면서 군사력의 인적, 물적 동원규모도 크게 확장되었으며, 19세기 후반에는 각국에서 동원 가능한 병력 규모가 최대 백만명이 훨씬 넘을 정도가 되었다. 군의 최고수준 제대는 수개 군단으로 구성되는 수십만 병력의 야전군(野戰軍 : Field Army)이었다.

---

29) 이에 따라 해군 군함들의 계열화 방식에도 변화가 생겼다. 범선 시대에는 함포의 보유수량에 따라 1급~6급함 등으로 분류했지만, 증기추진식의 철제 군함이 등장하면서 다수의 대구경포를 탑재하는 주력 전함(戰艦 : Battleship), 대양에서 전함을 호위하는 순양함(巡洋艦 : Cruiser), 그리고 연안과 인근 해역에서 어뢰정을 비롯한 적의 소형 연안함정을 추격 및 소탕하는 구축함(驅逐艦 : Destroyer)로 나뉘게 된 것이다.

이로써 주요 국가들은 날이 갈수록 그 규모가 확장되는 군사력을 평시에 효율적으로 건설, 유지하면서 전시에는 효과적으로 지휘통제할 수 있는 전문 군사조직을 필요로 하게 되었다. 그 대표적인 산물이 바로 총참모부(總參謀部 : General Staff) 제도였다. 참모(參謀 : Staff)란 '군 지휘관의 작전지휘, 통제를 위한 직접 보좌를 담당하는 장교'를 뜻하며, 본래는 부대 지휘관의 지시사항을 문서화하는 서기(書記)에서 유래한 것이다. 서양에서 참모제도가 특히 발전했던 국가는 프로이센이었는데, 1806년 예나 전투에서 나폴레옹의 프랑스에 참패한 후 게르하르트 폰 샤른호르스트가 주도한 군 개혁의 일환으로 유럽 최초의 총참모부를 창설했다. 이는 여러 장교들의 지혜를 한 데 모아서 나폴레옹이라는 단 한명의 군사적 천재를 이기자는 취지였던 것이다.

프로이센 총참모부의 창시자 샤른호르스트(왼쪽)와
19세기 말 독일통일의 주역이 된 몰트케 총참모장(오른쪽).

1860년대에 이르러 프로이센은 오랫동안 분열되어 있던 독일 지역의 통일을 주도하고자 했으며, 황제 빌헬름 1세의 두터운 신임을 얻고 있던 오토 폰 비스마르크 수상은 '철혈(鐵血 : Blood and Iron)정책'이라고 불리는 대규모의 군사력 확장정책으로 이를 뒷받침했다.[30]당시 프로이센군에서는 1857년부터 헬무트 폰 몰트케가 총참모장으로 활약하고 있었다. 프로이센의 총참모부 역사상 가장 뛰어난 군사 지도자였던 몰트케는 총참모부가 군의 평시 기획 및

30) '철혈정책'이란 말은 비스마르크가 수상 취임 직후인 1862년 9월 30일 의회에서의 연설 당시 "국가의 중대사는 토론이나 다수결이 아닌 철과 피를 통해서만 해결될 수 있다"고 발언한 데서 유래한 것이다. 여기서 철과 피는 각각 군사력의 증강, 그리고 전쟁에서의 희생을 뜻한다.

동원뿐만 아니라, 전시에는 예하 실전부대들의 전쟁 수행을 지도, 감독하는 최고두뇌 기능을 할 수 있도록 그 역할을 대폭 강화했다. 뿐만 아니라 몰트케는 철도와 전신을 비롯한 새로운 기술이 제공하는 군사적 효과를 적극 활용하려 애썼다. 총참모부 내에서 주변국 관련정보의 연구 및 분석, 작전계획의 기획을 담당하는 기존의 3개 부서 이외에 국가의 철도행정과 관리를 총괄하는 별도 부서를 신설한 것은 대표적인 사례다. 프로이센 총참모부는 철도, 전신을 통해 전장에서 수백km 이상 떨어진 후방에서도 얼마든지 수십만명이 넘는 병력을 마치 장기판의 말처럼 필요한 장소와 시간에 맞추어 움직일 수 있었던 것이다.

몰트케와 프로이센 총참모부의 우수한 전쟁 기획, 수행능력은 이후 독일통일 전쟁에서 프로이센군이 차례로 거두어낸 대승리로 증명되기 시작했다. 1866년 프로이센은 독일 통일의 주도권을 놓고 치열한 경쟁을 벌였던 오스트리아와 정면으로 충돌했고, 양측 사이의 전쟁이 불가피해졌다. 몰트케는 이미 1860년에 전국적으로 확대된 프로이센의 철도망을 최대한 동원하여 각지에 분산되어 있는 실전부대들을 전장으로 신속히 이동, 집결시켰는데, 철도망의 구축이 부진하여 병력 기동속도가 현저히 떨어졌던 오스트리아군은 여러 방향에서 증원된 프로이센군에 포위당하는 신세가 되었다.[31]

무장 수준에서도 프로이센군이 오스트리아군보다 우위를 점하고 있었다. 당시 프로이센 보병은 1860년대부터 채용해 온 '바늘총(Needle Gun)'이라는 별칭의 후장식 강선소총을 보유했지만, 오스트리아군의 경우 대다수가 여전히 전장식의 머스킷 소총으로 무장했던 것이다. 전쟁의 전환점이 된 1866년 7월 3일의 쾨니히그라츠 전투에서 프로이센군은 일방적인 승리를 거두었다. 양측 모두 20만명 이상의 대병력을 투입했지만, 오스트리아군이 6만여명의 사상자(전사자 약 4만명 포함)와 2만여명의 포로를 잃었던 반면 프로이센군의

31) 이처럼 공간, 시간적으로 분산된 병력을 특정 전장으로 신속히 이동시켜서 적군에 대한 포위, 집중을 달성하는 것을 외선작전(外線作戰)이라고 하며, 나폴레옹의 내선작전과는 정 반대의 개념이라고 할 수 있다.

인명손실은 1만명 미만에 불과했다. 프로이센군 보병들은 후장식 강선소총으로 지면에 엎드린 상태에서 재빨리 재장전하면서 약 600m 밖에서도 정확히 사격할 수 있었으나, 오스트리아군은 사격 후 기립자세로 탄환을 총구에 재장전해야 했기 때문에 프로이센군의 손쉬운 표적이 되었다. 사격속도에서도 프로이센군이 오스트리아군보다 5배 이상 높았다.

이처럼 동원, 기동능력과 화력에서 압도적으로 우세했던 프로이센은 전쟁 발발 7주일 만에 오스트리아를 굴복시켰고, 1870~1871년에는 통일 독일의 등장을 끝까지 막으려 했던 프랑스와의 전쟁에서도 승리하면서 독일 지역의 통일을 완성하였다. 이후 몰트케와 독일군의 눈부신 성공에 경탄한 세계 각국은 앞 다투어 독일의 총참모부 제도를 모방한 군사지도 기구를 설치하기 시작했다. 전쟁의 승패 여부가 전선에 배치된 야전부대 지휘관의 용병술보다 후방 사령부에서 근무하는 참모장교의 기획 능력으로부터 결정되는 시대가 온 것이다.

산업혁명이 그 열기를 더해가면서 서양 각국은 거대해진 경제 · 산업구조를 유지할 새로운 소비시장과 원료 생산지를 모색하였고, 이는 해외 식민지 경쟁으로 귀결되었다. 여기서 해군의 가치가 다시금 주목받기 시작했다. 자국에서 멀리 떨어진 지역으로 군사력을 직접 보내어 정치 · 군사적인 점령, 확보를 달성하려면 지구 면적의 70% 이상을 차지하는 바다를 세계 곳곳으로 연결되는 '거대한 고속도로(Great Highway)'로 만들어야 했는데, 이를 해낼 수 있는 군사력이 바로 해군이었기 때문이다.

해군력의 중요성을 학문적으로 뒷받침한 대표적인 인물은 미 해군대학의 학장을 역임한 알프레드 마한이었다. 그는 1890년에 저술한 『해양력이 역사에 미치는 영향』(원제 : *The Influence of Sea Power upon History*)을 통해 대양에서의 제해권을 장악할 수 있는 강력한 해군력이야말로 국력 신장의 핵심이라고 역설했다. 마한의 대양해군력 이론은 그의 모국인 미국뿐만 아니라 전통적으로 강한 해군력을 보유해 온 영국, 그리고 다른 여러 나라에서 큰 반향을 일으켰으며, 서양 제국주의 국가들은 거대 군함들로 구성된 함대가 주도하는 포함외교(砲艦外交 : Gunboat Diplomacy)를 통해 과학기술과 상공업, 군사력이 낙후된 아프리카와 아시아 지역을 강제 개항시키고, 식민지로 삼았다. 말하자면 해군의 대형 군함은 단일 무기로도 정치 · 외교적인 영향력을 발휘할 수 있음을 보여준 사상 최초의 전략무기(戰略武器 : Strategic Weapon)였던 것이다.

증기추진식의 철제 군함은 바람의 세기, 방향에 상관없이도 자유롭게 속도와 항로를 조절할 수 있었고, 이는 범선 시대에 비하여 해군 함대의 기동력을 크게 개선시키는 효과를 가져왔다. 여기에 무선통신이 실용화되면서 움직이는 군함들도 일사분란하게 지휘통제할 수 있게 되었다. 함대 진형은 여전히 세로 방향의 종렬진이 우세했지만, 기동 능력의 향상 그리고 원거리의 적함을 보다 다양한 방향에서 공격할 수 있게 된 함포의 기술적 발전을 반영하는 새로운 해전 방식이 필요해졌다. 그 결과 적 함대와 평행선 형태로 대치하면서 포격전을 벌이던 범선 시대의 병항전과는 달리, 아군 함대의 집중 포격기회를 극대화하는 동시에 적 함대의 사격범위를 제한시키는 진형이 개발되기에 이른다.

쓰시마 해전의 기록화. 러일전쟁에서 일본의 승리를 결정지은 해전이었다.

1905년 5월 27~28일 일본 연합함대(聯合艦隊)와 러시아 발트함대 사이의 쓰시마(對馬) 해전에서 등장한 일명 'T자(字) 진형(Crossing/Capping the T)'은 그 대표적 사례였다. 도고 헤이하치로(東郷平八郎) 제독이 지휘하는 일본 연함함대는 세로 방향으로 북상하는 발트함대의 정면에서 180°로 급히 방향을 바꾸어 T자 형태로 접근하였는데, 함대 선두의 군함 소수만이 전방의 제한된 방향으로만 포격할 수 있었던 러시아에 비해 일본 군함들은 대다수가 발트함대를 향해 집중적인 함포사격이 가능했다.[32] 전투 결과 러시아 발트함대는 총 38척(전투함 27척 포함) 가운데 무려 34척이 격침, 나포당했지만, 일본 연합함대의 손실은 어뢰정 3척 침몰이 고작이었다. 이로써 도고 제독의 일본 연합함대는 트라팔가 해전 이후 최대의 승리를 거둔 주인공이 된 것이다. 쓰시마 해전의 완승으로 일본은 1년 동안이나 계속되어 온 러일전쟁을 승리로 끝냈고, 한반도를 손아귀에 넣어 아시아 대륙침략의 첫걸음을 내딛었다.

참호전의 비극

산업혁명 시대의 군사력 발전은 다분히 화력 강화를 중심으로 이루어진 것이었다. 일정시간 이내에 총과 포에서 발사될 수 있는 탄환의 수량은 흑색화약과 머스킷 소총이 사용되었던 지난 2세기 동안보다 크게 늘어났고, 수백m 내외에 지나지 않았던 화력의 공격범위는 이제 수km 단위로 확대되었다. 이렇다 보니 군사력 기능의 측면에서 화력이 기동을 완전히 압도해버릴 정도가 되었다. 산업혁명이 낳은 대량생산 체제로 인해 전쟁 역사상 일찍이 없었던 대량살상이 현실로 다가오고 있었던 것이다. 폴란드의 실업가 이반 블로흐는 1898년에 저술한 『기술과 경제, 정치적 관점에서 본 미래의 전쟁』(원제 : *La Guerre Future; aux points de vue technique, economique et politique*)에서 "막강한 화력이 뒷받침된 방어능력의 강화는 신속하고 결정적인 군사적 승리의 달성을 어렵게 할 것"이라고 예견했다.[33]

그 첫 번째 사례는 미국 남북전쟁이었다. 흑인노예 제도의 존속을 요구하

---

32) 인터넷 웹사이트 http : //en.wikipedia.org/wiki/Crossing_the_T "Crossing the T" (검색일자 2008년 1월 24일)

33) Michael Howard, "Men Against Fire : Expectations of War in 1914", ***International Security***, Vol. 9, No. 1, (Summer, 1984).

며 독립을 선언한 농업 중심의 남부연합과 상공업 중심의 북부 합중국이 4년 동안 대결했던 이 전쟁에서 약 70만명(군인 약 20만명 포함)이 죽었고, 부상자도 40만명 이상에 달할 정도였다. 일본과 제정 러시아가 한반도, 만주 남부의 지배권을 놓고 충돌한 러일전쟁도 마찬가지였다. 러시아군과 일본군 모두 각각 27만명 이상의 사상자를 잃었는데, 그 가운데 전사자의 수는 승리한 일본군이 무려 8만여명으로 러시아군의 약 5만명보다 많았다. 특히 가장 치열했던 뤼순(旅順)전투는 러일전쟁의 참상을 잘 보여주는 사례였다. 일본은 1904년 8월부터 5차례나 공격을 반복한 끝에 5개월만인 1905년 1월에야 겨우 뤼순의 러시아 요새를 점령했지만, 이 과정에서 러시아측 사상자보다도 많은 5만 8,000여명이 죽거나 부상당했던 것이다.[34)]

이처럼 화력 강화에 따른 대량살상과 전선교착이 현실화되고 있었지만, 주요 국가들의 군사 지도자들은 여전히 기동력의 우세를 앞세워 단기간에 결정적인 승리를 거두겠다는 나폴레옹식 섬멸전을 계획하고 있는 실정이었다. 그 대표적 사례가 독일군의 일명 '슐리펜 계획'이었다. 이것은 제1차 세계대전 직전인 1891~1905년 독일군 총참모장을 역임한 알프레드 폰 슐리펜이 세운 서부전선에서의 전시 작전계획으로 다수의 주력 전투부대를 프랑스의 오른쪽 측방, 즉 네덜란드와 벨기에 등지로 우회시켜 6주일 내에 프랑스군을 포위, 섬멸하겠다는 구상이었다.[35)] 하지만 제1차 세계대전이 시작된 지 1개월

34) 뤼순전투 당시 일본군의 전사자 가운데는 주력부대였던 제3 야전군의 사령관 노기 마레스케(乃木希典)의 두 아들도 포함되어 있었다. 이에 상심한 노기 장군은 자결을 결심했으나 메이지(明治) 일본 천황의 만류로 실행되지 않았고, 결국 1912년 메이지 천황이 서거한 직후에 할복자살했다.

35) 이를 위해 슐리펜은 정면의 좌측 조공과 프랑스로의 우회 공격을 담당할 우측 주공을 각각 1 : 7의 비율로 배치하였다. 그러나 제1차 세계대전이 시작된 직후 독일군 총참모부는 이를 1 : 3으로 조정했다. 슐리펜 계획의 옹호자들은 우측 주공 병력에의 병력 집중도가 축소되면서 독일군의 신속한 승리가 무산되었다고 주장하지만, 한편으로는 슐리펜 계획 자체가 화력이 압도적 우위를 차지하던 당시 전장환경을 반영하지 않은 잘못된 전략이었다는 지적도 만만치 않다. 정토웅, 1997, pp.272~276.

째 되던 1914년 9월 5~11일의 마른전투에서 프랑스 · 영국 연합군이 독일군의 진격을 저지하면서 슐리펜 계획은 물거품이 되었다.

마른전투 이후 프랑스 · 영국 연합군과 독일군은 서부전선에서 4년 동안의 지긋지긋한 참호전(塹壕戰 : Trench Warfare)에 돌입했다. 양측의 참호는 북해에서 스위스 인근까지 이르는 모든 전선에 걸쳐 구축되었고, 점차 철조망과 콘크리트로 더욱 견고해졌다. 이에 따라 측 · 후방으로의 우회 기동은 엄두도 낼 수 없었다. 적 전선을 정면으로 돌파하려는 진격은 상대측의 참호 진지에서 쏟아지는 야포와 기관총의 탄환세례에 가로막혀 번번이 실패했다. 양측 모두 교착상태에 빠진 전황을 타개하고자 다양한 전술과 무기를 동원하려 애썼으며, 그 가운데는 독가스도 포함되어 있었다. 하지만 전선은 이렇다 할 변동이 없었다. 달라지는 것이라고는 날이 갈수록 엄청나게 늘어만 가는 양측의 사상자 규모뿐이었다.

참호 속에서 가스방독면을 쓴 병사들의 모습. 제1차 세계대전 당시 참호전의 참상을 보여주고 있다.

1916년 한해를 피로 물들인 베르덩전투(2~12월)와 솜므전투(7~11월)는 참호전이 시간과 물질 측면에서 얼마나 소모적일 수 있는지를 명백하게 보여주었다. 솜므전투의 경우 연합군은 6월 말부터 야포 1,500문을 동원하여 약 1주일 동안 수백만발의 포격을 독일군에 퍼부었지만, 뒤이어 감행된 보병부대의 대규모 진격은 독일군의 완강한 방어에 계속 저지당했다. 주력인 영국군은 진격이 시작된 7월 1일 하루에만 무려 5만 7,000여명의 장병들을 잃었고, 4개월 동안의 전투 전체를 통틀어서는 양측에서 총 111만명 이상의 사상자가 발생할 정도였다. 그토록 큰 희생을 치렀음에도 불구하고 전선의 교착상태를 뒤집기에는 한계가 있었다.

결국 제1차 세계대전은 1918년 3월부터 시작된 독일군의 최후 대공세 실패, 그리고 미국의 본격 참전으로 전쟁수행 능력이 바닥난 독일이 그해 11월 11일 항복하면서 끝났다. 하지만 서부전선에서의 교착상태는 전쟁 막바지였던 1918년 9월까지도 계속되었다. 4년 동안의 전쟁에서 영국과 프랑스, 미국 등 연합군이 약 1,800만명, 독일군(오스트리아와 오스만투르크 등의 동맹국 병력 포함)은 1,300만명의 병력이 죽거나 다쳤다. 제1차 세계대전의 참호전과 소모적인 대량살상은 군사혁신과는 전혀 거리가 먼 '군사적 퇴보'였다. 요컨대 제1차 세계대전은 무기의 위력이 아무리 발전한다고 해도, 이를 적절히 반영하는 전략 · 전술이 없을 경우 얼마나 끔찍한 결과로 이어지는가를 보여준 사례라고 할 수 있다.

(2) 기계화 전쟁

전격전 : 기동력의 화려한 부활

제1차 세계대전에서 소모적인 참호전을 경험했던 각국 군사관계자들의 시각은 종전 이후 크게 2가지로 나뉘었다. 하나는 '앞으로도 참호전의 양상이 지속될 것'이라는 전제 아래 강력한 화력의 지원을 받는 고수(固守) 방어태세를 유지, 강화해야 한다는 주장이었다. 반면 다른 하나는 참호전에 따른 전선 교착의 장기화와 소모적인 인명손실의 악순환을 극복할 수 있는 새로운 무기 및 전략 · 전술이 필요하다고 주장했다. 후자 측의 시각에서 볼 때, 참호전은 순응이 아닌 극복의 대상이었던 것이다. 그리고 이들은 탱크, 장갑차를 비롯한 기계화된 지상 기동전력의 잠재력에 주목했다.

탱크는 제1차 세계대전 중의 전선 교착상태가 극치에 달했던 1916년 9월 15일 솜므전투의 전장에서 처음 등장했다.[36] 당시 영국군이 투입한 18대의

---

36) 탱크는 제1차 세계대전 당시 영국 육군의 공병장교 어네스트 스윈턴이 고안해낸 것인데,

초기형 탱크는 주행속도가 느리고 자주 고장이 일어나는 등 문제가 적지 않았으나, 금속제 장갑 덕분에 빗발치는 독일군의 총탄사격 속에서도 얼마든지 참호를 향해 돌진하면서 포탄 사격까지 할 수 있었다. 이에 놀란 독일군은 겁에 질린 나머지 도망치기 일쑤였다. 제1차 세계대전이 끝나가던 1918년 8월 8일의 아미엥 전투에서는 영국과 프랑스, 미국 연합군이 400여대의 탱크를 집중 투입하여 하루 동안에만 10km가 넘는 독일군 전선을 돌파하는 대성공을 거두었다. 당시 독일 육군의 참모차장이었던 에리히 루덴도르프는 이를 '독일군 암흑의 날'이라고 표현했고, 이로써 독일의 전쟁수행 의지는 결정적인 타격을 입었던 것이다.

제1차 세계대전 당시 영국군의 탱크

중세 기사시대가 막을 내린 이후 지상전에서의 기동이란 곧 '대규모 보병부대의 움직임'을 뜻했으며, 기병대는 겨우 명맥만 유지하고 있었다. 이런 상황에서 기관총을 막아낼 수 있는 방호 능력에 일정 수준의 자체 무장까지 겸비한 탱크는 기동력을 통한 참호전의 극복을 모색하고 있던 이들에게 복음(福音)과 같은 존재였다. 영국 육군의 존 F.C 풀러도 그 가운데 한명이었다. 풀러는 제1차 세계대전 중인 1917년 11월의 캉브레 전투에서 370대 이상의 탱크를 운용하는 영국군 최초의 기갑(機甲 : Armoured)군단에서 참모장으로 활동했고, 이러한 경험을 바탕으로 일찍부터 기계화된 지상 기동전력의 중요성을 강조해왔다. 다수의 탱크들로 구성된 독립 기갑부대가 적의 취약한 측·후방을 빠른 속도로 우회, 돌파하여 배후의 적 지휘부까지 깊숙이 전진함으로써 적군을 공포와 혼란에 빠뜨리고, 궁극적으로는 조기에 결정적인 승리를 달성해야 한다

장갑차량에 트랙터의 무한궤도형 캐터필러와 소구경 포, 기관총을 탑재하는 방식이었다. 탱크라는 이름은 개발 당시 '식수저장용 물탱크'라는 위장 명칭이 붙은 것에서 유래했다.

는 것이 풀러의 지론이었다.[37] 풀러가 주장했던 기동전 이론은 적 병력의 철저한 파괴, 살상을 강조하는 섬멸전보다는 적 전투력의 체계적 운용능력과 전쟁수행 의지를 무너뜨리는 것에 초점을 두는 마비전의 성격이 강했다.

풀러 이외에 영국의 바실 리델하트, 그리고 훗날 프랑스의 대통령이 된 샤를 드골도 지상 기동전력의 기계화를 주창하고 나섰다. 리델하트는 자신의 대표적인 전략이론인 '간접접근'의 연장선상에서 탱크, 장갑차 중심의 독립 기동전력을 적극적으로 육성, 운용해야 한다고 역설했고, 드골은 1930년대 초부터 다수의 사단급 기계화부대들로 구성된 10만명 규모의 정예 상비군 창설을 주장하는 저서와 논문들을 발표했다.

마지노선의 요새 진지(왼쪽)와 포대(오른쪽). 참호전 시대를 벗어나지 못했던 제2차 세계대전 직전의 프랑스군을 상징하는 실패작이다.

그러나 이들의 선견지명은 모국인 영국, 프랑스 내에서 외면당하고 말았다. 제1차 세계대전의 승전국이었던 두 나라의 군 수뇌부들은 여전히 참호전 시대의 발상에서 벗어나지 못하고 있었으며, 앞으로의 전쟁에서도 화력이 기동을 압도하는 가운데 방어 위주의 전략이 통할 것으로 믿어 의심치 않았다. 그 증거로 프랑스는 140km에 걸친 독일과의 국경지대에 어마어마한 수량의 포, 기관총 등으로 무장하는 거대한 방어용 요새, 즉 마지노선(Maginot Line)[38]을 구축했다. 프랑스군은 이 요새가 프랑스를 또 다른 전쟁의 재앙에서 지켜

37) 온창일 · 정토웅 · 김광수 · 박일송 · 황수현, 2006, pp.221~225.
38) 당시 프랑스의 국방장관이었던 앙드레 마지노의 이름에서 유래한 명칭이다.

줄 수호신이라고 확신하고 있었다.

한편 독일은 제1차 세계대전이 끝난 이듬해인 1919년에 체결된 『베르사유 조약』에 따라 천문학적인 전쟁배상금 지불 책임과 더불어, 정규군의 규모는 10만명을 넘지 못하도록 규제를 받았다. 이처럼 열악해진 조건 속에서도 독일군은 한스 폰 젝트의 지도 아래 군사력 재건을 비밀리에 추진했고,[39] 자체적으로 제1차 세계대전에서의 교훈을 면밀히 분석, 평가했다. 그 결과 전후에도 참호전을 전제로 하는 방어 위주의 전략을 고수하려 했던 영국, 프랑스와는 달리, 독일의 군 수뇌부는 오히려 기동력에 의한 신속하고도 결정적인 승리를 포기해서는 안된다는 결론을 내렸다. 역설적이게도 승전국에서 외면받은 지상 기동전력의 기계화가 패전국인 독일에서 실현될 기회를 얻은 것이었다.

독일군에서 지상 기동전력의 기계화를 선도한 주인공은 하인츠 구데리안이었다. 구데리안은 1920년대 초 수송부대에서 근무한 것을 계기로 기계화, 차량화부대에 주목하기 시작했으며, 이후 풀러와 리델하트, 드골의 저작들을 탐독하면서 기계화부대의 적극적 활용을 통한 기동전의 개념을 보다 구체화시켜 나갔다. 당시 자동차는 주로 군수물자 수송용으로 쓰였기 때문에 독일군 내에서 구데리안의 기계화부대 구상을 지지하는 이들은 아직 소수였다. 그러던 1933년 독일의 정권을 장악한 나치스(Nazi : 국가사회주의당)의 아돌프 히틀러가 구데리안의 건의를 수용하면서 독일군은 본격적으로 지상 기동전력의 기계화에 착수하게 되었다. 광신적인 아리안 인종우월주의 신봉자였던 히틀러는 제1차 세계대전에서의 패배를 설욕하려는 복수심에 불타 있었으며, 집권 2년째인 1934년에 『베르사유 조약』이 규정한 병력 10만명을 훨씬 초과

---

39) 전후 독일군의 일반병사와 부사관, 장교들은 유사시에 자기 직급 이상의 임무를 수행할 수 있도록 훈련받았으며, 기존 총참모부의 장교들도 민간 정부부처로 파견하는 방식으로 업무를 계속했다. 여기에 기술분야 전문가들은 해외로 파견되어 신무기의 제조, 운용법을 교육받았다. 덕분에 독일군은 제1차 세계대전 이후의 규모 축소에도 불구하고 인적 역량에서는 최고 수준을 유지할 수 있었고, 이는 제2차 세계대전에서의 강력한 군사력을 확보하는 기초가 된 것이다. 노병천, 『圖解世界戰史』(연경문화사, 2001), pp.256~259.

하는 대규모의 정규군 재무장을 공식 선언하였다.

1935년 10월, 마침내 구데리안이 그토록 고대했던 독일군 최초의 사단급 기갑부대 3개가 창설되었다. 이들 기갑사단은 500대 이상의 탱크와 더불어 장갑차에 탑승, 이동하는 기계화보병(機械化步兵 : Mechanized Infantry), 포병, 공병 등을 보유하여 지속적으로 독립 기동전을 수행할 수 있었다. "탱크가 제대로 위력을 발휘하려면 보병과 포병, 공병, 통신 등의 지원전력들도 기동력을 갖추어 기갑부대에 종속되어야 한다"는 구데리안의 주장이 반영된 결과였다. 때마침 미국, 유럽에서의 자동차산업 성장으로 가솔린 내연기관(內燃機關)의 성능이 크게 향상되었고, 제1차 세계대전 시절 보병의 도보 수준(시속 약 6km)에 불과했던 탱크의 주행속도는 시속 30~50km 내외로 훨씬 빨라져 기습효과를 강화시켰다. 또한 대다수의 탱크에 무선 통신장비를 탑재하여 원활한 지휘통제가 가능하도록 했다. 탱크 중심의 기동전이 그 위력을 선보일 날은 점점 다가오고 있었다.

1939년 9월 1일, 히틀러의 독일군이 폴란드를 전면 침략하면서 제2차 세계대전이 시작되었다. 선두에 나선 독일군의 기갑부대들은 삽시간에 폴란드 영토를 유린했으며, 불과 2주일만에 수도 바르샤바가 포위당했다. 결국 폴란드는 9월 27일에 항복했고, 제2차 세계대전의 첫 번째 희생양이 되었다. 세계 각국은 마치 '번개'처럼 신속하고도 일방적인 독일군의 승리에 경악을 금치 못했다. 여기서 전격전(電擊戰 : Blitzkrieg)이란 단어가 유래한 것이다. 히틀러의 다음 목표는 20년 전의 제1차 세계대전에서 돌파하지 못했던 서부전선이었다.

엄밀히 평가하자면 제2차 세계대전이 시작될 당시 독일군의 지상 기동전력은 결코 절대적인 우세를 차지하지 못하고 있었다. 영국 · 프랑스 연합군은 독일군보다 많은 탱크와 장갑차를 보유했으며, 탱크 자체의 무장이나 장갑 방호력에서도 독일군의 것보다 우수했다. 대신 독일군은 한 가지 측면에서 연합군보다 분명한 우위를 차지하고 있었다. 독일군이 2개 기갑군단과 그 예하의 10개 기갑사단을 편성하여 다수의 탱크를 독립적으로 운용할 수 있었던 반면, 연합군은 탱크 대부분을 일반 보병사단에 분산 배치하여 보병의 지원전력으로 삼았던 것이다. 양측의 차이는 곧 극과 극의 결과로 이어지게 된다.

제2차 세계대전 당시 독일군의 탱크 행렬. 유럽을 휩쓴 전격전의 주역들이었다.

1940년 5월 10일, 30개의 독일군 사단이 중립국인 네덜란드와 벨기에로 침략해 오자 약 100만명 규모의 연합군 주력부대들은 서둘러 벨기에 북부로 이동하기 시작했다. 그런데 당시 연합군은 한 가지 중요한 사실을 간과하고 있었다. 같은 시간 7개 기갑사단을 선봉으로 하는 또 다른 독일군 45개 사단이 마지노선 북쪽의 아르덴 삼림지대에 나타난 것이다. 사실 네덜란드와 벨기에를 침략한 독일군 부대들은 연합군을 유인하기 위한 조공에 불과했으며, 아르덴으로 향한 병력이 바로 주공이었다. 독일군 기갑사단들은 불과 3일만에 아르덴을 돌파하였고, 작전 10일째인 5월 20일까지 380km 이상을 거침없이 진격한 끝에 프랑스 서부의 아미엥, 아브빌을 함락시켜 연합군의 후방 보급로를 차단해버렸다.[40] 이는 독일군조차 기대하지 못했던 대성공이었다. 측·후방을 노출당한 보병 중심의 연합군 병력은 예상 밖의 엄청난 속도로 돌진해오는 독일군의 탱크 앞에서 항복하기에 바빴다. 프랑스가 난공불락의 요새라고 철

---

40) 당시 독일군의 기갑사단들 가운데서도 에르빈 롬멜이 지휘하는 제7 기갑사단은 하루 평균 60~80km 이상을 진격하는 경이적인 기록을 세웠다. 이후 롬멜은 1941~1943년 북아프리카에서도 1개 기갑군단을 훌륭히 지휘하여 '사막의 여우'라는 명성을 얻었고, 오늘날까지 대표적인 기동전의 명수로 평가받고 있다.

석같이 믿었던 마지노선의 한계가 그대로 드러난 것이다.

이로써 네덜란드와 벨기에로 이동한 연합군의 주력과 마지노선에서 독일군과 대치하고 있던 대규모의 프랑스군은 남북으로 쪼개져 고립되고 말았다. 130개나 되는 연합군의 사단급 부대가 불과 7개 독일 기갑사단의 기습적인 전선 돌파로 철저히 유린당한 것이다. 네덜란드와 벨기에마저 독일에 항복하자 살아남은 34만명의 연합군들은 덩케르크에서 영국으로 총퇴각할 수밖에 없었다. 전투 5주째가 되던 6월 14일 독일군은 프랑스의 수도 파리를 함락시켰고, 결국 프랑스는 6월 22일에 항복했다. 이로써 6주만에 프랑스를 굴복시키려 했던 슐리펜의 꿈은 20여년 후 훨씬 빠른 시간만에 이루어졌다. 그 일등공신은 단연 참호전을 극복해낸 탱크, 장갑차 중심의 지상 기동부대였다.

독일군은 칭기즈 칸의 몽골 제국 이후 가장 강력한 지상 기동부대를 건설해냈으며, 기동력은 다시금 전쟁의 핵심으로 화려하게 부활했다.[41] 전격전의 성공과 마지노선의 실패는 군사혁신의 성패가 전쟁에서 얼마나 큰 차이를 가져오는가를 극명하게 보여주는 가장 대표적인 사례로 남아있다.

입체화되는 전쟁터

1903년 12월 17일. 이날 미국 키티호크에서는 윌버-오빌 라이트 형제가 사상 최초의 동력비행을 성공시켰다. 새처럼 하늘을 날고 싶다는 인간의 꿈을 이루어준 비행기는 개발된 지 약 10년이 지난 제1차 세계대전의 전쟁터에 등장했다. 초기의 항공기는 주로 하늘에서의 정찰 임무를 담당하는 것이 고작이었지만, 얼마 안 되어 직접 폭탄과 수류탄을 싣고 적의 육군 병력을 공격하는 방식으로 전투에 참가하기 시작했다. 항공기에 기관총이 탑재되면서

---

41) 최근에는 제2차 세계대전 당시 독일군의 전격전은 그 자체가 체계화, 이론화된 것이라기보다는 서부전선 돌파 과정에서 수립된 임기응변의 산물이며, 독일군 특유의 '임무형 전술(Mission-type Tactics)'이 승리에 보다 크게 기여했다는 지적도 제기되고 있다. 다시 말해 전격전이라는 개념 자체가 군사전술보다는 히틀러와 나치스의 위업을 과시하기 위한 정치적 선전에 더 가깝다는 것이다. 보다 자세한 내용은 칼-하인츠 프리저 저, 진중근 역, 『전격전의 전설』(일조각, 2007)을 참고.

적 항공기와의 공중전도 가능해졌다. 독일군과 연합군의 항공기, 비행선들은 종종 상대측의 민간 도시까지 폭격했는데, 이는 항공기가 전방뿐만 아니라 후방 지역까지 자유롭게 공격하는 전략무기로서 활용될 수 있음을 보여준 것이다.

제1차 세계대전을 계기로 전쟁의 새로운 영역에 편입된 공간은 '하늘'뿐만이 아니었다. 해전에서는 그동안 불가능의 영역으로 여겨졌던 '바다 속'을 누비는 군함, 즉 잠수함(潛水艦 : Submarine)이 점차 세력을 떨치기 시작하고 있었다. 최초의 군사용 잠수함은 19세기 말 프랑스 해군이 배수량 30톤의 소형 잠수정을 도입한 것이 기원이며, 1906년 미 해군은 수상 항해와 잠항에 각각 디젤기관, 축전지를 사용하는 잠수함을 본격 운용하기 시작했다. 제1차 세계대전이 일어난 1914년에는 이미 16개국의 해군에서 400여척의 잠수함이 활동 중이었는데, 그 가운데서도 가장 잠수함을 적극 활용했던 나라는 독일이었다. 당시 독일은 마한의 대양해군력 이론을 신봉한 황제 빌헬름 2세의 독려로 전쟁 직전까지 해군력 강화에 전력을 기울였으나, 1916년 5월 31일 영국과의 유틀란트 해전 이후에는 좀처럼 영국 해군의 장거리 해상봉쇄를 돌파하지 못했다.

결국 수상전투함 세력에서 영국에 맞서기 어렵다는 것을 깨달은 독일은 그 대안으로 잠수함의 강화를 선택했다. 'U-보트'라는 별칭으로 더욱 유명했던 독일 해군의 잠수함은 배수량이 800톤 이상으로 당시 주요 국가들이 보유하고 있던 것보다 2배 이상 규모가 컸으며, 덕분에 자국 연안에서 멀리 떨어진 공해(公海)상에서도 작전을 수행할 수 있었다. U-보트들은 1915년 2월부터 영국 주변해역 이내로 접근하는 군함과 상선을 무차별 공격하는 이른바 '무제한 잠수함전'을 실시했으며, 연합국의 군함과 상선들은 눈에 보이지 않는 수중(水中)에서 기습적으로 시속 50km, 항속거리 6km의 어뢰를 날리는 독일 U-보트의 공포에 시달렸다.

제1차 세계대전이 끝날 때까지 독일 해군의 U-보트가 격침시킨 연합국 선박은 1,200만톤이 넘었고, 특히 영국은 선박 900만톤(약 2천여척)과 승조원 1만 4천명 이상에 달하여 대외무역이 심각하게 마비될 정도였다. 잠수함은 수천년 동안 해전에서 독점적 지위를 차지해온 거대 군함들에게 결코 무시할 수 없는 도전자로 떠올랐으며, 군함들 사이의 함대결전(艦隊決戰 : Decisive Fleet Battle) 대신 비무장 상선이나 수송선을 공격하여 적국의 경제력에 치명적인 타격을 가하는 통상파괴전(通商破壞戰 : Commerce Raiding)이 새로운 형태의 해전으로 등장했다.

제1차 세계대전이 끝난 후 탱크와 더불어 새로운 시대의 전쟁을 주도할 신무기로 주목받은 것은 항공기였다. 군사 무기로서의 항공기는 2차원인 육지와 바다의 물리적 제약을 손쉽게 '뛰어넘을' 뿐만 아니라, 이들 공간으로 직접 연결되는 3차원의 공간, 즉 하늘에서 작전을 수행할 수 있다는 차별성을 갖는다. 전격전의 선구자였던 풀러와 리델하트, 드골, 구데리안도 육지에 발이 묶이는 보병과 탱크, 장갑차, 야포보다 빠르고 자유롭게 움직일 수 있는 항공기를 기계화된 지상 기동부대와 더불어 참호전에서의 전선 교착을 극복하는 데 필수적인 무기로 평가했다.

항공기를 보다 전략적, 독자적으로 운용해야 한다는 항공력(航空力 : Air Power) 이론도 힘을 얻기 시작했다. 그 대표격인 이탈리아의 줄리오 두헤는 보병이나 포병을 비롯한 지상 전력의 공격범위를 훨씬 능가하는 항공기의 우월성을 강조했으며, 지상 전력이 팽팽하게 대치하는 전방을 넘어 적 후방지역의 경제·산업시설과 인구 밀집지역을 겨냥한 전략폭격(戰略爆擊 : Strategic Bombing)에 항공기를 우선적으로 투입하는 것이 전쟁의 신속한 승리를 보장한다고 주장했다. 이는 항공기가 적의 전쟁수행 능력과 의지를 제거하는 데 가장 효과적인 전략 차원의 공격무기라는 두헤의 시각을 반영한 것이다. 미국에서는 윌리엄 미첼이 활약하고 있었다. 미첼은 항공기가 기존의 지상전과 해전에서도 절대적인 우위를 차지하는 만능 무기라고 역설했고, 1921년과 1923년에는 직접 항공기로 군함을 공격하는 시범을 보여주어 큰 반향을 일으켰다.

그동안 항공기는 빠른 속도로 기술적인 발전을 이루고 있었다. 비행속도와 탑재능력이 대폭 확대되었고, 금속제 기체를 사용하여 고속 비행 중에도 견딜 수 있도록 한 것이다. 1927년 찰스 린드버그의 대서양 횡단비행 성공으로 항공기의 장거리 비행시대가 열렸다. 전쟁에서 항공기의 가공할만한 위력은 제2차 세계대전의 시작이었던 1939년 9월 1일 독일의 폴란드 침략에서 증명되기 시작했다. 독일 공군의 전투기와 지상 공격기들은 개전 48시간만에 폴란드의 공군력을 전멸시켜 버렸고, 이어 폴란드의 주요 교통로와 산업시설, 지상전력에 무자비한 공격을 퍼부었다. 다음해 5월 서부전선에서도 독일 공군은 연합군의 항공기와 지상 부대를 효과적으로 제압하여 지상의 기갑, 기계화보병 부대가 벨기에와 네덜란드, 프랑스를 향해 신속히 진격할 수 있도록 보장했다. 이와 같은 독일 공군의 눈부신 활약이 없었다면 제2차 세계대전 초반 유럽을 석권해낸 독일 전격전의 신화는 불가능했을 것이다.

제2차 세계대전 당시 독일 공군의 '슈트카' 공격기. 지상의 기갑부대들과 더불어 전격전의 핵심 역할을 해냈다.

독일군이 선보인 항공력의 힘은 전투기뿐만이 아니었다. 1940년 4월의 덴마크, 노르웨이 침략에서는 수송기에서 낙하산을 타고 투입되는 독일 공수(空輸 : Airborne)부대가 주요 교통 및 통신 요충지들을 신속히 점령하여 후방지역에 공포와 혼란을 퍼뜨렸고, 조직적인 저항, 반격능력을 마비시켰다. 1개월 후, 독일군은 서부전선으로의 본격적인 진격이 개시된 지 2일만에 벨기에의 최대 방어기지인 에벤 에마엘 요새를 소수의 공수부대원들만으로 점령하여 연합군의 방어작전에 큰 타격을 주었다.

프랑스가 항복하면서 히틀러의 독일에 맞설 수 있는 상대는 오직 섬나라

영국만이 남았다. 독일이 바다 건너의 영국 본토를 직접 침략하려면 최대의 저항세력인 영국의 공군력을 제거해야만 했으며, 이를 위해 1940년 8월 초부터 영국을 폭격하기 시작했다. 비록 영국 공군은 홀로 싸워야 하는 입장이었지만, 몇 가지 측면에서 독일 공군보다 유리한 점도 있었다. 우선 비행속도와 기동 능력이 우수하고 8문의 공대공 기관총을 탑재

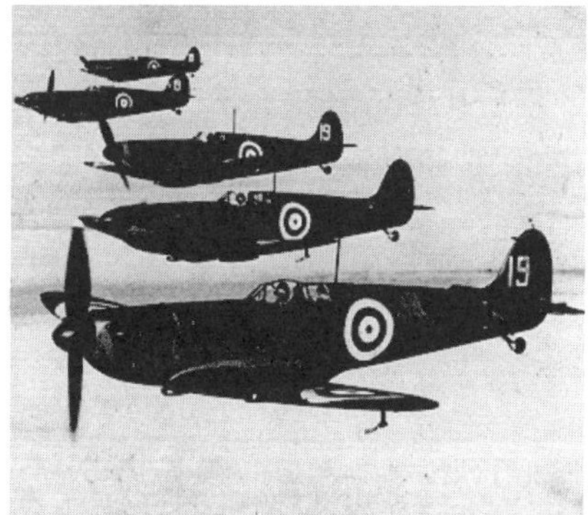

영국 공군의 '스핏파이어' 전투기. 1940년 영국 항공전에서 독일의 침략 시도를 격퇴해낸 주인공이다.

한 '스핏파이어'와 '허리케인'을 주력 기종으로 보유했다. 영국은 제1차 세계대전 중이었던 1918년에 이미 세계 최초로 공군을 독립 군종으로 승격시켰으며, 일찍부터 지상공격뿐만 아니라 충분한 공중전 수행능력을 갖춘 전투기들을 꾸준히 확보해 왔다. 또한 영국 공군은 약 100km 밖에서 접근하는 독일 공군기들을 탐지할 수 있는 레이더 50여대를 남부 연안지역에 설치하여 신속 대응이 가능했다. 레이더의 개발은 적군의 위협을 거의 실시간으로 추적, 대처할 수 있는 새로운 정보수집 능력, 즉 조기경보(早期警報 : Early Warning)의 지평을 열어주었다.

이에 비해 독일 공군은 보유 기종의 대다수가 지상 작전에서의 전술폭격(戰術爆擊 : Tactical Bombing)이나 근접항공지원(CAS : Close Air Support)을 위한 단거리 전투기와 공격기였다. 이들은 영국해협을 넘어 지속적으로 공중전을 수행하기에는 항속거리가 짧고, 공대공 교전용 무장의 화력도 영국 공군의 전투기보다 미약했다. 그 결과 독일 공군은 항공기 규모의 양적 우세와 계속되는 폭격에도 불구하고 좀처럼 영국 상공의 제공권(制空權 : Command of Air)을 빼앗지 못했고, 많은 폭격기들이 제대로 된 엄호를 받지 못하는 상

태에서 영국 공군의 전투기들에게 요격당했다. 특히 1940년 9월 15일의 대규모 공중전에서 영국 공군은 침범해온 독일 공군기 1,100대(폭격기 약 400대 포함)의 10%가 넘는 165대(폭격기 약 60대 포함)를 격추시키고, 다수를 대파(大破)하는 결정적인 승리를 거두었다.

결국 독일군은 10월 말까지의 산발적인 공습을 끝으로 영국 침략을 사실상 포기했다. 역사상 유례없는 '공군만의 전쟁'이었던 약 3개월 동안의 영국 항공전(Battle of Britain)은 공중우세(空中優勢 : Air Superiority)가 새로운 시대의 전쟁에서 승리를 위한 대전제가 될 것임을 확인시켰다.

두 차례의 세계대전에서 위용을 떨친 독일해군의 U-보트 잠수함

공군력으로 영국을 굴복시키는 데 실패한 독일은 제1차 세계대전에서 맹위를 떨쳤던 잠수함의 힘에 다시 한 번 기대를 걸어야만 했다. 당초 히틀러는 일명 'Z 계획(Plan Z)'으로 알려진 대형 수상전투함 중심의 대양해군력 건설을 우선적으로 추진했지만, 막상 제2차 세계대전이 일어날 당시에는 목표치에 훨씬 못 미치는 수량의 군함들만이 확보된 상태였다. 설상가상으로 독일 해군은 1940년 4월 노르웨이 해역에서 벌어진 영국 해군과의 전투에서 다수의 주력 군함들을 잃으면서 심각한 타격을 입었다. 이에 따라 독일 해군은 프랑스, 노르웨이의 새로이 확보한 해군 기지에 U-보트를 배치하여 그해 7월부터 영국 인근해역에서 통상파괴전을 벌였다.

제1차 세계대전에서 U-보트 함장으로 참전하기도 했던 독일 해군 잠수함대의 사령관 카알 되니츠[42] 제독은 1개 조를 구성하는 10척 이상의 U-보트가

42) 이후 되니츠는 1943년 독일 해군의 총사령관이 되었고, 히틀러가 자살한 직후인

연합국 수송선단을 동시에 집단 공격하는 '이리떼(Wolfpack) 작전'으로 20여 년만에 영국 경제의 숨통을 조였다. U-보트는 최전성기였던 1941~1942년에 걸쳐 북해와 북대서양, 심지어는 미국 동부 해안과 카리브해에도 출몰하여 1945년 5월 종전을 맞을 때까지 총 2,700여척, 1,400만톤 이상의 연합국 선박을 격침시켰다. 이는 제1차 세계대전의 전과를 뛰어넘는 규모였다.

그동안 바다를 지배해 온 수상전투함은 잠수함뿐만 아니라, 이제 새로이 등장한 항공기의 거센 도전을 맞아야만 했다. 1918년 영국 해군이 사상 최초의 본격 항공모함(航空母艦 : Aircraft Carrier) '아르거스'를 취역시킨 이후 세계 각국의 해군은 항공모함을 건조하기 시작했는데, 1930년대까지는 주로 정찰용 내지 함선 자체의 방어를 위한 요격용 항공기들을 탑재하였다. 그러던 1940년 11월 영국 항공모함 '일러스트리어스'에서 21대의 전투기가 출격, 이탈리아 타란토 항에 대한 공습을 성공시켰다. 이로써 항공모함이 바다로부터 적의 함대, 혹은 지상 기지를 직접 공격할 수 있는 이동 기지 역할을 해낼 수 있음이 증명되었다. 이듬해 5월에는 독일 해군이 자랑하는 거대 전함 '비스마르크(배수량 41,000톤)'가 역시 영국 항공모함에서 출격한 뇌격기(雷擊機)들이 발사한 어뢰로 격침당하면서 군함들이 항공기의 공격에 얼마나 취약한지가 다시금 드러났다.

항공모함을 명실상부한 해전의 최강자로 올려놓은 계기는 그 유명한 진주만 공습이다. 일본 연합함대 사령관 야마모토 이소로쿠(山本五十六) 제독의 명령으로 1941년 11월 26일 출항한 기동함대가 10일 후 하와이 북쪽 320km 지점에 도착하였고, 12월 7일 기동함대의 사령관 나구모 주이치(南雲忠一) 제독은 미 해군의 태평양 거점인 진주만을 공격하도록 지시했다. 이어서 6척의 항공모함에서 350대의 일본군 공격기와 뇌격기가 차례로 출격, 2시간이 채 안되어 진주만 기지를 초토화시켰다. 이 공습으로 미 해군은 주력 군함 18척(전함 7척 포함)과 항공기 347대(폭파 188대 포함), 그리고 병력 4,575명(전사

1945년 5월에는 후임 독일 최고지도자 자격으로 연합군에 항복했다.

약 3,300명 포함)을 잃었고, 상당기간 동안 태평양의 제해권을 회복하는 데 어려움을 겪어야 했다.

그러나 이후에도 일본 해군력의 핵심은 여전히 다수의 대구경 함포를 탑재한 대형 군함들이었다. 일본 해군은 진주만 공습을 단순히 '성공적인 특공작전'으로 평가했을 뿐, 항공기를 새로운 형태의 해전을 지배할 주도적인 무기로 인정하지는 않았던 것이다. 일본 해군의 거함거포주의(巨艦巨砲主義) 신봉은 1941년 12월 16일 초대형 전함 '야마토(大和)'가 취역하면서 그 절정에 달했다. 당시 야마토는 만재배수량이 무려 72,000톤을 넘었고, 460mm 주포 9문, 127mm와 155mm 함포 각각 12문, 그리고 28문의 대공포를 탑재한 역사상 최대의 전함이었다.[43] 일본 해군은 야마토가 지난 1905년 도고 제독의 쓰시마 해전과 같은 함대결전에서 승리를 안겨줄 비장의 무기가 될 것으로 기대했다. 하지만 이미 항공기가 바다에서도 핵심 무기로 자리잡기 시작하고 있던 마당에 대구경포를 앞세워 해전에서 승리하겠다는 것은 그야말로 시대착오적인 발상이었다.

진주만 공습을 위해 출격을 준비하는
일본 항공모함의 탑재기들

일본 해군의 오판은 곧 가혹한 대가를 치르게 되었다. 대동아공영권(大東亞共榮圈)이란 미명아래 아시아 전역에서 침략의 마수(魔手)를 뻗쳐가던 일본군은 진주만 공습으로부터 6개월만인 1942년 6월 4일, 미드웨이 해전에서 결정적인 타격을 입었다. 미 전투기의 공격으로 최신형 주력 항공모함 4척이 한

43) 이후 야마토의 화력은 기존의 460mm 주포 9문과 더불어 155mm 함포 6문, 127mm 함포 24문, 그리고 대공포 166문으로 더욱 강화되었다. 인터넷 웹사이트 http://en.wikipedia.org/wiki/Battleship_Yamato "Japanese battleship Yamato" (검색일자 2008년 5월 18일)

꺼번에 격침당했으며, 약 320대의 항공기를 잃은 것이다. 미드웨이 해전을 기점으로 일본은 더 이상 점령지역을 확대하지 못했고, 이후 과달카날과 사이판, 필리핀 등지의 해전에서 항공모함 중심으로 재편된 미 해군 함대에게 연달아 패배하였다. 일본 해군이 그토록 기대를 걸었던 대전함 야마토는 이렇다 할 전과 없이 1945년 4월 7일 오키나와(沖繩) 인근 해역에서 미 해군 전투기들이 투하한 엄청난 양의 폭탄, 어뢰를 맞고 침몰되어 거함거포주의에 종지부를 찍었다. 야마토는 프랑스의 마지노선과 더불어 시대를 역행한 제2차 세계대전 최악의 실패작으로 기록될 것이다.

격침 직전의 야마토 함. 1945년 4월, 미 해군 전투기들의 폭탄과 어뢰 세례를 받고 수장되었다.

한편 유럽에서는 1942년부터 영국과 미국의 장거리 폭격기가 독일 영토를 겨냥한 대규모 폭격을 실시하고 있었다. 함부르크와 드레스덴, 심지어는 수도 베를린도 연합군 폭격기들의 폭탄 세례로부터 자유롭지 못했다. 태평양의 미군도 1944년 가을부터 재탈환한 마리아나 제도에 B-29 '수퍼 포트리스' 장거리 폭격기를 배치하고 일본 본토를 직접 공습하기 시작했는데, 특히 1945년 3월부터는 소이탄을 대량으로 투하하여 목조건물이 많은 일본의 대도시들을 초토화시켰다. 독일과 일본의 군사적, 경제적 기반을 서서히 붕괴시키고, 궁극적으로는 전쟁을 수행해나갈 능력뿐만 아니라 의지마저 박탈해 버리겠다는 계획이었다. 일찍이 두헤가 설파했던 전략폭격이 현실화된 것이다.

연합군의 전략폭격은 두헤의 주장과는 달리 그 자체로 전쟁을 끝내거나, 단기간 내에 결정적인 효과를 거두지는 못했다. 그러나 독일과 일본으로 하여금 방어에만 급급하도록 강요하여 전쟁에서의 주도권을 빼앗았고, 중 · 장기적인 저항 지속능력을 고갈시켰다. 한마디로 연합국이 본격적인 결전을 감행하기에 앞서 보다 손쉽게 승리할 수 있는 유리한 조건을 적극 조성해낸 것이다. 이것만으로도 전략폭격의 가치는 분명했다고 평가할 수 있다.

유럽 상공의 B-17 미군 폭격기. 연합군의 독일 전략폭격에서 주력을 담당했다.

제2차 세계대전은 군사력의 중심을 인간에서 기계로 완전히 바꿔놓았다. 그 가운데서도 항공기와 잠수함은 전쟁터를 육·해·공의 3차원 공간으로 확대, 입체화시키면서 새로운 전쟁의 양상을 만들어냈다. 과거의 어떠한 무기들보다도 먼저, 빨리, 그리고 멀리 움직일 수 있는 항공기는 불과 20여년 만에 전장을 주도하는 지배적 무기로 떠올랐고, 이제 전쟁터에서 하늘을 차지하지 못하는 자에게는 패배와 죽음만이 주어졌다. 잠수함은 눈에 보이지 않는 수중에서 활동하는 '은밀성'을 무기로 하여 기존 군함이 감히 흉내 낼 수 없는 탁월한 기습 능력을 발휘했다. 소규모의 해군력을 갖춘 나라도 다수의 대형 수상전투함으로 무장한 해양강국과 맞설 수 있는 대안이 된 것이다.

(3) 핵시대의 공포

죽음의 버섯구름

1938년 12월 독일 베를린의 한 연구소에서 오토 한, 프리츠 슈트라스만이라는 두 과학자가 이전까지 시도된 적이 없었던 실험에 성공했다. 중성자로 우라늄 원소에 충격을 가하여 원자의 핵을 인공적으로 분리시킨 것이었다. 이는 세계 최초의 핵분열(Nuclear Fission) 실험으로 기록되었다. 중요한 것은 핵분열 과정에서 일어나는 연쇄반응이 막대한 에너지를 방출시킨다는 점이었는데, 이후 추가적인 연구를 통해 우라늄 동위원소들 가운데서도 특히 거대한 폭발력으로 연결될 수 있는 2개의 물질이 지목되었다. 바로 U-235와 플루토늄(Pu)이었다.

만약 이러한 엄청난 규모의 에너지가 군사적으로 사용된다면, 그 파괴 · 살상능력은 지금까지 존재했던 어떠한 무기보다 가공할만한 것임에 틀림없었다. 더욱 큰 문제는 이처럼 중대한 발견이 유럽 정복의 야욕에 사로잡혀 있던 히틀러의 독일에서 이루어졌다는 점이었다. 제2차 세계대전의 발발을 전후로 하여 당대 최고의 물리학자였던 알버트 아인슈타인을 비롯한 독일 출신의 망명과학자들은 미국 정부에 원자 핵분열무기(이하 원자폭탄(原子爆彈 : Atomic Bomb))의 위험성을 경고했으며, 동시에 미국이 독일보다 먼저 그것을 개발해내야 한다는 건의까지 했다.

프랭클린 루즈벨트 미국 대통령은 이 건의를 수용하였다. 곧 미국은 원자폭탄을 개발하는 정부 차원의 극비 사업에 착수하였고, '맨하탄 프로젝트(Manhattan Project)'로 명명된 이 사업에 로버트 오펜하이머, 엔리코 페르미 등의 정상급 물리학자들이 총동원되었다. 그 결과 1945년 7월 16일, 뉴멕시코 주의 한 실험장에서 사상 처음으로 개발된 원자폭탄의 폭발 실험이 성공적으로 이루어졌다. 하지만 유럽에서는 2개월 전에 이미 전쟁이 끝난 상태였고, 당초 우려와는 달리 독일의 원자폭탄 개발 계획은 보잘것없는 수준에 불과했던 것으로 드러났다. 이제 원자폭탄의 표적은 여전히 미국과의 전쟁을 계속하고 있던 일본으로 바뀌었다. 마침 미국은 대규모의 일본 본토 상륙작전을 계획 중이었는데, 본격적인 상륙을 실시하기 전 미군 병력의 인명손실을 최소화하기 위해서도 원자폭탄이 적지 않은 기여를 할 것으로 기대했다. 말하자면 원자폭탄을 단순히 지난 수개월 동안 일본에서 계속되어 온 전략폭격의 일부 정도로 판단하고 있었던 것이다.

그리하여 1945년 8월 6일, 오전 8시 15분에 미군의 B-29 폭격기 1대가 일본 히로시마(廣島) 상공에서 U-235를 사용한 고농축우라늄(HEU : Highly Enriched Uranium) 폭탄 '리틀보이'를 투하했고, 히로시마는 눈 깜짝할 사이에 '살아있는 지옥'으로 돌변했다. '리틀보이'는 약 12KT(킬로톤), 즉 일반 화약무기 1,200만개 수준의 폭발력으로 엄청난 고열과 폭풍, 그리고 방사선을 방출했다. 당시 히로시마의 인구 24만명 가운데 7만명이 폭발 직후 목숨을 잃었고, 이후 방사선 후유증의 희생자까지 포함해서 총 14만명이 고통 속에 죽어갔다. 3일 후인 8월 9일, 이번에는 21KT급의 플루토늄 폭탄 '팻맨'이 나가사키(長崎)에 투하되어 7만명 이상의 생명을 앗아갔다.

폭격기에 탑재되기 직전의 '리틀보이' 원자폭탄(왼쪽)과
1945년 8월 6일 히로시마 상공의 버섯구름(오른쪽)

1945년 8월 15일, 일본 천황 히로히토(裕仁)는 마침내 미국을 비롯한 연합국에 항복을 선언했다. 수개월이 넘도록 엄청난 규모의 폭탄이 동원된 미군의 전략폭격 앞에서도 본토 결사항전을 공언했던 일본이 단 2개의 원자폭탄 앞에 무릎을 꿇은 것이다. 이제 원자폭탄은 다른 재래식(在來式 : Conventional) 기계무기들을 훨씬 능가하는 위력의 무기로 인정되었다. 말하자면 영화 「반지의 제왕」(원제 : *Lord of the Rings*)에 나오는 '절대 반지'와도 같은 존재였던 것이다.

제2차 세계대전이 끝나면서 세계는 미국이 주도하는 자본주의 진영과 소련 중심의 공산주의 진영으로 양분되는 극단적인 정치 · 이념 대립, 즉 냉전(冷戰 : Cold War) 시대로 돌입했다. 공산주의 진영의 맹주였던 소련은 미국이 원자폭탄이라는 절대적 무기를 독점하는 것을 방관할 수 없었으며, 1949년 8월 29일 세계 2번째로 원자폭탄을 개발하는 데 성공했다. 소련의 원자폭탄 개발 소식에 놀란 미국은 핵분열 방식의 기존 원자폭탄보다 훨씬 강력한 수소폭탄(水素爆彈 : Hydrogen Bomb)의 개발에 착수, 1952년 11월 1일에 첫 실험을 성공시켰다. 수소폭탄은 핵융합(Nuclear Fusion) 방식을 사용하여 훨씬 큰 폭발에너지를 방출할 수 있었는데, 그 규모는 무려 10MT(메가톤)이나 되었다. 이는 제2차 세계대전 기간 동안 연합군이 유럽, 태평양에서 사용한 탄약 전체의 약 3배이자 히로시마와 나가사키에 투하되었던 원자폭탄의 수백 개 분량에 해당하며, 웬만한 국가 하나를 지구상에서 없애버릴 정도의 무시무시한 위력이었다.

하지만 미국의 그러한 시도를 비웃기라도 하듯, 소련 역시 1953년 8월 12일 수소폭탄 개발에 성공했다.[44] 미국 제1의 동맹국인 영국은 1952년 처음으로 원자폭탄을 개발했고, 1957년에는 수소폭탄까지 개발해냈다. 드골의 집권 이후 세계적인 강대국의 지위를 되찾으려 애쓰고 있던 프랑스도 1960년과 1968년에 각각 원자폭탄, 수소폭탄 실험을 성공시켰다. 그리고 중국이 1964년의 첫 번째 원자폭탄에 이어 불과 3년만인 1967년에 수소폭탄의 개발을 달성했다. 소위 '핵클럽'이라고 불리는 이들 5개 국가들은 모두 세계 질서를 좌지우지하는 국제연합(UN : United Nations) 안전보장이사회의 상임이사국들이기도 하다.

오늘날의 핵무기(核武器 : Nuclear Weapon)는 전술핵무기(戰術核武器 : Tactical Nuclear Weapon)와 전략핵무기(戰略核武器 : Strategic Nuclear Weapon)로 각각 분류된다. 전자는 도시 크기의 중소규모 지역을 초토화할 수 있는 수준으

---

44) 소련의 첫 수소폭탄 개발을 주도했던 핵물리학자 안드레이 사하로프는 이후 열렬한 반핵 운동가로 전향하여 소련 공산정권의 박해를 받았으며, 1975년에는 노벨평화상을 수상했다.

로 1945년 8월 히로시마, 나가사키에 투하되었던 원자 핵분열폭탄이 여기에 해당한다. 후자의 경우 국가 자체를 파멸시킬 정도의 파괴력을 내는 핵융합무기, 즉 수소폭탄을 뜻한다. 그렇다면 과연 핵무기는 군사혁신의 관점에서 어떻게 평가할 수 있을까?

핵무기의 옹호자들은 기존의 어떠한 무기도 감히 흉내내지 못할 막대한 파괴 · 살상 능력에서 나오는 군사적 효과를 강조한다. 같은 비용이라면 탱크, 대포, 군함, 전투기를 비롯한 재래식 무기보다 소수의 핵무기를 개발, 운용함으로써 훨씬 더 강력한 군사력을 확보할 수 있으며, 따라서 이전에는 없었던 군사상의 혁신을 이루었다는 논리다. 냉전 시절 미국이 서유럽과 동아시아 지역의 주요 미군기지에 전술핵무기[45]를 배치하여 소련의 대규모 재래식 군사력에 맞설 수 있었던 점을 생각하면, 나름대로 일리있는 주장일지도 모른다.

그러나 이들은 중요한 사실을 간과하고 있다. 그토록 엄청난 파괴 · 살상 능력이 오히려 핵무기의 군사적 실효성을 현저하게 떨어뜨렸다는 점이다. 무고한 민간인들의 대량살상 가능성에 따른 도덕성 문제는 논외로 하더라도, 파괴 · 살상의 범위가 자칫 적군뿐만 아니라 아군의 안전마저 위태롭게 할 수 있을 정도의 무기라면 실제 전장에서 사용되기에는 너무 위험부담이 크기 때문이다. 특히 양측 모두가 핵무기로 무장한 상태라면, 이는 더욱 심각한 딜레마를 가져온다. 핵보유국 사이의 정치 · 군사적 충돌이 전면적인 전쟁으로 확대될 경우, 그 결과는 어느 한쪽의 승리가 아닌 공멸로 이어질 수밖에 없다. 결코 합리적이지 못한 일이다. 1945년 8월 6일의 아침, 히로시마에서 열린 판도라의 상자는 그로부터 60년이 훨씬 지난 오늘날까지 세계의 고민거리로 남아있다.

---

45) 1950년대 이후 미국은 실전에서 손쉽게 운용할 수 있는 다양한 소형 전술핵무기를 개발해 왔으며, 이들은 항공기 투하용 폭탄뿐만 아니라 육군의 대구경 포탄과 로켓무기, 지뢰, 심지어는 해군의 기뢰, 어뢰 등에도 장착될 수 있었다. 1970년대에 개발된 중성자탄(中性子彈 : Neutron Bomb)은 폭풍, 고열에 의한 파괴력보다는 방사선의 투과력 강화에 초점을 맞추어 매우 치명적인 인명살상 효과를 갖는다.

핵무기와 기계화전쟁의 공존

냉전시대 초기인 1950~1960년대에도 기존의 재래식 기계무기들은 기술적 발전을 이어나가고 있었다. 항공기의 추진기관은 제트(Jet) 엔진으로 바뀌어 프로펠러 방식의 비행으로는 불가능했던 음속 이상의 고속비행이 가능해졌다. 1950~1953년의 6.25 전쟁에서는 한반도 상공에서 미국과 소련이 사상처음으로 제트 전투기를 공중전에 투입, 치열한 접전을 벌였다. 바다에서는 원자로를 사용하는 핵추진 항공모함과 잠수함이 등장하여 해군의 임무수행기간, 범위를 무제한적으로 확장시켰다. 물론 이러한 노력들도 핵무기의 엄청난 위력과는 비할 바가 못 되었다.

외견상 핵무기의 등장을 계기로 재래식 무기와 이를 근간으로 하는 군사전략·전술은 쓸모가 없어진 것처럼 여겨졌다. 아무리 많은 탱크와 대포, 군함, 항공기를 동원한다고 해도 일반적인 화약무기 수천만개, 혹은 그 이상의 폭발력에서 나오는 핵무기의 파괴·살상 능력에는 도저히 맞설 수 없기 때문이다. 그러나 상황은 달라지기 시작했다. 첫 개발국인 미국 외에도 핵무기를 보유하는 강대국의 수가 늘어나고, 그 수준이 수소폭탄급의 전략핵무기까지 개발해낼 정도가 된 것이다. 뿐만 아니라 핵무기를 운용할 수 있는 수단들도 다양해졌다. 핵무기가 처음 개발되었을 때는 탄두의 중량이 큰 편이어서 공군의 장거리 폭격기에만 탑재가 가능했으나, 이후 기술발달로 핵탄두의 소형화가 실현되어 탄도(彈道 : Ballistic)미사일이 핵전력 운용의 새로운 핵심수단으로 등장했다. 본래 미사일은 제2차 세계대전 말기에 독일군이 영국 공격용으로 개발한 장거리 로켓무기 V-1, V-2에서 유래한 것인데, 냉전 시대에 이르러서는 대서양과 태평양을 횡단할 수 있는 사거리 5,000~6,000km 이상의 대륙간 탄도미사일(ICBM : Inter-Continental Ballistic Missile)이 개발되었다. 1960년대에는 대형 핵추진잠수함 내의 격납고에 탑재, 발사되는 잠수함발사 탄도미사일(SLBM : Submarine-Launched Ballistic Missile)도 실전배치에 들어갔다.

이러한 육·해·공에 걸친 핵무기 운용수단의 다양화를 '핵무기 삼각체제

(Nuclear Triad)'라고 부른다. 특히 폭격기와 잠수함 탑재용 SLBM은 기습적인 선제 핵공격을 받은 경우에도 살아남아 적에게 감당하지 못할 정도의 핵보복을 가하는 '제2격 능력(Second Strike Capability)'의 역할을 담당했다. 주요 핵보유국들이 차례로 핵무기 삼각체제를 확보하면서 세계는 '상호확증파괴(MAD : Mutual Assured Destruction)'라는 일상화된 핵전쟁의 위험에 고스란히 노출되었다. 누구든지 먼저 핵무기를 사용한다면 즉시 상대측의 대대적인 핵반격으로 이어질 것이고, 그 결과는 세계 전체의 공멸로 귀결되기 때문이다.

핵무기의 3대 운용수단. 장거리 폭격기와 잠수함발사 탄도미사일, 그리고 지상배치 탄도미사일

이에 따라 핵무기는 실제 전장에서의 군사적 사용보다는, 핵전쟁에 따른 파멸의 가능성을 보장하는 '공포의 균형(Balance of Terror)'을 통하여 현존 내지 잠재적인 적대세력의 전쟁 도발의지를 꺾어버리는 정치·외교적 압력수단에 가까워졌다. 즉, 전쟁의 수행이 아닌 억지(抑止 : Deterrence) 목적을 띠게 된 것이다. 결국 탱크와 대포, 군함, 항공기를 비롯한 재래식 기계무기가 여전히 전쟁의 실질적인 주역이라는 점이 재확인되었고, 특히 군사적 충돌이 핵전쟁 차원으로 악화되기 전에 결정적인 승리를 달성할 수 있는 기동전의 중요성이 다시금 주목받기에 이른다.

핵시대 속에서의 기동전 발전을 의욕적으로 추진했던 대표적인 나라는 소련이었다. 이미 소련군은 제2차 세계대전 이전에 미하일 투하체프스키 원수의 '종심전투(縱深戰鬪 : Deep Battle)' 이론을 비롯한 독자적인 지상 기동전력 운용방식을 정립한 바 있으며,[46] 냉전이 본격화되자 서유럽에 배치된 미군 전술핵무기의 사용을 무력화하기 위한 보다 대담하고 공세적인 기동전을 구상해나갔다. 여기서 핵심을 차지하는 세력이 바로 작전기동단(OMG : Operational Maneuver Group)으로 알려진 특수 기동부대였다. 이 부대는 개전 초기부터 다른 일반부대들을 크게 앞질러 서유럽 지역으로 신속하고도 깊숙한 돌파, 진격을 감행하도록 되어있었고, 미군 및 북대서양조약기구(NATO : North Atlantic Treaty Organization)의 전방 전투부대 섬멸보다는 후방의 주요 군 지휘통제시설, 전술핵무기 배치·운용기지, 정치·경제적 중심부, 군용물자 보급시설, 그리고 방어 요충지역 등에 대한 파괴와 점령을 목표로 삼았다.[47] 압도적인 속도의 우위를 최대한 발휘하여 미군과 NATO군의 대응능력을 물리적, 심리적으로 마비시키고, 궁극적으로는 전술핵무기의 사용 여부를 결정할 틈도 없이 빠른 속도로 승리를 결정짓겠다는 소련군의 의도를 반영한 것이었다.

---

46) 소련군 총참모장을 역임하기도 했던 투하체프스키는 국토 대부분에 걸쳐 광활한 평야 지대가 분포하는 러시아에서는 산악지형과 같은 천연 장애물을 이용한 방어가 어렵다는 점을 들어 '적의 넓은 정면으로 동시에, 신속하게, 깊숙이 공격 및 돌파하는' 종심전투의 필요성을 강조했다. 구체적으로는 항공기와 포병이 적 방어선 후방의 여러 종심지역을 동시공격하고, 군단급 이상의 대규모 기갑, 기계화보병 부대들을 적 정면으로 광범위하게 투입하여 방어선 돌파와 추격, 격멸을 비롯한 전과 확대를 달성하는 것이 골자다. 종심전투 이론은 1937년 반혁명 사건에 연루된 투하체프스키가 처형당하면서 한때 위기를 맞기도 했지만, 1941년 6월 독일의 침략으로 시작된 동부전선에서의 전쟁 초반 고전을 면치 못하던 소련군에 의해 재수용되어 1942년 이후 독일군의 지상 기동전력을 제압하는 데 기여했다. 여기에 1920~1930년대부터 활발해진 산업화에 힘입어 소련이 주요 재래식 기계무기들의 대량생산 능력을 갖추게 된 것도 종심전투 실현에 큰 영향을 주었다. 박기련, 『기동전이란 무엇인가?』(일조각, 1998), pp.145~169.

47) 박기련, 1998, pp.204~206.

소련군은 작전기동단을 군단급 이상의 제대 예하에 배치되는, 전체 군 전력의 20% 규모로 편성하였다. 각 작전기동단은 사단급의 기갑부대(군단 소속은 1개 기갑사단, 야전군 소속은 3개 기갑사단)를 중심으로 기계화보병[48]과 포병(주로 자주포(自走砲)와 다연장 로켓포 보유), 공병, 특수전, 그리고 항공부대 등을 보유하여 적 후방지역에서도 독립적인 작전수행이 가능한 화력, 기동능력을 확보했다. 특히 항공부대의 경우 공수부대 이동을 위한 수송기뿐만 아니라 다수의 헬기까지 포함하고 있다는 점에서 주목을 받았다. 회전익 프로펠러를 사용하는 헬기는 6.25 전쟁을 비롯한 1950년대에 처음 실전에 투입되기 시작하여 초기에는 주로 병력 및 물자수송이나 구조용으로 쓰였지만, 곧 기관총과 로켓탄 등을 탑재하는 무장헬기도 등장했다. 또한 헬기는 보병이나 탱크, 장갑차보다 이동속도가 훨씬 빠를 뿐만 아니라 고정익 항공기보다 비행경로와 방향, 속도의 조절이 자유롭고, 훨씬 좁은 공간에서도 이착륙이 가

소련 기갑부대(위)와 MI-24 공격헬기(아래). 냉전 시대 서유럽에서의 대규모 종심기동전을 위한 소련군의 야심작들이었다.

48) 소련군은 1960년대 중반부터 세계 최초의 보병전투용 장갑차(IFV : Infantry Fighting Vehicle)라고 할 수 있는 BMP-1을 실전 배치하여 큰 주목을 받았다. 무장병력의 수송에만 초점을 두었던 기존의 병력수송용 장갑차(APC : Armoured Personnel Carrier)가 기관총 정도의 경무장만을 갖추었던 것에 비해, 보병전투용 장갑차는 중·대구경의 기관포를 비롯한 소형 탱크 수준의 대전차 전투능력까지 보유하여 기계화보병 부대의 전투력 및 신속전개 능력을 향상시킨 것으로 평가된다.

능하여 지상 기동전력과의 협동작전에도 유리하다는 것이 장점이었다.[49]

이에 소련군은 헬기를 일종의 '하늘을 나는 보병(Flying Infantry)'으로 운용하여 작전기동단 전체의 종심 기동능력을 강화하고자 했다. 공수부대와 더불어 무장병력을 신속히 수송하여 주요 목표지점을 확보, 점령하는 공중강습(空中强襲 : Air Assault), 그리고 지상 기동전력을 앞질러 후방 깊숙한 종심지역에서 적의 탱크, 장갑차 등을 공격하는 근접항공지원이 주요 임무였다. 바야흐로 헬기가 지상전에서 탱크와 장갑차를 비롯한 지상 기동전력을 능가하는 주도적인 무기로 각광받는 시대가 열린 것이다. 해군에서도 헬기를 지상기지나 중·대형 수상전투함에 탑재하여 대잠(對潛 : Anti-Submarine) 추적, 소탕과 연안방어 등의 임무에 동원하기 시작했다.

이스라엘 공군의 미라지-Ⅲ 전투기. 1967년의 6일전쟁 당시 아랍 국가들에 대한 선제공습으로 제공권 장악을 달성해냈다.

핵시대에도 재래식 기계무기 중심의 기동전이 성공할 수 있음을 보여준 주인공은 이스라엘이었다. 이스라엘은 제2차 세계대전 당시 독일 나치스 정권이 자행한 600만명 이상의 대학살에서 살아남은 유태인 후예들이 선조들의 고향인 팔레스타인 지역에 세운 신생국가였는데, 1948년 건국 당시부터 이슬람교를 믿는 주변 아랍 국가들과의 적대관계를 피할 수 없었다. 그러던 1967

49) 장명순·권영안·이영주·이민형, 『회전익혁명』(한국국방연구원, 1999), pp.36~38.

년 5월, 아랍 민족주의를 대표했던 이집트가 티란 해협에서의 이스라엘 선박 봉쇄와 더불어 이스라엘을 겨냥한 대규모의 병력 동원을 단행했고, 시리아와 요르단도 이에 합세했다. 궁지에 몰린 이스라엘은 모세 다얀 국방장관을 중심으로, 자국을 포위하려는 아랍 국가들의 군사적 위협을 조기에 분쇄하기 위해 6월 5일 선제공격(先制攻擊 : Preemptive Attack)을 개시했다. '6일전쟁'이라고 불리는 이스라엘식 전격전의 신화가 시작된 것이다.

먼저 이스라엘 공군의 전투기들이 개전 첫날 아침부터 이집트를 시작으로 아랍 공군기지를 기습, 불과 수시간 만에 제공권을 완전히 장악하는 데 성공했다. 전쟁이 시작된 직후의 이틀 동안 이스라엘 전투기 250여대가 아랍 국가들의 주력 항공기 416대(이집트군 소속 약 300대 포함)를 격파했고, 그 가운데 절대다수는 출격하지도 못한 채 지상에서 파괴되었다.[50] 한편 이스라엘의 기갑부대들도 제2차 세계대전 시절 독일군을 연상시킬 정도의 속도와 대담함을 앞세운 진격으로 4일 동안에 이집트의 가자지구와 시나이반도를 점령했고, 뒤이어 요르단강 서안, 골란고원까지 차지해 버렸다. 전쟁 결과 이스라엘은 기존 영토의 3배가 넘는 거대한 완충지대를 손에 넣어 국가생존을 위한 안정적인 조건을 확보해냈다.[51]

6일전쟁 당시 이스라엘의 병력 규모는 주변 아랍 국가들보다 절대적으로 열세였으며, 주력 무기의 질적 수준에서도 특별히 우세를 차지하지는 못했다. 대신 이스라엘군은 신속하고 결정적인 승리를 위한 과감하면서 공세적인

---

50) 당시 이스라엘의 주요 공군기지는 전투기들을 4개 교대조로 편성, 15분 간격으로 출격하면서 공습의 지속효과를 극대화했고, 조종사들은 귀환한 후에도 다시 연료 및 무기의 재보급 등을 마치고 재출격하는 강행군을 거듭했다. 6일전쟁 기간을 통틀어 이스라엘 공군기들은 1대당 하루 평균 7회 이상의 출격임무를 수행하였다. 정토웅, 『20세기 결전 30장면』(가람기획, 1997), pp.340~343.

51) 이 가운데 시나이반도는 1973년 10월의 제4차 중동전쟁을 겪은 후 이스라엘과 이집트 양국의 국교정상화를 계기로 1978년 다시 이집트에 반환되었다. 가자지구와 요르단강 서안 지역은 1990년대부터 팔레스타인 자치정부 및 독립국가로의 전환이 추진 중이며, 골란고원의 경우 반환 여부를 놓고 여전히 시리아와의 갈등이 계속되고 있다.

군사전략, 그리고 창의적인 전력 운용방식을 통해 단순한 약점의 보완을 넘어 외형적인 군사력에서 훨씬 유리했던 적들을 압도하는 대성공을 거두었던 것이다.[52] 이 점에서 이스라엘군의 6일전쟁 승리는 매우 모범적인 군사혁신의 사례로 평가받을 자격이 있다.

3. 정보화 대 비대칭

(1) 정보우위가 승리를 결정한다

정보화전쟁의 서곡

산업혁명을 계기로 실현된 전쟁의 기계화, 대규모화는 20세기 전반기에 벌어졌던 두 차례의 세계대전으로 그 절정에 이르렀다. 이 시대의 대표적인 무기라고 할 수 있는 기관총과 탱크, 대형 군함, 항공기 등은 처음 전쟁터에 등장했을 당시만 해도 기존 무기들이 따라오지 못할 정도의 전투력을 발휘하는 지배적인 존재였다. 그러나 대량생산을 위한 산업화, 공업화 능력을 갖춘 국가의 수가 늘어나면서 이들 재래식 기계무기들은 더 이상 새로울 것이 없는, 웬만한 나라의 군대에서 대부분 보유하는 일반적인 무기로 바뀌어갔다. 다시 한번 양적 규모가 전쟁 양상과 군사력 건설의 방향을 결정짓는 척도로 자리잡게 된 것이다. 달라진 점이 있다면 군사력 평가의 기준이 '장병들의 수'에서

52) 한 보기로 이스라엘 육군의 주력 탱크들은 본래 구경 80~90mm의 주포를 탑재하는 구형 탱크였으나 개량을 통해 105mm 주포와 신형 사격통제장치를 채용했고, 탱크운반용 차량을 동원하여 실전에서의 기동 능력을 향상시켰다. 대조적으로 아랍 국가들은 이스라엘의 것보다 우수한 소련제 탱크를 다수 보유했지만, 사막지형에서의 작전에 부적합한 내부 장치(예 : 난방장비, 수륙양용 기능)를 그대로 사용하였으며, 독립기갑부대에 편성된 탱크의 수도 이스라엘군보다 적었다.

'재래식 기계무기의 생산, 보유수량'으로 바뀌었다는 것 정도였다. 다시 말해 요소주도형에서 투자주도형으로의 전환이 이루어진 셈이다.

이러한 상황 속에서도 전쟁의 양상을 새롭게 바꿔놓을 수 있는 기술적인 발전은 진행되고 있었으며, 그 첫 번째 성과는 정보수집(Sensor) 기능에서 나타나기 시작했다. 오랜 세월동안 육안을 비롯한 인간의 감각에 의존해야 했던 군사상의 정보수집 능력이 전파, 광학, 전자, 통신기술의 발달에 힘입어 빠른 속도로 향상되었던 것이다. 전자광학(EO : Electro-Optic) 촬영이 가능한 카메라는 불과 약 1m 내외 크기의 물체까지 인지할 수 있는 고해상도의 영상정보도 확보할 수 있게 해주었다. 뿐만 아니라 야간에도 열을 감지하여 대상을 파악하는 적외선(IR : Infra-Red) 탐지기술, 그리고 목표물에서 반사되는 레이더 전파를 합성, 영상화하여 낮과 밤, 날씨에 구애받지 않는 전천후 정보수집이 가능한 합성개구레이더(SAR : Synthetic Aperture Radar)까지 차례로 개발되기에 이른다.

위와 같은 정보수집 장치는 정찰용 항공기나 인공위성 등에 탑재되어 전방지대의 군사적 움직임에 대한 신속한 추적 및 파악은 물론, 필요한 경우 적 후방지역의 정치, 경제, 사회적 동황과 역량까지 광범위하면서도 자세하게 판단함으로써 보다 효과적이고 중·장기적으로 대응할 수 있는 길을 열어주었다.[53] 지상기지에 설치되는 것과 같은 수준의 중·대형 레이더를 일반 항공기에 탑재하여 적기를 보다 넓은 범위에 걸쳐 실시간으로 탐지, 추적할 수 있는 공중조기경보기(AEW : Airborne Early Warning)도 등장했다.

또 한 가지 중요한 기술적 성과는 이러한 정보수집 능력의 발달이 화력과 결합하면서 전력투사 기능의 정확도가 비약적으로 높아졌다는 사실이다. 1950년대 이래 미사일을 비롯한 다양한 유도무기(誘導武器 : Guided

---

53) 일반적으로 정보수집 기능은 감시(監視 : Surveillance)와 정찰(偵察 : Reconnaissance)로 각각 구분된다. 전자는 광범위한 지역을 대상으로 하는 일상적인 정보수집이며, 후자의 경우는 보다 구체적이고 특정화된 일부 지역이나 표적을 대상으로, 특수한 상황에서 집중적인 정보수집을 수행하는 것을 가리킨다.

Munition)들이 개발되기 시작했으며, 지상기지뿐만 아니라 군함과 항공기 등에도 탑재되었다. 이들 유도무기는 공격용으로는 물론 대기동(對機動 : Counter-mobility) 방어무기로서도 높은 효용성을 증명했는데, 1960~1970년대 베트남전쟁 당시 북베트남군이 다수 운용했던 소련제 SA-2 지대공미사일이 여러 미군 전투기들을 격추하거나 원활한 임무수행을 저지했던 것이 그 본보기다. 1973년 10월 이집트, 시리아 양국이 이스라엘을 동시에 침공하면서 벌어진 제4차 중동전쟁(일명 '10월전쟁')에서는 이집트군이 소련제 SA-2/3/6 지대공미사일과 AT-3 대전차미사일을 동원하여 과거 6일전쟁에서 자국에 일방적인 패배를 안겨주었던 이스라엘의 공군, 기갑부대를 상대로 전쟁 초반 막대한 타격을 입히기도 했다.[54]

일종의 '지능형 포탄'이라고 할 수 있는 미사일은 처음 개발될 때만 해도 지상 운용기지나 사수의 조종에 의존하는 지령유도(Command Guidance), 혹은 표적에서 방사되는 적외선이나 열을 비롯한 특정 신호만을 탐지하여 추적하는 수동유도(Passive Guidance) 정도만이 가능했다. 그러던 것이 레이더 전파의 반사, 혹은 레이저(Laser)로 지정되는 표적을 따라 미사일이 유도되는 반자동유도(Semi-Active Guidance) 기능이 개발되었고, 마침내는 미사일 자체에 레이더를 탑재하여 스스로 표적을 탐지, 추적할 수 있는 자동유도(Active Guidance) 기능까지 실용화되었다. 대함, 대공미사일의 사거리도 증대되어 육안으로 식별되지 못하는 50~100km 이상의 거리에 위치한 표적을 공격할 수 있는 가시거리 밖(BVR : Beyond Visual Range) 교전까지도 가능해졌다.

이와 같은 정보수집, 유도무기 성능의 기술적 발전은 실전에서 점점 그 진

54) 당시 이집트군은 공군의 경우 이스라엘과의 공중전을 회피하고 20~30km의 중 · 저고도에 SA-3/6, 40~50km의 고고도에 SA-2 지대공미사일을 각각 배치하는 조밀한 혼합방공망을 구축하여 전쟁기간 동안 약 100기(6일전쟁의 약 4배)에 가까운 이스라엘 전투기들을 격추시켰다. 또한 개전 첫날 AT-3 대전차미사일로 약 110대의 탱크를 보유한 이스라엘의 1개 기갑여단을 궤멸시키기도 했는데, 이는 10월전쟁 당시 이스라엘군의 탱크 손실규모인 200여대의 절반에 가까운 규모였다.

가를 발휘하기 시작했다. 베트남전쟁 당시 미 공군은 북베트남군의 주요 군용물자 수송로였던 탄호아(Thanh Hoa : 북베트남의 수도 하노이에서 남쪽으로 약 110km 지점에 위치) 다리를 파괴하기 위해 1965년 이후 871차례나 전폭기들을 출격시켰지만, 모두 실패로 돌아갔다. 그러던 1972년 5월, 미군 전폭기 10여대에서 투하된 레이저유도폭탄(LGB : Laser Guided Bomb)이 탄호아 다리에 명중하면서 작전은 7년만에 성공했다. 일반폭탄 수백발로도 파괴하지 못했던 것을 불과 소수의 신형 폭탄으로 정확히 제거해낸 것이다. 탄호아 다리 폭파작전은 바야흐로 정밀유도무기(PGM : Precision-Guided Munition)의 시대가 도래했음을 알리는 서곡이었다.

1982년에 일어났던 두 차례의 전쟁은 신형 정보수집 장치와 정밀유도무기의 군사적 효용성을 전 세계에 보여주었다. 그 첫 번째가 5~6월 영국과 아르헨티나가 포클랜드 제도(諸島)의 영유권을 놓고 충돌한 포클랜드전쟁이었다.[55] 4월 2일 아르헨티나군이 영국령 포클랜드 제도를 기습 점령하면서 촉발된 이 전쟁은 전장공간의 특수성 때문에 상당 규모의 군함과 항공기들이 동원되었으며, 양국을 통틀어 함정 28척(영국 17척, 아르헨티나 11척)과 항공기 121대(영국 21대, 아르헨티나 100대)를 잃었다. 불과 40여일이라는 짧은 전쟁기간 동안 이처럼 많은 수량의 무기 손실이 발생한 배경에는 정밀유도무기의 위력이 컸다. 승리를 거둔 영국군은 기동함대의 주축이었던 배수량 20,000톤급의 경항공모함 2척에서 출격하는 30여대의 '해리어' 전투기가 전방위에서의 열추적 능력을 갖춘 미국제 AIM-9L 개량형 '사이드와인더' 공대공미사일을 운용하면서 아르헨티나 공군을 제압,[56] 포클랜드 상공에서의 공중우세를

55) 포클랜드는 아르헨티나를 비롯한 중남미 국가 내에서 '말비나스'라는 이름으로 불리며, 점령 당시에도 아르헨티나 정부는 이를 "영국의 불법적 점령에 대한 영토수복"이라고 선언한 바 있다. 포클랜드를 둘러싼 영국과 아르헨티나 양국의 영유권 분쟁은 여전히 진행 중이다.

56) 항공기의 비행성능에서는 초음속 비행능력을 보유한 아르헨티나군의 프랑스제 '미라지', 미국제 A-4 '스카이호크'가 음속 이하로만 비행할 수 있는 영국군의 해리어보다 유리했다. 그러나 아르헨티나군의 A-4 공격기는 무장능력이 공대지 임무로 한정되었

차지하여 영국 육군과 해병대 병력의 포클랜드 상륙, 탈환을 지원했다.

바다에서는 영국 해군의 핵추진잠수함 '콩쿼러(수중배수량 4,900톤)'가 아르헨티나의 대형 순양함 '헤네랄 벨그라노(만재배수량 12,000톤)'를 격침시켰다. 이 잠수함의 주무기는 발사 후에도 적 군함의 이동경로를 따라 진로변경이 가능한 '타이거피쉬' 반자동유도식 어뢰였다. 덕분에 영국은 전쟁기간 동안 아르헨티나 해군의 작전수행을 크게 위축시켜 포클랜드 주변 해역에 대한 통제권까지 장악했다. 패배한 아르헨티나도 사거리 약 70km의 프랑스제 '엑조세' 대함미사일로 영국의 구축함 '셰필드(배수량 4,800톤)'와 수송선 '아틀랜틱 컨베이어(총톤수 15,000톤)'를 침몰시키는 전과를 올렸다. 엑조세의 위력은 무게 1톤 미만에 불과한 대함미사일 단 1발로 수천톤급 규모의 대형 군함을 격파할 수 있음을 증명해 주었으며, 정밀유도무기의 군사적 가치를 부각시키는 계기가 되었다.

명중하는 엑조세 대함미사일의 모습. 1982년 포클랜드전쟁 당시의 활약으로 큰 주목을 받았다.

같은 해 6월에는 레바논에서 이스라엘과 시리아가 또다시 대결했다. 이스라엘이 팔레스타인 수복을 목적으로 자국에 대한 수차례의 테러리즘 활동을

고, 미라지는 포클랜드가 아닌 아르헨티나 본토에서 출격하다보니 전장에서의 지속적인 공중전에 제약을 받았다. 그 결과 포클랜드전쟁 기간을 통틀어 아르헨티나군은 30대가 넘는 항공기를 공중전에서 잃었지만, 영국군의 해리어가 공중전에서 격추된 경우는 단 1대도 없었다. 김홍래, 『정보화시대의 항공력』(나남출판, 1996), p.150.

벌여온 팔레스타인 해방기구(PLO : 현재는 팔레스타인 자치정부로 바뀜)의 근거지를 제거한다는 명분 아래 대대적인 레바논 침공을 개시했고, 그 과정에서 전통적으로 레바논에 대한 정치 · 외교적 영향력을 행사해왔을 뿐만 아니라 당시 아랍평화유지군 명목으로 3만 명의 병력을 레바논에 주둔시키고 있던 시리아와의 일전이 벌어진 것이다.

1982년 이스라엘의 레바논 침공에서 활약한 '스카웃' 무인항공기(위)와 E-2 '호크아이' 조기경보기(아래).

당시 이스라엘군이 직면한 최대의 고민거리는 9년 전의 10월전쟁에서 이스라엘 공군을 괴롭혔던 아랍 진영의 지상 방공무기 위협에 있었다. 시리아는 10월전쟁의 3배나 되는 25개 포대 규모의 지대공미사일 부대와 레이더를 베카 계곡에 배치 중이었는데, 이곳은 이스라엘군이 레바논으로 진격하기 위해 꼭 확보해야만 하는 지역이었다. 이 문제를 해결하기 위한 이스라엘의 선택은 무인항공기(UAV : Unmanned Aerial Vehicle)였다. 6월 9일 베카 계곡에 '스카웃', '마스티프' 등의 무인항공기들을 보내어 시리아군 레이더의 작동을 유도했고, 이를 통해 시리아 지상 방공기지의 배치지점에 대한 구체적인 정보를 확보해냈다. 이스라엘의 포병부대, 항공기들은 기다렸다는 듯이 집중 사격을 퍼부어 베카 계곡의 시리아 지상 방공전력을 하루만에 완전히 제거하는 데 성공했다.

이제 레바논의 하늘에서 이스라엘 공군을 막을 자는 아무도 없었다. 6월 9~11일 사이에 시리아와 이스라엘 전투기들이 차례로 출격하여 제트기 시대 최대규모의 공중전을 벌이기도 했지만, 결과는 이스라엘의 완승(完勝)이었다. 시리아가 80여대의 전투기를 격추당했던 반면, 이스라엘 전투기의 손실은 거의 없다시피 했던 것이다. 이스라엘 공군의 주력기종인 미국제 F-15 '이글'과, F-16 '파이팅 팰콘'의 비행성능이 시리아가 보유한 소련제 MIG-21/23 전투기보다 우수하기도 했지만, 그보다는 정보수집 및 정밀유도무기에서도 이스라엘이 우위에 있었다는 사실이 더욱 큰 역할을 했다. 이스라엘 공군은 공중전이 벌어지던 공역 후방에서 미국제 E-2 '호크아이' 조기경보기를 운용하여 시리아 전투기의 이륙 및 접근을 미리 추적, 대응할 수 있었고, 포클랜드 전쟁 당시 영국군의 해리어 전투기가 운용했던 AIM-9L 개량형 사이드와인더 뿐만 아니라 BVR 교전을 위한 미국제 AIM-7 '스패로우' 중거리 공대공미사일로 원거리에서도 시리아 전투기들을 손쉽게 격추시켰다. 단기간에 제공권을 차지한 이스라엘군은 여세를 몰아 기갑부대들을 진격시켜 개전 2주일째를 맞은 6월 21일 레바논의 수도 베이루트를 포위하였고, 결국 PLO는 레바논에서 물러날 수밖에 없었다.

이처럼 정보수집 기능과 정밀유도무기가 높은 군사적 효용성을 발휘하면서 그 근간이라고 할 수 있는 전자기술이 전쟁에서 차지하는 비중도 점차 주목받기에 이른다. 여기서 등장하게 된 것이 바로 전자전(電子戰 : Electronic Warfare)이다. 정보의 수집과 처리, 그리고 이를 필요로 하는 각 부대에 배분하는 통신기능의 매개체가 되는 전파를 인공적으로 교란, 조작하여 상대측의 전장상황 인식과 지휘통제 능력을 마비시키고, 이를 통해 적의 전쟁수행 능력을 총체적으로 마비시킨다는 것이었다. 초기의 전자전은 항공기나 군함을 비롯한 개별무기 차원에서 적 정보수집 장치와 유도무기의 탐지, 추적을 회피하는 제한적 수준이었지만, 이후의 전자전은 보다 넓은 지역을 대상으로 전파교란, 방해를 일으키는 적극적인 방식으로 발전되기 시작했다.[57] 이를 위해 항공기 내부에 대용량의 전파교란 및 방해용 장비를 탑재하는 전자전기가 개발되었고, 베트남전쟁에서 미 공군과 1982년 이스라엘의 레바논 침공

---

57) 전자전, 특히 적의 전파사용을 교란 및 방해하는 전자공격(EA : Electronic Attack)에는 고출력의 잡음전파를 방사하는 전자방해(Electronic Jamming)와 다수의 허위 신호를 보내어 적의 정보기능을 혼란에 빠뜨리는 전자기만(Electronic Deception)이 있다.

당시에 각각 북베트남과 시리아에 대한 대공제압(SEAD : Suppression of Enemy Air Defense) 임무에서 활약했다. 1986년 4월 14일 리비아를 겨냥한 미 공군의 대규모 야간공습에도 전자전기가 동원되어 성공적인 작전수행에 기여했다.[58)]

여기에 컴퓨터를 이용한 자동화 기술이 군사적으로도 실용화 단계에 들어서면서 전쟁의 정보화, 첨단화 추세는 더욱 가속화되었다. 1954년에 개발된 진공관 방식의 컴퓨터 ENIAC은 그 거대한 크기에 비해 기억 및 처리용량, 속도는 초보적인 수준에 불과했다. 그러나 반도체(半導體 : Semiconductor)를 이용하는 트랜지스터와 고밀도 집적회로, 그리고 디지털(Digital)[59)] 기술을 적용한 마이크로프로세서가 차례로 실용화되면서 컴퓨터는 보다 많은 정보를, 빠른 속도로 처리할 수 있게 되었을 뿐만 아니라, 크기는 더욱 작아졌다.[60)] 덕분에 주요 군 지휘통신 시설뿐만 아니라 야전의 전투현장, 심지어는

---

58) 당시 미국은 아랍민족주의의 기치를 내걸고 과격 반(反)서양주의를 표방하고 있던 리비아의 지도자 무아마르 카다피와 대립 중이었는데, 특히 리비아가 1985년 12월의 이탈리아 로마 공항 및 1986년 4월의 항공기, 서베를린 등에 대한 폭탄테러를 잇달아 감행하면서 카다피를 직접 제거하기 위해 '엘도라도' 작전으로 명명된 야간 공습을 실시했다. 여기에는 약 50대의 전폭기와 더불어 5대의 전자전기가 투입되어 리비아의 수도 트리폴리에 배치된 지상 방공체계를 제거, 무력화하였고, 이어서 트리폴리의 테러훈련소와 지휘본부, 주요 공항 그리고 카다피의 숙소 등을 공격했다. 이 사건을 계기로 카다피는 해외 테러리즘 활동에 대한 지원을 급격히 줄였고, 지난 2003년 말에는 그동안 진행해 온 핵무기 개발계획의 포기를 선언하여 미국 등 서양진영과의 관계개선을 추구하고 있다.

59) 디지털 기술은 각종 신호와 정보를 0과 1의 이진법 형태로 조합, 표현함으로써 0~9의 십진법 형태를 사용하는 종전의 아날로그(Analog) 기술보다 크게 단순화되었다. 덕분에 아날로그 기술보다 대용량의 정보 및 자료들의 압축과 재생, 저장, 변환 등의 다양한 가공뿐만 아니라 이들을 고속으로 전송하는 데 유리하다.

60) 한 보기로 1965년 이후 컴퓨터의 업무처리 능력과 직결되는 집적회로의 성능은 18~24개월을 주기로 2배씩 증대되는 것으로 나타나고 있다. 이는 세계적인 반도체 제조업체 인텔의 공동창업주 고든 무어의 이름을 따 '무어의 법칙(Moore's Law)'이라고 알려진다.

탱크와 야포, 군함, 항공기, 미사일 내부에도 컴퓨터나 고성능 전자회로를 탑재하여 종전보다 인간의 수고는 줄어드는 동시에, 훨씬 신속하고 정확하게 전쟁을 수행할 수 있는 길이 열렸다.

클라우제비츠가 '전쟁의 안개(Fog of War)'라고 표현했던 전장에서의 불확실성(不確實性 : Ambiguity)은 전쟁 역사상 많은 군인들의 숙제로 남아 있었다. 하지만 20세기 후반부터 비약적인 발전을 거둔 정보수집 능력, 정밀유도무기, 그리고 컴퓨터에 의한 자동화는 불확실성의 문제를 획기적으로 해결할 수 있는 길을 열어주었다. 이에 따라 전쟁을 수행하는 데 필요한 관련 정보와 지식(예 : 적의 위치, 능력, 의도, 전장에서의 시 · 공간적 특성)을 적보다 먼저, 많이 알아내고, 적보다 빨리 판단함으로써, 적보다 유리한 시간과 공간에서 싸울 수 있는 능력이 승패를 결정짓는 열쇠로 떠올랐다. 즉, '정보우위(情報優位 : Information Superiority)'가 군사력의 새로운 핵심역량이 된 것이다.

정보기능 중심의 획기적인 기술 발전이 현실화되면서 이른바 군사기술혁명(MTR)의 가능성에 대한 기대도 높아졌다. 여기에 주목했던 대표적인 인물이 1977~1984년 사이에 소련군 총참모장을 역임했던 니콜라이 오가코프 원수였다. 오가코프는 ① 새로운 전자기술을 활용한 지휘통제기능, ② 보다 넓은 범위에 대한 정보수집이 가능한 정찰기능, 그리고 ③ 정확도가 대폭 강화된 장거리 화력을 연결, 결합시킨 '정찰 · 타격복합체(Reconnaissance-Strike Complex)'의 잠재력을 역설했다. 나아가 오가코프는 '정찰 · 타격복합체'가 핵무기와 대등한 수준의 위력을 발휘하는 전략적 군사자산으로 활용될 수 있을 뿐만 아니라, 궁극적으로는 기존의 전쟁 양상을 근본적으로 재편시킬 미래 군사발전의 지향점이라고 강조하였다.[61] 오가코프의 주장은 대규모의 지

61) 지난 1990년대 중반 미군 합동참모본부 차장을 역임한 윌리엄 오웬스 미 해군제독이 제시한 정보수집, 통신 · 지휘통제, 그리고 정밀교전 등 3개 기능의 '새로운 기능 복합체계(New System of Systems)' 이론도 오가코프의 '정찰 · 타격복합체' 개념을 재해석 및 발전시킨 것이다. 권태영, "21세기 미래전 이론분석 및 발전방향", 「국방정책연구」 2004년 가을호.

상 기동부대와 핵무기를 군사력의 근간으로 삼아왔던 당시 소련군 내에서 신선한 충격을 불러일으켰다.

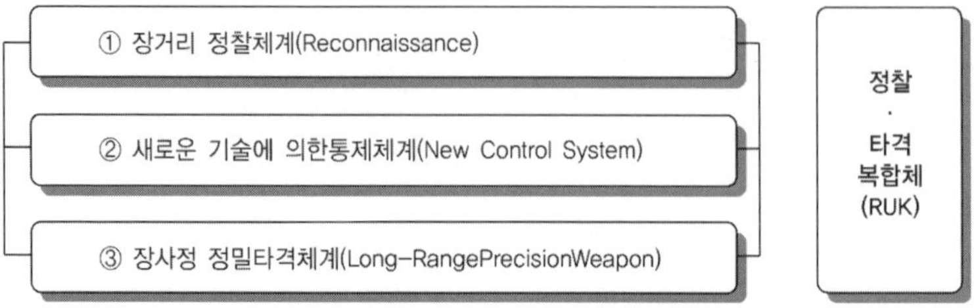

오가코프가 제시한 '정찰 · 타격 복합체' 개념도

출처: 권태영, "21세기 미래전 이론분석 및 발전방향", 「국방정책연구」, 2004년 가을호

1989년 11월 9일, 자본주의와 공산주의 진영 사이의 정치 · 군사적 대립을 상징해온 베를린장벽이 무너졌다. 1개월 뒤인 12월 3일에는 지중해의 몰타에서 미국과 소련 양국의 정상이 회동하여 '새로운 시대로의 진입'을 공식 선언했다. 이로써 전 세계를 둘로 갈라놓았던 냉전이 40여년만에 막을 내렸다. 그토록 두려워했던 핵전쟁과 또 다른 대규모의 재래식 무력충돌을 수반하는 제3차 세계대전을 치르지 않고, 평화롭게 대립과 반목의 시대를 마감한 것이다. 그러나 머지않아 오가코프 등이 예견했던 군사기술혁명이 실제 전쟁에서 구현될 기회가 다가오고 있었으니, 그 무대는 바로 페르시아만이었다.

1991년 '사막의 폭풍'

세계가 냉전 이후의 평화공존 희망에 들떠있던 1990년 8월 2일, 아랍 지역에서 충격적인 소식이 전해졌다. 이라크가 인접한 소국 쿠웨이트를 전면 침략했다는 것이었다. 총 병력규모가 2만명에 불과했던 쿠웨이트는 5개 사단 소속의 10만 병력을 앞세운 이라크군에게 불과 이틀만에 무너졌으며, 8월 8일 이라크는 쿠웨이트의 합병을 선언했다. 8년(1980~1988년)에 걸친 이란과의 전쟁으로 경제가 침체되자 그 해결책으로 쿠웨이트의 풍부한 석유를 노린 것이었다. 아랍세계의 맹주를 자처하는 이라크의 독재자 사담 후세인은 "쿠웨이트는 서양 제국주의 세력과 결탁한 배신자이며, 부당하게 빼앗긴 이라크 영토의 일부"라면서 자신의 침략을 합리화했다. 이라크의 침략을 방관할 경우 세계 주요 산유국들이 집중된 아랍 지역의 안정이 흔들리면서 국제적인 정치 · 경제 질서의 혼란이 가중될 것임은 분명했다.

즉각적으로 미국을 위시한 세계 각국이 이라크의 쿠웨이트 침략을 규탄하는 동시에 UN 안전보장이사회가 이라크에 철수결의안을 채택했지만, 이라크가 이를 묵살하면서 쿠웨이트 탈환을 위한 국제적인 군사행동 필요성이 제기되었다. 11월 29일에는 UN 안전보장이사회에서 이라크를 쿠웨이트에서 몰아내기 위해 '필요한 모든 수단(All Necessary Means)'의 동원을 승인하는 결의안 678호가 채택되기에 이른다.[62] 철수시한으로 제시되었던 1991년 1월 15일까지도 이라크는 쿠웨이트에서의 군사적 점령을 중단하지 않았고, 이제 전쟁은 불가피해졌다. 이미 미국을 중심으로 37개국의 총 95만명(미군 69만명 포함) 규모의 다국적군(多國籍軍 : Coalition Forces)이 구성되었는데, 그 가운데는 사우디아라비아, 이집트, 시리아 등 아랍 10개국의 병력도 있었다.

1월 17일 새벽 2시, 이라크의 수도 바그다드 상공에 엄청난 수의 전폭기와 공대지 유도폭탄, 그리고 순항(巡航 : Cruise)미사일들이 나타났다. 이에 맞서 이라크군도 필사적인 대공포 사격을 퍼부었지만, 다국적군의 공습 앞에서는 속수무책이었다. 작전명 '사막의 폭풍(Desert Storm)'으로도 불리는 제1차 걸프전쟁의 막이 오른 것이다. 개전 초기에 다국적군의 공습은 바그다드의 이라크군 사령부와 주요 공항, 지상 방공기지 등 이라크의 전쟁수행 능력과 직결되는 핵심표적들에 집중되었으며, 이를 위해 다수의 정밀유도무기가 동원되었다. 많은 사람들은 다국적군의 정밀유도무기들이 외과수술(Surgical)을 연상시키는 정확도로 표적에 명중하는 모습을 보여주는 TV 화면에 감탄을 금치 못했다.

---

62) 일반적으로 '필요한 모든 수단'이라는 외교상 용어는 군사력의 사용을 의미한다.

토마호크 순항미사일(왼쪽)과 F-117 스텔스전폭기(오른쪽). 제1차 걸프전쟁을 통해 등장한 대표적 첨단무기들이다.

그 가운데서도 특히 주목받았던 신무기로는 F-117 '나이트호크' 전폭기와 '토마호크' 순항미사일이 대표적이었다. F-117은 레이더의 탐지를 피해 이라크 상공으로 기습 침투할 수 있는 사상 최초의 스텔스(Stealth) 항공기였다. 제1차 걸프전쟁 당시 F-117의 수량은 미 공군이 투입한 항공기 가운데 2.5%인 약 40대에 불과했지만, 다국적군이 공격한 이라크 내 핵심표적의 40% 이상을 담당할 정도로 큰 역할을 해냈다. 토마호크 순항미사일은 주로 해군의 수상전투함, 잠수함에서 발사된 후 저공으로 비행하면서 관성항법장치(INS)와 지형대조항법(TERCOM)을 사용, 수백km 거리에 위치한 이라크군의 핵심표적을 찾아내어 파괴하는 놀라운 정확도를 과시했다.

다국적군은 개전 이후 38일 동안 수도 바그다드뿐만 아니라 이라크 각지의 주요 군사기지, 경제 · 산업시설, 핵 · 화학 · 생물무기의 생산 및 개발시설,[63] 다리와 도로를 비롯한 교통망 등을 겨냥하여 대대적인 공습을 계속했다. 그 결과 이라크의 전쟁수행 능력은 절반 수준으로 떨어졌고, 특히 공군력은 거의 궤멸상태에 놓였다. 간신히 출격한 일부 이라크군 전투기도 미 공군의 E-3 '센트리' 공중 조기경보통제기(AWACS)에 의해 철저히 추적되고 있었

63) 이라크는 이란-이라크전쟁 당시 이란군과 내부 소수민족인 쿠르드족 주민들을 상대로 화학무기를 사용하여 수많은 사상자를 발생시킨 전력(前歷)이 있었다. 때문에 제1차 걸프전쟁 동안 다국적군은 이라크군의 화학무기 사용 가능성을 크게 경계하였고, 관련시설들을 조속히 제거하는 작전에 큰 비중을 할애했다.

으며, 다국적군의 전투기들은 AWACS의 관제를 받으며 이라크 전투기들을 유리한 시간과 위치에서 격추시켰다.[64] 이제 제공권을 완전히 장악해낸 다국적군의 다음 과제는 지상전을 통해 쿠웨이트를 점령하고 있는 이라크군을 몰아내는 것이었다.

마침내 2월 24일부터 다국적군은 쿠웨이트 탈환을 위한 지상작전에 돌입했다. 우선 미 육군 제18 공수군단 소속의 공수, 공중강습사단 각 1개가 이라크 서남부로 80~100km 지점까지 투입되었고, 이를 위해 대규모의 기동헬기들이 300차례 이상 출격하여 무장병력을 이동시켰다. 이어서 기갑사단 4개(영국군 소속 1개 포함)와 기계화보병사단 1개를 포함하는 강력한 지상 기동전력을 거느린 미 육군 제7군단도 사우디아라비아에서 이라크 국경을 넘어 제18 공수군단과 함께 쿠웨이트 북서부로 우회 진격하였다. 총 20만 명에 달하는 이들 2개 군단이 쿠웨이트 내 이라크군의 후속 지원과 퇴로를 차단하고, 측·후방에서 포위, 섬멸해버리는 주공을 담당하게 된 것이다. 아랍연합군과 미 해병대 2개 사단은 쿠웨이트 남부 전선을 돌파하여 직접 쿠웨이트의 탈환을 달성하고, 동시에 이라크군의 대응태세를 분산시키는 조공 역할을 했다.

제1차 걸프전쟁 당시 진격하는 다국적군의 기갑부대. 제공권 확보 이후 불과 100시간 동안의 지상전으로 쿠웨이트 탈환에 성공했다.

다국적군 예하 포병부대들은 자주포, MLRS(Multiple Launch Rocket

64) 조기경보기의 경우 적 항공기의 이동을 탐지, 추적하면서 이를 지상의 관제기지로 전달 및 보고하는 정도로 기능이 제한되지만, 조기경보통제기는 직접 정보수집 사항을 아군 항공기에 보내면서 지휘통제까지 할 수 있는 '하늘의 관제탑' 역할을 한다는 차이점이 있다.

System) 고성능 다연장로켓포를 동원한 무차별 포격을 퍼부어 수십km 밖의 이라크군 진영을 초토화시켰다. AH-64 '아파치'를 비롯한 미 육군의 공격헬기들은 기동헬기 부대의 엄호를 담당하는 한편으로 기갑, 기계화부대가 아직 도달하지 않은 종심지역 내의 이라크군 탱크, 장갑차들을 제거했는데, 주무기는 70mm 로켓탄과 사거리 8km의 '헬파이어' 대전차미사일이었다.[65] 이에 힘입은 다국적군의 기갑, 기계화보병 부대는 전천후 야시(夜視)장비의 지원으로 야간에도 막힘없이 이라크의 사막지대를 진격했다. 냉전 시절 미국이 작전기동단을 앞세운 소련군의 대규모 지상 기동전력에 맞서기 위해 수립했던 작전술, 즉 공지전투(AirLand Battle)가 아랍지역의 사막에서 그 진가를 유감없이 발휘해낸 것이다.[66]

1개월이 넘는 공습으로 비틀거리던 이라크군에게 사방으로 조여오는 다국적군의 지상 기동작전은 그야말로 결정타가 되었다. 다국적군은 지상작전이 개시된 다음날인 2월 25일 전방향에서 이라크군이 수개월에 걸쳐 구축해놓은 방어진지를 돌파하여 이라크 영토와 쿠웨이트 내부까지 진출했고, 쿠웨이트를 점령 중이던 이라크군은 급속히 무너지기 시작했다. 쿠웨이트 북부를 중심으로 배치되어 있던 이라크의 정예 공화국수비대도 주력인 3개 기갑사단을 비롯한 대부분이 미 육군 제7군단과 제18 공수군단이 주축을 이루는 다국적군의 우회 공격에 허를 찔려 참패를 면치 못했다. 지상작전 4일째가 되던 2월 27일에는 쿠웨이트 영토 전체를 수복했으며, 다음날인 2월 28일이 되자

---

65) 아파치 공격헬기의 경우 제1차 걸프전쟁을 통틀어 288대가 투입, 이라크군의 탱크 500대와 장갑차 120대, 포대 120개소, 그리고 지상 대공포진지 30개소를 파괴하는 전과를 올렸다. 장명순 · 권영안 · 이영주 · 이민형, 1999, p.41.

66) 미 육군이 1982년에 공식 채택한 공지전투는 정확도가 향상된 재래식 화력을 기동력과 결합시키는 것을 골자로 하는 작전술이다. 구체적으로는 전방지대에서의 고수방어에만 의존하는 대신 장거리 정밀타격으로 후방의 적 증원부대를 섬멸하여 공세압력을 저하시키고, 이후 세력이 크게 약화된 적 병력을 상대로 지상 및 항공 기동부대를 결정적인 시점과 지역에 투입하는 적극적인 기동작전을 통해 승리를 달성한다는 것이다. 박기련, 1998, pp.112~115.

다국적군은 공격중지를 선언했다. 1,000시간의 공습 이후에 진행된 불과 100시간 동안의 지상전으로 이라크의 침략야욕은 보기좋게 분쇄된 것이다.

개전 당시 이라크는 세계 4위에 해당하는 54만명 이상의 병력과 탱크 4,000대, 장갑차 2,500대, 야포 2,700문, 그리고 전투기 550대 등을 보유한 군사대국이었다. 그러나 제1차 걸프전쟁을 통틀어 이라크군의 인명손실은 무려 40만명(전사 10만명, 부상 30만명 포함)으로 육군 68개 사단 가운데 42개가 궤멸적인 피해를 입었고, 탱크 3,700대(전체 92.5%)와 장갑차 2,400대(96%), 야포 2,600문(96%)을 잃고 말았다. 전투기의 경우 약 280여대(공중전에서 격추된 30대 포함)를 잃으면서 나머지는 황급히 이란 등의 주변국으로 도피해야만 했다. 대조적으로 다국적군의 피해는 사상자 1,500여명(전사 225명 포함)과 탱크 8대, 전투기 39대 등이 고작이었다.[67]

제1차 걸프전쟁에서 다국적군이 압승할 수 있었던 비결은 '정보우위'라는 한마디로 요약될 수 있다. 미군을 중심으로 하는 다국적군은 인공위성과 정찰기, 공중 조기경보통제기를 비롯한 각종 첨단 정보수집 자산을 총동원하여 이라크의 군사력 배치, 핵심표적 위치 등에 대한 정보를 확보하고 있었으며, 이를 바탕으로 정밀유도무기에 의한 장거리 정밀타격을 실시할 수 있었다. 전형적인 재래식 기계무기 위주로 무장한 이라크군은 마치 장님, 귀머거리처럼 다국적군의 기습적인 공세에 고스란히 노출되어 개전 초기부터 이미 전쟁수행 능력이 크게 약화되었고, 결국 일방적이라고밖에 할 수 없는 패배 속에 쿠웨이트에서 물러나야만 했다. 다국적군의 승리는 곧 정보기능 중심의 군사기술혁명이 승리한 것이나 다름없었다.

하지만 군사혁신이라는 측면에서 평가할 때, 제1차 걸프전쟁의 눈부신 성과는 적지 않은 한계점을 나타내고 있었다. 양측의 동원병력은 여전히 50~60만명을 넘어서는 대규모였으며, 전장에는 수천대 이상의 탱크와 장갑차, 야포 그리고 항공기를 비롯한 재래식 기계무기들이 다수 투입되었다. 세계를

67) 육군사관학교 전사학과, 『세계전쟁사』(황금알, 2004), p.544.

놀라게 했던 다국적군의 정밀유도무기도 사실은 전쟁 기간을 통틀어 사용된 전체 탄약수량의 10% 미만에 불과했다. 38일 동안이나 계속되었던 공습 이후 추가로 100시간에 걸친 지상전을 통해서야 비로소 이라크군을 쿠웨이트에서 몰아낼 수 있었던 이유도 여기에 있다. 요컨대 1991년의 제1차 걸프전쟁은 '최초의 정보화전쟁'이라기보다는 '마지막 기계화전쟁'이라고 평가하는 편이 더욱 정확할 것이다.

2003년 '충격과 공포'

제1차 걸프전쟁으로부터 12년이 흐른 2003년. 페르시아만에는 다시 한번 전쟁의 먹구름이 닥쳐오고 있었다. 불과 2년 전인 2001년 9월 11일, 미국은 뉴욕의 세계무역센터(WTC : World Trade Center) 쌍둥이빌딩과 수도 워싱턴의 국방성 본부(일명 펜타곤(Pentagon))가 이슬람 과격주의 세력에 의한 항공기 납치 · 자살테러로 공격당하면서 큰 충격을 받았으며, 1개월 후인 10월 7일에는 그 비호세력으로 지목된 아프가니스탄의 탈레반 정권을 제거하기 위한 다국적 연합작전에 돌입한 바 있었다. 결국 탈레반 정권은 12월 6일 미국 주도의 다국적군에 항복하고 말았다. 하지만 미국은 그 정도로 만족하려 들지 않았다.

미국의 조지 워커 부시 대통령은 취임한지 채 1년도 안되어 전시(戰時) 국가지도를 맡게 되었고, 이 기회에 미국의 안보를 위협할 수 있는 모든 잠재세력들을 발본색원해야 한다고 확신하기에 이른다. 그는 제1차 걸프전쟁 당시 미국 대통령이었던 부시 1세의 아들이었으며, 아프가니스탄 공격 이후 가장 먼저 이라크를 주목했다. 이라크가 제1차 걸프전쟁 이후에도 여전히 핵 · 화학 · 생물무기의 개발, 생산을 시도하고 있으며, 심지어는 이슬람 과격주의 세력을 지원하고 있다고 주장한 것이다. 게다가 그의 부친과는 달리, 부시는 아예 군사력에 의한 이라크 후세인 정권의 타도, 제거까지 공언했다. UN 차원에서 파견된 이라크 사찰단의 활동 이후에도 국제적인 논란은 여전히 계속되었고, 결국 미국은 후세인 정권 제거를 위한 군사적 행동을 실천에 옮기기 시작했다.

제2차 걸프전쟁은 2003년 3월 20일 밤 2시 30분, 미 공군의 바그다드 공습으로 시작되었다. 당시 이라크를 침공한 미군 병력은 약 25만명에 불과했으며, 영국과 호주를 비롯한 소수 동맹국의 참전병력까지 포함해도 30만명이 채 안되는 규모였다. 12년 전 제1차 걸프전쟁에 투입된 병력규모의 절반 미만이었다. 그 가운데서도 지상전력은 미 육군 제5군단 예하의 사단 4개(기계화보병 2개, 공수 1개, 공중강습 1개)와 특수전부대 6,400여명, 그리고 군단급인 1개 해병원정군을 포함한 15만명 정도뿐이었다. 이들과 맞서는 이라크군은 총병력 42만명으로, 그 가운데 37만명의 육군은 예하에 6개 군단, 15개 사단(기갑사단 7개 포함)을 보유하여 외형상으로는 미군 주도의 다국적군보다 우세했다.

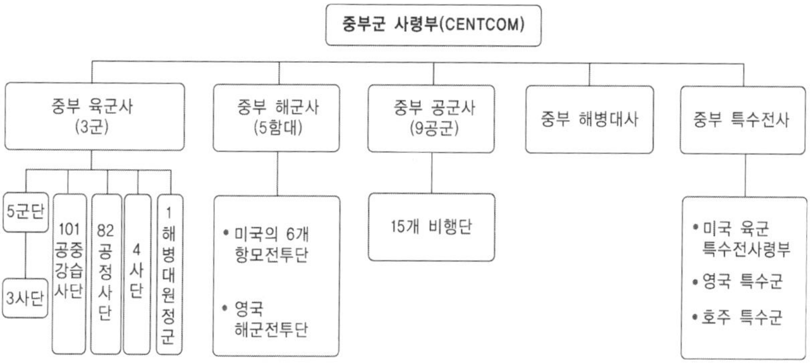

제2차 걸프전쟁 당시 미군의 편제구조

출처: 「신동아」, 2003년 5월호

하지만 놀랍게도 전쟁이 시작된 지 2주일째 되던 4월 3일 미 육군의 주력부대가 바그다드 외곽까지 접근, 포위망을 형성하기 시작했고, 4월 5일부터 바그다드 시내에 탱크와 장갑차를 투입하며 위력시위에 나섰다. 그리고 개전 3주일만인 4월 9일에는 마침내 바그다드가 함락되었으며, 이날 미군 병사들이 후세인의 대형동상을 철거하면서 후세인 정권의 붕괴는 기정사실화되었다.[68] 불과 1개월도 안되는 짧은 기간 동안에 이라크군의 저항을 무력화하면서 이라크 영토 전체를 석권하는 대성공을 거둔 것이다. 이는 5주일 이상의 공습과 4일 동안의 지상전 끝에 이라크군의 쿠웨이트 침략을 격퇴해냈던 제1차 걸프전쟁의 성과를 훨씬 능가하는 수준이었다. 어떻게 이런 결과가 가능했던 것일까?

가장 먼저 미군의 정보자산 운용 능력이 12년 전보다 양적, 질적으로 강화되었다는 점을 빼놓을 수 없다. 제1차 걸프전쟁 당시 개발과정 중에 긴급히 투입된 바 있던 E-8 '조인트스타즈' 전장감시기는 제2차 걸프전쟁에서도 10여대가 운용되어 SAR 레이더로 250km 이내에 배치된 수백대의 이라크군 탱크, 장갑차, 야포 등 지상병력의 위치, 이동경로를 추적하는 지상의 조기경보통제기 역할을 담당했다. 또한 2001년 아프가니스탄 공격에서도 활약했던 RQ-1 '프레데터', RQ-4 '글로벌호크'를 비롯한 미군의 중 · 고고도 무인항공기는 유인정찰기보다 긴 체공능력을 통해 이라크군 병력의 움직임과 주요 타격, 점령 대상지역을 전천후로 감시, 정찰하면서 정찰용 인공위성에 버금가는 정보수집 능력을 보여주었다. 제2차 걸프전쟁 기간동안 미군은 약 350km^2 이내의 표적들 가운데 70%를 식별할 수 있었는데, 이는 제1차 걸프전쟁 시절의 15%보다 4배 이상 높아진 것이다.[69]

뿐만 아니라 수집해낸 정보를 군 지휘부와 각 실전부대에 전달, 가공, 배분하는 시간이 크게 단축되었고, 정보공유의 범위는 더욱 넓어졌다. 미군은 링크 16(Link 16. 일명 TADIL-J(TActical Data Information Link-J))이라는 통신망을 구축하여 실전 수행에 필요한 각종 정보들을 음성, 신호는 물론 문자, 부호, 심지어는 영상 등의 형태로 송수신할 수 있었다. 정찰기와 인공위성이 탐지해낸 이라크군 표적이 실시간에 가까운 속도로 미군 사령부의 중앙컴퓨터,

---

68) 후세인은 바그다드 함락 이후 은둔하던 중 2003년 12월 13일 미군에 의해 체포되었고, 이라크 신정부로부터 전쟁범죄, 대량학살, 반인도주의적 범죄 등의 혐의로 기소되어 2006년 11월 5일 사형을 선고받아 12월 30일 69세를 일기로 교수형에 처해졌다.
69) 강진석, 『한국의 안보전략과 국방개혁』(평단, 2005), p.528.

주요 부대의 지휘관뿐만 아니라 보병부대의 정보 단말기와 탱크, 군함, 항공기의 계기판에도 입력되어 활용이 가능할 정도였다. 제1차 걸프전쟁의 경우 표적을 식별한 후 직접적인 전투를 수행할 부대와 병력에 작전 지시사항을 전달하기까지는 1~3일이 소요되었지만, 2001년 아프가니스탄 공격에서는 45분만이 걸렸을 뿐이었고, 제2차 걸프전쟁에서는 최소 11분에 불과할 정도로 짧아졌다.[70]

이와 같은 정보기능의 강화는 미군이 정밀유도무기를 더욱 적극적으로 동원할 수 있게끔 해주었다. 제1차 걸프전쟁을 통틀어 레이저유도폭탄, 순항미사일을 비롯한 정밀유도무기 사용량은 약 2만 400발로 미군 중심의 다국적군이 퍼부은 총 26만 5천여발의 폭탄들 가운데 불과 8%도 안되었지만, 이후 정밀유도무기의 사용비중은 1999년 NATO군의 세르비아 공습작전에서 사용된 폭탄의 35%, 2001년 아프가니스탄 공격의 경우 56%가 될 정도로 커졌다. 그리고 2003년 제2차 걸프전쟁에 이르러서는 폭탄의 전체 사용량이 12년 전 제1차 걸프전쟁의 약 11% 수준인 2만 9,199발 정도로 격감한 동시에, 총 1만 9,948발의 정밀유도무기가 동원되어 전체 70%에 육박하였다.[71] 게다가 전체 항공기의 20%만이 정밀유도무기 탑재능력을 보유했던 제1차 걸프전쟁과는 달리, 이번에는 모든 미군 항공기가 정밀유도무기 운용 기능을 갖추고 있었다. 이제 정밀유도무기가 명실상부하게 화력의 중심이 된 것이다.

미군은 제1차 걸프전쟁에 사용된 전체 수량에 해당하는 1,000발 가량의 토마호크 순항미사일을 개전 초반의 이틀 동안에만 바그다드와 주요 핵심표적으로 집중 발사했으며,[72] 일반폭탄에 간단한 유도장치를 부착하여 사거리 약 20km, 오차범위 3m 내외의 정밀타격 기능을 갖춘 공대지 합동직격탄(이하

---

70) 강진석, p.528.

71) 구체적으로는 항공기에서 발사되는 공대지 유도폭탄이 1만 6,166발(81%)이었고, 토마호크 순항미사일을 비롯한 각종 미사일을 3,103발(19%) 운용했다. 공군전투발전단 편, 『이라크전쟁-항공작전 중심으로 분석』(대전 : 공군본부, 2003), p.45.

72) 이정훈, "'충격과 공포'로 선제, 우회접근 종심작전으로 압도", 「신동아」, 2003년 5월호.

JDAM : Joint Direct Attack Munition)도 등장했다. 이라크 외곽에 배치된 공군 기지와 항공모함에서 출격하는 미군 전폭기들은 이라크군의 기갑, 기계화보병 부대 소탕을 위한 근접항공지원 임무에 JDAM을 대량으로 사용했으며,[73] 육군의 대전차 공격헬기들도 여기에 합세했다. 그 결과 공화국수비대를 비롯한 이라크군의 주력 부대들은 바그다드를 향해 진격하는 미 육군과 맞서 싸울 기회조차 얻지 못한 채 미군 항공기의 공습 세례를 받고 궤멸당하는 신세가 되었다. 미군의 정밀유도무기 운용은 후세인을 비롯한 이라크 정권 지도부를 직접 겨냥하는 '참수공격(Decapitation Strike)'까지 시도할 정도에 이르렀다.[74]

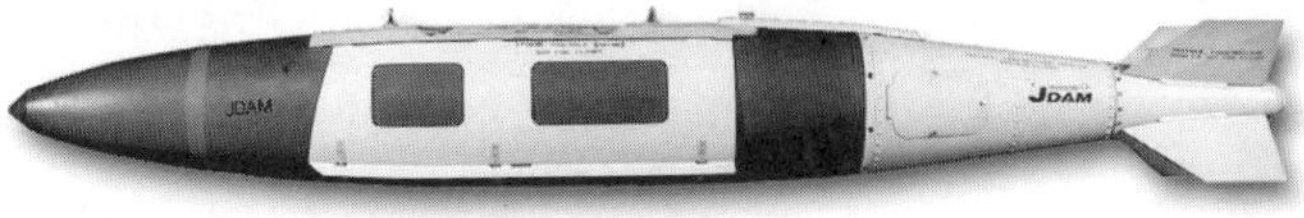

공대지 정밀유도폭탄 JDAM. 2001년 아프가니스탄 공격과 2003년 제2차 걸프전쟁에서 미군이 대량으로 사용하였다.

제1차 걸프전쟁에서 다국적군이 38일에 걸친 장기간의 공습 이후에야 본격적인 지상전에 돌입했던 것과는 달리, 미군의 지상전력은 개전 다음날부터 이라크 국경을 넘기 시작했다. 주력을 담당한 미 육군 제5군단의 제3 기계화보병사단과 미 해병 제1원정군은 각각 유프라테스강, 티그리스강을 따라 두

73) 제2차 걸프전쟁 당시 미군이 사용했던 JDAM 수량은 총 6,542발로 전쟁기간 동안 사용된 공대지 유도폭탄의 40%에 달했고, 기존의 레이저 유도폭탄 다음으로 많은 비중을 차지했다. JDAM은 1발당 가격이 토마호크 순항미사일(150~200만 달러)의 2%에도 못 미치는 3만 달러로 비용대비 효과가 매우 높은 무기라는 평가를 받았다. 공군 전투발전단 편, 2003, p.35.

74) 미군은 제2차 걸프전쟁이 시작된 2003년 3월 20일의 바그다드 공습, 그리고 바그다드 함락 직전인 4월 7일 후세인의 은신처로 파악된 장소에 순항미사일과 지하시설 파괴용 레이더유도폭탄(일명 '벙커버스터(Bunker Buster)')을 각각 발사하였다. 두 작전 모두 의도했던 성과를 거두지는 못했지만, 이라크 정권 지도부에 상당한 심리적 타격을 가하는 효과를 거둔 것으로 평가되었다.

방향으로 나뉘어 3월 25일까지의 5일 동안에만 400km를 진격하는 놀라운 기동력을 달성했다. 이는 하루 평균 80km에 해당하는 기동 속도로 제1차 걸프전쟁 당시의 40km보다 속도가 2배나 증대된 것이다.[75)]

이들은 도중에 등장하는 이라크군 병력, 중요 교통거점에 대한 전투를 제외하고는 바그다드로의 진격에 방해가 되는 지역과 불필요한 교전을 철저히 회피하면서 우회 기동했다. 실시간 수준으로 전달되는 각종 정보를 최대한 활용하여 전장상황을 효과적으로 파악할 수 있었기 때문에 가능했던 일이다. 한편 이라크 남부에서는 미 육군 제101 공중강습사단과 영국군이 주요 지역의 직접 점령, 소규모의 이라크군 잔당 소탕을 실시하여 바그다드로 향하는 미 육군 기동전력의 보급로를 엄호했고, 이라크 북부에 투입된 제82 공수사단은 해당 지역에 주둔하는 이라크군 병력이 바그다드로 증원되지 못하도록 견제하는 조공 역할을 맡았다.[76)]

당시 이라크에서 미 육군이 포병 전력의 동원 규모를 제1차 걸프전쟁의 약 10%로 대폭 감축시킨 것도 진격 속도를 높인 중요한 비결이었다. 대신 미 해·공군 소속 항공기들이 이라크군의 주력 부대들을 겨냥한 근접항공지원을 지속적으로 수행하여 화력지원 문제를 해결해주었다.[77)] 300대가 넘는 이라크 공군의 전투기들은 감히 출격할 엄두조차 내지 못했으며, 이라크 상공에서의 제공권 장악은 미 육군에게 더 없이 좋은 진격 조건을 보장해 주었다.

그리하여 미 육군 제3 기계화보병사단과 미 해병 제1원정군은 2주일만에 무려 560km에 달하는 거리를 주파하여 최종 목적지인 바그다드에 도달할 수 있었다. 미군 항공기들의 계속된 공습으로 주력 부대의 대부분이 무력화된

---

75) 권태영·노훈, 2008, p.114.

76) 당초 미군은 터키를 통해 미 육군에서 정보화 전력수준이 가장 높은 정예 제4 기계화보병사단을 투입하여 남북 양쪽 방향에서 바그다드를 포위하려 했지만, 전쟁 직전에 터키가 미군부대의 수용을 거부하면서 무산되었다.

77) 제2차 걸프전쟁 당시 미군 항공기들의 전체 출격횟수 79%가 이라크 지상전력을 제압하기 위한 근접항공지원에 할당되었는데, 이는 12년 전 제1차 걸프전쟁 시절의 약 55%보다 크게 늘어난 것이다. 공군전투발전단 편, 2003, p.34; p.59.

이라크군에게는 바그다드를 사수하기 위한 조직적인 저항능력이 현저히 줄어든 상태였다. 이를 간파한 미군은 바그다드 중심부를 향하여 기갑, 기계화보병 부대를 앞세운 정찰 및 위력시위를 펼치면서 이라크 정부청사, 군 사령부, 방송국 등의 중요시설들을 차례로 점령했다. 상공에서는 미군 무인정찰기와 항공기가 미 육군의 바그다드 점령을 위한 지속적인 정보수집, 근접항공지원을 제공해 주었다. 결국 바그다드는 포위가 시작된 지 5일만에 정보와 속도, 화력의 우위를 십분 발휘한 미군에게 함락되었고, 후세인 정권도 막을 내렸다.

제2차 걸프전쟁 당시 바그다드 시내로 돌입하는 미 육군의 탱크

이처럼 전쟁 시작부터 집중적으로 이루어진 미군의 정밀타격, 그리고 이라크군의 대응시간을 훨씬 능가하는 기습적인 속도로 수도 바그다드까지 진격해온 미 육군 기동전력의 압력은 이라크의 전쟁수행 능력을 단기간 내에 물리적 · 심리적으로 철저히 마비시키기에 충분했다. 그야말로 '충격과 공포(Shock & Awe)'였던 것이다. 미군이 제2차 걸프전쟁에서 동원한 병력은 12년 전 제1차 걸프전쟁의 절반 수준에 불과했지만, 이전보다 훨씬 강화된 정보우위에 힘입어 더욱 압도적이면서 신속한 승리를 거두었다. 이 점에서 제2차 걸프전쟁은 진정한 의미에서 '최초의 정보화전쟁'으로 평가할 수 있다. 비록 전쟁 발발을 둘러싼 국제법적, 도덕적인 정당성 문제와 전후 처리 과정에서 계속되고 있는 이라크 내부의 불안정은 두고두고 비판의 대상이 될 수밖에 없지만, 군사적 측면에 관한 한 제2차 걸프전쟁은 분명 성공적인 군사혁신의 성과로 기록될 것이다.

(2) 4차원의 새로운 전장

우주공간

20세기 초 항공기의 발명으로 지구상에서 인간이 도달하지 못할 영역은 거의 사라졌다. 하지만 지구 너머의 우주(宇宙 : Space) 공간은 여전히 상상 속의 세계로만 인식되었을 뿐이었다. 그러던 1957년 10월, 소련이 세계 최초의 인공위성 '스푸트니크' 1호의 발사에 성공했다. 이로써 우주는 인간에게 '한계'가 아닌 '새로운 개척의 대상'이 된 것이다. 공교롭게도 냉전이라는 국제정치적 배경으로 인해 우주개발은 곧 자본주의와 공산주의 양측의 체제경쟁 상징이 되었으며, 각 진영의 맹주였던 미국과 소련은 우주개발 사업에 막대한 투자와 기술적 노력을 아끼지 않았다. 그 결과 1961년 4월 소련의 유리 가가린이 유인우주선 '보스토크' 1호에 탑승하여 사상 처음으로 우주비행의 영예를 안았으며, 마침내 1969년 7월에는 미국의 '아폴로' 11호가 최초의 달착륙을 성공시키는 개가를 올렸다. 이후 수성과 금성, 화성, 목성 등 태양계의 주요 행성에 무인 탐사로켓이 차례로 발사되었고, 현재는 장기간에 걸친 우주체류, 활동이 가능한 우주정거장(Space Station)과 재사용 기능을 갖춘 우주왕복선(Space Shuttle)까지 운용되는 수준에 이르고 있다.

우주는 지표면으로부터 최소 100~150km 이상의 고고도를 포함하는, 대기권 밖의 물리적 공간을 뜻한다. 보통의 항공기들이 비행할 수 있는 고도가 최고 36km 내외라는 점을 감안한다면, 우주공간은 기존 항공기와 지상 방공전력, 기상변화에 따른 악천후 등의 위협으로부터 자유로운 사실상의 '절대적 안전지역'이라고 할 수 있다. 이 점에서 우주공간으로의 진출 및 개발을 위한 과학기술적 노력이 군사력 분야로까지 파급되는 것은 결코 우연이 아니었다.

우주의 군사적 활용은 정보수집 기능에서 시작되었다. 고도 500~2,000km 내외의 저궤도에서 고해상도의 영상정보와 전자 및 신호정보(예 : 방사능, 음성 · 암호통신 등) 수집 임무를 수행하는 정찰위성, 적도 기준으로 고도 약

36,000km의 고궤도에서 넓은 범위에 걸친 대용량의 군용통신 중계를 담당하는 통신위성이 대표적이다. 1970년대에는 미소 양국이 상대측의 ICBM 발사 여부를 포착하기 위한 조기경보위성을 개발, 운용하기 시작했는데, 이 위성은 통신위성과 같은 약 36,000km 이상의 고도에서 지구 자전과 같은 속도로 움직이면서 특정 지점을 고정적으로 감시,[78] ICBM이 발사될 때 배출되는 배기가스의 열을 탐지할 수 있다.

여기에 항법위성이 개발되면서 우주공간을 통한 군사력 운용은 보다 공세적인 양상을 나타내기 시작했다. 항법위성은 고도 10,000~20,000km의 중궤도에서, 지상과 해수면의 고정 및 이동물체에 대한 위치를 위도, 경도, 심지어는 시간 기준으로 제공하도록 운용될 수 있었다. 가장 대표적인 미국 GPS(Global Positioning System)의 경우 1991년 12시간 주기로 지구를 선회하는 18개의 항법위성을 6개 궤도에 걸쳐 발사, 설치한 것으로 시작하였고, 그해 1~2월의 제1차 걸프전쟁에서도 활용된 바 있다.

제1차 걸프전쟁 당시만 해도 GPS 위성항법체계의 역할은 이라크군의 지상배치 지점을 정확히 파악하여 쿠웨이트 탈환을 위한 다국적군의 지상전 수행에 기여하는 정도였다. 그러나 2001년 아프가니스탄 공격과 2003년의 제2차 걸프전쟁에서는 JDAM과 순항미사일 등의 주요 정밀유도무기를 표적에 정확히 유도해내는 기능까지 해냈다. 조종사나 외부요원이 직접 표적을 지정해야 하는 공대지 레이저유도폭탄이 악천후 속에서의 운용에 제한을 받았던 것과는 달리, GPS 항법위성은 기상조건의 제약으로부터 자유롭게, 보다 정확한 정밀타격이 가능하게끔 해준 것이다. 이는 제2차 걸프전쟁 당시 미군의 정밀유도무기 사용 비중이 제1차 걸프전쟁보다 크게 높아졌던 이유 가운데 하나였다.

1983년 3월, 로널드 레이건 미국 대통령은 전략방위구상(SDI : Strategic

---

78) 이러한 특징 때문에 조기경보위성을 비롯한 고궤도 위성은 해당 지역의 상공에서 위치가 거의 변하지 않는 것처럼 관측된다. 이 점에서 흔히 '정지위성'이라고도 불린다.

Defense Initiative)이라는 계획을 발표했다. 지구 주변의 궤도에 무장 인공위성을 배치해서 미국 영토를 향해 발사되는 소련의 ICBM을 대기권 밖에서 요격한다는 내용이었다. 다분히 영화 '스타워즈(Star Wars)'를 연상시키는 기상천외한 발상이 아닐 수 없었다. 레이건은 이 계획이 현실화된다면 소련의 거대한 핵 공격 능력을 완전히 무력화시킬 뿐만 아니라, 자칫 전세계를 핵전쟁에 의한 공멸로 몰아넣을지도 모르는 미소 양국의 팽팽한 핵무기 균형을 미국의 일방적인 우세로 뒤바꿀 수 있다고 기대했다.79)

1980년대 미국 전략방위구상(SDI)의 개념도. 우주에서 ICBM을 요격하는 장면을 담고 있다.

SDI 구축 계획은 기술적인 문제와 1980년대 말 냉전의 종식으로 실현되지 못했다. 그러나 우주에 직접 물리력을 동원할 수 있는 군사수단의 배치 가능성을 보여준 사례로 남게 되었다. 자국 상공에서 활동하는 다른 나라의 군사위성을 감시, 추적하기 위한 지상배치 광대역 레이더와 대형 광학망원경, 그리고 지구 및 우주공간에서 배치, 발사되어 적의 군사위성을 무력화하거나 아예 파괴하는 위성공격(ASAT : Anti-SATellite) 무기는 이미 실용화 단계에 있을 정도다.80)

오늘날 우주는 가장 광범위하고 신속한 군사용 정보수집 및 통신 기능을

79) 한편으로는 SDI 계획이 군사 · 기술적 측면보다는 소련으로 하여금 또 다른 군비경쟁에 골몰하도록 강요하면서 경제력을 고갈시키는 책략의 성격이 강했으며, 결과적으로 소련이 미국과의 대결 지속을 불가능하게끔 유도하여 냉전을 평화적으로 종식시키는 데 기여했다는 평가도 있다. 보다 자세한 내용은 Peter Schweizer, *Victory : The Reagan Administration's Secret Strategy That Hastened the Collapse of the Soviet Union* (Atlantic Monthly Press, 1996)을 참고.

80) 조봉현 · 정하교, "우주무기체계 소개", 「合參」, 통권 제23호, 2004년 7월.

수행하는 고성능의 정보자산들이 다수 운용되는 공간이다. 따라서 정보화 수준이 전쟁의 승패와 직결되는 군사적 추세 속에서 우주에 배치된 자국의 군사자산을 관리, 방어하는 한편으로, 적 우주배치 군사자산을 효과적으로 견제, 공격할 수 있는 능력의 우열이 곧 정보력의 우열, 나아가 군사력 전체의 우열을 좌우할 것임에 틀림없다. 지난 19세기와 20세기가 각각 바다, 하늘에서의 주도권을 차지하기 위한 제해권 및 제공권의 경쟁 시대였다면, 21세기는 우주공간의 통제권을 장악하려는 군사적 경쟁이 치열하게 전개되는 시대가 될 것이다.

사이버스페이스

산업혁명 이후 지난 2세기 동안 세계경제는 대규모의 생산기계와 기차, 자동차, 항공기 등으로 대표되는 기계화, 산업화시대의 길을 걸어왔다. 기계화와 산업화의 수준이 곧 국력의 척도로 인식되어 왔음은 말할 필요도 없다. 하지만 제2차 세계대전 이후 보다 많은 국가들이 산업화 경제의 대열에 합류하면서 새로운 형태의 경제성장을 선도할, 새로운 돌파구의 마련이 요구되었다. 그 열쇠가 된 것이 바로 정보통신 분야였으며, 세계 경제는 컴퓨터 기술과 광대역 통신망의 보급 확대에 힘입어 정보화 중심으로 재편되기 시작했다.

정보화시대를 정착시킨 최대의 공로자이자 가장 중요한 산물은 바로 인터넷이었다. 인터넷은 본래 1969년 미 국방성이 미국 내에 분산된 민간 연구소 및 대학교의 전산자료 공유를 위해 구축했던 컴퓨터통신망 알파넷(ARPANET)에서 유래한 것으로, 1980년대 초부터 일부가 민간 용도로 분리되면서 오늘날 사용되는 인터넷의 시초가 되었다. 초기에는 단순히 문자를 통한 메시지 전달이나 게시판 작성 정도만이 가능했던 인터넷 기능은 이후 그래픽과 음성, 영상 등을 포함하는 다양한 정보를 주고받을 수 있도록 발전했으며, 이를 취급하는 정보용량도 급속히 증대했다. 전세계적으로도 인터넷의 사용자 및 웹사이트의 수가 기하급수적으로 늘어난 것은 물론이었다.

이전과는 비교도 할 수 없을 정도의 많은 지식, 정보를 빠르고 손쉽게 전달 및 공유할 수 있는 인터넷의 효용성은 곧 널리 인식되었고, 여러 분야로 파급되기 시작했다. 개개인의 일상생활과 기업들의 경제활동, 그리고 나아가 정부 주요 공공기관의 업무에서도 인터넷이 필수적인 수단으로 자리잡게 된 것이다. 인터넷을 비롯한 정보통신 기술의 발전이 창조해낸 사이버스페이스(Cyberspace : 가상공간)는 시간적, 지리적 제약을 초월하는 사회 각 기능의 상호연결, 그리고 보다 빠르고 효율적인 인간 활동을 가능케 해주었다는 점에서 지대한 의미를 갖는다. 이제 인터넷은 일상생활에서 TV, 전화만큼이나 익숙한 존재가 되었고, 인터넷이 없는 세상이란 상상조차 하기 어려울 정도다.

그러나 정보화시대의 개막은 과거에는 상상하지 못했던 편리함을 제공하는 동시에, 또 다른 위험의 등장을 예고하는 것이기도 했다. 즉, 정보통신 기술과 체계에 대한 정치 · 경제 · 사회 각 분야의 의존도가 급속도로, 광범위하게 높아지면서, 정보통신망에 국한되는 의도적인 기술조작이나 교란, 방해만으로도 국가 전체에 혼란을 일으키거나, 중요 기능을 마비시킬 수 있게 되었기 때문이다. 이는 충분히 국가안보 차원의 위협이 될 수밖에 없는 문제다. 바야흐로 컴퓨터 속의 가상세계를 겨냥한 무형의 공격으로 현실 세계에서 물리적 피해를 유발, 강요하는 사이버전쟁(Cyber Warfare)의 시대가 온 것이다.

사이버전쟁이란 "컴퓨터와 관련된 기반장비를 토대로 하는 가상공간에서, 다양한 비(非)물리적 수단을 사용하여 상대측의 정보자산을 교란, 거부, 통제, 파괴함으로써 상대측의 통신 · 전산 · 국가정보 체계를 마비시키기 위해, 위기 및 분쟁시에 취해지는 무형의 공격적 행동과 이에 대한 방어행동"으로 정의될 수 있다.[81] 사이버전쟁을 위한 대표적인 수단으로는 ① 일명 해킹(Hacking)이라고 불리는 '통신망 침투 및 공격', ② 상대측 컴퓨터의 저장매체에 악성 프로그램을 감염시켜 자료 삭제나 기기 작동불능을 일으키는 '컴퓨터 바이러스', ③ 상대측에 악의적이거나 무의미한 내용의 전자메시지를 한꺼번에 대량 발송하여 컴퓨터와 통신망 사용을 마비시키는 '전자우편폭탄', 그리

---

81) 배달형, 『미래전의 요체 정보작전』(한국국방연구원, 2005), pp.93~94.

고 ④ 미리 지정된 조건(예 : 특정 시간대 및 신호, 주파수, 문서내용)을 인식하여 해당 컴퓨터와 통신망을 마비시키는 '논리폭탄' 등이 있다.[82)]

사이버전쟁의 1차적 효과는 적 컴퓨터 및 전산망 내부자료의 파괴, 왜곡, 탈취, 접근차단, 업무속도 저하, 처리절차 조작 및 변경, 그리고 이와 연결되는 통신체계와 주요 유형자산의 운영을 마비시키는 것으로 나타난다. 궁극적으로는 상대측의 정부 의사결정자와 국민들의 정보 인지능력, 심리에 타격을 가하고, 제반 국가 · 사회기능에 대한 신뢰도를 현저히 약화시켜 전쟁수행 능력과 의지를 파탄 상태로 몰아넣는 것이 사이버전쟁의 최대 목적이다. 그것도 물리적인 파괴나 인명살상을 거의 일으키지 않으면서 말이다. 지난 1997년 미국 정부는 35명의 해커들을 고용, 미국 내 주요전선망 4만개에 대한 모의 사이버공격 실험을 실시한 바 있는데, 여기서 36개에 대한 침투가 성공한 것으로 나타났다. 실제 상황이었을 경우 군용 통신은 물론 워싱턴, 뉴욕, 로스엔젤리스 등 대도시에서의 정전(停電), 교통체계가 마비되는 사태로 이어질 것으로 평가되었다.[83)]

사이버전쟁은 이미 가능성 수준을 넘어선 단계에 있다. 지난 1999년 3~6월 NATO군의 세르비아 공습[84)] 당시 세르비아의 해커들이 NATO와 백악관, 미 국방성의 웹사이트, 그리고 미군과 NATO군 사령부의 군용 전산망에 컴퓨터바이러스 감염 파일이 첨부된 수천건의 전자우편, 전자우편폭탄 발송, 해킹 등을 감행하여 해당 웹사이트가 수 시간 이상 마비되는 사태를 빚었다. 당

---

82) 배달형, 2005, pp.96~97.

83) 박상주, "美대륙 '사이버戰爭' 비상", 「문화일보」, 1999년 6월 25일자.

84) 세르비아는 자국 영토 내의 알바니아계 주민이 다수를 차지하는 코소보가 1990년대 말부터 독립 움직임을 나타내자 코소보계 주민들에 대한 무차별 학살을 자행했으며, 이에 미국을 위시한 NATO 회원국들은 '인도주의적 개입'이라는 명분을 내세워 1999년 3월 24일부터 세르비아에 대한 전면 공습작전에 돌입했다. 결국 2개월여만인 6월 11일 세르비아가 휴전에 동의하고, 이후 UN이 관할하는 NATO군 중심의 평화유지군이 코소보에 주둔하게 되었다. 지난 2월 17일에는 코소보 자치정부가 공식으로 독립을 선언하면서 다시금 국제사회의 논란을 빚고 있다.

시 미군은 세르비아 정부의 전산통신망에 대한 사이버공격을 통해 군사작전 마비와 더불어 전력, 교통체계를 교란하는 계획을 검토하기도 했지만, 법적 · 윤리적 문제로 인해 실행되지는 않았다.[85)]

정치 · 군사적으로 분쟁관계인 국가들의 해커들이 상대측 정부와 주요 공공기관의 웹사이트를 겨냥하여 해킹 등의 사이버공격을 주고받는 일도 더 이상 낯선 일이 아니다. 지난해 4~5월, 100만대 이상의 컴퓨터가 동원된 3주일 동안의 사이버공격으로 에스토니아의 대통령궁과 의회, 정부기관, 집권당, 주요 언론사, 그리고 금융기관의 웹사이트 및 전산망이 마비되었던 사건은 최근의 대표적 사례로 손꼽힌다.[86)] 에스토니아는 라트비아, 리투아니아와 더불어 지난 1990년대 초 소련으로부터 독립한 '발트 3국'의 하나이며, 당시 제2차 세계대전에서 전사한 소련군 장병들의 추모동상 이전, 철거문제를 놓고 러시아와 갈등을 빚은 바 있다. 이에 따라 에스토니아는 러시아가 정부 차원에서 조직적으로 사이버전쟁에 개입했을 가능성을 강력히 제기했으며, NATO 역시 이 사건을 "유럽 안보에 대한 위협"으로 규정할 정도로 높은 경계감을 나타냈다.

⑶ 약자의 선택, 비대칭전

게릴라전과 수퍼 테러리즘

고대 로마제국과 나폴레옹 시대의 프랑스, 19세기의 영국, 그리고 현재의 유일 초강대국인 미국. 이들은 공통적으로 강력한 군사력을 앞세워 세계를

85) 이종훈, "美, 올초 對유고 사이버전쟁 계획했다", 「동아일보」, 1999년 11월 9일자.

86) 당시 에스토니아를 겨냥한 사이버공격에는 다수의 컴퓨터가 동시에 특정 웹사이트를 일제히 공격하여 단기간 내에 통신기능을 마비시키는 '분산서비스 거부공격(DDOS : Distributed Denial Of Service)' 방식이 사용되었다. 특히 에스토니아는 유럽 내에서도 인터넷을 비롯한 정보통신 보급수준이 매우 높은 국가였기 때문에 피해수준은 더욱 컸다. 이태규, "100만 컴퓨터大軍 에스토니아'초토화'", 「한국일보」, 2007년 5월 19일자.

호령했던 나라들이다. 하지만 전쟁의 역사를 돌이켜볼 때, 반드시 대규모 정규군 중심의 군사력이 승리했던 것은 아니다. 오히려 병력규모와 무장수준에서는 크게 불리하더라도 자신들에게 익숙하고 유리한 공간에서, 전혀 다른 종류의 무기와 전력 운용방식을 통해, 그리고 보다 적극적이고 단호한 전쟁수행 의지로 무장한 군사적 약자들이 군사대국을 물리친 사례들도 적지 않기 때문이다. 이를 가리켜 비대칭전(非對稱戰 : Asymmetric Warfare)이라고 부른다.

가장 대표적인 비대칭전의 유형으로 잘 알려진 것이 바로 게릴라전(Guerrilla Warfare)이다. 게릴라전은 "적의 점령지역 내에서 정규군 이외의 소규모 무장세력을 중심으로 수행되는 군사적, 혹은 준(準)군사적 전투활동"으로 정의되는데, 그 유래는 19세기 초 나폴레옹 시대의 스페인으로 거슬러 올라간다.[87] 당시 나폴레옹은 유럽에서 유일하게 프랑스와 맞서고 있던 영국을 경제적으로 고립시키기 위해 1806년부터 영국과 모든 유럽대륙 국가들의 해상무역을 전면 금지하는 '대륙봉쇄령'을 선포하고 있었는데, 스페인이 이에 불복하자 1808년부터 10만명 규모의 프랑스군이 스페인을 침략하였다. 프랑스군은 스페인 정규군을 손쉽게 격파하였으며, 나폴레옹의 형 조세프가 스페인 국왕으로 봉해졌다. 그러나 이후에도 프랑스 점령군에 대한 저항이 스페인 전 지역에서 일어났고, 패퇴한 스페인군의 잔존 병력도 합세했다. 스페인 국민들은 소규모 부대를 겨냥한 습격, 마을과 종교시설의 요새화, 점령부대 철수 이후의 재집결, 심지어는 부녀자들까지 전투에 가담하는 방식으로 저항하며 프랑스군을 곤경에 빠뜨렸다. 산악지형이 각지에 분포하는 스페인의 지리적 특성도 게릴라전 수행에 유리한 조건을 제공했다.

심지어 1808년 7월의 베이렌 전투에서는 약 2만 5,000명의 프랑스군 병력이 게릴라부대 주도의 스페인군에 포위되어 항복하기까지 했다. 여기에 영국군이 스페인에 해상으로 물자보급, 병력지원까지 제공하자 프랑스군은 더욱

87) '게릴라'라는 단어 자체도 스페인어인 'Guerra(전쟁)'와 'illa(작은)'의 합성어에서 유래한 것이다.

곤경에 처하게 되었다.[88] 결국 11월부터 나폴레옹이 직접 19만명의 병력을 이끌고 진압작전에 나섰지만, 역시 스페인 국민들의 저항을 완전히 제압하는 데는 실패하고 말았다. 스페인에서 벌어진 게릴라전은 지상전에서 무적을 자랑하던 나폴레옹의 신화를 깨뜨렸고, 이후 유럽대륙 내에서 오스트리아, 러시아 등을 중심으로 다시금 프랑스에 대항하기 위한 동맹이 형성되기 시작하면서 나폴레옹 시대의 몰락을 앞당기는 계기가 되었다.

게릴라전은 20세기에 들어서 다시금 주목받기 시작했는데, 특히 중국의 마오쩌둥(毛澤東)에 의해서 큰 발전을 이루었다. 1921년 중국공산당의 결성에 동참한 마오쩌둥은 1920년대 말부터 장개석(蔣介石)이 이끄는 국민당 정권과의 대립이 표면화되자 국민당군의 진압에 대항하는 유격전(遊擊戰)을 지도하였다. 특히 50만명의 대병력을 동원한 국민당군의 추격을 피하여, 1934년 10월부터 1935년 11월까지의 1년 1개월 동안 중국 남서부의 장시(江西)성에서 북중부의 산시(陝西)성 옌안(延安)으로 퇴각하는 대장정(大長征)을 이끌어 공산군의 잔존 세력을 지켜냈을 뿐만 아니라, 향후 세력확장을 위한 거점을 확보해냈다.[89]

마오쩌둥의 게릴라전은 다음과 같은 내용을 골자로 하였다. 첫째, 대규모의 단기 결전이 아닌 소규모의 교란, 습격, 유인 · 매복작전을 장기간 반복하여 적의 전력 우위를 고갈시킨다. 병력 규모와 무장, 숙련도 등에서 우월한 적을 상대로, 불과 몇 차례의 전투를 통해 완전한 승리를 거둔다는 것은 비현실적일 뿐만 아니라, 열세한 저항세력의 전멸만을 앞당길 뿐이다. 따라서 장기간에 걸친 저항을 전제로, 적의 취약점(예 : 보급시설, 교통로, 소부대 등)을 집

88) 당시 영국군의 스페인 지원병력을 지휘한 아서 웨슬리는 그 공로를 인정받아 1814년 '웰링턴 공작(Duke of Wellington)'의 귀족칭호를 받았으며, 1815년의 워털루 전투에서도 영국군을 승리로 이끌어 나폴레옹 시대를 종식시켰다.

89) 1년 이상 계속된 대장정 기간을 통틀어 중국 공산군은 12,500km 이상의 거리를 행군하였으며, 이 과정에서 병력 8만 5,000여명 가운데 절반이 훨씬 넘는 5만 5,000명 이상을 잃는 희생을 치렀다. 온창일 · 정토웅 · 김광수 · 박일송 · 황수현, 2006, p.259.

중 공략하고, 이어서 재빨리 분산 및 이탈하는 '치고 빠지기(Hit and Run)'식 유격전을 선택해야 한다는 것이다. 이를 통해 소규모의 병력으로도 원하는 시간과 장소에서 기습, 선제공격을 자유롭게 수행하며 전투에서의 '행동의 자유', 즉 주도권(主導權 : Initiative)을 확보하고, 자신들의 전력손실은 최소화하는 동시에 우세한 적의 피해를 극대화하는 효과를 거둘 수 있었다. 소규모의 승리일지라도 장기간에 걸쳐 축적된다면 저항세력의 건재를 과시하면서, 적에게는 물질적인 소모와 더불어 심리적 피로, 부담을 안겨주어 궁극적인 승리로 귀결될 수 있음을 보여준 것이다.

또한 마오쩌둥은 '16자(字)전법'을 통해 성공적인 게릴라전 수행을 위한 전력운용 원칙을 제시했다. ① '적이 진격하면 후퇴하고(敵進我退)', ② '적이 머무르면 교란시키고(敵駐我擾)', ③ '적이 지치면 공격하고(敵疲我打)', 마지막으로 ④ '적이 후퇴하면 추격한다(敵退我追)'는 내용이다.[90] 한마디로 군사적 약자가 어떻게 강자를 상대해야 하는지를 요약한 것이라고 할 수 있다.

둘째, 홈그라운드의 이점을 최대한 활용한다. 게릴라전을 수행하는 소규모 무장세력이 적보다 유리한 것이라고는 익숙한 지형, 우호적인 주민들의 지원 정도가 고작이다. 그러므로 게릴라 세력이 장기간에 걸쳐 인적, 물적 전투력을 유지하면서 수적으로 우세한 적과의 저항을 지속하려면, 먼저 적 정규군이 손쉽게 접근하기 어려우면서 자체적인 물자 및 병력의 확보, 훈련 등을 위한 근거지를 반드시 확보해야 한다. 또한 자신들의 작전범위 이내에서 거주하는 주민들과도 원만한 관계를 유지하기 위해 많은 노력을 기울였다. 마오쩌둥이 게릴라 부대와 주민들 사이의 관계를 '물속의 물고기'라고 비유했던 것도 이 때문이었다. 중국공산당은 자신들의 세력권 내에서 토지개혁을 약속하여 중국 국민의 대다수를 차지하는 농민들의 민심을 얻었고, 역시 농민 출신이 대부분이었던 공산군 내에서도 엄정한 군기를 확립하여 큰 호응을 불러 일으킨 것이다.

---

90) 온창일 · 정토웅 · 김광수 · 박일송 · 황수현, 2006, p.263.

셋째, 대의명분 확보를 위한 정치전을 병행한다. 당시 중국은 국민당과 공산당 사이의 내전뿐만 아니라 1931년 만주사변으로 촉발된 일본의 아시아 대륙침략까지 겪고 있었으며, 이에 공산당은 일본과 맞서기 위한 연합전선 구축을 제기하여 국민당의 강도높은 진압 위협에서 벗어나려 했다. 당초 장개석의 국민당은 공산당의 제의를 묵살하려 했지만, 항일 연합전선의 실현을 열망하는 국내여론에 못이겨 결국 1937년 제2차 국공합작(國共合作)에 동의하지 않을 수 없었다.[91] 이후 중일전쟁의 발발로 중국과 일본의 대립이 전면전쟁으로 확대되자 공산군은 주로 일본군의 후방 지역을 겨냥한 유격전을 수행, 일본의 침략능력을 소모시켰다. 제2차 국공합작과 중일전쟁 당시 공산군의 활약은 마오쩌둥을 위시한 공산당의 입지를 크게 강화시켰을 뿐만 아니라, 부패와 무능으로 점철된 장개석의 국민당 정권과 큰 대조를 이루면서 향후 공산당이 중국대륙의 패권 경쟁에서 우위를 차지하는 계기를 마련해주었다. 군사적 승리에만 초점을 두었던 나폴레옹 시대 이후의 서양 군사지도자들과는 달리, 마오쩌둥은 일찍이 『손자병법』에서 강조되었던 대전략 차원의 정치전이 차지하는 가치

베이징에 입성하는 중국 공산군. 이들은 마오쩌둥의 지휘 아래 역사상 가장 성공적인 게릴라전을 수행해 냈다.

91) 제1차 국공합작은 지난 1924년, 중국 내 군벌세력의 소탕을 위해 당시 국민당의 지도자였던 쑨원(孫文)의 결단으로 이루어졌으나, 쑨원이 사망한 후 새로이 국민당의 지도자가 된 장개석이 공산당과 결별하면서 파기된 바 있다. 1936년 12월, 반일 성향이었던 국민당 동북군의 사령관 장쉐량(張學良)이 시안(西安)을 방문한 장개석을 감금한 사건을 계기로 결국 국민당은 일본의 침략을 몰아내기 위한 공산당과의 제2차 국공합작에 합의하기에 이른다.

를 잘 이해하고 있었던 것이다.

그리고 넷째, 세력 확장에 따라 전력을 정규군 중심으로 재편하고, 공세작전의 비중을 강화한다. 중일전쟁을 거치면서 공산군의 규모는 꾸준히 성장하여 1940년에 50만명, 1945년 일본의 항복으로 전쟁이 끝난 시점에는 130만명까지 늘어났다. 국민당군과 공산군의 병력규모 격차도 중일전쟁 이전의 약 10 : 1에서 3 : 1 내외로 좁혀졌다. 게다가 전쟁기간 동안 농촌을 중심으로 확대된 공산군의 세력은 점차 도시지역까지 포위하기 시작했고, 국민당 정권에 실망한 대중들의 민심이반과 국민당군 내부의 동요까지 더해지면서 1946~1948년 사이에 점점 더 많은 국민당군 소속 부대들이 공산군에 투항하게 되었다. 이제 병력규모에서도 공산군이 국민당군을 앞지르기 시작했다.

그 결과 이전까지 국민당군의 보급로와 후방 점령지역에 집중되었던 공산군의 공세도 점차 적극적인 정면공격 양상을 나타내기 시작했으며, 1948년 10월의 펑톈(奉天 : 현재의 선양(瀋陽)) 함락을 시작으로 국민당이 장악하고 있던 북부 지역을 차례로 무너뜨렸다. 공산군은 1949년 2월에는 베이징, 4월에는 국민당의 수도 난징(南京), 그리고 5월에는 중국 최대도시인 상하이(上海)마저 차지하였다. 10월 1일에는 마침내 베이징에서 중화인민공화국(中華人民共和國)의 수립을 선포하기에 이른다. 20여년에 걸친 게릴라전 중심의 항전 끝에 국민당 정권을 대만으로 축출하고, 중국 대륙을 석권해낸 것이다.

냉전 시대의 양대 초강대국인 미국, 소련도 게릴라전 앞에서는 굴욕적인 패배를 당했다. 미국은 '동남아시아에서의 공산주의 확산 저지'를 내세워 1965년부터 베트남전쟁에 본격 개입하고 있었다. 남베트남 주둔 미군의 병력규모는 최대 54만명을 넘었고, 탄약사용량은 무려 600만톤으로 제2차 세계대전의 2배 이상에 달할 정도였다.[92] 그러나 북베트남이 프랑스의 식민지

---

92) 당시 베트남은 1세기가 넘도록 계속되어 온 프랑스의 식민지배가 끝난 1955년부터 북위 17도선을 경계로 남북 분단상태에 놓여있었다. 미국은 베트남과 국경을 인접한 중국이 과거 6.25 전쟁에서와 같은 군사적 개입을 감행할 가능성을 우려하여 지상군의 작전범위를 남베트남 영토 이내로 한정했고, 북베트남 영토에 대한 공격도 공군

배를 물리친 독립 영웅으로 추앙받는 호치민을 중심으로 단결했던 반면, 남베트남에서는 계속되는 쿠데타와 정부 지도층의 부정부패로 정치·사회적 불안정이 심각한 지경이었다. 또한 북베트남의 공산정권을 추종하는 남베트남 민족해방전선(일명 베트콩) 게릴라들이 남베트남 각지에서, 울창한 정글지대를 근거지로 삼아 매복, 저격, 부비트랩(함정) 설치 등의 방법으로 미군과 남베트남 정부군을 끈질기게 괴롭혔다.

베트남전쟁에서 활동했던 베트콩 게릴라들

1968년 1월 30~31일, 북베트남과 베트콩 게릴라들은 프랑스와의 독립전쟁을 승리로 이끌었던 국방장관 보 구엔 지압의 지휘 아래 남베트남 전 지역에서 동시다발적인 대공세를 감행했다. 이 구정(舊正 : Tet)공세는 군사적으로는 결코 성공적이지 못했지만, 미국이 북베트남에 대한 군사적 승리를 포기하도록 유도하는 정치·외교적 승리를 안겨주었다.93) 1973년 3월에는 모든 미군 병력이 베트남에서 철수했다. 프랑스에 이어 초강대국인 미국의 군사력까지 몰아내는 데 성공한 북베트남은 남베트남을 석권하기 위한 총공세를 준비하기 시작했다. 그리하여 1974년 말부터 북베트남 정규군이 남베트남으로의 전면 침략에 돌입했고, 이듬해 4월 30일 남베트남의 수도 사이공이 함락되면서 베트남은 공산국가로 통일되었다. 마오쩌둥의 게릴라전이 동남

중심의 폭격으로 제한시켰다.

93) 구정공세 당시 미군 및 남베트남군에서 3,000명 이상의 전사자가 발생했던 반면, 북베트남군과 베트콩 게릴라는 약 4만명이 전사했다. 그러나 구정공세는 미국 정부와 국내여론에 큰 충격을 주어 베트남에서의 군사 개입을 지속하기 위한 의지를 결정적으로 좌절시켰고, 이후 미국은 북베트남과의 외교협상을 통한 종전(終戰)을 선택하게 되었다.

아시아의 정글에서도 승리를 거둔 것이다.

미국이 베트남에서 물러난 지 6년 뒤인 1979년 12월 24일, 6개 보병사단과 공수부대를 포함한 대규모의 소련군 병력이 아프가니스탄을 침공하였다. 소련은 반소(反蘇) 중립노선을 표방하던 기존 정부를 무력으로 축출하고, 괴뢰정부를 내세우면서 아프가니스탄에서의 군사점령을 고착화시키려 했다. 그러나 아프가니스탄 국민과 국외에서 자원 참전한 이슬람교 신도들로 구성된 무자헤딘(이슬람 자유전사)이 소련군에 맞서기 시작했으며, 소련군 부대뿐만 아니라 주요 공공시설, 친소련 괴뢰정부의 하수인들을 상대로 게릴라전을 펼쳐나갔다. 소련은 최대 13만명 이상의 병력을 아프가니스탄에 주둔시키면서 무자헤딘 게릴라들을 소탕하려 했지만, 주로 서유럽 평야지대에서의 대규모 정규전을 위해 훈련받았던 소련군은 아프가니스탄 산악지형을 무대로 벌어지는 게릴라전 앞에서 고전을 면치 못했다.

9년 동안 계속된 아프가니스탄 침공은 냉전 말기 소련의 몰락을 재촉하는 결과만 가져왔으며, 결국 소련군은 1989년 2월까지 모두 철수할 수밖에 없었다. 게릴라전의 악몽은 이후 1990년대 체첸에서 다시 한번 러시아를 곤경에 빠뜨렸으며, 현재 미군의 점령이 지속되고 있는 아프가니스탄과·이라크에서도 재현되고 있다.

21세기에 들어서는 그동안 정치적 선전, 투쟁이나 국제범죄의 유형 정도로 인식되었던 테러리즘(Terrorism)도 비대칭전의 하나로 재평가되기에 이르렀다. 오사마 빈 라덴의 이슬람 과격주의 테러리즘 단체 알카에다(Al-Qaeda)가 그 대표주자라고 할 수 있다.[94] 1990년대 후반부터 주로 미국과 친서양 세력을 겨냥한 대형 테러사건을 자행해 온 알카에다는 지난 2001년 9월 11일 여객기 2대의 납치 및 자살테러를 감행하여 미국 뉴욕의 세계무역센터와 워싱턴의 미 국방성 건물을 파괴하고, 약 1만명(사망자 3,000여명 포함)의 인명피해

94) 오사마 빈 라덴은 1980년대 무자헤딘의 일원으로 아프가니스탄에도 참전했으며, 1990년 이라크의 쿠웨이트 침략 직후 미군이 아랍 지역에 주둔하게 된 것을 계기로 열렬한 반미(反美)주의자로 돌아섰다.

를 일으켜 세계를 경악시켰다. 사실상 전쟁 행위와 다름없는 사건이었다.

기존의 테러리즘은 항공기 납치나 인질억류, 요인암살을 통해 자신들의 정치적 메시지를 알리는 것에 초점을 두었으며, 인명살상이나 파괴는 상대적으로 낮은 우선순위를 차지했다. 하지만 알카에다로 대표되는 '수퍼 테러리즘'은 최대한 많은 파괴, 살상을 목적으로 자행되고 있으며, 그 대표적인 수단은 대규모의 자살폭탄 테러다.[95] 자살폭탄 자체는 기술적으로 대단한 것이라고 하기 어렵지만, 21세기의 테러리즘 집단도 기술발전에 따른 효과를 자신들에게 유리한 방향으로 이용하고 있다.

2001년 9.11 테러사태 당시
2번째 항공기의 충돌장면

첫째, 이들은 일반 대중 속에 섞여서 자유롭게 활동할 수 있다는 점에서 좀처럼 포착되기 힘들다는 정보우위를 갖는다. 둘째, 전세계적인 교통, 통신체계의 확대 덕분에 세계 각지로 흩어져 독립적인 활동이 가능하므로 생존성이 높다. 그리고 셋째,

95) 9.11 테러사태 이전인 1998년 8월 7일 아프리카 케냐, 탄자니아 주재 미국대사관의 폭탄테러 사건에서의 사상자는 5,200여명(사망자 231명 포함)이나 되었고, 이후에도 대량살상을 노린 테러사건이 계속되었다. 2002년 10월 12일 인도네시아 발리의 폭탄테러 당시 사망자는 총 202명, 2004년 3월 11일 아침 스페인 마드리드의 통근열차망에 대한 동시다발적 폭탄테러 사건의 사상자는 약 2,000명(사망자 200명 포함), 그리고 2005년 7월 7일 오전 영국 런던에서의 지하철, 버스 폭탄테러에서 발생한 인명피해는 총 750여명(사망자 52명 포함) 이상에 달했다. 이들 모두 알카에다의 소행으로 알려져 있다.

왜곡된 신앙심과 서양세계에 대한 증오로 무장한 이들 과격주의자들은 죽음까지 기꺼이 감수하면서 상대측의 물질적 · 심리적 충격을 극대화할 수 있는 취약점을, 정확히 공격할 수 있다. 어떤 면에서 알카에다를 비롯한 수퍼 테러리즘 집단은 기존의 군사강대국들보다 훨씬 적은 기술적 노력과 자원으로, 더욱 성공적인 군사혁신을 실현하고 있는 것이나 다름없다.

통계에 따르면 지난 1800~1998년 사이의 2세기 동안 벌어진 전쟁에서 군사적 약자가 강자를 이긴 경우는 약 30%에 달했던 것으로 나타났다. 특히 중요한 사실은 19세기 전반 1800~1849년 사이에는 그 비율이 12%에도 못 미쳤지만, 이후 반세기마다 증대되면서 가장 최근인 20세기 후반의 1950~1998년에는 과반수인 55%까지 큰 폭의 상승을 이루었다는 점이다.96) 게릴라전과 수퍼 테러리즘을 비롯한 '약자의 군사혁신'은 첨단기술을 앞세운 기존 군사강국들의 군사혁신이 직면할 수 있는 최대 도전이 될 것이다.

대량살상무기의 확산

대량살상무기(WMD : Weapons of Mass Destruction)란 "소총이나 야포, 탱크, 장갑차, 군함, 항공기를 포함한 재래식 기계무기를 훨씬 능가하는 수준의 인명살상 및 시설파괴 능력을 갖는 무기"를 뜻한다. 핵무기와 생물무기(예 : 병원균, 바이러스, 독소), 그리고 화학무기(예 : 독가스)가 여기에 해당하는 대표적인 무기들이다. 과거 냉전 시대에는 양대 초강대국인 미국, 소련을 비롯한 5대 핵보유국이 대량살상무기를 독점해 왔으며, 냉전이 막을 내린 오늘날까지도 이들 국가의 대량살상무기 보유량은 지구를 수십, 수백번 이상 멸망시킬 정도로 많은 실정이다.97)

---

96) Ivan Arreguín-Toft, "How the Weak Win Wars-A Theory of Asymmetric Conflict", *International Security*, Vol. 26, No.1 (Summer, 2001).

97) 5대 핵보유국의 핵탄두 보유수량은 러시아가 5,614기(전술핵무기 2,330기 포함), 미국은 5,045기(전술핵무기 500기 포함), 영국은 160기 이상, 프랑스가 348기, 그리고 중국이 145기 이상을 보유 중이다. 특히 러시아와 미국의 경우 예비용으로 저장하고 있는 것까지 포함한다면 각각 1만 5,000기와 1만기까지 늘어난다. SIPRI, *SIPRI*

■ 생·화학무기 종류 및 특성

화학무기

	작용제명	특성
신경작용제	사린(GB)	눈과 피부에 강한 독성, 구토, 경련, 호흡곤란 증상, 치명적
	VX	눈과 피부에 강한 독성, 사린보다 독성 강함
	타분(GA)	눈과 피부에 강한 독성
질식작용제	포스겐(CG)	폐 모세혈관 손상 초래, 1차대전 화학무기 희생자의 80% 차지
	PFB	폐에만 작용, 극소량으로 무능화 초래
혈액작용제	시안화수소(AC)	호흡에 의해 신체 내 흡수, 치사량 흡입 후 경련, 혼수상태, 15분 내 사망
	염화시안(CK)	눈 및 점막에 매우 자극적, 방독면 무력화
수포작용제	유황계 수포, 질소계 수포, 포스겐옥심 등	피부에 수포 형성, 화상, 흡입시 입·코·목구멍·폐 점막에 피해

생물무기

〈자료=국방부〉

종류	증상	주 감염경로	잠복기
탄저균	고열, 호흡곤란, 패혈증	호흡기	2~5일
천연두	오한, 고열, 발진, 요통, 수포	호흡기	7~15일(보통 14일)
페스트	경직, 두통, 고열, 피부출혈, 호흡곤란	호흡기, 쥐, 벼룩	2~6일
콜레라	설사, 구토, 탈수, 복통, 쇼크	소화기	6시간~3일
장티푸스	고열, 오한, 설사, 위장장애, 장출혈	소화기	1~2주
발진티푸스	오한, 고열, 발진	이, 쥐, 벼룩	10~14주
이질	복부경련, 구토, 설사, 오한, 고열	소화기	1~7일
유행성 출혈열	일반적 출혈, 쇼크	등줄쥐	3~4일
황우독소	구토, 가려움증, 혈변, 수포형성	호흡기, 피부	급속

화학 · 생물무기의 종류와 특징

출처: 「뉴스한국」, 2006년 6월호

하지만 냉전의 종식 과정에서 이전과는 분명히 다른 현상도 하나 있었다. 기존의 5대 핵보유국 이외에 대량살상무기의 개발, 보유를 추구하려는 국가들의 수가 늘어나기 시작한 것이다. 그 가운데서도 특히 각광받은 것이 바로 화학 · 생물무기였다. 탄약을 통한 사격뿐만 아니라 소규모의 특수전부대, 항

Yearbook 2007 : Armament, Disarmament and International Security (Oxford : Oxford University Press, 2007), p.515.

공기 등 다양한 수단을 이용하여 넓은 지역에 배치된 다수의 적 병력을 무력화할 수 있으며, 직접적인 살상능력과 더불어 심리적 공포를 유발하여 적의 전쟁수행 의지까지 약화시키는 효과를 발휘하기 때문이다. 게다가 높은 순도의 핵분열물질(예 : 농축우라늄, 플루토늄) 생산과 정교한 기폭장치의 설계를 위한 고급 기술이 요구되는 핵무기 개발과는 달리, 화학·생물무기는 일정 수준의 화학공업능력 및 소규모 연구시설만 있어도 저렴한 비용으로 개발, 생산이 가능하다. 대규모의 재래식 군사력이나 첨단무기를 확보하기 어려운 중소국가에게는 비용대비 효과가 매우 높은 선택이 될 수 있는 것이다.

장거리 미사일의 보유국가 확산은 비대칭 무기로서 화학·생물무기의 효과를 더욱 강화시켰다. 사거리가 수백 내지 수천km에 이르면서 화학·생물무기 탄두를 장착하는 미사일은 적의 공격을 받을 경우 즉각적으로 상대측의 대도시, 정치·경제·군사적 핵심시설을 겨냥한 대량보복을 가능하게끔 해주기 때문이다. 이 점에서 전·평시를 막론하고 자국의 정치적 의지를 강요하기 위한 전략무기의 역할까지 할 수 있다. 1991년의 제1차 걸프전쟁 당시 이라크군이 다국적군을 상대로 운용했던 대표적인 공격무기도 사거리 300~500km의 러시아제 SS-1 '스커드' 탄도미사일이었다. 이라크군은 전쟁 기간동안 총 80차례 이상 스커드 탄도미사일을 이스라엘, 사우디아라비아 등지에 발사하여 상당수의 민간인들과 다국적군 병력을 살상했다.98)

스커드 탄도미사일. 제1차 걸프전쟁에서 이라크군이 대량으로 운용하였다.

핵무기도 더 이상 5대 핵보유국의 전유물이 아니다. 1974년에 첫 핵실험을 실시했던 인도는 24년이 지난 1998년 5월 초, 5차례에 걸친 핵실험을 통해 핵무기 보유를 공식화했다. 5월 28일에는 인도와 오랜 분쟁관계에 놓여있는 파키스탄도 핵실험을 단행하여 후발 핵보유국의 대열에 합류했다. 양국의 핵탄두 보유수량은 각각 50~60기 내외인 것으로 평가된다.[99] 이스라엘의 경우 정부 차원에서 핵보유 여부를 확인하거나 공식 핵실험을 실시한 바는 없지만, 국내외적으로 100~200기 이상의 핵탄두를 보유하고 있다는 평가가 지배적이다.[100] 남아프리카공화국은 인종분리 정책을 고수하던 백인정권 시절에 소수의 핵탄두를 생산했으나, 1990년대 초의 흑인 민주정부 수립을 계기로 이들을 자발적으로 폐기하였다. 가장 최근의 핵실험은 지난 2006년 10월 9일 북한에 의해 실시되었다.

오늘날 전세계에서 핵무기를 이미 보유했거나 기술적으로 개발할 능력이 있는 국가는 기존의 5대 핵보유국 외에도 약 20개국에 육박하며, 그 범위도 동아시아, 아랍, 중남미, 동유럽, 중앙아시아 등지로 넓게 분포되어 있다. 화학 · 생물무기의 보유 및 개발국가도 20~25개국에 이르는 것으로 추산된다.

---

98) 이라크는 이스라엘이 스커드 탄도미사일 공격을 받을 경우 즉각적인 군사보복을 감행하면서 다국적군에 가담한 아랍국가들이 분열되고, 결과적으로 자신들에 대한 국제적 압력을 약화시키는 효과를 노렸다. 이를 우려한 미국은 이스라엘의 대이라크 보복 자제를 위한 외교적 노력을 기울이는 동시에, 다국적군 공군력의 1/3 이상을 이라크군의 스커드 탄도미사일 발사대 추적 및 파괴작전에 투입했으며, 이스라엘과 사우디아라비아에는 탄도미사일 요격능력을 갖춘 '패트리어트' 지대공미사일을 긴급 배치했다. James A. Winnefeld · Preston Niblack · Dana J. Johnson, *A League of Airmen : U.S. Air Power in the Gulf War* (Santa Monica, CA : RAND, 1994), pp.132~134; p.314.

99) SIPRI, 2007, p.515.

100) 이스라엘은 지난 1973년의 10월전쟁 초반 이집트, 시리아군의 기습으로 전세가 크게 불리해지자 핵무기 사용을 심각하게 검토했으나, 이후 반격에 성공하면서 취소되었던 것으로 알려진다. 1986년 9월에는 이스라엘의 핵무기 개발능력 실태를 세계언론에 폭로한 전직 핵기술자 모르데카이 바누누가 모사드(Mossad : 이스라엘 정보부)에 의해 유럽에서 납치 · 압송되어 2004년까지 복역하기도 했다.

그리고 이들 대량살상무기의 발사수단이 되는 사거리 100~300km 내외의 탄도미사일 보유국가는 5대 핵보유국을 제외하는 경우에도 27개국이나 되며, 15개국이 사거리가 1,000km를 넘는 중·장거리 탄도미사일을 보유 중이거나 개발할 능력이 있다.101) 해당 국가들에게 대량살상무기는 재래식 군사력에서의 열세를 적은 비용으로 보완 및 극복하게끔 해줄 뿐만 아니라, 대외적인 정치·외교적 영향력까지 제공하는 비대칭 무기인 것이다.

테러리즘 집단들도 대량살상무기에 눈독을 들이고 있다. 지켜야 할 영토와 국민이 없으며, 기꺼이 목숨까지 바쳐가면서 최대한의 인명살상을 자행하려는 테러리스트들이 대량살상무기를 손에 넣는다면, 그 사용가능성은 일반 국가의 경우보다 훨씬 높아질 위험이 크다. 그 증거로 1995년 3월 옴 진리교단이 일본 도쿄(東京) 지하철에 사린가스를 살포하여 12명이 죽고, 1,030명 이상이 부상을 입었으며, 2001년 10월 미국의 아프가니스탄 공격 직후에는 탄저균에 오염된 우편물로 미국 각지에서 22명이 감염되어 그 중 7명이 목숨을 잃었다. 9.11 테러사태 이후에는 방사선 오염에 의한 대량살상을 야기하는 일명 '더러운 폭탄(Dirty Bomb)'이 테러리즘에 사용될 가능성이 주목을 받기도 했다.

---

101) 국방부 국제협력관실 국제군축팀 편, 『대량살상무기에 대한 이해』(국방부, 2007), pp.14~15; pp.220~225.

4. 향후 전망

(1) 주목받는 신기술

정보 중심의 전투력복합화

20세기 말부터 계속되고 있는 군사용 정보수집과 통신 기능, 그리고 정밀유도무기의 눈부신 발전으로 전쟁에서의 승리를 좌우하는 열쇠는 '병력 및 무기의 규모 우위'에서 '정보의 우위'로 바뀌어가고 있다. 이는 적의 군사적 역량과 위협수준을 자세하고 신속하게 인지하며, 적 전투력의 핵심을 정확히 공략할 수 있는 능력과 직결된다. 21세기 군사혁신을 주도할 군사 과학기술의 발전추세도 이러한 흐름의 연장선상에서 출발할 것이다.

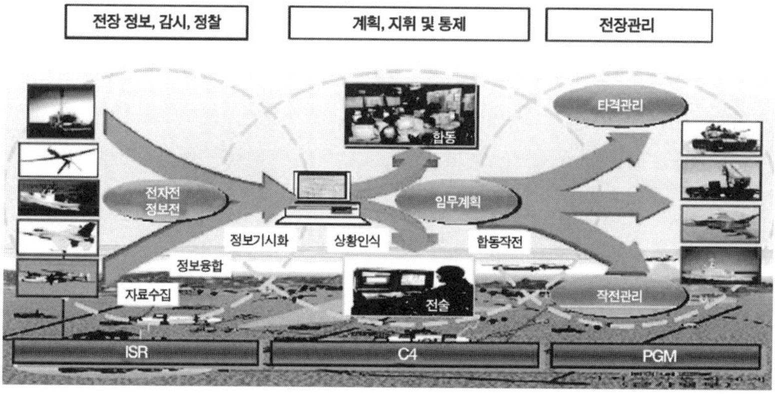

정보수집과 통신 · 지휘통제, 그리고 전투력의 복합체계 개념도

출처: 「국방저널」, 2005년 11월호

가장 주목해야 할 기술적 변화는 '정보기능을 중심으로 하는 전투력의 복합화' 실현이다. 컴퓨터에 의한 자동화, 음성 및 신호, 문자, 영상 등 다양한

형태의 정보를 대용량으로 송수신하는 데이터링크(Data Link)형 통신기술을 기반으로 ① 지상과 바다, 하늘, 우주에 배치되는 다양한 감시 및 정찰기능, ② 획득된 대 용량의 정보를 유용한 형태로 재빨리 처리 · 가공할 수 있는 융합처리기능, 그리고 ③ 각종 정보와 중요 지시사항을 필요로 하는 부대와 전투병력에게 전달, 배분하는 전송기능을 하나의 정보체계로 결합시키는 것이 핵심이다. 이러한 정보수집과 통신 · 지휘통제(이하 C^4I : Command, Control, Communication, Computer & Information) 기능의 결합을 C^4ISR이라고 한다.[102)]

궁극적으로는 C^4ISR 체계가 보병부대나 탱크, 장갑차, 야포, 군함, 항공기를 비롯하여 실전을 수행하는 주요 전투단위와도 연결 및 결합되면서 '식별 → 판단 → 결정 → 행동'[103)]으로 이어지는 의사결정 시간을 단축, 적에 대한 정보우위를 보장해줄 것이다. 이제 개별 무기의 성능뿐만이 아니라 서로 다른 무기와 부대들을 마치 하나의 조직체처럼 통합 운용하여 전투력을 극대화할 수 있는 능력이 전쟁의 승패를 좌우하게 되었으며, 따라서 각 전력 요소들을 하나의 지휘통제망으로 연결해주는 C^4ISR 체계 자체가 매우 중요한 무기라고 할 수 있다.

전투력 기능의 복합화는 개별 무기에도 폭넓게 적용되는 추세다. 오늘날의 탱크, 야포, 군함, 항공기는 정보, 화력, 기동이라는 전통적인 분류가 무의미할 정도로 다양한 전투력을 동시에 갖추고 있다. 과거에는 지상배치 기지에서나 사용될 수 있었던 탐지거리 수백km 이상의 고성능 레이더가 군함, 전투기에 탑재되고,[104)] 수상전투함과 잠수함, 전폭기는 바다와 하늘의 통제권을

---

102) Command(지휘), Control(통제), Communication(통신), Computer(컴퓨터에 의한 자동화), Intelligence(정보), Surveillance(감시), 그리고 Reconnaissance(정찰)의 머리글자에서 유래한 것이다.

103) 이러한 과정을 'OODA(Observe, Orient, Decide, Act) 순환주기'라고 하는데, 6.25 전쟁에 참전했던 존 보이드 미 공군대령이 처음 제시하였다.

104) 예를 들어 1980년대 이후 개발, 도입되고 있는 위상배열(Phased Array)형 레이더는 과거의 회전식 기계형레이더와는 달리 사각지대 없이 360° 사방을 동시에 감시할 수 있으며, 각기 다른 수십 · 수백개의 표적들에 대한 접근방향과 거리, 고도까지

확보하기 위한 종래의 임무와 더불어 순항미사일, 공대지 유도폭탄을 비롯한 다수의 정밀유도무기를 탑재 및 운용하는 화력 기능까지 수행할 정도다. 고성능의 정보, 화력, 기동능력을 겸비하는 무기 하나가 수백~수천명 단위의 중소규모 전투부대를 능가하는 전투력을 발휘할 수 있게 된 것이다.

비(非)화약 에너지무기

정보화전쟁의 주역으로 등장한 정밀유도무기는 화력 기능의 핵심을 '파괴 · 살상력'에서 '정확도'로 바꿔 놓았지만, 본질적으로는 여전히 지난 수세기 동안 전쟁터를 지배해 온 화약무기의 연장선상에 있었다. 하지만 기술의 발전은 머지않은 미래에 화약의 자리를 대신할 새로운 무기의 개발까지 현실화시키고 있다. 이들은 크게 전자포(EMG : Electro-Magnetic Gun), 고에너지 레이저(HEL : High-Energy Laser) 무기, 그리고 비살상무기(Non-Lethal Weapon) 등 3가지로 분류된다.

전자포는 고체형태로 된 화약을 탄환의 추진제로 사용했던 기존의 총, 포와는 달리 전기에너지를 발생시켜서 포탄을 사격하는 방식의 야포다. 화약추진 방식보다 훨씬 강력한 추진력으로 포탄을 발사할 수 있으므로 포탄의 비행속도와 사거리, 정확도, 그리고 관통력을 비롯한 파괴 · 살상력을 비약적으로 높인 것이 전자포의 최대 장점이다.[105] 이 점에서 육군의 야포, 대공포, 탱크 및 장갑차의 주포, 그리고 해군 함포의 포격능력을 거의 정밀유도무기에 준하는 수준으로 강화시킬 것으로 전망되며, 특히 항공기와 탄도 · 순항미사일과 같은 이동 표적까지 정확하게 요격할 수 있을 정도다. 전자포의 종류에는

탐지, 추적이 가능하다. 위상배열 레이더는 장거리 탄도미사일의 추적을 위한 지상 방공기지 배치로 시작하여 군함, 항공기의 탑재용 등으로 그 사용범위가 점차 확대되고 있다.

105) 기존의 화약추진식 야포는 포탄의 비행속도가 초속 1.8~2km 내외를 넘어서기 어렵지만, 전자포의 경우 그 2배에 해당하는 초속 3~5km 이상의 속도로 포탄을 추진시킬 수 있다. 그 결과 최대 수백km급의 사거리 연장도 가능하다. 최석철 편저, 『무기체계@현대 · 미래전』(21세기 군사연구소, 2003), pp.423~428.

순수하게 전기에너지만을 추진력으로 사용하는 '레일건(Rail Gun)'과 추진제의 연소과정에서 나타나는 열, 화학에너지에 의한 추진력에 전기에너지의 힘을 일부 사용하는 '전열화학포(ETC : Electro-Thermal Chemical Gun)'가 있다.

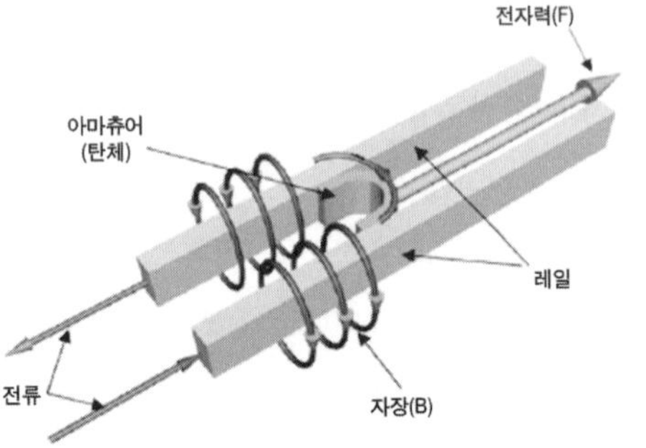

레일건 방식의 전자포 개념도

출처: 강웅철 등, "지향성 에너지 기술", 「국방과학기술 플러스」, 통권 제53호, 2008년 2월 15일

레이저 무기도 더 이상 공상과학 영화 속에서나 등장하는 상상의 존재가 아니다. 레이저는 고체형 결정체나 기체[106]화된 화학물질에 수십, 수백kw(킬로와트) 내지 수mw(메가와트)의 높은 전압을 가하여 발생하는 고출력의 단일 파장형 광(光)에너지이며, 초속 약 30만km라는 빛의 속도로, 중력의 영향을 받지 않고 장거리를 직진한다는 것이 대표적인 특징이다. 때문에 레이저 무기는 적이 회피할 시간적 여유조차 주지 않으면서 신속히 공격할 수 있으며, 정확도 역시 기존의 정밀유도무기와는 비교가 안 될 정도로 우수하다. 특히 초음속 항공기나 미사일, 포탄처럼 빠른 속도로 움직이는 표적을 요격하기에 매우 이상적이다. 발생되는 출력에 따라 사거리와 파괴 · 살상력의 수준을 조절하여 표적의 일시적인 무력화 또는 완전 파괴 등과 같은 다양한 효과를 거둘 수 있다.[107] 그리고 한번 탑재된 출력발생용 연료량으로도 다수의 표적을 반복적으로, 연

106) 레이저 발생을 위해 사용되는 기체 형태의 화학물질로는 이산화탄소, 헬륨, 네온, 수소 혹은 이들의 혼합가스 등이 있다.

107) 보통 1~10km 밖의 표적을 파괴하기 위해 필요한 레이저의 출력은 수십~100KW이며, 사거리 100km 이상의 레이저를 발생시키기 위해서는 수MW 이상의 고출력이 요구된다. 강웅철 등, "지향성 에너지 기술", 「국방과학기술 플러스」, 통권 제53호, 2008년 2월 15일.

속 공격할 수 있을 뿐만 아니라, 연료 비용도 고성능의 정밀유도무기 가격보다 저렴하여 경제성이 높다.[108)]

레이저 무기는 지상기지와 기동 차량, 군함, 항공기, 그리고 인공위성을 비롯한 여러 군사용 자산에 탑재될 수 있으며, 공격과 방어임무를 통틀어 자유로운 목적으로 운용하는 데 적합하다. 다만 악천후와 미세한 입자(예 : 먼지)를 비롯한 대기상의 환경 조건, 혹은 빛에 대한 반사율이 높은 소재로 만들어진 표적에 대해서는 위력이 제한되는 것은 레이저 무기의 약점으로 지적된다.

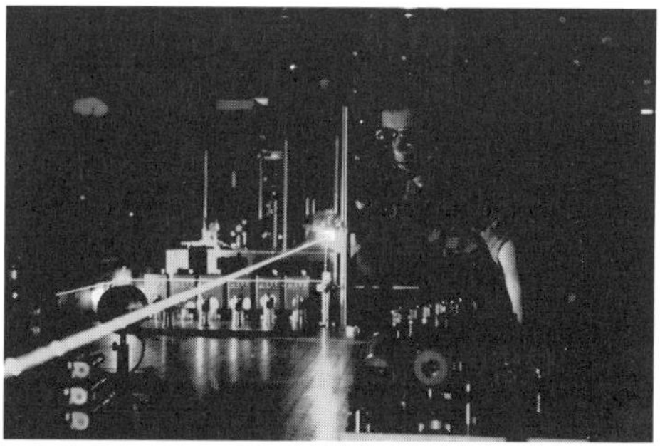

군사용 레이저 광선을 실험하는 모습. 레이저는 21세기를 주도할 대표적인 비화약 에너지무기로 손꼽힌다.

비살상무기란 "인간에게 치명상을 입히거나 무기, 장비를 파괴하지 않고 상대측의 전투력을 마비 · 소멸시키는 무기"를 뜻한다. 그동안 인간의 역사를 통틀어 전쟁에서는 규모의 차이만 있을 뿐, 파괴와 살상이라는 부정적인 결과 자체를 막지 못했던 것이 사실이다. 하지만 과학기술의 발달은 마침내 피 한방울 흘리지 않고서도 전쟁의 수행, 승리를 가능토록 해주는 길을 열어주기 시작했으며, 그 주역이 바로 비살상무기인 것이다.

비살상무기의 종류는 해당 무기의 사용대상을 기준으로 다음과 같이 분류된다.[109)] 첫째, 병사들의 신체 감각기능을 마비, 약화시키는 '대인(對人) 비살상무기'로 고성능 섬광탄과 초저주파 음향무기, 저출력 레이저광선 등이 있다. 둘째, 적 기계무기와 전력(電力)시설의 작동을 일시 중단시키는 '대동력(對動力) 비살상무기'로 동력마비용 화학물질, 흑연폭탄(일명 정전폭탄)을 포함

108) 이희각 등 편저, 『신편 무기체계학』(청문각, 2007), pp.395~397.
109) 신성택, "비살상 무기체계의 등장과 아국의 대응방향", 「合參」, 통권 제20호, 2003년 1월.

한다. 셋째, 적의 군용자산 운용능력에 직·간접적인 손상을 입히는 '대자산(對資産) 비살상무기'는 초강력 부식제, 항공기용 활주로와 도로를 겨냥한 특수 점착발포제, 윤활제를 들 수 있다. 그리고 넷째, 강력한 전자파 및 자기장을 방출하여 전자기기와 회로를 오작동, 파괴시키는 '대전자(對電子) 비살상무기'가 있으며, 전자기파(EMP : Electro- Magnetic Pulse) 폭탄과 고출력 극초단파(HPM : High Power Microwave) 무기가 대표적이다.

특히 EMP 폭탄과 HPM 무기, 흑연폭탄의 경우 미래의 전쟁에서 핵무기에 버금가는 새로운 전략무기의 역할을 해낼 것으로 평가된다. 이들은 컴퓨터와 전자, 통신기술에 크게 의존하는 첨단 C^4ISR 체계와 정밀유도무기, 그리고 산업능력의 핵심인 전력(電力) 기능을 일순간에 무력화시킬 수 있다는 뚜렷한 강점을 갖는다. 때문에 적 항공기와 미사일의 공격에 대한 방어는 물론, 적의 정치·경제·군사적 핵심시설을 마비, 교란하는 공세적 목적에도 사용이 가능하다. 지난 1999년 세르비아 공습 당시 NATO군은 다량의 탄소섬유 자탄(子彈)이 내장된 BLU-114 흑연폭탄을 세르비아의 주요 송전, 변압시설에 투하하여 세르비아 영토 70%를 순식간에 정전 상태에 빠뜨렸다. EMP 폭탄도 육군의 포병이나 해군 함포를 통해 발사되

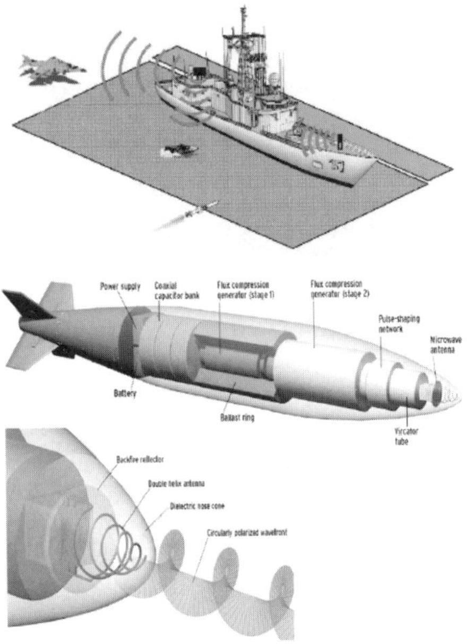

해군 전투함정에서 운용되는 HPM 무기(위)와 EMP 폭탄의 개념도(아래). 적의 첨단무기에 탑재되는 전기기기, 회로를 무력화시킨다.

출처: 강웅철 등, 2008년 2월 15일

는 포탄, 항공기탑재용 공대지 폭탄, 정밀유도무기 등의 다양한 형태로 개발 및 운용 가능하며, 1991년과 2003년의 제1, 제2차 걸프전쟁에서 미군이 소수의 EMP 폭탄을 순항미사일의 탄두에 장착하여 바그다드 일대의 전기, 발전(發電), 통신기능을 마비시켰다.

무인(無人) 무기가 몰려온다

인간이 직접 탑승하여 조종하지 않는, 즉 일종의 군사용 로봇(Robot)이라고 할 수 있는 무인무기의 존재가 전쟁터에서 주목받기 시작한 것은 극히 최근의 일이다. 처음에는 단지 훈련용 표적 정도로나 사용되었던 무인무기는 1982년 이스라엘이 레바논 침공 당시 무인항공기를 시리아군의 지상 방공전력에 대한 기만, 정보수집 작전에 투입하면서 실전에서의 효용성을 처음 증명해냈다. 이후 2001년 미국의 아프가니스탄 공격, 그리고 2003년의 제2차 걸프전쟁에서도 다수의 미군 중 · 고고도 무인항공기가 감시 및 정찰임무에서 활약하여 정보화전쟁 시대를 선도하는 새로운 주역으로 각광받게 되었다. 육군의 무인지상차량(UGV : Unmanned Ground Vehicle)과 해군의 무인수상함정(USV : Unmanned Surface Vehicle), 그리고 무인잠수정(UUV : Unmanned Underwater Vehicle) 역시 무인무기에 포함된다.

미 육군의 '탈론' 무인지상차량(왼쪽)과 이스라엘의 '프로텍터' 무인수상함정(오른쪽)

무인무기는 조종사가 없다는 점에서 기존의 탱크, 장갑차, 군함, 항공기를 비롯한 유인 탑승무기와 비교할 때, 여러 가지의 이점을 제공해준다. 첫째, 인명손실의 부담 없이 위험한 지역과 임무에 투입할 수 있다. 둘째, 24시간 이상의 오랜 시간에 걸친 넓은 공간에서 임무를 수행한다. 셋째, 소형·경량화와 더불어 인간의 체력한계를 넘어서는 높은 속도, 기동성을 발휘하도록 설계할 수 있다. 그리고 넷째, 조종사의 인건비 및 훈련·유지비용이 들지 않으므로 훨씬 낮은 비용부담으로, 대량생산 및 운용이 가능하다. 요컨대 전투에서 인간의 수고와 위험을 크게 덜어줌으로써 보다 안전하고 경제적일 뿐만 아니라, 효율적인 전쟁을 가능토록 해주는 것이다.

유인전투기와 함께 비행하는 무인전투기의 상상도. 미래의 전쟁에서는 매우 일반적인 현상이 될 것이다.

현재까지는 무인무기들의 임무수행 영역이 주로 감시와 정찰, 지뢰 및 기뢰를 비롯한 폭발물의 탐지, 제거, 그리고 군용물자 수송 등으로 제한되고 있다. 이들은 공통적으로 인명피해의 위험이 크거나, 단순 반복적인 비전투 임무들이다.[110] 다양한 상황 변화에 따른 고도의 판단력이나 융통성을 요구하는 전투임무 수행에는 아직 인간이 조종하는 유인 탑승무기의 비중이 건재함을 반영하는 증거인 것이다. 그러나 전자, 정보통신 기술의 빠른 발전속도를 고려한다면, 머지않은 장래에 고도의 자율 작전수행 능력을 보유하는 육·해·공 무인무기가 등장할 것이며,[111] 전투임무를 포함하여 그동안 유인 탑승무기가 차지해 오던 영역까지

110) 무인무기가 전투임무를 수행한 사례로는 지난 2002년 11월, 미 공군의 프레데터 무인정찰기에 단거리 공대지미사일을 탑재한 MQ-9 '리퍼'가 예멘에서 알카에다 고위간부가 탑승한 차량을 공격, 탑승자 전원이 사망한 것 정도가 대표적이다.

잠식할 만큼 세력이 확대될 것으로 전망된다. 영화 '터미네이터'나 공상과학 만화의 건담, 마징가 Z, 태권 V 등의 수퍼로봇과 비교할 바는 못 되겠지만, 이제 로봇이 전쟁에서 주력무기의 자리를 차지할 날이 다가오고 있다.

확대되는 스텔스 기술

스웨덴 해군의 '비스비'급 연안초계정. 스텔스 기술을 설계에 반영한 대표적인 군함이다.

1991년의 제1차 걸프전쟁에서 F-117 스텔스 전폭기가 처음 등장했을 당시, 사람들은 이를 '보이지 않는 비행기'라고 부르며 놀라워했다. 레이더에 탐지되지 않고서 상대측을 공격한다는 것은 이전까지만 해도 상상하기 힘든 기술적인 혁신이었기 때문이다. 물론 엄밀히 말하자면 F-117이 레이더에 전혀 탐지되지 않았다는 것은 사실이 아니다. 그보다는 기체가 레이더의 전파에 노출되는 레이더 반사단면적(RCS : Radar Cross Section)을 최소화하여 적 레이더에 탐지될 수 있는 거리를 급감시키고, 실제보다 작은 물체, 즉 새나 벌레 정도로 인식되도록 만들었던 것이다.[112] 말하자면 적의 정보우위를 거부, 무력화하는 기능을 해냈다고 할 수 있다.

스텔스 설계기술이 주목을 받았던 이유는 레이더를 기만할 수 있다는 우수

111) 여기서 자율(Autonomous)이란 임무수행 과정에서 상황, 위협수준을 인식하여 스스로 최적의 조치를 판단, 실행하는 것을 뜻하며, 미리 입력된 정보 및 지시사항만을 그대로 따르는 자동(Automatic)보다 진일보한 수준의 능력이라고 할 수 있다.

112) 예를 들어 스텔스 기술을 통해 RCS를 본래 면적의 10% 수준으로 축소시킬 경우, 레이더가 이를 탐지할 수 있는 거리는 44%나 감소되어 기습 효과가 크게 높아진다. 임상민, 『전투기의 이해-하권』(이지북, 2005a), p.123.

한 기습 능력 때문이기도 했지만, 기본적으로 스텔스 기술은 적에 의해 탐지, 추적당할 위험을 낮추어 생존성을 향상시킨다는 매우 적극적인 방호 기능이다. 스텔스 기술을 적용하여 설계된 무기는 공통적으로 다음과 같은 특징들을 갖추고 있다. 첫째, 돌출부는 일정한 방향과 각도를 이루도록 설계하여 적 레이더에서 방사되는 전파를 다른 방향으로 반사시키거나, RCS를 대폭 줄인다. 둘째, 전파를 잘 흡수하는 특수 소재 및 도료(塗料)를 사용한다. 셋째, 자체적인 열, 소음, 전파신호의 방출도 최대한 감소시켜야 한다. 그리고 넷째, RCS를 최소화하기 위한 노력의 일환으로 대부분의 무장은 내부에 탑재한다.

그동안 스텔스 기술은 소수의 특수무기에만 쓰이는 것으로 인식되는 경우가 많았지만, 앞으로는 보다 다양한 종류의 무기들이 스텔스 기술을 바탕으로 설계될 것이다. 여기에는 항공기뿐만 아니라 해군 군함, 육군의 지상 기동차량, 심지어는 미사일과 공대지 유도폭탄을 비롯한 정밀유도무기까지 포함된다. 향후 개발될 전투용 무인무기의 설계에도 스텔스 기술이 적극 반영될 것임은 물론이다.

나노기술의 힘

나노(Nano)라는 단어는 본래 '난쟁이'를 뜻하는 그리스어에서 유래한 것으로, 오늘날에는 10^{-9}(10억분의 1)의 매우 작은 크기의 물질을 의미하고 있다.[113] 이처럼 원자, 분자 단위의 초극미세 수준에서 물질을 인공적으로 제어, 가공하여 새로운 형태의 고성능, 고기능 소재 및 체계를 창출하는 기술분야를 나노기술(Nano Technology)이라고 한다. 지난 1959년 세계적인 물리학자 리처드 파인만(1965년 노벨 물리학상 수상)이 나노기술의 개념을 처음으로 제시한 이래 1980년대 초에는 원자 크기의 물질을 직접 관찰할 수 있는 고성능 전자현미경이 개발되었고, 이후 각 원자를 직접 조작하는 기술이 발표되

113) 1나노미터(nm)를 보다 쉽게 설명하자면 머리카락 굵기의 약 10만분의 1, 적혈구 크기의 5,000분의 1, 그리고 원자 수개의 크기 정도에 해당한다. 장호남 외, 『21세기를 지배하는 10대 공학기술』(김영사, 2002), pp.274~275.

면서 나노기술은 실현단계에 들어서기 시작했다.

나노기술은 아직까지도 상당 부분이 미지의 영역으로 남아있지만, 그 가능성과 파급효과는 매우 무궁무진하다. 나노기술의 궁극적인 지향점이 '물질의 정복'에 있다는 점을 고려하면, 전자 및 통신, 기계, 신소재는 물론이려니와 환경, 에너지, 농업, 그리고 생명공학에 이르기까지 거의 모든 과학기술 분야에 적용될 수 있기 때문이다. 요컨대 21세기에서 나노기술의 영향력은 과거 신석기시대의 농업 정착생활, 산업혁명이 가져온 기계화 및 산업화, 컴퓨터와 인터넷에 의한 정보화를 능가하는 가히 혁명적인 수준에 이를 것이며, 이 점에서 세계의 주요 선진국들은 앞 다투어 나노기술의 육성을 서두르고 있다.

나노기술을 적용한 미군의 미래 보병전투복

그렇다면 나노기술이 군사 기술분야에 가져올 수 있는 변화는 무엇이 있을까? 첫째, 이전보다 훨씬 소형화된 동시에 성능이 우수한 다기능 전자회로를 만들 수 있다. 기계부품과 전자회로를 하나의 실리콘칩에 집적시켜 개발하는 초미세전자기계(MEMS : Micro Electro Mechanical System)는 현존하는 각종 컴퓨터, 전자기기 회로와는 비교 자체가 무의미할 정도로 작고 전력 및 연료 소비량도 적지만, 더욱 다양하고 고성능의 기능을 발휘한다는 것이 장점이다. 그 결과 기존 C^4ISR 자산과 정밀유도무기, 육·해·공 기동전력의 성능을 획기적으로 향상시키는 것은 물론, 이를 매우 작은 크기로 개발 및 운용할 수도 있다. 예를 들면 벌레 크기의 초소형 감시·정찰용 무인무기를 적과 훨씬 근접한 거리까지 침투시켜서 정보를 수집하는 일도 가능하다. 앞서 설명했던 무인무기와 비화약 에너지무기를 비롯한 미래형 군사기술의 실용화 시기, 범위가 사실상 나노기술의 발전 추세에 달려있다고 해도 과언이 아니다.

둘째, 무게와 부피는 줄어들면서도 내구성은 훨씬 강화된 복합 신소재의 개발이 가능해진다. 전쟁의 역사를 통틀어 오랫동안 계속되어 온 기동능력과 생존성의 딜레마를 동시에 해결하는 길이 열린 것이다. 그리고 셋째, 의학 및 생명공학에 나노기술을 적용하여 전투 과정에서 발생할 수 있는 위험을 신속히 예방, 대처하는 효과가 있다. 보병용 전투복이 위장을 위해 마치 카멜레온처럼 주위 환경과 같은 색깔로 바뀌거나, 폭발물 혹은 대량살상무기의 존재를 감지하여 즉시 경고신호를 보내고, 적의 탄환이 날아올 때 자동적으로 전투복의 재질이 방탄용으로 강화되며, 병사가 부상을 당해도 전투복에서 스스로 소독 및 치료기능을 작동시키는 등의 지극히 만화같은 일도 얼마든지 가능해질 것이다.

(2) 합동성 그리고 만능 소형부대

합동성(合同性 : Jointness)이란 "2개 이상의 서로 다른 군종이 공통의 군사목적 달성을 위해 군사적 노력을 조율하고, 전투력을 결합시키는 것"으로 정의될 수 있다. 쉽게 말해서 육 · 해 · 공 3군의 협동 능력, 즉 팀워크를 뜻한다. 현대적 의미에서의 첫 합동작전(合同作戰 : Joint Operation)은 제1차 세계대전 중인 1915년 2월에 감행된 영국군의 터키 다다넬스해협 상륙작전이었는데, 직접 상륙을 수행하는 영국 육군과 함포에 의한 화력지원을 담당한 해군 부대들에 대한 지휘권이 통일되지 못함에 따라 유기적인 협조가 이루어지지 못했다. 결국 영국군은 총 40만명의 병력 가운데 25만명 이상을 잃는 참패를 당하였다. 비록 큰 실패로 끝났지만 다다넬스해협 상륙작전은 합동성의 가치를 부각시키는 계기가 되었으며, 20여년 후의 제2차 세계대전에서 벌어질 여러 합동작전에도 많은 교훈을 남겼다.

제2차 세계대전이 발발한 지 3년째가 되던 1942년. 일본의 진주만 공습을 계기로 참전한 미국은 영국과 더불어 히틀러의 독일에 맞서기 위한 연합국의 핵심을 이루기 시작했고, 곧 양국의 총괄적인 전쟁지도기구인 연합참모부(Combined Chief of Staff)를 구성하였다. 연합국은 1942년 11월부터 이듬해 5월 사이에 독일군 세력을 북아프리카에서 몰아낸 것을 시작으로 독일의 동맹국인 이탈리아에도 상륙, 베니토 무솔리니가 영도하던 파시스트 정권을 항복시켰는데, 미영 양국을 비롯한 연합국 소속 군사력을 지휘하는 연합군사령부(Allied Forces Headquarters)가 그 주역이었다. 1943년 12월부터는 유럽대륙 탈환을 위한 연합원정군 최고사령부(Supreme Headquarters Allied Expeditionary Force)가 창설되었으며, 미 육군대장 드와이트 아이젠하워(이후 제34대 미국 대통령 역임)가 총사령관을 맡았다.

노르망디 상륙작전 당시 연합군의 주요 사령관들(가운데가 총사령관 아이젠하워 장군). 사상 최대규모의 합동작전을 성공시킨 주역들이었다.

아이젠하워가 지휘하는 연합원정군 최고사령부는 1944년 5월 기준으로 총병력 287만명, 함선 5,300척, 항공기 1만 2,000여대나 되는 연합군 소속의 모든 육·해·공군 작전부대에 대한 유럽전선에서의 지휘권을 갖고 있었다. 연합군의 유럽탈환은 사상 최대의 육·해·공 합동작전으로 유명한 1944년 6월 6일 노르망디 상륙작전으로 시작되었으며, 이듬해 5월 독일군을 항복시켰다. 한편 미국은 태평양에서도 일본과 격전을 벌이고 있었는데, 유럽에서와 같은 단일 최고사령부는 없었다. 대신 1942년 7월 윌리엄 리하이 해군제독을 의장으로 하는 미군 합동참모본부(合同參謀本部. 이하 합참)를 구성, 태평양의 미 육·해군 주요 작전부대에 합동작전을 위한 군사적 노력의 조율 및 지침 전달 등을 수행했다.[114] 특히 태평양은 유럽 지역보다 바다의 면적이 훨씬 크고, 도서지역도 넓게 분포하고 있었기 때문에 상륙작전 중심의 합동 전력운용이 갖는 중요성은 더욱 컸다.

반면 독일과 일본의 상부 지휘체제는 연합국에 비해서 타 군종간의 합동성이 결여된 상태였다. 제2차 세계대전 당시 독일군의 공식적인 최고 지휘기구는 전군 최고사령부(OKW : OberKommando der Wermacht)였지만, 실제로는 히틀러 개인의 전쟁지도를 보좌하는 군사 자문기구에 가까웠다. 그 결과 제2차 세계대전을 통틀어 독일군은 육·해·공 주요 병력에 대한 단일 지휘기구가 없는 상태에서 3군 총사령부가 개별적으로 전쟁을 수행할 수밖에 없었다.[115] 일본군도 1937년부터 육·해군에 대한 군령권을 총괄 행사하는 통수기구 대본영(大本營)을 설치했지만, 구성부터 육군부와 해군부로 나뉘어 전쟁기간 내내 양측의 대립과 경쟁이 계속되었으며, 주로 육군의 영향력을 반영하는 방식으로 운영되었다. 게다가 일본 육군과 해군은 각자 독자적인 작전을 수립했을 뿐, 태평양에서의 합동작전을 위한 준비에 실패했다.

결국 제2차 세계대전의 승패는 전쟁의 지속과 수행을 위한 연합국의 압도적인 인적·물적 자원 우위에서 주로 결정되었지만, 동시에 육·해·공 3군의 합동 전투력을 극대화할 수 있는 상부 지휘구조의 역량도 크게 기여했음을 간과해서는 안될 것이다. 노르망디 상륙작전을 비롯하여 유럽 탈환을 위한 여러 차례의 대규모 합동작전을 지휘했던 주인공인 아이젠하워가 "전쟁에서 육·해·공군이 분리되어 싸우는 시대는 영원히 끝났다"고 말한 것도 이를 잘 나타내고 있다. 단일 군종 차원의 총참모부 제도가 육·해·공 3군의 군

---

114) 제2차 세계대전 당시 태평양에 배치된 미 육군과 해군 작전부대들의 최고 사령관은 각각 더글라스 맥아더 원수, 체스터 니미츠 제독이 담당했다.

115) 1942년이 되자 전군 최고사령부는 서유럽과 북아프리카, 지중해 등지를 포함하는 서부전선에서의 작전권만을 행사하였고, 소련군과 대치하던 동부전선에서는 육군 총사령부(OKH : OberKommando der Heeres)가 독자적인 작전권을 보유했다. 심지어 전군 최고사령부는 서부전선에서도 독일 서부방면군과 작전권 행사에 갈등을 빚었다. 인터넷 웹사이트 http : //en.wikipedia.org/wiki/Oberkommando_der_Wehrmacht"Oberkommando der Wehrmacht" (검색일자 2008년 3월 2일)

사적 노력을 아우르는 합동지휘 체제로 바뀌기 시작한 것이다.

제2차 세계대전에서 처음으로 그 중요성이 인정된 합동성은 21세기의 군사혁신에서도 매우 중요한 비중을 차지할 것으로 전망된다. 왜냐하면 군사기술의 발전으로 전쟁수행에서의 시간, 공간적 거리가 빠른 속도로 좁혀지거나 무의미해지고 있기 때문이다. 제2차 세계대전에서는 항공기, 오늘날에는 첨단 C^4ISR 기능과 정밀유도무기가 이를 촉진시키고 있다. 하나의 표적을 놓고서도 육군의 포병, 해군의 함포 및 함대지 순항미사일, 그리고 공군의 공대지 유도폭탄이 경쟁을 벌일 정도로 전쟁터가 중첩되는 추세다. 이에 따라 현재와 미래의 전쟁에서는 육군과 해군, 공군이 더 이상 각자의 전장 공간을 독점할 수 없으며, 오히려 3군의 전투력을 유기적으로 육성·운용함으로써 상승효과를 극대화하는 것이야말로 평시의 전쟁 억지, 그리고 전시에서의 승리를 위한 최선의 방책이 될 것이다.

2003년 제2차 걸프전쟁에서 미군이 이라크군을 상대로 발휘했던 압도적인 전투력 우위, 그리고 신속한 승리도 육·해·공 전력의 원활한 팀워크가 뒷받침되었기 때문에 가능했음을 잊지 말아야 한다. 당시 미군은 공습과 대규모 지상전이 1개월이 넘는 간격을 두고 이루어진 12년 전의 제1차 걸프전쟁과는 달리, 개전 직후부터 활발한 공습과 동시에 지상 기동전력을 신속히 진격시켰던 것이다. 앞으로 2개 이상의 군종이 단일 목적을 위해 특정한 전투공간에서 함께 임무를 수행하는 합동작전은 매우 일반적인 형태의 군사작전이 될 것이며, 이에 따라 합동성을 최대한 발휘할 수 있는 부대 상부구조의 개편, 그리고 이를 반영하는 전략·전술의 개발 필요성도 더욱 커질 것이다.

미래 군사력의 부대 상부구조를 규정하는 주요 원칙이 '합동성'이라면, 각 군 예하의 부대 하부구조가 지향해 나아갈 형태는 바로 '만능 소형부대'다. 역사상으로 개별 전투부대의 작전영역은 정보, 기동, 화력 분야 등에서의 군사과학기술과 무기 성능의 발전 정도에 따라 확대되어 왔다. 특히 20세기 후반부터 활발해진 전자, 정보통신 기술이 뒷받침된 정보수집 및 정밀유도무기는 이전보다 훨씬 넓은 범위에 위치하는 적의 군사적 위협을 식별하면서, 이를 바탕으로 더욱 신속, 정확하고 효과적인 전투 수행이 가능하게 해주었다. 미군의 경우 사단급 부대 1개의 작전영역이 1950년대에 20(가로 : 정면)×20(세로 : 종심)km^2 정도였지만, 1980년대에는 100×100km^2로 확대되었으며, 제2차 걸프전쟁 수준 이상의 첨단 C^4ISR 체계와 정밀유도무기의 위력을 적극 반영할 경우 미래에는 120×200km^2로 2.4배나 커질 것으로 평가된다.[116)]

더욱 중요한 점은 기술 발전에 따른 자동화, 소형화의 촉진으로 과거에는 사단 및 군단급 이상의 대형부대만이 운용했던 고성능의 장거리 정보수집, 화력 자산이 전술급의 중소형 부대에도 기본 무기로 보급될 수 있게 되었다는 것이다. 그 결과 미래의 여단(旅團 : Brigade)과 중대 · 대대는 각각 과거의 사단 · 군단급 부대가 담당할 수 있었던 넓은 범위에서 임무를 수행할 정도로 능력이 확대될 것이다.[117)] 뿐만 아니라 독립적인 임무수행이 가능한 부대단위의 수준, 그리고 예하 병력규모도 큰 폭으로 축소시키는 결과를 기대할 수 있다.[118)]

나폴레옹 시대 이후, 세계 각국의 군대는 지난 2세기동안 야전군 → 군단 → 사단 → 여단 → 연대 → 대대 → 중대 → 소대 → 분대 순으로 수직 계층화된 복잡한 부대 하부구조를 유지해 왔다. 하지만 앞으로는 과거보다 독립

---

116) 군사상으로 정면의 범위는 해당지역 이내에 배치되는 전투부대의 병력 규모, 그리고 종심의 범위는 ① 적 병력에 대한 정보수집과 공격 능력, ② 후방의 주요 방어대상 위치, ③ 증원 및 지원기능 수용공간의 확보에 영향을 받는다. 국방부 군사혁신단, 『한국적 군사혁신의 비전과 방책』(국방부, 2003), p.98.

117) 참고로 중대(中隊 : Company)는 약 100명 내외, 대대(大隊 : Battalion)는 수백명, 연대(聯隊 : Regiment)는 약 1,000~2,000명, 여단(旅團 : Brigade)은 수천명, 사단은 약 10,000명, 그리고 군단은 수만명의 병력을 각각 보유하고 있다.

118) 나폴레옹의 전성기였던 19세기 초에는 1㎢ 이내에 배치되는 병력의 규모가 4,790명에 달했지만, 제1차 세계대전에서는 404명, 제2차 세계대전의 경우 36명, 그리고 1991년의 제1차 걸프전쟁에서 3명 미만까지 줄어들고 있는 추세다. G. R. Sullivan and J. M. Dubik, "Land Warfare in the 21st Century", 4th Annual Conference On Strategy, U.S Army War College, February, 1993.

적 임무수행 능력이 강화된 만능 소형부대의 등장으로 그 구조가 훨씬 단순해질 수 있다. 야전군 → 군단(혹은 사단) → 여단(혹은 연대) → 대대(혹은 중대) → 소대 및 분대 정도로 재편되면서 각 단위부대의 독자적인 임무수행, 혹은 필요할 경우 타 부대들과의 협동작전에 적합한 수평적, 비계층적인 형태의 부대구조가 강조될 것이다. 이는 의사결정 과정에서 소요되는 시간을 대폭 단축시키고, 궁극적으로는 정보우위 속에서의 신속하고 우월한 임무수행에 기여하는 효과를 낳는다. 정보 기능 중심의 군사혁신은 "큰 것이 작은 것을 이기는" 과거의 전쟁을 "빠른 것이 느린 것을 압도하는" 새로운 전쟁으로 바꾸고 있다.

(3) 비(非)선형, 마비 · 병렬전

그렇다면 이처럼 첨단 정보기술을 중심으로 이루어지고 있는 현재와 미래의 군사혁신은 전쟁의 양상을 어떻게 바꿔놓을 것인가? 이 질문에 관한 대답은 다음의 3가지 차원으로 나뉘어진다. 첫 번째가 전장공간(어디서 싸우는가?)이며, 두 번째는 군사력 사용의 대상(무엇을 겨냥하는가?)에 관한 것이다. 그리고 세 번째는 전쟁수행의 시간(언제, 얼마나 오래 싸우는가?)이다.

우선 전장공간의 차원에서는 '선형전(Linear Warfare)'에서 '비선형전(Non-Linear Warfare)'으로의 변화가 예상된다. 기술적으로 정보수집과 통신 · 지휘통제, 화력, 그리고 기동의 범위가 제한적이었던 과거에는 대규모의 병력이 소수의 특정 공간에 집결하여 서로 승부를 가려야 했고, 전방과 후방, 작전선 등의 인위적인 전장공간 설정도 가능했다. 집중에 의한 전투 효과를 극대화하기 위해서는 병력 자체도 집결될 필요가 있었다. 하지만 수백~수천km 이상을 감시, 정찰할 수 있는 각종 정보수집 자산과 항공기, 정밀유도무기가 전쟁터를 누비는 오늘날에는 전 · 후방의 구분이 갈수록 무의미해지는 추세다. 병력 집결은 단지 적군에게 손쉬운 표적만을 제공하여 생존성을 약화시킬 위험이 높다.

이에 따라 다수의 중소규모 부대들이 전·후방을 막론한 넓은 범위의, 여러 방향에서 적 병력과 맞서 싸우는 비선형전이 주목받고 있다. 여기서 각 단위부대들은 첨단 C^4ISR 체계를 통해 연결되어 자체 수집정보뿐만 아니라 타 부대에서 확보한 정보까지 서로 공유할 수 있으며, 이를 바탕으로 고도의 정보우위와 기동력을 앞세운 우수한 전투력을 발휘한다. 장거리 정밀유도무기는 군이 병력을 집결하지 않고서도, 적의 위협권에서 훨씬 벗어난 원거리(Stand-Off)에서, 독자적으로 핵심표적을 공격할 수 있도록 해준다. 이들은 평소에는 생존성 확보를 위해 분산된 상태로 임무를 수행하며, 필요할 경우 마치 '벌떼처럼' 특정 표적을 겨냥하여 사방에서 동시 집중공격을 퍼붓고는 다시 흩어질 수 있다.119)

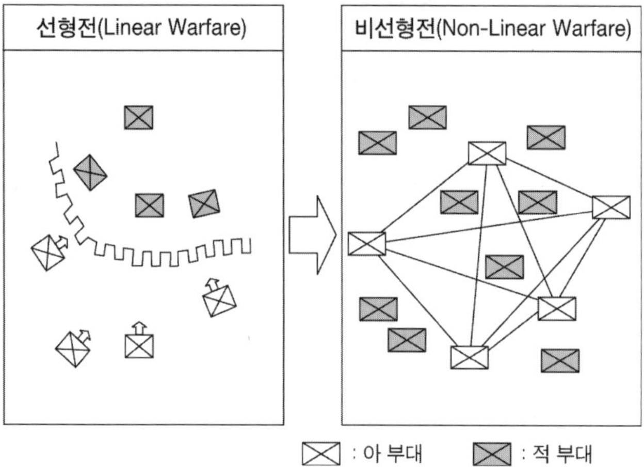

선형전과 비선형전의 수행방식 비교

출처: 권태영·노훈, 2008, p.236

그동안 전쟁사를 대표하는 승리들은 "얼마나 많은 수의 적군을 살상하는

119) 미 해군대학의 존 아퀼라 교수가 이를 '벌떼전술(Swarming Tactics)'이라고 명명한 것도 여기서 유래하였다. 2003년의 제2차 걸프전쟁에서도 바그다드 공략의 주력이었던 미 육군 제3 기계화보병사단은 예하 3개 여단이 서로 수백km 이상 분산된 상태에서 원활하게 임무를 수행할 수 있었다. 강진석, 2005, p.529.

가?"를 기준으로 하는 섬멸전에 초점을 두어왔다. 클라우제비츠가 '무게중심' 이라고 지칭한 바 있는 우선적인 공략 대상은 곧 야전에 배치되는 적의 대규모 병력을 뜻했다. 여기에 19세기의 산업혁명 이후 계속되어 온 전쟁의 대형화, 화력에 의한 파괴 · 살상능력 강화로 인해 20세기 전반기에 벌어졌던 두 차례의 세계대전에서만 무려 수천만명 이상의 사상자가 발생할 수밖에 없었다. 하지만 개개인의 생명, 인권, 그리고 존엄성이 최상의 가치로 인정받는 오늘날과 미래에는 다수의 인명피해를 수반하는 전쟁을 좀처럼 용납하지 않을 것이다. 설령 군사적으로는 성공할지라도 국제사회뿐만 아니라 자국 내에서조차 전쟁의 수행 및 지도에 관한 지지를 잃을 것이며, 결국 정치 · 외교 · 심리적 차원을 포함한 대전략에서의 실패를 가져올 위험이 크기 때문이다. 이와 같은 전쟁에서의 인명중시 추세는 자연스럽게 섬멸전보다 마비전을 지향, 선호하는 결과로 이어질 것이다.

풀러와 리델하트, 구데리안의 경우처럼 '기동력에 의한 마비전'을 추구하려는 시도들도 있었지만, 그 수단이 기관총과 대구경 야포에서 탱크, 장갑차, 항공기로 바뀌었다는 점을 제외하면 대량파괴 및 살상이라는 섬멸전의 양상은 그대로 유지되어 왔다. 그러나 정밀유도무기의 등장은 '화력에 의한 마비전'이라는 새로운 가능성을 열어주었다. 제2차 세계대전 시절에는 폭격기가 약 1km 이내의 표적 하나를 명중시키기 위해 9,000발이 넘는 폭탄을 투하해야 했으며, 20년이 지난 베트남전쟁에서 다소 나아진 것조차 약 120m 이내에서 폭탄 170여발을 동원하는 정도였다. 그러던 것이 1991년의 제1차 걸프전쟁에서는 불과 1발의 순항미사일, 레이저유도폭탄으로 표적을 약 30m의 오차범위 내에서 정확히 파괴시킬 정도로 화력의 정확도가 높아졌다.[120] 이와 같은 기술적 혁신은 군이 병력의 대규모 살상을 수반하는 전방에서의 직접 전투를 치르지 않고서도 적의 정치 · 경제 · 군사적 무게중심에 해당하는 표적만을 선별적으로 타격함으로써, 최소한의 인적 · 물적 손실로 전쟁에서 승리

120) 김홍래, 1996, p.273.

할 수 있다는 확신을 가져왔다.

'화력에 의한 마비전'은 지난 1988년 존 워든이 처음으로 제시한 '5대 동심원(Five Rings)'이론에서 잘 나타나고 있다. 워든은 미 공군대령으로 재직하면서 3,000시간 이상의 전투 비행시간 기록, 군 참모부서에서의 근무경력 등을 통해 얻은 풍부한 이론 및 실전경험을 바탕으로 항공력의 전략적 운용방안을 연구했으며, 그 대표적인 성과물이 바로 5대 동심원 이론이다. 여기서 국가의 전쟁수행 능력은 서로 다른 우선순위를 차지하는 5개의 요소로 이루어진 하나의 체계로 규정된다. 5개의 요소는 ① 가장 중심부에 위치하는 '지휘통제부(예 : 중앙정부, 군 최고사령부, 통신기능)', ② 국가기능 유지에 필수적인 '핵심체계(예 : 에너지, 발전(發電), 자원 · 식량 관련시설)', ③ 경제활동 및 군수물자 지원을 위한 '사회기반구조(예 : 도로, 항구, 공항, 공업단지)', ④ 대도시와 인구 밀집지역을 포함한 '민간인구', 그리고 ⑤ 가장 주변부를 차지하는 '야전배치 군사력'으로 다시 나뉜다.

워든의 '5대 동심원' 개념도.
정밀유도무기에 의한 마비전 개념을 반영한 것이다.

출처: 권태영 · 노훈, 2008, p.179

워든은 전쟁수행 능력 전체에 대한 파급효과가 동심원의 주변에서 중심(즉, ⑤ → ④ → ③ → ② → ①의 순서)으로 갈수록 상승하며, 따라서 전쟁에서의 신속하고도 결정적인 승리를 위해서는 적 지휘통제부와 핵심체계를 무게 중심으로 규정하고, 이들을 우선적으로 공략해서 적의 전쟁수행 능력을 마비시켜야 한다고 역설했다.[121] 1991년 제1차 걸프전쟁 당시 세계의 이목을 집중시켰던 다국적군의 이라크 공습작전은 워든의 5대 동심원 이론을 실전에서 응용한 것이나 다름없었다.

5대 동심원 이론을 통해 구체화된 '화력에 의한 마비전'의 보완 및 연장선상에서 등장한 것이 '병렬전(Parallel Warfare)'이다. 이것은 "적이 보유하는 여러 전략 · 작전 · 전술 차원의 표적들을 다수의 다양한 타격수단으로, 동시에 공격하는 전쟁수행 방식"으로 정의될 수 있다. 병렬전의 목적은 전투 과정에서의 시 · 공간적인 제약을 최소화하여 적의 군사적 대응 및 회복을 위한 시간적 여유를 박탈하고, 단기간 이내에 적 전쟁수행 능력을 무너뜨리는 것이다.[122] 과거에는 정보수집과 통신 · 지휘통제, 화력, 그리고 기동의 범위가 제한되었기 때문에 지리적으로 분산된 적의 정치 · 경제 · 군사적 무게중심들에 대한 공격은 장기간에 걸쳐, 순차적 · 단계적으로 이루어질 수밖에 없었다. 그러나 오늘날의 전쟁에서는 첨단 C4ISR 체계와 장거리 정밀유도무기, 그리고 육 · 해 · 공에서 이들을 배치 및 운용하는 다양한 발사기지를 통해 전방의 적 병력뿐만 아니라 적의 지휘통제부, 핵심체계, 사회기반구조 등을 포함하는 다수의 주요 표적들까지 동시에 식별, 공격하는 것이 가능해졌으며, 미래의 전쟁에서는 그 수준이 더욱 향상될 것으로 전망된다.

제2차 세계대전 당시 미 공군의 항공기들은 1942~1943년 사이에 독일 영토 내의 핵심표적 124개를 폭격하기 위해 평균 6일 간격의 시간을 소요했다. 덕분에 독일은 대규모의 폭격을 받은 후에도 정비, 복구를 위한 충분한 시간 여유를 얻었으며, 전략폭격에 의한 효과도 단기간 내에 나타나지는 못했다. 하지만 1991년 제1차 걸프전쟁의 경우 다국적군은 전쟁 첫날 바그다드를 겨냥하여 이루어진 24시간 동안의 공습에서만 148개의 핵심표적을 공격했는데, 이 가운데 90개가 개전 1시간 이내에 파괴되었다.[123] 이라크는 전쟁이 시

121) 김상범, 『21세기 항공우주군으로의 도약』(한국국방연구원, 2003), pp.35~36.
122) 권태영, 2004년 가을호.
123) 권태영 · 노훈, 2008, p.106.

작되자마자 주요 국가기능과 직결되는 전국 각지의 핵심시설들이 한꺼번에 치명타를 입었고, 급속도로 전쟁수행 능력이 마비 및 붕괴될 수밖에 없었다. 12년 후에 벌어진 제2차 걸프전쟁에서는 첨단 정보수집 자산과 정밀유도무기의 성능 및 사용비중이 높아지면서 병렬전의 효과도 더욱 증대되었으며, 그 결과 6주일이 걸렸던 제1차 걸프전쟁의 절반에 불과한 3주일만에 바그다드를 함락시키는 대성공을 거두었다.

요컨대 고도로 발전된 정보기술에 바탕을 둔 첨단 C^4ISR 체계와 장거리 정밀유도무기를 주력으로 하는 정보화전쟁 시대의 군사혁신은 전·후방의 구분이 없는 비선형전, 그리고 다수의 분산된 정치·경제·군사적 무게중심들을 원거리에서, 동시다발적으로, 정확하게 공격하여 신속하게 적의 전쟁수행 능력을 제거하는 마비·병렬전의 형태로 전쟁의 성격을 바꾸고 있다. 이는 산업혁명의 산물인 대량 파괴·살상을 회피하면서, 최소한의 시간적·물리적 비용으로, 최대한의 정치·군사적 효과를 지향하는 것을 목적으로 한다.

(4) 제4세대 전쟁의 도전

이 대목에서 다음과 같은 의문이 제기될 수 있다. "과연 미래의 모든 전쟁이 고성능의 정보자산과 장거리 정밀유도무기, 심지어는 로봇을 비롯한 첨단무기들이 판을 치는 정보화전쟁으로 대체될 것인가?" 물론 그렇지 않다. 앞서 소개한 새로운 군사과학기술을 직접 개발하고, 이들의 잠재력을 실전에서 제대로 활용하기 위해 요구되는 인적·물적자원을 감당할 수 있는 나라는 전세계에서 소수의 부국(富國)들로 제한될 수밖에 없다. 나머지 대다수의 국가들과 인구는 앞으로도 상당기간 동안 소총이나 수류탄, 지뢰, 그리고 휴대용 지대공미사일 및 대전차로켓탄(일명 RPG : Rocket-Propelled Grenade)과 같은 재래식 무기를 사용하는 전쟁에 의존할 것이다.

하지만 과학기술의 발전은 군사적 약자에게도 적지 않은 이점을 제공해 준다. 뿐만 아니라 이들은 군사적 강자들에게 불리한 정치적·지리적 조건을 강요하거나, 첨단 정보기술에 의한 전투력 증대효과를 거부 내지 무력화함으로써 정보화전쟁을 앞세운 강자들의 정치 · 군사적 압력을 좌절시킬 수 있다. 이 점에서 '약자의 군사혁신'이라고 할 수 있는 비대칭전은 미래에 오히려 정보화전쟁보다도 더욱 보편적인 형태의 전쟁이 될지도 모르며, 그에 따르는 물리적 · 심리적 효과 역시 이전의 것들보다 커질 가능성이 높다. 미국의 군사평론가 윌리엄 린드는 새로운 시대의 비대칭전을 아예 제4세대 전쟁(4th Generation War)이라는 전혀 새로운 형태의 전쟁으로 규정한 바 있다.[124)]

제4세대 전쟁의 첫 번째 유형은 '저항전(Insurgency Warfare)'이다. 1990년대를 기점으로 세계 각지에서는 냉전 이후의 체제전환이나 자원, 종교, 종족문제 등에서 비롯된 내전(內戰 : Civil War)과 난민 발생, 그리고 인접국가로의 분쟁 확대가 고질적인 국제안보 위협 요인으로 부각되고 있다. 현재 전세계에서 소위 '실패국가(Failed State)'들의 수는 아프리카와 동유럽, 아랍, 중앙아시아, 남아시아, 그리고 동아시아 및 태평양에 이르기까지 약 60개국에 달하는 것으로 평가되는데,[125)] 중앙정부의 무능과 부패, 취약한 경제력 등의 불안정 요소들로 인해 자국 내에서의 통제력이 미약하고, 폭력적인 내부 갈등에 취약하여 높은 치안(治安) 불안과 분쟁 위협을 받고 있다는 것이 공통점이다.

---

124) 여기서 과거 전쟁의 유형은 보병이 주도하는 제1세대(30년전쟁에서 나폴레옹 시대, 산업혁명 사이의 기간), 화력 우위의 대량살상을 특징으로 하는 제2세대(제1차 세계대전 시절), 그리고 기계화무기 중심의 기동전 양상을 나타내는 제3세대(제2차 세계대전 이후) 전쟁으로 구분된다. 린드는 제4세대 전쟁의 특징을 '평시와 전시, 정치와 전쟁의 경계 불분명화', '비(非)국가 세력의 군사적 부각', '정치 · 문화 · 심리전의 비중 강화' 등으로 지적한다. William S. Lind, "Understanding Fourth Generation War", *Military Review*, September-October 2004.

125) 구체적으로는 아프리카 27개국, 중앙아시아 5개국, 아랍 7개국, 동아시아 6개국, 남아시아 5개국, 중남미 3개국, 태평양 3개국, 그리고 동유럽 4개국으로 구분된다. 이들 실패국가들은 세계지도 상으로 활 모양의 분포도를 나타내고 있어서 흔히 '불안정의 호(Arc of Instability)'라고도 불린다. The Fund for Peace and FOREIGN POLICY Magazine, "The Failed States Index 2008", *Foreign Policy*, No. 167, July/August 2008.

게다가 최근에는 알카에다를 비롯한 테러리즘 세력들이 해당 국가 내부로 침투하여 은신처와 활동 거점을 구축하면서 문제의 심각성이 커지고 있는 실정이다. 이에 따라 국가간의 대규모 정규전쟁보다 비(非)국가 세력(예 : 반정부 무장단체, 범죄조직, 테러리즘 집단)에 의한 저항전이 더욱 일반화된 미래 무력분쟁의 유형으로 자리잡을 것이라는 주장이 설득력을 얻는 추세다.

휴대용 대전차로켓탄(RPG)으로 무장한 아랍 무장단체의 전투원들

내전 및 테러리즘 세력들은 주로 도시를 무대로 하는 시가전(市街戰 : Urban Warfare) 형태의 저항전을 선택할 가능성이 높다. 시가전은 전장공간의 성격상 인공적인 장애물들로 가득 차 있어서 충분한 정보수집에 어려움이 클 뿐만 아니라, 협소한 공간 여유로 인해 대규모 정규군 병력과 지상 기동전력의 생존성에 불리하다. 불가피하게 근접전투 위주로 수행될 수밖에 없으므로 포병, 정밀유도무기와 같은 장거리 화력을 동원하기도 어렵다. 반면 저항세력은 자신들의 위치를 최대한 은폐하면서 소규모 단위로 분산되어 매복, 습격 중심의 전술로 다수의 적 병력에게 인적·물적 전투력의 소모를 강요할 수 있다는 이점을 차지한다. 게다

이라크에서의 시가전에 투입된 미군들의 모습. '제4세대 전쟁'으로 불리는 새로운 비대칭전의 주요 전장은 도시 한복판이 될 것이다.

가 전세계적으로 도시에 거주하는 인구가 늘어나는 추세이며, 때문에 시가전 자체를 회피하기는 점점 어려워지고 있다.

1990년대의 체첸 분쟁, 영화 「블랙호크 다운」(원제 : *Black Hawk Down*)의 소재가 되었던 1993년 10월의 소말리아 모가디슈 시가전, 2003년 제2차 걸프전쟁 이후 이라크 각지에서 벌어졌던 미군과 반미(反美) 저항세력 사이의 시가전, 그리고 2006년 7~8월 레바논에서 일어난 이스라엘과 헤즈볼라의 전투 등은 아무리 군사강국이라고 해도 시가전에서 고전을 면하기 어렵다는 사실을 똑똑히 보여주었다. 요컨대 도시 지역은 과거 게릴라전의 주요 근거지였던 산악, 정글지대 이상으로 군사적 약자들이 저항전을 수행하기에 적합한 공간인 것이다.

두 번째 유형으로는 '반(反)정보전(Anti-Information Warfare)'을 들 수 있다. 정보화전쟁이 앞세우는 최대 강점인 첨단 정보통신 기술에 대한 의존도가 도리어 군사적 강자들의 정치, 경제, 사회적 취약점으로 나타나고 있음을 역이용해서 그 효과를 무의미하게 만든다는 것이다. 군사적 약자들이 주목하는 최고의 반(反)정보전은 사이버전쟁이다. 인터넷을 비롯한 사이버스페이스를 겨냥하는 사이버전쟁은 소수의 전문인력만으로도 충분히 수행이 가능하고, 위치와 정체를 좀처럼 노출시키지 않으면서 공격 시점을 자유롭게 선택할 수 있으므로 기습효과가 매우 크다. 때문에 중소국가나 테러리즘 세력이라도 조직적으로 지원, 운용할 경우 적국의 우월한 경제력과 주요 정치 · 사회기능, 심지어는 군사상의 상황인식 및 지휘통제 능력까지 무용지물로 만들어 버릴 정도의 위력을 발휘한다. 소프트웨어를 수단으로 하는 사이버전쟁뿐만 아니라 하드웨어에 의한 반(反)정보전도 가능하다. 여기에는 EMP 폭탄을 비롯한 C^4ISR 기능 마비용 비살상무기, 핵폭발에 의한 고고도 전자기파(HEMP : High altitude Electro-Magnetic Pulse) 공격,[126] 혹은 지상배치형 교란장치 등

---

126) HEMP는 지표면으로부터 약 40~400km 상공의 고고도에서 핵탄두가 폭발하면서 방출되는 강력한 전자기파를 뜻하며, 폭발지점으로부터 반경 600~2,000km 내외 범위의 군사용 및 민간 전자, 통신장비 사용을 무력화할 수 있다. 미국은 러시아와

이 사용될 수 있다.127)

그리고 세 번째 유형이 '신(新)유혈전(New Bloody Warfare)'이다. 정보우위를 통해 최단기간 이내에, 최소한의 인적 · 물적 손실로 승리를 거둔다는 정보화전쟁과는 정 반대로, 상대측을 겨냥한 파괴 및 살상의 극대화를 추구한다는 점이 특징이다. 신(新)유혈전에서는 소수의 개별적인 공격을 통해서도 한꺼번에 많은 인명이 살상당하거나, 광범위한 범위에 걸친 파괴가 발생하며, 이를 위해 핵 · 화학 · 생물무기를 비롯한 대량살상무기나 죽음조차 두려워하지 않는 광신분자들을 동원한 수퍼 테러리즘이 주요 수단으로 동원된다. 적 군사력 전체의 섬멸보다는 해당국가 내부에 정치 · 사회 · 심리적 충격을 야기하여 자신들에게 적대적인 외교, 군사정책의 지속의지를 약화시키는 것이 궁극적인 목적이다.

요컨대 미래의 전쟁은 과거보다 훨씬 다양해진 주체와 전장공간, 수행방식, 그리고 무기가 동시에 공존하는 다차원적인 방향 속으로 진행될 것이다.128) 때문에 기존의 재래식 기계화전쟁이나 첨단 정보화전쟁, 제4세대 전쟁 성격의 비대칭전 가운데 특정한 어느 한 가지의 전쟁만을 대비하기 위한 군사력으로는 앞으로 다가올 새로운 군사적 도전에 결코 성공적으로 맞설 수 없다. 장차 미래의 전쟁을 책임져야 할 개인과 집단들은 이 점을 반드시 명심해야 한다.

중국을 비롯한 기존 핵보유국뿐만 아니라 파키스탄, 북한, 이란 등의 신흥 핵개발국도 ICBM급 장거리 탄도미사일을 통해 자국 영토를 겨냥한 HEMP 공격 능력을 확보할 가능성이 있는 것으로 평가한다. Clay Wilson, "High Altitude Electromagnetic Pulse(HEMP) and High Power Microwave(HPM) Devices : Threat Assessments", *CRS Report for Congress*, RL32544 (March 26, 2004), pp.6~9; pp.11~12.

127) 2003년 제2차 걸프전쟁 당시 이라크군은 소수의 러시아제 위성교란용 장치를 도입해서 GPS 위성항법체계로 유도되는 JDAM, 순항미사일의 오폭(誤爆)을 시도하였는데, 이를 두고 전쟁기간 동안 미국과 러시아 사이의 외교적 마찰까지 야기한 바 있다. 이왕구, "'러, 이라크 무기지원' 싸고 부시-푸틴 전화舌戰", 「한국일보」, 2003년 3월 26일자.

128) 김종하, 『미래전쟁과 국방획득』(책이 된 나무, 2002), pp.30~42.

III

주요 국가들의 군사혁신 현황

1. 미국 : '국방변혁'을 향하여

미국은 냉전 시대 이후에도 유일하게 초강대국으로 남아있는 세계 제1의 정치 · 경제대국이며, 동시에 자타가 공인하는 최강의 군사력을 보유한 나라다. 영국 국제전략문제연구소(IISS)의 2007년도판 『밀리터리 밸런스』(원제 : *Military Balance*) 연감에 따르면, 미국의 정규군 병력규모는 총 138만 7,194명(육군 48만 8,944명, 해군 37만 6,750명, 해병대 17만 5,350명, 공군이 34만 6,150명)으로 세계 2위다.[1] 하지만 군사비 액수에서는 지난 2006년을 기준으로 무려 5,287억 달러 이상을 지출하여 단연 세계 1위를 기록했다. 이는 2위 영국이 지출한 592억 달러의 거의 10배에 가까우며, 세계 전체 군사비의 46%를 독차지할 정도다.[2] 세계 군사비 지출규모 2~10위에 올라있는 상위 9개국의 군사비 전체를 합쳐도 미국보다 적은 실정이다. 이 점에서 미국의 군사적 우위는 병력규모 차원을 뛰어넘는, 가히 독보적인 수준이라고 할 수 있다.

또한 미국은 지난 1991년의 제1차 걸프전쟁과 1999년의 세르비아 공습, 2001년의 아프가니스탄 공격, 그리고 가장 최근에는 2003년의 제2차 걸프전쟁 등에서 맹활약했던 각종 첨단무기와 이들을 앞세운 현란한 전술 · 작전을 통해 세계 최강의 군사력을 유감없이 증명했다. 이는 단순히 미국이 자랑하는 외형적 국력에서의 우세뿐만 아니라, 베트남전쟁의 뼈아픈 패배를 딛고 지난 1980~1990년대부터 꾸준히 계속되어 온 정보통신 기술 주도의 군사혁신이 성공한 결과였다. 그리고 미국은 지금까지의 성공에 안주하지 않고, 아예 과거와는 질적으로 다른 군사력 구조와 국방 운영체제를 구축한다는 '국방변혁(Defense Transformation)'에 도전하고 있다. 비록 세계의 모든 나라들이

1) IISS, *Military Balance 2007* (London : Routledge, 2007), pp.28~35.
2) SIPRI, 2007, p.270.

미국의 군사혁신을 그대로 답습하기에는 무리가 따르겠지만, 적어도 군사혁신의 선두주자로서 미국이 지향하는 방향과 주요 핵심과제들이 매우 유용한 참고사례가 될 것임은 의심할 여지가 없다.

(1) 쏟아지는 신무기들

육군

우선 미국이 미래의 전쟁을 위해 개발하고 있는 신무기, 그 가운데서도 육군에 배치될 무기들부터 살펴보도록 하자. 현재 미 육군이 보유하는 주력 무기들의 수량을 살펴보면 다음과 같다.[3)]

- 탱크 : 7,620대
- 장갑차 : 22,727대(보병전투용 6,719대 포함)
- 야포 : 4,476문(자주포 2,087문, 다연장로켓포 830문 포함)
- 헬기 : 4,030대(대전차공격용 1,107대, 수송용 2,334대, 정찰용 463대 포함)
- 기타(해병대 보유) : 탱크 403대, 장갑차 1,311대, 견인포 926문 등.

위의 무기들은 보유규모뿐만 아니라 성능 면에서도 세계 정상급의 우수한 전투력을 자랑하고 있다. M1A1 '에이브람스' 주력탱크와 M2/3 '브래들리' 보병전투용 장갑차, 구경 155mm의 '팔라딘' 자주포와 MLRS 227mm 다연장로켓포, '탱크킬러'라는 별명이 붙은 AH-64 '아파치' 공격헬기와 UH-60 '블랙호크' 기동헬기, 그리고 대당 20~30명 내외의 무장병력을 수송할 수 있는 CH-47 '치누크' 대형 수송헬기 등이 여기에 포함된다.

그렇다면 앞으로 이들을 대신하게 될 미 육군의 새로운 주력 무기는 무엇인가? 이른바 미래전투체계(이하 FCS : Future Combat Systems)라고 불리는 총 14개(유인 탑승무기 8개, 무인무기 6개 포함) 종류의 정보수집, 화력, 기동 그리고 비전투 지원무기들이 바로 그 주인공이다.[4)]

---

3) IISS, 2007, p.30.

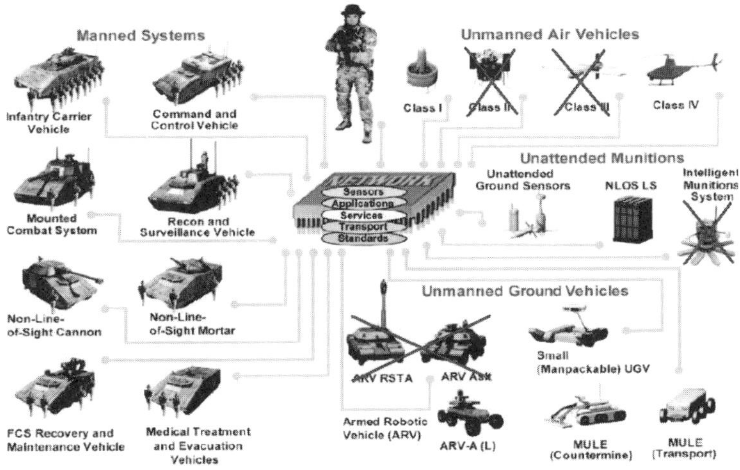

미 육군의 미래전투체계(FCS) 구성도.
현재는 4개의 무인무기를 제외한 총 14개의 유인 · 무인무기들이 포함되어 있다.

출처: http : //www.globalsecurity.org/military/systems/ground/fcs.htm(검색일자 2008년 3월 10일)

지상 기동전력에 해당하는 미래형 기갑차량(MCS : Mounted Combat System)과 미래형 보병수송차량(ICV : Infantry Carrier Vehicle)은 각각 기존의 탱크, 장갑차를 대체하며, 최대 주행속도가 시속 90km에 항속거리는 750km로 에이브람스 탱크, 브래들리 장갑차보다 기동성이 약 1.5배 이상 우수하다.[5] 자체 무장의 경우 MCS는 주포 구경은 120mm로 동일하지만 포신이 연장되면서 포격범위가 늘어났으며, 사거리 12~16km의 중거리 유도포탄(MRM : Mid-Range Munition)까지 운용하여 야포 수준의 화력지원까지 가능해졌다. ICV는 2명의 승무원 외에 무장병력 7명을 수송할 수 있고, 30/40mm 기관포

4) 당초 미 육군은 FCS를 총 18개의 유인, 무인무기로 구성할 계획이었으나, 이후 무인무기 4개의 개발 계획이 취소 및 통폐합되었다. 여기에는 2개의 정찰용 소형 · 저고도 무인항공기(Class-II(중대급)와 Class-III(대대급)), 1개의 무인 전투차량(ARV : Armoured Robotic Vehicle), 그리고 1개의 지능형 탄약체계(IMS : Intelligent Munition System) 등을 포함한다.
5) 나머지 6개의 FCS 유인 탑승무기도 동일한 기동성을 갖추고 있는데, 이는 FCS가 공통형 장갑차체를 기반으로 설계, 양산되기 때문이다.

와 사거리 4.5km의 휴대용 대전차미사일(탑승병력이 운용)을 갖추어 역시 전투력이 강화되었다.

화력 기능을 담당하는 것은 미래형 자주포(NLOS-C : Non-Line-of-Sight Cannon)와 미래형 자주박격포(NLOS-M : None-Line-of-Sight Mortar), 그리고 무인 다연장사격체계(NLOS-LS : None-Line-of-Sight Launch System) 등 3개다. NLOS-C의 경우 구경은 기존의 팔라딘 자주포와 동일한 155mm에 사거리도 30~40km지만 자동장전장치를 통해 팔라딘보다 많은 분당 10발을 포격할 수 있으며, MCS 및 ICV와 동일한 장갑차체를 사용하여 팔라딘을 훨씬 능가하는 기동력으로 사격 후 이동이 가능하므로 생존성이 매우 뛰어나다. 여기에 관성항법장치와 GPS 위성항법체계를 통해 유도되는 XM982 '엑스칼리버' 신형 정밀포탄을 운용할 수 있어서 최대 50km 내외의 표적도 정확히 타격한다. NLOS-M은 120mm의 박격포를 탑재하면서 역시 정밀유도 기능을 갖춘 신형 포탄을 장착하여 사거리가 기존 박격포의 2배인 15km나 되며, 주로 보병과 MCS, ICV를 비롯한 지상 기동전력의 엄호를 담당할 예정이다.

NLOS-LS는 상자 모양의 무인 발사대에 15기의 지대지 정밀유도무기를 동시에 탑재, 운용하도록 제작된다. NLOS-LS에 탑재, 운용되는 무기로는 ① 적 장갑차량이나 엄폐시설 파괴를 위한 사거리 40~60km의 정밀공격탄(PAM : Precision Attack Munition)과 ② 최대 30~40분 동안 체공하면서 지정된 표적을 공격할 수 있는 사거리 70km 이상의 체공형공격탄(LAM : Loitering Attack Munition)이 대표적이다. 둘 다 GPS, 관성항법장치 등의 다양한 유도장치를 통한 정밀타격 능력을 보유하고 있다. 필요할 경우 NLOS-LS는 저고도 지상 방공을 위한 단거리 지대공미사일로도 사용 가능하다.

FCS에서는 정보수집과 지휘통제를 위한 자산들의 비중도 강화되었다. 유인 탑승무기의 경우 전천후로 영상, 신호, 대량살상무기 관련 정보를 수집하는 감시・정찰차량(RSV : Reconnaissance & Surveillance Vehicle), 지상 부대의 이동 사령탑 역할을 하는 지휘통제차량(C2V : Command & Control Vehicle)

이 있다. 무인무기로는 지상배치 탐지체계(UGS : Unattended Ground Sensors), 소형 무인지상차량(SUGV : Small Unmanned Ground Vehicle),[6] Class-I(소대급) 초소형 무인감시기, 그리고 Class-IV(여단급) 무인헬기 등을 포함한다. 특히 SUGV와 Class-I 초소형 무인감시기는 건물 내부에 들어가거나, 건물들 사이에서 체공할 수 있을 정도로 크기가 작아서 시가전을 위한 감시 및 정찰, 통신 중계기능 수행에 유용할 것으로 기대된다.

비전투 지원임무는 부상병들을 치료하거나 후방으로 옮기는 의무후송차량(MEV : Medical & Evacuation Vehicle), 정비 및 지원기능을 담당하는 복구정비차량(RMV : Recovery & Maintenance Vehicle), 그리고 무인 다기능지원장비(MULE : Multifunctional Utility/Logistics Equipment)의 몫이다. 이 가운데 MULE은 폭발물 탐지와 제거, 군수지원 물자의 수송 임무를 주로 담당하지만, 단거리 소형화기를 탑재할 경우 제한적인 전투 수행도 가능하다.

랜드워리어 장비를 착용한 미 육군보병의 모습

보병의 무장도 첨단화된다. 미 육군이 추진하고 있는 미래형 보병전투체계, 즉 랜드워리어(Land Warrior) 계획은 '보병 개개인도 하나의 첨단무기'라는 관점에서 전천후 정보수집 장비, 통신 및 상황인식용 정보단말기, 개량형 전투복장, 그리고 근거리 교전에서의 높은 명중률과 공중폭발탄에 의한 원거리 표적제압 능력을 겸비하는 미래형 개인전투화기(OICW : Objective Individual Combat Weapon)로 보병들을 무장시킨다는 것을 목표로 한다. 이

6) SUGV는 병사가 직접 휴대, 운반할 수 있을 정도로 크기가 작다. 현재 미 육군이 이라크, 아프가니스탄 등지에서 감시, 정찰, 폭발물 탐지 및 제거용으로 운용 중인 '팩봇', '탈론' 소형 지상로봇이 여기에 해당한다.

를 통해 보병들이 과거보다 월등히 높은 정보우위와 생존성을 보장받는 동시에, 더욱 넓은 범위의 전장에서 원활하게 임무를 수행하며 우월한 전투력을 발휘하도록 해주는 것이다.

요컨대 미 육군의 미래 발전목표인 FCS는 ① 14개의 새로운 유인 · 무인무기, ② 랜드워리어로 대표되는 미래형 보병, 그리고 ③ 이들을 하나의 지휘통제망 아래에 연결시키는 C^4ISR 체계 등으로 구성되는 다기능 전투체계라고 할 수 있다. 즉, '14+1+1'의 형태인 것이다. 이 외에도 무인 공격헬기인 무인전투회전익기(UCAR : Unmanned Combat Armed Rotorcraft)의 개발이 추진중이다.

해군

대양해군력 이론의 선구자였던 마한 제독의 후예답게, 오늘날 미 해군은 타의 추종을 불허하는 어마어마한 규모의 전력을 갖추고 있다. 구체적인 내용은 아래와 같다.7)

- 잠수함 : 68척(모두 핵추진. 핵탄두 SLBM 탑재 14척 포함)
- 항공모함 : 12척(핵추진 10척 포함)
- 수상전투함 : 102척(순양함 22척, 구축함 50척, 호위함 30척)
- 상륙함 : 35척(상륙모함 12척 포함)
- 고정익항공기 : 1,154대(항공모함 탑재기 922대, 해상초계기 174대 포함)
- 헬기 : 470대(대잠작전 220대, 기뢰제거용 33대 포함)
- 기타(해병대 보유) : 전투기 387대, 헬기 742대(대전차공격용 176대 포함)

냉전 시대의 막강한 경쟁자였던 소련 해군이 몰락하면서, 1990년대 이후 세계의 바다에서 미 해군에 도전할만한 나라는 사실상 없어졌다. 그 결과 미 해군은 제해권을 차지하기 위해 육지와 멀리 떨어진 대양의 한 가운데서 적 함대와 혈투를 벌이는 '바다에서의 전쟁(War AT SEA)'에 대한 부담이 사라졌

---

7) IISS, 2007, pp.31~33.

고, 이를 대신할 새로운 과제를 개발해냈다. 미군의 군사적 개입이 펼쳐지는 세계 각지의 분쟁지역에서 항공기와 정밀유도무기, 혹은 상륙부대(즉, 해병대) 등을 바다에서 발진시키는 이동식 전진기지 역할을 해낸다는 것이었다. 이른바 '바다로부터의 전쟁(War FORWARD/FROM SEA)'이라는 개념이었다.

물론 미 해군은 지금도 '바다로부터의 전쟁'을 수행하기 위한 강력한 함대지 전력투사 능력을 갖추고 있다. '니미츠'급 핵추진 항공모함 9척을 비롯한 총 12척의 주력 항공모함들은 만재배수량이 10만톤에 육박하며, 각 60대 이상의 전투용 항공기들을 탑재하여 해상 방공뿐만 아니라 지상타격 임무의 수행도 가능하다. '타이콘데로가(만재배수량 9,600톤)'급과 '알레이버크(만재배수량 8,800톤)급'으로 알려진 총 72척의 순양함, 구축함들은 모두 세계 최고의 함대 방공체계로 유명한 이지스(Aegis) 전투체계를 탑재한다. 이지스 전투체계는 반경 수백km 이내에서 초음속으로 움직이는 바다와 하늘의 물체 수백개를 동시에 탐지, 추적하는 AN/SPY-1 위상배열레이더를 중심으로 수직발사대(VLS : Vertical Launch System)에 탑재된 100기 내외의 SM-2 '스탠다드' 함대공미사일, '애스록(ASROC : Anti-Submarine ROCket)' 장거리 대잠로켓, 그리고 '토마호크' 함대지 순항미사일을 동시에 운용할 정도로 우수한 통합전투능력을 자랑한다.[8] 실제로 제1, 제2차 걸프전쟁을 비롯한 1990년대 이후 미국이 개입한 주요 무력분쟁에서도 이들 두 군함은 해전보다는, 핵추진잠수함과 더불어 주로 장거리 순항미사일의 발사기지 역할을 담당했다.

미 해군이 보유한 35척의 상륙함들은 척당 1,000~2,000명 내외의 연대급 해병부대 수송과 더불어 연안지역에 배치된 적의 감시, 공격권으로부터 멀리 떨어진 수십km 밖에서 병력수송용 공기부양정(LCAC)과 기동 · 수송헬기를 통해 적의 저항을 회피하면서, 신속하고 안전하게 상륙부대 병력을 목표지점까지 이동시키는 '초수평선(OTH : Over The Horizon) 상륙전'을 수행할 수 있

8) VLS의 유도무기 탑재규모는 타이콘데로가급 이지스순양함이 128기, 알레이버크급 이지스구축함은 96기에 달한다.

다. 특히 '타라와'급과 '와스프'급을 비롯한 배수량 40,000톤 내외의 상륙모함(LHA/D) 12척은 상륙 목표지역의 적 병력을 제압하기 위한 10여대의 전폭기, 공격헬기까지 탑재한다.

그러나 미 해군은 이에 만족하지 않고 미 육군의 FCS에 해당하는 신형 수상전투함의 개발에 나섰다. 이를 통해 미래에는 보다 강력한 '바다로부터의 전쟁' 수행능력을 확보하겠다는 계획이다. 우선 알레이버크급 이지스구축함의 전투력을 훨씬 능가하는 미래형 구축함(DDX)의 개발, 건조가 추진되고 있다. '줌왈트'급이라고 명명된 미 해군의 미래형 구축함은 배수량이 14,000톤 이상으로 순양함 수준이며, 보다 성능이 강화된 위상배열 방공레이더, 중·장거리 함대공미사일과 대잠로켓, 순항미사일 등을 탑재하는 총 80기 규모의 VLS, 그리고 신형 155mm 함포 2문을 보유한다. 특히 줌왈트급 미래형 구축함의 함포는 GPS와 관성항법장치로 유도되는 최대 사거리 180km 이상의 장거리 지상공격탄(LRLAP : Long Range Land Attack Projectile)을 장착하여 함대지 화력지원 능력을 강화한 것이 특징이다.

또한 줌왈트급 미래형 구축함을 발전시켜 배수량 25,000톤에 VLS 탑재규모도 160여 기로 늘어난 미래형 순양함(CGX)을 개발, 기존의 타이콘데로가급 이지스순양함을 대체한다는 장기 계획도 있다.[9] 향후 미 해군이 미래형 순양함과 구축함에 사거리 수백km급의 전자포, HPM, 레이저 광선 등의 비화약 에너지무기까지 탑재할 가능성도 높은 것으로 평가된다.

미 해군의 또 다른 기대주는 연안전투함(LCS : Littoral Combat Ship)이다. 앞서 지적했듯이, 오늘날 미 해군은 대양에서의 해전보다는 지상 표적들과

---

9) 미 해군은 지난 1990년대 중반 VLS 약 500기 규모의 지상공격용 순항미사일을 탑재하고, 원격조종을 통한 무인항해 내지는 극소수의 조종요원들만이 탑승하여 '움직이는 탄약고' 역할을 하는 일명 아스널 쉽(Arsenal Ship)의 개발을 추진한 바 있다. 아스널 쉽은 지나치게 높은 개발비용과 타당성 문제 때문에 현재는 개념 정도만 남아있을 뿐이지만, 당시 이와 관련된 기술의 상당수가 미 해군의 미래형 순양함, 구축함 계획에 반영되고 있다.

인접한 연안에서 '바다로부터의 전쟁'을 수행하는 데 보다 많은 비중을 할애하고 있다. 그런데 연안 지역은 분쟁 당사국이 설치한 기뢰, 해안포, 지대함 미사일, 잠수함, 그리고 소형이지만 기동성이 높은 배수량 수백톤 내외의 고속정 및 초계함 등이 다수 활동하므로 자칫 생존성에 큰 위협이 될 수 있다.[10] 특히 미 해군의 주력 수상전투함들은 대다수가 배수량 10,000톤 내외의 대형 군함들이므로 원거리 대양항해에는 적합하지만, 기동성은 상당히 불리하다. 이에 적 연안 지역에서 주력 군함들의 호위를 위한 소해(掃海 : 기뢰제거), 적의 잠수함 및 소형 해군함정 공격, 그리고 함대지 화력지원 등의 다양한 임무를 수행할 수 있도록 기동력이 우수한 LCS의 필요성이 제기된 것이다.

미 해군의 새로운 주력함이 될 '줌왈트'급
미래형 구축함(DDX, 왼쪽)과 연안전투함(LCS, 오른쪽)

미 해군이 계획하는 LCS는 배수량이 3,000톤 이하로 현재의 주력 수상전

10) 지난 2000년 10월 예멘의 수도 아덴 항구에서는 연료급유를 위해 정박 중이던 미 해군의 알레이버크급 이지스구축함 '콜'이 알카에다 소속 테러리스트가 조종한 자살공격용 소형 보트의 습격을 받아 큰 손상을 입고, 사상자 50여명(사망 17명 포함)이 발생하는 사건이 있었다. 2002년 미 국방당국이 자체 실시한 워게임(War Game : 모의 전쟁실험) 결과에 따르면, 현재 핵개발 문제로 미국과 마찰을 빚고 있는 이란이 유사시 연안지역에서 고속으로 항해하는 소형 쾌속정을 집단으로 자살공격에 투입할 경우 항공모함 1척을 비롯한 미 해군의 주력함 16척이 격침당하는 것으로 나타났다. 김병륜, "항모, 쾌속정으로 벌 떼 공격 펼치면 위험", 「국방일보」, 2008년 1월 14일자.

투함보다 훨씬 소형이며, 기존의 회전식 스크루가 아닌 워터제트(Waterjet) 방식으로 추진된다. 덕분에 최고 항해속도가 시속 50노트(항속거리 기준으로는 시속 20노트)로 기존 주력 군함들의 약 2배에 육박할 정도로 뛰어난 기동력을 갖춘다. 자체 무장으로는 57mm 함포와 단거리 함대공미사일, 어뢰, 그리고 연안에서의 단거리 대함전투를 위해 미 육군 FCS의 NLOS-LS에서도 운용하는 PAM 미사일이 탑재될 예정이다. 아울러 척당 2대의 대잠·대수상함 교전 및 소해 헬기와 무인항공기, 상륙정, 지상차량 등을 탑재하여 다양한 임무수행에 적합하다.[11] 줌왈트급 미래형 구축함과 LCS는 모두 선체 설계에 스텔스 기술을 적용하여 적외선 및 소음의 배출, 그리고 레이더 탐지 위험을 극소화한 것이 공통점이다.

이 외에도 스텔스성을 반영한 선체 설계, 전자기식 함재기 사출장치가 특징인 '제럴드 포드(배수량 100,000톤)'급 차기 항공모함(CVN-21)이 건조되고 있다.[12] 잠수함의 경우는 주력인 '로스엔젤리스(수중배수량 6,900톤)'급을 대체할 신형 '버지니아(수중배수량 7,700톤)'급의 건조가 진행 중이라는 점을 제외하면, 주목할 만한 기술적 혁신이나 변화가 없는 편이다. 다만 잠수함에서 무인잠수정을 다수 탑재, 발진시켜 장거리에서의 적 잠수함 및 기뢰 탐지능력 강화에 활용하거나, 향후 잠수함에서도 무인항공기를 운용하는 정도의 가능성은 있는 것으로 평가된다.

---

11) 미 해군의 LCS 1번함은 지난 2006년 9월에 진수된 '프리덤(Freedom : 자유)'이며, 이와는 별개의 제원을 갖춘 2번함 '인디펜던스(Independence : 독립)'도 지난 4월에 진수되었다.

12) 전자기식 사출장치는 기존 항공모함의 증기식 사출장치보다 동력소모는 적고, 더욱 높은 출력을 발생시켜서 이전보다 신속하게 함재기를 출격시킬 수 있다. 때문에 동일 시간을 기준으로 함재기들의 출격횟수가 늘어나는 것이 장점이다. 신인호, "미래 항공모함의 변화, 신속하고 부드럽게…전투기 2초면 이륙", 「국방일보」, 2008년 3월 6일자.

공군

냉전 이후 미국이 거둔 주요 군사적 승리에서 가장 그 존재가 부각되었던 주인공은 역시 미 공군의 전투기와 폭격기들이었다. 미 공군의 전력현황을 살펴보면 아래와 같다.[13)]

- 전투기 : 1,422대(공대공 415대 포함)
- 공격기 : 234대
- 폭격기 : 180대
- 정찰기 : 142대(무인항공기 59대 포함)
- 조기경보통제기 : 33대
- 공중급유기 : 254대
- 수송기 : 928대
- 전자전기 : 20대

오늘날 미 공군의 가장 두드러진 기술혁신은 스텔스 전투기다. 1991년의 제1차 걸프전쟁에서 활약했던 F-117은 스텔스 기능 자체에만 초점을 맞춘 일종의 실험기종에 가까웠고, 전투수행 기능도 공대지 임무에 국한되는 제약이 있었다.[14)] 그러나 최근 개발된 F-22 '랩터'와 F-35 '라이트닝 II'는 레이더 탐지회피를 통한 생존성 확보와 더불어, 우수한 공대공 · 공대지 교전능력까지 겸비하는 진정한 스텔스기라고 할 수 있다.

F-22는 기존의 주력 제공 전투기인 F-15를 대체하기 위한 공대공 임무 전용기종으로 비행속도 마하 2에 사거리 약 50km의 자동유도식 중거리 공대공 미사일 AIM-120 '암람(AMRAAM : Advanced Medium Range Air to Air Missile)' 6발을 포함한 총 8발의 공대공미사일을 탑재하고, 지속적인 음속 이상의 고

---

13) IISS, 2007, p.36.

14) 총 50여대에 달했던 미 공군의 F-117 스텔스 전폭기는 지난 4월 21일의 고별비행을 끝으로 모두 현역 일선에서 퇴역하였다. 김병수, "美 원조스텔스기 F-117A '역사'가 됐다.마지막 비행", 「연합뉴스」, 2008년 4월 22일자.

속비행이 가능한 '초음속순항(Super Cruise)' 기능을 통해 기존 전투기들보다 훨씬 우월한 기동력을 자랑한다. F-35의 경우 F-16을 비롯하여 공대지 타격 임무를 위한 전폭기와 지상공격기들의 후계기종으로 개발되었다. 비행속도는 F-22보다 다소 낮은 마하 1.6 수준이며, 각 2발의 공대공미사일과 공대지 무장(순항미사일, 정밀유도폭탄)을 탑재할 수 있다.[15] 미 공군은 이미 지난 2006년에 F-22의 실전배치를 시작했고, F-35도 오는 2011년부터 실전배치한다는 계획이다.

미 공군의 주력 스텔스기가 될 F-22(왼쪽)와 F-35(오른쪽).

F-22와 F-35의 최대 강점은 RCS를 극도로 줄인 스텔스 기술과 더불어 100km 이상 떨어진 거리의 적기 다수를 동시에 탐지, 추적할 수 있는 전자주사식(AESA : Active Electronically Scanned Array) 위상배열레이더를 탑재하여 공중전에서 거의 일방적인 정보우위를 차지한다는 것이다. 이는 자신의 존재를 노출시키지 않는 동시에 원거리에서 기습적으로 BVR 교전용 중·장거리 공대공미사일을 발사, 적 항공기를 격추할 수 있음을 뜻한다. 지난 2006년 6

15) F-35는 미 공군뿐만 아니라 해군, 해병대의 고정익 전폭기까지 대상으로 하는 합동전폭기(JSF : Joint Strike Fighter) 사업에 따라 개발되었으며, ① 공군의 지상 이착륙형과 ② 해병대의 수직/단거리 이착륙형, 그리고 ③ 해군의 항공모함 탑재형 등의 3가지로 분류된다. 또한 미국 외에도 영국, 캐나다, 호주, 터키, 이탈리아, 노르웨이, 덴마크, 그리고 네덜란드 등 8개국이 기술협력 및 비용분담 방식으로 개발에 참여하였다. 때문에 해당 국가들이 F-35의 주요 도입 대상국이 될 전망이다.

월 미 공군이 실시한 두 차례의 모의 공중전에서 F-22가 단 1대의 손실도 없이 기존의 미 공군 주력기를 각각 144대, 241대나 가상 격추하는 완승을 거둔 것이 그 증거다.[16] 여기에 AWACS와 데이터링크를 비롯한 미 공군의 첨단 정보수집, 공유 능력의 지원을 받는다면, 이들 두 스텔스기의 공대공 교전능력은 더욱 극대화될 것이다.

다만 스텔스기의 특성상 기체 내부에만 무기를 탑재하므로 기존의 전투기보다는 무장규모가 제한적이다. 하지만 이러한 약점은 스텔스 기술이 제공하는 정보우위, 그리고 정밀유도무기의 높은 정확도 등으로 충분히 상쇄할 수 있다. F-22와 F-35가 본격적으로 실전에서 운용되는 2010년대부터는 스텔스 기능을 갖춘 제5세대 전투기가 미 공군의 명실상부한 주력기종이 될 것이며, 그 결과 F-15/16을 비롯한 기존의 제4세대 전투기들이 발휘하지 못했던 '공중지배(空中支配 : Air Dominance)' 수준의 압도적 제공권을 현실화시킬 것이라는 전망마저 나온다.[17]

이처럼 F-22와 F-35는 매우 우수한 전투기지만, 미 공군이 추구하는 목표의 끝은 아니다. 미 공군은 이들 두 스텔스기를 '마지막 유인전투기'로 평가하

---

16) 이정훈, "F-22보다 강한 놈 있으면 나와 봐", 「주간동아」, 2007년 5월 22일호.

17) 제2차 세계대전 이후에 개발된 전투기들은 흔히 다음과 같은 기준으로 세대별 구분이 이루어지고 있다. 첫째, '제1세대' 전투기는 제트엔진을 탑재하되 비행속도는 마하 1 내외이며, 기관포만으로 무장하고, 레이더 없이 조종사의 육안에 의존하여 비행하는 것이 특징이다. 둘째, '제2세대' 전투기의 경우 마하 1을 넘는 초음속 비행능력에 단거리 레이더, 공대공미사일을 탑재할 수 있다. 셋째, '제3세대' 전투기는 최고 비행속도가 마하 2 수준으로 증대되었으며, 반자동 유도방식의 중거리 공대공미사일을 운용하여 초보적이나마 BVR 교전능력을 갖추기 시작하였다. 또한 공대지, 공대함 무장까지 탑재하여 보다 다양한 임무수행이 가능해졌다. 넷째, '제4세대' 전투기는 자동유도 방식의 중 · 장거리 공대공미사일을 운용함으로써 완전한 BVR 교전능력을 보유하며, 컴퓨터를 이용한 비행 및 임무수행 기능의 자동화를 이루었다. 그리고 가장 최신형인 '제5세대' 전투기는 스텔스 기술과 초음속순항 기능을 통하여 정보, 기동력, 생존성에서 기존 전투기들보다 압도적 우위를 차지하는 것을 특징으로 한다. 임상민, 『전투기의 이해-상권』(이지북, 2005b), pp.70~75.

고 있으며, 앞으로 공군 전력의 핵심을 무인항공기로 전환시킨다는 야심에 찬 계획을 추진 중이다. 특히 2001년의 아프가니스탄 공격과 2003년 제2차 걸프전쟁을 치르면서 정보수집 기능에 관한 한 무인항공기의 비중은 크게 증가했다. 이미 지난해 1~10월에만 미 공군 무인항공기의 임무수행 시간은 50만 시간을 돌파했으며, 그 가운데 10월의 출격시간은 1월의 2배를 넘어서 무인항공기에 대한 미 공군의 의존도가 높아지는 추세임을 여실히 보여주었다.[18] 지난해 5월에는 미 공군 제432비행단이 '프레데터' 중고도 무인정찰기와 그 무장탑재형인 '리퍼' 공격기를 비롯한 무인항공기만으로 이루어진 사상 최초의 무인항공기 비행단으로 재편된 바 있다.

미군의 주요 정찰용 무인항공기 현황

출처: 「중앙일보」, 2008년 1월 3일자

미 공군의 궁극적인 목표는 무인전투기(UCAV : Unmanned Combat Air Vehicle)의 개발, 배치다. 미 국방성은 지난 2003년 해 · 공군이 공동으로 운

18) 정재홍, "무인항공기가 미 핵심 전력으로", 「중앙일보」, 2008년 1월 3일자.

용하는 합동 무인전투기(J-UCAS : Joint Unmanned Combat Air Systems) 개발 사업에 착수하였고, 미국 굴지의 항공업체인 보잉의 X-45와 노스롭그루먼의 X-47 '페가수스'가 경쟁에 뛰어들었다. J-UCAS 사업은 2006년부터 미 해군 주도의 무인전투기술 실험기(UCAS-D : Unmanned Combat Air Systems Demonstrator) 사업으로 바뀌었으며, 이듬해 X-47이 대상 기종에 선정되는 것으로 매듭지어졌다.[19] 개발이 성공적으로 이루어질 경우, X-47은 해군 항공모함에 탑재되는 최초의 무인전투기로 기록될 예정이다.

X-47 무인전투기. 항공모함 탑재, 공중급유 기능을 갖추도록 제작되고 있다.

현재의 추세대로라면 늦어도 2010년대 이내에는 항공모함에서의 이착륙, 지속적인 임무수행 지원을 위한 공중급유 기능을 갖춘 무인전투기가 미 해 · 공군 내에서 본격적으로 실전배치될 수 있을 것이다. 앞으로 개발될 미 공군의 무인전투기는 당분간 대공제압, 근접항공지원처럼 비교적 단순한 공대지 교전임무를 담당할 것으로 평가된다. 그러나 장래에는 전자전이나 장거리 폭격, 공중전을 비롯하여 보다 다양한 임무수행이 가능하도록 개발될 전망이며, 이에 따라 기체가 보다 대형화된 무인전투기의 개발이 요구될 것이다. 레이저와 HPM 등의 비화약 에너지무기를 유인 · 무인전투기에 탑재하려는 노력도 계속 진행되고 있다.[20]

19) Bill Sweetman, "UCAVs Offer Fast Track to Stealth, Long-Range and Carrier Operations", *Jane's International Defense Review*, January, 2007.

20) 미국은 헬기와 수송기에서 운용하는 출력 50kW, 사거리 10km의 고등 전술레이저(ATL : Advanced Tactical Laser)를 개발하고 있으며, 2010~2015년 사이에는 F-35

또한 미 공군은 항공기 탑재용 정밀유도무기의 기술 혁신에도 큰 공을 들이고 있다. 그 가운데서도 공대지 정밀유도무기의 경우, 개발 과정에서 다음의 3가지 특징을 반영하는 추세다. 첫째, 공군뿐만 아니라 해군과 해병대 소속의 고정익 전폭기에서도 운용할 수 있는 합동형 무기로 개발되고 있다. 둘째, 사거리는 수십~100km 이상으로 적의 지상 방공전력과 전투기의 요격으로부터 안전한 원거리 타격이 가능하다.[21] 그리고 셋째, 일정 수준의 스텔스 설계를 적용함으로써 공격대상에 대한 기습 효과를 높인다.

미군의 대표적인 합동 정밀유도무기 JSOW(왼쪽)와 JASSM(오른쪽). 원거리 공격능력과 스텔스 설계를 개발에 적용했다.

우주, 미사일방어, 그리고 사이버전쟁

우주 배치 군사력에서도 미국은 단연 세계 최강이다. 미 공군 예하의 우주사령부(Space Command)가 관리, 운용하는 미국의 우주전력은 ① 정보수집용 인공위성, ② 우주 발사체(예 : 로켓, 우주왕복선)와 통제·지원시설, ③ 외부의 탄도미사일 탐지 및 조기경보용 지상 레이더, 그리고 ④ 우주감시용 지

급 전투기에 탑재될 수 있는 출력 100kW급의 레이저 무기도 개발, 배치한다는 계획을 추진 중이다. 강응철 등, 2008년 2월 15일.

21) 예를 들어 AGM-154 '합동 원거리 타격무기(JSOW : Joint Stand-Off Weapon)'의 사거리가 120km, AGM-158 '합동 원거리 공대지미사일(JASSM : Joint Air-to-Surface Stand-off Missile)'은 사거리 300km, '저비용 자율공격체계(LOCAAS : LOw Cost Autonomous Attack System)'는 사거리 190km, 그리고 '롱샷' 활공(滑空)유도폭탄은 사거리가 40km에 달한다.

상 정보자산 등으로 구성된다.

먼저 인공위성의 경우 영상정보 수집을 위한 정찰위성으로 전자광학 및 적외선 카메라 방식의 'KH-12(KeyHole-12)' 4개와 SAR 레이더를 사용하는 '라크로스' 5개가 있다. KH-12 의 카메라는 불과 15cm의 작은 물체까지 인지해낼 정도의 고해상도를 자랑하며, 라크로스는 전천후로 해상도 1~2m의 영상을 촬영해낸다. 적 탄도미사일의 발사를 탐지하는 4개의 조기경보용 DSP(Defense Support Program) 정지위성은 지난 1991년의 제1차 걸프전쟁 당시 이라크군의 스커드 탄도미사일 대응작전에서 중요한 역할을 했다. 소수의 DSP 정지위성에 의존해 온 탄도미사일 조기경보 기능을 강화하기 위해 총 30개의 조기경보위성으로 구성되는 우주배치 적외선감시체계(SBIRS : Space Based Infra-Red System)의 구축도 추진 과정에 있다.[22] 정확한 위치인식 및 추적 정보를 제공하는 GPS 체계를 구성하는 NAVSTAR 항법위성은 현재 24개로 늘어났으며, 각 6개의 궤도에 분포되어 있다. 그밖에도 5개의 MILSTAR(MILitary Strategic & TActical Relay) 군용 통신위성과 다수의 신호정보 위성을 운용 중이다. 지난 1991년의 제1차 걸프전쟁 당시 미군이 보유한 군사위성은 56개였는데, 12년 후인 제2차 걸프전쟁에서는 그 2배가 넘는 136개를 운용했다.

지상기지에 배치되는 우주전력 자산은 북미방공사령부(NORAD : NORth American Aerospace Defense Command)에서 관할한다. 감시범위가 900~5,400km에 달하는 AN/FPS-118 초수평선 레이더 1개소, 역시 5,500km의 범위 내에서 ICBM과 위성을 추적하는 AN/FPS-115(일명 PAVE PAWS) 위상배열레이더

22) SBIRS는 DSP 정지위성을 직접적으로 대체하는 4개의 고궤도위성, 2개의 타원궤도위성, 그리고 우주 추적감시체계(STSS : Space Tracking & Surveillance System)로 명명된 24개의 저궤도위성으로 구성되어 전세계적 범위에서, ICBM급 이하의 중 · 단거리 탄도 · 순항미사일 발사에 대한 실시간 수준의 조기경보를 실현하는 것을 목표로 한다. 김종율, "한국군의 우주전략과 소요 전력", 「군사논단」, 2008년 가을호.

3개소, 그리고 우주감시 기지 11개소(레이더 8개, 전자광학 망원경 3개) 등이 미국 영토와 세계 각지의 미군기지에 배치 중이다.[23] 이들의 임무는 미국으로 접근하는 외부 세력의 항공기와 ICBM, 혹은 미국 상공에서 체공 및 활동하는 타국의 인공위성 등을 감시하는 것이다.

미국의 우주배치 레이저위성(왼쪽)과 군사용 우주비행체(오른쪽)의 상상도

세계 최강을 자랑한다는 미국의 우주전력도 현재로서는 C4ISR 기능을 위한 정보자산 수준에 머물러있다. 이에 미국은 중・장기적으로 전투용 무기체계까지 우주에 배치하여 자신들의 우주공간 통제력을 더욱 확고히 하겠다는 계획이다. 우선 지구궤도를 비행하는 인공위성에 레이저, HPM, 초고속 운동에너지무기(Kinetic Energy Weapon)[24] 등의 다양한 무기를 탑재하여 자체 방어나 적의 고고도 비행 항공기, 인공위성, 대기권으로 날아오는 ICBM급 장거리 미사일, 심지어는 지상 표적 등에 대한 공격임무 수행이 가능해질 것이다. 우주왕복선처럼 지구로부터 발사되어 대기권 밖에서 활동한 후 귀환할 수 있으며, 재사용이 가능한 군사용 우주비행체(Military Spacecraft)의 개발도 추진되고 있다. 가장 대표적인 사례는 지난 2002년부터 미 국방당국이 '팰콘

23) IISS, 2007, p.29.
24) 화약탄두를 장착하지 않고 빠른 속도로 발사되어 표적에 정확히 충돌, 파괴시키는 무기를 뜻한다. 공기가 없는 우주공간의 특성상 화약탄두의 폭발에 의한 파괴효과를 기대하기 어렵다는 점에서 초고속 운동에너지 무기는 유용한 우주배치용 무장으로 각광받고 있다.

(FALCON)'이라는 사업명으로 개발 중인 극초음속 순항비행체(HCV : Hypersonic Cruise Vehicle)다. 이 비행체는 소형 로켓에 탑재되어 대기권 밖으로 발사된 후 자체적으로 표적을 향해 이동, 정밀유도무기를 투하하는 일종의 장거리 폭격기로 운용되는데, 비행속도가 무려 마하 5~6 이상으로 2시간 이내에 지구상의 어떠한 장소든지 도달할 수 있다.[25] 말하자면 미국은 공상과학 영화에서나 볼 수 있었던 우주 공중전의 실현을 준비하고 있는 것이다.

미 국방당국의 새로운 관심사는 적의 장거리 탄도 · 순항미사일 공격을 요격할 수 있는 장거리/고고도 방공체계의 구축이다. 탄도미사일 요격을 위한 지대공미사일은 냉전 시절이었던 지난 1960년대 미국과 소련에서 처음 개발되기 시작했다. 1980년대 레이건 행정부의 야심적인 SDI 계획이 냉전 종식과 함께 백지화되면서 '미사일 방어'는 역사의 유물로 사라지는 듯 했다. 그러나 미국은 탈냉전 시대에도 여전히 막강한 ICBM 전력을 보유한 러시아와 중국, 그리고 제3세계 국가들의 탄도미사일 개발 및 보유 확산에 주목했다. 특히 큰 문제는 북한, 이란을 비롯하여 미국과 정치 · 군사적 대립관계에 놓인 소위 무법자국가(Rogue States)들이 미국의 주요 우방국과 미국 영토까지 직접 공격할 수 있을 정도로 장거리 탄도미사일 개발능력을 대폭 강화했다는 점이었다. 이에 따라 미국은 2001년 부시 행정부의 취임을 계기로 그 유명한 미사일 방어체제(MD : Missile Defense)의 구축을 적극 진행하고 있다.[26]

미국의 MD는 총 3단계에 걸쳐 적의 장거리 탄도 · 순항미사일을 요격하도록 되어있다. 먼저 제1단계인 '발사단계(Boost Phase)'에서 적 미사일의 발사기지 주변에 미리 배치된 해상 · 항공자산의 탑재 무기를 사용하여 요격한다. 이 단계에서는 탄도미사일의 비행속도가 비교적 느린 편이기 때문에 기술적

---

25) 김병륜, "미국 극초음속 폭격기 개발 2억 달러 추가 배정 등 박차", 「국방일보」, 2007년 11월 14일자.

26) 미 국방당국이 추진하고 있는 MD는 미국 영토에 대한 미사일 공격을 요격하는 '국가미사일방어(NMD : National Missile Defense)'와 해외주둔 미군 병력과 우방국을 겨냥한 미사일 공격에 대응하는 '전역미사일방어(TMD : Theatre Missile Defense)'를 통합한 개념이다.

으로 요격 성공의 가능성이 매우 높다. 대표적인 요격수단으로는 이지스 전투체계를 탑재한 미 해군의 수상전투함에서 발사되는 사거리 수백km 이상의 SM-3 개량형 '스탠다드' 함대공미사일, 출력 2MW급의 장거리 항공기탑재 레이저(ABL : AirBorne Laser)가 있다. 사거리가 약 500km에 달하는 ABL 레이저는 보잉 747 민간항공기를 개조한 YAL-1 대형 항공기에 탑재되며, 오는 2010년대 초에는 실전배치를 한다는 목표로 개발이 진행 중이다. SM-3 함대공미사일은 지난 2월 21일 고도 210km 상공에서 고장난 저궤도 인공위성을 요격하는 데 성공하여 그 성능을 입증했다.[27] 앞으로 개발, 건조될 미 해군의 미래형 순양함과 구축함도 발사단계 요격 능력을 갖출 전망이다.

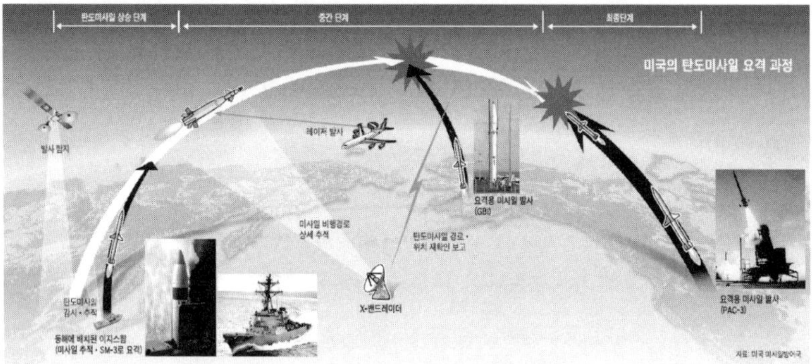

미국의 미사일 방어체제(MD) 구성도

출처: 「중앙일보」, 2006년 3월 3일자

발사단계에서 요격하지 못한다면, 이어서 제2단계인 '중간단계(Midcourse Phase)'에서의 요격을 시도한다. 여기서는 ICBM 내지 우주발사용 로켓과 대등한 사거리 수천km급의 장거리 지상배치 요격미사일(GBI : Ground Based Interceptor)로 고도 1,000km 내외의 대기권 밖에서 비행하는 적 미사일의 탄두를 파괴하는 것이 목표다. 이를 위해 GBI에 탑재된 외기권요격체(EKV :

---

27) 최진주, "美, 고장위성 격추 성공…MD실습?", 「한국일보」, 2008년 2월 22일자.

Exo-atmospheric Kill Vehicle)가 발사 과정에서 얻는 초속 10km의 초고속 운동에너지로 탄두를 직접 요격하게끔 되어있다.[28)]

발사단계와 중간단계에서도 모두 적 미사일의 요격에 실패할 경우, 마지막 수단으로 제3단계인 '최종단계(Terminal Phase)' 요격을 통해 대기권 재돌입 이후 미국 영토로 떨어지는 적 미사일의 탄두를 제거한다. 요격수단으로는 최대사거리 200km, 고도 150km에서도 탄두 요격을 할 수 있는 최종 고고도 방공(THAAD : Terminal High Altitude Area Defense) 요격미사일, 그리고 사거리 20km의 개량형 패트리어트(PAC-3) 지대공미사일이 있다. THAAD와 PAC-3 모두 적 미사일의 탄두와 직접 충돌하여 파괴시키는 초고속 운동에너지 방식이며, 때문에 보다 확실한 요격효과를 기대할 수 있는 것으로 평가된다.

아울러 미 국방당국은 갈수록 증대되는 사이버전쟁의 군사적 효과를 반영하여 사이버전쟁 수행을 위한 전담부대 편성에도 적극 나서고 있다. 대표적인 부대로는 미 전략사령부(STRATCOM) 예하의 네트워크전 합동기능 구성사령부(JFCC-NW : Joint Functional Component Command-Network Warfare)와 전지구적 네트워크작전 합동부대(JTF-GNO : Joint Task Force-Global Network Operations)가 있다. 이 가운데 JTF-GNO의 경우 외부 적성세력의 사이버공격에 대한 방어 임무를 주로 담당하지만, JFCC-NW는 해킹과 컴퓨터바이러스 유포 등 적 정보통신체계를 겨냥하는 공세적 사이버전쟁의 수행 능력까지 갖춘 것으로 평가된다.[29)] 미 공군도 지난 2006년 11월 사이버사령부(AFCYBER)의 창설을 공식 선언하였으며, 금년 10월에 사이버전쟁을 담당하는 세계 최초의 사령부급 부대로서 정식 출범할 예정이다.[30)]

---

28) 1970년대 이후에 개발된 주요 ICBM급 탄도미사일은 2개 이상의 핵탄두를 동시 탑재하여 한꺼번에 여러 지역을 공격할 수 있는 MIRV(Multiple Independent Re-entry Vehicle) 방식으로 설계되었으며, 교란용 가짜탄두를 진짜 핵탄두와 함께 정착할 수도 있다. 이에 따라 EKV는 가짜탄두를 가려낼 수 있도록 전자광학 및 적외선 탐지장치를 내부에 탑재한다.

29) Clay Wilson, "Information Operations and Cyberwar : Capabilities and Related Policy Issues", *CRS Report for Congress*, RL31787 (September 14, 2006), p.8.

⑵ 효과와 네트워크 : 전술 · 작전의 신개념

지난 2000년 5월, 미 합참은 『합동비전 2020』(원제 : *Joint Vision 2020*)이라는 문서를 발표했다. 여기서는 오는 2020년대에 가시화될 것으로 예상되는 국가안보 환경과 제반 요소, 그리고 이에 대비하기 위해서 미군이 오는 2020년대까지 달성해야 할 장기 군사력 운용목표와 전투력의 발전 내용, 그리고 구현방향 등이 개념적으로 제시되고 있다.[31] 말하자면 미 육 · 해 · 공군의 미래 전력개발 및 발전 계획에 대한 상위 지침서인 것이다.

『합동비전 2020』은 미군이 2020년대의 새로운 정치 · 군사적 환경에서 '평시의 군사개입', '전쟁억지와 분쟁 예방', 그리고 '전투수행 및 승리'라는 3대 임무를 성공적으로 수행하기 위해 지향해야 할 장기 발전목표는 '전방위적인 압도(Full Spectrum Dominance)'라고 규정한다. 여기서 '전방위적인 압도'란 모든 유형의 군사작전에서, 어떠한 적도 격퇴시킬 수 있을 뿐만 아니라, 어떠한 상황과 전장에서도 행동의 자유(즉, 주도권)를 차지할 수 있는 군사적 역량을 뜻한다. 또한 미국의 첨단 정보통신 기술이 제공하는 정보우위(Information Superiority), 기술 · 조직 · 운용상의 포괄적인 혁신(Innovation)을 '전방위적인 압도'의 달성과 직결되는 기반 요소로 제시하고 있다. '전방위적인 압도'를 구성하는 4개의 주요 전력운용 개념은 다음과 같다.[32]

- 지배적인 기동(Dominant Maneuver)
- 정밀교전(Precision Engagement)

---

30) 미 공군 사이버사령부의 예하 부대에는 전자전기를 운용하는 전자전비행단, 군용 통신망 방어임무를 위한 네트워크전비행단, 정보작전에 관한 기술, 훈련, 전술 등을 종합 담당하는 정보전비행단, 그리고 직접적으로 사이버전쟁을 수행하는 사이버비행단 등 총 4개의 비행단급 부대가 포함되어 있다. 김병륜, "美 공군사이버사령부 베일 벗나", 「국방일보」, 2008년 3월 20일자.

31) 노훈 · 임길섭, "미「합동비전 2020」의 내용과 시사점", 「週刊國防論壇」, 2000년 7월 24일호.

32) 이들 4대 전력운용 개념은 지난 1997년에 발표된 『합동비전 2010』에서도 포함된 바 있다.

• 효율적 군수(Focused Logistics)
• 전(全)차원 방호(Full Dimensional Protection)

첫째, '지배적인 기동'은 결정적인 속도, 이동 지속능력(일명 템포(Tempo))의 우세를 앞세워 특정 군사적 과제의 달성에 유리한 공간적 우위를 차지하는 능력으로 정의되며, 그 범위는 육지와 바다, 하늘, 그리고 우주를 비롯한 모든 전장공간을 포함한다. 둘째, '정밀교전'이란 표적을 정확히 식별, 추적하는 동시에 적합한 가용 전투수단을 선택, 조직, 동원하여 의도하는 군사적 효과를 달성하는 능력이다. 셋째, '효율적 군수'는 모든 유형의 군사작전 수행에서 요구되는 인적 · 물적 자원을 필요한 만큼, 적시적소(適時適所)에 공급하는 능력을 뜻한다. 그리고 넷째, '전(全)차원 방호'는 부여된 군사적 과제를 결정적으로 수행할 수 있도록 어떠한 지리적 범위 내에서도 인적 · 물적 군사력의 생존성을 확보하는 능력이다.

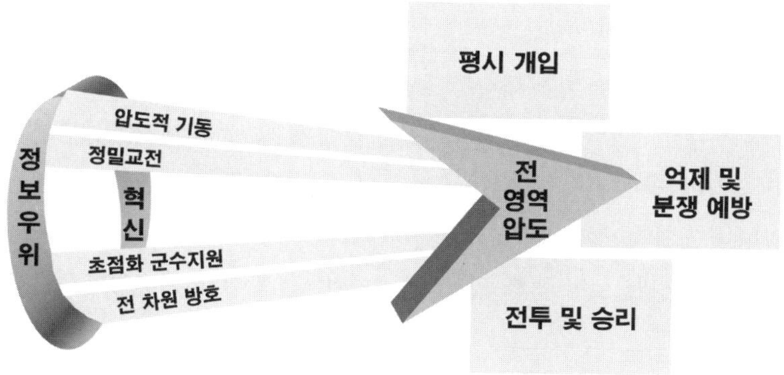

『합동비전 2020』이 제시하는 미군의 장기적 역할과 발전방향

출처: 노훈 · 임길섭, "미「합동비전 2020」의 내용과 시사점", 「週刊國防論壇」, 2000년 7월 24일자

그렇다면 미군은 『합동비전 2020』이 제시하는 '전방위적인 압도'라는 목표의 구현을 위하여 어떠한 전투력 운용방식을 채택하고 있는가? 그 해답은 '효

과기반작전(EBO : Effects-Based Operation)'과 '네트워크중심전(NCW : Network-Centric Warfare)'으로 요약된다.

효과기반작전이란 "달성하고자 하는 결과, 즉 효과(效果 : Effect)를 기준으로 군사력의 운용방식 및 수단을 결정하는 일련의 군사적 기획, 실행 과정"으로 정의될 수 있으며, 2003년의 제2차 걸프전쟁 당시 미 공군 전투사령부의 기획부장을 역임했던 데이빗 뎁튤라 준장이 체계적으로 이론화시킨 것이다. 여기에 따르면 군사력 사용을 통하여 확보될 수 있는 효과는 ① 특정 군사조치와의 연관성에 따라 '직접적', '간접적', '부수적' 효과로 구분되고, ② 결과의 파급범위에 따라서는 '물리적', '기능적', '심리적', 그리고 '체계적' 효과 등의 형태로 나타난다.[33] 과거의 섬멸전 시대에는 주로 적 군사력 전체의 파괴와 살상, 적 영토의 점령을 비롯한 직접적 · 물리적인 효과에 치중해 왔다. 하지만 효과기반작전에서는 적의 전쟁수행 능력을 보다 광범위하게, 연속적으로 무력화시키는 간접적 · 체계적인 효과를 중요시한다. 그리고 이를 위해 가장 적합한 표적과 전투력의 운용방식, 수단을 융통성 있게 선택하는 것이 바로 효과기반작전의 본질이다.[34]

엄밀히 따지자면 가장 핵심적 개념인 '효과'를 포함하여 효과기반작전이 제시하는 주요 내용들은 전쟁의 역사를 통틀어 볼 때, 전혀 새로운 개념이 아니다. 과거 클라우제비츠가 설파했던 '무게중심', 손자와 리델하트가 강조한 바 있는 '간접전략'처럼 이미 여러 군사사상가들에 의해 제기된 것들을 보편적인 작전수행 개념으로서 좀 더 체계화 · 구체화했을 뿐이다. 차이점이 있다면 오

---

33) 박휘락, "효과기반작전(EBO)에 대한 종합적 이해", 「週刊國防論壇」, 2005년 8월 29일호.

34) 예를 들어 달성하고자 하는 효과로 '적의 경제 · 산업능력 마비'를 선택할 경우, 군이 적국의 주요 공장들을 일일이 파괴하지 않더라도 적 발전소를 공격해서 전력(電力)을 차단시키면 동일한 효과를 거둘 수 있다. 만약 적의 방어나 지리, 기후상의 제약 때문에 발전소 공격이 어렵다면, 그 대안으로 송전 및 변전시절을 무력화시켜도 충분하다. 그리고 이를 위해 포병이나 항공기, 정밀유도무기에 의한 파괴뿐만 아니라 특수전부대의 침투, 사이버공격 등 다양한 수단의 선택이 가능하다. 박휘락, 2005년 8월 29일호.

늘날의 정보화전쟁에서는 첨단 정보수집 자산과 장거리 정밀유도무기를 적극적으로 운용하여 불필요한 자원의 낭비와 손실, 파괴 및 살상에 따른 위험부담을 최소화하면서 의도하는 효과를 극대화할 수 있게 되었다는 것이다. 대부분 미국이 기술적 우위를 차지하고 있는 분야들이다.

네트워크중심전은 미 해군대학 학장을 역임했던 아서 세브로스키 제독이 주창한 군사력의 건설, 운용개념이다. 앞서 설명한 효과기반작전이 "무엇이 군사력 사용의 대상과 수단을 결정하는 기준인가?"에 관한 것이었다면, 네트워크중심전은 "어떠한 형태의 전투력을, 어떻게 운용해야 하는가?"에 초점을 두고 있다. 네트워크중심전의 핵심은 첨단 C^4I 체계를 매개체로 보병이나 탱크, 장갑차, 야포, 군함, 항공기 등의 여러 플랫폼(Platform. 즉, 개별 무기)들을 하나의 전투체계로 연결, 정보우위를 기반으로 하는 우월한 통합 전투력을 창출해내는 것이다. 현재 미국은 MILSTAR 군용통신위성과 데이터링크, 그리고 GCCS(Global Command & Control System) 지휘통제체계 등의 하드웨어 및 소프트웨어 C^4I 자산을 통해 세계 어디서든지 자신들의 군사력을 원활하게 움직일 수 있도록 하고 있다.

과거 기계화전쟁 시대까지만 해도 개별 무기, 혹은 단위부대들은 독자적인 정보수집 및 교전 능력에만 의존했으며, 그만큼 임무수행의 범위도 제한적일 수밖에 없었다. 하지만 네트워크중심전에서는 서로 다른 공간에 배치된 무기와 단위부대가 획득한 정보수집의 내용까지 활용 가능하다. 이에 따라 지휘통제를 담당하는 고위 사령부뿐만 아니라, 서로 다른 공간에 분산 배치되어 있는 전장의 장병들에 이르기까지 매우 높은 수준의 전장 상황인식을 공유할 수 있게 된다. 개별 무기와 단위부대들이 임무를 수행할 수 있는 범위가 종전보다 훨씬 확대되는 것은 물론이다.

네트워크중심전의 궁극적 목표는 정보수집이 이루어지는 즉시, 관련 무기와 단위부대가 이를 바탕으로 신속하게 필요한 군사적 조치를 취할 수 있도록 하는 '탐지 직후 임무수행(Sensor-to-Shooter)'을 구현하는 것이다. 이러한 '선탐(先探 : 먼저 발견하다) → 선결(先決 : 먼저 결정하다) → 선행(先行 : 먼저 움직이다)' 능력은 적의 대응능력을 뛰어넘는 빠르고 기습적인 전쟁수행이 가능하게끔 보장하여 전장에서의 주도권을 차지하고, 군사적 승리에 결정적인 기여를 해준다. 한 보기로 미 공군은 데이터링크를 통해 실시간에 가까운 정보수집, 공유 능력을 지원받는 항공기의 전투력이 기존의 음성통신 관제에 의존하는 경우보다 공대공 임무에서 주간작전 2.67배, 야간작전 2.71배, 그리고 공대지 임무는 4.8배나 증대된다는 평가를 내놓은 바 있다.[35)]

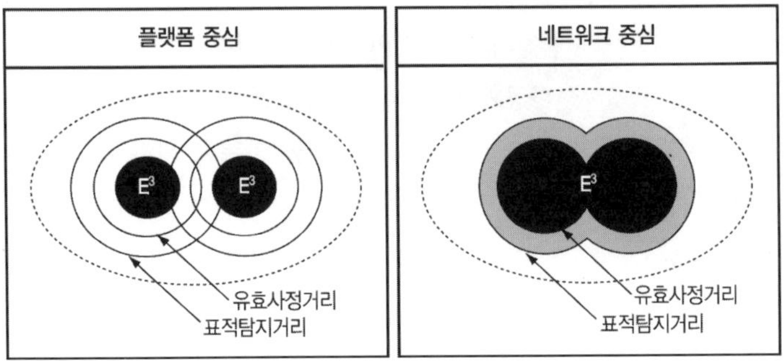

E3 : 전투요소의 유효교전범위(Effective Engagement Envelope)

□ : 표적 추적 정보(tracking information)의 획득범위로서 표적을 탐지할 수 있으나 식별은 불가능한 범위 → 교전 불가(PCW)

■ : 표적 추적 및 식별(typing)이 가능한 정보의 획득범위로서 표적의 탐지와 동시에 식별이 가능한 범위 → 원거리교전 가능(NCW)

… : 외부 정보(SIGINT, COMINT 등)를 이용하여 표적을 식별할 수 있는 범위

네트워크중심전(NCW)을 통한 임무수행 범위의 확대효과

출처: 권태영 · 노훈, 2008, p.213

지난 2003년의 제2차 걸프전쟁은 바로 미군이 효과기반작전과 네트워크중심전을 실전에서 적용한 본격적인 시험무대였다. 이라크군 전체의 파괴, 살상보다는 후세인과 정치 · 군사 지도부, 지휘통신용 시설, 주력 공화국수비대 등 간접적 · 체계적 효과와 직결되는 표적들을 선별하여 지속적으로 공격

---

35) 강진석, 2005, p.525.

했고, 군 사령부와 전장의 전투부대들은 거의 실시간에 가까운 정보공유를 보장받으면서 이라크군보다 훨씬 높은 정보우위를 누렸다. 그 결과는 개전 3주일만에 거둔 미군의 승리로 입증되었다. 이로써 대규모의 기계화전쟁을 전제로 했던 12년 전 제1차 걸프전쟁의 공지전투를 성공적으로 대체하게 된 것이다. 요컨대 효과기반작전과 네트워크중심전은 미군이 정보화전쟁 시대의 대표적인 전력 운용방식으로 평가되는 비선형전, 마비 · 병렬전을 적극 반영한 결과물이라고 할 수 있다.

⑶ 원정부대와 합동성으로의 길

오늘날 전세계를 자국의 군사 작전 · 관할범위로 두고 있는 나라는 미국이 유일하다. 전체 미군 병력의 약 27%인 39만여명이 30개국 이상에서 주둔하고 있는데, 주둔 병력의 규모가 1만명을 넘는 경우도 7개국(이라크, 아프가니스탄, 독일, 일본, 한국, 영국, 이탈리아)이나 된다. 미국은 이들 해외주둔 병력을 ① 아랍과 서남아시아 지역의 중부사령부(CENTCOM), ② 태평양과 동아시아 지역의 태평양사령부(PACOM), ③ 대서양과 유럽대륙의 유럽사령부(EUCOM), ④ 그리고 중남미 지역의 남부사령부(SOUTHCOM) 등 4개의 지역별 전투사령부로 나누어 배치 중이다.[36] 아프리카 지역을 작전범위로 하는 아프리카사령부(AFRICOM)도 금년 10월부터 정식 임무수행에 착수할 예정이다.[37] 이처럼 광범위한 규모의 지역별 전투사령부 운용은 냉전 이후 세계 유

---

36) 미군의 지역별 전투사령부는 9.11 테러사태 직후인 지난 2002년 10월에 창설되어 미국 영토와 캐나다, 멕시코를 비롯한 주변지역의 방위까지 책임지는 북부사령부(NORTHCOM)까지 포함, 총 5개에 이른다. 그리고 미군은 핵무기와 우주배치 군사자산을 운용하는 전략사령부(STRATCOM), 각군의 특수전부대 운용을 총괄하는 특수전사령부(SOCOM), 지상 및 해상, 항공수송 기능을 담당하는 수송사령부(TRANSCOM), 그리고 합동전력사령부(JFCOM) 등 4개의 기능별 전투사령부도 운용하고 있다. 공군본부, 『외국 군구조 편람 2007』(대전 : 공군본부, 2007), p.41.

37) 미국의 아프리카사령부 창설은 아프리카의 여러 국가들이 내란, 식량부족, 치안 불안

일의 초강대국으로 군림하고 있는 미국의 정치 · 군사적 위상을 반영하는 단면이다.

또 다른 초강대국이었던 소련이 몰락한 1980년대 말 이후 미국과 대등한 정치 · 경제 · 군사적 조건에서 맞설 나라는 사실상 없어졌다. 이에 따라 미 국방당국이 주목하는 군사적 위협의 성격은 전통적인 대규모 전면전쟁보다는 소규모의 국지분쟁, 혹은 테러리즘, 지역 내 불안정 등을 비롯한 제4세대 전쟁에 더욱 가까워졌다. 냉전 직후였던 1990년대까지만 해도 미국은 2개 지역의 대규모 전쟁(MTW : Major Theatre Warfare)을 동시에 수행, 승리한다는 '윈-윈(Win-Win) 전략'을 유지했으나, 지난 2001년 부시 행정부의 집권 이후 폐기되었다. 대신 미 합참본부의 2004년도판 『국가군사전략』(원제 : *National Military Strategy*)에는 미국 본토방어, 4개 주요지역에서의 전쟁 억지, 2개 지역에서의 동시 전쟁수행, 그리고 1개 지역에서의 결정적 승리(침공세력의 정권 타도, 영토점령 포함)를 달성한다는 '1-4-2-1 전략'이 새로 등장했다.[38] 그리고 2년 후에 발표된 미 국방성의 2006년도판 『4년 주기 국방검토보고서(QDR)』(원제 : *Quadrennial Defense Review*)는 아예 특정 지역별 방어의 개념에서 탈피하여 ① 본토방어, ② 테러리즘과 비정규전 위협 대응, 그리고 ③ 전통적인 재래식 전쟁의 억지 및 승리를 위한 다수의 군사임무를 세계 각지에서 동시 수행한다는 전략으로의 전환을 선언했다.[39]

이처럼 윈-윈 전략보다도 넓은 지리적 범위를 대상으로 하는 전략이 채택

정 등으로 인해 알카에다를 비롯한 초국가적 테러리즘 세력들의 침투 및 거점확보에 악용될 가능성에 대응하고, 최근 석유를 비롯한 주요 지하자원의 생산지로서 재평가되고 있는 아프리카 지역의 중요성을 반영한 것이다. 당초 미국은 현재 독일에 위치한 아프리카사령부를 정식 출범과 함께 아프리카 내로 이전할 계획이었으나, 아프리카 국가들의 반발에 따라 실현되기 어려울 전망이다.

38) 구체적으로 4개 주요지역이란 유럽, 아랍, 서남아시아, 그리고 동북아시아를 뜻한다. U.S Joint Chief of Staff, *The National Military Strategy of the United States of America* (Office of the Chairman Joint Chief of Staff, 2004), p.21.

39) U.S Department of Defense, *Quadrennial Defense Review Report* (Washington D.C : U.S Department of Defense, February 6, 2006) pp.36~39.

되면서, 미국은 신속배치능력과 동시에 우수한 전투력까지 갖출 수 있는 형태의 군사력을 필요로 하게 되었다. 이를 위해서는 무엇보다도 대규모의 전면전쟁 수행을 전제로 편성되어 온 기존의 고정배치식 부대 하부구조를 세계 어느 지역으로도, 언제든지 재빨리 투입할 수 있는 원정부대(Expeditionary Unit)에 적합하도록 조정할 필요성이 절실했다.

가장 혁신적인 부대구조의 변화가 이루어지고 있는 곳은 미 육군이다. 지난 1990년대 중반의 '전투력 21(Force XXI)' 계획에서 시작되어 1999년 에릭 신세키 참모총장의 '목표군(Objective Forces)' 개념 주창, 그리고 2003~2007년 사이에 후임자인 피터 슈메이커 참모총장으로 이어지는 대대적인 변혁이 진행 중인 것이다. 특히 독립적인 제병협동 임무수행 능력을 갖춘 최소한의 부대단위를 사단에서 여단으로 바꿨다는 점이 크게 주목받았다. 여단급 전투단(BCT : Brigade Combat Team), 혹은 행동부대(UA : Unit of Action)라는 새로운 개념의 단위부대가 등장한 것이다.

미 육군의 UA는 각 3,000~4,000명 이내의 병력을 보유하며, 다음의 3가지 종류로 나뉜다. 첫째, 일반 보병들을 위주로 구성된 '경보병 UA'로 기존의 보병과 공수, 공중강습부대를 대체할 예정이다. 둘째, 기갑, 기계화보병 부대를 비롯한 지상 기동전력에 해당하는 '중(重)장갑 UA'가 있다. 그리고 셋째, 고도의 신속배치능력을 갖춘 '차량화 UA'가 있는데, 주력무기인 '스트라이커' 8륜형 병력수송용 장갑차의 이름을 따 '스트라이커 UA'라고도 불린다.[40] 여기에 사단과 군단의 예하부대로 활동해 온 종전의 항공, 포병, 지원(보급, 야전정비 포함), 정찰여단 등도 기능별 UA로 재편된다.

이들 3대 UA는 공통적으로 대대급의 포병, 기동정찰, 전투근무(정보, 공병 포함), 그리고 비전투 지원(의무, 보급 포함)부대를 예하에 두고 있다.[41] 덕분

---

40) 스트라이커 병력수송용 장갑차는 9명의 무장병력을 탑승시키며, 주행속도는 최고 100km에 항속거리가 500km에 이를 정도로 기동력이 뛰어나다. 무게도 17톤 미만이어서 수송기로 운반 가능하다. 임무에 따라 기관총, 유탄발사기, 대전차미사일, 박격포, 105mm 주포 등의 다양한 무장을 탑재할 수 있다.

41) 예하 지원부대의 규모 및 편성은 UA마다 차이점이 있다. 예를 들어 포병대대의 경우

에 UA는 기존의 사단급 부대 수준의 화력, 정보, 지원기능을 갖추어 독립적인 임무수행이 가능하다. 3대 UA의 주력 대대 편성구조는 아래와 같다.

- 경보병 UA : 보병대대 2개(각 3개 보병중대, 1개 대전차중대 보유)
- 중장갑 UA : 기동대대 2개(각 2개 기갑중대, 2개 기계화보병 중대, 1개 공병중대 보유)
- 차량화 UA : 차량화대대 3개(각 3개 차량화보병 중대 보유)

위와 같이 각 UA의 편성구조는 배치지역의 특수성에 구애받지 않는 모듈(Module : 표준화) 부대의 형태로 되어 있다. 종전까지는 사단급 이하의 부대만을 배속받을 경우 부족한 전투력을 보완하기 위해 임시 특수임무부대(TF : Task Force)를 따로 재편성하는 복잡한 과정을 거쳐야만 했다. 하지만 UA는 여단급 규모에 사단급의 독립 작전수행 능력을 보유하고 있을 뿐만 아니라, 처음부터 부대구조가 표준화되어 있기 때문에 즉시 실전투입이 가능하다는 것이 장점이다.[42] 여기에 스트라이커 장갑차와 앞서 설명했던 미 육군의 미래형 FCS 무기들은 모두 무게가 20톤 내외에 불과하여 공군의 C-130 '허큘리스'나 C-17 '글로브마스터III' 등의 중 · 대형 수송기를 통해 신속히 운반될 수 있다. 이는 부대구조를 경량화하여 해외 원정임무에 적합하도록 만드는 동시에, 실전에서의 생존성과 우월한 전투력까지 확보한다는 미 육군의 의도를 반영한 것이다.

UA의 상위 제대로는 기존의 사단이나 군단, 야전군 사령부에 해당하는 운용부대(UE : Unit of Employment)가 편성된다. 사단급의 중(中)운용부대(UEx : Unit of Employment X)는 유사시에 3대(경보병 · 중장갑 · 차량화) UA들 가운데 해당 임무에 적합한 종류와 규모의 부대를 배속받고, 여러 다양한 기능별

경보병UA가 105mm 야포를 보유하는 것에 비해, 중장갑 및 차량화UA는 보다 강력한 155mm 야포를 보유한다. 또한 경보병, 중장갑UA 예하의 지원대대는 기능별로 8개(본부, 야전정비, 보급, 의무, 정찰, 전방화력유도 등) 중대를 보유하지만, 차량화UA는 지원대대 예하의 중대 4개(본부, 보급, 의무, 야전정비)와 본부 직속의 4개(공병, 대전차, 정보 등) 중대가 나뉘어있다.

42) 김병륜, "미군 군 구조 개편", 「국방일보」, 2005년 5월 26일자.

UA의 동원도 가능하다.[43] 테러리즘을 비롯한 제4세대 전쟁에서 국가 차원의 대규모 전면전쟁에 이르기까지, 다양한 종류의 무력충돌에 맞설 수 있는 능력을 확보하겠다는 미 육군의 목표를 반영하고 있다. UEx의 작전범위는 특정대륙 내의 국가 및 주변지역에 해당하는 단일 공간이 될 것이다. 그리고 각 대륙별 지역사령부 예하의 육군 총사령부는 군단과 야전군을 결합시킨 대(大)운용부대(UEy : Unit of Employment Y)로 개편되어 예하 UEx들에 대한 행정, 전투지원 기능을 담당하게 된다.

2004년 기준으로 미 육군의 부대 하부구조는 5개 야전군, 4개 군단, 10개 사단, 그리고 33개 여단으로 구성되어 있었다. 미 육군은 오는 회계연도 2010년까지 이들을 총 42개(경보병 17개, 중장갑 19개, 차량화 6개)의 3대 주력 UA로 재편성할 예정인데, 이미 7개(보병 2개, 기계화보병 2개, 공수 2개, 산악 1개) 사단에 대한 개편이 완료된 상태다.[44] 여기에 미 본토 방어를 담당하는 주(州)방위군(National Guard) 소속의 28개(경보병 21개, 중장갑 6개, 차량화 1개) UA까지 포함할 경우 3대 주력 UA의 수는 총 70개까지 늘어난다.[45] 항공, 포병, 공병, 정보, 정찰 등의 기능별 UA도 정규군 소속 75개, 주방위군 소속 78개, 그리고 예비전력 소속 58개를 확보한다는 방침이다.[46] 계획대로라면 미 육군은 세계 어느 지역이든 1개 여단을 4일(96시간) 이내에, 1개 사단은 5일(120시간) 이내에, 그리고 5개 사단을 30일 이내에 투입할 수 있는 명실상부한 원정부대 중심 구조로 거듭나는 것이다.

---

43) 일반적으로 하나의 UEx는 경보병UA 1개, 중장갑UA 2개, 차량화UA 1개, 항공UA 1개, 그리고 비전투 지원UA 1개 등 예하에 6개 이상의 UA를 갖출 수 있다. 공군본부, 2007, p.448.

44) 김병륜, "미 육군 모듈화 편제 개편 가속화", 「국방일보」, 2006년 12월 28일자.

45) 공군본부, 2007, p.449.

46) 구체적으로 사단과 군단 예하였던 각 항공부대는 '항공UA', 군단 예하의 포병여단을 '화력UA', 보급과 정비 기능은 '증원UA', 공병과 헌병, 방공은 '전투지원UA', 그리고 군단 및 야전군 사령부 직속이었던 정찰 · 정보여단은 '전장감시UA' 등으로 통합 및 재편될 예정이다. U.S Department of Defense, February 6, 2006, p.43.

주한 미 육군에 적용된 미 육군부대 구조의 재편사례

출처: 「중앙일보」, 2005년 5월 24일자

해외 원정능력에 초점을 둔, 모듈 형태의 부대 하부구조 개편은 해·공군에서도 나타나고 있다. 전통적으로 미국의 정치·군사적 힘을 과시하는 대표세력은 12개의 해군 항공모함전단(CVBG : Carrier Battle Group)이었으며, 각 전단은 항공모함 1척, 수상전투함 5척(이지스순양함 2척, 이지스구축함 3척), 핵추진잠수함 2척, 그리고 지원함 1척 등으로 구성되어 왔다. 그러나 미 해군은 해양배치(Sea Basing), 해양타격(Sea Strike), 해양방어(Sea Shield) 등 3개 능력을 근간으로 하는 '해양세력 21(Sea Power 21)'의 기치 아래 부대구조의 재편을 시도하고 있다.[47)]

우선 기존의 12개 항공모함전단을 수상전투함과 핵추진잠수함의 규모를 각각 절반 수준인 3척(이지스순양함 1척, 이지스구축함 2척), 1척으로 축소시킨 항공모함타격단(CSG : Carrier Strike Group)으로 재편하였다. 대신 상시 준비 태세를 갖춘 항공모함타격단의 수를 종전의 2~3개에서 6개로 늘리고, 추가로 2개를 3개월 내에 투입할 수 있도록 한다는 방침이다. 이른바 '6+2' 개념이라고 할 수 있다.[48)]

한편으로는 이제까지 상륙모함 3척만을 보유했던 상륙대기단(ARG : Amphibious Ready Group)에 장거리 순항미사일을 탑재하는 수상전투함 2척(이지스순양함, 이지스구축함 각 1척), 핵추진잠수함 1척을 추가하여 총 12개의 원정타격단(ESG : Expeditionary Strike Group)을 새로 편성할 계획이다. 이로써 상륙부대도 항공모함전단에 버금가는 장거리 화력지원 능력을 확보하게 된 것이다.[49)] 뿐만 아니라 이지스 전투체계를 탑재한 수상전투함들만으로 구성되는 9개 수상전투단(SAG : Surface Action Group)을 편성하여 주요 분쟁지역에서의 함대지 타격, SM-3 장거리 함대공미사일을 이용한 MD 해상 요격 등의 임무에 동원하는 계획도 포함되어 있다. 4척의 핵추진잠수함도 순항미사일 탑재, 특수전부대 병력의 수송을 위해 독립적으로 운용될 예정이다.

---

47) 여기서 '해양배치'는 해병대를 비롯한 상륙부대와 해양 군수지원 물자의 동원, 해양 지휘통제 능력, '해양타격'은 장거리 정밀유도무기와 항공모함 탑재기, 전자 · 정보전, 특수전부대 등을 통한 함대지 전력투사 능력, 그리고 '해양방어'는 이지스 전투체계를 통한 장거리미사일 해상 요격이나 적 연안지역에서의 생존성 보장, 그리고 해군의 전통적 임무인 제해권 확보 능력 등을 각각 뜻한다. Admiral Vern Clark, U.S. Navy, "Sea Power 21 : Projecting Decisive Joint Capabilities", *Proceedings*, October 2002.

48) 김병륜, "美 해군… 6+2 개념", 「국방일보」, 2005년 10월 17일자.

49) 공군본부, 2007, pp.450~451.

미군 원정전력의 핵심인 해군 항공모함전단(왼쪽)과 공군 원정부대(오른쪽)

그 결과 지금까지 12개의 항공모함전단으로 제한되었던 해외 원정임무를 위한 전단급 단위부대를 3배 수준인 총 37개(항공모함타격단 12개, 원정타격단 12개, 수상전투단 9개, 독립운용 핵추진잠수함 4척)로 대폭 확대한다는 것이 미 해군의 계획이다. 이를 통해 세계 각지에서 벌어지는 다수의, 다양한 무력분쟁에 대한 신속대응 능력이 높아지는 효과를 기대할 수 있다.

미 공군의 경우 지난 1999년 10월부터 항공우주원정군(AEF : Air & Space Expeditionary Force)을 운용 중이다. 5개조마다 2개씩, 총 10개가 편성되는 AEF는 각 90대의 전투기와 폭격기, 13대의 정보수집용 항공자산(전자전기 포함), 31대의 공중급유기, 그리고 수송기 등을 보유하는 모듈 부대의 형태로 사전 조합된다.[50] 편성 과정부터 원거리 타격임무에 적합한 전투, 지원기능을 확보함으로써 세계 주요 지역에서 벌어지는 무력 분쟁에 재빨리 투입될 수 있는 독자적인 원정작전 능력을 갖추도록 되어있음을 알 수 있다. 전지구적 감시(Global Vigilance)와 전지구적 도달(Global Reach), 그리고 전지구적 세력투사(Global Power) 능력을 표방하는 미 공군의 선봉이 바로 AEF인 것이다.

각 군의 사령부급에 해당하는 부대 상부구조는 합동성의 강화, 발전에 초점을 맞춘 재편 및 조정이 계속되고 있다. 지난 1986년 베리 골드워터 미 상원의원과 윌리엄 니콜스 미 하원의원의 공동발의로 제정된 『골드워터-니콜스

50) 공군본부, 2007, pp.455~456.

국방성 재편령 603조』(원제 : *Section 603 of the Goldwater-Nichols Department of Defense Reorganization Act*)를 계기로 법적 · 제도적 차원에서 군 상부구조의 합동성을 제고하려는 노력이 탄력을 얻기 시작한 것이다. 우선 합참본부, 특히 그 수장인 합동참모본부 의장(이하 합참의장)의 권한이 강화되었다. 이 법에 따라 미 합참의장은 미군의 최고위 선임장교로서 합참 회의를 주재하고, 미군의 효과적인 전투태세 유지 보장, 전투력 발전을 위한 소요 평가, 각 군의 우선순위 조정, 그리고 주요 군사전략 기획 등의 과제에 대한 정책을 입안 및 시행할 권한을 갖는다. 국가안전보장회의(NSC : National Security Council)에서 미군의 최고 통수권자(Commander-In-Chief)인 대통령과 국방장관에게 군부를 대표하여 주요 국방현안에 관하여 직접 군사자문 역할을 하는 것도 합참의장의 임무다.

미 합참의장의 권한에 해당하는 주요 군사정책들은 대부분 육 · 해 · 공 3군 참모총장과 해병대사령관으로 구성되는 합동참모회의를 통해 결정된다. 특정 군의 이해관계에 주도되지 않고 미군 전체의 총체적인 전투력 강화, 발전에 기여할 수 있는, 합동성에 부합하는 군사정책을 도출하기 위한 제도적 장치라고 할 수 있다.

그러나 미 합참은 군사 기획 · 자문기구일 뿐, 130여만명의 미군 병력을 지휘통제하는 전투사령부가 아니다. 마찬가지로 합참의장도 주요 전투부대를 직접 지휘할 권한이 없다.[51] 그 대신 세계 각지의 5개(중부, 북부, 남부, 유럽, 태평양) 지역별 전투사령부와 4개(전략, 수송, 특수전, 합동전력) 기능별 전투사령부가 미 대통령, 국방장관의 직접 지시를 받아 전투부대의 지휘통제 책임을 맡도록 되어 있다. 9개 전투사령부는 모두 예하의 육 · 해 · 공군 전투부대 전체를 직접 지휘통제하는 지휘권의 통일구조를 갖추며, 이를 기반으로 실제 전투임무의 수행에서 합동성을 적용하는 데 매우 유리하다. 특히 1991년의

51) 미 합참의장은 대통령과 국방장관의 군사자문 역할, 그리고 합참 차원에서 수립된 군사전략계획에 의거하여 해당 지역 · 기능별 전투사령부에 전략지시를 하달하는 간접적인 방식으로만 실전부대의 지휘에 관여할 수 있을 뿐이다.

제1차 걸프전쟁을 시작으로 미국이 참전한 냉전 이후의 주요 전쟁은 '실전을 통한 합동성의 적용 및 구현'을 위한 좋은 기회를 제공했다.

지난 1999년 10월의 합동전력사령부(JFCOM) 창설도 합동성을 증대하려는 미군의 노력을 반영하는 증거다. 합동전력사령부는 냉전 시대의 대서양사령부를 모체로 개편된 것인데, 육·해·공 3군의 합동 전투력을 극대화하기 위한 각종 전술 및 작전, 부대조직과 전투 체계, 그리고 교육·훈련 등의 개발을 담당하고 있다. 지난 2001년 10월 효과기반작전에 관한 자체 백서를 출간하고, 예하 합동전투센터(Joint Warfighting Center)를 통해 합동작전 수준에서의 효과기반작전 개념화 및 적용 가능성 토론, 발전을 주도했던 것도 합동전력사령부였다.52) 또한 유사시에는 본토의 각종 합동 전투부대들을 미군의 각 지역·기능별 전투사령부로 파견하는 증원 임무도 맡는다.

(4) 럼스펠드 개혁의 명(明)과 암(暗)

지금까지 살펴본 미국의 군사혁신은 탈냉전 시대로 들어선 1990년대 초부터 변화된 세계 정치·군사적 안보환경에 따라 그 필요성이 제기되어 왔다. 하지만 오늘날 세계의 이목을 집중시킬 만큼 조기에, 가시적인 성과를 거두게 된 것은 역시 부시 행정부의 취임 이래 5년(2001~2006년) 동안 미 국방장관을 역임했던 도널드 럼스펠드의 노력이 결정적이었다. 그는 제럴드 포드의 대통령 재임 시절인 지난 1975년 43세에 최연소 미 국방장관으로 임명되었는데, 20여년만에 최고령 국방장관으로 돌아온 것이었다. 그러나 럼스펠드는 70대라는 나이가 무색할 정도로 강한 의욕을 나타내며 미국 군사력의 대대적인 수술을 예고했다. 이른바 '국방변혁'의 막이 오른 것이었다.

먼저 럼스펠드는 더욱 다양해진 새로운 군사적 위협을 반영하는 국방태세의 확립을 강조했다. 윈-윈 전략에서도 나타났듯, 냉전이 막을 내린지 10년이

52) The Joint Warfighting Center, "An Effects-Based Approach : Refining How We Think about Joint Operations, *Joint Force Quarterly*, Issue 44, 1st quarter 2007.

넘었음에도 불구하고 미국은 여전히 국가 대 국가 차원의, 재래식 기계화전쟁을 주요 위협으로 상정하는 군사전략·정책을 고수해왔다는 것이 럼스펠드의 비판이었다. 때마침 부시 행정부의 취임 8개월만에 일어난 전대미문의 9.11 테러 사태는 국방변혁의 정당성에 무게를 실어주었다. 미국 본토가 광신적 테러리즘 세력의 공격을 받은 초유의 사태가 현실화된 이상, 새로운 위협에 대응할 수 있는 국방태세 쇄신의 필요성은 불가피해졌기 때문이다.

럼스펠드 전(前) 미 국방장관. 그가 이룩한 미 군사혁신에서의 공로는 이라크 전후처리의 잇따른 실패, 장기화로 인하여 크게 빛을 잃었다.

그리하여 미 국방당국은 국가 대 국가 차원의 재래식 군사대결을 뜻하는 기존의 '전통적(Traditional)' 위협보다 ① 테러리즘과 내전, 치안 불안정을 포함한 '비정규적(Irregular)' 위협, ② 대량살상무기에 의한 '재앙적(Catastrophic)' 위협, 그리고 ③ 장래에 미국의 군사적 우위를 상쇄 및 무력화할 수 있는 기술과 운용능력을 갖춘 잠재적 경쟁세력의 등장으로 인한 '도전적(Disruptive)' 위협 등에 대응하는 데 우선순위를 두기 시작했다. 앞서 설명했던 윈-윈 전략의 폐기도 그 연장선상의 일이었다. 하지만 이것은 시작에 불과했다.

9.11 테러사태와 뒤이은 미군 주도 다국적군의 아프가니스탄 공격이 개시된 직후인 2001년 10월 29일에는 국방성 내부에 장관 직속기관으로 전투력변혁국(Office of Force Transformation)이 설치되었다. 이는 국방장관인 럼스펠드가 직접 군사혁신을 주도하겠다는 강력한 의지를 반영한 것이었다. 특히 '네트워크중심전의 아버지'로 불리는 군사혁신의 거두(巨頭) 세브로스키 제독이 국장으로 임명되면서 이는 더욱 명백해졌다. 그 후 약 5년 동안 전투력변혁국은 전투수행과 군사력의 건설 및 발전은 물론, 비전투 지원업무에 이르

는 총괄적인 분야에 걸친 개혁을 주도하는 역할을 수행했다. 미 육군의 경우 부시 행정부 취임 초기의 신세키 참모총장이 럼스펠드가 제시하는 국방변혁에 소극적 자세를 견지하였으나, 그의 후임으로 특수전사령부(SOCOM) 사령관 출신의 예비역 육군대장 슈메이커가 임명되면서 보다 적극적인 군사혁신의 실천에 합류했다.[53)]

군사력 기획에서는 냉전 시절의 '위협기반접근(Threat-Based Approach)' 중심에서 탈피하여 '능력기반접근(Capabilities-Based Approach)'이 보다 강조되었다. 전자가 "누구를 상대로(Who), 어디서(Where) 싸울 것인가?"를 기준으로 한 것이라면, 후자는 "상대가 어떻게(How) 싸울 것인가?"를 기준으로 미군의 전투력을 건설, 개발하는 방식이라고 할 수 있다. 냉전 시절의 소련이라는 명백한 거대 위협세력이 사라지고, 대신 세계 각지에서 그 실체조차 불분명한 다수의 새로운 적이 등장한 오늘날에는 능력기반접근의 필요성이 더욱 절실하다는 것이 럼스펠드와 미 국방당국의 지론이었다.[54)] 그 결과 대량살상무기나 게릴라전을 비롯하여 소위 제4세대 전쟁으로 요약되는 새로운 위협에 효과적으로 대응하고, 미국이 자랑하는 정보통신 중심의 군사기술 잠재력을 극대화하여 상대측의 전쟁수행 능력을 무력화할 수 있는 우월한 전투력과 전술·작전의 구현이 주요 과제로 떠올랐다.

이러한 맥락에서 미 국방당국은 부시 행정부의 취임 초기부터 주요 적성세력의 미사일 공격으로부터 미국 영토와 해외주둔 미군을 방어하기 위한 MD

---

53) 물론 FCS를 비롯하여 미 육군이 추진하고 있는 대부분의 군사혁신 개념들은 신세키 참모총장 시절부터 시작된 것이다. 하지만 신세키는 기존의 현존군(Legacy Forces)과 목표군의 중간형태로서 스트라이커 장갑차를 주력으로 하는 여단급 차량화전투단 중심의 중간군(Interim Forces) 육성에 보다 공을 들였다. 이후 미 육군은 슈메이커의 참모총장 취임을 계기로 신세키 시절의 중간군, 목표군 개념을 대체하는 UA, UE라는 신개념의 부대구조 개편에 착수한 것이다. 박휘락, 『정보화시대 국방개혁의 이론과 실제』(법문사, 2008), p.117.

54) U.S Department of Defense, *Quadrennial Defense Review Report* (Washington D.C : U.S Department of Defense, September 30, 2001) pp.13~14.

구축을 강력히 추진하였고, 공군의 무인항공기와 스텔스기, 신형 정밀유도무기, 그리고 육군 FCS 등의 개발 사업에 높은 우선순위를 부여했다. 테러리즘 집단과 주요 분쟁지역의 저항 세력을 상대로 한 소규모 국지전투에 대비하기 위해 육군의 그린베레와 레인저, 델타포스, 해군의 네이비 씰(Navy SEAL)을 비롯한 특수전부대의 전력도 대폭 증강되고 있다.[55] 대조적으로 재래식 기계화전쟁을 반영하여 설계, 개발되었던 일부 신무기들은 본격적인 양산 및 실전배치 이전에 사업 자체가 취소되는 비운을 겪었다. 미 육군의 RAH-66 '코만치' 스텔스 정찰 · 공격헬기와 '크루세이더' 대형 자주포가 그 대표적 사례였다.

럼스펠드에 의해 개발이 중단된 미 육군의 '크루세이더' 대형자주포(왼쪽)와 '코만치' 스텔스 헬기(오른쪽).

럼스펠드의 국방장관 재직 시절에 이루어진 미국의 군사혁신은 9.11 테러 사태로 촉발된 부시 행정부의 '테러와의 전쟁(War on Terrorism)'과 이라크에서의 제2차 걸프전쟁을 비롯한 잇따른 정치 · 군사적 격변 과정에서도 꾸준히 진행되었다. 특히 제2차 걸프전쟁에서는 기계화전쟁에 기반을 두었던 제1차 걸프전쟁 시절의 절반 이하 규모에 불과한 병력만으로, 단 3주일만에 이라

55) 미군은 특수전부대의 규모를 약 1만 4,000명(현재 병력규모의 30% 해당) 증가시켜 총 6만 4,000여명으로 확대할 예정인데, 이는 베트남전쟁 이후 최대 수준의 특수전부대 강화 계획이다. 이규열 등, 『2006-2007 동북아군사력』(한국국방연구원, 2007), p.181.

크의 후세인 정권을 몰락시키는 놀라운 군사적 성공을 거두었다. 럼스펠드가 주도했던 미국의 군사혁신이 그 효과를 입증해내는 순간이었다. 하지만 오래지 않아 미국은 새로운 고민거리에 직면하기 시작했다.

가장 큰 문제는 '정보우위 중심의 소규모 첨단전력'이 오히려 미국의 새로운 군사적 위협인 제4세대 전쟁에서 큰 취약성을 드러냈다는 점이다. 제2차 걸프전쟁 당시 미군은 첨단 정보수집 자산과 C^4I 체계, 그리고 정밀유도무기를 앞세운 효과기반작전, 네트워크중심전으로 기계화전쟁을 위한 전형적인 재래식 무기로 무장했던 이라크군을 압도했다. 여기서는 25만명 내외의 비교적 소규모 병력만으로도 정보우위를 최대한 발휘하여 승리를 거둘 수 있었다. 하지만 진짜 문제는 미국이 후세인 정권을 무너뜨리고 본격적인 점령, 전후처리에 돌입하면서부터 시작되었다. 불과 15만명 내외의 병력으로 43만km^2(한반도의 2배 이상)가 넘는 국토면적, 약 3,000만명에 육박하는 인구의 국가에서 원활한 점령상태를 유지한다는 것은 매우 힘든 일이다. 전쟁에서의 전투와 전쟁 이후 점령지 내에서의 질서회복 및 재건을 위한 치안 확보는 전혀 다른 성격의 과제다.[56)]

이라크에서 임무수행 중인 미 육군의 스트라이커 병력수송용 장갑차. 뛰어난 기동성에도 불구하고 취약한 생존성으로 인해 고전하고 있다.

이러한 우려는 오늘날 이라크의 상황에서 그대로 나타나고 있다. 전쟁이

56) 미국의 이라크 침공계획이 구체화되고 있던 지난 2002년부터 미군 고위 사령관들은 줄곧 50만명(육군 20~30만명 포함) 이상의 대규모 병력 동원을 요구했는데, 이는 이라크군과의 전투보다는 전후의 안정적인 점령, 통제에 필요한 능력을 반영한 것이었다. 그러나 이러한 건의는 정보우위 중심의 신속한 군사적 승리를 선호했던 럼스펠드 당시 미 국방장관이 반대하면서 무산되었다.

끝난 지 5년이 지나고, 새로운 정부가 공식 출범한 지금까지도 여전히 영토 전체에 대한 치안을 확보하지 못했을 뿐만 아니라, 국내외 저항세력에 의한 무장봉기와 폭탄테러, 민간인 납치 등으로 수많은 인명살상이 계속되고 있는 것이다. 제2차 걸프전쟁에서 150명 미만이었던 미군의 전사자 수는 전후 점령이 지속되어 온 지난 5년 동안 4,000명을 돌파했으며, 전투 중 부상자도 3만명이 넘는다. 이러한 미군 병력손실의 대부분은 첨단무기가 아니라 소총과 휴대용 대전차무기, 지뢰, 그리고 급조폭발장치(IDE : Improvised Explosive Device)[57] 정도가 고작인 반미 저항세력들의 소규모 저항전에 의한 것이었다.

그 외에도 이론과 실전 사이의 괴리는 속속 드러나고 있다. 이라크에서 미군 사상자의 대부분은 일반 보병과 지프형 고속기동차량(일명 험비(Humvee : High Mobility Multipurpose Wheeled Vehicle), 병력수송용 장갑차의 탑승대원들이었다. 미 육군이 신속대응 능력과 해외 원정임무를 위해 강조해 온 기동성, 경량화가 생존성을 약화시키는 결과로 나타나고 있음을 시사하는 대목이다. 미 육군의 미래 주력무기가 될 FCS도 경량화를 위해 장갑 방호능력을 상당 수준 희생하면서 마찬가지의 취약점이 우려된다는 지적이 제기되고 있다. 본래 미 육군의 군사혁신은 보병부대의 취약한 생존성, 중장비부대(포병, 기갑, 기계화보병 포함)의 부족한 기동성을 '정보우위를 기반으로 하는 경량화 기동부대'로의 전환으로 함께 해결한다는 취지였다. 하지만 이라크의 현재 상황은 미 육군이 아직 전자의 문제를 해결하는 데 여전히 어려움을 겪고 있음을 잘 보여준다.

---

57) IED란 특정한 절차나 규격 없이 제작, 설치된 일종의 사제(私製) 폭발물이며, 주로 포탄이나 지뢰, 폭탄 등의 불발탄에 신관 및 기폭장치를 연결시키는 방식으로 만들어진다. 차량이나 자전거, 수레, 일상용품에 설치하거나 지뢰처럼 지표면에 매설할 수 있으며, 작동방식도 자살공격 요원에 의한 자폭뿐만 아니라 최근에는 휴대용전화기나 TV 리모콘을 이용한 원격조종장치로 다양화되고 있다. 이 점에서 IED는 시가전이나 테러리즘 형태의 저항전 수행에 매우 유용한 수단으로 각광받는 추세다. 안석호, "사제폭탄 IED, 강력한 테러무기로… 첨단 미군도 기죽어", 「세계일보」, 2007년 10월 30일자.

역시 전투력의 신속한 동원, 전개를 위해 구상되었던 모듈 부대의 편성도 이라크에서의 전후 점령과정에서는 현실의 벽에 부딪힌 상태다. 현지 상황을 반영하는 과정에서 본래 투입된 전투부대에 여러가지의 지원 기능이 추가되었고, 결국 부대 규모가 당초 계획되었던 여단급보다 확대되는 일이 빈번해진 것이다.[58] 이렇다보니 여단장이 실제로는 사단급의 대부대를 지휘통제해야 했으며, 그만큼 예하 참모와 지휘관들의 부담도 늘어나 효과적인 임무수행에 큰 지장이 초래되었다. 나아가 미 육군이 내세우는 기동력과 경량화는 인질 구조, 인도주의적 재난 구호 등을 제외하면 해외 원정능력과의 실제 연관성이 높지 않으며, 충분한 전투력을 보장해주지도 못한다는 비판까지 받고 있다.

미래 미군 전력의 핵심이 될 각종 신무기들을 확보하기 위한 막대한 획득 비용도 큰 문제로 손꼽힌다. 당초 미 육군의 계획은 FCS로 무장하는 최초의 미래형 UA를 2015년에 실전배치하고, 오는 2020년까지는 미래형 UA의 실전배치 규모를 1개 지역별 전투사령부, 즉 UEy에 해당하는 15개로 늘린다는 것이었다. 그러나 최근에는 미래형 UA 15개의 실전배치를 완료하는 목표 연도가 2030년으로 10년이나 늦춰진 것으로 나타났다.[59] 이는 지난 수년 동안 계속 상승하고 있는 FCS의 개발 및 양산, 실전배치 비용 평가에 큰 영향을 받은 것이다. FCS 사업이 시작된 2003년 당시 미 국방성은 FCS 무장능력을 갖춘 미래형 UA 15개의 실전배치 비용을 약 914억 달러로 제시했다. 하지만 현재는 그 액수가 1,637억 달러로 늘어났으며, 미 정부회계국(GAO : Government Accountability Office)의 경우 최대 2,000~2,300억 달러까지 치솟을 가능성도

58) 이상현, “미국의 군사변환 전략-기원, 성과, 평가”, 「국가전략」, 제13권 제3호, 통권 제41호, 2007년 가을.

59) 인터넷 웹사이트
http : //www.washingtonpost.com/wp-dyn/content/article/2007/12/06/AR2007 120602177.html “Timeline : Army Modernization and Future Combat Systems” (개재날짜 2007년 12월 7일)

있다고 지적한다.[60]

전후 5년째가 되는 이라크에서의 치안 회복과 재건, 복구노력 지연은 더욱 큰 부담이 되고 있다. 군사혁신에 쓰여야 할 막대한 재원(財源)이 당장 '발등의 불'이 된 이라크 점령을 유지하는 데 새어나가고 있기 때문이다. 제2차 걸프전쟁이 발발했던 2003년만 해도 이라크에서 미국의 군사작전 비용은 월(月) 44억 달러였지만, 지금은 그 3배인 120억 달러다.[61] 1년치로 환산할 경우 미국 연간 군사비의 약 25%를 차지하는 엄청난 금액이다.

이렇다 보니 미군의 신무기 개발과 실전배치 계획이 차례로 축소, 연기되거나 아예 사업 자체가 존폐 위기로 내몰리는 일마저 벌어지고 있는 것이다. 미 육군의 경우 FCS뿐만 아니라 보병 랜드워리어 장비도 기술시험 이후의 본격 실전배치가 계속 축소, 지연되고 있으며, OICW 미래형 개인전투화기의 대표작인 XM29 원·근거리 복합화기와 XM8 소총은 개발이 취소되었다. 그 대안으로 개발 중인 XM25 공중폭발형 유탄발사기의 장래 역시 불확실한 실정이다. 미 해군이 야심차게 개발 중인 줌왈트급 미래형 구축함도 척당 30억 달러를 넘는 고가의 건조비용 때문에 고민거리가 되고 있다. 현재까지 확정된 줌왈트급의 건조수량은 당초 계획되었던 32척에 훨씬 못 미치는 3척 뿐이다. 미래형 순양함의 경우 오는 2017년까지 1번 함을 취역시킨다는 계획이지만, 아직 설계가 미확정된 상태여서 구체적인 성능이나 전력화 시기는 상당히 불투명하다. 그리고 미래 최강의 전투기로 평가받는 F-22 스텔스기는 300대 이상을 확보하려는 미 공군의 염원에도 불구하고, 현재까지 그 절반 수준인 약 180대의 양산만이 결정된 상태다.

치안 불안정과 재정부담의 악화, 미군 사상자 증가로 얼룩진 이라크에서의

60) 이상일, "럼즈펠드의 꿈 '무인 전쟁 프로젝트'", 「중앙일보」, 2007년 4월 2일자.
61) 노벨 경제학상을 수상한 세계적 경제학자 조셉 스티글리츠 교수는 미국이 이라크와 아프가니스탄에서의 전쟁, 군사점령 지속에 지출한 비용이 최대 3조 달러에 이를 것이라는 평가를 내놓기도 했다. 김기성, "수치로 보는 이라크전 5년", 「연합뉴스」, 2008년 3월 18일자.

전후 점령정책이 3년째를 맞은 2006년 11월에 실시된 미국 상·하원 중간선거는 집권 공화당의 참패로 나타났다. 선거 직후 럼스펠드는 이에 따른 정치적 책임을 지고 미 국방장관에서 사임했다. 로버트 게이츠가 후임 국방장관으로 취임한 이후 '국방변혁'이라는 용어는 미 국방성 내에서 그 존재가 약화되고 있다. 미 군사혁신의 총사령탑이었던 전투력변혁국도 2005년 11월 세브로스키 국장이 타계한지 1년여 만에 사실상 해체의 길로 들어섰다. 럼스펠드가 미 국방장관으로 재직했던 지난 5년은 미국의 군사력이 기계화전쟁 시대에서 정보화전쟁이라는 새로운 시대에 맞추어 탈바꿈하는 말 그대로 변혁(變革 : Transformation)의 계기였지만, 한때 성공의 증거였던 이라크에서의 군사적 승리가 정치·외교적 수렁으로 바뀌는 등 적지 않은 숙제도 남겼다. 세계는 '럼스펠드 없는 미국'의 군사혁신이 앞으로 어떠한 방향으로 전개될지를 주목하고 있다.

2. 러시아 : 북극곰의 귀환

지난 20세기 후반의 러시아, 아니 소련은 세계의 절반을 차지하는 공산주의 진영의 맹주로서 미국과 더불어 양대 초강대국으로 군림했다. 하지만 1989년 베를린장벽의 붕괴와 냉전의 종식, 그리고 1991년 소련의 해체로 그러한 영광은 역사의 한 페이지 속으로 사라졌다. 이로써 약 1세기만에 러시아라는 이름이 국제사회에 돌아왔지만, 다시 태어난 러시아는 정치와 경제, 군사 등 모든 면에서 체제전환의 혼란을 겪었다. 경제는 파탄 지경이었고, 국제질서의 주도권도 유일 초강대국이 된 미국에게 내어줄 수밖에 없었다. 과거 전세계를 두려움에 떨게 했던 '붉은 군대(赤軍 : Red Army)'의 위용도 거대한 핵무기 보유규모 외에는 내세울 것이 없어질 정도로 급속히 허물어졌다. 심지어 러시아군은 체첸 분리독립 세력과의 시가전에서도 고전을 면치 못하였다. 한마디로 1990년대의 러시아는 '몰락한 제국'에 지나지 않았던 것이다.

폭격기 조종석에 탑승한 푸친 전 러시아 대통령. 그는 재임기간 8년 동안 러시아의 강대국 지위 회복에 큰 기여를 해냈다.

소련 해체 이후 10년에 걸친 암흑기를 겪었던 러시아는 2000년 5월, 젊고 패기 넘치는 새로운 지도자 블라디미르 푸친의 대통령 취임을 시작으로 부활의 신호탄을 쏘아 올렸다. 푸친은 과거 소련 국가보안위원회(KGB)의 정보요원과 그 후신인 러시아 연방보안국(FSB) 국장을 지냈으며, 지난 8년 동안 대통령으로 재임하면서 러시아가 국제사회에서 다시금 강대국의 지위를 회복하기 위해 총력을 기울였다.[62] 우선 풍부한 천연가스와 석유를 앞세운 자원외교로 러시아를 세계 10대 경제대국으로 성장시켰으며,[63] 동유럽과 중앙아시아 국가들에 대한 전통적인 영향력도 더욱 증대시켰다. '테러와의 전쟁'을 기치로 미국과 우호협력을 지속하는 동시에 신흥 강대국인 중국, 인도와도 다양한 분야에서의 협력관계 발전을 이루기도 했다. 이를 통해 유일 초강대국인 미국의 정치·외교적 독주를 견제하는 거부(Veto) 세력으로 발돋움하겠다는 것이었다.

---

62) 푸친은 지난 5월 취임한 러시아의 신임 대통령 드미트리 메드베제프의 지명으로 국무총리에 임명되었으며, 집권 통합러시아당 의장까지 차지하였다. 이에 따라 푸친은 대통령 퇴임 이후에도 러시아에서 여전히 막강한 정치적 영향력을 행사하고 있는 것이다.

63) 2006년 기준으로 러시아의 에너지자원 매장량은 천연가스가 세계 1위, 석유는 세계 8위이며, 천연가스와 석유 생산량은 각각 세계 1위와 2위를 기록하고 있다.
인터넷 웹사이트 http : //www.eia.doe.gov/emeu/cabs/Russia/Background.html "Russia Energy Data, Statistics and Analysis" (검색일자 2008년 4월 9일)

이 과정에서 푸친은 냉전 이후 계속 약화되어 온 러시아의 군사력을 재건하기 위한 노력에도 많은 공을 들였다. 그가 대통령에 취임한 직후인 2001년 101억 달러에 지나지 않던 러시아의 연간 군사비 지출규모는 2007년 그 3배를 넘는 311억 달러(전년도 대비 23% 상승)까지 증액되었다.[64] 군사비 지출의 내역에서도 냉전이 끝난 직후였던 1990년대에는 노후 무기의 정비, 폐기를 위한 경상유지비의 비중이 높았지만, 푸친의 집권 이후 신무기의 확보와 기술개발 등 신규 전력투자 분야에 대한 증액이 빠른 속도로 이루어지고 있다. 러시아의 공식적인 군사비 지출규모는 세계 7위 수준이지만, 구매력환산지수(PPP : Purchasing Power Parity)로 평가할 경우 2006년 기준으로 세계 4위인 828억 달러나 된다.[65] 마침내 북극곰이 오랜 겨울잠에서 깨어나 다시 한번 세계의 이목을 집중시키기 시작한 것이다.

러시아에 관한 군사적 이미지는 '나폴레옹과 히틀러를 몰아낸 혹한(酷寒), 광활한 영토', '투박하고 단순화된 기술이 적용된 거대규모의 재래식 군사력', 그리고 '핵무기 보유국' 정도로 요약되기 쉽다. 다분히 첨단기술이나 혁신과는 동떨어진 모습들이다. 하지만 러시아는 이미 1920~1930년대에 투하체프스키를 주축으로 세계 어느 나라보다도 먼저 기계화된 지상 기동부대의 전투력을 적극 활용하는 독창적인 기동전 이론 및 전술·작전을 개발해냈으며, 이를 바탕으로 제2차 세계대전에서 독일의 전격전을 격퇴해냈다. 1980년대 초 오가코프가 주창했던 '정찰·타격 복합체' 개념은 제2차 걸프전쟁을 계기로 전세계적인 선풍을 일으킨 미국의 네트워크중심전 이론보다 10년 이상 앞선 것이다. 단지 실제 전장에서의 구현을 위한 물질적인 역량이 부족했을 뿐, 러시아의 군사혁신 전통은 지적·이론적 기반에 관한 한 결코 미국에 뒤지지 않는다.

64) 권태영 등, 『동북아 전략균형 2007』(한국전략문제연구소, 2007), p.252.
65) SIPRI, 2007, 270.

(1) 재정비되는 전투력

오늘날 러시아의 병력 규모는 총 102만 7,000명(육군 39만 5,000명, 해군 14만 2,000명, 공군 16만명, 전략군 8만명, 지휘 및 지원부대 25만명)이다. 냉전이 막바지로 치닫던 1980년대 후반의 500만명(육군 약 200만명 포함), 1991년 소련이 해체될 당시의 약 270만명과는 비교조차 안될 정도로 줄었지만, 여전히 세계 5위에 해당하는 거대한 군사력을 보유하고 있는 것이다. 이들이 보유한 주요 무기들의 수량은 아래와 같다.[66)]

- 탱크 : 2만 2,831대
- 장갑차 : 약 2만 4,000대(보병전투용 약 1만 5,000대 포함)
- 야포 : 약 3만문(견인포 1만 2,765문, 자주포 6,010문, 다연장로켓포 3,976문, 대구경박격포 2,550문)
- 잠수함 : 60척(핵추진식 41척 포함)
- 항공모함 : 1척
- 수상전투함 : 44척(순양함 6척, 구축함 19척, 호위함 19척)
- 연안전투함정 : 104척(초계함 26척, 미사일정 46척, 어뢰정 9척, 쾌속정 23척 등)
- 상륙함 : 28척
- 전투기 : 1,558대(공대공 765대 포함)
- 폭격기 : 262대(해군 소속 58대, 전략군 소속 80대 포함)
- 정찰기 : 119대
- 공중 조기경보통제기 : 20대
- 공중급유기 : 20대
- 수송기 : 323대
- 헬기 : 771대(대전차공격용 128대 포함)
- 지대공미사일 : 3,365기 이상(육군 소속 2,465기 포함)
- 핵탑재 ICBM : 854기(해군 SLBM 348기 포함)

---

66) IISS, 2007, pp.195~200.

이처럼 러시아의 군사력은 외형상으로는 세계 어느 나라도 감히 따라오기 힘든 대규모를 자랑한다. 그런데 문제는 이들 가운데서 냉전 이후에 새로 개발되어 실전배치가 이루어진 것이 소수에 지나지 않는다는 점이다. 먼저 1990년대부터 양산, 배치된 신형 T-90 탱크와 역시 신형에 해당하는 BMP-3 보병전투용 장갑차의 수량은 각각 431대와 190대 뿐으로 러시아 육군의 전체 탱크, 보병전투용 장갑차 2%에도 못 미친다.[67] MIG-29 '풀크럼'과 MIG-31 '폭스하운드', SU-27 '플랭커'를 비롯한 러시아 공군의 주력 제4세대 전투기들은 비행성능 자체는 우수하지만, 대부분 1980년대에 실전배치가 이루어져 후속 성능개량이나 수명연장 등에 의존하고 있다. 반면 1990년대 이후 SU-27의 개량·발전형으로 개발된 SU-30/34/35/37 전폭기는 생산 및 실전배치 규모가 각 10대 이하에 불과하다. 오히려 다른 나라로 수출된 기체의 수가 더 많을 정도다.[68] 심지어 폭격기의 경우 1960~1970년대부터 쓰이고 있는 TU-95 '베어(프로펠러기)'와 TU-22 '백파이어' 등의 구형 기종들이 주력으로 운용되고 있는 실정이다.

러시아 해군의 상황은 더욱 부정적이다. 과거 소련 해군은 1956년부터 약 30년 동안 해군 총사령관을 역임한 세르게이 고르시코프 제독의 지도력에 힘입어 한때 미 해군을 능가하는 세계 최대 규모의 해군력을 보유하였으며, 동남아시아와 아프리카, 중남미에 상시 주둔기지를 확보하여 대양해군의 면모를 과시하기도 했다. 1985년을 기준으로 소련 해군의 전력은 항공모함 6척과 순양함 32척, 구축함 74척, 그리고 잠수함 366척(핵추진 226척 포함)이나 될 정도였다. 하지만 현재의 러시아 해군력은 전성기를 구가했던 20여년 전의 20%에도 못 미치는 수준으로 격감했다. 소련이 냉전 말기의 경제난 타개를 위해 대대적인 병력 축소를 감행하면서 해군에서는 주력함들이 조기 퇴역하

67) 1980년대부터 본격 배치되기 시작한 T-80 탱크의 수량(4,500대)을 합쳐도 신형 탱크의 비중은 러시아 전체 탱크 보유규모의 약 22%인 4,930여대에 불과하다.

68) 러시아 외에 SU-27/30 계열의 전투기를 보유한 국가로는 중국, 인도, 베트남, 인도네시아, 베네수엘라, 말레이시아, 알제리 등이 있다.

였고, 신규 군함은 건조가 중단 및 취소된 것이다. 냉전이 종식된 후 이런 방식으로 약 1,000척에 달하는 소련 군함들이 사라졌다.[69]

6척만 남은 순양함의 경우 주력 '키로프(배수량 24,000톤)'급과 '슬라바(배수량 11,000톤)'급은 1980년대 사이에 건조되었다. 구축함도 19척으로 대폭 줄어들었는데, 핵심세력인 '소브레메니(배수량 6,200톤)'급과 '우달로이(배수량 6,200톤)'급도 대부분 1980년대에 건조된 것이다. 이들 순양함과 구축함은 다수의 장거리 함대공 · 대함미사일을 탑재할 정도로 강력한 화력을 자랑하지만,[70] 전자 · 통신장비의 성능은 미 해군의 것보다 크게 뒤떨어진다. 핵탄두 SLBM을 탑재하는 전략 핵추진잠수함 15척도 소수의 '델타-Ⅳ(수중배수량 18,000톤)'급 이외에는 1970~1980년대에 건조된 구형함들이다. 그나마 대양작전을 위한 공격 핵추진잠수함 26척의 다수인 '오스카-Ⅱ(수중배수량 18,000톤)'급과 '아쿨라(수중배수량 8,000~9,000톤)'급은 1990년대를 전후로 건조되어 비교적 신형 군함에 해당한다.

요컨대 러시아의 재래식 군사력은 양적 규모는 거대하지만, 동시에 심각한 전력구조의 노후화라는 문제를 안고 있는 실정이다. 제2차 걸프전쟁 당시 이라크에서 현란한 정보화전쟁의 수행 능력을 과시했던 미군과 비교할 때, 러시아군은 여전히 기계화전쟁을 위한 수준의 전투력에 머물러 있는 것이다. 아무리 러시아의 정치 · 경제적 상황이 1990년대의 혼란기에 비해서는 나아졌다고 해도, 더 이상 냉전 시대처럼 미국에 대한 군사적 우위를 지향할 수는 없게 되었다. 러시아도 이 점을 잘 알고 있다. 때문에 '미국의 독주를 견제하는 대표주자'로서 러시아가 선택할 수 있는 군사혁신의 길은 군사력 전 부문

---

69) 심경욱, "해군의 영광 재현하려는 러시아", 「World Village」, 2004년 겨울호, 통권 7호.
70) 키로프급, 슬라바급 순양함은 사거리가 550km나 되는 SS-N-12/19 초장거리 대함미사일 16~20발을 갖추어 미 해군의 항공모함전단을 원거리에서 공격할 수 있으며, 100기 내외 규모의 VLS에 장거리 함대공미사일 SA-N-6을 탑재하여 미 해군 이지스함에 버금가는 함대 방공능력을 자랑한다. 소브레메니급 구축함은 사거리 200km의 SS-N-22 '모스키트' 초음속 대함미사일과 SA-N-7 중거리 함대공미사일로 무장하며, 우달로이급 구축함은 대잠수함 교전을 위한 SS-N-14 장거리 대잠로켓이 주무기다.

에 대한 개선, 발전보다는 여전히 러시아의 우위가 두드러지는 특정 전력기능을 우선적으로 강화시켜 정치·외교적 파급효과를 극대화하는 것일 수밖에 없다.

이러한 맥락에서 러시아는 재래식 군사력보다 핵무기의 장거리 투사능력 제고에 많은 노력을 기울이고 있다. 목표는 미국이 최근 수년 동안 구축하고 있는 MD를 무력화시킬 정도로 비행속도가 빠르고, 동시에 많은 핵탄두를 장착하는 ICBM 전력의 확보다. 러시아는 전임 푸친 행정부 시절부터 미국의 MD 구축이 단순히 군사적 취약성을 보완하는 국가안보 차원의 동기를 넘어, 미국이 주도하는 국제질서를 고착화시키려는 패권주의적 의도에 따른 것이라고 비판해 왔다. 푸친 행정부의 러시아가 핵무기 전력 강화를 최우선적인 군사혁신 과제로 선택한 배경을 엿볼 수 있는 대목이다.

지상배치 ICBM의 경우 냉전 시절 소련 핵전력을 대표했던 SS-18/19는 최대 8~10개의 핵탄두를 발사할 수 있는 다탄두 장착능력을 갖추었으나 액체연료를 사용하여 발사 준비를 위한 시간이 오래 소요되는 것이 약점이다. 때문에 기습 능력이 떨어질 뿐만 아니라 선제타격에도 매우 취약하다. 1980년대 말부터 배치되어 현재 러시아군의 주력 지상배치 ICBM으로 운용 중인 SS-25 '토플'에는 고체연료가 채택되었으며, 열차형 이동발사대에도 탑재가 가능하여 SS-18/19에 비해 생존성이 대폭 향상되었다. 그러나 1개의 핵탄두만을 장착할 수 있을 뿐이어서 보복능력에는 한계가 있다. 이에 따라 러시아는 6개의 핵탄두를 장착하고, 고체연료를 통해 신속하게 발사될 수 있는 SS-27 개량형 토플 ICBM을 개발, 배치하기 시작했다. 최근에는 핵탄두 장착규모가 10개까지 늘어난 신형 RS-24 ICBM을 개발, 지난해 5월과 12월에 성공적으로 발사시험을 실시하였다.[71)]

SS-27과 RS-24는 모두 다탄두 장착능력을 보유하며, 고체연료 사용과 더불어 이동식 발사대에 탑재될 수 있어서 생존성과 기습능력이 우수하다. 뿐

---

71) 김병륜, "러, 신형 대륙간탄도미사일 시험 발사 성공", 「국방일보」, 2007년 12월 27일자.

만 아니라 비행궤도가 고정적인 기존의 탄도미사일과는 달리 발사 이후에도 궤도와 고도, 방향까지 변경할 수 있어서 요격을 회피할 수 있는 능력이 높아졌다. 러시아군은 이들 2종류의 신형 ICBM이 미국의 MD를 무력화할 수 있다고 자신있게 주장한다. 향후 러시아는 구형 SS-18/19 ICBM을 신형 SS-27과 RS-24로 대체할 예정이며, 동시에 기존 SS-25의 개량 및 수명연장 노력도 병행한다는 방침이다.[72]

러시아 핵전력의 새로운 주력무기가 될 SS-27 개량형 토플 ICBM(왼쪽)과
'보레이'급 신형 전략 핵추진잠수함(오른쪽).

핵추진잠수함도 러시아군의 대표적인 집중 육성대상이다. 핵무기 삼각체제의 한 축으로서 잠수함은 가장 생존성이 높은 최후의 핵보복 수단인 SLBM을 탑재, 운용하는 발사기지 역할을 하기 때문이다. 냉전 이후 러시아 해군이 급속한 전력축소를 경험했음에도 불구하고, 여전히 대규모의 잠수함 전력을 유지해 온 이유가 여기에 있다. 이제 러시아군은 핵추진잠수함의 질적 개선을 본격화하고 있다. 그 시작으로 러시아 해군은 지난해 4월 신형 '보레이(수중배수량 24,000톤)'급 전략 핵추진잠수함의 1번함을 진수시켰다. 소련이 해체된 이후 최초의 전략 핵추진잠수함 개발이었다. 특히 이 잠수함은 SS-27을 잠

72) 러시아군이 보유한 총 500여기의 지상배치 ICBM 가운데 과반수인 270기가 SS-25이며, 구형 SS-18/19는 186기에 달한다. 신형 SS-27의 경우 아직 50기 정도만이 실전배치 중이다. IISS, 2007, p.195.

수함 탑재형으로 개조한 SS-NX-30 '불라바' SLBM 16기를 탑재할 수 있다는 점에서 주목을 받았다. 불라바도 미국의 MD를 무력화하기 위한 다탄두 장착, 궤도변경 능력을 갖추었기 때문이다. 현재 3척의 보레이급 전략 핵추진잠수함 건조가 진행되고 있으며, 기존의 구형 델타급을 대체할 예정이다. '야센(수중배수량 약 12,000톤)'급 신형 공격 핵추진잠수함도 오는 2010년까지 1번함을 진수시킨다는 목표로 개발, 건조 중이다.

한편으로 러시아군은 정보기술의 군사적 효과를 활용할 수 있는 능력의 개발에도 적극적인 자세를 취하고 있다. 그 선두에 있는 것이 러시아의 우주배치 정보수집 자산이다. 앞서 설명했듯이 러시아는 세계 최초로 인공위성과 유인우주선을 발사한 우주과학 선진국이며, 현재 60개 이상의 정찰 · 통신 · 조기경보용 군사위성을 운용하고 있다. 그 가운데 광학 및 적외선 방식을 사용하는 정찰위성은 최고 0.2~0.5m 수준의 고해상도 영상정보를 전천후로 수집할 정도로 성능이 우수하다. 또한 16개의 항법위성을 발사하여 미국의 GPS에 해당하는 독자적인 위성항법체계, 즉 GLONASS를 오는 2010년까지 구축한다는 계획도 진행 중이다.73)

뿐만 아니라 러시아는 냉전 시절부터 적의 군사위성을 제거할 수 있는 위성공격 우주무기까지 개발하고 있다. 여기에는 궤도를 변경하며 접근, 자폭하여 표적이 되는 적 군사위성을 손상시키는 '킬러위성', 혹은 아예 직접 충돌해서 파괴해버리는 '우주지뢰'가 대표적이다.74)

ICBM급 탄도미사일을 제외한 장거리 정밀유도무기의 개발, 배치도 활발하게 진행 중이다. 현재 러시아 해군의 대형 수상전투함과 잠수함, 그리고 공

---

73) 현재 러시아의 GLONASS 위성항법체계를 구성하는 위성 16개 가운데 정상운영 중인 것은 12개이며, 나머지는 고장 및 가동준비 상태에 있다. 이에 따라 현재 GLONASS 체계는 러시아 영토의 66% 범위에 걸친 지리정보만을 제공할 수 있는 수준이다. 러시아는 GLONASS 체계의 완벽한 가동을 위해 총 18개의 항법위성을 운용한다는 계획이다. 권태영 등, 2007, p.244.

74) 심재우, "스타워즈…우주가 뜨거워진다", 「중앙일보」, 2003년 10월 23일자.

군의 폭격기 다수가 사거리 500~1,000km 이상의 순항미사일을 탑재할 수 있다. 이들은 기본적으로 미 해군 항공모함전단을 원거리에서 공격하기 위한 장거리 대함미사일이지만, 미국이 자랑하는 토마호크 순항미사일처럼 필요 시에는 언제든지 지상공격용으로도 운용이 가능하다. 특히 음속 이하의 저속으로 비행하는 대부분의 순항미사일들과는 달리, 초음속 비행능력을 갖추어 적의 요격 시도를 무력화할 수 있다는 점에서 주목된다. 최근 개발된 사거리 약 300km의 SS-26 '이스칸데르' 지상배치 순항미사일, 역시 사거리가 200km를 넘는 해군의 SS-N-22 '모스키트(수상전투함 탑재용)'와 SS-N-27 '클럽(잠수함 탑재용)', 그리고 해 · 공군의 SS-N-26 '야혼트' 대함미사일도 모두 초음속 비행이 가능하다.

SS-N-22 '모스키트' 초음속 대함미사일. 러시아는 장거리 정밀유도무기의 초음속 비행능력을 차별화된 강점으로 발전시키고 있다.

아울러 러시아는 기존의 항공기 탑재용 KAB-500 폭탄에 위성항법 유도기능을 추가시킨 신형 정밀유도폭탄 KAB-500S-E의 개발에도 성공했다. 본래 KAB-500은 레이저유도폭탄이었지만, 이제 GLONASS 위성항법체계를 통해 미국의 JDAM처럼 10km 이내의 지상표적에 전천후로 공대지 정밀타격을 할 수 있게끔 정확도가 크게 향상된 것이다.

정리하자면 정보화전쟁의 수행능력을 확보하기 위한 러시아군의 노력은 정보수집, 장거리 정밀유도무기 분야에서는 미국에 결코 뒤지지 않는 역량을 증명해주고 있다. 그러나 육 · 해 · 공에 배치된 여러 개별적인 전투 기능들을 하나의 전투체계로 통합시키는 C^4I 기술력은 미국, 서유럽보다 뒤떨어진다는 평가를 받고 있다. 따라서 이 문제의 해결 여부가 정보화전쟁 시대에서 러시아 군사혁신의 성패를 좌우할 것이다.

냉전 직후인 1990년대만 해도 러시아의 재래식 군사력은 다분히 축소 일변도였으며, 퇴역 및 폐기되는 구식 무기들을 대체할 후속 무기의 개발이나 대량배치는 기대할 수 없었다. 단지 일부 신무기들을 시제품 내지는 시험용으로 소수 제작하여 최소한의 기술개발 능력을 유지하는 것으로 만족해야만 했다. 하지만 2000년 이후 러시아의 경제력 회복, 푸친 행정부의 군사력 재건 노력에 힘입어 첨단기술을 적용한 신형 재래식 무기의 생산, 실전배치도 재개되기 시작했다. 대표적인 사례가 바로 러시아 공군의 제5세대 전투기인 PAK-FA(미래형 전술공군기)다.

러시아 공군의 PAK-FA 스텔스기 상상도. 미국의 F-22에 해당하는 제5세대 전투기로 개발될 전망이다.

러시아의 스텔스기 개발은 1990년대 MIG-1.44와 S-37 '베르쿠트' 등의 기술실험용 항공기 제작에서 유래하며, 지난해 12월 15일 러시아 공군의 알렉산드르 젤린 총사령관이 PAK-FA의 설계 완료를 밝히면서 그 존재가 공식화되었다. PAK-FA는 마하 2 이상의 비행속도, 스텔스 설계, 8발의 공대공/공대지미사일과 장거리 위상배열레이더 탑재, 초음속순항 기능 등 미 공군의 F-22 스텔스기와 동급 내지 이상의 전투력을 갖추도록 설계될 것으로 알려진다. 러시아 공군은 내년부터 PAK-FA의 시험비행을 실시하고, 2013년까지는 본격적인 양산 및 실전배치에 착수하여 기존의 주력기종인 MIG-29와 SU-27을 대체한다는 방침이다.[75]

신형 장거리 지대공미사일인 SA-10/20(일명 S-300/400)도 주목받는 첨단 재래식 무기다. 이들은 영공 밖에서 활동하는 적의 정보수집용 항공자산(예 : 정찰기, 공중 조기경보통제기)과 장거리 폭격기, 전투기뿐만 아니라 러시아 영토를 겨냥하는 탄도 · 순항미사일의 요격 능력까지 갖추었다. 말하자면 러시아판 MD를 구성하는 지상 방공전력의 주축인 것이다. 특히 최신형인 SA-20의 사거리는 최대 400km로 동일 임무를 수행하는 미군 PAC-2/3 패트리어트 지대공미사일의 2배나 된다. 지상 방공레이더의 탐지를 회피하기 위해 저고도로 침투하는 항공기와 미사일, 심지어는 스텔스기에 대한 추적 및 요격도 가능한 것으로 알려져 있다. 현재 러시아군은 수도 모스크바, 최대 도시인 상트 페테르부르크, 우랄산맥의 주요 산업지대를 비롯한 러시아의 중요 방어지역 주변을 중심으로 SA-20을 배치 중이다.[76]

그리고 러시아는 미래형 무기의 개발을 뒷받침할 수 있는 풍부한 첨단 군사기술 역량을 보유한 국가다. 특히 항공우주과학과 핵물리학, 초전도 물리, 레이저를 비롯한 지향성 고에너지, 핵융합 및 전자기 분야에서는 세계 최정상급의 수준이며, 미국을 능가하는 경우도 적지 않다.[77] 이들은 우주배치 군사력과 레이저 무기, EMP 폭탄을 비롯하여 C^4ISR 체계의 무력화를 위한 첨

---

75) PAK-FA의 스텔스 기술은 레이더 전파를 흡수하는 플라즈마 성질의 저온(低溫) 막을 기체에 형성하는 방식이다. MIG 계열 전투기로 유명한 미코얀 설계국과 더불어 러시아 군용기의 양대산맥을 형성해온 수호이 설계국이 PAK-FA의 제작을 담당하며, SU-50이라는 제식명칭을 부여받을 것으로 예상된다. 남현호, "러' 공군 2013년 5세대 전투기 실전 배치", 「연합뉴스」, 2008년 7월 8일자.

76) 권태영 등, 2007, pp.245~246.

77) 심경욱, "러시아 군사력에 대한 이해", 현대 러시아연구회 편, 『현대 러시아의 이해』(퇴설당, 2001), pp.244~245.

단 비살상무기 등 각종 미래형 무기의 개발과 직결되는 핵심기술이다. 이러한 첨단 군사기술은 최근 수년 동안의 경제성장, 정치 · 외교적 위상 강화와 더불어 러시아 군사혁신을 위한 중요 기반이 될 것이다.

(2) 공세 전략의 강화

냉전이 막바지로 향하고 있던 1980년대 후반, 소련은 페레스트로이카(개혁)와 글라스노스트(개방)를 주창하는 미하일 고르바초프의 지도 아래 새로운 시대를 맞이하였다. 고르바초프는 공산주의 체제의 정치 · 사회적 모순, 과도한 군사비 지출부담에 따른 경제력 약화, 동유럽 위성국가들의 민주화 요구, 그리고 아프가니스탄 침공의 실패 등으로 인한 소련의 위기를 타개하고자 미국, 서유럽과의 관계 개선을 적극 모색하였다. 비록 1990년대 초 소련이 해체되면서 자신의 모국을 구하지는 못했지만, 그는 『중거리핵전력(INF : Intermediate-range Nuclear Forces) 폐기조약』[78)]과 『유럽 재래식군사력(CFE : Conventional Forces in Europe) 감축조약』[79)] 등의 군비축소를 성공시켜 평화

---

78) 1970년대 중반부터 소련군은 서유럽 대부분을 공격할 수 있는 사거리 5,000km의, 다탄두 장착이 가능한 SS-20 탄도미사일을 동유럽에 배치하기 시작했고, 1980년대 초에는 미국도 이에 맞서 지상배치형 핵탄두 순항미사일, 중성자탄을 장착하는 사거리 1,700km의 '퍼싱 II' 중거리 탄도미사일을 배치하였다. 1980년대 유럽에서는 이들의 배치를 둘러싸고 반핵주의 여론이 크게 높아졌다. 결국 미소 양국의 합의로 1987년 12월에 『INF 폐기조약』이 체결됨에 따라 SS-20과 지상배치형 핵탄두 순항미사일, 그리고 퍼싱II 미사일이 모두 폐기되었다. 이 조약은 역사상 가장 성공적인 핵군축으로 평가받고 있다.

79) 1989년 베를린 장벽의 붕괴, 동유럽 국가들의 민주화로 냉전 종식이 현실화되면서 미소 양국의 유럽 내 군사동맹 기구였던 NATO와 바르샤바 조약기구의 소속국가들이 참여한 대대적인 재래식무기 감축 조약이다. 당사국의 탱크, 장갑차, 야포, 항공기 등 주요 재래식무기 보유규모의 상한선을 규정하고, 이를 초과하는 부분을 폐기 및 민간용도로 전환하는 것이 중심내용이다. 조약이 체결된 1990년 11월에는 총 22개국(NATO 16개국 포함)이 서명했지만, 이후 소련에서 분리독립한 국가들이 추가되면서 참여국가의 수는 발효시점인 1992년 7월을 기준으로 30개국이 되었다.

적인 냉전 종식에 결정적으로 기여했다.

당시 소련 군사력의 대대적인 감축은 고르바초프가 주창한 '합리적 충분성(Reasonable Sufficiency)' 개념에서 유래한 것이다. 여기서 합리적 충분성이란 "외부세력의 침략을 억지하기에는 충분하고, 공세적인 군사력의 사용에는 불충분한 수준의 군사력"을 뜻한다. 미국과 서유럽 국가들을 양적으로 압도하고, 대규모의 기습공격을 통해 이들의 영토를 신속히 정복할 수 있을 정도로 강력한 군사력은 더 이상 필요하지 않다는 논리였다. 고르바초프의 합리적 충분성 개념은 기존 군사력의 대규모 감축뿐만 아니라 소련 군사전략의 성격을 공세에서 수세 중심으로 변화시키는 계기가 되었다.

소련을 계승한 러시아도 1990년대 동안 계속되는 군사력 규모의 축소 과정에서 전쟁의 예방 · 억지, 영토방어 위주의 수세적 군사전략을 지속했다. 하지만 점차 러시아는 미국, 서유럽 세력으로부터 심각한 정치 · 군사적 도전에 직면하기 시작하였다. 냉전의 종식으로 소련 중심의 공산권 군사동맹이었던 바르샤바 조약기구는 사라졌지만, 미국이 주도하는 NATO는 오히려 과거 소련이 위성국가로 거느렸던 동유럽 국가들과 소련 출신 신생독립국의 회원국 가입으로 그 지정학적 세력을 러시아 주변까지 확대했다. 1999년 3~6월 NATO군의 세르비아 공습도 러시아에 큰 충격을 주었다. 코소보 난민학살에 대한 '인도주의적 개입'을 대의명분으로 하였지만, 러시아에게는 미국과 서유럽의 정치 · 군사적 영향력이 한때 자신들의 세력권이자 영토 주변의 완충지대인 동유럽마저 넘보는 것으로 여겨질 수밖에 없었다. 여기에 2001년 9.11 테러사태를 계기로 구체화된 미국 부시 행정부의 일방주의적 대외정책 행보는 러시아의 위기감을 더욱 부채질했다. MD 구축에 장애가 되어 온 『탄도탄요격미사일(ABM : Anti-Ballistic Missile) 제한조약』의 탈퇴,[80] '테러리즘 세력

80) ABM의 개발은 상대측의 요격능력 제압을 위해 ICBM을 비롯한 핵무기 보유규모를 증대하게끔 유도하여 핵전쟁 위협을 고조시킨다는 비판을 받아왔다. 이에 미소 양국은 1970년대 초 자국 내에서 요격미사일의 배치 규모를 제한하는 『ABM 제한조약』을 체결했는데, 지난 2002년 부시 행정부의 미국이 탈퇴를 선언하면서 『ABM 제한조

과 대량살상무기 확산을 예방하기 위한 선제공격(Preemptive Actions)'을 명시한 2002년도판 미 『국가안보전략』(원제 : *National Security Strategy*) 보고서,[81] 그리고 이를 근거로 2003년에 감행된 이라크에서의 제2차 걸프전쟁이 그 본보기였다.

러시아의 위기의식은 냉전 이후 10년 동안 유지되어 온 수세적 안보 · 군사전략의 수정을 요구하였고, 곧 구체화 과정에 들어갔다. 그 시작으로 푸친 행정부의 집권 첫해였던 2000년 4월 러시아 정부의 공식 『군사독트린』이 발표되었다. 특정한 적성세력을 명시하지 않고, 군사적 방위권의 적용범위를 러시아 영토와 과거 소련의 일부였던 독립국가연합(CIS: Commonwealth of Independent States) 회원국들로 한정하며, 주변 무력분쟁의 개입보다는 예방에 초점을 맞추는 등 기본적으로는 방어 중심의 군사력 운용을 제시하였다. 하지만 핵무기의 기능을 전쟁 억지뿐만 아니라 재래식 전쟁을 비롯한 외부세력의 침략에 대한 직접적인 군사력 수단으로 확대하고, 핵 선제공격의 가능성까지 포함시켜 국내외적으로 큰 반향을 일으켰다. '유인 · 고착 · 격멸에 의한 공세적 방어전략'을 골자로 하는 전쟁수행 방침을 제시한 내용도 보다 공세화된 러시아 군사전략의 특징을 반영한 것이었다.[82]

지난해 3월에는 러시아 국가안보회의가 2000년도판 『군사독트린』을 대체하는 러시아의 새로운 『군사독트린』의 수립이 진행 중이라고 밝혔다. 특히 기존의 것보다 훨씬 공세적이고, 폭넓은 군사력의 운용을 규정하는 내용이 다수 포함된 것으로 알려지면서 매우 큰 국내외적 반향을 일으킬 전망이다.[83] 먼저 NATO의 세력 확대와 국제 테러리즘을 '당면한 적성세력'으로 명시하며,[84] 이에 따른 외부세력의 내정간섭과 테러리즘이 영토주권 문제와 동

약』은 자동 폐기되었다.

81) The White House, *The National Security Strategy of the United States of America*, (September 17, 2002), p.6; pp.15~16.

82) 공군본부, 2007, p.142.

83) 권경복, "러시아 신군사독트린 해외 적극 군투입", 「조선일보」, 2007년 2월 13일자.

84) 다만 NATO의 경우 상황에 따라 적 내지는 동맹 상대가 될 수 있는 '신뢰할 수 있는

급의 군사적 위협이라고 규정할 것으로 예상된다. 다분히 미국과 체첸의 분리독립 세력을 겨냥하는 내용이다. 또한 '해외거주 자국민의 안전 보호', '환경 및 에너지안보 관철'을 군사력 동원의 근거로 새로이 포함시키고, 영토 주변지역의 무력충돌에 대해서도 예방 차원을 넘어 적극적으로 군사개입에 나설 수 있음을 강조한다는 방침이다. 핵무기의 적극적 운용을 다룬 조항은 종전대로 유지될 예정이다.

러시아의 신 · 구 군사 독트린 비교

2000년 군사독트린	개 념	2007년 신군사독트린
가상적 · 주적 모두 언급 없음	적(敵)개념 명문화	NATO · 국제테러리즘 등을 명시
이익 보호(군투입 불가)	재외 러시아 국민보호 범위	위험 노출시 적극 방어(군투입 가능)
국경인근 무력분쟁 예방	국경인근의 국지전 참가여부	국지전 개입(예방과 해결)
러시아에 대한 영토 요구	국외로 부터의 새 위협 요인	영토 요구 외 내정 간섭, 테러도 새 위협 요인으로 간주
러시아와 벨로루시	방어정책 추진 주체	러시아와 모든 우호국
러시아 인접국에 대한 군사장비 배치	전쟁의 새로운 원인	인접국에 대한 군사장비 배치와 에너지통제권 · 환경
외부침략 대응수단으로 핵무기 사용	핵무기 사용 여부	동일 조항 유지

러시아의 새로운 『군사독트린』과 주요내용들

출처: 「조선일보」, 2007년 2월 13일자

러시아의 공세적인 군사력 운용은 행동으로 나타나고 있다. 지난해 8월 17일에 푸친 당시 대통령이 지난 1992년 이후 중단되었던 러시아 공군 폭격기들의 장거리 초계비행 재개를 공식 선언했으며, 당일 총 14대의 폭격기가 7개의 공역에서 러시아 영토 밖으로의 비행을 실시한 바 있다. 이미 러시아군은 5월부터 영국, 괌 제도를 비롯한 북대서양과 태평양, 북극해 상공에 폭격기를 동원한 무력시위를 펼쳐 미국과 서유럽 국가들을 긴장시켜 왔으며,[85] 이후 미국 알래스카와 노르웨이, 일본 등지에도 출몰했다. 최근에는 '키 리졸브' 한

적(Reliable Enemy)'라는 언급이 포함되어 있다.

85) 남현호, "'러' 장거리 전략 폭격기 임무 15년만에 재개", 「연합뉴스」, 2007년 9월 6일자.

영국 북해 상공에 나타난 러시아 TU-95 '베어' 폭격기의 모습. 러시아군은 지난해부터 폭격기부대의 장거리 초계 비행을 재개했다.

미 연례군사훈련 기간이었던 지난 3월 5일 러시아 폭격기가 동해 인근해역으로 접근하자 미 해군 항공모함의 탑재기, 한국 공군의 전투기들이 출격하여 요격에 나서기도 했다. 정보수집이나 상대 국가의 방공능력 시험은 물론, 강대국으로서 군사적 세력투사 능력과 의지를 대내외에 과시하겠다는 러시아의 정치 · 외교적 의도를 반영한 것이다. 말하자면 미 해군 항공모함전단의 역할에 해당한다고 할 수 있다. 이 점은 러시아군의 폭격기 대부분이 주변 국가들의 영토를, 영공 밖에서 직접 공격할 수 있도록 장거리 순항미사일의 탑재기능을 갖춘 전략무기라는 사실에서 더욱 분명해진다.

지난 8월 8일 러시아는 대규모의 기갑, 공수부대와 포병 및 공군력에 의한 화력, 그리고 해상봉쇄를 앞세워 흑해 연안의 인전국이자 과거 소련의 일부였던 그루지야를 전면 공격하기 시작했다. 8월 초부터 계속되어 온 그루지야의 남(南)오세티아 자치공화국 침공으로부터 자국민들을 보호한다는 것이 러시아가 내세운 군사개입 명분이었다. 하지만 실제로는 최근 수년 동안 CIS에서의 탈퇴와 NATO 가입을 지지하는 한편으로 이라크에도 2,000명 규모의 병력을 미국 주도 다국적군의 일원으로 파병하는 등 친미, 반(反)러시아 성향의 외교정책을 지향해 온 그루지야에 대한 응징의 목적이 더욱 강했다고 할 수 있다.[86)]

86) 남오세티아는 1990년대 초 소련의 해체 이후 그루지야의 일부로 편입되었으나 곧바로 분리독립을 선언하며 지난 10여 년 동안 그루지야와 대립해 왔다. 러시아는 평화유지군 명목으로 자국의 군 병력을 남오세티아 내에 주둔시키고 있다. 남현호, "최악

결국 그루지야는 러시아군의 신속하고 압도적인 파상공세를 견디지 못하고 8월 12일 남오세티아에서의 일방적인 철수와 휴전을 선언했으며, 러시아도 그루지야 공격을 중단했다. 다음날 프랑스의 중재로 러시아와 그루지야 양국 사이의 평화안이 합의되면서 사태는 5일만에 일단락되었다. 이번 러시아의 그루지야 분쟁 개입은 그루지야뿐만 아니라 미국, 서유럽을 겨냥하여 "NATO의 세력확대를 좌시하지 않을 것"임을 행동으로 옮긴 강력한 경고의 의미까지 함께 담고 있는 것이다.

한편으로는 MD를 동유럽까지 확대하려는 미국의 계획에도 군사력에 의한 공세적인 대응을 경고하고 있다. 폴란드와 체코에 각각 장거리 지상배치 요격미사일, 조기경보용 레이더의 배치를 추진하는 미국에 강력히 반발하고 나선 것이다. 아랍 지역의 반미국가(예 : 이란)에서 발사되는 ICBM급 탄도미사일로부터 미국 영토와 유럽을 방어하기 위해서라는 것이 미국의 입장이지만, 러시아는 이를 인정하지 않는다. 오히려 미국의 실제 의도는 동유럽에 대한 러시아의 정치 · 군사적 영향력을 약화시키는 것이며, 따라서 러시아 안보에 대한 심각한 위협이라는 주장이다. 미국이 MD 기지설치를 위한 체코, 폴란드와의 협상을 마무리한 직후인 지난 8월 15일, 러시아군의 아나톨리 노고비친 부참모장은 "문제의 기지 및 시설은 러시아군이 파괴해야할 최우선적인 목표물"이라고 언급하며 이들을 공격대상으로 포함시킬 것임을 시사했다. 이 경우 러시아군이 동유럽에서의 MD를 무력화하기 위해 기존의 장거리 탄도미사일은 물론, 지상 · 항공발사형 초음속 정밀유도무기까지 동원할 가능성이 높다. 사실상 1987년 『INF 폐기조약』의 백지화를 뜻한다.[87)]

시나리오로 번진 그루지야 사태", 「연합뉴스」, 2008년 8월 8일자.

87) 뿐만 아니라 러시아는 미국의 동유럽 내 MD 기지건설 추진을 구실로 지난해 말 『CFE 감축조약』의 이행을 공식적으로 중단하기도 했다.

지난 2004년에 실시된 러시아군의 장거리 기동훈련 진행도

출처: 「동아일보」, 2004년 6월 18일자

사실 러시아는 수년 전부터 '영토 주변지역으로의 공세적 군사력운용'을 복원한다는 구상을 준비해 왔다. 2003년 10월 2일 푸친 당시 대통령과 러시아군 주요사령관, 국방관계자 등이 참석한 국방회의에서 '2개 지역에서의 전쟁 동시수행'을 포함하는 러시아의 새로운 군사전략 기조가 발표된 것이 그 본보기다.[88] 과거 미국의 윈-윈 전략을 연상시키는 이 내용은 냉전 이후 기존 핵무기의 유지, 영토 방어, 분리독립 세력 진압에만 급급했던 러시아의 군사력이 다시금 주변국에 대한 적극적인 개입 목적으로 쓰일 수 있음을 드러낸 것으로 평가된다.

이에 따라 러시아는 2003년을 시작으로 극동, 시베리아 등지에서 육·해·공군의 각종 주력무기들을 대거 동원하는 냉전 이후 최대 규모의 자체 기동훈련을 차례로 실시하여 영토 주변지역으로의 장거리 전개능력을 발전, 강화하는 추세다. 뿐만 아니라 2005년부터는 중국, 인도, 중앙아시아를 비롯한 주변 국가들과도 합동 군사훈련을 실시 중이며, 그 내용도 테러리즘 세력을 겨냥한 소부대 단위에서 상륙 및 공대지 타격을 포함하는 고강도의 국지전쟁 수준까지 다양해지고 있다. 이제 러시아군에게 '합리적 충분성'이라는 단어는 1990년대 암흑기의 나약함을 상징하는 낡은 유물에 불과할 뿐이다.

---

88) 국방정보본부, 『2003-2004 世界軍事動向』(국방부 국방정보본부, 2004), pp.229~230.

⑶ 통합군에서 합동군으로

잘 알려져 있듯이 소련군의 모체는 지난 1917년 블라디미르 레닌, 레온 트로츠키 등이 주도했던 볼셰비키 공산혁명을 위해 창설된 적위대(赤衛隊)였다. 적위대는 혁명 직후인 1918년 그 유명한 '붉은 군대'로 바뀌어 1920년대 초 반혁명 세력과의 내전에서 활약했다. 소련군의 정식 창설은 1925년에 이루어졌고, 10년 뒤인 1935년에는 소련군 총참모부가 세워졌다. 이후 소련군의 부대 상부구조는 총참모부가 모든 전투부대의 직접적인 작전권을 갖는 통합군(統合軍 : Unified Force) 체제로 운영되었다. 일반적인 육·해·공 3군과 더불어 방공군, 전략로켓군을 추가한 5개 군종으로 구성된 것도 소련군의 특색이었다.[89] 유럽에서 아시아까지 펼쳐진 세계 최대의 영토를 보유한 나라답게, 소련은 지상배치 병력을 총 16개의 야전군급 군관구(軍管區 : Military District)로 나누어 관할해 왔다.

러시아군이 새로 창설된 것은 소련이 해체된 이듬해인 1992년이었는데, 그 과정에서 병력규모 감축과 더불어 부대구조의 일부 개편도 이루어졌다. 우선 군관구의 수가 8개로 격감했으며, 2001년 현재의 6개(레닌그라드, 모스크바, 볼가-우랄, 북코카서스, 시베리아, 극동)로 재편되었다. 보다 효율적인 영공방어체제의 구축을 위해 1998년에 방공군을 공군에 흡수 통합했다. 이보다 앞선 1997년에는 독립 군종의 지위를 차지했던 전략로켓군이 과거 방공군의 일부였던 우주군과 통합된 전략군으로 바뀌었지만, 2001년에 다시 우주군을 독립시켰다. 전략군과 공군까지 통합하여 육·해·공 3개 군종으로의 정비를 완료한다는 계획도 진행 중이다.

---

89) 소련의 방공군은 지대공미사일을 비롯한 지상 방공전력뿐만 아니라 공대공 요격임무를 위한 전투기의 지휘통제까지 담당했으며, 공군은 주로 공대지 타격을 위한 폭격기와 전폭기를 운용함으로써 지상 부대에 화력지원을 제공하는 역할을 수행하도록 되어 있었다. 그리고 전략로켓군은 지상배치 ICBM을 중심으로 장거리 핵무기부대를 운용하였다.

하지만 소련군 시절의 통합군 체제는 새로운 러시아군의 등장 이후에도 상당기간 동안 계속되어 왔다. 1992년 러시아군의 군정(軍政), 군령(軍令) 기능은 각각 국방부와 총참모부로 나뉘었지만, 총참모부는 여전히 막강한 권한을 차지하고 있었다. 1998년에 육군이 총참모부의 지휘체계에서 벗어났을 뿐, 나머지 해 · 공군의 주요 전투부대와 전략군 예하의 장거리 핵전력 및 우주배치 군사자산 등은 여전히 총참모부의 직접 작전지휘 아래에 놓였던 것이다. 심지어 총참모부는 군 인사권과 예산권까지 보유했다.

결국 푸친 행정부의 집권 이후에야 러시아군은 부대 상부구조 개편을 실천에 옮길 수 있었다. 먼저 러시아 정부는 지난 2001년에 국방장관이 육 · 해 · 공군 총사령관을 통해 직접 주요 전투부대를 지휘통제하는 것을 골자로 하는 군사개혁안을 채택했다.[90] 이로써 국방장관이 군정 · 군령권 모두를 갖게 되었으며, 러시아군의 부대 상부구조는 합동군(合同軍 : Joint Forces) 체제로 전환되었다. 2004년 6월에는 총참모부가 갖고 있던 인사권, 예산권까지 국방부로 이관하는 추가 개혁이 이루어졌다. 오늘날 러시아군 총참모부는 전략군과 우주군, 공수군[91] 등 3개 직할부대의 작전권만을 보유하며, 업무 기능도 미군 합참본부처럼 군사전략의 기획 정도로 크게 축소되었다.

아울러 러시아군은 기존의 6개 군관구 체제를 오는 2010년까지 3개의 지역사령부로 개편한다는 방침이다. 구체적으로는 동부사령부(극동 · 시베리아 군관구, 태평양함대 포함)와 남부사령부(볼가-우랄 · 북코카서스 군관구, 흑해함대 포함), 그리고 서부사령부(레닌그라드 · 모스크바 군관구, 발트 · 북양함대 포함)의 형태로 바뀔 예정이다. 여기서 각 지역사령부는 전시에 관할지역 내 육 · 해 · 공군 병력의 작전권을 직접 행사하게 될 것이다.[92] 이는 각 군관구별로

---

90) 공군본부, 2007, pp.144~145.

91) 러시아 공수군은 소련 시절이었던 지난 1928년 세계 최초의 낙하산부대로 창설되었으며, 현재도 4개 사단과 1개 독립여단으로 구성되는 세계 최대규모를 자랑한다. 뿐만 아니라 수송기를 통해 운반, 투하될 수 있는 경장갑차 및 중소형 야포까지 다수 보유하고 있다.

92) 권태영 등, 2007, pp.258~259.

배치된 총 6개의 육군 야전군과 공군 전선 항공/방공 사령부, 그리고 4개의 해군 함대 사령부[93]를 근간으로 했던 그동안의 러시아군 구성을 합동 전투력의 발휘에 보다 유리하도록 만들겠다는 의도를 반영한다. 말하자면 미군이 세계 주요 지역에 배치하고 있는 지역별 전투사령부와 비슷한 효과를 기대하고 있는 것이다.

러시아군의 군관구 현황

출처: 「국방일보」, 2006년 5월 1일자

부대 하부구조의 경우, 러시아군은 1996년부터 고도의 기동력을 갖춘 '신속기동군'과 '긴급전개군'을 새로운 형태의 합동 주력부대로 편성, 발전시키고 있다. 신속기동군은 5개 공수사단(약 7만 5,000명)과 6개 차량화보병여단을 중심으로 상륙부대, 특수전부대, 회전익 항공부대(대전차 공격헬기 포함) 등을 보유한 경무장 위주의 병력이며, 다른 부대의 지원 없이도 즉각 투입될 수 있도록 상시 준비태세를 유지하는 것이 특징이다. 반면 긴급전개군은 3개 육군군단과 1개 기갑사단, 5개 포병여단 등 다수의 중무장 전투부대로 편성되어 신속기동군의 후속 증원부대 역할을 담당한다.[94] 쉽게 말해서 과거 소련군이 지상 기동전의 핵심부대로 편성했던 작전기동단을 계승한 것이 바로 긴

93) 러시아 해군은 소련 시절부터 태평양, 북양(북극해), 흑해, 발트해에 함대사령부를 설치하고 있다. 그러나 흑해함대와 발트함대는 각각 우크라이나, 발트3국(에스토니아, 라트비아, 리투아니아)의 독립 이후 전력 규모가 절반 이하로 감소했으며, 때문에 현재는 북양함대와 태평양함대만이 정상적인 임무수행 능력을 보유하고 있는 실정이다.
94) 이규열 등, 2007, pp.282~283.

급전개군이라고 할 수 있다.

이처럼 러시아군은 서로 차별화된 전투력과 기능을 담당하는 신속기동군, 긴급전개군을 구분 편성함으로써 대(對)테러 임무와 중 · 소규모 이상의 제한 전쟁까지 포함하는 다양한 무력분쟁에서 유연한 대응능력을 확보하는 효과를 기대하고 있다. 이들 두 부대는 모두 5~7개의 연대급(각 30~40여대의 항공기 보유) 공군부대까지 갖추어 강력한 화력지원을 보장받는다.[95]

3. 유럽 : 평화 속의 개혁

한때 유럽은 세계에서 가장 빈번하게 전쟁이 벌어졌던 지역이었다. 고대 그리스와 로마제국, 나폴레옹의 프랑스, 프로이센과 히틀러의 독일, 그리고 최강의 해군력을 보유했던 영국 등 유럽 전쟁의 역사가 곧 세계 전쟁의 역사라고 해도 과언이 아닐 정도였다. 인류가 경험했던 가장 비극적인 전쟁으로 남아있는 지난 20세기 전반기의 제1, 제2차 세계대전에서도 최대 전장은 바로 유럽이었다.

하지만 오늘날의 유럽은 더 이상 세계 군사력의 중심이 아니다. 6년 동안 계속된 제2차 세계대전으로 유럽대륙 전체가 초토화되었고, 뒤이어 찾아온 냉전 시대에는 양대 초강대국인 미국과 소련의 영향력 아래에 놓이면서 자본주의 세력의 서유럽, 그리고 공산주의 세력의 동유럽으로 나뉘었기 때문이다. 특히 서유럽은 자신들보다 훨씬 거대한 소련의 재래식 군사력에 도저히 맞설 수 없었으며, 불가피하게 미국이 주도하는 NATO의 공동방위 체제에 의존하는 길을 선택해야만 했다. 1989년의 동유럽 민주화와 베를린장벽의 붕

95) 구체적으로는 신속기동군이 5개 폭격기연대와 2개 공격기연대를, 긴급전개군의 경우는 5~7개 전투기연대를 보유한다. 이규열 등, 2007, p.283.

괴, 그리고 소련 해체로 유럽은 냉전의 공포에서 해방되었다. 이제 유럽은 세계에서 전쟁 위험으로부터 가장 안전한 지역이 된 것이다.

그렇다고 유럽 국가들이 군사력에 무관심한 것은 결코 아니다. 유럽대륙도 냉전 이후에 부각되고 있는 국제 테러리즘, 대량살상무기의 확산, 종교·종족갈등으로 인한 지역분쟁 등 새로운 안보위협에서 결코 자유롭지 못한 입장이기 때문이다. 발칸반도를 피로 물들였던 1990년대 중·후반의 보스니아와 코소보 내전, 지난 2004년과 2005년 알카에다가 자행한 마드리드, 런던에서의 폭탄 테러사건 등이 그 본보기다. 아울러 유럽은 냉전 종식 이후에 더욱 심화된 지역통합으로 국제사회에서 정치·경제적인 위상을 강화하고 있으며, 이는 국제적 지위와 책임을 뒷받침할 수 있는 수준의 효과적인 군사력을 요구하게 되었다. 때문에 유럽의 여러 국가들은 과거처럼 명확한 전쟁 위협이 존재하지 않는 현 시점에서도 나름대로의 군사혁신 노력을 기울이고 있다.

(1) 작지만 더욱 강하게

현재 유럽에서 가장 강력한 군사력을 보유하고 있는 나라는 영국, 프랑스다. 이는 양국 모두 핵보유국이라는 사실 하나만으로도 반론의 여지가 없다. 이 가운데 영국군의 핵전력은 전략 핵추진잠수함 4척에 탑재되는 총 48기의 미국제 '트라이던트(최대 12개의 핵탄두 장착)' SLBM으로만 운용된다. 프랑스군은 보다 다양한 핵무기 운용수단을 보유하고 있다. 먼저 영국과 마찬가지로 척당 16기의 M-45(6개의 핵탄두 장착) SLBM을 탑재하는 전략 핵추진잠수함 4척, 항공모함에서 출격하여 핵탄두를 투하하는 해군 소속의 전폭기 24대, 그리고 최대사거리 300km의 ASMP 핵탄두 공대지 순항미사일을 탑재할 수 있는 공군 전폭기 60대가 바로 그들이다.

물론 전쟁 억지, 강대국 지위의 보장을 위해서는 핵무기만큼 유용한 군사적 수단이 없을 것이다. 하지만 평시의 위력시위, 전시 무력충돌의 발생 상황에서 모두 실질적인 정치·군사적인 영향력을 행사하기 위해서는 원거리 전개능력을 갖춘 해 · 공군 중심의 재래식 군사력이 필요하다. 특히 항공모함과 균형잡힌 대함 · 대잠 · 대공 교전능력을 갖춘 수상전투함 중심의 해군력은 매우 효과적인 수단임에 틀림없다.

유럽의 양대 핵보유국인 영국과 프랑스는 배수량 50,000톤 이상의, 2개 비행대대 규모인 40대 내외의 항공기를 탑재할 수 있는 중형 항공모함 확보에 주력하고 있다. 영국 해군은 지난 1982년 포클랜드전쟁을 비롯한 여러 전쟁에서 활약한 바 있는 기존의 '인빈서블(배수량 20,700톤)'급 경항공모함을 대체하는 차기항공모함(CVF) 2척의 건조를 진행 중이다. '퀸 엘리자베스'급으로 명명될 차기항공모함은 배수량이 65,000톤 이상으로 인빈서블급의 3배 규모이며, 항공기의 탑재수량도 인빈서블급보다 2배 많은 40~50대나 된다. 프랑스도 항공기 40대를 탑재하는 '사를 드골(배수량 38,000톤)'급 중형 항공모함 1척을 해군력의 주축으로 운용한다. 현재는 만재배수량이 70,000톤을 넘는 새로운 대형 항공모함의 건조가 추진되고 있다.

영국 해군의 '퀸 엘리자베스'급 차기항공모함(왼쪽)과
이탈리아 해군의 신형 항공모함 '카부르'(오른쪽)

유럽에서 영국과 프랑스 외에 항공모함을 운용하는 국가로는 이탈리아, 스페인이 있다. 핵보유국은 아니지만, 두 나라 모두 반도국가라는 지리적 특성 때문에 해군력이 국가안보에서 차지하는 비중이 상대적으로 높다는 점을 반영한 것이다. 양국이 보유한 '쥬세페 가리발디', '프린시페 드 아스투리아스'는 모두 배수량 20,000톤 미만의 경항공모함인데, 머지않아 보다 대형화된 신형 항공모함에게 주력함의 자리를 내어줄 전망이다. 이탈리아 해군은 금년 3월에 배수량이 27,000톤으로 확대된 '카부르' 신형 항공모함을 취역시켰고, 스페인 해군도 같은 시기에 동급 규모의 다목적 전략수송함 '후안 카를로스 1세'를 진수시킨 바 있다. 특히 '후안 카를로스 1세'는 약 30대의 항공기뿐만 아니라 900명의 상륙부대 병력을 수송할 수 있는 능력까지 겸비하여 주목된다.

오늘날 유럽 국가들의 주력 수상전투함은 배수량 2,000~3,000톤 내외의 호위함이다. 전통적으로 항공모함과 더불어 원해(遠海) 작전의 주축 세력이었던 배수량 4,000~5,000톤 이상의 구축함은 대부분 퇴역을 앞둔 구형 군함들이거나, 신형의 경우도 호위함에 비해 소수만이 건조되었을 뿐이다.[96] 스웨덴과 그리스를 비롯한 중소국가에서는 배수량 1,000~2,000톤 이하의 초계함, 혹은 배수량 수백톤급의 경비정이 큰 비중을 차지하기도 한다. 하지만 이것을 단순히 유럽 해군전력의 약화로 결론짓는 것은 잘못이다. 1990년대 이후 새로 건조되고 있는 유럽의 신형 호위함들은 선체 규모만 구축함보다 작을 뿐, 실제로는 과거의 구축함 이상으로 우수한 입체적인 해전수행 능력을 갖추었기 때문이다.

영국의 'Type-23(배수량 3,500톤)'급 호위함과 'Type-45(배수량 7,200톤)'급 구축함, 프랑스의 '라파예트(배수량 3,600톤)'급 호위함, 그리고 독일 · 네덜란드가 공동개발한 '작센(배수량 5,600톤)'급 구축함 등은 전통적인 대함 · 대잠 교전능력을 위한 무장뿐만 아니라 다수의 항공기, 대함미사일 위협에도 동시 대응할 수 있는 원거리 함대공 교전능력의 확보에 중점을 두고 있다. 이를 위해 미 해군의 이지스 전투체계와 유사한 고성능 방공레이더와 VLS 탑재형 중 · 장거리 함대공미사일을 갖추고, 선체를 향해 날아오는 적 대함미사일을 요격하는 20~30mm 속사기관포를 근접방어무기체계(CIWS : Close-In-Weapon-System)로 운용하는 것이 특징이다. 스페인 해군의 '알바로 데 바잔(만재배수

96) 유럽 주요 국가들의 수상전투함 구성은 구축함급이 영국 9척, 프랑스 13척, 독일 7척, 이탈리아 3척, 스페인 4척, 네덜란드 4척, 그리고 노르웨이 2척 등이다. 반면 호위함급의 경우 영국 17척, 프랑스 20척, 독일 8척, 이탈리아 12척, 스페인 6척, 그리스 14척, 네덜란드 6척 등으로 다수를 차지하고 있다.

량 6,200톤)'급, 노르웨이 해군의 '프리드티오프 난센(배수량 5,100톤)'급 구축함은 아예 미 해군의 것과 동급 내지 약간 축소된 성능의 이지스 전투체계를 탑재하고 있다.

네덜란드 해군의 LCF(방공지휘용) 구축함(왼쪽)과
프랑스 해군의 '라파예트'급 호위함(오른쪽).

덕분에 유럽 해군의 신형 군함들은 작은 선체규모에 비해 매우 효과적인 대함 · 대잠 · 대공 교전 수행능력을 겸비하며, 연안뿐만 아니라 대양에서도 높은 생존성과 전투력을 발휘할 수 있는 것으로 평가된다. 아울러 선체의 제작에 적용되고 있는 스텔스 설계도 이들 신형 수상전투함의 생존성 강화에 기여하고 있다.

핵보유국인 영국, 프랑스를 제외한 나머지 유럽 국가들의 해군은 모두 디젤추진식 잠수함을 운용하고 있다.[97] 그동안 디젤추진 잠수함은 핵추진 방식보다 장기간의, 지속적인 수중 임무수행에 불리하다는 약점을 감수해 왔다. 하지만 이 문제도 공기불요 추진체계(AIP : Air Independent Propulsion)의 개발을 계기로 해결의 기회를 맞이하였다. 기존의 디젤추진 잠수함은 축전지의 재충전을 위해 3일마다 수면으로 부상하여 공기를 보충받아야 했지만, AIP

97) 영국과 프랑스 해군의 대양작전용 공격 잠수함 9척, 6척(양국 모두 4척씩을 보유 중인 핵탄두 SLBM 탑재용 잠수함을 제외한 수량)도 모두 핵추진 방식이며, 특히 영국 해군의 것은 미국제 토마호크 순항미사일을 탑재한다.

추진장치를 탑재할 경우 그보다 5배가 넘는 2~3주일 동안이나 외부 공기의 보충 없이도 잠수할 수 있다.[98] 이제 핵추진 잠수함이 아니더라도 자국 연안을 벗어난 대양에서, 장기간에 걸친 수중 작전을 수행할 수 있는 길이 열린 것이다. 1990년대 중반 세계 최초로 실전배치된 스웨덴 해군의 '고틀란트(수중배수량 1,600톤)'급과 독일 해군의 212(수중배수량 1,800톤)급 잠수함이 유럽 해군의 대표적인 AIP 잠수함이며,[99] 그리스와 이탈리아, 스페인도 AIP 잠수함의 도입을 진행 중이다.

독일 해군의 212급 디젤추진 잠수함. 공기불요 추진체계(AIP)를 탑재한다.

유럽 공군의 미래 주력기종은 크게 2가지로 양분되고 있다. 첫째, 영국과 독일, 이탈리아, 스페인 4개국의 공동개발로 탄생한 유로파이터(Eurofighter : 유럽형 전투기) '타이푼'이다.[100] 타이푼은 마하 2 이상의 비행속도와 초음속 순항 기능까지 갖출 정도로 기동력이 뛰어나며, 8개의 고성능 공대공미사일 및 AESA 위상배열레이더를 탑재하는 등 공대공 요격임무에서 큰 우위를 차

98) AIP 추진장치의 종류에는 수소와 산소의 화학반응을 통해 전기에너지를 발생시키는 '연료전지', 열기관에 의한 발전기 구동방식의 '스털링 엔진', 에탄올과 액화산소로 구동되는 소형 증기터빈을 탑재하는 '폐쇄회로 증기터빈' 그리고 '폐쇄회로 디젤기관' 등이 있다. 김종하, 『무기획득 의사결정-원칙, 문제, 그리고 대안』(책이 된 나무, 2000), p.103.

99) 세계 최초의 AIP 잠수함인 고틀란트급을 제작한 스웨덴의 코컴스 조선소는 지난 1999년 9월 독일의 조선업체 HDW에 매각되었다. 따라서 현재 AIP 관련 기술의 선도국가는 HDW의 독일이라고 할 수 있다.

100) 타이푼은 공동개발 참여국인 영국, 독일, 이탈리아, 스페인 등에서 총 600대 이상을 도입하여 해당국 공군의 주력기로 운용될 예정이며, 오스트리아와 사우디아라비아, 그리스 등지에도 수출 가능성이 있다.

지한다. 여기에 최근 수년 동안의 개량을 통해 상당한 공대지 타격능력까지 겸비하게 되었다. 둘째, 프랑스가 유로파이터 개발 사업에서 탈퇴한 후 독자적으로 개발한 '라팔' 전폭기다. 최고 마하 1.8의 비행속도, 다수의 공대공 및 공대지/대함미사일을 비롯한 8톤 이상의 무장탑재규모 등이 특징인데, 향후 기존의 '미라지'와 '슈페르 에탕다르'를 대신하여 프랑스 해·공군의 주력 전폭기 역할을 담당할 것이다.

유럽의 대표적인 전투기가 될 유로파이터 '타이푼'(왼쪽)과 프랑스의 '라팔'(오른쪽).

타이푼과 라팔은 우수한 비행성능과 다목적 임무수행 능력, 그리고 RCS를 크게 축소시킨 제한적인 스텔스 설계 등의 특징으로 유럽 각국의 기존 주력기들을 크게 능가하는 제4.5세대 전투기다.[101] 최근에는 스웨덴도 자국산 JAS-39 '그리펜' 다목적전투기의 무장 탑재규모 및 작전 행동반경 확대와 더불어 AESA의 탑재, 초음속순항 기능을 추가시킨 개량형 그리펜 NG(Next Generation) 시제기를 공개하여 제4.5세대 전투기 개발국의 대열에 합류했다.

그렇다면 유럽 국가들의 정보화전쟁 수행 능력과 미래형 무기의 개발 현황

101) 제4.5세대 전투기는 AESA 레이더의 탑재, 초음속순항 기능, 그리고 RCS를 축소한 기체 설계 등을 특징으로 제4세대 전투기보다 원거리 공대공 교전능력, 기동성, 그리고 생존성에서 유리한 것으로 평가된다. 하지만 미국의 F-22/35, 러시아의 PAK-FA를 비롯한 제5세대 전투기와는 달리 내부 무장탑재능력은 없어서 진정한 의미에서의 스텔스기라고 할 수는 없다.

은 어떠한가? 현재 유럽에서 자국 영토를 넘어서는 광범위한 감시 및 정찰, 조기경보를 위한 정보수집 자산을 운용하는 국가는 소수에 불과하다. 영국과 프랑스는 미국제 E-3 AWACS 공중 조기경보통제기를 각각 6대, 4대씩 보유 중이며,[102] 그 외에는 스웨덴이 자국산 사브-340 항공기를 개조한 S-100 '아르거스' 6대를, 그리스가 브라질제 엠브라엘 항공기에 기반을 둔 EMB-145 중소형 공중 조기경보통제기 4대를 갖추고 있을 뿐이다.[103] 영국이 공중 원거리 감시자산(ASTOR : Airborne STand-Off Radar)이라는 사업명으로 도입 중인 '쎈티넬' 정찰기는 SAR 레이더를 탑재하여 미 공군의 E-8 전장감시기처럼 적 지상 표적에 대한 전천후 조기경보 기능을 담당하지만, 기체 규모는 훨씬 작다. 독일은 아프가니스탄과 이라크에서의 활약으로 유명한 미국제 고고도 무인정찰기 글로벌호크의 기체에 유럽제 정보수집 장비를 탑재하는 '유로호크' 5대를 확보할 예정이다.

스웨덴군의 S-100 '아르거스' 중소형 공중 조기경보통제기

우주배치 정보자산의 규모는 더욱 작다. 정찰위성이라고는 프랑스의 '엘리오스-2' 광학위성 1개, 독일의 '루페' SAR 위성 4개가 전부다.[104] 때문에 프랑

102) 또한 프랑스 해군은 항공모함 탑재용으로 3대의 미국제 E-2 조기경보기도 보유하고 있다.

103) S-100과 EMB-145는 모두 스웨덴제 '에리아이' 위상배열레이더를 탑재한다. 두 기종은 E-3 AWACS에 비해 작은 중소형 비즈니스용 제트기를 기반으로 제작된 것이어서 유사시 항공에서의 조기경보, 지휘통제를 실시할 수 있는 항공전력의 규모가 다소 제한적이다. 다시 말해서 E-2 조기경보기와 E-3 AWACS의 중간 수준에 해당하는 성능을 갖춘 것으로 평가할 수 있다.

스와 독일은 이들 5개 위성을 합동 운용하고 있으며, 이탈리아와 벨기에, 스페인을 비롯한 다른 유럽 국가들도 관련 정보를 제공받을 수 있도록 되어있다. 미국의 GPS, 러시아의 GLONASS에 필적하는 유럽의 독자적 위성항법체계, 즉 '갈릴레오'를 구축하기 위한 노력도 범유럽적 차원에서 추진 중이다. 갈릴레오 위성항법체계는 고도 24,000km에서 활동하는 총 30개의 항법위성으로 구성되어 유럽뿐만 아니라 지구 전체에 걸친 정확한 위치정보를 제공하며, 오는 2013년까지 체계 구축을 완료한다는 목표 아래 유럽우주청(ESA : European Space Agency)의 주도로 진행되고 있다. 이들은 미국과의 정치적 갈등이 생길 경우에도 유럽 국가들이 미국의 우주배치 감시 · 정찰, 항법체계 등에 의존하지 않고 독자적인 군사활동에 필요한 고급 정보를 지속적으로 수집할 수 있는 대안이라는 점에서 큰 의미를 갖는다.

그동안 유럽 국가들이 자체 개발, 생산할 수 있는 정밀유도무기는 사거리 100km 이하의 대함/대공미사일 정도로 제한되어 왔다. 하지만 최근에는 미국과 러시아처럼 전략무기 역할을 할 수 있는 장거리 순항미사일까지 개발해 낼 정도의 발전을 이룩했다. 영국 · 프랑스가 공동개발한 '스톰 섀도우(프랑스명 스칼프-EG)', 독일 · 스웨덴의 '타우러스' 공대지 순항미사일은 최대 사거리가 약 300~500km로 적 방공전력의 위협을 받지 않는 원거리에서도 발사가 가능하며, 일반적인 관성항법장치와 TERCOM은 물론, 위성항법체계 등 다양한 방식을 통해 정확히 유도되어 지하시설처럼 내구성이 높은 표적까지 관통, 파괴해낼 정도로 강력한 다중탄두(MWS : Multiple Warhead System)를 장착한다. 개발 당사국에서 운용하는 대부분의 주요 전투기에 탑재될 수 있어서 활용도가 매우 높다는 것도 장점이다.

---

104) 대신 엘리오스-2와 루페 정찰위성은 모두 최대 0.5m의 고해상도 영상정보를 수집할 수 있을 정도로 우수한 성능을 갖추고 있다.

'타우러스' 공대지 순항미사일. 유럽의 장거리 정밀유도무기 개발 능력을 증명하는 대표작이다.

스톰 섀도우 순항미사일은 개발국인 영국과 프랑스 외에도 그리스, 이탈리아가 도입 중이며, 향후 해군의 수상전투함과 잠수함에서도 탑재, 운용할 수 있도록 개량될 전망이다. 타우러스 순항미사일도 개발에 참여한 독일, 스웨덴뿐만 아니라 스페인에서 주력 공대지 무장용으로 도입하고 있다.[105]

또한 냉전 시절 소련의 항공기를 요격하기 위해 배치되어 온 미국제 '호크' 중거리 지대공미사일과 PAC-2 장거리 지대공미사일을 대체하는 '확장형 중거리 지상방공체계(MEADS : Medium Range Extended Air Defense System)'의 개발도 진행되고 있다. 미국의 MD와 비교하자면 MEADS의 기능은 최종단계 요격에 해당하며, 기본적으로 NATO의 방위력 향상을 위한 것이다. 때문에 미국의 주도 아래 역시 NATO 회원국인 독일, 이탈리아가 공동개발에 참여하는 방식으로 이루어진다. PAC-3처럼 초고속 운동에너지 방식으로 적 비행체를 파괴하는 신형 지대공미사일, 미사일의 탑재 · 운용을 위한 이동식 발사대, 그리고 360° 사방을 동시에 추적, 탐지하는 방공레이더 등이 MEADS의 주요 구성요소다.[106] MEADS의 목표는 기존의 전투기와 폭격기뿐만 아니라

105) 한편으로 스페인은 해군의 알바로 데 바잔급 이지스구축함, 신형 AIP 잠수함 탑재용으로 미국제 토마호크 순항미사일을 도입할 예정이다.

106) MEADS를 구성하는 레이더, 발사대, 그리고 신형 지대공미사일 등은 모두 중 · 대형 수송기로 운반이 가능하도록 개발될 것이다. 이에 따라 MEADS는 특정 지역뿐

탄도·순항미사일, 무인항공기에 의한 새로운 위협에도 효과적으로 대응할 수 있는 복합화된 지상 방공전력을 구축하는 것이다.

유럽의 '중거리 지상배치 방공체계(SAMP-T)' 운용 상상도. NATO가 주도하는 '확장형 중거리 지상방공체계(MEADS)'처럼 항공기와 미사일 요격능력을 함께 갖춘 것이 특징이다.

프랑스와 영국, 이탈리아가 참여하는 범유럽 미사일 제조업체인 MBDA에서도 '중거리 지상배치 방공체계(SAMP-T)'를 개발 중이다. SAMP-T는 사거리 100km 이상의 '아스터-30' 장거리 지대공미사일을 탑재하는 이동식 발사대와 자체 방공레이더로 구성되며, 항공기와 탄도·순항미사일, 무인항공기 등에 대한 요격능력을 겸비하는 등 여러모로 MEADS와 공통점이 많다. 이들 유럽 국가 해군의 호위함급 이상 수상전투함에 탑재되는 아스터-15/30 중·장거리 함대공미사일과 방공레이더, 그리고 자동화된 C^4I 체계를 결합시킨 해상 방공미사일체계(PAAMS : Principal Anti-Air Missile System)는 해군용 SAMP-T라고 할 수 있다. PAAMS는 다양한 고도에서 접근하는 적 항공기와 대함미사일로부터 함대를 방어할 뿐만 아니라, 사거리 1,000km 이하를 비행하는 탄도미사일의 요격 능력까지 갖추어 연안지역의 지상 병력과 상륙부대를 위한 미사일 방어임무 수행이 가능하다.

위와 같은 첨단 정보수집 자산과 각종 전투전력, 특히 정밀유도무기를 유기적으로 지휘통제하는 데 필요한 C^4I 기능에서는 미국과의 링크 16 체계 공

만 아니라 보병, 기갑, 기계화보병 등 육군 기동부대와 함께 움직이면서 이들을 항공기와 미사일 위협으로부터 방어하기 위한 야전방공 임무를 수행할 수도 있다. 이규종 저; 국방과학연구소 편, 『조사분석서-중·장거리 대공방어시스템의 운용 및 개발현황』(국방과학연구소, 2005), p.185.

유가 큰 몫을 담당하고 있다. 대부분의 유럽 국가들이 NATO 내에서의 공동방위를 자국 국방전략의 핵심적 요소로 규정하고 있으며, 이에 따라 NATO를 주도하는 미국과 군사력의 하드웨어뿐만 아니라 소프트웨어에서도 상호운용성(Interoperability)을 요구받게 된 것이다. 오늘날 유럽 각국의 주력 육·해·공 무기들이 링크 16 체계를 기반으로 한 데이터링크 장비를 탑재하는 이유가 여기에 있다. NATO 회원국이 아닌 스웨덴도 효율적인 방공작전을 위해 1963년 처음으로 지상기지와 전투기를 연결하는 지상-항공 데이터링크를 도입했고, 1980년대 초에는 각 전투기들 사이의 공대공 데이터링크를 탑재하기 시작했다.[107)]

과거 화약무기 시대 군사혁신을 선도했던 구스타프 대왕의 후예이자 전통적인 무장중립국으로서 그리펜 전투기, S-100 공중 조기경보통제기, 고틀란트급 잠수함 등의 우수한 무기를 독자적으로 개발, 생산해 온 스웨덴은 C^4I 기능에서도 자주적인 방위역량을 입증하고 있는 것이다. 현재 스웨덴군의 C^4I 체계는 '전술정보 연동체계(TILDS : Tactical Information DataLink System)'로 발전했으며, 스웨덴은 이를 바탕으로 미국의 네트워크중심전과 비슷한 '네트워크기반방위(NBD : Network Based Defense)'를 구현한다는 계획이다. 유사 개념으로는 영국과 독일의 '네트워크형 전투력(NEC : Network Enabled Capability)'이 있다.

한편으로는 유럽 국가들도 정보화전쟁 시대의 새로운 핵심무기로 부각되기 시작한 무인무기의 가치를 주목하고 있다. 지상 무인무기의 경우, 미 육군의 FCS 개발계획에 비해서는 소규모지만, 다양한 종류의 자체 개발이 진행중이다.[108)] 지뢰제거와 장거리 지상 감시·정찰임무를 위해 기존 탱크, 장갑차의 차체에 원격조종기능을 탑재시킨 프랑스의 '표적인식/제거용 로봇체계(SYRANO)', 역시 장갑차를 기반으로 자율 주행, 탐지기능에 중점을 둔 독일의 '지능형 무인기동체계(PRIMUS)'가 대표적이다. 미 육군의 SUGV, MULE

107) 임상민, 2005a, pp.250~251.
108) 신인호, "미래 지상전 '로봇이 주역'", 「국방저널」, 2007년 12월호.

과 유사한 다목적 소형 무인무기도 개발 과정에 있다.

여기에 2001년 아프가니스탄 공격, 2003년 제2차 걸프전쟁을 통해 군사적 효과를 입증받은 무인항공기의 개발 노력도 활발히 이루어지고 있다. 흥미로운 점은 그 가운데 무인전투기도 포함되어 있다는 사실이다. 프랑스를 중심으로 이탈리아, 그리스, 스위스, 스웨덴이 개발에 참여하고 있는 '뉴론', 독일과 스페인이 공동개발 중인 '바라쿠다', 그리고 영국의 '레이븐', '타라니스'가 대표적이다.

프랑스의 '뉴론'(왼쪽)과 독일의 '바라쿠다' 무인전투기(오른쪽).

뉴론과 바라쿠다, 레이븐, 타라니스 모두 현재는 기술실험 단계에 불과하지만, 2010~2015년 사이에 비행시험을 마치고 실전배치 및 운용에 착수한다는 목표로 활발하게 개발을 진행하고 있다. 스텔스 설계와 자율적인 임무수행 능력을 확보하는 데 개발의 초점을 맞춘 것이 공통적인 특징이다. 미국과 마찬가지로 유럽 국가들의 무인전투기도 도입 초기에는 감시 및 정찰, 대공제압, 근접항공지원 등의 비교적 단순한 임무에서 기존 유인전투기들의 역할을 지원, 대체하는 방식으로 운용될 전망이다. 유럽 각국은 기존의 주력 기종보다 성능이 크게 향상된 타이푼, 라팔을 비롯한 신형 다목적전투기들의 도입과 함께 공군력의 규모를 상당히 축소할 계획인데, 이 경우 무인전투기가 주력 유인전투기들을 양적, 기능적으로 보완하는 데 크게 기여할 수 있을 것이다.

이 외에 유럽의 일부 국가들은 미 육군의 랜드워리어와 유사한 미래형 보병무기, 장비를 개발하기 위한 사업도 진행 중이다. 영국의 '미래 통합보병기술(FIST)', 프랑스의 '장비 · 통신통합형 보병(FELIN)', 독일의 '미래 고등보병체계(IdZ-ES)', 이탈리아의 '미래보병체계(Soldato Futuro)', 그리고 스웨덴의 '지상전 병사체계(MARKUS)' 등이 여기에 해당한다.[109]

(2) 합동성과 기능 중심으로

베를린장벽의 붕괴로 냉전이 막을 내린지도 20년에 가까운 세월이 흘렀다. 뿐만 아니라 오늘날의 유럽대륙에는 과거 로마제국이나 나폴레옹, 히틀러처럼 지역 전체에 걸친 정치, 경제, 군사적 패권을 추구하려는 세력도 없다. 역사상 전쟁의 가장 주요한 원인이었던 영토 분쟁이 유럽에서 자취를 감췄음은 물론이다. 덕분에 1990년대 이후 유럽 각국은 안심하고 군사력 규모를 축소하기 시작했으며, 오늘날의 유럽에서는 30만명 이상의 정규군을 보유한 나라를 더 이상 찾아볼 수 없다.[110] 미국과 러시아에게는 1개 지역별사령부 소속의 병력에 불과한 수준이다.

이에 따라 유럽 각국은 군사력의 양적 규모를 축소하는 동시에, 지역 내의 종교, 종족분쟁과 국제 테러리즘을 비롯한 새로운 위협에 효과적으로 대응할 수 있는 전투력의 향상, 발전을 달성해야 하는 과제를 안고 있다. 단순히 새로운 첨단무기를 확보하는 차원을 넘어 병력의 조직화 형태, 즉 부대구조에 대해서도 상당수준의 변화를 요구하는 문제인 것이다.

우선 부대 상부구조에서는 유럽의 주요국가들도 합동성 원칙을 적극 수용하고 있다. 그 가운데서도 가장 앞선 국가는 제2차 세계대전부터 육 · 해 · 공

109) 황재연 · 정경찬, 『퓨처 웨폰-미래 지상전투시스템과 신개념 무기』(군사연구, 2008), pp.339~364.

110) 다만 프랑스의 경우 정규군 약 25만명 외에도 역시 국방부 소속인 10만여명의 헌병군(평시에는 내무부의 통제를 받음)이 있으며, 이들까지 합한다면 유럽에서는 유일하게 30만명 이상의 병력을 보유한 것으로 평가할 수 있다.

3군의 합동지휘체제를 확립해 온 영국이다. 영국군의 최고위 선임장교인 국방참모총장은 영국 국방상의 최고 군사고문인 동시에 기본 군사작전지침을 하달하고, 주요 전투부대의 통합적인 작전지휘도 담당한다. 영국 국방참모총장의 지휘권은 평시에 각 군 본부의 참모총장을 경유하여 간접적으로 행사되지만, 일단 전시에는 직접적인 3군 통합지휘권을 행사할 수 있다. 아울러 국방성 내에 중앙참모부(Central Staff)를 설치하여 정보, 인사, 예산, 해외파병 등을 비롯한 각종 기능의 군사기획에 합동성 반영을 보장하는 제도적 장치 역할을 한다. 독일과 스페인도 이와 유사한 구조의 합동지휘체제를 채택하고 있다.

프랑스군의 부대 상부구조도 합참의장의 군사자문 및 기획 임무 담당, 전시 주요 전투부대에 대한 통합 작전지휘권의 행사를 규정하는 합동지휘체제다. 다만 프랑스는 평시의 경우 각 군 참모총장이 인사, 교육 · 훈련 등의 군정 관련 권한뿐만 아니라 예하 전투부대의 지휘권까지 직접 행사할 수 있도록 한 것이 특징이다.[111] 이탈리아는 절충적 형태의 합동지휘체제를 운용하고 있다. 국방참모총장에게 군사작전 지침을 작성 및 하달하는 권한을 부여한 대신, 군사작전에 관한 한 육 · 해 · 공군 참모총장과의 협조를 거치도록 규정한 것이다.[112]

반면 스웨덴은 통합군 체제의 부대 상부구조를 채택한다. 총병력 2만 7,000여명에 불과한 소규모의 정규군을 효과적으로 운용하기 위해서는 아예 단일사령부가 모든 전투부대를 지휘통제하는 편이 바람직하다는 평가 때문이다. 이에 따라 스웨덴군에는 육 · 해 · 공 3군의 개별적인 본부가 없으며, 총사령부가 전 · 평시를 막론하고 직접 작전권을 행사하도록 되어있다.

유럽 주요국가들의 부대 하부구조 개편은 '전체병력 규모의 감축', '새로운 위협에의 대응 능력에 특화된 기능중심 부대의 강화'로 요약된다. 가장 대표적인 사례는 지난 1996년부터 시작된 프랑스의 국방개혁이다. 이 계획은 오

111) 김병륜, "프랑스 지휘 구조", 「국방일보」, 2006년 8월 28일자.
112) 외교통상부, 『이탈리아 개황 2007』(외교통상부, 2007), pp.60~61.

는 2015년까지, 3단계에 걸쳐서 '병력 규모'보다 '전투력의 질적 우위'를 기반으로 하는 새로운 정예 프랑스군의 건설을 목표로 추진되고 있다. 그 결과 1단계 기간에 해당하는 1996~2004년 사이에 프랑스의 국방인력규모(민간인 군무원 포함)는 총 57만여명에서 44만여명으로 약 12만 5,000명이 감소했다. 10년도 안되어 30%에 육박하는 병력이 줄어든 것이다. 단위부대들의 수도 감축되었다. 육군의 경우 사단급 부대가 폐지되었으며, 현재는 여단 13개(기갑 2개, 경기갑 2개, 기계화보병 2개, 공중강습 1개, 공수 1개, 산악보병 1개, 포병 1개, 기타 3개)와 예하의 연대급 부대를 중심으로 하는 보다 작은 구조로의 재편이 이루어졌다.[113] 해군 함정은 106척에서 85척으로, 공군 전투기도 450대에서 300대 수준으로 줄어든다.[114]

한편으로 프랑스는 병력 규모의 감축을 상쇄하고도 남을 만큼 우수한 신무기의 지속적인 확보 노력을 병행하고 있다. 920여대의 육군 주력탱크 가운데 1/3에 달하는 346대는 기술적으로 세계 최고라는 평가를 받는 최신형 '르클레르' 탱크이며, 그 수는 약 420대까지 증가될 예정이다. 해군은 기존의 샤를드골급 항공모함을 비롯한 중 · 대형 항공모함전단을 1~2개 유지하고, 4척의 신형 핵추진잠수함을 확보하여 장거리 세력투사 능력을 발전시킨다는 방침이다. 공군도 제4.5세대 기종인 라팔 전폭기를 본격적으로 전력화하면 항공기 수가 축소되어도 전투력이 더욱 증대될 것으로 기대한다.

그러나 최근 프랑스의 국방개혁 노력은 큰 위기에 봉착하고 있다. 프랑스군의 주력 무기 상당수가 실전수행에 부적합한 상태에 놓여있는 것으로 드러났기 때문이다. 예를 들어 구형 제3세대 기종인 미라지 전투기와 푸마 헬기는 교체가 지연되면서 해당 기종의 36.9%, 45% 정도만이 운용 가능상태이며, 르클레르 신형 탱크조차 임무수행이 가능한 것은 전체 수량의 41%인 142대에 불과하다.[115] 이보다 앞선 2002년에는 프랑스군 전체 헬기의 50%, 공군

113) IISS, 2007, p.111.
114) 김병륜, "프랑스 2015년 군모델", 「국방일보」, 2006년 8월 7일자.
115) 이명조, "프랑스 軍장비 부실화 심각", 「연합뉴스」, 2008년 6월 9일자.

전력의 40%, 해군 전력의 50%의 운용이 정지되기까지 했다. 병력의 감축이 신무기의 전력화보다 앞서 이루어지고, 신규 전투력의 확충을 뒷받침할 예산 지원조차 계획대로 이루어지지 못한 데 따른 결과였다.[116] 한마디로 '선(先) 병력감축, 후(後) 전력증강'식 개혁의 한계가 드러났다고 할 수 있다.

스웨덴 역시 부대 하부구조의 대대적인 쇄신을 실천하고 있다. 냉전 시절인 1975년 총병력 6만 3,000명에 육군 여단 31개, 공군 전투비행단 40개로 이루어졌던 스웨덴군은 2004년 기준으로 총병력 2만 7,000명, 육군 여단 4개, 공군 전투비행단 8개로 크게 축소된 상태다. 30년 전의 40% 수준인 것이다. 스웨덴은 오는 2010년까지 '네트워크기반방위'를 구현한다는 목표 아래 추가적인 국방개혁을 진행 중이며, 여기에는 병력규모를 2만명 이하까지 감축한다는 내용도 포함되어 있다.[117]

영국의 경우 1996년 4월에 국방참모총장 직속으로 신설된 상설합동작전본부(PJHQ : Permanent Joint HeadQuarters)의 지휘를 받는 합동 신속대응부대가 활동 중이다. 이 부대는 항공모함과 수상전투함, 잠수함, 지원함은 물론, 여단급의 상륙부대까지 포함된 해군 소속의 상륙기동부대, 그리고 공군 소속으로는 12개 비행전대 규모의 전투기와 지원기종(정찰기, 공중급유기, 공중 조기경보통제기 포함) 등을 갖추고 있다.[118]

지난 2004년에 발표된 독일의 군 개혁안은 보다 과감하고 근본적인 성격의 부대 하부구조 개편을 담고 있어서 주목된다. 그동안 육·해·공 3군과 합동지원군, 의무군을 비롯한 5개 군종으로 구성되어 온 독일군을 '투입군(Intervention Forces)', '안정화군(Stabilization Forces)', '지원군(Support Forces)'의 3개 작전기능별 합동 군종으로 재편성한다는 것이 중심 내용이다.[119] 이

---

116) 한때 프랑스 국방당국은 신형 군함의 건조를 위해 민간은행에서 20년 동안의 장기 대출을 받는 계획까지 검토한 바 있다. 유용원, "위기 맞은 프랑스군(軍)이 주는 교훈", 「조선일보」, 2008년 6월 12일자.

117) 박병술, "스웨덴의 군사변환과 시사점", 「週刊國防論壇」, 2005년 11월 7일호.

118) 영국군 상설합동작전본부는 국방부와 각 군 본부에서 차출된 420명의 참모들로 구성되며, 해외파병부대의 지휘권도 행사한다. 공군본부, 2007, p.166.

가운데 투입군은 소규모 국지분쟁에 재빨리 대응하기 위한 정예 신속대응부대로 육군의 기갑, 기계화보병 부대와 특수전 부대, 원거리 전개능력을 보유하는 해군 함정과 공군 전투기 부대 등으로 구성된다. 안정화군의 주요 임무는 UN 평화유지활동(PKO : Peace-Keeping Operations)처럼 해외 분쟁지역에서의 중 · 장기적인 갈등관리, 치안회복, 재건 및 복구지원을 포함한다. 안정화군은 육군의 일반 보병과 공수부대를 비롯한 경무장 병력을 중심으로 해 · 공군 전력의 지원이 추가되는 형태로 구성된다. 그리고 지원군은 독일 영토의 방위와 투입군, 안정화군에 대한 각종 기능지원을 담당한다.

독일군은 오는 2010년까지 전체 병력을 투입군, 안정화군, 지원군으로 개편하겠다는 방침이다. 이 경우 독일군의 병력 구성은 투입군 3만 5,000명, 안정화군 7만명(예하 5개 부대 포함), 그리고 지원군 14만 7,500명을 포함하는 총 25만 2,000명으로 조정된다. 동시에 육 · 해 · 공군의 각 단위부대 규모를 축소하는 계획도 진행되고 있다. 육군은 8개 사단을 5개(보병 2개, 기계화 1개, 특수전 1개, 공수 1개)로, 해군은 5개의 전투함정 기준 전단을 2개의 해역(북해, 동해) 기준 전단으로, 그리고 공군은 4개 비행단을 3개로 각각 감축할 예정이다.[120]

최근 유럽 주요국가들의 부대 하부구조 개편에서 공통적으로 나타나는 특징 가운데 하나는 해외군사활동을 수행할 수 있는 원정부대의 비중이 점차 강화되고 있다는 점이다. 여기에는 냉전 이후 NATO의 임무와 작전범위가 지리적으로 확대 추세에 있는 것이 큰 배경으로 작용한다. 냉전 당시만 해도 NATO의 임무는 소련군과 바르샤바 조약기구의 거대한 군사력에 맞서는 것이었지만, 이들의 위협이 사라진 1990년대부터는 유럽 전체의 질서안정을 정치 · 군사적으로 뒷받침하는 수준으로 강화되었다. 단순한 군사동맹에서 집단안보(集團安保 : Collective Security) 기구가 된 것이다. 1999년 3~6월 코소보 난민학살을 막기 위한 인도주의적 개입의 명분으로 단행된 NATO군의 세르비아 공습은 그 시작이었다.

119) 김병륜, "독일군 개혁", 「국방일보」, 2006년 10월 30일자.
120) 공군본부, 2007, pp.204~205.

2001년 9.11 테러사태 이후에는 아예 유럽을 넘어 이슬람계 과격 테러리즘 집단의 근거지가 되고 있는 아랍, 중앙아시아 등지에서의 질서 및 치안회복, 재건, 복구 등의 지원 임무를 통해 '테러와의 전쟁'의 일익을 담당할 정도가 되었다. 아프가니스탄에서 활동 중인 국제치안지원군(ISAF : International Security Assistance Force)의 다수도 NATO 소속의 유럽 국가에서 파견된 병력이다.[121]

아프가니스탄에서 활동 중인 영국군. NATO의 작전범위 확대로 유럽 각국에서도 해외군사활동의 비중이 증대되고 있다.

이는 정치 · 경제 · 사회적인 세계화(世界化 : Globalization)가 심화되면서 국제 테러리즘, 지역 분쟁에 따른 난민 문제는 단일국가 차원에서 통제하기 어려운 초국가적 안보위협으로 자리잡고 있으며, 따라서 지리적으로는 유럽 밖이라고 해도 주요 분쟁지역의 질서안정이 곧 유럽의 안전과도 직결될 수밖에 없다는 경각심이 작용한 것이다. 그 결과 NATO 소속 국가들을 중심으로 점점 더 많은 유럽 국가들이 UN PKO, 테러와의 전쟁을 비롯한 해외군사활동을 국가안보의 중요 과제로 규정하고, 전담부대 및 지원전력 강화를 추진하기 시작하였다.

이 경우 가장 먼저 해외원정 임무에 투입될 수 있는 병력은 역시 해병대를

121) 2008년 2월을 기준으로 ISAF의 병력은 총 4만 1,000명(미군 1만 9,000명 포함)이며, NATO 소속 유럽 국가는 병력 1,000명 이상이 6개국(영국, 네덜란드, 프랑스, 독일, 이탈리아, 폴란드), 병력 500~1,000명 사이가 4개국(스페인, 덴마크, 노르웨이, 루마니아), 병력 100~500명 사이는 9개국 등이 참여하고 있다. 인터넷 웹사이트 http : //en.wikipedia.org/wiki/International_Security_Assistance_Force "International Security Assistance Force" (검색일자 2008년 4월 15일)

비롯한 상륙작전 부대다. 때문에 유럽에서 해외군사활동 확대에 적극적인 국가들의 상당수는 연대급 내지 여단급의 해군 소속 상륙부대를 보유 중이며, 핵심 지원전력으로서 척당 300~1,000명 이내의 병력을 수송하는 배수량 10,000~20,000톤급 상륙모함을 운용하고 있다.[122] 특히 상륙모함 자체는 약 20대의 헬기, 고정익항공기까지 탑재하는 경항공모함의 능력도 일부 갖추어서 잠재적인 전략무기의 역할까지 해낸다.

NATO 신속대응군(NRF : NATO Response Force)의 창설도 주목할 만한 대목이다. 9.11 테러사태로부터 1년만인 지난 2002년 9월, 럼스펠드 당시 미 국방장관의 제안으로 그해 11월 NATO 국방장관회담에서 창설이 합의되었고, 2003년 11월 8,500명 규모의 시범부대 창설을 시작으로 현재는 2만 5,000명 규모의 상비전력을 갖추었다. NATO 신속대응군의 병력구조는 여단급 육군부대, 해군의 상륙 · 지원전단, 공군의 전투기 및 공중급유기, 공중 조기경보통제기 등을 갖춘 합동원정군이며, 5일 내에 세계 어느 지역으로든 투입되어 외부지원 없이도 1개월 동안 독자적인 임무수행이 가능하다. 이처럼 NATO 신속대응군은 무력충돌 초기에 긴급히 대응할 수 있는 선발대 역할에 초점을 맞추고 있으며, 임무범위는 분쟁지역 내의 평화유지, 대테러 작전, 인도주의적 지원 등으로 다양하다.

⑶ 유럽의 깃발 아래

과거 유럽의 역사는 국가들 사이의 숱한 대립과 전쟁으로 점철되었다. 그러나 오늘날의 유럽은 세계 어느 지역에서도 시도되지 못한 협력과 통합의 시험무대로 바뀌고 있다. 제2차 세계대전의 참상이 여전히 남아있던 1951년,

---

122) 구체적으로 영국은 해병대 7,000명에 상륙모함 3척, 프랑스는 해병대 약 2,000명에 상륙모함 5척, 이탈리아는 해병대 2,000명에 상륙모함 3척, 스페인은 해병대 5,300명에 상륙모함 3척(전략수송함 후안 카를로스 1세 1척 포함), 그리고 네덜란드가 해병대 3,100명에 상륙모함 2척을 각각 보유하고 있다.

프랑스와 독일(당시 서독), 이탈리아, 베네룩스(네덜란드, 벨기에, 룩셈부르크) 3개국으로 발족한 유럽석탄철강공동체(ECSC : European Coal & Steel Community)가 그 시작이었다.[123] 이후 1957년의 『로마조약』 체결로 유럽경제공동체(EEC : European Economic Community)가 창설되고, 1967년에는 ECSC의 기능이 EEC에 흡수되면서 유럽공동체(EC : European Community)로 확대된다. 그리고 1992년 『마스트리히트 조약』이 체결되면서 마침내 정치 · 경제 · 사회 각 분야에서의 통합을 목표로 하는 유럽국가들의 포괄적인 지역기구, 즉 유럽연합(EU : European Union)이 탄생하였다. 로마제국의 멸망 이후 1,500년이 넘는 세월만에 유럽은 다시금 하나의 거대 세력으로 거듭날 수 있는 발판을 마련한 것이다.

EU는 출범 당시부터 단일시장과 단일 화폐의 채택을 비롯한 경제통합은 물론, 가입국에 공통적으로 적용되는 노동 · 이민 등 공동 사회정책, 그리고 공동의 외교 · 국방정책까지 추진할 것임을 밝힌 바 있다. 당초 유럽의 공동외교안보정책(CFSP : Common Foreign & Security Policy)은 경제통합에 비해서는 큰 주목을 받지 못했지만, 냉전 이후의 새로운 안보환경이 등장하면서 점차 그 필요성이 부각되기 시작했다. 1990년대 초 발칸반도의 분리독립에서 비롯된 유고지역 내전과 대규모 종족학살, 그리고 1998~1999년 코소보 난민학살 사태의 대응 과정에서 EU를 비롯한 유럽 국가들의 역할은 극히 미약했다. 때문에 미국의 강력한 군사력이 뒷받침된 NATO의 개입에 의존할 수밖에 없었다. 2003년의 제2차 걸프전쟁 직전에는 미국의 이라크 침공을 둘러싸고 유럽지역이 서로 양분되기까지 했다. 미국의 전통적 동맹국인 영국과 이탈리아, 스페인,[124] 그리고 폴란드를 비롯한 동유럽의 신흥 친미(親美)국가

123) ECSC의 창립은 서독의 재무장을 견제하려는 프랑스, 그리고 전후 경제재건을 위한 산업자원의 안정적 확보를 필요로 했던 서독의 동기가 서로 결합하면서 이루어졌다. 결국 ECSC는 서독과 프랑스의 상반된 의도에도 불구하고 석탄과 철강이라는 가장 중요한 산업자원의 공동관리를 통해 유럽 내의 경제협력은 물론, 정치 · 외교적 협력의 가능성을 여는 계기가 된 것으로 평가된다.

들은 이라크 침공을 지지했던 반면, 유럽대륙의 대표 세력이었던 프랑스와 독일은 강력히 반대하고 나섰던 것이다.[125)]

이처럼 국제사회에서 유럽의 정치 · 외교적 위상은 세계 3위인 4억 9,700만명 이상의 인구, 그리고 GDP 총량 및 시장 규모에서 미국을 능가하는 세계 최대의 경제력과 큰 괴리를 나타내고 있는 실정이다. 이제까지 미국 주도의 NATO에 전적으로 의존해 왔던 지역 차원의 독자적인 안보 역량을 강화시켜야 할 필요성이 절실해진 것이다. 그 결과 유럽은 최근 수년 동안에 걸쳐 최소한 역내 지역분쟁에 대한 예방, 초기 신속대응 임무 등을 수행할 정도의 자체 군사력을 확보, 발전시키려는 노력을 기울여 왔다. EU 산하에 군사위원회, 유럽방위청(EDA : European Defence Agency), 공동위성센터, 그리고 NATO와 독립된 군사작전센터 등을 설치한 것이 대표적 성과다. 앞서 살펴본 갈릴레오 위성항법체계, 유럽 국가들의 공동 무기개발(예 : 유로파이터, SAMP-T)도 유럽의 독자적 군사역량 구축에 큰 토대가 되고 있다.

EU 차원의 군사력 확보를 위한 노력은 유럽 신속대응군(ERRF : European Rapid Reaction Force) 창설로 이어졌다. 유럽 신속대응군의 창설은 1997년 『암스테르담 조약』의 체결 당시 영국과 프랑스 정상의 합의에서 비롯되었으며, 1999년 핀란드 헬싱키에서 EU 회원국 정상들이 합의함에 따라 확정되었다. 유럽 신속대응군은 총병력 규모가 1개 군단급인 5~6만명에 달하며, 예하에 2~4개의 여단급 부대를 보유하는 것이 목표다. 주로 NATO군의 개입이 어렵거나 불필요한 유럽 및 인근지역에서 EU의 지휘 아래 인도주의적, 평화유지 임무를 담당하도록 되어있다.[126)] 하지만 동원군 중심으로 병력이 구성되어

124) 스페인은 제2차 걸프전쟁 이듬해인 2004년 3월의 총선거(알카에다의 마드리드 열차폭탄테러 사건 직후에 실시되었음)에서 좌파인 사회민주노동당이 승리하면서 미국의 이라크 점령에 반대하는 입장으로 선회했으며, 전후 이라크에 파견했던 병력도 모두 철수시켰다.

125) 당시 럼스펠드 미 국방장관은 미국의 이라크 침공에 반대했던 프랑스와 독일을 '늙은 유럽(Old Europe)'이라고 폄하하여 국내외적인 논란을 증폭시키기도 했다.

126) 공군본부, 2007, pp.457~458.

투입기간이 최대 2개월이나 걸려서 NATO보다 신속대응 능력이 크게 떨어진다.

프랑스-독일 합동여단의 훈련 모습

이러한 유럽 신속대응군의 문제점을 보완하기 위한 현실적인 해결책으로 등장한 것이 지난 2004년 6월말부터 편성된 영국-프랑스-독일의 3개국 신속대응군이다. 유럽을 대표하는 군사강국인 이들 세 나라의 정규군에서 차출된 1,500명 단위의 전투부대 7~9개를 포함하는 총 1만명의 병력으로 구성되며, NATO 신속대응군처럼 5일 이내에 분쟁지역으로 투입되어 1개월 동안 독자적으로 임무수행이 가능한 능력을 보유하도록 되어있다.127) 신속대응군의 파병 여부는 3개국의 만장일치 동의로 결정되며, 유럽 및 NATO의 신속대응군이 본격 투입되기 이전에 분쟁지역 내에서 단기적인 특수작전이나 UN, EU의 감독 아래에서 분쟁예방, 평화유지 임무를 수행하는 것을 주요 기능으로 한다.

지난해 1월부터는 EU의 최고위 기구인 유럽정상이사회(European Council) 직속인 EU 군사작전센터가 본격 운영되기 시작했다. EU 군사작전센터는 NATO와는 별개로 EU 회원국의 병력으로 이루어진 1,500명 규모의 전투단(Battlegroup)을 지휘할 수 있다. 현재까지 편성된 EU 전투단은 15개에 이르는데, 대부분 2~3개국의 병력으로 구성되는 다국적 부대다. 유사시 언제든지 투입이 가능하도록 2개 전투단이 상시대비 태세를 갖추고 있으며, 6개월마다 순환, 교대된다.128) 영국과 프랑스가 주도하는 EU의 독자적인 합동해군 창설도 추진되고 있다.129)

127) 공군본부, 2007, p.461.
128) 인터넷 웹사이트 http : //en.wikipedia.org/wiki/European_Union_battlegroups "European Union battlegroups" (검색일자 2008년 7월 20일)

하지만 위와 같은 노력에도 불구하고, 유럽이 NATO를 앞세운 미국에 대한 의존으로부터 독립적인 군사역량을 확보하기까지는 많은 어려움이 예상된다. 가장 큰 문제는 미국보다 훨씬 적은 유럽 국가들의 군사비 지출규모다. 세계의 연간 군사비 지출순위에서 영국과 프랑스, 독일, 이탈리아는 각각 2위와 3위, 6위, 8위를 기록하지만, 이들 4개국의 군사비를 모두 합쳐도 미국이 지출하는 군사비 액수의 약 34%에 불과하다.[130] 냉전 이후 경제, 사회복지의 비중이 커지고 있는 유럽 각국의 정책을 고려할 때, 군사비의 지출 확대를 정당화시키기는 더욱 쉽지 않다.[131] 군사적 신속대응 역량의 핵심이라고 할 수 있는 유럽의 자체 정보수집, 원거리 병력전개(예 : 해상 · 항공 수송) 기능도 아직 미국과의 격차가 큰 실정이다. 그리고 NATO와 별개로 운용되는 유럽 군사력의 강화, 발전을 경계하는 미국의 잠재적인 반대와 견제 가능성에 어떻게 대처하느냐의 문제도 무시할 수 없다.

4. 군사 강소국(强小國)들

(1) 이스라엘

이스라엘의 역사는 곧 국가생존을 위한 주변 세력들과의 대결과 투쟁의 역사다. B.C 2,000년 무렵 아브라함 시대에 처음 '젖과 꿀이 흐르는' 팔레스타인 지역에 정착한 이래, 유태인들은 고대 시절부터 이집트와 아시리아, 바빌

---

129) EU의 합동해군은 영국과 프랑스가 배치하는 항공모함을 중심으로 나머지 EU 국가들의 수상전투함, 잠수함, 수송함 등이 포함되는 형태로 구성될 전망이다. 이명조, "유럽연합, 항모전단. 합동해군 추진", 「연합뉴스」, 2008년 6월 16일자.

130) SIPRI, 2007, p.270.

131) 안병억, "경제 거인, 정치 난쟁이, 군사 무지렁이 유럽연합의 얼굴", 「신동아」, 2004년 2월호.

로니아 제국을 비롯한 주변 강대국들로부터 숱한 침탈을 받아왔다. 서기 1~2 세기에는 로마제국에 의해 내부 저항세력이 전멸당하면서 유태인들은 나라를 잃고 흩어져야만 했다.[132] 유태인들의 국가 재건을 위한 노력은 19세기 말 시오니즘(Zionism)의 등장으로 활기를 띄기 시작했으며, 제2차 세계대전 당시 독일 나치스 정권이 자행한 600만명 이상의 유태인대학살 직후에는 보다 많은 유태인들이 선조들의 땅인 팔레스타인으로 이주하였다. 그리하여 1948년 5월, 나라를 잃은지 약 2,000년만에 다비드 벤 구리온을 수상으로 하는 신생국가 이스라엘의 건국이 선포되었다.

하지만 이스라엘의 유태인들은 나라를 되찾았다는 환희를 만끽할 여유조차 얻지 못했다. 곧바로 주변 아랍 국가들이 침략해 왔기 때문이다. 이 제1차 중동전쟁에서 이스라엘군은 6개월 동안의 악전고투 끝에 침략을 격퇴해냈으며, 국가생존을 위한 최초의 시험을 이겨냈다. 1967년 6월에는 이집트와 시리아, 요르단의 군사적 포위에 직면했지만, 이스라엘은 이들 3개국에 대한 선제공격을 감행함으로써 불과 6일만에 시나이반도와 골란고원, 요르단강 서안 등 주변 지역들을 점령하는 대승리를 거두었다. '6일전쟁'에서 이스라엘이 승리하면서 아랍국가들은 더 이상 이스라엘의 제거, 타도를 주장할 수 없게 되었고, 이스라엘은 생존을 확고히 보장받게 되었다.

1973년의 제4차 중동전쟁, 즉 10월전쟁에서는 이집트와 시리아의 치밀하고 조직적인 기습공격과 지상 방공전력, 대전차 유도무기를 앞세운 비대칭적 작전으로 개전 초반 이스라엘이 크게 고전하기도 했다. 그러나 이스라엘군은 재빨리 전세를 역전시키는 데 성공했으며, 결국 6일전쟁에서 확보한 영토를 지킬 수 있었다. 1982년의 레바논 침공에서는 무인항공기와 조기경보기, 고성능 정밀유도무기를 탑재하는 신형 전투기 등을 대거 동원하여 시리아의 지

132) 로마제국에 최후까지 항거했던 유태인들은 서기 73년 이스라엘 남부 사막의 마사다 요새에서 집단 자결하였다. 이후 마사다 요새는 이스라엘과 유태인들의 저항정신을 상징하게 되었고, 이스라엘군은 매년 마사다 요새에서 장교 임관식을 거행하여 선조들의 희생을 기리고 있다.

상 방공전력을 무력화시키고, 완벽에 가까운 제공권을 달성하여 '레바논에서의 PLO 축출'이라는 목적을 이루었다. 이는 미국보다도 먼저 정보화전쟁을 실전에서 구현해낸 대표적인 사례로 손꼽힌다.

오늘날 이스라엘은 자타가 공인하는 자주국방(自主國防)의 대명사다. 이스라엘의 주변에는 믿을만한 동맹국도 없으며, 국토면적과 인구를 비롯한 전체 국력은 물론 군사력의 양적 규모에서도 주변 아랍국가들보다 절대적으로 뒤떨어지는 매우 불리한 조건에 놓여있다. 그럼에도 불구하고 지난 60년에 걸쳐 생존을 유지했을 뿐만 아니라, 4차례가 넘는 전쟁에서 줄곧 승리하는 '기적'을 이루어냈다. 그렇지만 이는 기적이 아니라 "두 번 다시 나라를 빼앗기지 않겠다"는 이스라엘 국민들의 결연한 안보의식, 질적으로 우수한 유형 전투력, 과감하고 적극적인 군사전략, 그리고 잠재적인 국방역량을 최대한 발휘할 수 있는 동원 및 부대구조 등을 꾸준히 발전, 강화시킨 결과였다. 요컨대 이스라엘의 군사적 성공은 건국 이후의 각종 전쟁에서 얻은 풍부한 실전경험을 토대로 하는 군사혁신에 의한 것이다.

약 630만명에 달하는 이스라엘의 전체 인구 가운데 정규군의 규모는 16만 8,000명(육군 12만 5,000명, 해군 8,000명, 공군 3만 5,000명)이다. 전체 인구의 2.6%나 되는 높은 수준이지만, 주변 아랍 국가들이 보유하는 병력 규모에 비하면 한참 부족하다. 주요 무기의 보유수량은 아래와 같다.133)

- 탱크 : 3,657대
- 장갑차 : 1만 419대
- 야포 : 1,300문(견인포 456문, 자주포 620문, 다연장로켓포 224문)
- 잠수함 : 3척
- 연안전투함정 : 47척(초계함 3척, 미사일정 10척, 쾌속정 34척 등)
- 전투기 : 376대(전폭기 177대 포함)
- 전자전기 : 8대

133) IISS, 2007, pp.228~229.

• 공중 조기경보통제기 : 2대
• 무인항공기 : 22대
• 수송기 : 48대
• 헬기 : 261대(대전차공격용 95대 포함)
• 지상 방공무기 : 881대(지대공미사일 66대 포함)

이스라엘군의 F-15/16 전투기(왼쪽)와 '메르카바' 주력 탱크(오른쪽). 주변 아랍국가의 동급 무기들보다 우수한 전투력을 자랑한다.

동급 수준의 중소국가 기준으로는 큰 무장규모지만, 역시 주변 아랍국가의 보유 수량에는 못 미치는 수준이다.[134] 대신 이스라엘군은 아랍 국가들의 것보다 우월한 전투력을 갖춘 고성능의 신무기들을 집중적으로 확보하고 있다. 육군 탱크의 약 46%를 차지하는 '메르카바' 탱크는 1982년의 레바논 침공을 비롯한 여러 전투에서 아랍 국가들의 러시아제 탱크들을 제압하여 우수성을 입증해냈다. 공군 전투기의 90%나 되는 미국제 F-15, F-16도 주변 아랍국가 공군이 보유한 구형 러시아제 전투기보다 우수한 성능으로 이스라엘과 주변 공역에서의 제공권을 확고히 장악하고 있다. 지중해와 인접하는 북서쪽을 제외한 국토 대부분이 내륙인 이스라엘의 지리적 특성상, 해군 전력은 큰 비중

134) 한 보기로 이스라엘의 최대 무력분쟁 당사국인 시리아는 정규군 30만 7,600명에 탱크 4,950대, 장갑차 3,950대, 야포 3,440문, 대전차미사일 5,190발, 지대지미사일 142기(스커드 탄도미사일 48기 포함), 해군 호위함 2척, 연안전투함정 18척, 전투기 468대, 지대공미사일 707기 등을 보유하고 있다. 여기에 이란, 이집트, 요르단을 비롯한 나머지 아랍국가들의 병력까지 합친다면 이스라엘군의 군사력 규모는 주변 아랍국가들보다 절대적으로 불리한 것이다. IISS, 2007, pp.244~245.

을 차지하지 못한다. 하지만 3척의 '에일라트(배수량 1,200톤)'급 스텔스초계함과 10척의 미사일정, 그리고 독일에서 건조된 3척의 '돌핀(수중배수량 1,900톤)'급 디젤추진 잠수함 등을 보유하여 연안방어 능력을 강화하는 데 주력하고 있다.

그 존재가 여전히 비밀로 남아있는 이스라엘의 장거리 탄도미사일도 가공할만한 위력을 갖춘 것으로 알려진다. 1970년대 초에 개발된 사거리 500km의 '제리코' 1호를 시작으로, 1980년대 말에는 사거리가 1,500km 이상으로 연장된 제리코 2호가 개발되었다.[135] 가장 최신형인 제리코 3호의 사거리는 ICBM 수준인 5,000km에 이른다는 평가다. 모두 핵탄두 장착이 가능하여 유사시 대량보복용으로 운용될 가능성이 높다.

정보화전쟁을 위한 첨단 정보수집, 무인무기, 정밀유도무기 전력에서도 이스라엘은 뛰어난 역량을 자랑한다. 우선 저고도로 고속 침투하는 적 항공기에 대한 조기경보 기능의 강화를 위해 보잉 707 민간항공기에 360° 사방의 수백km 이내를 동시에 추적, 탐지할 수 있는 위상배열레이더를 탑재시킨 '팰콘' 공중 조기경보통제기 2대를 도입, 종전의 E-2 조기경보기를 대체하였다. 현재는 걸프스트림 G550 중소형 항공기에 신형 위상배열레이더를 탑재한 3대의 '에이탐' 공중 조기경보통제기가 도입 중이다. 또한 이스라엘은 해상도 1~2m 내외의 영상정보를 수집할 수 있는 '오펙' 광학위성 3개,[136] 해상도 1m 미만의 '폴라리스' SAR 위성 1개를 발사하여 세계 9번째로 정찰위성 운용국가가 되었다.

135) 이스라엘이 독자개발한 인공위성 발사용 '샤빗' 로켓은 제리코 2호 탄도미사일을 개조, 변형한 것으로 알려져 있다.

136) 이스라엘의 '에로스' 민간상업위성 2개도 해상도 약 2m의 영상정보를 수집할 수 있어서 잠재적인 정찰위성으로 활용 가능한 것으로 평가된다.

이스라엘의 G550 신형 공중 조기경보통제기(왼쪽)와
AGM-142 '뽀빠이'공대지미사일(오른쪽)

무인무기의 경우, 이스라엘은 1982년 레바논 침공을 통해 자국산 무인항공기 전력의 우수성을 과시한 바 있다. 오늘날 이스라엘은 미국과 더불어 세계 정상급으로 인정받는 무인항공기 개발능력을 바탕으로 중 · 저고도 정찰, 대공제압 등의 임무를 위한 여러 종류의 무인항공기를 개발, 운용 중이다. 여기에 육 · 해군의 정보수집, 근거리 경계, 제한적인 전투임무 등을 수행할 수 있는 각종 무인 지상차량과 수상함정까지 개발하고 있다.

뿐만 아니라 이스라엘은 다양한 정밀유도무기를 독자 개발할 수 있는 능력도 갖추었다. 그 대표적인 단거리 공대공미사일 '파이톤'과 BVR 교전용 중거리 공대공미사일 '더비'는 미국의 사이드와인더, 암람과 필적할만한 성능을 자랑한다. 원거리 타격을 위한 사거리 80~150km의 AGM-142 '뽀빠이' 공대지미사일은 3m 이내로 표적을 정확히 명중시킬 뿐만 아니라, 지하시설처럼 견고한 표적까지 관통, 파괴할 수 있는 고성능의 탄두를 장착하여 전략무기로도 운용이 가능하다. 최근에는 사거리가 최대 1,500km까지 대폭 연장되고, 해군의 돌핀급 잠수함에서 탑재, 발사되는 개량형 뽀빠이 순항미사일이 개발, 배치 중인 것으로 알려진다. 이 외에도 이스라엘은 제2차 걸프전쟁에서 사용되었던 미국의 지하시설 공격용 GBU-28 레이저유도폭탄, JDAM 위성항법유도폭탄 등의 공대지 정밀유도폭탄까지 도입하고 있다.

'첨단무기를 앞세운 질적 전투력의 우위'와 더불어 이스라엘식 군사혁신을 대표하는 특징은 바로 '공세 중심의 방위전략'이다. 국토면적이 약 2만km^2에 불과하며, 적대적인 주변 국가들에게 포위되어 있는 이스라엘에게 외부 세력의 기습침략은 단순히 군사적 패배로 끝나지 않는다. 자칫 국가 전체의 생존기반이 일순간에 무너져버릴 위험부담이 크기 때문이다. 따라서 이스라엘군은 자국 영토가 전장화되는 것을 막는 데 군사전략의 초점을 두고 있으며, 이를 위해 전쟁이 벌어지는 주요 전투공간을 적 영토로 신속히 전환, 확대시키는 공세적인 전력운용 방식을 채택해 왔다. 그동안 이스라엘이 치렀던 여러 전쟁에서 육군의 기갑 및 기계화보병 부대,[137] 공군 전투기를 비롯한 기동전력이 항상 승리의 주역으로 활약했던 것도 이와 무관하지 않다.

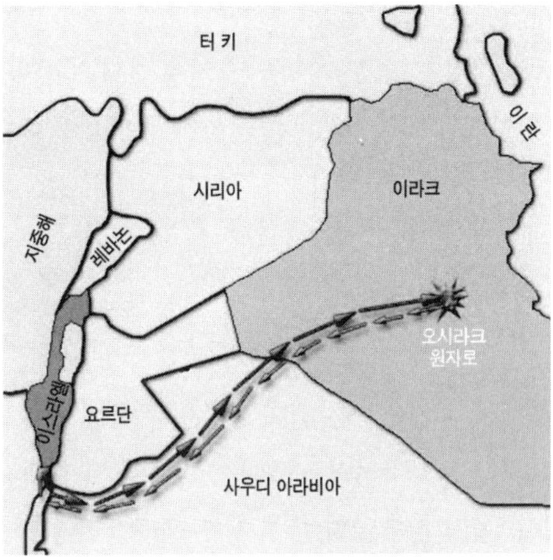

1981년 6월 7일 이스라엘 공군의
오시라크 원자로 공습경로

특히 이스라엘은 외부 세력의 적대적인 군사행동 징후가 명백해질 경우에는 선제공격까지 불사할 수 있음을 보여주기도 했는데, 1967년의 6일전쟁은 가장 대표적인 사례다. 심지어 이스라엘 공군은 1981년 6월 7일 이라크의 '오시라크' 원자로와 플루토늄 재처리시설,[138] 그리고 지난해 9월 6일에는 시리

137) 이스라엘 정규군의 지상 기동부대는 2개 기갑사단과 15개 기갑여단으로 구성되며, 이들은 주력 메르카바 탱크를 운용한다. 4개 보병사단과 12개 보병여단도 병력수송용 장갑차를 운용하여 높은 기동력을 발휘할 수 있다. 예비전력으로는 이보다 규모가 큰 8개 기갑사단 예하의 15개 기갑여단과 4개 보병여단, 그리고 6개 기계화보병여단이 편성되어 있다. IISS, 2007, p.228.

138) 당시 이스라엘 공군은 직접 원자로를 공격하는 F-16 8대와 공대공 엄호를 담당한 F-15 6대를 출격시켰다. 이들 14대의 전투기가 이스라엘에서 요르단, 사우디아라비아 상공을 거쳐 바그다드 동남쪽으로부터 약 20km 떨어진 오시라크 원자로까지 비

아의 원자로를 완공되기 전에 공습, 파괴하여 이들의 핵무기 개발능력을 무력화시켰다. 개전 시점부터 전쟁 수행에서의 주도권을 차지하여 군사력의 양적 열세를 극복하겠다는 이스라엘의 강력한 의지를 반영하는 것이다.

이스라엘의 독특한 군사혁신은 부대구조 편성에서도 잘 나타난다. 이스라엘군의 최고위 선임장교인 총참모장은 군사력의 건설과 기획, 군사전략 및 작전지침을 정립할 뿐만 아니라 전 · 평시를 막론하고 육 · 해 · 공 3군의 주요 전투부대에 대한 작전권을 행사하는 막강한 권한을 갖는다. 아울러 이스라엘군 총참모장은 최대 군종인 육군의 사령관까지 겸하여 북부, 중부, 남부, 후방의 4개 지역별 사령부를 통해 직접 예하 전투부대를 지휘한다. 여기까지 보면 이스라엘군의 부대 상부구조는 전형적인 통합군 체제라고 여겨질 수도 있을 것이다. 하지만 해군과 공군의 경우 각 군 사령관이 총참모장에 대한 군사참모 역할, 훈련 및 교육, 인사, 군수지원 등의 군정 권한을 갖는 것과 더불어, 예하 전투부대에 대한 작전권의 행사까지 보장받고 있다.[139] 공군 특유의 강점인 신속대응, 원거리 기동 · 타격능력을 최대한 발휘하여 제공권의 장악, 적국 영토로의 신속한 전선확대 및 전환을 달성하기 위해서는 공군 자체의 전문성과 자율성을 존중해야 한다는 취지에 따른 것이다. 요컨대 이스라엘군의 부대 상부구조는 명목상 통합군 체제지만, 실질적으로는 합동군 체제라고 할 수 있다.

부대 하부구조의 경우, 이스라엘은 양적으로 부족한 정규군을 보완할 수 있는 예비전력의 유지 및 발전에 큰 노력을 기울이고 있다. 현재 이스라엘의 예비전력 규모는 총 40만 8,000명(육군 38만명, 해군 3,500명, 공군 2만 4,500명 포함)으로 정규군의 2배가 넘으며, 기갑, 기계화보병, 공수부대 등에서 최전방의 전투 임무를 수행하는 제1예비역과 보병, 지원부대에 충원되어 후방지역 방어를 담당하는 제2예비역으로 나뉜다.[140] 이들은 1년에 38~62일 동안

행한 거리는 1,170km였으며, 임무 소요시간은 90분이었다. 김홍래, 1996, pp.153~156.

139) 공군본부, 2007, p.288.

140) 제1예비역은 현역복무를 마친 직후인 남성 21~39세, 여성(이스라엘은 여성에게도

소집되어 실전 훈련을 이수함으로써 높은 전투수행 능력을 유지하며, 24시간 이내에 전체 예비전력의 80%, 72시간 이내에는 100% 동원을 완료할 수 있다.

오늘날 이스라엘이 직면한 최대의 군사위협은 더 이상 주변 아랍국가들의 거대한 재래식 군사력이 아니다. 그보다는 장거리 탄도미사일로 발사될 수 있는 대량살상무기, 하마스와 헤즈볼라를 비롯한 반(反)이스라엘 테러리즘 집단에 의한 자살폭탄 공격과 저항전 등 제4세대 전쟁이 실질적인 위협으로 부각되고 있다.[141] 재래식 무기의 질적 수준에서 이스라엘과 대적할 수 없음을 깨달은 주변 아랍국가들이 군사적, 정치·외교적 압력수단으로 동시에 활용될 수 있는 탄도미사일을 적극 확보하기 시작한 것이다. 1991년의 제1차 걸프전쟁 당시 이라크가 발사한 스커드 탄도미사일은 이스라엘에 적지 않은 인적·물적피해를 입혔으며, 현재 이란과 시리아가 이스라엘을 공격할 수 있는 사거리 500~1,000km 수준의 장거리 탄도미사일을 운용 중이다. 레바논과 인접한 북부 도시들도 헤즈볼라가 대량으로 보유한 다연장로켓포, 단거리 로켓의 사거리 내에 놓여있는 실정이다.

2006년 7~8월 레바논에서 34일 동안 계속된 헤즈볼라와의 무력 대결은 이스라엘 군사력이 제4세대 전쟁에서 얼마나 큰 취약성을 안고 있는지를 여실히 보여주었다. 이 사건은 헤즈볼라의 이스라엘 국경수비대 습격, 병사 납치

병역 의무를 부과함) 20~24세이며, 제2예비역은 40~44세 사이의 남성으로 구성된다. 공군본부, 2007, p.284.

141) 하마스는 PLO가 지난 1980년대 이래 이스라엘과의 평화공존을 전제로 하는 팔레스타인의 자치, 독립노선으로 선회한 것에 반발하여 결성된 과격 저항단체이며, 이스라엘과 유태인들을 팔레스타인 지역에서 완전히 몰아내는 것을 목적으로 삼아 자살폭탄 공격 위주의 테러리즘을 자행하고 있다. 헤즈볼라 역시 1980년대 초 레바논 남부지역을 근거지로 창설되었는데, 궁극적인 목적은 레바논을 이란과 같은 이슬람 신정(神政)국가로 만드는 것이다. 헤즈볼라는 약 1만명 내외 규모의 민병대와 정예 전투요원을 보유한 아랍 최대의 비(非)국가 무장단체이며, 동시에 공식 정당조직까지 갖추어 레바논 내에서 상당한 정치적 영향력을 행사하고 있다. 헤즈볼라의 주요 지원세력은 시리아, 이란으로 무기 공급과 군사훈련, 재정 지원 등을 제공하고 있는 것으로 알려진다.

직후에 이스라엘군이 헤즈볼라 거점지역을 보복 공격하면서 시작된 것으로, 육군 8개 여단 소속의 병력 1만여명이 투입되었다.[142] 하지만 이스라엘군은 민간시설에 은신하며 휴대용 대전차무기를 동원하는 시가전, 연안지역에서의 지대함미사일 공격, 그리고 국경지대 주변을 겨냥한 4,200발 이상의 로켓무기 등을 앞세운 헤즈볼라의 저항 앞에서 고전을 면치 못하였다. 뿐만 아니라 공습 과정에서의 잇따른 오폭, 70여만명에 달하는 난민 발생으로 국제사회의 여론마저 이스라엘에 불리해졌다. 결국 이스라엘은 '헤즈볼라의 무장해제'라는 당초 목적을 달성하지 못한 채 UN의 중재로 휴전에 동의할 수밖에 없었다. 무적을 자랑하던 이스라엘군에게는 충격적인 패배였다.

'애로우' 지대공미사일(왼쪽)과 전술용 고에너지레이저(THEL) 발사대(오른쪽). 비대칭 위협에 대응하기 위한 이스라엘의 신무기들이다.

이에 따라 탄도미사일과 로켓무기, 저항전을 비롯한 비대칭 군사위협에 대응할 수 있는 전력의 개발, 확보가 이스라엘의 새로운 과제로 떠올랐다. 우선 1991년 제1차 걸프전쟁에서의 교훈을 바탕으로 탄도미사일 요격능력을 갖춘 '애로우' 장거리 지대공미사일을 개발하기 시작했다. 그 가운데서도 최신형인 애로우-2는 탐지거리 500km의 지상추적 · 경보 레이더, 이동식 발사대와 함께 운용되며, 사거리는 90km에 달한다. 지대공미사일로는 드물게 최종 하강단계에 이르기 전인 약 50km의 고고도에서 적 미사일을 요격할 수 있다는 점

---

142) 공군본부, 2007, pp.296~297.

이 특색이다. 이 점에서 제1차 걸프전쟁 당시 실효성에 논란을 빚기도 했던 기존의 미국제 PAC-2보다 탄도미사일 요격능력이 크게 우수한 것으로 평가된다.[143)]

그동안 기술적으로 요격이 불가능하다고 여겨졌던 포탄, 로켓무기를 상공에서 파괴할 수 있는 저고도 방공무기의 개발도 활발하게 추진되고 있다. 대표적인 사례는 1990년대 말부터 미국과 공동으로 개발해 온 출력 400kW의 '전술용 고에너지레이저(THEL : Tactical High Energy Laser)'다. THEL은 고정식 혹은 이동식 발사대에 탑재되어 요격용 레이저광선을 60회 이상 연속발사할 수 있으며, 5km 이내의 범위에서 날아오는 포탄과 로켓무기를 100%에 가까운 정확도로 요격하는 것을 목표로 한다. 역시 이동식 발사대를 통해 탑재, 운용되어 상공에서 포탄과 로켓무기를 명중, 파괴시키는 지대공 유도무기 '아이언 돔'도 유용한 대안으로 평가된다.

아울러 이스라엘군은 제4세대 전쟁에서 나타나는 최대의 군사적 도전, 즉 전장환경의 불확실성 문제를 극복하기 위해 미국의 네트워크중심전과 유사한 각 군 병력의 정보공유 역량을 강화하는 노력에도 착수하고 있다. 물론 여기에는 고성능의 C^4I 체계 구축이 요구된다. 이에 따라 와이맥스(WiMax : World Interoperability for Microwave Access) 광역 무선통신기술을 기반으로, 2012년까지 육 · 해 · 공 전투부대를 서로 연결시킬 수 있는 초고속 군사 지휘통제망의 대폭적인 확장, 강화를 추진할 예정이다.[144)]

143) 본래 PAC-2 지대공미사일은 항공기 요격용으로 개발되었으며, PAC-3보다는 탄도미사일 요격능력이 제한적이다. 때문에 제1차 걸프전쟁 당시 PAC-2의 요격능력에 관한 평가는 크게 엇갈린다. 스커드의 탄두에 정확히 명중한 것을 기준으로는 요격 성공률이 약 30% 내외에 불과하지만, 명중하지 않더라도 스커드를 파괴했거나 인구 밀집지역 밖으로 벗어나도록 만든 경우까지 성공으로 평가한다면 90%를 훨씬 상회한다.

144) Allison Krant, "Multi-Year Plan to Strengthen IDF Conventional Capabilities", 인터넷 웹사이트 http : //www.jinsa.org/articles/articles.html/function/view/categoryid/154/documentid/3964/history/3,2360,654,154,3964 (개재날짜 2007년 11월 12일)

(2) 싱가포르

싱가포르군의 건국기념일 행진 모습. 오늘날 세계적으로 유명한 싱가포르의 경제력과 모범적인 사회질서는 튼튼한 방위 태세에 기반을 둔 것이다.

말레이 반도 남쪽의 작은 섬에 불과했던 싱가포르는 19세기 초 영국 동인도회사의 토머스 래플스에 의해 중개무역항으로 개발되면서 처음으로 그 존재가 알려지기 시작했다. 이후 싱가포르는 1867년부터 영국의 식민지로 정식 편입되었고, 제2차 세계대전 중에는 한때 일본에 점령당하기도 했으며, 1963년 말레이시아의 일개 지역으로서 약 100년만에 영국 식민지배에서 독립했다. 하지만 1964년 7월과 9월 싱가포르에서 발생한 중국계와 말레이계 주민들 사이의 인종폭동으로 23명이 죽고, 수백명이 부상당하자 말레이시아 정부는 싱가포르가 '국가통합을 저해하는 암적 요소'라고 인식하기 시작했다. 결국 싱가포르는 1965년 8월 말레이시아 영토에서 축출되었다. 이로써 싱가포르는 사상 처음으로 독립 주권국가가 되었지만, 싱가포르인들에게 주어진 것은 건국의 기쁨이 아닌 국내외적인 고립, 당장의 생존 문제, 그리고 미래에 대한 불안이었다.

그로부터 40여년이 지난 현재의 싱가포르는 세계 각국의 부러움을 사는 명실상부한 선진국으로 도약했다. 한국의 부산보다도 작은 704km^{2}의 영토 면적에 전체 인구라고는 약 450만명뿐인 이 작은 도시국가가 연평균 7%대의 경제성장률, 1인당 GDP 약 4만 달러, 국가경쟁력(세계경제포럼(WEF) 『2007-2008년도 국가경쟁력 보고서』 기준)[145] 세계 7위와 아시아 1위를 자

145) 인터넷 웹사이트 http ://www.gcr.weforum.org "The Global Competitiveness Report 2007-2008" (검색일자 2008년 4월 17일)

랑하는 경제 강국이 된 것이다. 가히 신화적이라고 할 수 있는 싱가포르의 경제적 성공을 이끈 원동력으로는 해상 중개무역과 금융을 비롯한 전통적인 주력산업, 전자 및 정보통신 중심의 고부가가치 제조업, 높은 경제자유도에 따른 해외자본의 직접투자 증대, 그리고 국민들의 우수한 교육수준 등을 꼽을 수 있다. 또한 싱가포르는 공공기관의 높은 청렴도와 깨끗한 환경, 엄격한 법 집행 및 치안 체계를 갖추어 세계적으로 유례를 찾기 어려운 모범적인 사회질서를 유지하는 국가로도 유명하다.146)

그러나 이와 같은 싱가포르의 경이적인 성공은 매우 취약한 안보환경 속에서 이루어진 것이었다. 전체 주민의 다수는 70%의 중국계 화교(華僑)이지만, 그 외에도 말레이계와 인도계를 비롯한 여러 민족들로 구성된다. 종교 역시 이슬람교와 불교, 기독교 등의 다양한 신앙을 믿는 인구가 공존하고 있어서 자칫 국내적인 불안정 요소로 작용할 여지가 적지 않다. 지리적으로는 북쪽의 말레이시아, 남쪽의 인도네시아 사이에 포위된 것과 마찬가지의 위치에 놓여있는 상태다. 양국 모두 싱가포르와는 비교가 되지 않을 정도로 넓은 영토와 많은 인구를 보유하고 있다. 게다가 싱가포르는 특별한 부존자원도 없기 때문에 경제활동의 대외의존도가 매우 높으며, 식수(食水)의 경우 말레이시아로부터의 수입에 전적으로 의존하는 실정이다.

이처럼 불리한 대내외적 조건 속에서 국가방위를 책임지고 있는 싱가포르의 군사력은 과연 어떤 수준일까? 현재 싱가포르는 총 7만 2,500명(육군 5만명, 해군 9,000명, 공군 1만 3,500명)의 정규군을 보유 중이다. 주변 국가인 말레이시아와 인도네시아의 정규군 병력 규모가 각각 10만명, 30만명을 넘는다는 점에서 양적으로는 크게 불리한 것이다. 하지만 아래에서 나타나는 싱가포르

146) 하지만 싱가포르는 국내 질서유지라는 명목 아래 반정부적 정치활동과 집회를 철저히 규제하고 있으며, 검열을 비롯한 언론 통제도 존재한다. 공식적으로는 의회 중심의 내각책임제를 채택한 민주주의 국가지만, 건국 이래 인민행동당(PAP)의 일당 집권체제가 계속되고 있는 실정이다. 이러한 점들 때문에 싱가포르가 냉전 시절의 공산주의 국가보다도 비민주적인 독재, 반인권 국가라는 비판도 적지 않다.

군의 무장규모와 수준을 기준으로 평가한다면, 이야기는 달라진다.[147]

- 탱크 : 450대(경무장형 350대 포함)
- 장갑차 : 1,574대(보병전투용 294대 포함)
- 야포 : 224문(견인포 206문, 자주포 18문)
- 잠수함 : 4척
- 수상전투함 : 7척(호위함 1척, 초계함 6척)
- 연안경비정 : 17척
- 상륙함 : 4척
- 전투기 : 97대
- 조기경보기 : 4대
- 공중급유기 : 9대
- 헬기 : 58대(대전차공격용 12대 포함)
- 무인항공기 : 64대(정찰용 40대 포함)

이 가운데 육군과 공군의 무기 보유수량은 말레이시아, 인도네시아와 대등하거나, 일부는 오히려 싱가포르가 더 많은 경우도 있다. 특히 공군력에서는 그 차이가 두드러진다. 싱가포르 공군의 전투기 97대 가운데 과반수인 60여대가 1988년 이후 도입된 미국제 F-16인데, 이들은 개량형 사이드와인더와 암람을 비롯한 미국 및 이스라엘제 고성능 공대공미사일을 운용할 수 있는 제4세대 전투기다. 반면 말레이시아는 전투기 수량부터 44대로 싱가포르의 절반이고, 싱가포르의 F-16에 필적할만한 신형 기종은 24대(미국제 F/A-18 '호넷' 8대, 러시아제 MIG-29 16대)에 불과하다. 인도네시아도 싱가포르보다 적은 72대의 전투기를 보유 중이며, 제4세대 전투기는 단 14대(미국제 F-16 10대, 러시아제 SU-27/30 4대)만이 있을 뿐이다. 게다가 싱가포르 공군은 4대의 미국제 E-2 조기경보기, 그리고 9대의 공중급유기[148]까지 보유하여 말레이시아와

147) IISS, 2007, pp.370~372.

148) 여기에는 미 공군에서도 주력 기종으로 운용하는 KC-135 '스트라토탱커' 대형 공중급유기 4대도 포함되어 있다.

인도네시아보다 훨씬 우월한 신속대응 및 장거리 전개능력을 발휘할 수 있다.

싱가포르의 국가안보전략은 지난 1984년부터 도입되기 시작한 '총체적 방위(Total Defence)' 개념에 바탕을 두고 있다. 이는 복잡한 국내외적 안보 위협요소에 보다 효과적으로 대처하기 위하여 군사, 경제, 사회, 민간, 심리 등 5개 차원에 걸친 국가안보 체제를 구축, 발전시킨다는 것을 핵심내용으로 한다. 또한 싱가포르는 '독새우(Poisonous Shrimp) 전략'으로 명명된 보복 중심의 억지, 군사전략을 지향하고 있다.[149] 국토 면적이 매우 작은 싱가포르의 입장에서는 단순히 적의 침략이 일어난 후에 수동적으로 저항, 격퇴해내는 것보다는 침략자에게 감당하기 어려울 정도의 보복까지 가할 수 있어야만 외부 세력의 침략 가능성을 예방할 수 있다는 것이다. 이 점에서 싱가포르의 총체적 방위 개념, 독새우 전략은 공세적 방위전략으로 유명한 이스라엘과 많은 공통점을 갖고 있는 것으로 평가된다.[150]

이를 뒷받침하기 위해 싱가포르군은 주변국에 대한 재래식 군사력의 질적 우위를 강화하고자 노력하고 있다. 먼저 공군의 경우 세계 최강의 전폭기로 평가받는 미국제 F-15E '스트라이크 이글'을 개량한 F-15SG 전폭기를 총 24대 도입할 예정이다. F-15SG는 최고 비행속도 마하 2.5, 동남아시아 지역 대부분을 포함하는 1,000km 이상의 작전 행동반경, 그리고 10톤 이상의 공대공/공대지 정밀유도무기와 AESA 위상배열레이더를 탑재하여 원거리에서의 공대공 요격 및 공대지 타격능력이 모두 우수하다. 때문에 유사시 주변 국가에 대한 군사적 보복은 물론, 선제공격 임무의 수행도 가능한 것으로 평가된다. 오는 2010년대부터 최대 100대의 미국제 F-35 스텔스기를 도입하는 계획도 진행 중이다.[151] 또한 기존의 E-2 조기경보기보다 항공표적의 탐지, 추적

149) 외교통상부, 『싱가포르 개황 2003』(외교통상부, 2003), p.42.

150) 실제로 싱가포르는 건국 직후인 1966~1974년 사이에 이스라엘로부터 군사자문을 받은 바 있다. 전 국민을 대상으로 2년 동안의 병역의무를 부과하고, 정규군의 4배가 넘는 31만 2,500명의 예비전력(연간 40일의 동원훈련 이수)을 갖추고 있는 것도 이스라엘과 유사하다.

151) 현재 싱가포르는 F-35 스텔스기의 도입 시기, 수량의 추이에 따라 최대 40~60대의

범위 및 규모가 확대된 이스라엘제 G550 공중 조기경보통제기 4대를 도입하고 있다.

싱가포르군의 새로운 주력무기가 될 F-15SG 전폭기(왼쪽)와 '포미더블'급 호위함(오른쪽)

해군력의 확충도 진행 중이다. 대표적인 것이 프랑스 해군의 라파예트급 호위함을 기반으로 제작된 '포미더블(배수량 3,200톤)'급 호위함이다. 선체 형태는 스텔스 설계를 적용하였으며, 250km 이내의 표적을 탐지, 추적할 수 있는 고성능 방공레이더, VLS에서 탑재 및 운용되는 총 32기의 아스터-15/30 함대공미사일, 그리고 다목적 헬기 등을 갖춘 것이 주요 특징이다. 덕분에 싱가포르 연안에서 벗어난 대양에서도 수송선단 호위, 적 해군력 차단, 대잠 작전 등의 임무를 수행할 수 있다. 포미더블급 호위함은 동남아시아에서 가장 첨단화된 수상전투함으로 평가받고 있으며, 총 6척이 건조되었다. 또한 스웨덴에서 퇴역한 2척의 '베스테르 고틀란트(수중배수량 1,150톤)'급 디젤추진 잠수함을 도입한 후, AIP 추진장치를 새로 탑재하여 대양 수중작전 능력을 부여한다는 계획이다.

하지만 싱가포르의 군사혁신은 여기서 그치지 않는다. 비약적인 발전을 거듭하고 있는 정보통신 기술의 효과를 군사 부문에서도 적극 수용함으로써 싱가포르군을 정보화전쟁 시대에 적합한 첨단 정예전력으로 탈바꿈시킨다는 것이다. 이를 위해 싱가포르는 지난 2000년대 초부터 '통합 지식기반 지휘통제(IKC^2 : Integrated Knowledge-based Command & Control)'로 명명된 전투

F-15SG 전폭기를 추가 도입할 가능성도 검토 중인 것으로 알려진다.

력 운용개념을 개발, 발전시키고 있다.[152] 말하자면 싱가포르판 네트워크중심전인 것이다.

싱가포르의 IKC^2 구축은 주변 동남아시아 국가들에 대한 재래식 군사력의 질적 우세와 더불어 정보우위까지 선점하겠다는 목적을 반영하고 있다. 싱가포르 육·해·공군의 각종 전투장비와 부대를 연결하는 고성능 C^4ISR 체계를 통해 상급부대 지휘관에서 야전의 장병들에 이르기까지, 적보다 먼저, 폭넓고 정확하게 상황을 인식·판단하여 승리를 위한 보다 우월하고 신속한 결심, 그리고 결정적인 행동으로 연결시키는 것이 목표다. 이를 위해 IKC^2의 기술적 기반이라고 할 수 있는 육군의 전장관리체계(BMS : Battlefield Management System), 해군의 전투관리체계(CMS : Combat Management System)가 싱가포르 국방과학기술원(DSTA : Defence Science & Technology

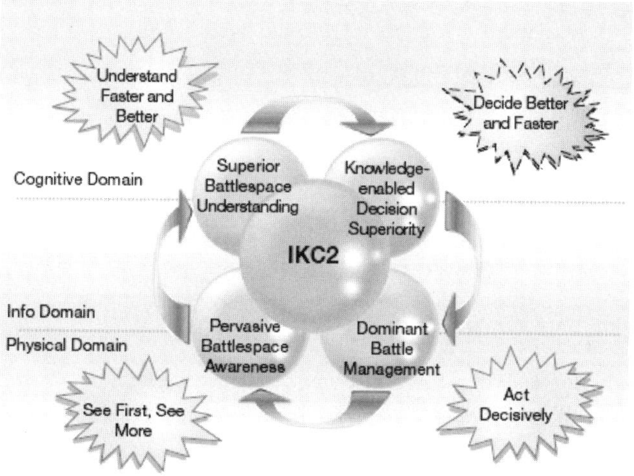

싱가포르군의 '통합 지식기반 지휘통제(IKC^2)' 개념도.

출처: Ravinder Singh et al, "IKC^2 for the SAF - Organising Around Knowledge" in Realizing Integrated Knowledge-based Command and Control, Pointer Monograph, No. 2 (March, 2003)

152) Robert Karniol and Tony Skinner, "Country Briefing : Singapore-Making the Connection", *Jane's Defense Weekly*, October 24, 2007.

Agency)을 중심으로 개발 과정에 있다.[153] 미 육군의 랜드워리어에 해당하는 '고등 전투병 체계(ACMS)'의 개발도 정보화전쟁 시대를 위한 싱가포르의 야심적인 사업 가운데 하나다.

싱가포르가 주목하는 첨단 군사기술에는 무인무기도 포함되어 있다. 지난해 1월, 싱가포르 공군은 40대의 이스라엘제 '서처' 무인정찰기를 비롯한 총 64대의 무인항공기를 통합 운용하는 무인항공기사령부의 설치를 공식 발표했다.[154] 무인항공기사령부는 총 3개의 무인항공기 비행대대와 운용요원 교육부대, 군수지원부대 등을 포함하며, 육·해·공 3군 및 합참에서 파견된 요원으로 충원되는 합동부대로 편성, 운영될 것이다. 정찰위성 수준의 지속적인 원거리 감시·정찰능력을 자랑하는 미국제 글로벌호크 무인정찰기를 직도입하거나, 미 공군의 것을 싱가포르에 정기 배치할 수 있도록 하는 방안도 적극 추진하고 있다. 싱가포르 육군의 감시 및 정찰용 자율형 무인지상차량(AUGV : Autonomous Unmanned Ground Vehicle) 개발, 그리고 연안감시와 초계, 호위를 위한 싱가포르 해군의 이스라엘제 '프로텍터' 무인수상함정 도입 역시 주목된다.

그동안 싱가포르는 주변국에 의한 육·해·공 교통로 차단, 자원확보 방해, 종교문제에 따른 전쟁 등을 주요 안보위협으로 규정해 왔다. 뿐만 아니라 앞으로는 평시의 자연재해(예 : 지진, 해일, 풍수해 등), 해외 지역분쟁, 테러리즘[155] 등의 다양화된 위협에도 효과적으로 맞서는 동시에 '육·해·공 통합

---

153) Andrzej Jeziorski, "Toward Transformation : Singapore Focuses on ISR Purchases", 인터넷 웹사이트 http : //www.c4isrjournal.com/story.php?F=3136027 (개재날짜 2008년 1월 4일)

154) Tim Huxley, "Singapore's Military Modernisation-Upgrading the City-State's Deterrent", *Strategic Comments*, Vol. 13, No. 10, 2007.

155) 동남아시아는 아랍에 이어 세계 2위의 이슬람교도 분포지역이며, 특히 싱가포르의 주변 국가인 말레이시아와 인도네시아는 대표적인 이슬람 국가다. 때문에 지난 2002년과 2005년의 발리 폭탄테러 사건처럼 알카에다를 비롯한 이슬람계 과격 테러리즘 세력이 침투, 활동할 수 있는 여지가 충분히 존재하며, 이는 싱가포르가 테러리즘을 보다 현실적인 안보위협으로 인식하는 계기가 되었다.

작전', '화력과 기동의 정밀화', 그리고 '정보우위'를 비롯한 고도의 정보화전쟁 수행능력까지 갖춘 더욱 진보된 방위력을 건설한다는 계획을 꾸준히 실천하고 있다. 싱가포르 국방당국은 이를 '제3세대 군사력'으로의 전환이라고 일컫는다.[156] 풍부한 경제력과 기술역량을 바탕으로, 주변 국가들보다 절대적으로 부족한 군사력의 양적 규모를 오히려 정예화의 기회로 전환시키는 싱가포르식 군사혁신은 지금도 진행 중인 것이다.

(3) 호주

지난 19세기 초 영국 죄수들의 유배지로서 처음 개발되기 시작한 호주는 1850년대에 영국으로부터 자치권을 획득하였고, 마침내 1901년 독자적인 연방정부와 의회가 수립되면서 사실상 독립했다. 호주는 영국연방의 일원으로 두 차례의 세계대전에 모두 참전했으며, 제1차 세계대전에서는 역시 영국연방인 이웃나라 뉴질랜드와 함께 ANZAC(Australian-New Zealand Army Corps) 연합군을 구성한 바 있다. 제2차 세계대전을 계기로 호주 국가안보전략의 중심은 미국과의 동맹으로 바뀌었는데, 이에 따라 냉전 시대의 대표적인 무력충돌이었던 6.25 전쟁과 베트남전쟁에도 참전하였다. 1951년에는 호주와 뉴질랜드, 미국을 당사국으로 하는 『ANZUS(Australian-New Zealand-United States) 방위조약』이 체결되어 공식적으로 미국과 동맹관계를 맺었다.

호주의 정규군 병력규모는 총 5만 1,610명(육군 2만 5,259명, 해군 1만 2,681명, 공군 1만 3,670명)으로 2,000만명을 넘는 전체 인구의 0.25%에 불과하다. 앞서 살펴본 이스라엘과 싱가포르가 약 400~600만명의 적은 인구에도 불구하고 각각 인구대비 2.6%, 1.6% 수준의 병력을 보유한 것과는 대조적이다.

---

156) 싱가포르는 건국 초기부터 육·해·공 각 군의 초보적인 유형 방위력을 확보한 1970~1980년대 사이의 시기를 '제1세대 군사력'으로, 주변 국가들보다 질적으로 우수한 재래식 군사력과 합동 전력체제의 정비가 이루어진 1990년대 이후 현재까지의 시기를 '제2세대 군사력'으로 각각 규정한다.

호주군의 주요 무기수량은 아래와 같다.[157]

- 탱크 : 119대
- 장갑차 : 1,030여대(병력수송용 740대, 경장갑 기동차량 299대)
- 야포 : 270문(모두 견인포)
- 잠수함 : 6척
- 수상전투함 : 13척(모두 호위함)
- 연안경비정 : 13척
- 상륙함 : 3척
- 전폭기 : 133대(폭격기 29대 포함)
- 해상초계기 : 17대
- 수송기 : 54대
- 헬기 : 129대(대전차공격용 22대 포함)

지리적으로 호주는 태평양 남부에 위치한 대륙 수준 면적의 섬나라다. 때문에 대규모의 육군력보다는 해·공군력에 의한 군사적 위협과 맞서는 데 보다 비중을 두어야 하는 입장이다. 이에 따라 호주군은 영토 주변의 해상 및 항공접근에 대한 통제, 유사시 적대세력을 상대로 한 원거리 공격을 방위전략의 핵심으로 삼으며, 이에 필요한 능력을 확보하는 데 주력하고 있다.[158] '아델레이드(만재배수량 4,200톤)'급 호위함 5척과 '안작(배수량 3,600톤)'급 호위함 8척을 비롯한 호주 해군의 주력 수상전투함 모두가 대함·대잠 교전용 무장뿐만 아니라 대양 작전수행을 위한 중·장거리 함대공미사일을 탑재하고, 133대의 공군 전폭기 가운데 30여대가 전투행동반경이 2,000km를 넘는 미국제 F-111 '레이븐' 장거리폭격기라는 점도 이를 반영한 것이다.

냉전 이후 호주의 군사·국방전략에서 해외 원정능력의 발전, 강화가 차지하는 비중은 점점 더 높아지는 추세다. 자국 주변의 동남아시아, 남태평양의

157) IISS, 2007, pp.342~344.
158) 공군본부, 2007, p.380.

여러 섬나라들이 경제적 빈곤, 치안 불안정, 내부 정치 및 종교·종족갈등에 따른 혼란을 겪고 있으며, 이는 해당 국가들이 테러리즘과 국제범죄 세력의 침투에 대해 매우 취약해질 수 있음을 뜻하기 때문이다.[159] 호주는 이와 같은 태평양 지역의 질서 불안정성이 자국 안보에도 직접적인 위협으로 돌아올 것을 경계하고 있다. 지난 2002년 10월 인도네시아 발리에서의 폭탄 테러사건에서는 단일국가 출신으로는 가장 많은 88명의 호주 국민들이 목숨을 잃고, 2004년 9월에는 역시 인도네시아의 수도 자카르타에서 호주 대사관이 차량폭탄 테러 공격을 받기도 했다.

동티모르에 배치 중인 호주군의 모습. 호주는 해외원정 능력의 강화를 군사혁신의 중심 과제로 삼고 있다.

그 결과 호주는 자국의 주변지역뿐만 아니라 세계의 주요 분쟁지역에 대한 평화유지, 치안회복 및 재건, 자연재해 구호 등을 위한 해외군사활동에 적극 참여하고 있다. 오늘날 호주는 세계 각지에 병력 약 3,850명을 파병하고 있으며,[160] 이는 호주군 전체의 7%가 넘는 규모다. 동티모르와 솔로몬 제도, 파푸아뉴기니를 비롯한 태평양 지역의 주변 섬나라들은 물론, 미국 주도의 '테러와의 전쟁'에 동참한다는 명분 아래 이라크와 아프가니스탄에도 각 1,000명 내외의 호주군이 주둔 중이다. 대테러 작전과 해외파병의 주력을 담당하는 특수전부대의 비중도 대폭 강화되고 있다. 호주 육군의 특수전사령부는 지난 2002년 말부터 준장급에서 소장급 부대로 승격하였으며, 현재는 육·해·공

159) 외교통상부, 『호주 개황 2006』(외교통상부, 2006), p.39.
160) 인터넷 웹사이트 http://www.defence.gov.au/globalops.cfm "Australian Government-Department of Defence : Global Operations" (검색일자 2008년 4월 19일)

3군 예하의 작전사령부와도 대등한 지위를 차지하고 있다.[161] 특수전 병력의 수도 1,700명에서 2,000명으로 늘어났다.

동시에 호주군은 보다 적극적인 해외군사활동 참여를 뒷받침할 수 있도록 해·공군의 원거리 수송자산을 양적, 질적으로 확충하고 있다. 우선 호주 해군은 기존 상륙함보다 훨씬 대형화된 '캔버라(배수량 27,000톤)'급 상륙모함 2척을 건조 중이며, 1번함은 오는 2013년 무렵에 완성될 예정이다. 캔버라급 상륙모함은 1,000명 내외의 연대급 상륙부대와 100여대의 지상 차량, 상륙정 4척, 그리고 약 20대의 헬기 등을 탑재할 수 있다. 여기에 경항공모함처럼 스키점프(Ski-Jump)대를 갑판에 설치하여 일정 수준의 고정익기 탑재, 운용능력도 있는 것으로 평가된다. 스페인의 후안 카를로스 1세급 다목적 전략수송함처럼 소형 항공모함으로의 잠재력을 갖추고 있음을 뜻한다. 호주 공군도 주력 C-130 중형 수송기의 3배인 약 77톤의 물자를 운반하는 미국제 C-17 대형 수송기를 4대 도입했다.

호주 해군의 신형 '캔버라'급 상륙모함. 소형 항공모함으로도 운용될 수 있는 잠재력을 갖춘 것으로 평가된다.

호주군의 전통적인 군사·방위전략, 즉 영토 주변의 해·공역 통제와 원거리 공격태세의 달성을 뒷받침하기 위한 신형 재래식 무기의 획득 계획도 진행 중이다. 호주 해군의 새로운 주력 수상전투함이 될 '호바트(배수량 6,250톤)'급 구축함은 이지스 전투체계를 통해 운용되는 VLS 48기 규모의 중·장거리 함대공미사일과 AN/SPY-1 위상배열레이더를 탑재한다. 이처럼 우수한 함대 방공능력은 호주 주변에서

161) 공군본부, 2007, pp.391~392.

의 해양통제뿐만 아니라 해외 원정병력을 수송하는 상륙전단을 호위하기 위한 대양작전에서도 보다 강화된 생존성을 보장해줄 것이다. 총 3척의 건조가 계획되어 있는 호바트급 이지스구축함은 오는 2014년 무렵 1번함의 취역을 시작으로 노후화된 아델레이드급 호위함을 대체할 예정이다.

6척이 실전배치 중인 '콜린스(수중배수량 3,300톤)'급 디젤추진 잠수함은 개발 과정에서 드러난 항해정숙성, 전투체계의 결함 문제로 인해 당초 계획보다 전력화가 상당히 지연되었다. 이에 실망한 호주 국방당국은 2020년대 이후 콜린스급을 대체할 차기 잠수함의 개발에 착수하였다.[162] 새 잠수함은 AIP 추진장치를 탑재하여 콜린스급보다 대양에서의 수중작전 능력을 대폭 강화시키고, 종전에는 없었던 지상공격용 순항미사일, 수중정찰용 무인잠수정까지 탑재 및 운용할 수 있도록 개발될 전망이다.

호주 공군은 2010년까지 모두 퇴역하는 구형 F-111 폭격기를 대체하기 위해 현재 주력기종으로 운용 중인 70여대의 F/A-18 전폭기보다 대형화되고, AESA 위상배열레이더를 탑재하는 제4.5세대급의 개량형 F/A-18 '수퍼 호넷' 전폭기 24대를 직도입하기로 결정했다. 또한 2010년대 중반부터는 미국제 F-35 스텔스기를 최대 100대까지 도입하여 새로운 주력기종으로 운용할 계획이다. 이 외에도 미국제 보잉 737 중형 민간항공기에 반경 350~400km 이내를 탐지, 추적할 수 있는 다기능 위상배열레이더를 탑재한 E-737 '웨지테일' 공중 조기경보통제기 6대, 그리고 대형 수송기로도 사용될 수 있는 유럽제 KC-30 다목적 공중급유기 5대의 도입이 진행 중이다. 각각 호주 주변 공역에서의 조기경보 능력 강화, 호주 공군의 원거리 신속전개능력 향상에 큰 기여를 할 것으로 평가된다.

한편으로 호주군은 정보화전쟁 시대에 부합하는 정보기술의 적극적인 활용 필요성에도 눈을 돌리고 있다. 미국의 네트워크중심전처럼 시 · 공간 통합

---

162) 호주 해군의 차기 잠수함 개발사업은 오는 2011년까지 설계를 마치고, 2014~2015년 사이에 의회의 승인 여부가 결정될 것으로 예상된다. Cameron Stewart, "Navy's New Lethal Subs", *The Australian*, December 26, 2007.

적인 전력운용을 지향하는 '유비쿼터스 지휘통제(UC² : Ubiquitous Command & Control)' 개념의 개발, 호주판 랜드워리어라고 할 수 있는 '지상 125(LAND 125)' 미래형 보병전투체계 등이 대표적인 사례다.

지금까지 살펴본 해외 원정능력 중심의 군사력 발전, 강화는 호주가 최근 수년 동안 태평양 지역과 국제사회에서 자국의 지위, 발언권을 높이는 기반 역할을 하고 있다. 특히 2001년 9.11 테러사태 이후에는 미국이 주도하는 '테러와의 전쟁'에도 적극 부응하여 아프가니스탄 공격과 2003년 제2차 걸프전쟁에 참전하였고, 확산방지구상(PSI : Proliferation Security Initiative)을 비롯한 국제적인 대량살상무기 비확산체제 구축에 앞장섰다.[163] 그 결과 호주는 미국의 전폭적인 지지를 바탕으로 태평양 지역의 명실상부한 맹주 국가로 자리매김했다. 지난해 3월에는 일본과도 초국가적 범죄, 테러리즘, 대량살상무기 비확산 등 9개 분야에 대한 협력과 양국의 공동 군사훈련, 양국 외교 · 국방장관이 참석하는 안전보장협의위원회 설치 등을 규정한『호주-일본 안보공동선언』을 채택하여 동맹에 준하는 안보 협력관계를 맺었다.[164] 이는 호주가 미국, 일본과 더불어 태평양 지역질서의 새로운 중심 역할을 하는 해양 삼각동맹의 일원이 되었음을 뜻한다.[165] 호주의 군사혁신은 비록 소규모의 군

---

163) PSI란 대량살상무기 개발에 사용될 수 있는 방사능 물질이나 화학 · 생물무기, 미사일 등을 수송하는 선박, 항공기를 공해상이나 참가국의 영해, 영공에서 차단하기 위한 다국적 정보공유 및 군사협조 체제를 뜻한다. 지난 2003년 5월 부시 미 대통령의 제안을 계기로 시작된 PSI에는 현재 60개국 이상이 지지를 표명했으며, 호주는 미국, 일본, 영국, 러시아 등과 함께 군사적 협조까지 동참하고 있는 15개 핵심 참여국의 일원이다.

164) 이홍기, "日-濠 안보공동선언으로 '준동맹국' 관계 구축", 「연합뉴스」, 2007년 3월 14일자.

165) 다만 호주와 미국, 일본의 3국 안보협력이 반드시 중국과 러시아에 대한 견제, 봉쇄를 전제로 하는 '대륙 대 해양'의 대결 구도로 이어질 것인지의 여부는 확언하기 어렵다. 호주와 중국 모두 상대측의 거대 시장, 풍부한 지하자원이라는 경제적 동기에 따라 우호적인 관계 유지를 선호하는 입장이기 때문이다. 여기에 지난해 12월, 친중국 성향인 케빈 러드 수상의 노동당 내각이 집권하면서 존 하워드 전임 수상이 표방해 온 친미 위주의 호주 외교안보정책에 상당한 변화가 이루어질 가능성이 크다.

사력일지라도 특정 기능을 중심으로 차별화에 성공한다면, 해당 국가의 안보뿐만 아니라 정치 · 외교적 위상을 강화시키는 데 지대한 공헌을 할 수 있음을 잘 보여주는 사례다.

5. 동북아시아

(1) 중국

중국 인민해방군(人民解放軍)은 지난 1927년 8월 1일, 국민당 정권에 맞서 봉기한 소규모의 홍군(紅軍)으로 시작되어 오늘날 총 225만 5,000명(육군 160만명, 해군 25만 5,000명, 공군 40만명) 규모의 세계 최대 정규군으로 성장했다. 이들의 무기 보유수량도 병력규모 만큼이나 어마어마한 수준이다.[166)]

- 탱크 : 8,580대(경무장 탱크 1,000대 포함)
- 장갑차 : 약 4,500대(보병전투용 1,000대 포함)
- 야포 : 1만 7,700문(견인포 1만 4,000문, 자주포 1,200문, 다연장로켓포 2,400문)
- 잠수함 : 60여척(핵추진 5척 이상 포함)
- 수상전투함 : 76척(구축함 28척, 호위함 48척)
- 연안전투함정 : 242척(미사일정 42척, 쾌속정 98척 등)
- 상륙함 : 73척
- 전투기 : 2,421대(공대공 1,179대 포함)
- 폭격기 : 222대
- 정찰기 : 53대
- 공중 조기경보통제기 : 4대 이상

---

166) IISS, 2007, pp.346~350.

• 공중급유기 : 10대 이상
• 수송기 : 296대
• 헬기 : 375대(대전차공격용 31대 포함)
• 지대공미사일 : 1,926기(육군 소속 284기 포함)
• 지대지 탄도미사일 : 818기(ICBM급 46기 포함)

위와 같은 대규모의 병력과 무기 보유수량에서도 나타나듯이, 그동안 중국의 군사력은 흔히 '인해전술(人海戰術)'이라는 단어로 함축되어 왔다. 공산정권의 대륙 석권 이후에도 중국은 전쟁이 일어날 경우 영토 이내에서, 장기간의 저항전을 통해 적의 침공을 격퇴한다는 '인민전쟁(人民戰爭)' 전략을 채택해 왔다. 다분히 마오쩌둥 시절의 게릴라전 중심적인 사고에 얽매인, 병력규모 본위의 요소주도형 전략이었다. 하지만 덩샤오핑(鄧小平)의 집권 시절인 1980년대 중반부터 변화의 움직임이 나타나기 시작했다. 이때부터 중국의 군사전략은 영토 내에서의 전면전쟁을 전제로 하는 인민전쟁 전략을 뛰어넘어 국경지대, 인근 해역을 비롯한 주변지역에서 벌어지는 제한적 국지분쟁 가능성에 더욱 초점을 맞춘 '유한국부전쟁(有限局部戰爭)'으로 전환되기 시작했다.[167)]

중국이 군사혁신의 필요성에 본격적으로 주목하게 된 계기는 1991년의 제1차 걸프전쟁이었다. 항공력과 정밀유도무기, 정보우위를 앞세워 6주일만에 이라크를 굴복시킨 미국 주도 다국적군의 힘은 중국군 내부에서 첨단 군사기술이 전쟁의 양상을 얼마나 큰 폭으로 바꿔놓을 수 있는가를 인식시켰으며, 곧바로 이에 관한 자체적인 연구, 평가가 활발히 이루어졌던 것이다.[168)] 이후

---

167) 유한국부전쟁 전략의 채택은 마오쩌둥 시대가 막을 내린 1970년대 이후 중국이 이념적 적대세력이었던 미국과 국교를 정상화하고, 경제성장의 기치 아래 적극적인 대외개방 정책을 실천하면서 과거보다 전면전쟁의 위협이 크게 감소하는 등의 외교안보환경 변화에서 비롯된 것이다. 여기에 지난 1979년 2~3월 베트남과의 전쟁에서 드러난 중국군의 전투수행 능력 부족도 영토 주변지역에서의 제한전쟁이 갖는 중요성을 부각시키는 계기가 되었다. 김태호, "중국의 군사적 부상", 「국방정책연구」, 2006년 가을호.

중국 지도부는 과학기술의 군사적 영향을 적극 반영하는 '고기술 조건하의 국부전쟁(高技術條件下局部戰爭)'이야말로 향후 중국이 대비해야 할 성격의 전쟁양상이라고 규정하여 군사력 현대화의 필요성을 역설했다. 그리고 본격적인 정보화전쟁 시대의 막을 연 2003년 제2차 걸프전쟁의 이듬해에 발간된 2004년도판 『중국국방백서』(원제 : 中國的國防)에는 '중국특색 군사변혁(中國特色軍事變革)'이라는 용어가 등장하기에 이른다.

행진하는 중국 인민해방군의 모습. 중국은 과거의 병력위주 군사력에서 벗어나 기계화, 정보화를 동시에 추구하는 '중국특색 군사변혁'을 지향하고 있다.

'중국특색 군사변혁'은 군사혁신에 대한 중국 정치지도층 및 국방당국의 인식과 목표의식을 함축한 개념이라고 할 수 있다. 여기에 따르면 중국의 군사력은 아직 화력과 기동력을 비롯한 주요 전투기능에서 미국을 위시한 서양 세계만큼의 기계화를 완전히 달성하지 못한 반(半)기계화 상태에 있으며, 서양세계처럼 전력구조의 기계화 과정을 완수한 후에 정보화전쟁 단계로 진입하기에는 어려움이 큰 입장이다. 따라서 중국은 병력규모 중심의 양적 전투력을 기반으로 해온 과거의 인민해방군을 기술집약형의 질적 전투력에 기초하는 새로운 인민해방군으로 전환하되, 기계화와 정보화를 동시에 추구하는 새로운 성격의 군사혁신을 강조하고 있는 것이다.[169]

---

168) 제1차 걸프전쟁 이후 1992년까지 중국 내에서는 군사과학 및 이론분야에 관해 2만건의 보고서, 700권의 전문서적이 새로 발간되었다. 이는 제1차 걸프전쟁이 중국군에 얼마나 큰 반향을 일으켰는지를 단적으로 보여주고 있다. 김병륜, "중국군 군사변혁", 「국방일보」, 2006년 3월 6일자.

169) 유지용, "중국특색 군사변혁과 중국 인민해방군의 현대화 동향", 「週刊國防論壇」,

'중국특색 군사변혁'이 제시하는 과제는 크게 3가지로 나뉜다. 첫째, 각 군의 병력과 단위부대 수를 감축하고, 소수 정예화시킨다. 둘째, 그동안 계속되어 온 육군 중심주의에서 탈피하여 해군과 공군, 그리고 핵무기와 장거리 탄도미사일 등의 운용을 담당하는 '제2포병'을 중국 군사력의 새로운 핵심세력으로 강화한다. 셋째, 군사력의 정보화를 최우선적인 과제로 삼아 적극 추진한다.

중국군의 병력 감축은 최대 세력인 육군을 주요 대상으로 실시되고 있다. 1980년대 초만 해도 중국의 총 병력규모는 475만명이나 되었으며, 특히 육군의 경우 야전군급 대군구(大軍區)가 11개, 군단급인 집단군(集團軍)은 70개나 될 정도로 절대적인 비중을 차지했다. 그러나 이후 3차례에 걸친 감축으로 현재 중국 육군의 병력은 18개 집단군 소속, 160만명 수준으로 축소되었다. 대군구의 수도 7개로 줄었다.[170] 단위부대의 구조는 사단(12,000~15,000명 보유)에서 여단(3,000~4,000명 보유) 중심으로 바뀌는 추세다.[171] 특히 주목할만한 사항은 고도의 신속대응 능력을 갖춘 '쾌속반응부대(快速反應部隊)'의 편성이다. 중국은 지난 1990년대부터 육군의 일부 집단군과 사단 · 여단급 부대를 쾌속반응부대로 지정하고 있는데, 이들은 타 부대보다 우수한 화력과 기동력을 갖춘 고성능의 신형 야포, 탱크, 장갑차 등의 신무기 지급에서 높은 우

2005년 7월 11일호.

170) 중국군의 7개 대군구에는 한반도와 만주를 관할하는 선양(瀋陽), 산둥반도와 서해 일대를 관할하는 지난(齊南), 수도권 일대를 관할하는 베이징(北京), 대만과 동중국해를 관할하는 난징(南京), 베트남 국경지대와 남중국해를 관할하는 광저우(廣州), 인도 및 동남아시아 국경지대와 티벳을 관할하는 청두(成都), 그리고 중앙아시아 국경지대를 관할하는 란저우(蘭州) 등이 있다. 김병륜, "중국의 대군구", 「국방일보」, 2006년 2월 20일자.

171) 미 국방성의 2008년도판 연례 『중국 군사력 보고서』에 따르면 현재 중국 육군은 사단 36개(보병 19개, 기계화보병 4개, 기갑 9개, 포병 2개, 상륙 2개)와 여단 57개(보병 24개, 기계화보병 5개, 기갑 8개, 포병 17개, 상륙 3개)를 보유하는 여단 중심의 구조를 갖추고 있다. Office of the Secretary of Defense, *Military Power of the People's Republic of China 2008* (U.S Department of Defense, 2008), p.50.

선순위를 차지한다. 그 결과 집단군급 쾌속반응부대는 약 1주일, 사단 · 여단급의 경우 수시간 내지 3일 이내에 주요 분쟁지역으로 투입이 가능할 정도의 능력을 갖춘 것으로 평가된다.172) 중국은 향후 각 집단군마다 1개씩의 사단 · 여단급 부대를 쾌속반응부대로 지정, 육군 전체에서 그 비중을 확대해 나간다는 방침이다.

육군 중심주의 탈피는 중국이 자국 영토를 넘어 주변 지역까지 세력투사를 실시할 수 있는 군사력의 확보를 지향할 것임을 시사하는 대목이다. 외부 세력의 군사적 위협을 영토권 밖에서 억지, 격퇴할 뿐만 아니라, 필요할 경우 중국의 정치 · 군사적 의지를 대내외적으로 강요하며 동아시아 지역질서에서 지도적 위상을 유지, 강화하는 수단으로서 해군과 공군, 제2포병 중심의 군사력을 적극 활용하겠다는 의지를 드러낸 것이다. 중국이 지난 2004년도판 『중국 국방백서』에서 처음으로 '해양권익의 수호'를 주요 국가안보목표로 명시하고, 이후 지속적으로 해양관할권 강화에 대한 의지를 강조하는 것도 그 연장선상에 있다.

'소브레메니'급 구축함(왼쪽)과 '루양-II'급 구축함(오른쪽). 중국 해군의 대양세력화를 선도하는 신형 군함들이다.

---

172) 현재 중국 육군의 쾌속반응부대는 집단군급이 2개(선양, 베이징군구 소속 각 1개)이며, 사단 · 여단급은 3~4개(지난군구 소속 1~2개, 청두 및 란저우군구 소속 각 1개)로 되어있다. 중국 공군 소속인 제15공수군단 예하의 공수사단 3개도 쾌속반응부대로 운용 중이다. 이규열 등, 2007, p.215.

현재 중국 해군은 여전히 '루다(旅大. 배수량 3,200톤)'급 구축함과 '장후(江滬. 배수량 1,400톤)'급 호위함, 그리고 '밍(明. 수중배수량 2,100톤)'급 디젤추진 잠수함과 '한(漢. 수중배수량 5,500톤)'급 공격 핵추진잠수함처럼 1960~1970년대를 전후로 건조된 구식 군함들이 다수를 차지하고 있다.[173] 그러나 1990년대부터는 대함·대잠·대공 교전 능력이 월등히 개선된 신형 군함들이 차례로 도입 및 건조 중이다. 그 시작으로 사거리 200km급의 SS-N-22 모스키트 초음속 대함미사일, 사거리 30km의 SA-N-7 중거리 함대공미사일을 탑재하는 러시아제 소브레메니급 구축함 4척이 도입되었다.

2000년 이후에는 소브레메니급에 필적하는 전투력을 갖춘 신형 수상전투함을 자체 건조하는 단계에 이르렀다. 4척의 '루양(旅洋. 배수량 6,500톤)'급 구축함과 2척의 '루저우(旅洲. 배수량 7,100톤)'급 구축함,[174] 그리고 6척의 '장카이(江凱. 배수량 3,400~4,500톤)'급[175] 호위함은 그동안 중국 해군의 대표적인 약점이었던 원거리 대함·대공 교전능력이 크게 향상되어 대양에서도 효과적으로 작전을 수행할 수 있다. 이로써 중국 해군은 대양작전 능력을 갖춘 10

173) 16척의 루다급 구축함과 32척의 장후급 호위함은 각각 중국 해군의 구축함 57%, 호위함 67%를 점유하고 있다. 이들 두 군함의 무장 수준은 사거리 40km 이하의 단거리 대함미사일, 사거리 15~30km 이내의 100/130mm 함포, 그리고 대공포와 단거리 함대공미사일에 불과하여 작전범위가 연안해역 이내로 제한된다. 19척의 밍급 디젤추진 잠수함과 4척의 한급 핵추진 잠수함도 항해정숙성이 매우 뒤떨어져 대양에서의 수중 작전을 수행하기 어려운 구식 군함이다.

174) 루양급 구축함의 경우 소브레메니급과 비슷한 형태의 무장을 탑재하는 루양-Ⅰ(일명 광저우)급 2척, 그리고 VLS 탑재형 함대공미사일과 함대 방공용 위상배열레이더를 탑재하는 루양-Ⅱ(일명 란저우)급 2척으로 나뉜다. 루양-Ⅱ급과 루저우급 구축함은 모두 48기 규모의 VLS에 탑재되는 사거리 100km 내외의 중·장거리 함대공미사일과 위상배열레이더를 운용하여 미 해군의 이지스함처럼 다수의 적 항공기, 대함미사일에 대한 동시탐지, 추적, 요격능력을 갖춘 것으로 평가된다.

175) 장카이급 호위함은 8발의 HQ-7 단거리 함대공미사일을 탑재하는 배수량 3,500톤의 초기형 2척, 그리고 개량형 4척으로 구분된다. 개량형 장카이급은 배수량이 최대 4,500톤으로 증가되었으며, 32기 규모의 HQ-16 중거리 함대공미사일을 탑재 및 운용하는 VLS까지 갖추어 사실상 구축함으로 평가할 수 있다.

척 이상의 신형 수상전투함을 손에 넣은 것이다.

중국 해군의 '킬로'급 디젤추진 잠수함(왼쪽)과 '샹'급 핵추진 잠수함(오른쪽)

해군력의 현대화는 잠수함에도 진행되고 있다. 먼저 기존의 밍급 디젤추진 잠수함보다 항해정숙성이 높고, 사거리 270km의 SS-N-27 클럽 대함미사일을 탑재하는 러시아제 '킬로(수중배수량 3,000톤)'급 디젤추진 잠수함 12척을 도입 중이다. 밍급의 성능을 개선한 '송(宋. 수중배수량 2,200톤)'급 디젤추진 잠수함은 현재 9척이 운용 중인데, 이 잠수함은 지난해 11월 서태평양의 일본-대만 인근해역에서 훈련 중이던 미 해군함대의 항공모함 근처까지 침투하여 미군 관계자들을 경악시켰다.[176] 2004년부터는 킬로급에 필적하는 성능을 갖춘 것으로 알려진 신형 '유안(元. 배수량 2,600톤)'급 디젤추진 잠수함의 건조 및 실전배치가 시작되었는데, 향후 대양작전 수행이 가능하도록 AIP 추진장치를 탑재할 것으로 전망된다. 그리고 노후화된 한급을 대체할 '상(商. 수중배수량 6,000톤)'급 공격 핵추진잠수함은 장거리 대함미사일과 지상공격용 순항미사일을 탑재, 수중에서 운용할 수 있도록 개발되었다. 중국 해군은 5~10척 내외의 상급 핵추진 잠수함을 건조할 방침이다.

최근에는 중국 해군의 항공모함 확보 계획이 초미의 관심사가 되고 있다. 지난 2002년, 중국은 건조된 지 70% 상태에서 고철로 방치되다시피 했던 러시아제 미완성 항공모함 '바리야그(배수량 65,000톤)'를 우크라이나에서 인수했는데, 이후 수년 동안 다롄(大連)에서 복원 작업을 계속해온 것이다. 실제

176) 김병륜, "中 잠수함, 美 항모 방어망 돌파?", 「국방일보」, 2006년 11월 13일자.

복원이 마무리될 경우 바리야그함은 정식 항공모함으로 진수되거나, 앞으로 중국이 독자적으로 신형 항공모함을 설계 및 건조하기 위한 연구용 내지는 전력화 이전의 훈련함 정도로 활용될 가능성이 크다. 이미

중국 다롄에 정박 중인 '바리야그'함. 항공모함으로의 복원 가능성이 주목되고 있다.

중국 정부는 지난해 3월 장윈촨(張雲川) 국방과학공업기술위원회 주임이 "자체 기술로 항공모함을 연구 · 제작하고 있으며, 준비 작업이 순조롭게 진행되고 있다. 오는 2010년 이전에 항공모함을 완성할 수 있을 것"이라고 발표하여 항공모함 확보 계획을 처음으로 공식 확인한 바 있다.[177)]

장기적으로 중국 해군은 2015~2020년을 전후로 하여 척당 20~30여대의 항공기를 탑재하는 약 3척의 중 · 대형 항공모함을 건조하고,[178)] 이들을 북해함대(北海艦隊 : 서해 관할)와 동해함대(東海艦隊 : 동중국해 관할), 남해함대(南海艦隊 : 남중국해 관할)에 각 1척씩 배치하여 총 3개의 항공모함전단을 편성할 가능성이 높다. 이 경우 중국은 쿠릴열도-일본-대만-오키나와-필리핀-인도네시아 군도로 이어지는 200해리의 제1도련(島鍊), 그리고 괌-마리아나 제도-호주 서부해역으로 연결되는 600해리의 제2도련까지 관할하는 명실상부한 대양해군력을 갖추게 된다.[179)] 15세기 명 황조 시대의 대제독 정허(鄭和) 이후

177) 권영석, "중국 정부, 항공모함 건조 사실 공식 시인", 「연합뉴스」, 2007년 3월 18일자.
178) 중국 해군의 항공모함 탑재기로는 바리야그와 동급함인 러시아의 '쿠즈네초프(만재배수량 67,000톤)'급 중형 항공모함에서 운용되는 러시아제 SU-33 전투기가 유력하다. 이미 중국은 지난 2006년 말부터 러시아와 SU-33 약 50대를 도입하기 위한 논의를 시작한 것으로 알려진다.
179) 제1, 제2도련의 개념은 지난 1980년대에 '근해(近海 : Off-Shore)방어전략을 주창

약 600년만에 중국이 세계적인 대양세력으로 재탄생하는 것이다.[180)]

중국 공군이 보유한 2,400여대의 전투기들은 절대다수가 1960~1970년대 기술로 제작된 제2세대 J-6/7과 1980년대 무렵에 양산된 제3세대 J-8로 구성된다.[181)] 이들의 무장능력은 대부분 근거리 교전을 위한 기관포와 단거리 공대공미사일, 그리고 일반폭탄 정도가 고작이었다. 그러나 1990년대 초부터 러시아제 SU-27 전투기가 도입되면서 중국도 상당 규모의 현대화된 공군력을 갖추기 시작했다. 제4세대 기종인 SU-27은 최고 마하 2.3의 비행속도, 1,000km 이상의 작전 행동반경, BVR 교전용 중거리 공대공미사일을 비롯한 총 10발의 무장탑재 등을 비롯하여 이전의 어떠한 중국 전투기도 발휘하지 못했던 우수한 전투력을 자랑한다. 현재 중국 공군은 171대(훈련용 40대 포함)의 SU-27을 보유하고 있으며, 2000년 이후에는 장거리 대함미사일을 탑재하는 러시아제 SU-30MKK 전폭기도 100대(해군 소속 24대 포함) 도입했다.[182)]

뿐만 아니라 중국은 제4세대급의 신형 전투기를 자체 생산, 국산화하기 위

했던 류화칭(劉華淸) 중국 해군총사령관이 제시한 것이다. 이후 중국 해군은 1980년대 중반에서 2000년까지 제1도련 이내에서의 작전능력을 확보한 후 2020년까지 작전범위를 제2도련으로 확대하고, 2020년부터는 제2도련을 넘어서는 해역에서도 작전을 수행할 수 있도록 한다는 전력증대 계획을 세운 바 있다. 김덕기, 『21세기 중국해군』(한국해양전략연구소, 2000), p.121.

180) 정허 제독은 1405~1433년 사이에, 7차례나 명 황조의 대함대를 이끌고 동남아시아와 인도, 아랍, 그리고 동부 아프리카로의 대원정 항해를 실시한 인물이다. 당시 정허의 함대는 200척이 넘는 3,000~8,000톤 내외 규모의 대형 범선으로 구성되었으며, 항해에 동원되었던 승무원은 약 2만 7,000명 수준이었다. 이는 60여년 후 크리스토퍼 콜럼부스와 바스코 다 가마를 비롯한 유럽의 대항해 선단보다 훨씬 큰 규모다.

181) J-6과 J-7, J-8은 각각 러시아제 MIG-19 '파머'와 MIG-21 '피쉬베드', MIG-23 '플로거'를 중국 내에서 면허생산 및 모방 제작한 것이다. J-6을 변형시킨 Q-5 지상공격기도 운용 중이다.

182) 중국 공군은 7개 군구마다 각 1개 비행연대 규모의 SU-27 전투기를 배치하고 있으며, SU-30MKK의 경우 난징군구에 3개(해군 동해함대 소속 1개 포함) 비행연대와 광저우군구에 1개 비행연대가 배치 중이다. 인터넷 웹사이트 http ://www.sinodefence.com/airforce/fighter/sukhoideployment.asp "Chinese Flanker Fighter Deployment" (검색일자 2008년 4월 20일)

해 적극적인 노력을 기울이고 있다. 우선 170여대의 SU-27 전투기 가운데 90대 이상을 J-11이라는 자체 제식명칭으로 중국 내에서 면허생산했으며, 최근에는 중국이 독자설계, 개발한 엔진과 레이더, 공대공/공대지 무장을 탑재하는 '중국형 SU-27' J-11B 전폭기를 선보였다. 뿐만 아니라 숫자상 주력 기종인 구형 J-6/7/8을 대체할 J-10 전투기의 독자 개발에 성공하여 이미 100대 내외의 수가 양산, 배치되어 있다. J-10은 최고 비행속도 마하 2.2, 최대 900km 이상의 작전 행동반경, 중·단거리 공대공미사일과 레이저 유도폭탄, 대함미사일 등의 다양한 정밀유도무기 운용능력 등을 갖추어 일부 기능에서는 동급 기종인 미국제 F-16보다도 우수하다는 평가를 받는다. 구형 Q-5 공격기의 후계 기종인 JH-7 전폭기와 JF-17 '샤오룽(梟龍)' 소형 공격기의 양산도 이루어지고 있다.183)

중국 공군의 SU-27(왼쪽)과 독자개발형 J-10 전투기(오른쪽).

한편으로 중국 공군은 스텔스기, 무인전투기와 같은 미래형 무기의 개발에도 적극 나서고 있다. 미국의 F-22, 러시아의 PAK-FA에 해당하는 제5세대 스텔스전투기 J-XX는 2015년 실전배치를 목표로 자체 개발이 진행 중이다.184)

---

183) JH-7 전폭기는 최고 비행속도 마하 1.7에 단거리 공대공미사일과 사거리 50~100km 이상의 공대지/공대함 미사일을 탑재하여 기존 Q-5의 전투력을 능가한다. JF-17은 중국이 파키스탄과 공동개발한 수출용 항공기로 현재 중국뿐만 아니라 파키스탄 공군에서도 대량으로 도입 중이다. 미국제 F-16의 20~30% 수준에 불과한 저렴한 가격 때문에 동남아시아와 아프리카, 중앙아시아 등지에서도 도입을 희망하고 있다. 조성대, "中전투기 샤오룽, 수출 주문 폭주 전망", 「연합뉴스」, 2008년 3월 25일자.

지난해 모스크바 에어쇼에서는 '안첸(暗劍)'이라는 별칭의 정찰 및 전자전, 대공제압용 초음속 무인전투기의 모형을 출품하여 눈길을 끌기도 했다.185)

중국의 제5세대 스텔스전투기 J-XX의 상상도.

제2포병은 세계 5대 핵보유국으로서 중국의 정치·군사적 위상을 대표하는 부대다. 하지만 제2포병이 관할하는 중국의 핵무기와 탄도미사일 전력 수준은 나머지 4개 핵보유국에 비하여 양적, 질적으로 낙후되어 있었다. 1,000기에 가까운 탄도미사일 가운데 ICBM급 장거리 탄도미사일인 '둥펑(東風)' 4/5호의 수량은 전체 10%를 밑돌며, 모두 액체연료를 추진제로 사용한다. 이로 인해 발사준비에 많은 시간이 소요되어 즉각적인 핵보복을 감행하기에 불리하고, 적의 선제공격에 대해서도 취약성이 높다는 약점을 안고 있다. 중국군이 보유한 SLBM으로는 1척의 '시아(夏. 수중배수량 7,000톤)'급 전략 핵추진잠수함에 탑재되는 12기의 '쥐랑(巨浪)' 1호 탄도미사일이 유일했는데, 그나마 사거리가 2,000km 이하로 태평양 이내의 미군 기지를 공격권 내에 두는 것이 고작이었다.

최근 중국 제2포병은 이러한 기술적 약점들을 극복하기 시작하고 있다. 2000년대 초부터 소수 배치 중인 사거리 8,000km의 신형 ICBM 둥펑 31호는 고체연료를 사용하여 발사준비 시간을 크게 단축시켰다. 실전배치를 눈앞에 두고 있는 개량형 둥펑 31A호는 사거리가 12,000km로 더욱 연장되었을 뿐만 아니라, 1기당 3~5개의 핵탄두를 장착할 수 있는 다탄두 ICBM이다. 둥펑 31호를 SLBM으로 변형시킨 쥐랑 2호도 역시 다탄두 장착능력을 갖추도록

---

184) 중국의 J-XX 스텔스기는 J-13/14라는 제식명칭을 부여받을 것으로 예상된다. 이귀원, "한반도 주변국 공군력 증강 실태", 「연합뉴스」, 2007년 4월 27일자.

185) 조성대, "中, 모스크바 에어쇼에 첨단 전투기 출품", 「연합뉴스」, 2007년 8월 23일자.

중국 제2포병의 새로운 핵심전력이 될 둥펑 31호 ICBM(위)과
'진'급 신형 전략 핵추진잠수함(아래).

개발 중이다. 쥐랑 2호 SLBM은 시아급을 대체하는 '진(晋. 배수량 약 8,000톤)'급 신형 전략 핵추진잠수함에서 척당 12기씩 탑재, 운용될 예정이다. 둥펑 31호와 쥐랑 2호를 비롯한 신형 ICBM이 본격적으로 실전배치된다면, 중국 제2포병은 세계 어느 지역으로든지 대규모의 신속한 핵보복을 가할 수 있는 능력을 완비하게 될 것이다.

이처럼 중국은 해군과 공군, 제2포병에 우선적으로 각종 신무기의 획득을 집중시키고 있지만, 각 군의 사령부급인 부대 상부구조에서는 여전히 육군 중심주의의 잔재가 굳건히 남아있는 실정이다. 중국 인민해방군은 공산당 중앙군사위원회 휘하의 총참모부가 7개 대군구와 해 · 공군, 그리고 제2포병 예하 전투부대에 대한 작전권을 갖는 통합군 체제로 운용되고 있다. 중국의 주요 해군, 공군부대는 기본적으로 해 · 공군 사령부 소속이지만, 동시에 배치 지역을 관할하는 해당 대군구의 지휘를 받는다. 게다가 각 대군구의 사령관으로는 대부분 육군 출신의 3성장군이 임명되며, 해군 함대사령부[186)]와 공군

지역사령부의 사령관은 기껏해야 부사령관을 겸직할 뿐이다.[187]

요컨대 중국 인민해방군 내에서 해군, 공군은 육군과 대등한 독립 군종의 지위를 차지하지 못하고 있으며, 오히려 7대 대군구들보다도 영향력이 미약한 것으로 평가된다. 그나마 지난 2005년부터는 해군과 공군, 그리고 제2포병의 사령관들을 중국 국방정책의 최고의결기구인 중앙군사위원회 위원으로 임명하여 변화의 가능성을 마련하고 있다.

그렇다면 중국은 과연 어떠한 방식으로 정보화전쟁 시대에 대비하고 있는 것일까? 가장 기본적 수단인 정보수집 자산의 경우, 중국은 최근 수년 동안 급성장을 거듭한 자국의 우주개발 역량을 십분 활용하고 있다. 지난 2003년 10월의 '선저우(神舟)' 5호 발사 성공으로 중국은 러시아, 미국에 이어서 유인 우주선을 개발한 세계 3번째 국가가 되었다. 현재 중국이 운용하는 인공위성은 약 80개에 달하는데, 그 가운데 해상도 2m 내외 수준의 '지유안(資源)' 2호 지구관측위성 3개를 비롯한 30여개 위성이 정찰, 통신, 기상 · 해양관측 등의 군사임무에 활용 가능한 것으로 알려진다. 2000년부터는 '베이더우(北斗)'라는 사업명으로 알려진 중국의 자체 위성항법체계 구축이 진행 중인데, 현재까지 4개의 항법위성이 발사되었다. 미국의 GPS와 러시아의 GLONASS, 그리고 유럽의 갈릴레오 체계에 해당하는 베이더우 위성항법체계는 총 35개(정지궤도위성 5개 포함)의 항법위성으로 구성되며, 세계 각지에 걸쳐 오차범위 10m 이내의 정확한 위치정보를 제공할 수 있도록 개발될 예정이다.

또한 중국 공군은 러시아의 A-50 '메인스테이'와 유사한 4대의 '쿵징(空警) 2000' 공중 조기경보통제기를 자체 제작하여 시험비행 및 초기 운용단계에 착수하였다. 쿵징 2000은 러시아제 IL-76 대형 수송기에 중국이 독자개발한 조기경보용 레이더를 탑재한 것으로 이론상 미국제 E-3 AWACS와 대등한 장거리 탐지 및 추적, 항공관제 능력을 갖추며, 스웨덴과 이스라엘의 중소형 공

---

186) 구체적으로 북해함대는 지난군구, 동해함대는 난징군구, 그리고 남해함대는 광저우 군구에 각각 소속되어 있다.

187) 공군본부, 2007, p.127.

중 조기경보통제기에 해당하는 Y-8(일명 쿵징 200) 조기경보기 1~2대와 함께 1개 조를 이루는 공중 조기경보 체계를 구축한다.188) 이들이 중국군의 기존 지상배치 레이더망과 결합한다면 매우 효과적인 조기경보 능력을 제공할 수 있을 것이다.

중국 공군의 '쿵징 2000' 공중 조기경보통제기

다양한 정밀유도무기의 확보도 정보화전쟁 시대에 대비하기 위한 중국의 노력을 반영하는 단면 가운데 하나다. 과거 러시아로부터의 수입에만 의존했던 자동유도식 중거리 공대공미사일, 사거리 100~200km급의 초음속 대함미사일을 최근 수년 동안 자체 개발하는 데 성공했을 뿐만 아니라, 미국의 JDAM처럼 위성항법장치를 통해 정확히 유도될 수 있는 신형 공대지 유도폭탄까지 개발하는 수준에 도달한 것이다. 여기에 중국은 탄도 · 순항미사일 요격능력을 겸비하는 사거리 70~90km의 러시아제 SA-10 장거리 지대공미사일을 대량 도입하여 배치 중이며, 미 해군의 이지스구축함에 필적하는 동시 다표적 함대방공 능력을 보유한 것으로 평가되는 루저우급 신형 구축함에도 SA-10을 개조한 SA-N-6 장거리 함대공미사일을 탑재시켰다. 이로써 중국도 일정 수준의 지상 · 해상배치 미사일 방어능력을 갖추는 발판을 마련하였다.

중국의 각종 정밀유도무기 확보 계획 가운데서도 특히 주목되는 것은 전략무기로 사용될 수 있는 장거리 순항미사일의 독자개발이다. 중국은 이미 1970년대부터 '홍냐오(紅鳥)'라는 사업명으로 지상 발사대와 군함, 잠수함, 항

188) 지난 2006년 6월에는 시험비행 중이던 중국 공군의 Y-8 조기경보기 1대가 추락사고를 당했는데, 이 기체에 탑승했던 중국의 관련 연구개발 인력 상당수가 목숨을 잃기도 했다. Yihong Chang, "China Speeds Production of AEW&C Aircraft", *Jane's Defense Weekly*, October, 24, 2006.

공기 등의 다양한 육·해·공 배치수단에서 운용될 수 있는 순항미사일의 개발을 추진해 온 것으로 알려져 있다. 그 가운데 최신형인 홍냐오 3호는 최대사거리가 3,000km에 달하며, 관성항법장치와 TERCOM, 위성항법체계 등의 다양한 유도방식을 통하여 오차범위 10m 내외의 정밀타격이 가능하다.[189] 이 경우 태평양 지역의 대부분이 중국 순항미사일의 사거리 내에 들어가게 된다.

중국이 독자개발 중인 장거리 순항미사일의 추정 모습

위와 같은 정보수집, 정밀유도무기 분야에서의 발전에 비하여 각 전투기능의 통합 운용을 가능토록 해주는 연결고리, 즉 C^4I 체계에 관한 한, 중국은 아직 미국과 유럽에 비해 기술적으로 낙후되어 있다. 물론 중국 국방당국도 이에 대한 개선 필요성을 인식하면서 지휘통제 체계의 자동화 능력 강화를 군사력 현대화의 주요 우선과제로 설정해 왔으며, 관련 소프트웨어와 정보보안, 네트워크화 기술 향상에 지속적인 노력을 기울이는 중이다. 지난해 9월에 실시된 중국의 첫 정보화 군사작전훈련 '베이첸(北劍)-0709'도 그 일환이라고 할 수 있다. 이 훈련은 실시간 정보 송수신 장비를 갖춘 1개 여단급(약 2,000명)의 인민해방군 장병들과 지휘본부가 가상의 전장에서 수집한 정보를 바탕으로 군수물자 투입에 대한 효율적인 결정, 지시를 내리는 방식으로 이루어졌으며, 단일 전투공간에서 여러 단위부대를 동시에 지휘통제할 수 있는 능력의 배양에 초점을 두었다.[190]

하지만 정보화전쟁 시대를 위한 중국의 노력이 가장 돋보이는 분야는 역시 반(反)정보전 기능이다. 최근 10여년 동안 중국의 군사력 현대화가 양적, 질

189) 황유성, "中-대만-日 군비증강계획 잇달아", 「동아일보」, 2003년 7월 14일자.
190) 권영석, "中 미래형 정보화 군사작전 훈련에 성공", 「연합뉴스」, 2007년 9월 20일자.

적으로 급진전된 것은 사실이지만, 여전히 세계 유일의 초강대국인 미국에 비하면 일천한 수준임을 부정할 수 없다. 다시 말해 정보화전쟁으로의 전환이 진행되고 있는 오늘날의 군사기술적 조건 하에서 중국은 상대적 약자의 위치에 놓여있는 것이다. 이에 따라 중국은 미국이 자랑하는 정보화전쟁의 수행능력을 무력화하는 것이 승리의 지름길이라는 결론을 내렸으며, 그 기반인 첨단 C4ISR 체계 자체를 직접 겨냥하는 반(反)정보전 역량 강화에 주력하기 시작했다. 과거 마오쩌둥 시절 게릴라전으로 대륙을 석권했던 중국 비대칭전의 전통이 정보화전쟁 시대에서 부활한 것이다.

우선 중국은 사이버전쟁 수행능력을 강화하기 시작했다. 1997년 정예요원 100명으로 구성되는 최초의 컴퓨터바이러스 부대를 정식 창설하였으며, 현재는 베이징, 지난, 난징, 광저우 등 4개 대군구에 각 500명 규모의 요원들을 보유한 사이버전쟁 부대가 편성될 정도로 그 규모가 확대되었다.[191] 중국 인민해방군의 사이버전쟁 부대는 정기적인 자체 훈련까지 실시하는 것으로 알려지며, 최근 수년 동안 미국과 유럽 각국의 주요 정부기관 컴퓨터통신망이 잇달아 중국측의 소행으로 의심되는 해킹 공격을 받기도 했다.[192]

하드웨어 수단에 의한 반(反)정보전 능력에서도 중국은 괄목할만한 성장을 달성하고 있다. 지난해 1월 11일에 실시된 인공위성 공격실험이 그 대표적인 사례다. 당시 중국은 남서부 쓰촨(四川)성 시창(西昌)의 우주기지에서 둥평 21호 중거리 탄도미사일을 개조한 로켓을 발사, 고도 859km 상공의 구형 기상위성 1개를 요격하는 데 성공했다.[193] 이로써 중국은 고도 1,000km 이하의 저궤도에서 주로 비행하는 외부 세력의 정보수집용 인공위성을, 자국 상공에서 파괴함으로써 유사시 우주를 통한 지속적인 감시 · 정찰 능력을 무력화할

191) 이규열 등, 2007, pp.230~231.
192) 김병륜, "'디지털 냉전'… 중국발 해킹 사태", 「국방일보」, 2007년 9월 13일자.
193) 당시의 위성공격 실험은 중국이 아닌 미국 정부에 의해서 1주일 뒤인 지난해 1월 18일에야 처음으로 세계에 공개되었으며, 이후 미국과 일본, 영국, 호주 등 주요 친미 국가들이 외교적 항의 및 우려를 공개 표명하여 큰 반향을 일으켰다. 안석호, "중국, 인공위성 요격 실험 성공", 「세계일보」, 2007년 1월 20일자.

수 있음을 과시했다.194) 이 외에도 중국은 적 C^4ISR 자산의 기능을 물리적으로 마비시키기 위한 EMP 폭탄, 레이저, 위성교란 장비, HPM, 초고속 운동에너지무기, 우주배치형 공격위성 등의 미래형 무기 개발에 상당한 노력을 기울이고 있다.195) 중국측의 표현을 빌리자면, '적의 점혈(點穴 : 급소)을 노리는 자객의 무기(殺手鐧)'인 것이다.

2007년 1월 중국의 위성공격 실험

출처: 「세계일보」, 2007년 1월 20일자

지난 20여년 동안 중국은 폭발적인 경제성장을 지속하면서 일약 세계적인 경제대국으로 급부상했으며, 머지않아 미국을 앞지르는 세계 최대의 경제대국 자리까지 차지할 것이라는 전망이 지배적이다. 냉전이 끝난 지 약 20년째를 맞는 오늘날, 중국은 미국의 세계 초강대국 지위에 도전할 수 있는 유일한 나라로 평가받고 있다. 중국이 경제대국을 넘어 명실상부한 정치 · 외교대국으로 도약할 수 있느냐의 여부는 '중국특색 군사변혁'의 성패에서 판가름날 것이다.

---

194) 미국 내에서는 오래 전부터 럼스펠드 전 국방장관을 포함한 대중국 강경론자들이 중국의 우주 군사력 강화가 미국의 우주배치 정보수집 자산에 대한 직접적인 공격으로 이어질 수 있음을 경고해 왔으며, 이를 '우주에서의 진주만 습격(Space Pearl Harbor)'이라고 지칭한다. 이장훈, 『홍군 VS 청군-미국과 중국의 21세기 아시아 패권 쟁탈전』(삼인, 2004), pp.86~90.

195) 중국이 개발 중인 우주배치형 공격위성 가운데는 적 위성을 향하여 접근, 밀착해 있다가 필요시에 교란 및 자폭기능을 수행하는 중량 0.1톤 이하의 소형 '기생위성'도 포함되어 있다. 박창희, "중국인민해방군의 군사혁신(RMA)과 군현대화", 「國防硏究」, 제50권 제1호, 2007년 6월.

(2) 일본

일본은 지난 19세기의 아시아에서 가장 먼저 서양세계의 산업, 과학기술, 정치 · 경제제도를 수용하여 근대화를 달성했던 국가다. 뿐만 아니라 산업혁명의 영향으로 기계화, 대형화로의 전환기를 맞고 있던 새로운 군사력까지 적극 도입함으로써 빠른 속도로 세계적인 군사대국의 지위를 차지하게 되었다. 철제 군함과 신형 대포, 기관총으로 무장한 일본군은 여전히 목조선과 흑색화약, 화승총이 고작이었던 중국과 조선의 구식군대를 상대로 압도적인 승리를 거두었고, 1904~1905년 러일전쟁에서는 제국주의 시대 처음으로 비(非)서양 국가가 서양의 강대국을 이기는 파란을 일으켰다. 1854년 매튜 페리 제독이 이끄는 미 해군함대의 포함외교에 의한 강제개항 이후, 반세기만에 서양 세력과의 복수전에서 승리한 것이다. 일본이 비서양 국가로는 유일하게 제국주의 시대에서 강대국의 지위를 차지할 수 있었던 것도 군사력 덕분에 가능했다.

그러나 당시 일본군에게도 치명적인 약점이 있었다. 당대 최고수준의 무기는 갖고 있었지만, 이를 운용하는 군사전략 · 전술은 지극히 시대착오적이었던 것이다. 러일전쟁의 경우 주요 전투마다 무모할 정도로 정면공격을 고집하였고, 결국 전쟁에서는 이겼으면서도 인명손실의 규모는 패배한 러시아를 훨씬 초과했다. 유일한 예외는 도고 제독의 연합함대가 선보인 T자 진형으로 러시아 발트함대를 격파한 1905년 5월의 쓰시마 해전이었다. 일본은 제2차 세계대전에서도 군사력의 하드웨어와 소프트웨어 사이의 괴리를 극복하지 못했다. 해전의 새로운 주역으로 떠오른 항공기와 잠수함의 가치를 애써 외면한 채 거함거포주의에 집착하였으며, 단일 지휘기구로 설치된 대본영은 육군과 해군의 반목, 경쟁의식으로 점철되었다. 전쟁 말기에는 젊은 조종사들을 '가미카제(神風)'라는 이름으로 미 해군함대를 겨냥한 항공기 자살공격에 동원하기까지 했다. 결국 일본에게 주어진 것은 깨어진 대동아공영권의 헛된 망상, 히로시마와 나가사키를 비롯한 전 국토의 초토화, 그리고 역사상 처음으로 맞이한 외국군의 영토 점령뿐이었다.

종전 이듬해인 1946년 11월, 일본은 '정책수단으로서의 전쟁', '군사력의 보유', 그리고 '교전권'을 영구히 포기한다는 조항이 포함된 이른바 『평화헌법』을 공표했다. 이후 미국과 소련의 냉전이 현실화되고, 중국대륙의 공산화와 6.25 전쟁을 계기로 1954년 사실상의 군대인 자위대(自衛隊)가 창설되었지만, 과거의 일본군과는 비교조차 할 수 없을 정도로 축소된 것이었다. 지금도 일본 자위대는 총 24만여명(육상 14만 8,300명, 해상 4만 4,500명, 항공 4만 5,900명 등)의 소규모 전력으로 이루어지고 있다. 무기 보유수량은 아래와 같다.[196]

- 탱크 : 980대
- 장갑차 : 900대(보병전투용 70대 포함)
- 야포 : 840문(견인포 480문, 자주포 250문, 다연장로켓포 110문)
- 잠수함 : 18척(훈련용 2척 포함)
- 수상전투함 : 53척(구축함 44척, 호위함 9척)
- 연안전투함정 : 7척(모두 미사일정)
- 상륙함 : 5척
- 해상초계기 : 약 100대
- 전투기 : 330여대
- 정찰기 : 20대
- 조기경보기 : 14대(공중 조기경보통제기 4대 포함)
- 수송기 : 30대
- 헬기 : 580여대(육군 대전차공격용 90여대, 해군 대잠작전용 92대 포함)
- 지대공미사일 : 730여기(단거리 340여기, 중거리 200기, 장거리 190여기)

하지만 세계는 결코 일본 자위대를 얕보지 않는다. 오히려 규모는 작을지언정, 전세계적으로도 최고 수준으로 손꼽히는 자위대의 질적 전투력에 대한 감탄과 경계심을 감추지 않고 있다. 그렇다면 도대체 무엇이 총병력 24만명

---

196) IISS, 2007, pp.354~357.

에 불과한 중무장 경찰(?) 자위대를 세계적인 강군으로 만들고 있는 것일까?

전후 일본은 "외부 세력의 무력공격을 받았을 때 비로소 방위력을 행사하고, 방위력 행사의 범위와 형태도 자기방어를 위한 필요 최소한도로 제한한다"는 이른바 전수방위(專守防衛) 원칙을 방위전략의 기본으로 삼아왔다. 대신 첨단무기 중심의 우수한 질적 전투력을 유지, 발전시킴으로써 병력규모와 전략에서의 불리함을 극복해 온 것이다. 앞서 살펴본 호주와 마찬가지로, 일본 역시 국토 전체가 바다로 둘러싸인 섬나라다. 따라서 육군에 해당하는 육상자위대(陸上自衛隊)보다는 해 · 공군 역할을 하는 해상자위대(海上自衛隊), 항공자위대(航空自衛隊)가 일본 방위전략의 핵심 세력이라고 할 수 있다. 그리고 해상 · 항공자위대의 전력은 아시아 내에서 타의 추종을 불허하는 최고 수준을 자랑한다.

일본 해상자위대는 일본 연안해역의 방어를 담당하는 5개 지방대(地方隊)와 대양작전 능력을 갖춘 주력 자위함대(自衛艦隊)로 구성되는데, 자위함대는 다시 호위함대(護衛艦隊)와 잠수함대(潛水艦隊), 그리고 항공집단(航空集團)으로 나뉜다. 호위함대는 배수량 3,000~5,000톤 이상의 중 · 대형 수상전투함 32척을 보유하며,[197] 예하에는 총 4개의 기동전단, 즉 호위대군(護衛隊群)이 편성되어 있다. 각 호위대군은 기함인 1척의 헬기구축함(DDH)과 2척의 방공구축함(DDG), 5척의 일반구축함(DD), 그리고 이들이 탑재하는 8대의 헬기로 구성되어 8 · 8함대라는 별칭이 붙어있다.[198] 대다수가 1980~1990년대 이후에 건조된 신형 군함들이며, 대함미사일과 함대공미사일, CIWS, 그리고 대잠로켓을 기본무장으로 탑재하여 입체적인 해전 수행능력을 갖추고 있다.

---

197) 호위함대 사령부의 기함(旗艦)역할을 담당하는 구축함 1척을 포함하면 총 33척이다.

198) 헬기구축함은 척당 3대 이상의 대잠헬기를 탑재하여 적 잠수함에 대한 초계, 소탕능력에 초점을 둔다. 방공구축함은 대잠헬기를 탑재하지 않는 대신, 호위대군 전체에 대한 함대방공 능력을 지원할 수 있도록 중 · 장거리 함대공미사일의 탑재, 운용능력을 갖춘다. 그리고 일반구축함은 자체 방어를 위한 기본적인 대함, 대공, 대잠 교전능력을 보유하며, 척당 1대의 대잠헬기도 탑재한다.

해상자위대에서 전투력이 가장 우수한 군함은 각 호위대군마다 1척씩 배치되어 있는 총 4척의 '공고(金剛. 배수량 7,500톤)'급 이지스 방공구축함이다. 지난 1993년부터 취역한 공고급은 미 해군을 제외하고는 처음으로 이지스 전투체계를 탑재한 수상전투함인데, 90기 규모의 VLS에 탑재되는 SM-2 장거리 함대공미사일과 대잠로켓, 그리고 AN/SPY-1 위상배열레이더 등을 동시 · 통합적으로 운용할 수 있는 우수한 다표적 추적, 교전능력이 특징이다. 9척의 '무라사메(村雨. 배수량 4,550톤)'급과 그 개량형인 5척의 '다카나미(高波. 배수량 4,650톤)'급 일반구축함도 VLS를 통해 32기의 단거리 함대공미사일, 대잠로켓을 탑재한다. 요컨대 일본 호위함대는 전체 구축함의 과반수가 동시 다표적 교전능력을 갖추어 일본 연안을 벗어난 대양에서도 우수한 전투력을 발휘할 수 있다.

'공고'급 이지스구축함을 선두로 하는 일본 해상자위대 호위대군의 기동 모습

핵추진 잠수함까지 보유하고 있는 중국과 러시아와는 달리, 일본 해상자위대의 잠수함대는 18척의 디젤추진 잠수함만을 갖고 있다. 하지만 '오야시오(親潮. 수중배수량 3,000톤)'급 11척, '하루시오(春潮. 수중배수량 2,750톤)'급 7척을 비롯하여 모두 대양에서도 충분히 임무수행이 가능한 배수량 3,000톤급 내외의 대형 잠수함이다. 뿐만 아니라 일본은 잠수함의 운용기간을 16년으로 한정하여 신형함 위주의 잠수함대 전력을 유지하며, 이를 위해 매년 1척씩의 잠수함을 추가 건조하고 있다. 퇴역 잠수함들도 훈련용으로 전환하거나 밀봉보관되어 필요시에 예비전력으로 투입이 가능하다. 이와는 별도로 해상자위대는 무려 100대에 가까운 수의 미국제 P-3 '오라이언' 장거리 해상초계기를

운용함으로써 일본 주변해역에 대한 지속적이면서 효과적인 적 잠수함 추적, 소탕능력을 갖추고 있다.

일본 항공자위대가 보유 중인 총 330여대의 전투기는 12개의 비행대대로 편성되는데, 영공에서의 공대공 임무를 담당하는 '요격대대' 9개와 일본 주변해역의 적 군함을 저지하는 공대함 작전용 '지원대대' 3개로 나뉜다. 요격전투기의 주력인 200여대의 F-15J는 1980년대 초부터 미 공군의 F-15 전투기를 일본 내에서 면허생산한 것이며, 현재 7개 요격대대에서 배치하고 있다.[199] 최고 마하 2.5의 비행속도와 8발의 공대공미사일 탑재능력, 약 4,600km의 항속거리 등을 자랑하는 단연 아시아 최강의 요격전투기라고 할 수 있다. 2개 지원대대에 배치 중인 60여대의 F-2 지원전투기는 외형상 미국제 F-16과 비슷하지만 기체가 보다 대형화되었으며, 덕분에 연료 및 무장탑재량도 증가된 것이 특징이다. F-2는 최고속도 마하 2에 약 830km의 작전 행동반경으로 비행하며, 위상배열레이더와 사거리 50~100km 이상의 자국산 ASM-1/2 공대함미사일을 탑재하여 강력한 대함 교전능력을 발휘한다.

일본 항공자위대의 F-15J 요격전투기(왼쪽)와 F-2 지원전투기(오른쪽)

이처럼 일본 자위대는 전수방위라는 표어가 무색하리만큼 막강한 무장 능력을 자랑하고 있다. 뿐만 아니라 오늘날의 일본은 더 이상 전수방위에 만족

199) 200여대의 F-15J 가운데 7개 요격대대에서 실전 배치중인 것은 약 150대이며, 나머지는 항공자위대 소속 교육부대의 훈련기와 가상적기 역할을 담당하면서 유사시에 실전 동원이 가능하도록 운용되고 있다.

하지 않는다. 세계 2위, 아시아 최대를 자랑하는 경제대국의 지위에 걸맞은 정치 · 외교대국으로 대접받기 위해서는 자국영토의 방위는 물론, 국제사회의 필요에도 부응할 수 있을 정도의 군사력이 필요하다는 논리가 힘을 얻기 시작한 것이다. 나아가 일본이 주권국가의 기본적 권리인 교전권, 군사력의 보유를 금지하는 현행 『평화헌법』의 제약을 넘어 '보통국가(普通國家)'로 돌아가야 한다는 주장까지 등장했다. 1990년대부터 본격화된 일본 내부의 보통국가론은 지난 2001년 고이즈미 준이치로(小泉純一郎)의 집권을 계기로 실천단계에 들어갔다. 고이즈미가 수상으로 재임했던 2001~2006년 사이에 중국과 북한으로 대표되는 새로운 군사적 위협을 집중 부각시키는 한편, 9.11 테러사태 직후 아프가니스탄과 이라크 등지에 자위대를 파병함으로써 미국이 주도하는 '테러와의 전쟁'에 강력한 지지, 동참의사를 실행한 것이다.[200]

그리고 2004년 12월 10일에 발표된 일본의 새로운『방위계획대강』(防衛計劃大綱)에는 전수방위에 입각한 '기반적 방위력'의 개념 외에 새로운 위협에 대한 효과적인 대응 및 국제평화협력 활동의 참여를 위한 '다기능 · 탄력적이며, 실효성있는 방위력'이라는 내용이 추가되었다.[201] 이는 일본의 군사력 운용범위가 지리적, 기능적으로 전수방위의 틀을 넘어설 수 있음을 공식화했다는 점에서 큰 의미를 갖는다. 바야흐로 '보통국가 복귀를 통한 정치 · 외교대국 실현'을 뒷받침하는 일본식 군사혁신의 막이 오른 것이다.

우선 일본 육상자위대의 구조조정부터 살펴보도록 하자. 냉전 시절 육상자

---

200) 일본은 2001년 10월 미국 주도 다국적군의 아프가니스탄 공격이 시작된 직후, 지원용 보급함과 수송기 등을 포함하는 1,500명 규모의 비전투 자위대원들을 파병했고, 그해 12월부터는 해상자위대의 지원함이 인도양에서 다국적군 군함들의 해상 연료급유 임무를 수행하기 시작했다. 또한 2004년에는 이라크 남부지역에서 치안, 재건지원 활동을 위해 약 1,000명의 자위대 병력이 파견된 바 있다. 이들 가운데 육상자위대 소속의 병력 약 600명은 지난 2006년 7월에 모두 철수했고, 현재는 소수의 항공자위대 병력이 쿠웨이트에서 수송지원 임무를 담당 중이다. 이들은 모두 제2차 세계대전 이후 자위대가 일장기를 앞세우고 전투지역에 참전한 첫 사례로 기록되었다.

201) 日本 防衛省, 『平成19年版 防衛白書-日本の防衛』(防衛省, 2007), pp.101~102.

위대는 극동지역에 배치된 소련군의 침공에 대비하는 것을 주요 임무로 했지만, 오늘날에는 테러리즘이나 적 특수전부대의 침투, 도시 게릴라전, 대량살상무기 사용, 자연재해를 비롯한 새로운 위협에도 주목하고 있다. 이에 따라 보다 다양화된 위협에 효과적으로 대응할 수 있도록 육상자위대의 각 단위부대들을 재편성하기 시작했다. 군단급인 기존의 5개 방면대(方面隊)는 유지하되 각 방면대의 독자 사령부격인 총감부를 해체하고, 대신 '방면총대(方面總隊)'라는 야전군급 작전사령부를 창설하여 방면대별로 분산되어 온 여단/사단급 전투부대에 대한 지휘통제구조를 일원화하는 방안을 검토하게 된 배경이 여기에 있다.[202)]

이라크에서 활동하는 일본 육상자위대의 모습. 해외 군사활동은 '보통국가'라는 명분 아래 정치 · 외교대국으로 도약하려는 일본의 대표적인 수단이다.

예하의 전투부대들도 보다 경량화된다. 1995년 기준으로 육상자위대는 사단 13개(기갑사단 1개 포함)와 혼성단(混成團 : 여단급 이하) 2개의 사단 중심 구조였지만, 현재는 사단 9개와 여단 5개, 그리고 혼성단 1개를 포함하는 보다 경량화된 구조로 바뀌었다. 일본은 오는 2014년까지 육상자위대의 부대 하부구조를 사단 9개와 여단 6개로 개편하는 계획을 완료할 예정이다. 또한 각 사단 및 여단은 주요 대응임무에 맞추어 '종합근대화부대', '즉응근대화부대'로 분류된다.[203)]

---

202) 5개의 방면대는 일본 최북단인 홋카이도(北海島)의 '북부방면대', 혼슈(本州) 북쪽에 배치되는 '동북방면대', 수도 도쿄(東京)를 비롯한 혼슈 중부를 관할하는 '동부방면대', 혼슈 남부에 배치되는 '중부방면대', 그리고 규슈(九州)와 오키나와(沖繩)를 담당하는 '서부방면대' 등으로 나뉜다. 이홍기, "日방위성, 육상자위대 방면총감부 폐지 검토", 「연합뉴스」, 2008년 7월 22일자.

종합근대화부대는 전면전쟁을 포함한 모든 무력충돌 가능성에 대처할 수 있도록 탱크, 장갑차, 대구경 야포 등의 중장비를 갖추어 균형잡힌 기동력과 화력을 보유하며, 그 대상은 홋카이도(北海島)에 배치 중인 기갑사단 1개와 사단 1개, 그리고 여단 2개다. 나머지 사단 7개와 여단 4개를 포함하는 즉응근대화부대는 전면전쟁 이외의 소규모 돌발사태에 신속히 대응하기 위해 주로 비장갑 수송차량, 혹은 미 육군의 스트라이커와 유사한 경무장 차륜형장갑차 등에 탑승, 이동하는 경보병 중심으로 편성된다. 특히 수도 도쿄(東京)와 제2도시 오사카(大阪) 주변 지역에 배치 중인 사단 2개는 도시 게릴라전 대응능력에 특화된 '정경중추사단'으로, 그리고 일본 최남단인 오키나와(沖縄)의 혼성단 1개는 '낙도방위여단'으로 각각 운용될 예정이다.

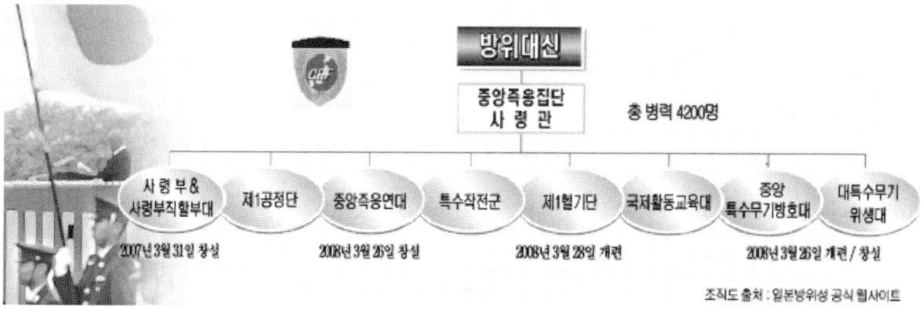

일본 육상자위대 중앙즉응집단의 편성구조

출처: 「국방일보」, 2008년 4월 3일자

지난해 3월 31일, 일본 방위성의 직속부대로 창설된 중앙즉응집단(中央卽應集團)도 육상자위대의 변화를 대표하는 야심작이다.[204] 주력 부대인 중앙즉응연대(약 700명)는 다수의 병력수송용 고속기동차량을 보유하여 기동성이 뛰어나며, 예하의 3개 보병중대마다 1개씩의 저격반까지 편성하여 특수전 수행능력을 제고시켰다. 대테러 임무수행을 전문으로 하는 특수작전군(약 300명)과 공수단(약 1,900명)도 중앙즉응집단의 핵심적인 전투력 역할을 한다. 지

203) 日本 防衛省, 2007, p.107.
204) 김병륜, "일 자위대 대규모 편제 개편", 「국방일보」, 2008년 4월 3일자.

원부대로는 정찰 및 수송, 다목적헬기를 운용하는 헬기단(약 900명), 대량살상무기의 탐지 및 제독임무를 담당하는 방호부대(약 150여명), 대량살상무기 피해병력의 치료를 위한 의료부대(약 70명), 그리고 해외군사활동 교육 담당부대(약 80명) 등이 있다. 사령부 창설 1년째를 맞은 지난 3월말에 중앙즉응연대를 비롯한 주요 예하부대들의 편성이 완료되면서 중앙즉응집단은 본격적인 임무수행 능력을 확보하게 되었다.

한마디로 중앙즉응집단은 육상자위대의 특수전, 지상·항공자산을 통한 신속전개, 대량살상무기 방호, 그리고 해외군사활동 지원 기능 등을 종합적으로 지휘, 관리하는 총괄 사령탑이라고 할 수 있다. 보유 병력규모는 1개 여단급인 총 4,200명에 불과하지만, 일본 영토 내부에서의 각종 위기대응은 물론, 해외파병 임무까지 전담할 수 있는 상설 신속대응부대로서 발휘하는 정치·군사적 가치는 매우 지대한 것이다.

이미 세계 정상급의 전력을 자랑하는 일본 해상자위대도 새로운 변화에 도전하고 있다. 기존의 4개 호위대군, 즉 8·8함대 구조는 냉전 시절 태평양 극동해역에서 소련 해군의 핵추진 잠수함을 견제하는 대잠작전에 초점을 둔 것이었다. 해상자위대의 1차적인 작전범위도 기본적으로는 일본으로부터 1,000해리 이내의 해역 정도였다.[205] 하지만 냉전 이후 중국 해군이 동아시아의 새로운 대양세력으로 급성장하고 있으며, 국제 평화유지활동과 '테러와의 전쟁' 동참 등의 이유로 자위대의 해외파병 임무는 점차 증가하는 추세다. 이에 따라 일본은 해군력에서도 새로운 군사적 도전에 효과적으로 대응할 뿐만 아니라, 보다 다양화된 임무를 원활하게 수행할 수 있는 능력을 요구받기

---

205) 일본은 지난 1981년 미국 레이건 행정부와 스즈키 젠코(鈴木善幸) 당시 수상의 합의에 따라 도쿄 기준으로 남서쪽으로는 대만해협, 남동쪽으로는 마리아나제도 북쪽까지를 포함하는 1,000해리에 대한 방어의 책임을 담당한다고 선언한 바 있다. 이들 해역은 일본으로 수입되는 석유, 철광석 등을 수송하는 선박들이 경유하는 핵심 운송로인 동시에, 동아시아와 아랍으로 투입되는 미 해군함대가 가장 먼저 통과하는 관문의 위치에 해당한다. 박경일 편저, 『동북아 안보의 도화선은 어디에 있는가?』(한국해양전략연구소, 2003), p.149.

시작한 것이다.

일본 해상자위대의 새로운 주력함이 될 '히유가'급 헬기모함(왼쪽)과
19DD 차기 일반구축함(오른쪽)

그 시작으로 해상자위대는 이전보다 성능이 대폭 강화된 신형 군함들을 차례로 개발, 건조 중이다. 지난해 8월, 제2차 세계대전 이후 일본 최대규모의 군함으로 기록된 배수량 13,500톤의 신형 헬기모함 '히유가(日向)'함이 진수되었다. 노후화된 4척의 기존 헬기구축함들을 대체하기 위한 것이라지만, 히유가급의 실제 가치는 이를 훨씬 능가한다. 히유가급은 4대의 대형 수송 · 소해헬기가 동시에 이착륙할 수 있는 갑판, 11대의 헬기를 탑재하는 격납고를 갖추어 유럽 해군의 주력 경항공모함에 버금가는 항공기 탑재 · 운용능력을 발휘한다. 여기에 FCS-3 다목적 방공레이더와 대함 · 대잠 · 대공 교전임무 지휘통제를 위한 데이터링크까지 탑재하여 각 호위대군 소속의 수상전투함들에 대한 지휘통제 능력도 크게 강화했다. 간단한 개량을 거친다면 척당 10대 이상의 단거리 이착륙기(예 : 영국제 해리어, 미국제 F-35 스텔스기)를 탑재하는 경항공모함의 역할도 충분히 해낼 수 있다.

또한 2004년부터는 공고급 이지스구축함보다 방공 레이더의 성능을 대폭 개선하고, VLS 탑재규모도 96기로 늘어난 '아타고(愛宕. 배수량 7,700톤)'급 개량형 이지스구축함을 건조하기 시작했다. 해상자위대는 총 4척의 아타고급 이지스구축함을 건조, 호위함대 소속의 방공구축함 8척을 모두 이지스함으로 편성한다는 계획이다. 배수량 5,000톤급으로 개발 중인 차기 일반구축함, 즉 19DD는 그동안 방공구축함에서만 운용되었던 사거리 50~100km 내외의 SM-2 장거리 함대공미사일, 히유가급 헬기모함의 것과 동급의 다목적 방공 레이더까지 탑재하여 사거리 20km 미만의 RIM-7 '시 스패로우' 단거리 함대공미사일로 무장능력이 제한되었던 기존의 일반구축함보다 월등히 나은 대공 교전능력을 갖출 전망이다. 방공구축함과 일반구축함의 구분이 사실상 무의미해지는 것이다.

그리고 지난해 12월에는 일본 최초로 AIP 추진장치를 탑재하는 '소류(蒼龍. 수중배수량 4,200톤)'급 신형 디젤추진 잠수함의 1번함을 진수시켰다. 이로써 일본도 중국, 러시아의 핵추진 잠수함에 필적할만한 장기간의 대양 수중작전이 가능한 잠수함을 확보하게 된 것이다. 기존 잠수함보다 항해정숙성이 월등히 우수한 신개념의 차세대 잠수함 개발도 2010년 성능시험 착수, 2016년 실전배치를 목표로 진행될 예정이다.[206)]

일본 해상자위대의 신형 '소류'급 잠수함. AIP 추진장치를 탑재한다.

최근 해상자위대는 기함(헬기구축함 1척)과 3개의 호위대(護衛隊 : 각 2~3척의 방공 · 일반구축함 보유)로 이루어졌던 8척 단위의 호위대군 구조를 2개의 호위대로 단순화시킨 부대 하부구조의 개편을 단행했다.[207)] 각 호위대는 대잠작전을 전문으로 하는 1개(헬기구축함 1척, 이지스구축함 1척, 일반구축함 2척 포함)와 해상에서의 함대공 요격작전을 담당하는 1개(이지스구축함 1척, 일반구축함 3척 포함)로 각각 구분된다. 이로써 일본 해상자위대의 호위함대는 '4

206) 권태영 등, 2007, p.162.
207) 日本 防衛省, 2007, p.118.

개의 8 · 8함대'에서 '8개의 4 · 4함대' 구조로 바뀌었다.

호위함대 구조의 재편성은 히유가급 헬기모함과 아타고급 개량형 이지스 구축함, 그리고 방공구축함에 준하는 원거리 함대공 교전능력을 갖춘 19DD 차기 일반구축함 등의 신형 군함이 전력화되면서 4척 단위로도 8 · 8함대와 손색이 없는 전투력을 발휘할 수 있다는 자신감을 반영한다. 덕분에 해상자위대는 독립적인 임무수행이 가능한 단위부대의 수를 2배로 늘리는 효과를 거두었으며, 일본 주변해역 방어와 해상 테러리즘 대응, 해외군사활동 지원 등의 보다 다양한 임무를 동시에 수행할 수 있는 능력을 확보한 것으로 평가된다. 물론 전면전쟁 수준의 대규모 무력충돌에 대비하기 위해 8 · 8함대 구조의 4개 호위대군 자체는 유지될 예정이다.

그 결과 각 호위대군은 기함인 히유가급 헬기모함 1척, 이지스구축함 2척, 그리고 5척의 일반구축함으로 구성되는 사실상의 항공모함전단으로 강화되어 동남아시아, 인도양에 이르는 2,000해리 이상 범위에 걸친 대양작전까지 가능해질 것이다. 오는 2010년부터 약 80대가 양산될 예정인 XP-1 차기 해상초계기도 해상자위대의 작전범위 확대에 상당부분 기여할 것으로 평가된다. 프로펠러로 비행하는 기존의 P-3 해상초계기와는 달리 XP-1은 4개의 제트엔진을 사용하며, 덕분에 항속거리가 최대 8,000km(약 4,300해리)까지 확장되어 남중국해와 호주 인근해역을 포함한 서태평양 전체를 대상으로, 지속적인 원거리 해상초계 임무를 수행할 수 있다.[208] 호위대군과 함께 기동하면서 대함, 대잠교전 능력을 지원하기에 충분한 수준이다.

일본 항공자위대도 변화를 맞이하고 있다. 우선 주력 F-15J 요격전투기에 대한 성능 개량사업이 지난 2005년부터 진행 중인데, 내년까지 26대의 개량이 이루어질 예정이다. 2015년까지는 전체 F-15J의 절반인 100대 가량이 고성능의 임무수행 컴퓨터, 신형 레이더, 그리고 일본이 독자개발한 AAM-4/5

208) 김경민, "일본의 군비증강이 동북아 안보에 미치는 영향", 「안보세미나-동북아 군비동향과 우리의 대응」, (한국국방연구원, 2007년 5월 18일), pp.15~16.

공대공미사일[209] 등을 운용할 수 있게 될 것이다. 특히 개량형 F-15J의 상당수는 향후 AESA 위상배열레이더를 탑재할 가능성이 높으며, 덕분에 제4.5세대 수준의 우수한 공대공 교전능력을 갖출 것이다. 이는 적 항공기뿐만 아니라 일본 영토를 공격하는 장거리 순항미사일 요격임무까지 수행할 수 있는 수준이다. 노후화된 70여대의 제3세대 F-4EJ '팬텀 카이(改)'[210]를 대체하는 50~80대 규모의 차기 전투기 도입사업도 추진되고 있다.[211] 유력 대상으로 거론되고 있는 미국제 F-15E와 개량형 F/A-18 전폭기, F-35 스텔스기 그리고 유로파이터 타이푼은 모두 우수한 공대공/공대지 교전능력을 겸비한 다목적전투기다.

일본 항공자위대의 임무수행 범위를 크게 확대시킬 KC-767 공중급유기

앞으로 항공자위대는 전투기의 실전배치 규모를 현재의 300대에서 260대로 축소하며,[212] 기존의 요격 · 지원대대 구분을 폐지하여 12개 비행대대를

209) AAM-4(일본명 99식)는 최대사거리 100km에 자동유도 기능을 갖춘 장거리 공대공미사일로 반자동 유도방식의 미국제 AIM-7 스패로우를 대체하기 위해 개발된 것이다. 사거리 35km의 AAM-5(일본명 04식) 단거리 공대공미사일은 미국제 AIM-9 사이드와인더를 대체할 예정이다.

210) 일본은 지난 1971년부터 미국제 F-4 전투기 약 90대를 국내 면허생산했으며, 현재 70여대가 요격대대 2개와 지원대대 1개에 배치되어 있다. 나머지 20대는 정찰기로 운용 중이다.

211) 당초 항공자위대는 F-2 지원전투기를 최대 130대까지 양산하여 F-4EJ를 모두 대체하려 했지만, 지나치게 높아진 개발 및 생산비용으로 인해 현재 F-2의 양산 규모는 90여대로 축소되었다.

212) 다만 정찰기와 수송기, 훈련기 등의 비전투 지원기종을 비롯한 전체 항공기 수량은 400대에서 350대로 축소된다. 이와 함께 평시에 훈련기로 운용되는 전투기체까지

통합 운용하기로 결정했다. 이에 따라 2010년대 중반 이후의 일본 전투기들은 약 100대의 개량형 F-15J, 90여대의 F-2, 그리고 F-4EJ를 대체하는 50대 이상의 차기 다목적전투기 등으로 이루어질 예정이다. 전투기의 수는 이전보다 줄어들지만 과반수가 상당 수준의 공대지 타격능력까지 갖춘 다목적전투기이며, 공대공 교전능력 기준으로는 모두 제4.5세대급 이상의 전투력을 보유하게 된다. 때문에 항공자위대의 총량적인 전투력은 전수방위 차원의 영공방어 임무만을 담당했던 과거보다 크게 강화될 것이 분명하다.

항공자위대의 전력 강화는 비전투 지원분야에서도 두드러지고 있다. 지난해부터 본격 도입되기 시작한 미국제 KC-767 공중급유기는 F-15J와 F-2를 비롯한 일본 전투기들의 체공시간과 임무수행 범위를 대폭 확대시키고, 그 결과 항공자위대가 일본 영공을 넘어 한반도와 중국을 비롯한 주변지역에서도 작전을 수행할 수 있도록 해줄 것이다. 또한 필요에 따라서는 내부 연료를 비우고 장거리 수송기로 사용할 수 있다는 것도 KC-767의 장점이다. 최근에는 6,500km의 항속거리, 30톤의 물자수송 능력을 갖춘 C-X 차기수송기도 첫 시제기의 제작이 이루어져 2010년부터는 본격 양산, 배치에 착수할 전망이다.

항공자위대는 기존의 중형수송기 30대(자국산 C-1 20대, 미국제 C-130 10대)를 C-X 40대로 대체하여 항공지원집단(3개 비행대대 규모)의 주력 수송기로 삼고, 2009년까지 총 4대의 KC-767 공중급유기를 보유하는 1개 비행대대급의 공중급유 · 수송부대를 신설할 예정이다. 이들은 해상자위대의 '오스미(大隅, 배수량 8,900톤)'급 대형상륙함 3척과 더불어 소규모 국지도발에의 대응, 해외파병 지원을 위한 일본의 주요 원거리 신속전개수단 역할을 할 것으로 전망된다.[213)]

포함한다면, 일본 항공자위대가 앞으로도 300대 가량의 전투기를 지속적으로 보유할 것이라는 평가도 가능하다.

213) 해상자위대의 오스미급 상륙함 3척은 척당 300여명의 상륙부대 병력, 탱크 10대, 공기부양정 2척의 수송 능력과 더불어 중 · 대형 헬기의 이 · 착륙을 위한 소규모 갑판을 보유하여 제한적인 초수평선 상륙전 수행능력을 갖추고 있다. 한때 오스미급 상륙함의

일본의 정찰위성 보유 현황

출처: 「중앙일보」, 2007년 2월 14일자

일본은 다가오는 정보화전쟁 시대, 그리고 새로운 군사 위협에 효과적으로 대응하기 위한 미래형 군사력의 건설 및 확보 노력에도 적극적이다. 정보수집 능력의 경우, 이미 항공자위대 소속 경계항공대에서 운용하는 10대의 E-2 조기경보기와 4대의 E-767[214] 공중 조기경보통제기를 통해 일본 주변 공역에서의 광범위한 조기경보 능력을 확보하고 있다. 여기에 2003년과 2006년, 그리고 지난해까지 총 4개의 정찰위성을 발사하여 우주를 통한 지속적인 정보수집 능력도 갖추기 시작했다. 이들은 해상도 1m급의 광학위성과 해상도 1~3m의 SAR 위성 각 2개씩으로 나뉘며, 4일마다 고도 400~600㎞ 상공을 선회하도록 되어있다. 다시 말해서 지구상의 어느 지점이든지 매일 1차례씩 지속적으로 감시 · 정찰할 수 있는 능력을 제공하는 것이다.[215] 2010년 이후에

헬기 운용능력 확보가 경항공모함의 개발을 위한 것이라는 평가가 제기되기도 했다.

214) 항공자위대의 E-767은 보잉 767 대형 민간항공기에 장거리 레이더와 공중 조기경보 및 관제 임무용 전자장비를 탑재한 것이며, 보잉 707 항공기를 기반으로 제작된 미 공군의 E-3 AWACS와 대등한 성능을 갖추고 있다.

215) 예영준, "일본 4호 정찰위성 16일 발사…북 미사일 시설 매일 관찰한다", 「중앙일보」, 2007년 2월 14일자.

는 미국제 프레데터나 글로벌호크급의 중·고고도 무인정찰기를 직도입, 혹은 자체 개발할 가능성도 있다.

미사일 방어능력의 구축도 일본 방위전략에서 높은 우선순위를 차지하기 시작했다. 1990년대부터 주변 국가, 특히 북한에 의한 탄도미사일 위협이 현실화되면서 미사일 요격임무를 수행할 수 있는 지상·해상배치 방공전력의 확보가 절박한 과제로 떠오른 것이다. 항공자위대 예하 6개 지상방공군(群) 소속의 24개 방공대대에 배치 중인 192기의 기존 PAC-2 장거리 지대공미사일이 탄도미사일 요격능력에 한계가 있다는 점도 문제였다. 이에 따라 일본은 지난 2003년 12월, 탄도미사일방어(BMD : Ballistic Missile Defense)를 위한 전력 도입을 공식 결정하기에 이른다.

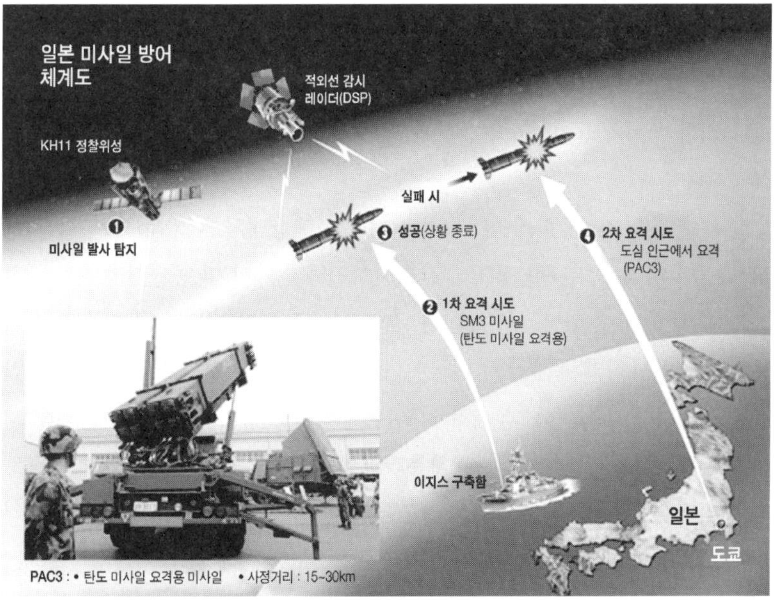

일본 자위대의 탄도미사일 방어체계 개념도

출처: 「중앙일보」, 2007년 8월 31일자

구체적으로는 항공자위대 소속의 지상방공군 3개와 항공경계군 7개, 그리고 항공경계부대 4개를 신설하여 탄도미사일 요격 임무를 담당시킨다는 계획이다.[216] 이들은 탄도미사일 요격기능이 강화된 미국제 PAC-3 개량형 지대공미사일, 탄도미사일 탐지 · 추적용 방공레이더를 운용할 예정이다. 뿐만 아니라 해상자위대의 공고급 이지스구축함 4척도 2010년까지 사거리 수백km급의 탄도미사일 요격용 SM-3 장거리 함대공미사일을 탑재할 수 있도록 개량 중이다.

현재 일본의 PAC-3 지대공미사일 배치는 도쿄 인근의 4개 지역에서 완료되었으며, 오는 2010년까지는 전국 11개 지역으로 확대될 것이다.[217] 지난해 12월 18일에는 공고급 이지스구축함 1척이 미국 하와이 인근 해역에서 실시된 훈련에서 고도 100km 이상의 대기권 밖을 비행하는 탄도미사일을 SM-3 함대공미사일로 요격하는 데 성공했다. 이로써 일본은 미국 이외의 국가로는 처음으로 탄도미사일에 대한 해상배치 요격능력을 확보하였다.[218] 육상자위대도 유럽의 MEADS, SAMP-T처럼 항공기와 탄도 · 순항미사일의 요격능력을 겸비하는 사거리 50km의 신형 03식 중거리 지대공미사일을 개발, 배치할 예정이다.

주목할 점은 SM-3 함대공미사일을 이용한 해상배치 요격의 경우, 일본 영토 이외의 지역을 겨냥한 장거리 탄도미사일까지 발사 및 중간단계에서 요격하는 데 동원될 수 있다는 사실이다. 일본의 미사일 방어능력 구축이 자국 영토방위뿐만 아니라 동맹국인 미국이 구축하는 MD의 일부로서 작동되고 있음을 증명하는 대목이다. 실제로 일본은 자국 영토 내에 미국을 겨냥한 ICBM급 장거리 탄도미사일을 발사단계부터 탐지, 추적하는 주일미군의 조기경보용 레이더를 건설 및 배치 중이며, 북한이 7발의 탄도미사일을 일본 인근해역으로 시험발사한 지난 2006년 7월 이후에는 SM-3 함대공미사일을 탑재하는 이지스함이 주일 미 해군에 합류한 바 있다. 아울러 미일 양국은 공동작전협

216) 日本 防衛省, 2007, pp.110~111.
217) 선우정, "일, 수도권에 '패트리어트3' 배치 완료", 「조선일보」, 2008년 3월 31일자.
218) 김현기, "일본 MD '완전무장'", 「중앙일보」, 2007년 12월 18일자.

조센터를 설치하여 탄도미사일 방어임무 등에 관한 공조 체제를 강화할 계획이다.[219] 요컨대 일본에게 미사일 방어는 미국과의 보다 굳건한 동맹관계를 보장하기 위한 정치 · 외교적 수단이기도 한 것이다.[220]

일본은 대표적인 주력 미래형 무기로서 제5세대 전투기, 즉 스텔스기의 확보에 강한 의욕을 나타내고 있다. 1990년대 이후 SU-27/30 계열의 고성능 제4세대 전투기를 증강 배치하고 있는 중국 공군에 맞서 동아시아 지역의 공중우세를 굳건히 유지, 강화하기 위해서는 기존 전투기들을 압도하는 성능의 신형 기종이 필요하며, 스텔스 전투기야말로 그러한 요구를 충족시킬 수 있다는 판단 때문이다. 이에 따라 일본은 최대 100대의 미국제 F-22 스텔스기를 직도입하여 F-4EJ를 대체하겠다는 구상을 세웠고, 지난해 4월 이후 미국에 F-22의 구매 의사를 여러 차례 공식 전달하기까지 했다.[221]

그러나 F-22의 첨단 기술이 국외로 유출될 가능성을 막기 위해 지난 1998년 미 의회가 제정한 F-22 수출금지조항에 따라, 미국은 일본의 요청을 거부했다. 결국 일본은 다른 친미국가에서도 도입을 추진 중인 F-35 스텔스 전폭기를 확보하는 것으로 만족하거나, 미 의회의 수출금지조항 시한이 만료되는 2015년 이후에나 F-22를 직도입하는 쪽을 선택할 전망이다. 한편으로는 '신신(心神)'이라는 별칭이 붙은 선진기술 실험기(ATD-X : Advanced Technology

219) 미일 공동작전협조센터는 현재 주일 미 제5공군 사령부의 소재지인 동시에, 오는 2010년까지 일본 항공자위대의 항공총대(航空總隊) 사령부가 이전할 예정인 도쿄 인근의 요코다(橫田) 기지에 설치될 것으로 예상된다. 김귀근, "주일미군, 日 자위대와 공동작전협조센터 창설", 「연합뉴스」, 2006년 9월 4일자.

220) 이 점에서 일본의 미사일 방어, 특히 미국 MD 참여는 동맹국에 대한 무력 위협까지 자위권 행사의 근거로 삼는 '집단적 자위권(Collective Self Defense)'의 대표적 사례라고 할 수 있다. 때문에 미사일 방어능력 구축과 전수방위 원칙 사이의 합치성 여부를 둘러싼 일본 국내외에서의 치열한 논쟁이 계속되고 있다.

221) 당시 일본의 F-22 스텔스기 직도입 추진은 세계 각국의 주목을 받았으며, 특히 한국과 중국을 비롯한 주변 국가들은 일본이 F-22를 확보할 경우 동아시아 지역의 군비경쟁 악화, 공군력의 심각한 불균형을 초래할 것이라며 극도로 경계하는 입장을 나타냈다. 조복래, "日 F-22 스텔스전투기 구매 논란 확산", 「연합뉴스」, 2007년 5월 2일자.

Demonstrator-X) 사업을 통해 독자적인 스텔스기 개발을 위한 자체 기술역량 확보에도 나서고 있다.222)

일본의 '신신' 실험기체 모형. 스텔스기의 독자개발을 위한 기술 확보용으로 제작 중이다.

지난해 4월, 일본 방위성 산하의 기술연구본부(TRDI : 技術研究本部)는 향후 5~10년 이상에 걸쳐 일본이 중점적으로 개발해야 할 미래형 군사기술을 포함한『중장기 기술견적』(中長期技術見積)을 발표하였다.223) 여기에는 핵심장비 9개(무인무기, 보병전투체계, 정밀유도무기, 비살상무기, 첨단 C4ISR 장비, 신형 육 · 해 · 공 기동무기, 대량살상무기 및 반(反)정보전 대응 등)와 세부기술 20개, 그리고 잠재적 활용가능기술 13개가 포함된다. 이 가운데 주목되는 분야로는 장시간 체공이 가능한 소형 무인항공기(일반 항공기에서 탑재 및 운용), 연안방어용 무인수상 · 수중함정,224) 고에너지 레이저, 고성능 영상 및 수중음향 탐지장치, C^4I 체계 보안기술, EMP 방호, 그리고 정보 네트워크화 기술 등이 있다. 지난 3월 26일, 외부 세력의 사이버 공격으로부터 자위대의 주요 C^4I 체계를 관리 · 방어하는 지휘통신시스템대(隊)가 창설된 것도 그 연상선상에 있는 것이다.

일본 군사혁신의 마지막 관문은 부대 상부구조의 합동성 강화다. 과거 일

222) 신신 스텔스 실험기는 오는 2011년 첫 비행을 목표로 개발 중이다. 김현기, "첨단 스텔스 전투기 일본 독자 개발 나서", 「중앙일보」, 2007년 12월 8일자.

223) 인터넷 웹사이트 http : //www.mod.go.jp/trdi/data/chuchoki.html "中長期技術見積り" (검색일자 2008년 4월 24일)

224) 무인 수상 · 수중함정의 경우, 일본 연안지대와 주요 항구를 겨냥한 적 특수부대, 테러리즘 세력의 해상침투 및 자폭공격에 대비하기 위해 개발되고 있으며, 오는 2013년 무렵까지 개발을 마치고 해상자위대에 본격 배치될 예정이다. 권태영 등, 2007, pp.163~164.

본은 1954년 자위대가 창설된 이후부터 육상 · 해상 · 항공 자위대의 대표인 각 막료장이 방위청장관(현재의 방위상)[225]의 지시에 따라 작전권을 개별 행사하는 3군 병립체제를 채택해 왔다. 합참의장에 해당하는 통합막료의장은 자위대 막료장들이 참여하는 통합막료회의를 주재하고, 내각에 군사관련 보좌를 담당하는 정도의 권한만을 갖고 있었다. 그러나 지난 2006년 3월 27일부터 일본 자위대는 통합막료회의 제도를 폐지하고, 대신 상설 합참본부격인 통합막료감부(統合幕僚監部)를 신설했다. 통합막료감부는 총무, 방위계획, 지휘통신, 운용 등의 4개 부서로 구성되며, 자위대의 주요 전투부대에 대한 지휘통제 명령을 기본 및 통합적으로 조정하는 역할을 담당한다. 필요시 각 자위대 예하의 전투부대가 참여하는 합동부대, 즉 통합임무부대를 편성할 수도 있다. 일본 최초의 사이버전쟁 전문부대라고 할 수 있는 지휘통신시스템대가 바로 육 · 해 · 공 자위대 출신의 인력으로 구성된 첫 상설 합동부대다.

통합막료의장은 통합막료장(統合幕僚長)으로 명칭이 바뀌어 통합막료감부의 수장이 되었을 뿐만 아니라, 각 자위대의 막료장들을 통해 육 · 해 · 공 전투부대에 대한 통합적 군령권을 행사하도록 권한이 강화되었다. 이로써 일본은 통합막료감부 중심으로 3개 자위대의 지휘통제구조를 일원화시킨 합동군체제로의 부대 상부구조 전환을 달성하였다. 최근에는 통합막료감부 산하에 사실상의 통합사령부라고 할 수 있는 '작전국(作戰局)'을 신설, 육상 · 해상 · 항공 자위대 막료감부에 분산된 부대 운용기능을 완전 통합시킨다는 개혁안이 검토 중인 것으로 알려진다.[226] 이 경우 3개 자위대 막료감부는 예하 부대

---

225) 과거 일본은 수상 직속의 차관급 외청기관인 방위청(防衛廳)이 자위대의 운용을 비롯한 국가방위 업무의 주무부처를 담당하도록 했다. 그러나 지난해 1월부터 방위청은 장관급의 독립 정부부처인 방위성(防衛省)으로 승격되었으며, 이로써 내각의 일원으로서 독자적인 법률 및 예산안을 제출할 수 있는 강력한 권한을 얻었다.

226) 그러나 각 자위대의 막료감부는 "육상 · 해상 · 항공 자위대의 독자성을 훼손한다"는 이유로 개혁안에 반대하는 입장이며, 방위성 내부의 민간관료들과 일부 정치인까지 합세하면서 논란을 빚고 있다. 이홍기, "日 방위성, 부대운용 일원화 위해 '작전국' 신설검토", 「연합뉴스」, 2008년 4월 28일자.

의 인사, 교육훈련 기능만을 담당하며, 막료장의 권한도 전투부대의 지휘통제 계통에서 분리되어 방위상에 대한 보좌 역할로 축소된다.

과거 일본은 아시아 전체를 지배하기 위해 거대한 군사력을 보유했지만, 그에 걸맞지 않은 전력의 운용방식과 구조 때문에 제2차 세계대전에서 완패하였다. 그로부터 60여년 동안 일본은 첨단무기 중심의 질적 전투력 발전에 주력함으로써 총병력 30만명 미만의 소규모임에도 불구하고 세계적인 강군으로 인정받는 정예 자위대를 건설하였으며, 이제 자위대는 전수방위의 틀마저 뛰어넘는 정치 · 외교대국 일본의 선봉대 역할까지 하기 시작했다. 세계는 일본의 군사혁신이 자신들의 주장대로 '세계평화를 위한 기여 확대'라는 취지에 충실할 것인지, 아니면 '제2의 대동아공영권'으로 나타날지의 여부를 예의 주시하고 있다.

(3) **대만**

마오쩌둥이 이끄는 공산당의 승리로 중국 국공내전이 막을 내린 1949년 말, 장개석의 국민당 정권은 대만으로 후퇴할 수밖에 없었다. 이때부터 대만은 중화민국(中華民國) 정부의 새로운 근거지가 되었으며, 중국 본토에서 약 200km 거리에 불과한 대만해협을 경계로 지난 60년 가까이 중국 공산정권과 정치 · 군사적인 대결을 계속해 왔다. 이 과정에서 1954년과 1958년 진먼다오(金文島)와 마주다오(馬祖島) 등 전방 도서지역에서의 포격 사건, 그리고 1995~1996년 탄도미사일 시험발사를 비롯한 중국의 군사 도발을 겪기도 했다.

지금도 중국은 '하나의 중국(一個中國 : One China)'이라는 원칙 아래 대만의 분리독립을 결코 용납하지 않겠다는 입장이며, 대만을 겨냥한 무력 사용의 가능성까지 공공연하게 거론하고 있다. 지난 2005년 3월, 대만의 독립을 막기 위한 '비평화적 수단'의 동원을 허용하는 『반분열국가법』(反分裂國家法)이 제정된 것도 이를 배경으로 한다. 이 경우 중국은 다수의 상륙부대를 동원하는 대만 전면침략 외에도 대규모 군사훈련 형태의 무력시위나 대외선전을 통한 대만 내부의 공포 및 불안심리 조성, 대만해협에서의 제한적인 해상봉쇄, 전방 도서지역의 기습점령 시도, 그리고 탄도 · 순항미사일을 이용한 대만의 주요 정치 · 경제 · 군사거점 공격 등을 포함하는 다양한 방식의 군사적 적대행위를 감행할 가능성이 크다.[227)]

이러한 중국의 위협에 맞서야 하는 대만의 군사력은 정규군을 기준으로 총병력 29만명(육군 20만명, 해 · 공군 각 4만 5,000명)을 보유하며, 예비전력의 규모는 정규군의 5배를 넘는 총 165만 7,000명에 달한다. 주요 무기 보유수량은 아래와 같다.[228)]

- 탱크 : 1,831대(경무장 탱크 905대 포함)
- 장갑차 : 1,125대(보병전투용 225대 포함)
- 야포 : 1,815문(견인포 1,060문, 자주포 405문, 다연장로켓포 300문)
- 잠수함 : 4척(훈련용 2척 포함)
- 수상전투함 : 26척(구축함 4척, 호위함 22척)
- 연안전투함정 : 71척(미사일정 62척 포함)
- 상륙함 : 18척
- 전투기 : 432대(공격기 22대 포함)
- 정찰기 : 18대
- 조기경보기 : 6대
- 수송기 : 39대
- 헬기 : 244대(대전차공격용 101대 포함)
- 지대공미사일 : 213기(단거리 76기, 중 · 장거리 137기)

현재의 대만군 병력규모는 60만명을 상회했던 10여년 전에 비하면 절반 이하로 줄어든 것이다. 이는 1990년대 후반부터 본격화된 『10년 병력정간방안』(十年兵力精簡方案)에 따라 군 인력규모를 대폭 축소하고, 대신 인력구성의

227) 國防部 國防報告書 編纂委員會, 『中華民國九十七年國防報告書』(臺北 : 黎明文化公司, 2008), pp.74~75.

228) IISS, 2007, pp.373~374.

정예화와 신무기 도입을 통하여 총체적인 방위력 수준은 향상시킨다는 대만 국방당국의 취지에서 비롯되었다. 그렇다면 220만명이 넘는 세계 최대의 정규군을 보유한 중국과 대치하고 있는 대만이 오히려 병력 감축을 선택하게 된 이유는 무엇이었을까?

그 해답은 대만의 군사전략 변화에서 찾을 수 있다.[229] 국공내전 직후만 해도 대만은 중국 공산정권으로부터 대륙을 탈환한다는 '본토수복'을 지상과제로 삼았으며, 이를 위해 대규모의 육군병력 동원을 전제로 하는 상륙작전 중심의 공세작전(攻勢作戰) 개념을 군사전략 원칙으로 채택해 왔다. 그러나 1971년 10월, 중국 공산정권의 대표성을 인정하는 UN총회 결의안 2758호에 따라 대만은 UN 회원국의 지위를 잃었고, 1979년에는 동맹 미국마저 중국 공산정권과 국교를 수립하는 동시에 대만과는 단교(斷交)했다. 국제사회에서의 정치 · 외교적 존립 기반이 현저히 약화된 대만에게 '본토수복'은 지극히 비현실적인 목표가 된 것이다.

그 결과 1970년대에 들어서 공격과 방어의 균형을 추구하는 공수일체(攻守一體)가 새로운 군사전략 개념으로 등장했고, 대만의 국제적 고립이 더욱 심화된 1980년대 이후에는 수세방위(守勢防衛)에 입각한 방어 중심의 군사전략으로 바뀌었다. 여기에 따르면 대만은 평시에 중국의 침략능력을 거부 · 지연시킬 수 있는 전투력을 배치, 유지하는 '유효억지(有效抑止)'를, 전시에는 중국 인민해방군의 상륙 저지 및 대만해협에서의 제해권, 제공권 확보를 통해 영토를 기필코 지켜낸다는 '방어고수(防禦固守)'를 군사전략의 핵심 원칙으로 삼고 있다. 이를 위해서는 중국의 대만 상륙을 즉각 제압할 수 있도록 고도로 기동화된 육군, 그리고 중국이 침략을 감행할 경우 대만 영토 밖에서도 격퇴할 수 있는 우수한 해 · 공군력의 확보, 강화가 절실히 요구될 수밖에 없었다.

요컨대 중국에 대한 중 · 장기적인 침략예방과 억지 태세의 유지, 그리고

---

229) 대만 군사전략의 변천과정은 國防部 國防報告書 編纂委員會, 『中華民國九十五年國防報告書』(臺北 : 黎明文化公司, 2006), p.92를 참고.

단기적인 신속 격퇴를 지향하는 전략지구(戰略持久), 전술속결(戰術速決) 개념을 구현할 수 있는 형태의 방위력 건설, 개편이 대만군의 최우선적 과제가 된 것이다. 먼저 대만은 육군의 편제를 사단에서 여단 중심으로 조정, 유사시 중국의 상륙감행 가능성에 대한 신속대응 능력을 제고했다.230) 이와 함께 중국보다 우수한 성능의 군함, 전투기를 지속적으로 확보하여 양적 열세를 질적 우세로 상쇄하고 있다.

대만군의 '키드'급 구축함(왼쪽)과 '징궈'호 전투기(오른쪽)

미국제 '녹스(배수량 3,000톤)'급 8척과 프랑스제 라파예트급 6척, '청궁(成功. 배수량 4,100톤)'급 호위함 8척, 그리고 미국제 '키드(배수량 7,300톤)'급 구축함 4척을 비롯한 대만 해군의 주력 수상전투함은 대만해협에서 활동하는 중국 동해함대의 74% 규모에 불과하다. 하지만 사거리 100km의 대함미사일과 대잠로켓, CIWS, 그리고 사거리 30~50km 이상의 중 · 장거리 함대공미사일을 공통적으로 탑재하여 입체적인 원거리 해전 수행능력을 보유한다.231)

---

230) 대만 육군의 부대 편성구조는 대만섬 본토를 방어하는 주력 3개 군단, 전방 도서지역을 관할하는 4개 지역방어사령부, 그리고 항공특전사령부로 되어있다. 이들 예하의 전투부대로는 보병여단 28개, 기갑여단 5개, 기계화보병 여단 1개, 차량화보병여단 3개, 공중강습여단 3개, 그리고 특수전여단 1개 등이 있다. IISS, 2007, p.373.

231) 다만 프랑스에서 건조된 라파예트(대만 해군의 제식명칭은 캉딩(康定))급 호위함은 사거리가 5km에 불과한 RIM-72 '시 차파렐' 단거리 함대공미사일을 탑재하여 함대공 교전능력이 매우 취약하다. 이 문제를 해결하기 위해 대만 공군에서 운용하는 사거리 50km 이상의 자국산 중거리 공대공미사일 '톈첸(天劍)' 2호를 탑재하는 개량사업이 추진 중이다.

여전히 단거리 무장에 의존하는 구형 군함이 대다수인 중국 해군보다 우위를 차지하고 있는 것이다.

대만 공군은 연료 재급유 없이도 대만해협으로 투입 가능한 중국 공군의 군용기 약 530대(전투기 330대, 폭격기 및 지상공격기 160대, 수송기 40대 포함)와 맞서야 하는 입장이다.[232] 숫자상으로는 대만해협 주변에 배치 중인 중국 공군기만을 기준으로 해도 약 80% 정도일 뿐이지만, 미국제 F-16 136대와 프랑스제 미라지-2000 50여대, 그리고 대만이 독자개발한 '징궈(經國)'호[233] 128대 등 전체 기종의 78%가 BVR 교전을 위한 사거리 50km 이상의 중거리 공대공미사일을 운용하는 제4세대 전투기들이다. 아울러 6대의 미국제 E-2 조기경보기를 통해 200~250해리 이내 범위에 걸친 탐지, 추적능력을 확보함으로써 원거리 교전능력과 정보우위 측면에서도 제2세대 기종인 J-6/7 전투기 위주의 중국 공군을 능가하는 것으로 평가받는다.

정밀유도무기도 대만이 중국에 대한 군사력의 질적 우세를 유지하는 데 기여하고 있다. 대만 국방부 산하의 중산과학연구원(中山科學研究院)을 중심으로 독자개발한 주요 정밀유도무기로는 해군의 대함미사일 '슝펑(雄風)', 공군의 공대공미사일 '톈첸(天劍)', 그리고 지대공미사일 '톈궁(天弓)'이 대표적이다. 최근에는 러시아, 중국의 모스키트에 해당하는 사거리 300km의 슝펑 3호 초음속 대함미사일, 탄도미사일 요격능력을 겸비한 톈궁 3호 장거리 지대공미사일을 개발해냈다.[234]

대만의 '슝펑' 2호 대함미사일. 최근 개발된 장거리 순항미사일 슝펑 2E호의 원형으로 알려져 있다.

232) Office of the Secretary of Defense, 2008, p.52.
233) 장개석의 아들인 장징궈(蔣經國) 전 대만 총통의 이름에서 유래한 명칭이다.

특히 대만은 지난 1995~ 1996년 중국의 탄도미사일 시험발사 위협을 계기로 중국에 대한 독자적인 응징, 보복수단을 확보해야 한다는 필요성을 인식했는데, 그 결과가 중국 영토까지 직접 공격할 수 있는 슝펑 2E호 순항미사일이다. 슝펑 2E호는 사거리 100km급인 대함미사일 슝펑 2호의 사거리를 최대 600~1,000km까지 연장시킨 것으로 홍콩(香港), 상하이(上海)를 비롯한 중국 동남부의 대도시를 공격할 수 있어서 유사시 중국의 침략에 대한 자체 반격 및 보복능력을 제공해줄 것으로 기대된다.[235]

대만이 지난 2002년부터 '장거리 정밀타격에 의한 보복능력'을 강조하는 적극방위(積極防衛) 개념을 새로운 군사전략 원칙으로 채택한 것도 슝펑 2E호 순항미사일을 비롯한 대중국 보복수단의 개발, 확보 움직임과 무관하지 않다. 현재 대만군은 중국의 침공 징후가 구체화될 경우 장거리 순항미사일과 공군 전폭기들을 동원하여 중국 동부의 대도시, 주요 군사시설, 베이징을 비롯한 중국 수도권, 그리고 내륙의 민생시설을 선제공격한다는 일명 '독전갈(毒蝎)' 계획을 수립한 것으로 알려진다.[236] 지난해 4월 24일 대만 국방부의 연례 군사훈련인 '한광(漢光)-23'의 일환으로 실시된 워게임에서는 대만군이 개전 초부터 중국 영토를 겨냥한 반격, 보복용 무기들을 적극 운용함으로써 2주일만에 중국 인민해방군의 침략을 격퇴할 수 있다는 결과가 나오기도 했다.[237]

아울러 대만은 최근 수년 동안 부대 상부구조의 재편성도 적극 진행시키고 있다. 지난 2002년 3월에 시행된 국방2법(國防二法), 즉 『국방부조직법』과

---

234) 대만군의 슝펑 3호 초음속 대함미사일과 톈궁 3호 지대공미사일은 지난해 10월 10일의 중화민국 건국기념일 군사퍼레이드에서 공개된 바 있다. Wendell Minnick, "Taiwan Shows 2 New Missiles at Ten-Ten Parade", *Defense News*, October 15, 2007.

235) 대만군은 향후 슝펑 2E호의 사거리를 최대 2,000km로 증대시켜 베이징까지 공격권내에 넣겠다는 계획을 추진 중이다. 손재언, "대만, 中겨냥 장거리 미사일 개발", 「한국일보」, 2006년 10월 17일자.

236) 황유성, "대만, 中 대륙 선제공격案 수립", 「동아일보」, 2004년 6월 11일자.

237) 정주호, "대만 워게임 결과 中침공 2주만에 격퇴", 「연합뉴스」, 2007년 4월 25일자.

『국방법』에 의거한 국방조직의 구조조정, 정예화가 2003년부터 시작되었으며, 2005년 하반기부터는 제2단계에 들어갔다. '정진안(精進案)'으로 알려진 대만 국방조직개혁은 국방부 산하의 군령과 군정, 그리고 군비(軍備 : 무기획득, 방위사업, 연구개발 포함) 분야 조직을 대상으로 한다. 대만군의 부대 상부구조에 해당하는 군령 조직의 경우, 각 군 사령부 내에서 비군사 지원임무를 담당하는 조직을 대거 정리하고, 지휘계통을 단순화하는 데 개혁의 중점을 둔 것이 특징이다.[238] 이에 따라 주요 전투부대의 작전권을 대만군 참모총장과 3군의 연합작전지휘기구를 중심으로 일원화했으며, 육·해·공군 사령부는 예하 전투부대에 대한 지휘통제 권한 책임에서 벗어나 훈련, 교육, 전투태세의 유지 및 발전에 주력하도록 조정되었다. 통합군 체제의 성격이 강화된 것이다.

하지만 위와 같은 과감한 인적, 제도적 쇄신에도 불구하고, 대만의 군사혁신이 방위력 강화에 실질적으로 기여하고 있는지에 대한 평가는 긍정적이지 못하다. 왜냐하면 병력규모의 감축을 보완하기 위한 신규 전력의 확충에 어려움을 겪고 있기 때문이다. 대만군은 자신들보다 수적으로 월등히 앞서는 중국 해군의 잠수함, 대만해협 너머로 무려 1,000기 이상의 규모가 배치된 사거리 500km 이상의 둥펑 11/15호 탄도미사일을 최대 위협으로 인식하고 있다. 이에 따라 지속적인 잠수함의 탐지 및 추적을 위한 장거리 해상초계기, 신형 잠수함, 그리고 탄도미사일 요격용 지대공미사일 등의 도입을 우선적으로 추진해 왔다. 동시에 노후화된 기존의 주력무기들을 대체할 전투기, 헬기, 야포, 정밀유도무기, 방공레이더 등의 각종 신무기를 직도입한다는 계획도 진행 중이다.

그러나 대만이 필요로 하는 고성능의 무기를 제공할 수 있는 군사 선진국들의 상당수는 중국과의 관계 악화를 우려한 나머지 대만의 요청을 기피하는 실정이다. 그나마 미국이 지난 1979년 대만과의 단교 직후 제정된 『대만관계

---

238) 외교통상부, 『대만 개황 2007』(외교통상부, 2007), p.82.

법』(원제 : *Taiwan Relations Act*)을 통해 대만에 방어용 무기를 제공할 수 있도록 규정하고 있지만, 이마저도 중국과의 관계를 고려하여 제한적인 성능의 무기가 도입 가능할 뿐이다.[239)]

더욱 큰 문제는 최근 수년 동안 줄어들고 있는 대만의 군사부문 지출이다. 지난 2000년 3월 대만 역사상 처음으로 국민당을 이기고 정권교체에 성공한 민주진보당의 천수이볜(陳水扁) 총통 시절인 지난 수년 동안, 대만 행정원(行政院)은 방위력 개선을 위한 신규 무기획득 사업의 비중을 대폭 확대한 특별예산안을 꾸준히 마련해 왔다. 하지만 입법원(立法院)의 다수 의석을 차지한 국민당의 반대로 특별예산안은 번번이 부결되었다.[240)] 새로운 무기의 도입이 대만의 분리독립을 지지하는 민주진보당과 천수이볜 총통에 의해 악용되고, 중국과의 관계만 악화시킨다는 것이 국민당의 주장이었다. 1997년과 1998년에 각각 중국의 약 56%, 48%에 달했던 대만의 군사비는 1999년과 2000년의 경우 약 37%, 31%로 격감했으며, 2003년부터는 중국의 20% 미만에 머물러 있다.[241)] 대만이 도입하고자 했던 신무기의 확보에 막대한 차질이 빚어졌음은 물론이다.

대만의 방위력 개선노력이 주춤하고 있는 사이에, 중국은 지난 10여년 동안 해 · 공군 중심의 군사력 현대화를 급속히 진행시켰다. 소브레메니급 구축함과 킬로급 디젤추진 잠수함, 그리고 SU-27/30과 J-10 제4세대 전투기를 비롯하여 대만군의 것과 대등하거나 더욱 우수한 전투력을 갖춘 고성능의 신무기가 속속 도입, 배치되고 있으며, 그 수량도 동급의 대만군 주력 무기들에 육박할 정도로 증가했다. 특히 주목할 점은 중국이 대만해협과 인근 지역에 이

---

239) 한 보기로 미국은 대만이 지난 2000년부터 중국의 탄도미사일을 해상에서 추적, 요격할 수 있는 이지스구축함의 도입을 요청하자 거부했으며, 그 대안으로 사거리 100km의 SM-2 장거리 함대공미사일을 탑재하는 키드급 구축함을 제공했다. 문일, "美, 대만에 이지스함 안판다", 「국민일보」, 2001년 4월 24일자.

240) Michael A. Needham and John Tkacik, "Grim Future for Taiwan's Defenses", *Webmemo* (The Heritage Foundation), October 31, 2006.

241) SIPRI, 2007, p.313.

들 신형 군함, 전투기들을 집중 배치하고 있다는 사실이다.[242] 이제 중국의 군사력 현대화 수준은 대만해협의 제해권과 제공권 장악은 물론, 유사시

미국제 P-3 해상초계기. 대만군이 최우선적으로 도입을 추진하고 있는 대표적인 무기다.

대만을 지원하기 위해 투입될 수 있는 미 해군의 항공모함전단과 동아시아 일대의 미군 기지에 치명적인 타격을 가하는 '반접근(Anti-access) 전략'을 시도할 정도로 강화되는 추세다.[243]

지난해 6월 15일 대만 입법원은 마침내 대만군의 숙원 과제였던 12대의 미국제 P-3 해상초계기 직도입, 기존 PAC-2 장거리 지대공미사일의 탄도미사일 요격능력을 보강하는 성능개량 사업을 포함시킨 2007년도 국방예산을 통과시켰다.[244] 12월에 통과된 대만의 2008년도 국방예산은 총 105억 달러로

---

242) 구체적으로는 각 4척의 소브레메니급 구축함과 신형 장카이급 호위함, 그리고 킬로급 디젤추진 잠수함이 대만해협을 관할하는 중국 해군의 동해함대에 배치 중이며, 루양급 구축함 4척과 장카이급 호위함 2척, 다수의 킬로급 잠수함도 남해함대에 배치되어 유사시 증원전력으로 동원이 가능하다. 전투기의 경우 비행연대 6개 소속의 SU-27/30 전투기 약 180대가 동중국해 및 인근 연안지역에 배치되어 있다. 최근에는 신형 J-10 전투기, JH-7 전폭기의 배치도 시작된 상태다. 김재엽, "대만해협의 군사력 균형 재평가", 「新亞細亞」, 2007년 겨울호.

243) 반접근 전략이란 중국의 군함과 전투기가 다수의 초음속 대함미사일을 동시다발적으로 발사하여 대만해협으로 증원되는 미 해군의 항공모함전단을 신속히 격멸하고, 장거리 탄도·순항미사일과 사이버공격, EMP 무기 등을 이용하여 주한·주일미군과 오키나와, 괌을 비롯한 동아시아와 태평양 지역의 주요 미군기지까지 함께 공격하는 것을 골자로 한다. 이를 통해 대만해협에 대한 미국의 추가적인 군사개입을 최대한 지연시키고, 결과적으로 대만 영토의 석권 가능성을 높이겠다는 것이 중국의 목적이다. Roger Cliff, Mark Burles, Michael S. Chase, Derek Eaton, and Kevin L. Pollpeter, *Entering the Dragon's Lair-Chinese Antiaccess Strategies and Their Implications for the United States* (Santa Monica, CA : RAND, 2007), pp.51~79.

전년 대비 12%가 증액되었는데, 이는 탄도미사일 요격을 위한 4개 방공대대 규모의 미국제 PAC-3 지대공미사일, 30대의 AH-64 아파치 대전차 공격헬기의 직도입 사업을 포함한 결과였다.[245] 그러나 역시 기대를 모았던 8척의 신형 잠수함 도입사업은 타당성 검토를 거쳐 추진하는 것으로 축소되었고, 대만군의 미래 전략무기로 주목받는 슝펑 2E호 순항미사일의 양산, 실전배치를 위한 관련 예산도 원안(原案)의 30% 수준으로 삭감되었다.

설상가상으로 최근 미국 정부는 지난 2001년부터 대만에 약속해 온 120억 달러 규모의 무기판매를 잠정 중단하기로 결정했다. 여기에는 PAC-3 지대공미사일과 아파치 대전차 공격헬기를 비롯하여 그동안 대만군이 도입을 희망해 온 신무기의 대다수가 포함되었는데, 특히 제2세대 기종인 F-5 '타이거 II' 전투기 80여대를 대체할 66대의 개량형 F-16 전투기 직도입마저 상당기간 지연이 불가피해졌다.[246] 미국의 입장 변화는 지난 5월 국민당 출신인 마잉주(馬英九) 신임 대만총통의 취임을 계기로 높아진 대만과 중국 양안(兩岸)관계의 개선 가능성, 그리고 중국에 대한 정치 · 외교적 배려 등이 복합적으로 작용한 결과이며, 자칫 부시 행정부의 임기가 끝나는 내년 1월까지 미국제 신무기의 대만판매 중단 조치가 계속될 가능성도 배제할 수 없다.

'정예화된, 작지만 강한 군대(精 · 小 · 強)'를 기치로 내건 대만의 군사혁신은 병력규모 중심의 양적 군사력을 보다 우수한 무기, 효율적인 부대조직, 그리고 적극적인 전력 운용방식에 기반을 두는 질적 군사력으로 전환시키겠다는 점에서 의미있는 시도라고 할 수 있다. 하지만 신무기의 확보를 비롯한 방위력 개선조치가 국내외의 정치 · 외교적 문제로 인해 지연, 축소되면서 병력

244) Shih Hsiu-chuan, "Legislature Finally Passes US Arms Budget", *Taipei Times*, June 16, 2007.

245) Wendell Minnick, "Taiwan To Purchase Patriots, Apaches", *Defense News*, January 7, 2008.

246) 다만 이미 계약이 확정된 미국제 P-3 해상초계기의 도입은 그대로 진행될 예정이다. Wendell Minnick, "U.S. Freezes $12B in Arms Sales to Taiwan", *Defense News*, June 9, 2008.

감축의 진행속도를 따라가지 못했다. 이로 인해 대만은 그동안 유지해 온 중국에 대한 군사력의 질적 우세마저 역전당하기 시작했다. 지금까지의 결과만을 기준으로 본다면, 대만의 군사혁신은 분명 소기의 성과를 거두지 못하고 있는 것이다. 이는 앞서 살펴본 프랑스의 국방개혁에서 나타난 문제들과 여러모로 공통점이 많다. 대만의 사례는 적정 수준의 전투력 확충, 보완이 전제되지 않는 병력 감축은 방위역량의 일방적인 약화만을 가져올 뿐이라는 사실을 경고하고 있다.

(4) 북한

지난 1948년 9월 9일 수립된 조선민주주의 인민공화국, 즉 북한 정권은 한반도 이북의 약 12만km^2를 차지한다. 김일성을 수장으로 하는 공산정권의 일당 독재체제, 1994년 김일성이 사망한 직후 이루어진 김정일의 권력세습, 그리고 전체 주민을 '지배하는 수령(首領) 1인'과 '지배받는 나머지'로 계급화시킨 주체사상(主體思想)은 북한을 김일성·김정일 일가 중심의 소수 지배세력만을 위한 족벌 왕조국가로 전락시켰다. 2,000만명 이상의 북한 주민들은 고질적인 경제적 빈곤과 기아, 초법적인 정치·사회적 박해로 고통받고 있다. 오늘날 북한이 전세계가 비판해 마지않는 대표적인 '실패국가'의 하나로 손꼽히는 것은 결코 놀랄 일이 아니다.[247]

그런 북한이 오히려 '강성대국'을 자처하며 외부 세계를 상대로 큰소리를 칠 수 있는 것은 자신들의 정치, 경제, 사회적 국력에 비해 기형적으로 거대해

---

247) 지난 2월 26일 미국 브루킹스연구소와 국제개발센터(CGD)가 발표한 세계 141개 개발도상국의 정치, 경제, 치안, 사회복지 분야 취약성 연구결과에 따르면, 북한은 평점(10점 만점 기준) 3.87점으로 세계 15번째의 약체국가로 평가되었다. 특히 1인당 국민소득과 GDP 성장, 인플레이션, 민간경제 자유화를 포함하는 '경제' 항목에서 평점 0.52, 정치적 자유와 부정부패, 법치주의를 비롯한 '정치' 항목의 경우 평점 0.95를 받아 각각 최악의 국가 2위와 3위에 기록되었다. Susan E. Rice and Stewart Patrick, *Index of State Weakness in the Developing World* (Washington D.C : Brookings Institution, 2008), pp.11~15.

진 군사적 위협능력 때문이다. 북한은 1950년 6.25 전쟁을 시작으로 동족 한국에 대한 군사도발, 민간인 납치, 테러리즘을 일삼아왔으며, 1990년대 이후에는 각종 대량살상무기의 개발을 통해 한반도 주변국가들과 초강대국 미국마저 선불리 무시할 수 없는 상대로 자리잡았다. '선군정치(先軍政治)'라고도 불리는 북한의 군사력 우선주의 노선은 평시 한반도에서 고의적인 무력시위와 대결구도를 조성함으로써 내부 체제결속의 구실로 삼고, 외부 세계에는 자신들의 정치적 요구를 강요하기 위한 강압(强壓: Coercion)수단 역할을 한다. 그리하여 자신들에게 유리한 정치·외교적 환경이 현실화되었을 때, 미국을 비롯한 외부 세계의 개입 가능성을 차단하면서 휴전선 이남지역을 신속히 점령, 석권하여 한반도 전체를 김일성·김정일 일가의 지배 아래에 두겠다는 것을 궁극적인 목적으로 하고 있다.

북한은 세계 4위에 해당하는 총 117만여명(육군 100만명, 해군 6만명, 공군 11만명)의 거대한 정규군을 보유한다. 뿐만 아니라 교도대, 로농적위대, 붉은청년근위대를 비롯한 무려 770만명 이상의 예비전력까지 동원하도록 되어 있다. 이는 북한이 사실상 전체 인구의 절반을 전쟁에 투입할 수 있는 병영국가(兵營國家 : Garrison State)임을 보여주는 증거다.[248] 북한의 무장 보유규모 현황은 아래와 같다.[249]

- 탱크 : 3,700대(수륙양용 소형탱크 500여대 포함)
- 장갑차 : 2,100대(보병전투용 약 200대 포함)
- 야포 : 약 1만 3,000문(견인포 및 자주포 8,500문, 다연장로켓포 4,800문)
- 잠수함정 : 60여척
- 수상전투함 : 8척(호위함 3척, 초계함 5척)

---

248) 북한은 지난 1962년 '전군의 현대화', '전인민의 무장화', '전국토의 요새화', '전군의 간부화'를 포함하는 소위 4대군사노선을 채택하여 극단적인 군사력 강화의 근거로 삼아왔다. 4대군사노선은 지난 1998년에 공표된 현행 북한헌법의 제4장인 '국방', 제60조에도 명시되어 있다.

249) 국방부, 『국방백서 2006』(국방부, 2006), p.224; IISS, 2007, pp.357~359.

• 연안전투함정 : 335척(경비정 201척, 미사일정 34척, 어뢰정 100척)
• 상륙함정 : 270여척(공기부양정 130척, 고속상륙정 96척 포함)
• 전투기 : 510대
• 폭격기 : 80대
• 수송기 : 318대
• 헬기 : 약 310대(대전차공격용 20여대 포함)
• 지대공미사일 : 3,400기(발사대 340대)
• 지대지미사일 : 600~1,000기(발사대 80대)

병력 규모와 무기의 보유수량만으로 따진다면, 북한은 단연 세계적으로 손꼽히는 군사대국이다. 하지만 그 내면에는 치명적인 약점이 숨겨져 있다. 바로 북한군의 주력 무기 대다수가 형편없이 낡은 구식 무기들이라는 사실이다. 육군의 경우, 3,200대를 넘는 주력 탱크들은 과반수인 2,000여대가 1950~1960년대 기술로 개발된 소련제 T-54/55 탱크이며, 나머지는 1970년대 이후에 전력화된 T-62와 북한의 자체 개량형인 '천마호' 탱크다.[250] 북한 해군이 보유한 수상전투함 가운데 선체 규모가 가장 큰 것은 배수량 1,500톤

북한군의 T-54/55 탱크(왼쪽)와 MIG-21 전투기(오른쪽).
북한의 재래식 군사력은 거대한 규모에 비해 기술적으로 크게 낙후되어 있다.

---

250) 1990년대 초부터 그 존재가 확인된 천마호 탱크는 115mm 주포를 운용하며, 포탑에 폭발형 반응장갑을 탑재하여 상대측 탱크에서 발사한 포탄의 파괴력을 약화시킬 수 있다. 이를 통해 기존의 T-62 탱크보다 생존성이 향상된 것으로 평가된다. 현재 북한은 최대 800대 이상의 천마호 탱크를 휴전선 전방지대의 주력 기갑, 기계화보병 부대와 평양 인근에 배치 중이다.

이상의 호위함 3척과 배수량 600톤의 초계함 5척이다. 나머지 300척 이상은 모두 배수량 100~500톤 내외의 소형함정으로 작전범위가 휴전선 전방의 연안해역으로 제한된다.

북한 공군도 주력 기종의 대다수가 전천후 비행능력이 떨어지고, 단거리 무장 위주인 제2세대 MIG-19/21 전투기다. 비교적 신형 기종으로 평가할 수 있는 것은 1980년대 이후에 도입된 제3세대 MIG-23 40여대와 제4세대 MIG-29 20~30여대, 그리고 SU-25 '프로그풋' 대전차공격기 30여대뿐이고, 남침보다는 평양에서의 방공 임무를 주로 담당하고 있다. 게다가 북한의 오랜 경제난에 따른 연료부족으로 북한 공군기들의 비행시간은 연간 20시간 내외에 불과하며, 때문에 실전에서의 임무수행 능력이 크게 떨어질 것으로 평가된다. 이 점에서 전투기보다는 3,400여기의 러시아제 SA-2/3/5 지대공미사일, 그리고 약 1만 1,000문의 대공포를 보유하는 지상 방공부대가 북한 영공방어의 실질적인 주력이라고 할 수 있다.

북한은 1980년대 이후 냉전의 종식으로 국제적 입지가 크게 약화되었으며, 경제력을 포함한 전체 국력에서도 한국보다 훨씬 뒤떨어지는 처지에 놓였다. 규모만 클 뿐, 실전에서는 이렇다 할 전투력을 기대하기 어려운 구식 무기 위주의 재래식 군사력으로는 한국에 대한 기존의 군사적 우위를 유지할 수 없게 된 것이다. 그 결과 북한은 적은 비용으로 재래식 군사력의 질적 열세를 일거에 역전시키고, 나아가 한국과 외부세계를 상대로 정치 · 외교적인 강압 및 영향력까지 발휘할 수 있는 비대칭 전력의 강화에 열을 올리기 시작했다. 그 첫 번째 대상은 신(新)유혈전을 위한 대량살상 능력이었다.

먼저 북한은 한국의 정치 · 경제 · 사회적 심장부인 수도 서울을 비롯한 수도권 일대를 직접 공격할 수 있는 장거리 포병전력을 대폭 증강했다. 이미 1970년대 중반부터 시작된 휴전선 인근으로의 포병 전진배치에 따라 북한 포병전력의 45%가 휴전선 전방지대에 배치되고 있으며, 그 가운데서도 170mm 자주포 600문과 240mm 방사포(다연장로켓포의 북한식 명칭) 400문의 파괴, 살상능력은 매우 위협적이다. 수량으로는 북한이 보유한 전체 야포의 10% 미만이지만, 최대 사거리가 50~60km나 되어 수도권까지 공격이 가능할 정도다. 이들 두 종류의 장거리포 약 1,000문만으로도 시간당 2만 5,000발 이상의 포격을 가할 수 있다.[251] 서울의 1/3을 초토화할 정도의 파괴력이다.

북한의 170mm 자주포(위)와 240mm 방사포(아래). 한국의 수도권을 직접 겨냥할 수 있는 장거리포다.

뿐만 아니라 북한은 엄청난 양의 대량살상무기 생산, 비축능력을 갖추고 있다. 북한의 화학무기 개발은 지난 1961년 김일성의 '화학화 선언'을 계기로 본격적으로 시작되었는데, 사린, VX, 포스겐 등 16가지의 신경가스와 질식작용제, 수포 · 혈액작용제를 포함한 2,500~5,000톤 내외의 규모를 비축 중인 것으로 평가된다.[252] 미국, 러시아에 이은 세계 3위의

251) 1,000문의 북한 장거리 야포 가운데 수도권을 직접 공격할 정도로 전진배치된 것은 300문(170mm 자주포 약 100문, 240mm 방사포 약 200문) 이상이며, 이들을 기준으로 해도 수도권으로 시간당 8,200발(170mm 자주포 1,800발, 240mm 방사포 6,400발)의 포격이 가능하다. 황일도, "北 장사정포, 알려지지 않은 다섯 가지 진실", 「신동아」, 2004년 12월호.

252) 전문가들은 서울을 비롯한 수백㎢ 면적의 대도시를 제압하는 데 약 70톤, 기타 중소도시를 대상으로는 30톤의 화학무기가 각각 소요되는 것으로 평가하고 있다. 따라서 화학무기 1,000톤이면 한국 인구 전체에 육박하는 무려 4,000만명을 살상할 수 있다는 추산이 가능하다. 이 점에서 북한이 현재 보유 중인 것으로 알려진 2,500~5,000톤의 화학무기는 한국 국민들을 수차례나 몰살시킬 정도의 분량에 해당하는 것이다. 고동석, "北 생화학무기 1천톤이면 南 4천만명 살상", 「뉴스한국」,

규모다. 1980년대 이후에는 탄저균, 천연두, 페스트 등 13가지의 병원균을 생물무기로 개발해 온 것으로 알려져 있다. 그리고 1980년대 중반부터는 5MW 흑연감속형 원자로와 플루토늄 재처리시설을 포함하는 평안북도 영변의 대규모 핵시설을 본격 가동하여 플루토늄 핵무기의 개발에 나섰다. 현재까지 북한이 손에 넣은 플루토늄은 약 40~50kg 이상으로 추정된다.[253] 적어도 6~8개, 많게는 10개 이상의 핵탄두를 제조할 정도의 분량이다. 이 외에도 북한은 1990년대 후반부터 고농축우라늄을 사용하는 핵무기 개발까지 시도했다는 의심을 받고 있다.[254]

지난 2006년 10월 9일, 북한은 함경북도 길주군 풍계리로 추정되는 장소에서 세계 8번째로 핵실험을 실시하여 세계를 충격에 빠뜨렸다. 당시 북한이 사용했던 플루토늄 핵탄두의 폭발력은 당초 계획했던 4KT에 훨씬 못 미치는 약 0.55KT 내외로 나타났다.[255] 기폭(起爆)장치의 결함, 혹은 플루토늄의 순도(純度) 문제 등을 비롯한 여러 가지 원인이 가능하겠지만, 결과적으로는 북한의 핵무기 개발능력이 아직 기술적으로 불완전하다는 것을 드러냈다고 할 수 있다. 하지만 이 정도의 폭발력만으로도 기존의 어떠한 화약무기보다 훨

2006년 6월호.

253) 여기에는 지난 1980년대 말 비밀리에 플루토늄을 재처리하여 처음 확보한 10~15kg, 2003~2005년 사이에 재처리한 30kg 내외, 그리고 2005년 4월 이후 생산한 약 15kg 등을 포함한다. 한편 북한이 지난 6월 26일 정식으로 제출한 핵활동 관련 신고서에는 플루토늄 생산량이 40kg 이하로 기록되어 향후 검증과정에서 논란이 예상된다. 이우탁, "北 플루토늄 보유량 얼마나 될까", 「연합뉴스」, 2008년 5월 9일자.

254) 고농축우라늄을 이용한 핵탄두는 약 1,000기 이상의 원심분리기를 1년 이상 가동시켜야 생산할 수 있어서 플루토늄 핵탄두에 비해 오랜 기간이 요구된다, 그러나 플루토늄과는 달리 핵실험을 하지 않고서도 곧바로 실전에서 사용 가능하다는 것이 장점이다. 또한 원자로와 재처리시설을 비롯한 대규모의 개발, 실험단지를 필요로 하는 플루토늄 핵탄두보다 훨씬 소규모의 시설에서도 생산이 가능하므로 여러 지역에 분산시킬 경우 쉽게 찾아낼 수 없다. 따라서 비밀리에 핵무기를 개발, 생산하기에 매우 유리하다. 함형필, "북한의 고농축우라늄 핵개발 상황과 우리의 대응방향", 「국방정책연구」, 2007년 겨울호.

255) 신성택, "가짜? 소형핵탄두? 둘 다 아니었다", 「뉴스한국」, 2006년 11월호.

씬 강력한 파괴, 살상을 일으킬 수 있으며, 북한이 당시 핵실험에서 확보한 기술자료를 바탕으로 향후 핵탄두의 성능을 개선할 가능성도 높아졌다. 따라서 핵실험을 통해 입증된 북한의 핵무장 능력과 그 정치·군사적 의미는 결코 과소평가될 수 없다.

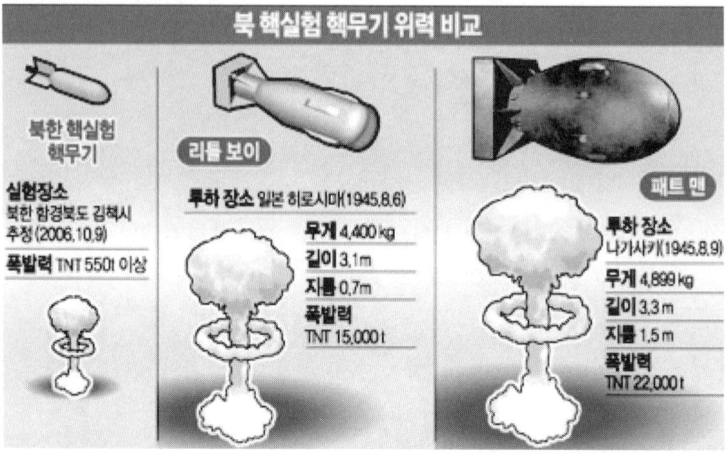

2006년 10월 9일 핵실험 당시의 북한 핵탄두와 기존 핵무기의 위력 비교

출처: 「뉴스한국」, 2006년 11월호

이러한 대량살상무기는 야포나 탄도미사일, 항공기 등의 다양한 수단을 통해 발사될 수 있다. 정보당국은 북한이 탄도미사일 탄두의 50~60%, 포탄의 10%를 화학무기로 보유하고 있으며, 이를 개전 초기부터 집중 사용할 가능성이 높은 것으로 평가한다.[256] 현재까지 북한의 핵탄두 개발능력은 러시아제 구형 IL-28 '비글' 폭격기 탑재를 위한 무게 2~3톤의 초보적인 수준으로 평가되지만, 탄도미사일 장착이 가능할 정도로 핵탄두를 소형화하려는 노력을 지속하고 있다. 북한이 지난 1980년대부터 핵탄두의 기폭장치 작동을 위한 고

256) 유용원, "가공할 북한의 대량살상무기", 「주간조선」, 2002년 12월 26일호; Joseph S. Bermudez, "Inside North Korea's CW Infrastructure," *Jane's Intelligence Review*, August 1996.

폭실험을 140차례 이상 실시해온 것이 그 증거다.[257]

북한의 대량살상무기를 더욱 위협적으로 만드는 무기가 바로 핵 · 화학 · 생물무기 탄두를 장착할 수 있는 탄도미사일이다. 북한의 탄도미사일 가운데서도 그 비중이 가장 큰 것은 지난 1991년 제1차 걸프전쟁에서 이라크군이 사용했던 사거리 300~500km의 스커드 탄도미사일인데, 휴전선 이남의 한국 영토 대부분을 발사 3~5분 이내에 공격할 수 있다.[258] 1993년에 처음으로 시험발사된 '로동' 1호의 사거리는 1,300km로 제주도와 일본 주요 도시까지 공격 가능하다.

뿐만 아니라 북한은 1998년 8월 31일, 사거리 1,500~ 2,000km의 '대포동' 1호를 시험발사했다. 자신들의 탄도미사일이 일본을 넘어 괌, 하와이를 비롯한 태평양 일대의 미군 주요기지, 그리고 미국 영토까지 직접 공격할 수 있음을 대내외에 과시한 것이다. 이는 한반도 유사시 미국의 군사적 개입능력에 큰 타격을 줄 뿐만 아니라, 한반도에 대한 군사력 지원 여부를 결정하는 미국 내의 정치적 의지까지 위협할 정도의 힘을 발휘할 수 있다. 최근에는 러시아제 SS-N-6 '서브' SLBM을 지상발사형으로 개조한 '무수단' 1호까지 개발된 것으로 알려지며, 사거리는 대포동 1호보다 훨씬 연장된 3,000~4,000km에 달한다.[259] 지난 2006년 7월 5일 동해상의 일본 인근해역으로 시험발사된 7발의 북한 탄도미사일 가운데는 스커드와 로동 1호, 그리고 대포동 1호의 사거리를 연장시킨 ICBM급 대포동 2호가 포함되었으며,[260] 지난해 4월 25일 북한 인민군의 창설 75주년을 기념하는 대

257) 이춘근, 『과학기술로 읽는 북한 핵』(생각의 나무, 2005), p.155.

258) Wyn Q. Bowen and Stanley Shephard, "Living Under the Red Missile Threat," *Jane's Intelligence Review*, December 1996.

259) 이상일, "북한 신형 중거리 탄도미사일 무수단 1호 사거리 3200km 넘는 듯", 「중앙일보」, 2007년 5월 19일.

260) 대포동 2호는 미국 영토까지 공격할 수 있는 사거리 4,000km 수준으로 개발되었지만, 2006년 7월 5일의 시험발사 당시에는 추진로켓의 분리 과정에서 발생한 문제 때문에 발사 42초만에 공중 폭발했다. 김귀근, "北 대포동2호 '기술적 결함' 드러나",

규모 군사퍼레이드에서도 스커드와 로동 1호, 무수단 1호 탄도미사일이 등장한 바 있다.[261)]

북한의 탄도미사일 운용부대는 1개 군단급의 육군 미사일지도국이 지휘하는 사거리 70km급의 소련제 '프로그(FROG)' 단거리로켓(이동식 발사대 24대)을 운용하는 수개 연대/여단, 1개의 스커드 탄도미사일(이동식 발사대 36대) 사단, 역시 1개의 로동 1호(지하 및 이동식 발사대 27대) 사단, 그리고 대대급의 대포동 및 무수단 1호 부대 등으로 구성된다.[262)] 이들 가운데 노후화된 프로그 단거리로켓은 러시아제 SS-21 '스카라브'를 모방한 사거리 120km의 '독사' 단거리 탄도미사일로 교체 중이다.[263)]

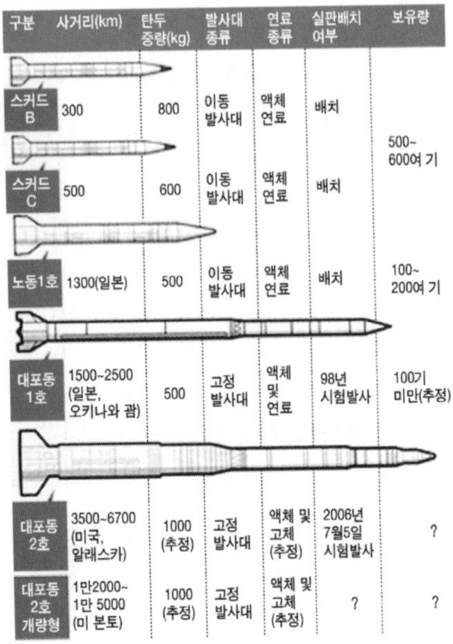

구분	사거리(km)	탄두 중량(kg)	발사대 종류	연료 종류	실판배치 여부	보유량
스커드 B	300	800	이동 발사대	액체 연료	배치	500~ 600여 기
스커드 C	500	600	이동 발사대	액체 연료	배치	
노동1호	1300(일본)	500	이동 발사대	액체 연료	배치	100~ 200여 기
대포동 1호	1500~2500 (일본, 오키나와 괌)	500	고정 발사대	액체 및 연료	98년 시험발사	100기 미만(추정)
대포동 2호	3500~6700 (미국, 알래스카)	1000 (추정)	고정 발사대	액체 및 고체 (추정)	2006년 7월5일 시험발사	?
대포동 2호 개량형	1만2000~ 1만 5000 (미 본토)	1000 (추정)	고정 발사대	액체 및 고체 (추정)	?	?

북한의 탄도미사일 현황

출처: 「주간동아」, 2006년 8월 29일호

북한이 중점 강화하고 있는 또 다른 비대칭 전력은 인간병기, 즉 특수전부

「연합뉴스」, 2006년 9월 16일자.

261) 유용원, "북한 신형 중거리 탄도미사일 첫 공개", 「조선일보」, 2007년 4월 28일자.

262) Joseph S. Bermudez, "Moving Missiles", *Jane's Defense Weekly*, August 3, 2005.

263) 독사 단거리 탄도미사일은 서울뿐만 아니라 한국군과 주한미군의 주력 기지가 있는 오산(공군 작전사령부, 주한 미 공군사령부)과 평택(해군 제2함대사령부, 주한미군 사령부 이전 예정지), 용인(육군 제3야전군 사령부)까지 사거리 내에 두며, 특히 액체연료를 사용하는 스커드, 로동 1호와는 달리 고체연료를 추진제로 사용하여 신속하게 발사될 뿐만 아니라 정확도 역시 높은 것으로 알려진다. 김병수, "美, 北 신형 지대지미사일 '독사' 명명", 「연합뉴스」, 2008년 2월 11일자.

대다. 북한의 특수전부대는 22~25개 여단으로 편성되며, 총병력 10만명에 달하는 세계 최대의 규모를 자랑한다. 이들은 300여대의 러시아제 AN-2 '콜트' 소형 수송기, 헬기, 휴전선 전방지대의 땅굴, 40여척의 '상어(수중배수량 330톤)'급과 '유고(수중배수량 110톤)'급 소형 잠수정, 그리고 항해속도가 최고 35~50노트에 달하는 220여척의 '남포'급 고속상륙정과 '공방'급 공기부양정 등을 통해 한국의 측·후방 지역으로 침투하여 주요 기간시설 파괴, 군사기지 습격, 요인암살, 민간인을 겨냥한 테러리즘 등과 같은 비정규전을 수행할 수 있다.[264] 최근에는 일부 군단 예하에 5,000~6,000명 규모의 사단급 경보병부대도 창설하여 휴전선 전방지대, 혹은 북한 후방지역에서의 비정규전 수행능력을 강화하고 있는 것으로 알려진다.[265]

러시아제 AN-2 수송기(왼쪽)와 '상어'급 잠수정(오른쪽).
북한 특수전부대의 주력 수송수단이다.

아울러 북한은 반(反)정보전의 주력으로서 사이버전쟁에도 주목하고 있다. 1986년부터 인민무력부 산하의 미림대학(현재 김일군사대학)이라는 5년제 군사정보학교에서 매년 100명의 해킹 전문요원을 육성하여 북한군 총참모부 직속의 정찰국에 배속시키고 있는 것이다. 이들의 해킹 능력은 미국 유수의

264) 북한 특수전부대는 육군 보병군단 소속의 경보병여단 9~11개, 군단급인 육군 경보병 교도지도국 소속의 항공육전(공수)여단 2~3개와 경보병 및 저격여단 6개, 해군 소속의 해상저격여단 2개, 그리고 공군 소속의 공군저격여단 3개 등으로 나뉜다. 이민룡, 『김정일체제의 북한군대 해부』(황금알, 2004), pp.150~154.

265) 김귀근, "북한, 전·후방군단에 경보병사단 편성", 「연합뉴스」, 2007년 12월 31일자.

정보기관에 버금가는 수준으로 평가되며, 최근에는 인민무력부의 총정치국 산하에 사이버전쟁 전문 부대가 설치된 것으로 알려진다.[266] 북한이 미국제 GPS 위성항법체계로 유도되는 각종 정밀유도무기의 정확도를 약화시키기 위한 위성교란용 장치까지 개발해냈다는 정보도 있다.[267]

지금까지 살펴본 북한의 군사혁신은 전형적인 제4세대 전쟁 형태를 나타낸다. 고도의 정보기술이 적용된 C^4ISR 체계와 정밀유도무기를 중심으로 하는 주요 군사 선진국들의 군사혁신 추세와 비교하면, 다분히 첨단과는 거리가 멀다. 하지만 북한이 지난 10여년 동안 계속해 온 대량살상무기 중심의 신(新)유혈전 역량 강화는 노후화된 기존 재래식 군사력의 불리함을 만회할 뿐만 아니라, 국제사회의 이목을 집중시킴으로써 자신들의 정치 · 외교적 입지를 강화하는 역할을 하고 있다. 2003년부터 현재까지 6차례 개최된 6자회담을 비롯하여 북한의 핵개발을 둘러싸고 벌어졌던 1990년대 이후의 숱한 위기, 그리고 외교적인 해결노력들이 결과적으로 북한의 대내외적 체제 안정을 보장하는 방향으로 진행되고 있는 것이 그 증거다.[268] 이 점에서 북한은 국력수준에 비하여 대단히 효과적인 군사혁신을 달성하고 있다는 평가가 충분히

---

266) 이주형, "북에 사이버전 담당부대 있다", 「국방일보」, 2006년 7월 13일자.

267) 이 장치는 지난 2003년 제2차 걸프전쟁에서 이라크군이 소수 도입하기도 했던 러시아제 위상교란용 장치를 모방 개발한 것으로 전해지며, 북한은 이를 시리아, 이란 등 아랍의 주요 반미국가에도 수출하는 방안을 추진 중이다. 유용원, "북(北), 미사일 유도 방해 GPS 교란장치 개발", 「조선일보」, 2008년 5월 29일자.

268) 지난 2005년 9월 제4차 6자회담 2단계회의에서 채택된 '9.19 공동성명', 그리고 지난해 2월 제5차 6자회담 3단계회의를 통해 합의된 '2.13 합의'는 북한의 핵무장 포기를 조건으로 미국과 일본이 북한과의 관계개선을 실천한다는 내용을 포함하고 있다. 이에 따라 북한은 지난해 6월 영변의 플루토늄 핵시설을 폐쇄(가동 중단)했으며, 최근에는 영변 핵시설의 운영 기능을 일시 제거하는 불능화 작업 이행과 더불어 지난 1980년대 이후 자신들의 핵개발 활동내역에 관한 신고서를 정식 제출했다. 미국은 북한의 영변 핵시설 불능화, 핵개발활동 신고 내용에 대한 검증 확인의 대가로 그동안 북한에 대한 경제 · 외교적 제재의 근거였던 테러지원국 지정 및 『대적성국교역법』의 적용을 해제하고, 북한의 핵폐기 여부에 따라 외교관계 정상화를 마무리한다는 방침이다. 조성렬, 『한반도 평화체제』(푸른나무, 2007), pp.341~351.

가능하다.

물론 그렇다고 해서 북한이 재래식 군사력의 개량, 첨단화에 전혀 관심이 없다는 뜻은 아니다. 최근 수년 동안에도 북한은 러시아, 중국 등으로부터 소규모의 신형 재래식 무기를 직도입하는 방안에 적극적인 입장을 나타낸 바 있다.[269] 이는 북한이 향후 경제회복 여부에 따라 재래식 군사력을 정비, 현대화하기 위한 노력까지 본격화할 가능성이 있음을 시사한다는 점에서 주목된다.

---

269) 한 보기로 북한 육군은 지난 1990년대 초에 125mm 주포를 탑재하는 약 200대의 러시아제 T-72 탱크를 도입하여 평양방어사령부 예하 부대에 배치한 것으로 알려지며, 2001년 8월 김정일의 러시아 방문 당시에는 러시아제 T-90 신형탱크와 신형 저고도 지상방공무기 등의 도입 의향을 나타낸 바 있다. 북한 해군은 중국 및 러시아의 호위함급 중소형 수상전투함과 신형 대함미사일, 어뢰 도입을 희망하며, 지난해 말 배수량 3,000톤급의 러시아제 호위함을 고철 용도로 수입한 것이 확인되기도 했다. 북한 공군의 경우, 러시아제 MIG-29의 추가 도입이나 SU-27급, 혹은 중국의 신형 J-10 전투기, JF-17 공격기 등의 직도입에 관심을 나타내고 있다. 이 외에도 북한은 소수의 러시아제 '프첼라' 저고도 무인정찰기를 도입, 운용 중이다.

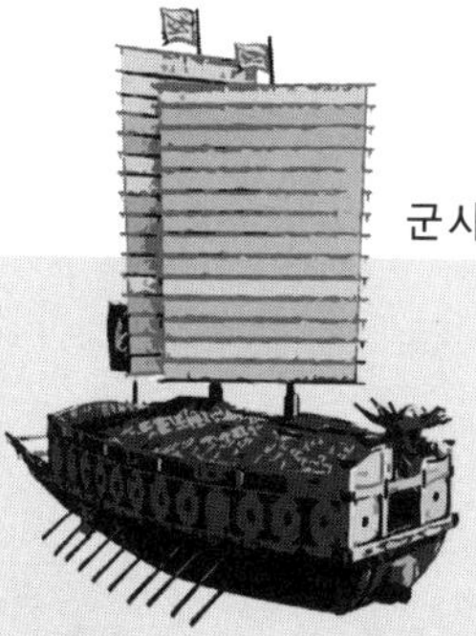

IV
한국의 군사혁신 – 과제, 그리고 제언

▶ 당위성 – 왜 군사혁신인가?

▶ 비전 – 무엇을 혁신할 것인가?

▶ 실천방안 – 어떻게 혁신할 것인가?

지금까지 필자들은 군사혁신의 개념과 특징, 전쟁사에서 나타났던 여러 군사혁신의 사례, 정보통신 기술 주도로 이루어지고 있는 최근의 군사혁신 추세와 전망, 그리고 세계 주요국가에서 진행 중인 군사혁신의 현황 등에 대해서 살펴보았다. 하지만 단지 군사혁신의 과거와 현재, 그리고 다른 나라의 사례들을 소개하는 것만으로 이 책을 마무리하는 것은 무의미하다. 왜냐하면 이 책은 한글로 씌어졌으며, 이 책을 읽는 독자들의 대다수는 분명 한국 국민들이기 때문이다. 따라서 이 책의 궁극적인 지향점은 마땅히 다른 어느 나라도 아닌, 한국의 군사혁신에 관한 것일 수밖에 없다.

이 책의 핵심이자 결론이라고 할 수 있는 본 장에서 필자들이 다루고자 하는 내용은 다음과 같다. 첫째, 오늘날 한국은 어떠한 안보환경에 놓여 있으며, 그 가운데서 군사혁신의 필요성과 연관되는 것은 무엇인가? 둘째, 한국의 군사력은 현재와 미래의 주요 군사적 도전에 대응하기에 적합한가? 만약 그렇지 않다면, 전력 운용방식과 무기, 부대구조 등을 어떻게 혁신해야 하는가? 그리고 셋째, 한국이 필요로 하는 군사혁신을 성공적으로 구현 및 달성하려면 어떠한 정책적 노력이 요구되는가?

1. 당위성 — 왜 군사혁신인가?

(1) 군사적 도전의 실재(實在)

한국은 반만년에 걸친 오랜 역사 속에서 민족의 생존과 단일성, 그리고 독자적인 전통 문화를 지켜낼 정도로 강인한 생명력을 유지해 왔다. 그러나 이 과정에서 대륙과 해양의 호전적인 이민족들로부터 무려 931차례의 침략을 견뎌내야만 했다.[1] 고조선 시대에는 중국의 한(漢), 삼국 시대에는 수(隋)와 당(唐), 고려 시대에는 거란과 여진, 몽골 제국을 비롯한 북방 유목민족, 그리고 조선 시대에는 도요토미 히데요시의 일본과 중국의 청(淸)을 상대로 싸웠던 것이다. 19세기 말에 이르러서는 중국 청 황조와 제정 러시아, 그리고 일본의 동아시아 패권경쟁에 휘말려 한반도가 청일전쟁(1894~1895년), 러일전쟁(1904~1905년)의 전쟁터로 전락하였고, 무려 35년 동안이나 그 승리자인 일본의 식민지배를 당했다. 심지어 1945년 제2차 세계대전의 종전으로 일본제국주의가 패망한 직후에도 한반도는 승전국인 미국, 소련에 의해 분할 점령되어 북위 38도선을 경계로 분단되었으며, 1950년에는 소련과 중국의 후견을 등에 업은 북한 공산정권의 침략으로 3년에 걸친 동족상잔마저 겪었다. 냉전 시대 최초의 열전(熱戰)으로 기록된 6.25 전쟁은 한민족 역사상 최악의 인명 살상과 파괴는 물론, 단순한 정치적 분리 수준에 머물러 있던 남과 북의 분단을 민족 내부의 증오 차원으로까지 악화시켰다.

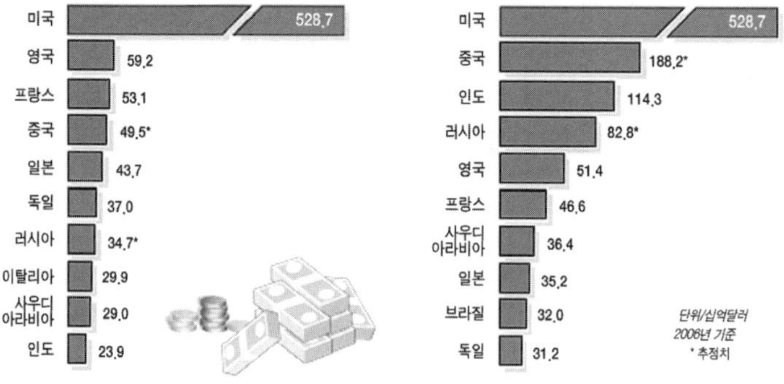

공식환율(왼쪽)과 구매력 환산지수(오른쪽)를 기준으로 한 세계 10대 군사비지출국 현황비교

출처: 「국방일보」, 2007년 6월 14일자

오늘날에도 한국의 안보환경은 결코 우호적이지 못하다. 전세계적 차원에서는 이미 1990년대 초에 냉전이 끝났지만, 한국은 여전히 휴전선을 경계로

---

1) 구체적으로는 대륙으로부터의 침략이 438차례, 그리고 바다를 통한 침략은 493차례에 달했다. 이는 한국 역사상 평균 5년에 1차례씩 외부의 침략이 일어났음을 뜻한다. 유봉영, "外寇와 鑑訣 所謂十勝之地", 「白山學報」, 1970년 6월호.

세계에서 가장 폐쇄적이고 폭압적인 공산 독재정권과 정치 · 군사적 대립을 계속하고 있다. 뿐만 아니라 한국이 위치한 동아시아는 세계적으로도 군비경쟁(軍備競爭 : Arms Race)이 가장 치열한 지역으로 손꼽힌다. 한 보기로 냉전이 막을 내린 1991년부터 9.11 테러사태 직전인 2000년까지의 비교적 평화로웠던 10년 동안 세계의 군사비 지출은 평균 11%(북아메리카 16%, 유럽 19%, 아랍 14% 포함) 감소했지만, 아시아 · 태평양 지역의 경우 같은 기간동안 무려 27%나 군사비가 증가되었다.[2] 1990년만 해도 아시아 · 태평양 지역의 군사비 지출규모는 세계 전체의 9.4%에 지나지 않았지만, 최근 10년 동안에는 매년 15%를 상회할 정도로 높아졌다.[3]

주목할 점은 아시아 · 태평양 지역에서 지출되는 군사비의 75%가 동아시아 국가, 그것도 대표적 양대 강대국이자 한국의 이웃나라인 중국과 일본에 의한 것이라는 사실이다. 이들 두 나라는 세계 군사비 지출의 약 2/3을 점유하고 있는 상위 5개국 가운데서도 각각 4위와 5위에 올라있다.[4] 중국은 1989년 이후 단 한 차례(2003년)를 제외하고 매년 10% 이상 군사비를 증액하고 있으며, 지난 3월에 발표된 2008년도 공식 군사비 4,177억 6,900만 위안(약 572억 2,900만 달러)도 1년 전보다 17.6% 인상된 액수다.[5] 게다가 중국이 공식 발표하는 군사비는 인건비를 비롯한 운영유지비 항목으로 국한되며, 군사력 건설과 직결되는 무기획득 및 연구개발 관련 비용은 다른 정부기관의 예산에 은닉되어 집행되는 것으로 알려져 있다. 때문에 중국의 실제 군사비 지출규모는 공식 발표보다 훨씬 많을 것이라는 평가가 지배적이다.[6] 일본의 경우

---

2) SIPRI, *SIPRI Yearbook 2001 : Armament, Disarmament and International Security* (Oxford : Oxford University Press, 2001), p.226.

3) SIPRI, 2007, p.268.

4) SIPRI, 2007, p.270.

5) 조성대, "中 국방예산 2년 연속 17%대 증가", 「연합뉴스」, 2008년 3월 4일자.

6) 미 국방성과 중앙정보국(CIA)을 비롯한 미국 정부기관, 그리고 서양의 주요 민간전문가들은 중국의 실제 군사비 지출규모를 중국 정부의 공식 발표액수의 2~5배 이상으로 평가하고 있다. 세계적인 군비연구기관인 스웨덴의 스톡홀름 국제평화연구소(SIPRI)

전체 국가총생산(GNP : Gross National Product)에서 군사비가 차지하는 비중은 1% 내외에 불과하지만, 세계 2위를 자랑하는 경제력 덕분에 최상위권 수준의 군사비 지출을 지속적으로 유지하고 있다.

그렇다면 현재 한국이 직면하고 있는 최대의 군사적 도전은 무엇인가? 말할 필요도 없이 북한에 의한 위협이다. 북한은 여전히 휴전선 이남을 '제국주의 침략자인 미국의 괴뢰정권이 다스리는 미해방지역(未解放地域)'으로 간주하며 한반도 전체를 김일성 · 김정일 일가 중심의 전제적 독재체제로 통일해야 한다는 입장을 고집하고 있다.[7] 한국의 국가주권과 영토적 존엄성, 자유민주주의 질서를 정면으로 부정하는 명백한 위협임에 틀림없다. 그리고 이러한 북한의 대남 적대노선을 정치적 수사(修辭)에 그치지 않는 실체화된 위협으로 만들고 있는 것이 바로 북한의 군사력이다.

북한 정권에게 군사력이 차지하는 의미는 단순한 국가방위 목적을 넘어선다. '남조선 해방'과 '반(反)외세 투쟁'이라는 명분으로 주민들에게 독재적 지배체제, 공포정치, 사회통제를 강요하기 위해서는 한국과 그 우방세력(예 : 미국, 일본)을 비롯한 외부세계와의 정치 · 군사적 대립이 필요하며, 이는 한국을 압도하는 동시에 외부세계의 개입까지 방해, 위축시킬 정도의 군사력을 요구한다. 뿐만 아니라 이미 경제, 사회적으로 파탄을 면치 못하고 있는 북한이 외부세계로부터의 개방, 민주화, 인권개선 요구, 그리고 한국 주도의 통일

의 2007년도판 『군비 · 군축 및 국제안보연감』, 그리고 영국 IISS의 2007년도판 『밀리터리 밸런스』 연감도 구매력 환산지수를 기준으로 중국의 2006년도 군사비 지출규모를 각각 1,882억 달러, 1,039억 달러로 평가한 바 있다. 이는 미국의 뒤를 잇는 세계 2위의 규모다.

7) 특히 북한의 최고위 규범인 『조선로동당 규약』은 서문(序文)에서 "조선로동당의 당면목적은 공화국 북반부에서 사회주의의 완전한 승리를 이룩하여 전국적 범위에서 민족해방과 인민민주주의의 혁명과업을 완수하는 데 있으며, 최종목적은 온 사회의 주체사상화와 공산주의 사회를 건설하는 데 있다"고 명시하고 있다. 북한 정권이 휴전선 이북뿐만 아니라 한반도 전체를 김일성 · 김정일 독재체제의 지배 아래에 두는 것을 궁극적 목표로 삼고 있음을 보여주는 증거인 것이다.

가능성에 저항하면서 자칭 '강성대국'으로서 한국과 외부세계를 상대로 영향력, 발언권을 행사할 수 있는 수단도 대규모의 군사적 위협능력 외에는 거의 없다. 오늘날 한국 안보에 대한 위협 차원을 넘어 동아시아, 나아가 전세계적인 근심거리로 떠오른 북한의 대량살상무기 문제도 그 연장선상에 있다.[8)]

요컨대 자신들의 독재정권 유지를 위해 '정치·군사적 대결구도와 군사적 위협능력'에 의존할 수밖에 없는 수구, 냉전주의적인 한계를 벗어나지 못하고 있는 것이 오늘날 북한의 실상이다. 김정일을 위시한 북한 정권의 지배세력들이 독재체제 지속과 한반도 장악이라는 시대착오적 망상(妄想)에서 벗어나지 않는 이상, 선군정치라는 이름으로 계속되고 있는 군사력에 대한 북한의 집착과 맹신은 쉽게 사라지지 않을 것이다.

한국을 겨냥하는 북한의 군사적 위협능력은 크게 4가지로 구분될 수 있다. 첫째, 휴전선 이남에서 한국의 저항을 완전히 분쇄, 제압하여 한반도 전체를 석권하는 '점령' 능력이다. 둘째, 한국이 미처 예상하지 못한 시간과 장소에서 공격을 감행함으로써 개전 초반에 방어 태세를 무너뜨리는 '기습' 능력이다. 셋째, 한국의 정치·경제·사회적 국력기반과 인구밀집 지역에 대한 치명적인 피해를 야기할 수 있는 '대량살상' 능력이다. 그리고 넷째, 유사시에 실제 전투가 벌어지는 전방뿐만 아니라 측·후방 지역에서의 물리적, 심리적 불안정을 조성하여 전쟁수행 능력과 의지를 약화시키는 '마비·교란' 능력이다.

8) 북한은 지난 1987년 이란에 30기의 스커드 탄도미사일을 판매한 것을 시작으로 아랍, 남아시아 등지의 주요 분쟁당사국들에 수백기의 탄도미사일을 수출했을 뿐만 아니라 관련 기술까지 지원해 왔다. 이란의 샤하브 3호, 파키스탄의 가우리 탄도미사일은 북한의 로동 1호를 모방한 것이다. 특히 파키스탄과는 탄도미사일 수출과 기술지원의 대가로 고농축우라늄 핵탄두를 개발하기 위한 설계기술, 우라늄 농축용 원심분리기의 부품 및 제조기술 등을 제공받은 것으로 알려져 있다. 지난해 9월 이스라엘의 공습으로 파괴된 시리아의 원자로도 북한의 지원으로 건설되었으며, 공습 당시 북한 출신의 핵기술자 일부가 사망했다고 전해진다. 앞서 설명했던 미국의 MD 구축과 PSI를 비롯한 대량살상무기 비확산체제 강화, 그리고 이에 대한 동참을 구실로 진행되고 있는 일본의 정치·군사대국화 움직임도 북한의 대량살상무기 위협을 빼놓고는 생각할 수 없다.

6.25전쟁 이후 북한에 의한 군사적 위협은 주로 100만명 이상의 대규모 재래식 군사력을 동원하는 점령 능력이 부각되어 왔다. 하지만 앞서 살펴본 바와 같이 탱크와 군함, 전투기를 비롯하여 북한 육·해·공군이 보유 중인 재래식 무기들은 대다수가 기술적으로 낙후된 것들이다. 뿐만 아니라 한국과는 비교 자체가 무의미할 정도로 뒤떨어진 북한의 경제력,[9] 그리고 1990년대 이후 계속되어 온 극심한 경제난에 따른 물자확보 부족[10] 등을 고려한다면, 장기간의 전면전쟁을 수행할 능력은 거의 기대하기 어렵다. 따라서 북한의 재래식 군사력은 그 거대한 규모에도 불구하고 한반도 주변해역과 상공의 제해권 및 제공권을 장악하거나, 휴전선 이남의 한국 영토를 정복, 석권할 정도의 위력은 발휘하지 못할 것으로 평가된다.

오히려 북한 재래식 군사력의 진정한 위협은 바로 기습 능력이다. 육군의 경우 병력 30만명 규모의 4개 보병군단이 휴전선 전방지대의 동부-서부전선에 걸쳐 배치되어 있고, 1개 기갑군단과 2개 기계화보병 군단은 휴전선으로부터 20~50km 이내에 위치한다. 포병군단 1개도 이들과 멀지 않은 황해북도와 평양 사이에 배치 중이다.[11] 요컨대 휴전선에서 150km 이내 범위인 평

---

9) 2004년 기준으로 한국은 전체 인구에서 북한의 2.12배, 국민총소득(GNI : Gross National Income)에서 북한의 32.8배, 무역량은 167배, 그리고 자동차와 철강 생산량은 각각 북한의 771배 및 44.5배나 앞서는 것으로 나타났다. 통계청 행정정보과, 『통계로 본 남북한의 모습』(통계청, 2005), p.26.

10) 미국 노틸러스 연구소의 데이빗 폰 히펠 연구원이 2006년 6월 27일 미국 스탠포드 대학교에서 열린 '북한 에너지 전문가 그룹회의'에서 발표한 자료에 따르면, 전쟁 발발 시 북한 해군 전투함의 90%가 불과 5일 정도 작전을 수행할 수 있는 연료만을 확보하고 있으며, 공군은 개전 24시간만에 작전수행이 불가능해질 것이라는 평가가 나왔다. 그리고 북한 육군이 보유한 무기 및 각종 군용장비들의 50% 이상이 개전 30일 이내에 작동불능 상태가 될 것으로 나타났다. 강정민·황일도, "美 노틸러스연구소의 '북한군 戰時 연료수급능력 시뮬레이션", 「신동아」, 2006년 8월호.

11) 참고로 북한 육군은 총 19개의 군단급 부대를 보유 중이며, 여기에는 9개 보병군단, 4개 기계화보병 군단(기계화보병 여단 20여개 포함), 1개 기갑군단(기갑여단 10여개 포함), 1개 포병군단(포병여단 30여개 포함), 특수전부대를 관할하는 경보병 교도지도국, 탄도미사일 전력을 지휘통제하는 미사일지도국, 중국과의 국경지대 경비를 위

양~원산 이남에만 병력 70만명, 야포 8,000문, 탱크 2,000대를 비롯한 북한 육군의 70%가 집중되어 있는 것이다. 이는 해군과 공군도 마찬가지여서 북한 군함의 60%, 그리고 전투기는 약 40%가 평양~원산 이남에 배치되어 있다.[12] 130척 이상의 북한 미사일 · 어뢰정은 항해속도가 시속 35~40노트로 매우 위협적인 기습 효과를 낼 수 있다. 전투기의 경우 불과 10분 내외의 시간이면 한국의 주요도시 상공까지 비행이 가능하다.

북한 장거리 야포, 미사일의 공격권

출처: 국방부, 『미래를 대비하는 한국의 국방비 2004』, 국방부, 2004, p.15

1990년대 이후에는 대량살상 능력이 북한의 새로운 군사적 위협으로 부각되는 추세다. 1,000문이 넘게 배치되어 있는 북한 육군의 170mm 자주포, 240mm 방사포는 휴전선 전방지대뿐만 아니라 수도권을 사거리 내에 두고 있으며, 스커드와 로동 탄도미사일은 한국 영토 전체를 겨냥하는 핵 · 화학 · 생물무기의 발사수단으로 사용될 수 있다. 20여개 여단 규모의 특수전부대와 잠수함[13]을 주축으로 하는 마비 ·

한 국경경비사령부, 그리고 평양방어사령부 등으로 구성된다. 국방부, 2006, p.19.

12) 국방부, 2006, pp.21~22.

13) 북한 해군이 보유한 20여척의 러시아제 구형 '로미오(수중배수량 1,800톤)'급 잠수함은 항해정숙성이 매우 낮을 뿐만 아니라, 축전지 충전을 위해 하루에 최소 3시간 이상 수면으로 부상해야 하는 특징 때문에 생존성이 크게 떨어진다. 하지만 평균수심이 1.7km를 넘는 동해에서 항해할 경우 탐지하기가 매우 어려울 것으로 평가된다. 지난 1996년과 1998년에 동해안으로 침투했던 상어급, 유고급 소형 잠수정 40여척도 어뢰탑재 능력을 갖추고 있다. 이 점에서 북한의 잠수함정이 한국의 주요 해군기지와 항구 주변에 침투, 어뢰 공격 및 기뢰부설을 감행한다면 해상수송과 무역, 미군 병력 증원에 큰 위협이 될 것이다.

교란 능력도 유사시 한국의 대응능력을 약화, 소모시키면서 효과적인 방어를 방해하고, 국민들의 심리적 충격, 공황을 조장하여 저항의지를 꺾는 데 동원될 할 것으로 예상된다.

정리하자면 북한에 의한 점령 능력은 더 이상 실질적인 군사적 위협이라고 하기 어렵지만, 육 · 해 · 공 재래식 군사력의 전진배치를 통한 기습 능력은 매우 실재적이고 치명적인 것으로 평가할 수 있다. 아울러 대량살상, 마비 · 교란 능력은 휴전선 전방지대뿐만 아니라 측 · 후방 지역을 포함하는 한국 영토 전체에 걸친 동시 전장화로 연결될 위험성이 매우 높다. 북한이 전면전쟁을 통해 한국을 완전 점령할 가능성은 희박하지만, 적어도 전쟁이 시작되는 초기의 수시간, 혹은 수일 이내에 휴전선 전방지대와 인근 해역, 상공으로 대규모의 군사력을 집중 동원하여 한국의 방어태세를 무너뜨리거나 정치, 경제, 사회적 파탄에 가까운 인적, 물적 피해를 강요하는 것은 충분히 가능하다.

이러한 북한의 군사적 위협능력은 지난 1999년과 2002년 6월 서해 북방한계선(NLL : Northern Limit Line)[14]에서 벌어졌던 제1, 제2차 연평해전과 같은 휴전선 전방지대에서의 소규모 국지도발, 혹은 각종 무력시위(예 : 대규모 군사훈련, 미사일 시험발사, 핵실험 등)를 통한 고의적인 긴장 조성에도 이용될 수 있다. 평시에도 남북한 관계에 있어서 한국의 주도권을 제약할 뿐만 아니라, 국민들의 공포와 불안 심리를 자극함으로써 대북정책에 관한 한국 내부의 국론 분열을 획책하고, 나아가 북한 정권의 한반도 장악 야욕을 자주(自主), 평

14) NLL은 6.25 전쟁이 휴전된 직후인 1953년 8월, 해상분계선에 관한 『정전협정』에서의 합의가 실패하면서 마크 클라크 당시 UN군사령관에 의해 선포되었다. 본래 NLL은 한국군을 비롯한 UN사령부 소속 군함 및 항공기의 작전범위를 휴전선 이남으로 제한하기 위한 기준선이었지만, 점차 서해상의 군사 요충지인 서해 5도(백령도, 연평도, 대청도, 소청도, 우도)를 비롯한 휴전선 전방해역의 방어를 위한 경계선으로 그 의미가 바뀌어갔다. 북한은 휴전 20년째가 되던 1973년부터 NLL의 정당성을 부인하기 시작하면서 간헐적인 침범을 일삼아왔고, 1999년 9월과 2000년 3월에는 소위 '서해 해상군사분계선'과 '서해 5개섬 통항질서'를 일방적으로 선포하기에 이르렀다. 김재엽, "서해 북방한계선(NLL)과 방어전략", 「군사저널」, 2007년 7월호.

화(平和), 민족공조(民族共助. 일명 '우리민족끼리') 등으로 미화시켜 굴종을 요구하려는 정치적 강압수단의 역할을 하는 것이다.

한국이 대비해야 할 두 번째 군사적 도전은 한반도의 통일 과정에서 나타날 수 있는 불안정과 이에 따른 주변 강대국들의 개입 가능성이다. 지난 10년 동안 한국은 김대중 행정부의 '햇볕정책', 노무현 행정부의 '평화번영정책'을 비롯하여 북한과의 정치 · 경제 · 사회적 교류협력 확대, 발전을 통해 한반도에서의 긴장완화와 평화공존을 정착시킨다는 대북 포용정책을 지속해 왔다. 금년 2월에 새로이 출범한 이명박 행정부의 '비핵 · 개방 3,000 구상'도 전임 행정부에 비해 대북 상호주의와 국제공조의 측면이 강화되었을 뿐, 북한을 자발적인 변화와 개혁, 개방으로 유도하겠다는 목적은 유사하다.[15] 이는 짧은 시간 내의 빠른 통일에 따르는 정치, 경제, 사회적 부담을 최소화하려는 한국의 입장을 반영하고 있다.

그러나 이러한 한국 정부의 노력에도 불구하고 북한과의 한반도 평화정착, 그리고 궁극적인 통일이 안정적으로 이루어지지 못할 가능성은 여전히 남아 있다. 우선 김정일을 위시한 북한 정권의 지배세력이 끝내 자신들의 독재정권 유지, 한반도 장악에 대한 미련을 버리지 않으면서 한국과 외부세계의 개혁, 개방요구 및 압력에 전쟁 혹은 그에 준하는 정치 · 군사적 대결로 맞설 가능성을 배제할 수 없다. 혹은 김정일의 갑작스런 건강악화나 피습, 사고 등 유고(有故) 발생으로 정권 내부의 권력 불안정이 심화되거나, 극심한 경제난과 식량부족 문제가 폭압적인 기존 정치 · 경제 · 사회적 통제체제의 약화와 결합하면서 그동안 억눌려왔던 북한 주민들의 불만이 확산 및 조직화될 경우,

15) 이명박 행정부의 대북 정책기조로 알려진 '비핵 · 개방 3,000 구상'이란 북한의 비핵화 완전이행을 조건으로 경제, 재정, 교육, 복지, 사회간접자본 등 5개 분야에 걸쳐 한국과 국제사회가 북한 경제재건에 적극 참여함으로써 10년 내에 북한의 1인당 국민소득 수준을 현재의 3~5배 이상인 3,000달러까지 개선시키고, 이를 통해 한반도 경제공동체 구축과 중 · 장기적인 통일의 안정적 기반을 마련한다는 것을 골자로 한다. 윤덕민, "비핵 · 개방 3,000 구상 : 과제와 전망", 『주요국제문제분석』(외교안보연구원, 2008년 4월 29일), pp.3~6.

단기간 내에 북한의 국가체제 전반이 무너지는 내부 혼란으로 이어질 수도 있다.[16] 이른바 '북한 급변사태'가 현실화되는 것이다.

어느 쪽이든지 북한의 급속한 붕괴로 귀결될 것임에 틀림없다. 이 경우 한반도 통일과정에서의 정치 · 경제 · 사회적 불안정성이 심화될 우려가 크다. 무엇보다도 큰 문제는 이 과정에서 주변 강대국들이 대내외적 혼란에 빠진 북한의 지원요청, 또는 북한 내 자국민의 보호 등을 명분으로 군 병력을 북한 내부로 투입하거나 직접적인 점령까지 시도할 가능성이다. 지정학적으로 한반도는 유라시아의 극동(極東 : Far East) 지역과 태평양을 연결하는 위치에 있으며, 대륙 혹은 해양으로 세력을 확대하기 위한 '교두보'와 그 반대로 상대측의 세력팽창을 저지하는 '완충지대' 역할을 한다. 이로 인해 동북아시아에서 정치 · 외교 · 군사적 야심을 품고 있는 국가라면 언제나 한반도에 눈독을 들여왔다. 역사상으로 한반도 주변의 강대국들은 한반도 내에 자신들의 영향력을 행사할 수 있는 장치를 확보하려 시도해 왔는데, 대표적인 사례가 바로 한반도의 분할점령이었다.[17]

한반도 통일 과정에서의 불안정 문제가 현실화될 경우, 가장 적극적인 정치 · 군사적 개입을 시도할 것으로 예상되는 나라는 중국이다. 랴오닝(遼寧)

16) 김정일은 북한군 최고사령관에 취임한 이듬해인 1992년부터 주요 군사퍼레이드(인민군 창설기념일, 정권수립 기념일 등에 거행)에 계속 참석해 왔지만, 지난 9월 9일의 정권수립 60주년 기념식에는 불참한 것으로 확인되었다. 이에 따라 66세의 고령인 김정일의 건강에 심각한 문제가 발생했다는 관측이 국내외에서 제기되고 있다. 북한 체제의 내구성과 취약성, 그리고 향후 전망에 관한 보다 자세한 논의는 전봉근, "북한의 변화 시나리오와 정세 평가", 『주요국제문제분석』(외교안보연구원, 2008년 5월 13일), pp.4~12를 참고.

17) 한 보기로 임진왜란 당시 일본의 도요토미 히데요시는 중국 명 황조와의 강화 회담에서 '조선의 8도 중 4도를 일본에 할양할 것'을 포함하는 4개항의 조건을 요구한 바 있다. 청일전쟁 직후인 1896년 6월에는 일본이 러시아에 '북위 38도선을 경계로 하는 한반도의 분할점령'을 제의했고, 러일전쟁을 앞둔 1903년 10월에 이르러서는 반대로 러시아가 '한반도 북위 39도선 이북의 중립지대화'를 일본에 제시하였다. 그리고 제2차 세계대전에서 일본이 항복한 후에는 미국과 소련이 북위 38도선을 경계로 한반도를 분할점령했으며, 이것이 오늘날까지 한반도의 분단으로 이어지고 있는 것이다.

과 지린(吉林), 헤이룽장(黑龍江) 등 3개 성(省)을 포함하는 중국 동북부, 즉 만주 지역은 길이 1,300km의 압록강을 경계로 한반도와 인접한다. 중국 입장에서는 미국의 동맹국인 한국 주도로 통일된 한반도가 미국의 정치 · 군사적 영향력의 거점이 되어 자신들을 직접 겨냥할 것을 우려할 수밖에 없다.[18] 뿐만 아니라 중국은 통일 이후 옌볜(延邊) 자치구를 비롯하여 한반도 국경지대에 다수 거주하는 한국계 주민들의 동요, 간도(間島)를 포함한 북방영토(北方領土)를 둘러싼 한국과의 잠재적인 영유권 분쟁 가능성도 경계하고 있다.[19]

말하자면 중국에게 한반도의 지정학적 위치는 순망치한(脣亡齒寒)[20]의 관계와도 같은 것이다. 실제로 중국은 6.25 전쟁 당시에도 1950년 9월 이후 미국 주도의 UN군과 한국군의 북진으로 북한의 패색이 짙어지자 10월 말부터 30만명 이상의 병력을 앞세워 한반도에 개입, 한국에 의한 북진통일을 좌절시켰던 바 있다. 2002년부터 지난해까지 6년 동안 계속되어 온 소위 동북공정(東北工程)이라는 역사연구 사업도 한반도 유사시 중국의 개입을 정당화하기 위한 정치적 의도에 따른 것이라는 지적을 받아왔다.[21] 만주를 주요 활동

---

18) 이명박 대통령이 한중 정상회담을 위해 중국을 국빈 방문했던 지난 5월 27일, 중국 외교부의 친강(秦剛) 대변인이 정례브리핑에서 "한국과 미국의 군사동맹은 '지나간 역사의 산물(歷史遺留的産物)'이며, 시대가 많이 변하고 동북아시아 각국의 정황에 많은 변화가 생겼기 때문에 냉전 시대의 소위 군사동맹으로 지역 안보문제를 생각하고, 처리할 수 없다"고 발언하여 국내외적인 논란을 일으켰다. 이후 중국은 "한국을 무시하거나 한미 양국관계를 폄하하려는 의도는 없었다"고 해명했지만, 문제의 발언 내용에 대해서는 "중국 정부의 공식적인 입장"이라고 재확인하여 한미동맹에 대한 경계감을 숨기지 않았다.

19) 간도는 대한제국의 외교권이 1905년 『을사보호조약』으로 일본에 빼앗긴 지 4년 후인 1909년, 일본과 중국 사이에 체결된 『간도협약』에 따라 중국이 차지했다. 간도와 기타 북방영토 문제의 역사상 배경, 현황에 대해서는 임채정 외, 『간도에서 마라도까지-한 · 중 · 러 · 일 영토문제 현장』(동아일보사, 2005), pp.83~100을 참고.

20) 직역하자면 "입술(脣)이 없으면 이(齒)가 시리다"는 뜻인데, 이와 입술은 각각 중국과 한반도를 지칭한다. 쉽게 풀이해서 한반도가 중국의 경쟁, 적대국가의 세력권 내에 들어갈 경우 곧바로 만주를 비롯한 중국 영토에 직접적인 위협이 될 것임을 뜻한다.

21) 동북공정은 중국 국무원의 직속 국책 연구기관인 사회과학원 산하의 소수민족 연구

영역으로 삼았던 고조선과 고구려, 발해가 역사상으로 중국 변방의 일부이며, 따라서 그 영토에 해당하는 지역에 관련된 사안에 개입하는 것은 중국의 정당한 주권행사라고 강변할 근거로 악용할 수 있기 때문이다.

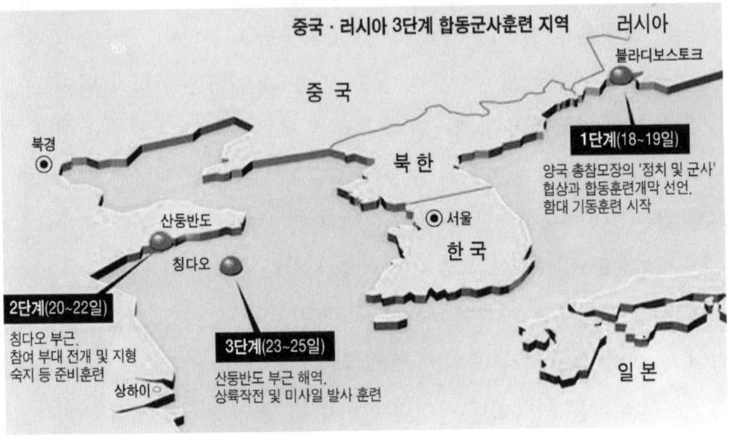

2005년 8월 중국과 러시아의 합동군사훈련 지역 및 내용

출처: 「조선일보」, 2005년 8월 18일자

지난 2005년 8월 18~25일, 중국과 러시아는 양국 역사상 최초의 합동군사훈련인 '평화의 사명 2005'를 실시했다. 당시 훈련은 약 1만명 규모의 중국 및 러시아군 병력이 동해와 남해를 경유하여 한반도에서 불과 수백km 떨어진

기관인 중국변강사지연구중심(中國邊疆史地研究中心)의 주관 아래 "중국의 국경 안에서 전개된 모든 역사는 중국역사의 일부"라는 주장을 학문적으로 입증한다는 목표로 진행되었다. 변강사지연구중심의 인터넷 웹사이트에 개재된 동북공정의 사업소개 내용에 따르면 "일부 국가의 연구기관과 학자들이 불순한 의도로 역사적 사실을 왜곡하고, 소수의 정치가들이 정치적 의도로 거짓을 퍼뜨려 혼란을 조성하면서 동북 국경지역에서의 역사와 현황 연구가 심각한 도전에 직면하였다"면서, "동북 국경지역의 역사에 대한 연구를 심화, 체계화시켜 이 지역의 안정을 보호할 수 있도록 기여한다"라고 밝히고 있다. 이는 동북공정이 정치적 동기에서 비롯된 사업임을 공개적으로 인정한 것이나 다름없다. 인터넷 웹사이트 http : //chinaborderland.cass.cn/show_News.asp?id=1787 "东北工程简介" (개재날짜 2004년 6월 1일)

서해상 산둥(山東)반도에서 이루어졌고, 훈련 내용도 상륙과 공수부대 침투, 해상봉쇄, 순항미사일 사격 등을 비롯한 공세적인 작전이 포함되었다. 게다가 당시 훈련에는 두 나라의 주력 전투부대와 신무기들도 다수 등장했다.[22] 여러 측면에서 유사시 한반도에 대한 양국의 군사적 개입 가능성을 염두에 둔 것이라는 평가를 받기에 충분했다.

한반도 지도가 걸려있는 중국 인민해방군의 훈련지휘본부 모습

심지어 중국은 2006년 9월 한반도와 인접한 선양(瀋陽) 군구의 제39집단군 소속 기계화보병 여단 1개를 인민해방군 역사상 최장거리인 1,000km에 달하는 4단계(준비 → 이동 → 배치 → 전투수행)의 기동훈련에 동원시키기도 했다.[23] 제39집단군은 과거 6.25 전쟁에서 중국군의 주력부대로 한반도에 투입된 바 있으며, 중국 육군에서도 2개뿐인 집단군급 쾌속반응부대 가운데 하나다. 역시 '중국의 한반도 무력개입 준비'를 의심케 하는 대목이다.

국방당국은 한반도에서 전쟁 혹은 그에 준하는 무력분쟁이 발생할 경우, 중국이 지난 1961년 북한과 체결한 『조중 상호원조조약』에 의거하여 제한적인 수준의 군사력을 동원할 가능성이 있다는 평가를 내놓은 바 있다. 여기에

---

22) 중국에서는 대표적인 쾌속반응부대인 제15공수군단과 해군의 소브레메니급, 루양급 구축함을 비롯한 신형 수상전투함, 송급 디젤추진 잠수함, 그리고 공군의 J-8과 SU-27 전투기가 참가했다. 러시아의 경우 각 1개의 공수사단과 상륙부대, 우달로이급 구축함, 배수량 4,000톤급의 대형상륙함, TU-22 초음속폭격기, IL-76 대형수송기, 그리고 장거리 공대지 순항미사일 등을 훈련에 동원시켰다. 유용원 · 정병선, "첨단무기 전시장 빰친 중러 연합훈련", 「조선일보」, 2005년 8월 29일자.

23) 홍인표, "중국軍 사상 첫 1,000km 장거리 기동훈련 '한반도 참전' 거냥했다", 「경향신문」, 2006년 9월 11일자.

는 만주 지역에 배치된 선양군구의 병력 60%와 지난(濟南)군구 병력의 50%, 그리고 서해상에서 활동하는 북해함대 30%가 포함된다. 이는 총 18개 사단 소속의 병력 40만명, 군함 150여척, 그리고 항공기 800대 이상을 포함하는 규모다.[24]

통일 이후에는 새로운 군사적 도전이 한국을 기다리고 있다. 바로 국력이 월등히 우세한 주변 강대국들의 틈바구니 속에서 생존해 나가는 것이다. 그렇지만 한국이 장래에 직면할 수 있는 주변 강대국과의 무력 분쟁, 충돌이 과거처럼 영토 정복이나 국가주권 자체를 타도, 제거하려는 전면전쟁의 형태로 나타날 가능성은 그다지 높지 않다. 왜냐하면 중국, 일본, 러시아가 한반도 주변지역에 직접적으로 배치하고 있는 병력의 규모가 결코 큰 편이 아니기 때문이다. 특히 영토점령 능력의 핵심이라고 할 수 있는 육군의 비중을 살펴보면, 이는 더욱 분명해진다.

먼저 압록강을 경계로 한반도와 만나는 만주 지역을 관할하는 중국 선양군구의 지상 병력규모는 총 25만명이며, 예하에는 3개 군단(즉, 집단군) 소속의 사단 6개(차량화보병 3개, 기계화보병 1개, 기갑 1개)와 여단 12개(차량화보병 6개, 기갑 1개, 포병 3개, 방공 2개), 그리고 연대급의 항공 및 특수전부대 각 1개씩을 보유 중이다.[25] 한반도와는 두만강을 통해 인접한 러시아 극동지역의 극동군관구 소속 지상병력은 더욱 적다. 사단 11개(차량화보병 5개, 기계화포병 5개, 포병 1개)와 여단 13개(차량화보병 1개, 기계화포병 1개, 공수 1개, 특수전 1개, 대전차 1개, 단거리 탄도미사일 3개, 지대공미사일 5개), 포병연대 9개 등으로 이루어지는 총 7만 3,500명을 보유하고 있을 뿐이다.[26] 신속전개 능력을 앞세운 국경지대에서의 기습이나 소규모의 제한적 국지전쟁 수행은 가능하겠지만, 한국 영토 전체의 안전을 위협할만한 수준은 못된다. 일본 육상자위대

---

24) 김귀근, "中, 한반도 유사시 北에 제한적 군사력 지원", 「연합뉴스」, 2004년 10월 5일자.
25) 인터넷 웹사이트 http://www.sinodefence.com/organisation/groundforces/default.asp "PLA Ground Forces Organisation" (검색일자 2008년 5월 22일)
26) IISS, 2007, p.203.

의 경우 총병력 규모가 5개 군단(즉, 방면대) 소속의 14만 8,300명에 지나지 않으며, 섬나라라는 지리적 특성 때문에 국방의 마지막 보루인 지상 전력을 대규모로 영토 외부까지 투입할 여유가 없는 입장이다.

통일 이후 한국이 진정으로 경계해야 할 주변 강대국들로부터의 군사적 위협은 육지가 아닌 바다, 하늘에서의 충돌이다. 다시 말해 '동북아시아판 포클랜드전쟁'의 가능성인 것이다. 한국은 압록강과 두만강으로 이루어지는 북쪽의 육상 경계선을 제외한 동쪽과 서쪽, 남쪽의 3면이 바다로 둘러싸인 반도국가다. 영국이나 일본, 호주를 비롯한 섬나라들 못지않게 바다의 안전이 곧 영토의 안전과도 직결되는 위치에 있는 것이다. 아울러 한국은 경제의 대외의존도가 매우 높은 나라다. 지난 2006년을 기준으로 대외무역이 국가경제에서 차지하는 비중은 71.5%(수출 36.7%, 수입 34.8% 포함)였고,[27] 석유와 석탄, 우라늄을 비롯한 주요 에너지자원의 96.8%를 수입에 의존하고 있을 정도다.[28] 가장 중요한 에너지자원인 석유의 경우 한국은 2005년 기준으로 세계 5위의 수입국인 동시에 8위의 소비국이지만,[29] 96% 이상을 아랍 등지에서 직수입해야 하는 입장이다. 그리고 이러한 대외무역의 무려 99.7%가 해상운송을 통해 이루어지고 있다.[30]

따라서 한반도 주변해역과 공역에서의 해양 · 공중우세가 위협받을 경우, 한국에게는 영토 침략과 거의 대등한 수준의 치명적인 안보 위협이 될 수밖에 없다. 게다가 중국과 일본, 러시아는 이미 세계 상위권의 규모와 전투력을 자

---

27) 산업자원부, 『산업자원백서 2006』(산업자원부, 2007), p.44.

28) 2006년 기준으로 한국 내에서 소비되는 에너지자원의 비중은 석유가 44.8%, 유연탄이 22.2%, 원자력은 16.1%, 그리고 천연가스가 13.3%를 각각 차지하고 있다. 또한 에너지자원은 전체 수입품목의 27.7%를 차지한다. 산업자원부, 2007, pp.862~864.

29) 한국무역협회 국제무역연구원, 『208개 경제 · 무역 · 사회지표로 본 대한민국 2007』(한국무역협회, 2007), pp.18~19.

30) 한국의 연간 국제화물 수송량은 2005년 기준으로 총 7억 5,755만 3,023톤이었으며, 그 가운데 해상운송을 통한 수송은 총 7억 5,493만 6,409톤으로 약 99.65%를 차지했다. 건설교통부, 『건설교통통계연보 2006』(건설교통부, 2006), pp.496~497.

량하는 해·공군을 보유 중이거나, 발전시키고 있다. 한국이 장래에 주변 강대국들과 직접적인 이해갈등을 빚을 수 있는 가장 대표적인 사안도 다름 아닌 한반도 주변해역의 해양관할권 문제다.

한국의 해양관할 범위는 영해 4만 8,117km^{2}와 대륙붕(大陸棚 : 육지에서 연장된 수심 200m 이내의 해저지형) 34만 5,000km^2, 그리고 경제수역 44만 7,000km^{2}로 육상영토의 3~4배를 넘는다.31) 한국은 동해와 서해, 남해에 걸쳐 8개의 해저광구를 개발하고 있으며, 지난해 12월말까지 30만 9,744km^2 면적에 걸쳐 43개공(동해 23개공, 서해 6개공, 남해 14개공)을 시추, 탐사해 왔다.32) 이 가운데 동해 제6-1광구 내에 위치한 '동해-1 가스전'은 2004년 9월부터 천연가스를 생산, 공급하고 있으며, 지난해에는 역시 동해의 울릉분지에서 미래의 청정에너지로 주목받는 가스수화물을 시추하는 데 성공했다.33)

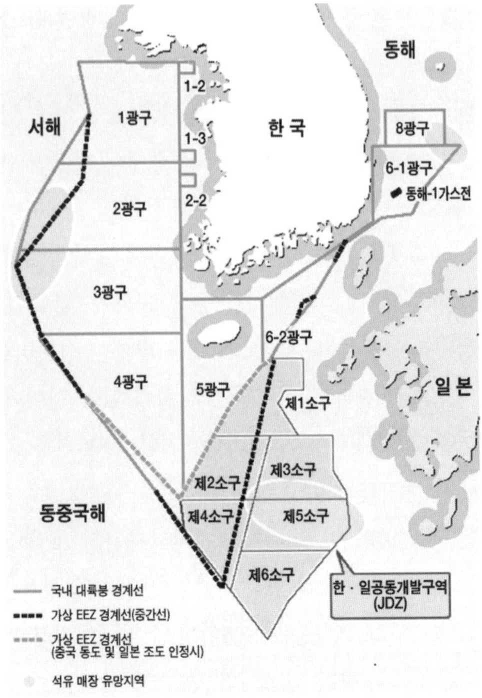

한반도 주변해역의 대륙붕 현황

출처: 「서울경제」, 2006년 6월 19일자

---

31) 영해 면적의 경우 휴전선 이남의 해역을 대상으로 한 것이며, 한반도 전체를 기준으로 할 경우 약 7만 1,000km^{2}가 된다. 해양수산부, 『2002-2003 해양수산백서』(해양수산부, 2004), p.696.

32) 인터넷 웹사이트 http : //www.knoc.co.kr "대륙붕사업-대륙붕탐사 현황" (검색일자 2008년 5월 23일)

33) 김종수, "울릉분지서 초대형 '불타는 얼음' 발견", 「연합뉴스」, 2007년 11월 22일자.

가스수화물은 천연가스의 주성분인 메탄이 심해의 저온, 고압상태에서 얼음과 같은 고체형태로 매장된 것인데, 동해에서의 매장량만 해도 6억톤이 넘는 것으로 평가되고 있다. 한국의 천연가스 소비량 30년분에 해당하는 규모다. 그리고 2004년 7월, 전라북도 군산 앞바다의 서해 제2광구 탐사를 시작으로 서해와 남해의 제주도 인근해역을 대상으로 하는 해저유전 개발도 본격화되고 있다.[34] 에너지자원의 대외의존도가 매우 높은 한국의 입장에서, 한반도 주변해역을 대상으로 하는 해저자원의 개발은 단순히 '수입대체'라는 경제적 효과뿐만 아니라 '안정적인 경제, 산업능력 유지'와 직결되는 국가안보 차원의 가치를 갖는 것이다.

문제는 한반도 주변해역의 해양관할권에 대한 한국과 중국, 일본의 갈등 및 분쟁 가능성이 점차 가시화되고 있다는 점이다. 한 · 중 · 일 3국은 지난 1994년 11월에 발효된 UN 해양법협약에 의거하여 200해리의 배타적경제수역(EEZ : Exclusive Economic Zone)을 선포하였다.[35] 그런데 서해의 경우 가장 폭이 넓은 부분이 겨우 350해리 정도이고, 동해에서도 한일간 최장거리가 450해리 이내에 불과한 실정이다. 이로 인해 한국이 주장하는 해양관할권 범위가 중국, 일본의 것과 상당부분 중첩되면서 잠재적인 해양분쟁의 위험으로 연결될 우려가 적지 않다. 중국과 일본 역시 세계적인 경제 · 산업대국으로서 자국의 경제수요에 비해 부존자원이 부족한 입장이며, 따라서 해저자원 개발을 안보 차원의 중요 국가과제로 여길 수밖에 없기 때문이다.

한 보기로 중국은 관영 신화(新華)통신의 자매 언론사 보도를 통해 지난 2004년 7월 한국석유공사가 실시한 서해 제2광구에서의 해저유전 탐사를

---

34) 손철, "대륙붕개발 다시 본격화", 「서울경제」, 2006년 6월 19일자.
35) EEZ 개념은 1982년의 UN 해양법회의에서 처음 채택된 것으로 각국의 영해기선으로부터 200해리 이내 해역의 상부수역에 대한 천연자원의 탐사, 개발, 보존, 그리고 해양과학조사 환경보호 등을 연안국의 주권적 권리 및 관할권으로 인정하고 있다. 일본은 1996년 7월, 한국은 1996년 9월, 그리고 중국은 1998년 6월에 각각 EEZ를 선포하였다.

"중국의 해양주권 및 권익에 대한 침해"라고 비난하여 경계심을 드러낸 바 있다.[36] 뿐만 아니라 남해를 포함하는 동중국해 이내의 대륙붕과 EEZ 경계 설정에서도 한국과 중국의 마찰은 계속되고 있다. 중국이 한국 최남단인 마라도에서 남서쪽으로 149km 떨어진 이어도에 대한 한국의 관할권을 부정하고 나선 것도 그 연장선상에 비롯되었다. 동중국해 대륙붕의 한가운데에 자리잡은 이어도가 한중 양측이 주장하는 EEZ와 중첩되는 해역에 위치하고 있음을 문제삼은 것이다. 심지어 중국은 2005년 한해에만 5차례나 국가해양국 소속의 항공기를 동원하여 이어도의 한국 종합해양과학기지를 감시한 것으로 드러났다.[37] 이 외에도 한국은 1974년 일본과 체결한 『한일 대륙붕 공동개발협정』을 통해 제주도 남쪽의 총 8만 6,000km^2 면적에 걸친 제7광구를 한일 공동개발구역(JDZ : Joint Development Zone)으로 설정하고 있는데, 오는 2028년으로 예정된 협정시한 만료를 앞두고 대륙붕 경계설정 기준을 둘러싼 일본과의 갈등이 본격화될 가능성을 배제할 수 없다.[38]

한반도 주변해역에 대한 해양관할권 문제는 영유권 대립과도 연관되어 있다. 독도(獨島)를 놓고 지난 반세기 이상이나 계속되고 있는 일본과의 마찰이 그 본보기다. 과거 일본은 러일전쟁이 진행 중이던 1905년 2월 22일, 독도를 다케시마(竹島)라는 이름 아래 시마네(島根) 현(縣)의 일부로 강제 편입시켜 동해에서의 러시아 해군 활동을 감시하기 위한 기지로 이용했으며,[39] 한국이 1952년 '인접해양주권에 대한 대통령선언'을 통해 독도 영유권을 공식 선언한 후에도 매년 외교적 항의를 반복함으로써 영유권 포기의사가 없음을 재확

36) 조중식, "中 "한국, 서해 대륙붕 탐사는 해양주권 침해"", 「조선일보」, 2004년 7월 17일자.
37) 이돈관, "中, 비행기 동원 이어도 해양과학기지 감시", 「연합뉴스」, 2006년 9월 13일자.
38) 지난 2006년 3월 초에는 중국이 제7광구의 대륙붕 일부를 공동개발할 것을 일본에 제안하여 한국의 반발을 야기하기도 했다. 박병구, "한 · 중 · 일, 대륙붕 쟁탈전 시작됐다", 「주간조선」, 2006년 5월 29일호.
39) 그로부터 100년이 지난 2005년 3월 16일에는 일본 시마네 현의 지방의회가 매년 2월 22일을 소위 '다케시마의 날'로 제정하는 조례안을 통과시켰으며, 당시 한국 내에서는 광범위한 반일감정이 조성되었다.

인해 오고 있다. 더욱 큰 문제는 최근 수년 동안 독도에 대한 한국의 '실효적 지배'에 손상을 가하고, 독도를 국제 분쟁지역으로 부각시키려는 보다 제도적, 물리적인 도발까지 이루어지고 있다는 점이다. 외무성의 『외교청서』(外交青書), 방위성의 『방위백서』(防衛白書)를 비롯한 일본의 주요 정부기관 발행 문서에 독도를 '일본의 고유영토'라고 명시하는 내용을 포함시켰을 뿐만 아니라, 청소년층에 대한 교육에서도 자신들의 영유권 주장을 강화하려 들고 있는 것이다.[40] 2006년 4월에는 일본이 독도 인근해역에서의 해양탐사를 시도하면서 한일 양국의 해경(海警)이 정면충돌 직전까지 치닫기도 했다.[41]

독도는 한국의 동해안과 일본 남서부 사이의 동심원 중앙에 해당하는, 동해 한가운데에 위치하고 있다. 때문에 동해를 경유하여 태평양, 동중국해를 비롯한 주변 바다로 항해하는 대부분의 선박들이 반드시 통과할 수밖에 없는 길목이 바로 독도인 것이다. 이는 단순한 무인도가 아닌, 동해 전체에 대한 통제권을 좌우하는 요충지로서 독도의 가치를 잘 나타내준다. 말하자면 일본의 독도 영유권 고집은 동해를 '일본의 바다(日本海 : Sea of Japan)'로 독차지하려는 팽창야욕에서 비롯된 것이나 다름없다.

---

40) 지난 7월 14일 일본 문부과학성이 발표한 일본 중학교 사회교과서의 10년 단위 새 학습지도요령 해설서에는 "한국과 다케시마를 둘러싸고 주장에 차이가 있다는 점에 대해서 우리나라(일본)의 영토 · 영역에 관한 이해를 심화시킬 필요가 있다"라는 내용이 포함되어 있다. 특히 독도를 지난 제2차 세계대전 이후 러시아와 일본 사이의 분쟁이 계속되고 있는 북방 4개도서(일명 남(南)쿠릴열도)와 동급의 문제로 규정하여 향후 일본의 독도 영유권 주장이 더욱 공세적 양상을 나타낼 가능성까지 제기된다. 이홍기, "日, 중학교 사회과 해설서에 독도 고유영토 명기", 「연합뉴스」, 2008년 7월 14일자.

41) 사건은 2006년 4월 14일에 일본 해상보안청이 국제수로기구(IHO)에 독도를 비롯한 동해상의 한국 EEZ를 포함하는 해양탐사계획을 통보한 데서 비롯되었는데, 한국은 이에 맞서 해양경찰청 소속의 경비정 18척을 독도 인근해역에 배치하였다. 결국 한일 양국의 대치상황은 사건 발생 1주일만인 4월 22일에 열린 두 나라의 외교차관 회담을 통해 '일본의 해양과학조사 중단', '동해 EEZ 경계획정을 위한 협의 재개' 등에 합의하면서 일단락되었다. 조준형, "동해도발에서 극적 타결까지", 「연합뉴스」, 2006년 4월 22일자.

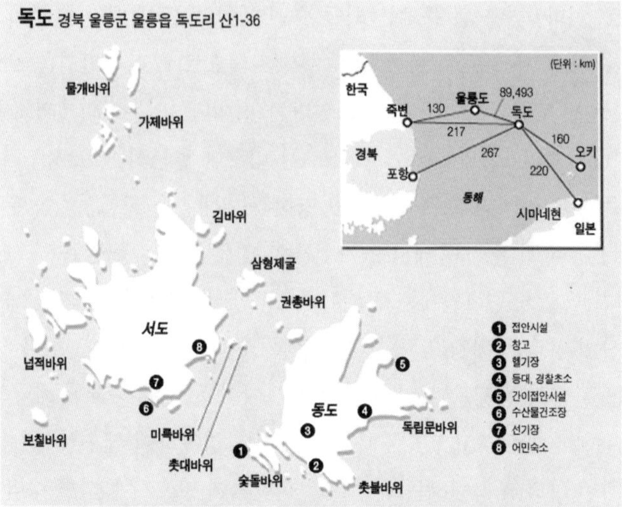

면적	186,212m²(동도: 64,779m², 서도: 95,445m², 부속도: 15,908m²)
소유	해양수산부소속 국유지
거주자	6명(주민등록) 현재 실거주자 없음
주변도서	33개
독도의 식물	1989년부터 '푸른독도가꾸기'에서 2곳의 식목지 조성
거주민	1981년 최종덕(87년 9월 사망)씨 최초 주민등록자 이전을 시작으로 2003년 편부경 씨까지 총 6명이 주민등록 이전

독도의 지리적 위치와 현황

출처: 「동아일보」, 2005년 3월 17일자

이 뿐만이 아니다. 한국의 식량 및 에너지자원 수입, 무역을 비롯한 각종 대외 경제활동의 약 99.7%가 걸려있는 해상운송을 위한 해상교통로(SLOC : Sea Lines/Lanes Of Communication) 역시 해양안보의 중요한 일부다. 한국이 사용하는 주요 해상교통로에는 ① 서해에서 중국 대륙으로 이어지는 '한중항로', ② 동해에서 일본을 거쳐 러시아와 북태평양으로 이어지는 '북방항로', ③ 동해 남부에서 일본으로 향하는 '한일항로', 그리고 ④ 남해에서 동남아시아, 아랍, 아프리카, 유럽 등지로 나아가는 '남방항로' 등 4개 항로가 대표적이다. 이 가운데 동해 기점의 한일, 북방항로는 태평양과 연결되는 통로로서 한국의 전통적인 주요 수출입시장인 미국, 일본과의 무역창구인 동시에, 호주와 브라질을 비롯한 태평양 남부의 자원부국들로부터 철광석 등의 주요 산업용 금속광물을 수입하기 위해 필요하다. 또한 남해에서 출발하여 동남아시아를 경유, 인도양까지 이어지는 남방항로를 통해서는 아랍 등지에서 생산되는 석유, 천연가스 등 주요 에너지자원을 공급받고 있다.[42]

그런데 공교롭게도 한일, 북방, 남방항로를 비롯한 한국의 주요 해상교통로는 동아시아 지역의 대표적인 해양분쟁 수역들을 다수 경유하게 되어있다. 러시아와 일본의 분쟁지역인 사할린 남부 오호츠크해의 북방 4개도서,[43] 한국과 일본이 대립 중인 독도는 동해를 기점으로 하는 한일, 북방항로의 안전과 직결된다. 또한 남해 기점의 남방항로는 중국과 일본, 대만의 영유권 분쟁대상인 동중국해의 센카쿠(尖閣. 중국명 댜오위다오((釣魚島)) 열도, 대만해협과 그 남부인 바시해협, 중국과 동남아시아 제국(諸國)의 분쟁이 계속되고 있는 남중국해의 남사군도(南沙群島), 그리고 남중국해에서 인도양으로 연결되는 말라카해협을 통과해야 한다.

---

42) 2006년 기준으로 한일, 북방항로는 전체 해상운송의 33.4%와 곡물 수입의 77.7%, 철광석 수입의 88.6%, 발전용 유연탄 수입의 44.6%를 차지하고 있다. 남방항로의 경우 전체 해상운송의 44.1%, 석유 수입의 약 95%, 그리고 천연가스 수입의 95.3%를 점유하는 것으로 나타났다. 해양수산부, 『해양수산통계연보 2007』(해양수산부, 2007), pp.86~88.

43) 러시아와 일본은 1855년의 외교관계 수립 당시에 양측의 국경을 처음 설정하면서 사할린을 양국이 공동관리하고, 쿠릴열도의 20개 섬 가운데 남부의 4개 섬을 일본이 차지하도록 했다. 이후 1875년에는 러시아가 사할린을 차지하는 대신 쿠릴열도 전체를 일본에 양도하는 교환조약이 체결되고, 일본이 러일전쟁에서 승리한 1905년 북위 50° 이남의 사할린 남부까지 일본에 넘어갔다. 그리고 제2차 세계대전의 종전 직전에 소련은 동아시아 지역에서의 참전 대가로 러일전쟁 당시 빼앗겼던 사할린 남부뿐만 아니라 쿠릴열도 전체의 양도를 요구했고, 결국 현재까지 이 지역은 러시아의 영토로 남아있는 것이다.

한국의 주요 해상교통로 현황

출처: 김재엽, 『자주국방론』(선학사, 2007), p.54

이들은 대부분 오랜 역사상의 정치 · 군사적 대립에 배경을 둔 영유권 문제이며, 일부 해역에서는 석유와 천연가스를 비롯한 대규모의 해저자원 매장 가능성도 높은 것으로 평가되고 있다.[44] 때문에 당사국들 사이의 평화적인 해결을 기대하기가 좀처럼 어려운 실정이다. 더욱 큰 문제는 최근 10여년 동안 대양해군력을 꾸준히 강화, 발전시키고 있는 중국과 일본, 러시아가 주요 분쟁당사국으로 포함되어 있다는 점이다. 만약 이들 수역에서의 해양분쟁이 군사적 충돌로 악화된다면 한국 경제의 생명줄과도 같은 해상교통로 안전에

---

44) 남사군도의 석유 매장량은 세계 4위 규모에 해당하는 최대 300억톤(2,200억 배럴 이상)으로 추정되며, 현재 중국과 대만, 베트남, 필리핀, 말레이시아, 브루나이 등에서 각각 영유권을 주장하고 있다. 센카쿠 열도는 청일전쟁 직후인 1895년 승전국인 일본에 넘어갔으며, 제2차 세계대전에서 승리한 미국으로 한때 이양되었으나 1971년부터 다시 일본이 점유 중이다. 1969년에는 UN 보고서를 통해 처음으로 센카쿠 열도와 인근 해역에서의 72억톤 규모의 석유, 천연가스 매장 가능성이 제기되었고, 이를 계기로 센카쿠 열도를 둘러싼 중국과 일본의 영유권 갈등은 더욱 깊어지고 있다.

심각한 타격을 줄 것이며, 단기간 내에 안정적인 경제, 산업능력의 지속까지 위태롭게 만들 수 있다.[45]

그리고 사이버공격이나 국내외 테러리즘과 같은 비전통적 위협도 한국에 대한 새로운 군사적 도전으로 현실화되고 있다. 한국은 2006년 기준으로 인터넷 이용자수 세계 7위, 개인용컴퓨터 보급대수 17위(2005년 기준), 초고속 인터넷 가입자수 세계 4위이며, 지난해에는 국제전기통신연합(ITU)이 발표한 정보화지수 세계 3위, 디지털기회지수 세계 1위에 오르는 등 세계적으로 손꼽히는 정보화 수준을 자랑한다. 또한 UN이 선정한 전자정부지수에서 2005년 세계 5위를 차지하여 공공 부문의 정보화에서도 세계 선두권임을 과시했다.[46] 하지만 지난해 4~5월 에스토니아에서 벌어졌던 러시아발(發) 해킹 사태에서도 나타났듯이, 높은 정보화 보급수준은 이를 직접 겨냥하는 사이버공격에 의한 취약성까지 함께 상승시킨다는 약점으로 이어지기 쉽다. 지난 2003년 1월 25일 8,800여대의 국내 컴퓨터 서버가 슬래머웜 컴퓨터바이러스의 공격을 받으면서 9시간 동안이나 전국의 인터넷 사용이 불통되었던 '인터넷 대란(大亂)'은 그 대표적 사례다.[47] 같은 맥락에서 사이버전쟁 역량의 강화에 혈안이 되어있는 중국, 북한의 움직임은 결코 간과할 수 없는 대목이다.

사이버전쟁은 이미 한국에 대한 실재적인 군사적 도전으로 다가오고 있다. 민간부문뿐만 아니라 정부 공공기관에 대한 해킹 시도, 피해도 증가하고 있

---

45) 지난 1998년 산업연구원(KIET) 실물경제팀은 한국의 해상교통로 전체가 차단될 경우 15일 이내에 제조업과 건설업의 존립 기반이 약화되는 것은 물론, 식생활과 대중교통수단 사용이 극심한 제약을 받으며, 이러한 상태가 15일을 넘긴다면 생활필수품과 식량 고갈로 인한 심리적 공황, 폭동까지 발생하는 등 국가생존 자체가 심각한 위협을 받을 것이라는 평가를 내놓았다. 김병륜, "위협받는 해로 안보-〈하〉 해로는 생명선", 「국방일보」, 2007년 11월 9일자.

46) 한국무역협회 국제무역연구원, 2007, p.21.

47) 당시의 컴퓨터바이러스 공격은 전세계적으로 피해를 발생시켰지만, 유독 한국만이 국가 전산망 전체가 마비될 정도의 타격을 입은 것으로 나타나 문제의 심각성이 더욱 부각되었다. 조인직 · 홍석민 · 손효림, "1 · 25 인터넷 대란-주말 전국 大혼란, 사이버세상 '9시간 암흑'", 「동아일보」, 2003년 1월 27일자.

기 때문이다.[48] 군 전산망을 겨냥한 사이버공격도 2006년의 경우 해킹 시도 40건, 바이러스 침투 949건에 달했다.[49] 특히 2004년 7월 13일에는 국회, 해양경찰청을 비롯한 정부기관과 한국국방연구원(KIDA), 국방과학연구소(ADD), 원자력연구소 등 주요 국책연구기관의 전산망 소재 컴퓨터 211대가 해킹당하는 사태가 발생하여 큰 충격을 준 바 있다. 사건 직후 국가정보원(NIS)은 이를 "개인 차원이 아니라 일정 규모의 조직이 개입된 국가안보 위협 사건"으로 규정했고, 국방부 역시 이례적으로 사이버공격에 대한 정보작전 방호태세 격상을 지시하였다. 문제의 사이버공격 발신지는 중국이었으며, 중국 인민해방군 산하의 외국어대학 재학생이 용의자로 지목되면서 중국이 군을 비롯한 정부 차원에서 개입했을 가능성이 강력히 제기되었다.[50]

그동안 한국을 겨냥하는 테러리즘 위협은 주로 북한에 의한 민간인 납치, 혹은 '국가지원 테러리즘(State-Sponsored Terrorism)'에 국한되어 왔다.[51] 하지만 세계화의 심화에 힘입어 전지구적 차원에 걸친 인적 · 물적 교류가 확대되는 추세이며, 한국 역시 기존의 재외교포뿐만 아니라 기업들의 무역, 해외

---

48) 한 보기로 지난해 공공기관을 대상으로 발생한 사이버 침해사고는 지방자치단체와 교육기관을 비롯하여 총 7,588건이나 되었다. 이는 1년 전의 4,286건보다 약 80% 증가한 것일뿐만 아니라, 민간부문 전산망에 대한 피해사례가 지난 1년 동안 2만 6,808건에서 2만 1,732건으로 약 19% 감소한 것과도 대조를 이루었다. 국가정보원 · 방송통신위원회 공편, 『2008 국가정보보호백서』(국가정보원, 2008), pp.16~19.

49) 유용원, "군 전산망 보안 취약", 「조선일보」, 2007년 7월 20일자.

50) 사건 당시 한국의 정부기관 및 국책 연구기관뿐만 아니라 주한미군과 주일미군, 그리고 호주, 싱가포르, 독일 등 5곳의 해외주둔 미군 사령부 홈페이지까지 해킹당한 것으로 나타났다. 정원수 · 정양환 · 정세진, "국가기관 해커는 中인민군 산하대학 재학생 -핵심 안보정책 정보 유출 가능성", 「동아일보」, 2004년 7월 15일자.

51) 북한에 의한 국가지원 테러리즘은 1970년 국립묘지 현충문 지붕의 폭파를 통한 박정희 대통령 암살시도, 1974년 광복절 기념식에서 일어난 박정희 대통령 저격사건 및 영부인 육영수 여사 피살, 1983년 미얀마 아웅산 묘소의 폭파사건에 의한 주요 각료 피살사건, 그리고 1987년 대한항공(KAL) 858기 공중폭파 사건 등이 대표적 사례다. 문광건 · 김환청 · 엄태암 · 고필훈, 『뉴 테러리즘의 오늘과 내일』(한국국방연구원, 2003), pp.278~286.

시장 확보, 그리고 유학과 관광 증가로 인해 해외거주 국민의 안전문제가 점차 중요해지고 있다. 이에 따라 그동안 한국과는 직접적인 연관성이 없는 것으로 여겨져 온 초국가적 테러리즘 집단, 해적(海賊)[52]과 같은 비(非)국가 세력의 위협에도 주목하지 않을 수 없는 것이다.

지난해 5~11월 소말리아 해적들에게 174일 동안 억류당했던 원양어선 '마부노'호

국가정보원은 2001년 9.11 테러사태로 악명높은 알카에다가 지난 1990년대 중·후반에 한국 내부로의 조직적인 공작원 침투, 민간항공기를 이용한 주한·주일미군 기지 습격 등을 시도했다고 확인한 바 있다.[53] 2004년 6월 이라크 내의 반미 무장세력 '알 타우히드 왈 지하드(유일신과 성전(聖戰))'는 한국인 김선일 씨를 납치, 공개 살해하여 큰 충격을 주었으며, 지난해 7월 19일에도 아프가니스탄의 탈레반 반군이 한국 개신교 선교단 23명(피살자 2명 포함)을 납치한 후 42일 동안 억류했다. 아프리카 동부의 소말리아 인근 해역에서는 2006년 4~7월, 그리고 지난해 5~11월에 원양어선 '동원'호와 '마부노'호

---

52) 세계적으로 해적에 의한 피해사례는 1980년대의 경우 연간 50여건에 불과했지만, 2000년 이후 매년 200~400건 이상으로 급증했다. 때문에 해적 문제를 테러리즘 못지않은 초국가적인 안보위협으로서 국제사회가 공동대응에 나서야 한다는 지적이 계속되고 있다. 김병륜, "세계는 지금 해적과의 전쟁 중", 「국방일보」, 2007년 11월 8일자.
53) 박희제, "알카에다 韓-日 미군시설에도 테러 모의", 「동아일보」, 2004년 12월 16일자.

선원들이 무장해적들에 의해 각각 117일, 174일 동안이나 납치, 억류당하는 사건이 있었다. 또한 전세계적으로도 해적들의 세력, 활동이 가장 극심하기로 유명한 동남아시아의 말라카해협은 한국의 주요 에너지자원 수송을 위한 남방항로가 경유하는 통로다. 따라서 이 지역의 해적 문제가 자칫 한국 안보에 직접적인 타격을 일으킬 우려도 결코 배제할 수 없다.

(2) '한미동맹 만능주의'의 종언(終焉)

건국 이후 한국의 외교안보, 국방정책에서 초강대국인 미국과의 동맹은 가히 절대적인 비중을 차지해 왔다. 미국은 1950년 6.25 전쟁에서 UN군을 주도하여 한국과 함께 3년에 걸쳐 북한, 중국에 맞서 싸운 혈맹(血盟)이며, 미군 사상자의 수는 13만 7,250명(전사자 3만 6,000여명 포함)이나 되었다. 휴전 직후인 1953년 10월 1일 『한미 상호방위조약』이 체결되면서 미국은 정식으로 한국과의 군사동맹 관계를 구축했다. 주한미군(駐韓美軍)의 주둔, 배치도 이에 따른 것이다. '미국과의 굳건한 동맹관계'가 빠진 한국의 국가안보 전략이나 정책은 상상조차 할 수 없었다.

1978년에는 한국군과 주한미군을 총괄 지휘하는 한미 연합사령부(CFC : Combined Forces Command)를 창설하여 평시부터 고도의 통합 방위역량을 유지, 발전시키고 있다. 한미 연합사령부는 미 육군대장(주한미군사령관이 겸임)과 한국 육군대장이 각각 사령관, 부사령관을 맡으며, 예하에 7개(인사, 정보, 작전, 군수, 기획, 통신전자, 공병) 참모부를 설치하고 있다. 연합사령부는 육 · 해 · 공 3군의 각 구성군사령부와 연합특전사령부, 연합해병대사령부, 연합심리전사령부 등을 통해 전시에 한국군과 주한미군 부대, 그리고 개전 이후 한반도로 증원되는 미군 병력을 지휘통제한다.[54] 한미 연합사령부의 참모구성은 양국 사이의 동률보직 원칙에 따라 편성되어 이론상으로는 어느 한

54) 국방부 정책실, 『한미동맹과 주한미군』(국방부, 2002), p.52.

쪽의 일방적 의사결정을 막을 수 있도록 되어 있다. 이 점에서 한미 연합방위체제는 세계에서 가장 제도적 결속력이 높은 동맹군사구조로 평가받는다.

동맹국으로서, 특히 북한의 군사적 위협을 억지, 격퇴하기 위해 한국에 보장하는 미국의 군사 방위공약은 주한미군의 지속적인 주둔, 그리고 '작전계획(OPLAN) 5027'로 알려진 한반도에서의 전면전쟁 대비 군사전략으로 구체화되어 있다.[55] 작전계획 5027의 수행단계는 다음과 같다. 첫째, 북한의 전면침략으로 한반도에

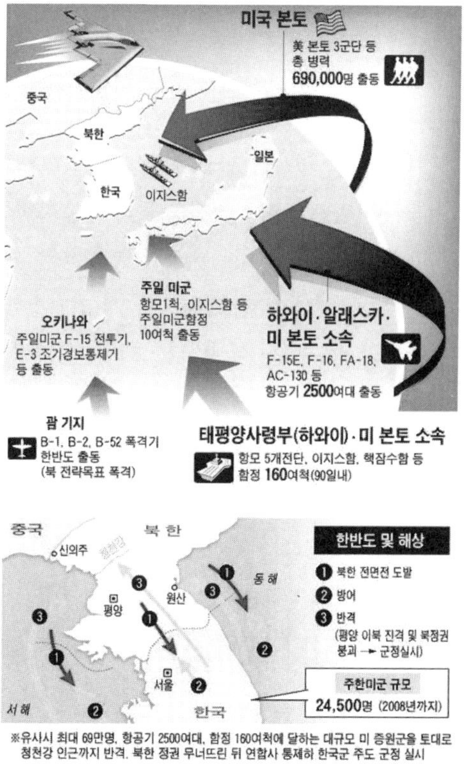

작전계획 5027의 수행 개념도

출처: 「조선일보」, 2006년 8월 7일자

---

55) 미군은 각 사령부별로 유사시의 군사력 사용을 대비한 작전계획을 세우는데, 흔히 네 자리 수의 번호로 분류된다. 맨 앞의 번호는 사령부마다 다르며, 뒤의 나머지 세 자리는 해당 사령부의 책임 하에 있는 각각의 관할지역과 임무 내용에 따라 달라진다. 중부사령부(CENTCOM)는 1, 합동전력사령부(JFCOM)가 2, 북부사령부(NORTHCOM)가 3, 유럽사령부(EUCOM)는 4, 태평양사령부(PACOM)는 5, 남부사령부(SOUTHCOM)가 6, 특수전사령부(SOCOM)는 7, 전략사령부(STRATCOM)는 8, 그리고 수송사령부(TRANSCOM)와 예비병력, 미 해안경비대 등 나머지는 9로 시작된다. 미군 가운데 한반도를 책임영역으로 두는 곳은 태평양사령부이므로 유사시 한반도에서의 군사 작전계획은 번호 5로 시작되는 5027이 붙는 것이다. 인터넷 웹사이트 http ://www.globalsecurity. org/military/ops/oplan.htm (검색일자 2008년 5월 24일)

서 전쟁이 일어날 경우, 우선 한국군과 주한미군으로 구성된 한미 연합군은 즉시 방어태세에 돌입한다. 그리하여 휴전선 이남에서 수도권에 대한 방어선 유지에 총력을 기울인다. 둘째, 미국은 『한미 상호방위조약』에 의거하여 대대적인 증원전력을 한반도에 파병한다. 셋째, 미군 증원전력의 도착으로 확대된 한미 연합군은 휴전선을 돌파하여 북한군의 핵심 침공부대를 격멸하고, 동시에 북한 후방지역에 대한 상륙작전을 감행한다. 넷째, 한미 연합군은 청천강 이북지역까지 북진(北進)을 계속하여 평양을 고립, 점령하고, 점령지역에 대한 군정(軍政)을 실시한다. 그리고 다섯째, 한국 주도의 통일을 완성시킨다.

이를 위해 미국은 한반도에 '신속억제방안(FDO : Flexible Deterrence Option)'과 '전투력증강(FMP : Force Module Package)', 그리고 '시차별 부대전개제원(TPFDD : Time Phased Forces Deployment Data)'이라는 3단계의 병력증원을 실시하도록 되어 있다.[56] 구체적으로는 육군 군단 2개(기갑군단 1개 포함)와 해병원정군 2개, 해군 항공모함전단 5~6개(항공모함 5~6척, 이지스함, 핵추진잠수함, 대형 상륙함 등 군함 160척여척 포함), 그리고 공군 전투비행단 8개와 폭격비행단 4개(전투기, 폭격기, 공중 조기경보통제기, 공중급유기, 전자전기, 수송기 등 항공기 2,000여대 포함) 등으로 구성되는 최대 69만명의 어마어마한 규모다. 종합하자면 미 해군의 40%, 공군의 50%, 그리고 해병대의 70% 전력에 해당하며, 이들 미군 증원전력에 포함된 각종 무기와 군사장비들은 약 2,000~2,500억 달러(200~250조원)의 자산가치가 있는 것으로 평가된다.[57] 유사시 북한의 침략을 격퇴할 뿐만 아니라, 북진통일까지 가능한 막강

---

56) 유사시 미군 병력증원의 첫 번째 단계인 FDO는 한반도에서의 전쟁 위험이 가시화될 경우 경제봉쇄나 외교적 압력과 더불어 감시, 정찰용 전력을 증강시키는 조치다. 이것이 실패하여 무력충돌이 불가피해질 경우 전쟁 초에 요구되는 수준의 전투 및 지원부대를 파병하는 것이 FMP다. 그리고 TPFDD는 상황이 전면전쟁 수준으로 악화되면서 위의 두 조치를 포함하는 대규모의 병력증원까지 실시하는 경우를 뜻한다. 국방부 정책실, 2002, pp.58~59.

57) 백재옥 · 성채기 등, 『한미동맹의 경제적 역할 평가 및 정책방향』(한국국방연구원, 2005), pp.49~51.

전력인 것이다.

그러나 한미동맹(韓美同盟)이 앞으로도 모든 군사, 안보 위협의 해결책으로 통할 것이라는 기대는 금물이다. 가장 큰 이유는 미국이 대비하는 군사적 도전의 성격이 변화하고 있기 때문이다. 앞서 설명했듯이 미국은 지난 1990년대 초의 냉전 종식을 계기로 더 이상 국가 차원에서는 자신들에게 도전할 수 있는 세력이 없다고 평가하며, 그 대신에 초국가적 테러리즘 집단과 이들을 지원하는 소위 무법자국가의 대량살상무기, 그리고 주요 분쟁지역의 저항세력 등을 새로운 군사 위협으로 규정하고 있다. 그리하여 세계 어느 지역으로든지 신속하게 이동, 전개될 수 있는 여단급의 경량화된 육군과 해 · 공군 원정부대 중심으로 군사력을 재편시키기 시작했다.

이러한 미 국방당국의 시각에서 볼 때, 주한미군을 비롯한 기존의 한미 군사동맹구조는 전형적인 냉전 시대의 잔재이자 '개혁 대상'이었던 것이다. 부시 행정부가 출범한 지난 2001년 당시의 주한미군 병력 규모는 총 3만 7,000여명이었으며, 대다수를 차지하는 주한 미 육군은 탱크와 장갑차, 대구경 야포 등의 육중한 중장비로 무장하여 오로지 한반도에서의 전쟁 억지와 유사시 북한의 침략을 격퇴하는 임무만을 수행하도록 되어있었다. 제1차 걸프전쟁에서나 통용되었던 물량 위주의 재래식 기계화전쟁을 전제로 하고 있는 한미 양국의 전면전쟁 대비 연합군사전략, 즉 작전계획 5027에 대해서도 부정적인 평가가 내려졌다.58)

한미동맹의 변화는 곧 현실로 나타나기 시작했다. 그 시작은 2003년 11월 25일 미 백악관의 '해외주둔 병력 재검토(GPR : Global Posture Review)' 발표였다. GPR은 세계 각지의 미군 기지를 ① 영구적으로 주둔하는 대규모 병력 전개의 근거지가 되는 '중추기지(PPH : Power Projection Hub)', ② 대규모 병

58) 실제로 럼스펠드 전 미 국방장관은 부시 행정부의 출범 직후 작전계획 5027에 관한 보고를 받고서는 이를 "대규모의 병력을 기계적으로 이동시키는 데 초점을 맞추는 낡은 전략"이라고 혹평한 바 있다. Bob Woodward, *Plan of Attack* (New York : Simon & Schuster, 2004), pp.31~32.

력이 장기 배치되는 상설기지인 '주요작전기지(MOB : Main Operating Base)', ③ 소규모의 상주 간부와 교체 근무병력 상당수를 포함하는 '전방작전지역(FOS : Forward Operating Site)', 그리고 ④ 소수의 연락요원과 훈련장만 유지하면서 상황에 따라 필요한 군사지원을 외부에서 확보하는 '안보협력 대상지역(CSL : Cooperative Security Location)' 등 4가지 종류로 재편하는 것을 골자로 하고 있다.[59]

GPR이 발표된 지 9개월만인 2004년 8월, 주한 미 육군 소속 1개 여단의 병력 3,600여명이 이라크로 차출되었으며, 이를 계기로 주한미군의 병력 감축이 한미 양국의 핵심적인 의제로 떠올랐다. 두 나라는 이미 1년 전인 2003년 4월부터 '미래 한미동맹 정책구상회의(FOTA : Future of Alliance policy initiative Talks)'를 개최 중이었는데, 때마침 한국에서 '수평적 한미관계'를 표방하고 있던 노무현 행정부가 집권한 것도 한미 군사동맹구조의 변화를 촉진시키는 요인이 되었다. 2004년 10월까지 총 12차례 개최된 FOTA의 결과로 한미 양국은 주한미군 병력을 최대 1만 2,500명 감축하는 데 합의했는데, 이로써 주한미군의 배치 규모는 3만명 미만으로 줄어들었다. 이 과정에서 감축된 주한미군 부대가 담당해 온 9개 군사임무는 2004~2006년 사이에 한국군으로 이양되었다.[60]

---

59) PPH는 미 본토와 하와이, 괌을 비롯한 미국령 태평양 도서지역, 그리고 일본과 호주, 영국 등의 주요 동맹국을 대상으로 하며, MOB는 독일이나 터키처럼 각 대륙별 미군 배치거점 지역이다. 동남아시아와 유럽, 아랍, 중앙아시아 등지의 중소 친미국가(예 : 필리핀, 싱가포르, 폴란드, 아프가니스탄)는 FOS로 포함시켜 세계 각지의 주요 분쟁지역에 대한 전진기지 역할을 할 것으로 평가된다. 김성한, 『新군사안보 패러다임과 해외주둔 미군 재배치 전략』(외교안보연구원, 2005) pp.35~36.

60) 먼저 후방지역에서의 화학·생물무기 오염제거, 판문점 공동경비구역(JSA) 경비 및 지원임무가 2004년에 이양되었고, 2005년에는 공대지 사격훈련장 관리, 신속 지뢰설치, 북한 포병부대의 제압작전 지휘통제, 주요보급로 통제 등이 이양되었다. 그리고 2006년에는 북한 특수부대의 해상침투 저지, 중부지역에서의 공군 근접항공지원, 군사 기상예보 임무가 이양된 바 있다. 이 외에도 주야간 수색구조임무가 향후 한국군에 이양될 예정이다.

동시에 미국은 주한 미 육군의 부대구조를 미군 내에서도 처음으로 UA, UE 개념에 맞추어 재편했다. 지난 2005년 6월 주한 미 육군의 주력부대인 제2 보병사단은 예하에 1개 중장갑 UA 1개와 화력 · 항공UA 등을 갖추는 UEx 형태로의 개편을 완료하였고, 나머지 여단급 지원부대들도 UA로 탈바꿈했다.[61] 제2 보병사단과 함께 주한미군의 대표적 부대로 유명한 미 육군의 제8군 사령부도 하와이로 이전되어 미 태평양 육군사령부와 통합, 태평양 지역 내의 미 육군부대들을 관할하는 UEy 역할을 할 전망이다.[62]

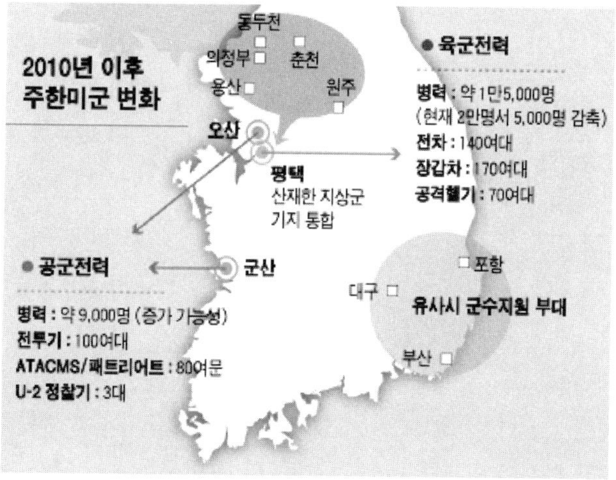

주한미군의 재배치 계획도

출처: 「한국일보」, 2006년 7월 27일자

그러나 주한미군의 병력 감축, 부대구조 개편조차도 한미 군사동맹구조 재구축의 일부분에 불과하다. 진정한 변화는 2006년 1월 19일 양국의 첫 외교

61) 채병건, "주한미군 2사단 미래형 사단 개편…'몸집' 줄였지만 전력은 그대로", 「중앙일보」, 2005년 7월 6일자.

62) 대신 미군측은 기반 조직과 시설을 비롯한 제8군의 실무적인 작전기능을 한국에 남겨둠으로써 한반도 유사시 지휘부가 즉각 한국으로 복귀, 작전을 수행할 수 있도록 보장한다는 방침이다. 김민석, "미 8군 사령부 2012년 한국 떠난다", 「중앙일보」, 2008년 6월 5일자.

장관급 전략대화에서 채택, 합의된 이른바 '전략적 유연성(Strategic Flexibility)'이다. 이는 미국의 필요에 따라서 주한미군을 세계 어느 지역으로든지 동원, 투입할 수 있도록 하는 것을 뜻한다. 그동안 서울 용산과 경기도 동두천, 의정부를 비롯한 휴전선 전방지역 인근에 주둔해 온 주한 미 육군의 주력부대 및 사령부를 한강 이남인 경기도 오산, 평택으로 재배치하고 있는 것도 같은 맥락이다.[63] 오산은 주한 미 제7공군의 사령부와 1개 전투비행단 기지가 위치한 항공 거점이며, 평택은 한국 해군의 제2함대 사령부가 있는 군사 항구도시다. 따라서 이곳의 공군기지와 항구에서 수송선, 중·대형 수송기를 통해 주한미군 병력이 한반도 밖으로 이동하기에 적합한 조건을 제공해준다.

주한 미 육군의 휴전전 전방지역 배치는 유사시 북한이 남침을 감행할 경우 곧바로 주한미군이 공격받을 가능성을 높이고, 그 결과 미국이 위기에 처한 주한미군을 구하기 위해서라도 반드시 한국에 대한 군사력 지원을 제공한다는 공약을 유지하는 역할을 해왔다. 이러한 '인계철선(Tripwire)' 기능은 한반도에서의 전쟁 억지, 방위 임무에만 주력하는 '중무장 고정배치부대'로서의 주한미군을 반영하는 대표적 특징이었다. 하지만 UA, UE 형태에 입각한 부대구조 재편성, 전략적 유연성에 관한 한미 양국의 합의, 그리고 오산·평택으로의 재배치는 주한미군 역시 '경량화된 신속배치부대'로의 전환을 지향하는 미국 군사혁신의 대세를 거스를 수 없음을 확인시켰다.

한미 군사동맹구조 재구축의 결정판은 전시 작전통제권의 전환이다. 지난 2005년 10월 제37차 한미 연례안보협의회의(SCM : Security Consultative Meeting)를 계기로 본격 논의되기 시작한 이 과제는 국내외의 극심한 정치·사회적 논란 끝에 지난해 2월 24일 한미 국방장관회담에서 합의가 이루어졌다. 이에 따라 현재 한미 연합사령부가 행사하고 있는 한국군에 대한 전시 작전통제권은 오는 2012년 4월 17일까지 한국에 완전 이양될 예정이다.[64] 한

---

63) 주한 미 육군의 주요 전투부대와 사령부가 새로 이전되는 평택 기지는 지난해 11월 13일에 기공식을 거행했으며, 오는 2012년 말까지 총면적 약 14.9km^2 규모로 건설될 예정이다. 김민석, "한미동맹 평택시대 연다", 「중앙일보」, 2007년 11월 14일자.

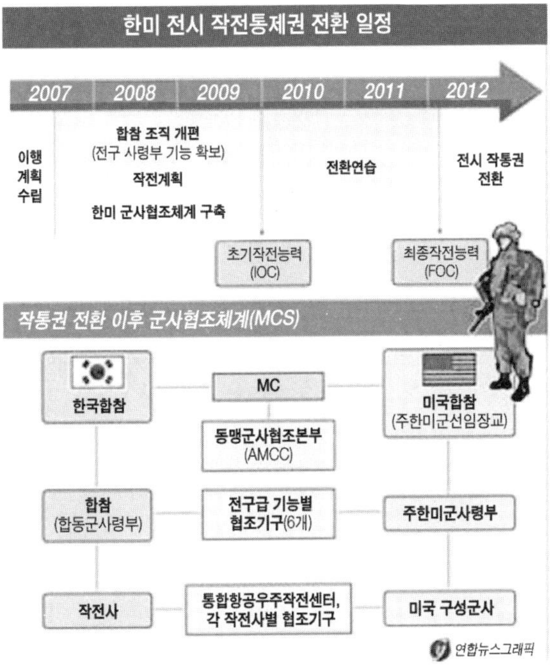

전시 작전통제권의 전환일정과 한미 공동방위체제

출처: 「연합뉴스」, 2007년 6월 28일자

미 연합사령부는 해체되며, 한국군과 주한미군은 독자적인 전투사령부를 편성하여 예하 전투부대에 대한 평시 훈련과 위기관리, 그리고 전시 작전수행

---

64) 우선 2009년까지 한국군의 독자적인 전쟁기획 및 지도 역량 확충, 공동방위체제로의 개편에 따른 새로운 한미 군사협조체계의 구축을 포함하는 최초운용능력(IOC : Initial Operational Capability) 확보를 진행한다. 이어서 2010~2011년 사이에는 3월의 '키 리졸브', 8월의 '을지-프리덤가디언' 한미 연례 공동군사훈련을 통한 검증연습을 4차례 실시하여 완전운용능력(FOC : Full Operational Capability)을 구축하고, 한국군의 독자적인 전쟁수행 능력과 한미 양국군의 공동작전계획, 그리고 새로운 군사협조체계의 효율성을 점검할 예정이다. 그리고 2012년 3월에는 마지막 전환연습을 통해서 한국군의 최종작전능력을 검증한 후, 2012년 4월 17일 오전 10시를 기하여 전시 작전통제권의 전환을 마무리한다는 것이다. 김귀근, "전작권 이행계획서에 뭘 담았나", 「연합뉴스」, 2007년 6월 28일자.

및 지휘통제를 각자 책임질 것이다. 그리하여 한미 연합사령부라는 단일 지휘기구를 중심으로 하는 기존의 '연합'방위체제는 한국군과 주한미군 사령부, 그리고 한국 육 · 해 · 공 구성군사령부 사이의 기능별 협조기구로 이루어지는 '공동'방위체제로 대체된다. 여기에 양국군 합참의장이 주관하는 한미 군사위원회(MC : Military Committee) 산하에 동맹군사협조본부(AMCC : Alliance Military Coordinate Center)를 설치하여 동맹관리, 전략적인 조정 분야에서 한미 군사위원회를 보좌하고, 양국군의 기능별 군사협조기구를 총괄한다.65)

전시 작전통제권의 전환은 앞으로 한국군이 한반도에서의 전쟁 억지와 유사시 전쟁수행을 위한 핵심 임무를 주도하고, 주한미군과 미군 증원전력은 단지 한국군의 전투력 가운데 부족한 일부분을 보완해주는 보조, 지원 기능을 담당할 것임을 뜻한다. 이는 주한미군이 종전보다 한반도 방위에 대한 책임으로부터 자유로워지면서 타 지역으로의 신속투입, 전개 임무에 주력할 수 있도록 해줄 전망이다. 북한 핵문제의 평화적 해결, 한국과 미국, 북한의 관계정상화를 포함하는 한반도 평화체제의 정착, 그리고 통일 이후에는 '한반도 이외 지역으로의 신속배치' 기능이 주한미군의 최우선적 임무로 확고히 자리잡을 것이다.

최근 한국은 이명박 행정부의 출범을 계기로 전임 김대중 · 노무현 행정부의 집권 10년 동안 대북정책에 비해 다소 우선순위가 밀려나 있던 미국과의 동맹관계 강화, 발전에 상당한 노력을 기울이고 있다. 한미동맹을 미국의 한반도 방위공약에 초점을 두었던 기존의 군사동맹 중심에서 가치, 신뢰, 평화구축 등 3대 원칙을 포함하는 '21세기 전략동맹'으로 격상시킨다는 것이다.66)

---

65) 당초 한미 양국은 한미 연합사령부의 후속기구로서 전 · 평시에 한국군과 주한미군 사령부 사이의 최고위급 협력창구 역할을 담당하는 '군사협조본부(MCC : Military Cooperation Center)'를 신설할 계획이었으나 실행되지 않았다. AMCC가 총괄하는 한미 양국군의 기능별 협조기구로는 공동정보센터, 공동작전센터, 군수협조센터 등 6개가 있다. 김귀근, "한미, '군사협조본부' 창설 안한다", 「연합뉴스」, 2007년 12월 26일자.

66) 여기서 '가치'는 자유민주주의와 시장경제를 비롯한 한미 양국의 정치, 경제적 가치 공유를 뜻하며, '신뢰'는 군사뿐만 아니라 경제, 사회, 문화를 포함하는 다양한 분야에

이 점은 지난 4월 미국 워싱턴에서 개최된 이명박 대통령과 부시 미 대통령 사이의 한미 정상회담에서도 확인된 바 있다. 동시에 양국은 금년 말까지 3,500명이 추가 감축될 예정이었던 주한미군의 병력 규모도 현재의 2만 8,500명에서 동결시키기로 합의했다. 이러한 두 나라의 신뢰회복을 바탕으로 전시 작전통제권의 전환 시기가 본래 합의되었던 2012년보다 늦춰지도록 재조정될 가능성도 배제할 수 없다.[67] 하지만 그와 같은 현상들조차도 한반도 방위에 있어서 주한미군을 비롯한 한미동맹의 비중이 점차 감소 추세에 있는 최근 수년 동안의 흐름을 거스르지는 못할 것이다. 단지 시간의 문제일 뿐, 한미동맹이 모든 군사, 안보문제를 해결해주던 시대는 이제 역사의 한 페이지 속으로 사라져가고 있다.

(3) '우물안 개구리'식 군사력의 한계

한국의 정규군 병력 규모는 지난 2006년 말을 기준으로 세계 6위에 해당하는 총 67만 4,000명(육군 54만 1,000명, 해군 6만 8,000명(해병대 소속 2만 5,000명 포함), 공군 6만 5,000명)에 달한다. 여기에 정규군의 5배에 육박하는 304만 명 이상의 예비전력을 보유 중이다. 한국군의 주요 무기 보유수량은 다음과 같다.[68]

서도 두 나라가 협력관계를 발전, 심화시킨다는 의미다. 그리고 '평화구축'은 한반도를 넘어 동아시아 및 세계 차원의 질서안정, 평화 유지에서도 한미 양국이 공동으로 노력한다는 뜻으로 해석될 수 있다. 황정욱 · 심인성 · 고승일, "한미정상 '21세기 전략동맹 구축' 합의", 「연합뉴스」, 2008년 4월 20일자.

67) 현재 국방당국은 여전히 2012년 4월 17일까지 전시 작전통제권 전환을 완료한다는 공식 입장을 유지하고 있다. 하지만 지난 1월 8일 대통령직 인수위원회가 국방부 업무보고에서 "전시 작전통제권의 전환 문제는 북한 핵문제 등 한반도 안보상황과 우리의 국방능력을 종합적으로 고려할 필요가 있으며, 미국과의 충분한 협의를 전제로 시기 등에 대한 신중한 재검토가 필요하다"는 입장을 취한 바 있다. 이는 이명박 행정부가 전시 작전통제권 전환 시기의 재조정에 적극 나설 가능성을 시사한다. 이정진, "인수위 "전작권 전환시기 美협의 전제로 재검토"", 「연합뉴스」, 2008년 1월 8일자.

- 탱크 : 2,300대
- 장갑차 : 장갑차 2,500대(보병전투용 70여대 포함)
- 야포 : 5,300문(견인포 3,500문, 자주포 1,500여문, 다연장로켓포 200문)
- 잠수함 : 9척
- 수상전투함 : 18척(호위함 9척, 구축함 9척)
- 연안전투함정 : 100여척(초계함 28척, 고속정 70여척)
- 상륙함 : 10여척
- 해상초계기 : 8대
- 전투기 : 480여대
- 정찰기 : 20여대
- 수송기 : 30여대
- 무인항공기 : 100여대(대공제압용 100대, 정찰용 소수)
- 헬기 : 680여대(대전차공격용 100여대 포함)
- 지대공미사일 : 310여기(단거리 소수, 중거리 110기, 장거리 200기)
- 지대지미사일 : 30여기(발사대 기준)

건국 당시 한국의 군사력은 병력 규모와 무장수준 모두가 극히 미약했다. 6.25 전쟁 직전만 해도 정규군이 약 10만 5,700명(육군 9만 4,000여명, 해군 7,700여명, 공군 1,800여명)으로 19만명 이상의 병력을 보유한 북한의 절반에 지나지 않았다. 무기라고는 1945년 광복 직후부터 3년 동안 한반도 이남에서 군정을 실시해 온 미군이 1949년에 완전 철수하면서 넘겨준 구경 105mm 야포, 57mm 대전차포, 배수량 1,000톤 미만의 연안 초계정, 그리고 20여대의 훈련 · 연락용 항공기가 고작이었다. 대조적으로 북한군은 약 240대의 T-34 탱크와 200여대의 항공기(전투기 포함)를 비롯하여 제2차 세계대전에서 그 성능을 입증한 소련제 무기들로 무장하고 있었다. 때문에 1950년 6월 25일 북한의 기습 침략이 시작되자 한국군은 개전 3일만에 수도 서울을 빼앗기고, 40일도 안된 8월 초에는 전체 영토의 10%에 불과한 낙동강 이남까지 후퇴해야

68) 국방부, 2006, p.224; IISS, 2007, pp.359~361.

만 했다.

다행히도 한국군은 미군이 주도하는 UN군의 증원에 힘입어 8월 이후에도 낙동강 주변의 방어선을 사수해냈으며, 9월 15일에는 제2차 세계대전의 명장 더글라스 맥아더 미 육군원수의 지휘 아래 인천상륙작전을 성공시켜 9월 28일 서울을 수복했다. 개전 3개월만에 침략자들을 몰아낸 것이다! 비록 중국의 개입으로 북진통일은 좌절되었지만, 건국 이후 최악의 대재앙을 극복해낸 한국은 군사력의 급성장 계기를 마련하였다. 우선 전쟁기간 중에 육군이 155mm 대구경포를 비롯한 각종 화기를 제공받아 북한에 겨우 맞설 정도의 화력을 갖추었으며, 해군도 연안 전투함정을 추가 확보했다.[69] 공군은 제2차 세계대전 시절 미군의 주력기였던 P/F-51 '머스탱' 프로펠러 전투기를 긴급 도입했는데, 주로 지상부대를 위한 근접항공지원 임무에서 활약했다.

1953년 휴전 이후에도 한국군의 방위력 증강은 계속되었다. 병력 규모를 6.25 전쟁 이전의 7배에 해당하는 70만명 내외로 대폭 증강했고, 미국으로부터 다수의 무기들도 차례로 확보해 나갔다. 여기에는 75~90mm 주포를 탑재하는 M-4/47 탱크, M110 203mm 자주포, '플레처(배수량 2,000톤)'급 호위함, 중형 상륙함, 그리고 F-86 '세이버' 제1세대 제트전투기 등이 포함되어 있었다. 미군 내에서는 이미 퇴역한 제2차 세계대전과 6.25 전쟁 시절의 구식 무기들이었지만, 북한에 대한 양적 군사력의 격차를 극복하고자 애쓰고 있던 당시 한국에게는 큰 도움이 되었다.

1960년대 말에 이르러 한국은 더욱 심각한 군사적 도전을 맞이했다. 1968년 1월 21일 북한 특수전부대의 청와대 습격 미수사태를 시작으로 한국을 겨

---

69) 6.25 전쟁 당시 해군력은 한국이 북한에 대해 우위를 차지하고 있던 거의 유일한 분야였다. 북한의 침략이 개시된 1950년 6월 25일 당일에 연안 초계정 '백두산(배수량 600톤)'함이 대한해협 인근에서 북한 수송선을 격침시킨 '대한해협 해전'이 대표적 사례다. 당시 북한의 수송선에는 600여명의 무장병력이 탑승하고 있었으며, 이들은 부산 인근에 침투하여 전쟁 초기 한국 후방 지역에서의 혼란과 충격을 극대화시키려 했다. 이 점에서 대한해협 해전의 군사적 의미는 매우 큰 것이었다.

냥한 북한 정권의 군사 모험주의가 본격화된 것이다. 설상가상으로 미국은 1971년 3월 주한 미 육군의 2개 사단 가운데 1개를 철수시켰을 뿐만 아니라,[70] 1977년 지미 카터의 대통령 취임 이후에는 당시 한국 유신체제의 독재 · 반민주성에 대한 징벌이란 명목으로 주한 미 육군 전체를 철수하려는 계획까지 추진했다. 여기에 1975년 4월 베트남의 공산화 통일은 한국 내부의 위기의식을 더욱 고조시켰다. 당시 북한의 김일성은 "남조선에서 혁명이 일어나면 적극 지원할 것이다. 이 전쟁에서 잃는 것은 휴전선이요, 얻는 것은 통일"이라며 기고만장해 했다.

이에 한국의 박정희 행정부는 '자주국방'의 기치 아래 독자적인 방위력 기반의 구축에 나섰다. '율곡사업'이라는 별칭이 붙은 자체 군사력 건설사업에 따라 1974년부터 각종 신무기들을 도입, 국산화하기 시작한 것이다. 먼저 육군은 미국으로부터 도입한 M-48 탱크의 90mm 주포를 105mm 주포로 교체, 개량하여 공격력을 강화했다. 또한 AH-1 '코브라'와 같은 대전차 공격헬기를 포함한 수백대의 기동 · 무장헬기도 도입하기 시작했다. 해군의 경우 미국제 '기어링(만재배수량 3,400톤)'급 퇴역 구축함의 도입과 더불어 대함미사일 탑재 고속정을 건조, 배치하여 북한 해군을 견제했다. 공군도 미국으로부터 제2세대 F-5 소형 전투기와 제3세대 F-4 '팬텀' 전폭기를 도입하여 양적, 질적으로 큰 성장을 이루었다. 특히 1.21 사태 직후에 이루어진 F-4의 도입은 한국이 처음으로 미군의 당대 주력무기를 손에 넣었다는 점에서 주목받았다.[71] 요컨

70) 미국은 1968년 리처드 닉슨의 대통령 취임을 계기로 교착 상태에 빠진 베트남전쟁에서 하루빨리 손을 떼고, 소련을 비롯한 기존 공산주의 세력과의 긴장완화를 모색하기 시작했다. 이를 위해 닉슨이 직접 중국을 방문하여 중국과의 관계개선을 천명했으며, 소련과도 핵무기의 보유수량 상한선을 규정하는 전략무기제한협정(SALT : Strategic Arms Limitation Talks)을 체결했다. 아울러 닉슨 행정부는 베트남전쟁에서의 철수, 중국과의 관계 개선이 동아시아에서의 군사력 유지부담을 줄일 것이라는 판단 아래 1969년 "아시아의 안보는 아시아인의 손으로"를 골자로 하는 소위 '닉슨 독트린'을 발표한 바 있다. 미국이 주한 미 육군의 1개 사단을 철수시킨 것도 그 연장선상에 있었다. 이로써 주한미군의 규모는 휴전 직후 6만여명에서 4만명 수준으로 줄었다.

대 1970년대는 한국의 군사력 건설이 병력 중심의 요소주도형에서 무기 중심의 투자주도형으로 전환되는 계기였다.

1980년대를 기점으로 한국은 마침내 국력 전반에서 북한을 앞지르기 시작했다. 이 시기의 한국군은 K1 탱크, K200 병력수송용 장갑차, '구룡' 130mm 다연장로켓포, 그리고 배수량 1,000~2,000톤급의 초계함 및 호위함을 포함하는 여러 국산무기들을 개발, 전력화했고, 미국제 M109 155mm 자주포와 F-5 전투기를 각각 K-55, '제공호'라는 명칭으로 국내 면허생산했다. 이로써 한국군도 명실상부하게 기계화 군사력의 시대로 들어선 것이다. 1990년대 이후에는 아예 북한의 주요 재래식무기보다 우수한 성능의 무기들을 지속적으로 개발, 획득하고 있다.

한국의 군사력은 병력 규모로만 따진다면 여전히 북한보다 불리한 것처럼 여겨질지도 모른다. 하지만 주력 무기들의 전투력에서는 이미 한국이 북한을 능가하고 있다는 평가가 우세하다. 우선 육군의 탱크 가운데 과반수인 1,300여대는 주행속도와 항속거리, 사격통제, 전천후 작전수행 능력 등에서 북한이 보유한 모든 탱크보다 우수한 K1 계열[72]이며, 러시아

한국 육군의 주력무기인 K1 탱크(위)와 K-9 자주포(아래)

71) F-4 전폭기는 북한 영토를 직접 공격할 수 있을 정도의 원거리 항속거리, 핵무기까지 탑재 가능한 대규모의 무장탑재능력을 갖추었다. 말하자면 전쟁 억지력까지 발휘할 수 있는 한국군 최초의 전략무기였다고 평가할 수 있다.

72) 구체적으로 105mm 주포의 K1 탱크가 총 1,000여대가 배치되었으며, 보다 파괴력이 강한 120mm 주포를 탑재하는 개량형 K1A1 탱크는 400대 이상을 양산, 배치 중이다.

로부터 경제협력 차관을 현물로 상환하는 방식으로 도입한 T-80 탱크 약 30대와 BMP-3 보병전투용 장갑차 70대도 운용 중이다. 포병 전력은 보유수량이 무려 1만 3,000여문에 달하는 북한에 비해서는 한참 부족하지만, 150mm 이상의 장거리 대구경포를 중심으로 구성되어 있다. 덕분에 150mm 미만의 중 · 단거리 야포가 대부분인 북한 포병부대와의 양적 열세를 사거리, 파괴력의 우위로 상쇄할 수 있게 된 것이다. 특히 1990년대 이후 도입 중인 국산 K-9 155mm 자주포, 그리고 1991년 제1차 걸프전쟁에서도 활약한 미국제 MLRS 227mm 다연장로켓포는 수도권을 노리는 북한의 170mm 자주포와 240mm 방사포보다 빠른 연속사격 및 정확한 포격이 가능할 정도로 우수한 성능을 자랑한다.

해군의 주력 수상전투함으로는 4척의 '동해(배수량 1,000톤)'급과 24척의 '포항(배수량 1,200톤)'급 초계함, 그리고 9척의 '울산(만재배수량 2,100톤)'급 호위함이 손꼽힌다. 이들은 76mm 함포와 30~40mm 기관포, 대잠 어뢰, 그리고 사거리 100km 이상의 미국제 RGM-84 '하푼' 대함미사일 등을 포함하는 다양한 무장을 탑재할 수 있다. 덕분에 배수량 수백톤급의 소형 전투함정이 대부분인 북한 해군보다 연안을 넘어선 한반도 주변해역에서의 지속적인 해전 수행능력, 무장규모 등에서 우위를 차지하는 것으로 평가된다. 독일제 209급을 기반으로 건조된 9척의 '장보고(수중배수량 1,200톤)'급 소형 디젤추진 잠수함도 우수한 항해 정숙성을 통해 북한의 구형 로미오급에 대한 양적 열세를 상쇄하고 있다.

한국 해군의 '울산'급 호위함과 '장보고'급 디젤추진 잠수함

공군 역시 주력 전투기의 성능 우위를 바탕으로 북한과의 양적 격차를 극복하고 있다. 총 480여대 가운데 절반을 넘는 260여대, 즉 AIM-7 스패로우를 운용하는 제3세대 F-4 120여대와 AIM-120 암람을 탑재하는 제4세대 KF-16[73] 130여대가 BVR 교전능력을 갖추고 있다는 점이 그 증거다. 북한 공군이 동급 기종으로 보유 중인 100대 미만의 MIG-23/29를 훨씬 앞서는 수준이다.

독도 상공을 비행하고 있는 한국 공군의 KF-16 전투기

지난 2004년 8월 말, 한국국방연구원은 수십 가지의 평가요소를 토대로 한국과 북한의 군사력을 비교, 평가한 전투력지수를 발표하였다. 여기에 따르면 육군의 경우 북한의 80%, 해군은 90%로 다소 열세하거나 백중세이며, 공군은 103%로 북한을 앞서는 것으로 나타났다.[74] 외견상으로는 한국이 여전히 북한에 대한 군사적 열세를 극복하지 못하고 있음을 재확인시키는 증거처럼 비춰질 수도 있다. 하지만 군사력의 수량을 기준으로 한국군이 병력 총규모에서 북한의 58%, 육군 탱크는 62%, 야포는 41%, 해군 전투함정이 33%, 그리고 공군의 전투·폭격기가 81%라는 점을 고려할 때, 오히려 한국의 질적 우세를 나타내는 측면이 더욱 강하다. 좀 더 극단적으로 표현하자면 "재래식 군사력에 관한 한, 이제 북한

73) KF-16 전투기는 지난 1990년대 중반 이후 미국제 F-16의 개량형 블록52를 국내에서 면허생산한 것으로 암람뿐만 아니라 AIM-9 사이드와인더 단거리 공대공미사일, 레이저유도폭탄, 하푼 대함미사일 등 최대 7톤에 달하는 다양한 무장을 탑재할 수 있다. 공군은 KF-16 외에도 지난 1980년대에 '평화의 가교(Peace Bridge)'라는 사업명으로 미국에서 직도입한 F-16 블록32 30여대를 운용 중이다.

74) 황대일, "南, 北에 비해 공군은 우세.육해군은 열세", 「연합뉴스」, 2004년 8월 30일자.

은 한국의 적수가 되지 못한다"라고 평가할 수 있는 것이다.

지난 1999년 6월 15일의 제1차 연평해전은 재래식 군사력의 질적 수준에서 한국이 북한보다 명백히 우위에 있음을 과시한 대표적 사례다. 당시 '참수리(배수량 170톤)'급 고속정 8척과 포항급 초계함 2척을 비롯한 한국 해군의 전투함정 10척은 서해 NLL을 침범한 북한 해군의 연안경비정 및 어뢰정 10여척을 상대로 14분 동안 전투를 수행했는데, 적함 2척을 격침시키고 3~4척을 대파(大破)하는 승리를 거두었다. 이는 한국 해군의 고속정과 초계함이 조준에서 사격까지의 과정을 자동화한 고성능 화력통제기능을 갖추었던 반면, 북한 해군의 전투함정들은 수병이 직접 조작해야 하는 구식 무장을 보유했기 때문이었다.[75)]

그러나 이것은 "북한에 의한 군사적 위협이 더 이상 존재하지 않는다"는 뜻이 결코 아니다. 왜냐하면 오늘날 북한의 군사력 가운데 한국을 실질적으로 위협하는 것은 탱크, 군함, 항공기와 같은 재래식 무기가 아닌 핵·화학·생물무기와 그 발사수단인 휴전선 전방지대의 장거리 야포, 그리고 탄도미사일을 포함하는 대량살상무기이기 때문이다. 북한이 100만명 이상의 재래식 군사력뿐만 아니라 이들 대량살상무기까지 전쟁에 동원한다면, 아무리 한국 육·해·공군의 재래식 무기가 우수하다고 해도 개전 직후의 단기간 내에 제압당할 위험이 매우 크다.

미국의 대표적인 한반도 군사문제 전문가로 유명한 랜드(RAND) 연구소의 브루스 베넷 박사는 북한의 대량살상무기 전력까지 평가대상에 포함시킬 경우, 한국군의 전투력지수가 2003년을 기준으로 북한의 83%라는 평가를 내놓았다.[76)] 북한 대비 64~78%로 평가되었던 2000년에 비해서는 다소 개선된 것이었지만, 한국군 단독으로 북한의 군사적 위협을 평시에 억지하고 유사시 격퇴, 반격 임무를 수행하기에는 여전히 한계가 있음을 보여준 것이다. 특히 율곡사업이 출범한 지난 1974년부터 2004년 사이에 한국군의 전력증강 사업

---

75) 조성식, "박정성 전 해군 2함대사령관의 연평해전 비화", 「신동아」, 2008년 6월호.
76) 윤상호, "한국군 자체 戰力 북한의 83%수준", 「동아일보」, 2003년 5월 21일자.

을 위해 같은 기간 동안 북한의 군사비 지출보다 훨씬 많은 총 74조 2,434억 원의 거금이 투자되어 왔음을 고려할 때, 더더욱 실망스러운 결과가 아닐 수 없다.[77]

최근 북한 핵문제는 지난 2006년 10월 9일의 핵실험 충격을 딛고서 1단계인 영변 핵시설의 폐쇄에 이어 핵시설 불능화, 핵개발 활동내역의 신고를 포함하는 2단계 해결과정으로 이행되고 있다. 하지만 북한이 과연 이미 확보해낸 무기급 플루토늄을 폐기하고, 고농축우라늄 개발 계획의 존재를 인정, 포기하는 3단계 해결과정까지 성실히 이행할지의 여부는 아직 불투명하다. 지난 10여년 동안 계속되어 온 북한의 행태를 감안하면, 북한이 한국과 외부세계를 상대로 자신들의 영향력, 발언권 행사에 가장 유용한 수단인 핵 무장능력을 순순히 포기할 것이라고 섣불리 기대하기는 어렵기 때문이다.[78] 지난 8월 26일 북한이 미국의 테러지원국 해제 지연, 과거 핵개발 활동내역 규명을 위한 검증계획에 관한 이견을 구실로 핵시설 불능화 이행의 중단을 선언한 것도 이러한 우려를 뒷받침해 준다.[79]

더 나아가 북한이 핵폐기 여부를 별개의 의제로 변질시키고, 그 대가로 주한미군 철수를 포함하여 미국의 한반도 방위공약을 약화 내지 무력화하는 결

77) 이 금액은 결산치를 기준으로 한 것이며, 실제로 무기 및 군용장비 획득에 사용된 '장비 자산취득비'는 전체 액수의 약 62%인 45조 8,863억원이다. 백재옥 · 박주현 · 임길섭 등, 『'05 국방예산 분석 · 평가 및 '06 전망』(한국국방연구원, 2005), p.59.

78) 한 보기로 지난 6월 26일 제출된 북한의 핵활동 관련 신고서에는 영변의 핵개발 관련 시설의 목록, 1980년대 이후의 플루토늄 생산량과 추출량, 사용처, 그리고 우라늄 재고량 등이 수록되었지만, 핵탄두의 수는 밝히지 않았다. 역시 문제로 지적되어 온 고농축우라늄의 개발 의혹에 관한 내용도 신고서가 아닌 미국과 북한 양측간의 비공개 합의의사록 형식으로 전달되었다. 이정진, "북핵신고서 어떤 내용 담겼나", 「연합뉴스」, 2008년 6월 26일자.

79) 북한은 영변 핵시설의 불능화 중단과 더불어 이를 원상복구하기 위한 준비에 착수한 것으로 알려져 있다. 다만 총 11가지에 걸친 핵시설 불능화 조치 가운데 8개가 이미 완료된 상태이며, 때문에 북한이 원자로를 비롯한 영변 핵시설 전체를 재가동하려면 6개월 내지 1년이 걸릴 것으로 평가된다. 이우탁, "기로 처한 6자회담.. '검증고비' 못넘나", 「연합뉴스」, 2008년 8월 26일자.

과로 이어질 수 있는 요구를 내세운다면, 북한 핵문제는 더욱 큰 난항에 빠질 가능성을 배제할 수 없다.[80] 게다가 북한의 핵무장 위협이 해소된 후에도 화학 · 생물무기, 탄도미사일와 같은 나머지 대량살상무기가 여전히 한국에 대한 위협으로 남아있다는 점을 잊지 말아야 한다.

통일 이후 한국이 대비해야 할 가장 우선적인 군사적 도전은 한반도 주변 해역과 공역에 대한 주변 강대국들의 위협이다. 그러나 현재 한국의 해 · 공군력은 아직 여기에 효과적으로 맞서기에는 부족한 것이 엄연한 사실이다. 지금까지 한국은 북한의 재래식 군사력, 특히 거대한 육군 전력에 의한 위협으로부터 영토를 방어하는 데 군사력 건설의 초점을 맞춰왔다. 때문에 전력 증강의 우선순위는 항상 육군이 차지했고, 해군과 공군은 임무수행 범위가 휴전선 이남의 영토와 인근 해역, 그리고 공역 이내로 제한되는 중 · 소형 전투함정 및 항공기를 확보하는 정도로 만족할 수밖에 없었다.[81] 이렇다 보니 한국이 중국과 일본, 러시아의 해 · 공군력을 상대로 한반도 주변해역에서의 해양주권을 관철해내고, 한반도에서 태평양, 동중국해, 남중국해 등지로 이어지는 수백해리의 해상교통로를 방어할 능력은 극히 제한적이거나 거의 기대하기 힘든 수준이다.

그동안 한국군은 6.25 전쟁 당시 악전고투(惡戰苦鬪)했던 경험을 바탕으로 ① 북한의 대규모 재래식 군사위협에 대비하기 위한, ② 군사력의 양적 격차 따라잡기를 지향하는, ③ 육군 중심의 방위력 확충에 주력해 왔다. 덕분에 오늘날의 한국군은 북한을 질적으로 능가할 정도의 재래식 군사력을 건설하는

---

80) 북한이 핵탄두와 핵물질을 반미국가나 테러리즘 집단에 유출시키지 않는다는 조건 아래 미국으로부터 핵보유를 사실상 용인받으려 할 가능성을 우려하는 지적도 있다. 이 경우 미국이 우선 추구하는 '대량살상무기 비확산'에는 부합하겠지만, 한국은 여전히 북한의 핵위협에 노출되기 때문에 결코 진정한 해결책일 수 없다. 김태우, "북핵. 나무를 볼 것인가, 숲을 볼 것인가", 「조선일보」, 2007년 5월 11일자.

81) 단적인 예로 120척이 넘는 한국 해군의 전투함정 가운데 배수량 2,000톤을 넘는 호위함급 이상 군함의 수는 전체 15%에도 못 미치는 18척 뿐이다. 동급의 수상전투함을 50척이나 보유하고 있는 일본 해상자위대의 36%에 불과한 것이다.

데 성공했지만, 북한의 대량살상무기와 주변 강대국의 강력한 해 · 공군력이라는 새로운 군사적 도전 앞에서는 다분히 취약성을 면치 못하는 실정이다. 이와 같은 '우물안 개구리'식 군사력은 지금까지도 한반도의 평화유지 및 정착, 그리고 통일 이후의 생존에 대한 한국의 주도권을 심각하게 제약하는 결정적인 장애물이 되고 있다.

2. 비전 – 무엇을 혁신할 것인가?

오늘날 한국에서 군사혁신에 관한 학문적, 정책적 논쟁은 전임 노무현 행정부의 『국방개혁 2020』을 어떻게 평가하느냐에 집중되어 있다. 지난 2005년 9월 13일에 발표된 이 계획은 ① 현대전 양상에 부합된 군 구조 및 전력체계의 구축, ② 국방의 문민(文民)기반 확대, ③ 저비용 · 고효율의 국방관리체제 확립, 그리고 ④ 시대상황에 부응하는 병영문화 개선을 4대 개혁중점으로 설정하며, 구체적으로는 '군 구조'와 '병영문화', '국방정책 및 운영' 등 3개 분야에 걸친 21개 대과제, 80개 소과제를 포함한다.[82] 이 계획에 따르면 한국은 오는 2020년까지 정규군을 68만명(2005년 기준)에서 50만명으로 감축하고, 각 군의 사령부와 사단/군단급 단위부대 규모를 재조정하는 대신 각종 신무기들을 개발, 도입함으로써 정예화된 첨단 군사력을 확보하며, 동시에 비전투 지원기능과 국방정책 및 관리 분야의 합리화를 단행하도록 되어있다.

그동안 『국방개혁 2020』에 대한 옹호 혹은 비판은 주로 '50만명 규모로의 정규군 감축'이나 '국방 문민인력의 비중 확대', '병력 감축을 보완하기 위한 신규 전력증강에 소요되는 예산' 등의 적절성 여부에 초점을 두어왔다. 이 과

82) 국방부, 『21세기 선진정예국방을 위한 국방개혁 2020(안)』(국방부, 2005년 9월 15일), pp.9~10.

정에서 『국방개혁 2020』은 대북 화해 · 협력정책과 수평적 한미관계, 협력적 자주국방, 동북아 균형자론을 비롯한 노무현 행정부의 주요 외교안보정책 노선과 맞물리면서 국내 정치 · 이념적 논란의 대상이 되기까지 했다. 하지만 정작 중요한 문제, 즉 "과연 『국방개혁 2020』이 한국군을 현재와 미래의 새로운 군사적 도전에 성공적으로 맞설 수 있도록 탈바꿈시킬 수 있을 것인가?"에 대해서 주목하는 이들은 상대적으로 소수에 지나지 않았다.

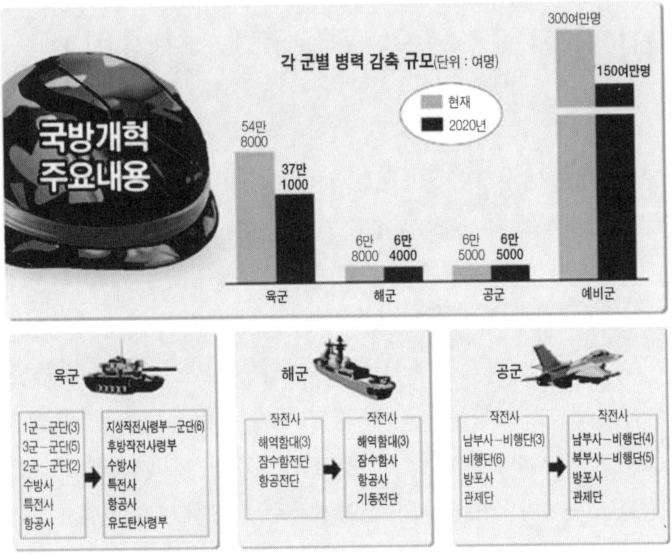

『국방개혁 2020』의 주요 내용들

출처: 「조선일보」, 2005년 9월 14일자

결론부터 말하자면, 이 문제에 관한 한 『국방개혁 2020』의 내용은 "불충분하다"는 지적을 면하기 어렵다. 왜냐하면 우선 국방개혁의 근거라고 할 수 있는 미래 안보환경 전망에서 ① '북한에 의한 군사위협의 점진적 감소', ② '지역 내 잠재적 위협의 현실화 가능성', 그리고 ③ '초국가적 · 비군사적 위협의 증대'라는 개연적인 위협 주체를 제시하고 있을 뿐,[83] 그들의 어떠한 능력이 한국의 국가안보에 위협이 될 수 있는가에 관한 내용은 빠져있기 때문이다.

쉽게 말해서 "적이 누구인가?"라는 '위협기반'의 질문에는 어느 정도 답이 될 수 있지만, "적이 어떻게 위협을 가할 것인가?"라는 '능력기반'의 질문에 대해서는 거의 답을 하지 못하는 한계를 보이고 있는 것이다. 이런 방식으로는 지난 2006년 10월 9일의 북한 핵실험과 같은 비전통적인 군사적 도전, 혹은 북한 급변사태를 비롯한 예상 밖의 외교안보 환경 변화가 현실화될 경우 국방개혁 전체의 실효성을 약화시킬 위험이 크다.

뿐만 아니라 『국방개혁 2020』의 내용은 방위력 개선노력에 있어서 새로운 군사기술의 적극적인 수용이 이루어지고 있는가의 여부에 대해서도 불분명하다. 신형 탱크와 장갑차, 야포, 미사일, 군함, 전투기의 도입을 통해 2020년 이후 한국군의 임무수행 범위가 지금보다 크게 확대될 수 있다는 장밋빛 청사진을 제시하고는 있지만, 신무기로서 그들의 가치는 현재 기술의 연장선상에 있는 경우가 적지 않다. 첨단 C^4ISR 체계에 의한 정보기능 중심의 전투력복합화, 무인무기, 스텔스, 비화약 에너지무기 등의 미래형 군사기술 적용을 전제로 하지 않는 무기와 군사력이 과연 2020년 이후의 전쟁에서도 효용성을 발휘할 수 있을지는 매우 의문스러운 일이다. 가혹하게 표현하자면 『국방개혁 2020』이 지향하는 '현대전 양상에 부합된 군 구조 및 전력체계의 구축'은 미래의 군사적 도전에 대비하기 위한 것이라기보다는, 단순히 과거 10여년 동안 군 내부에서 제기되었던 각론 수준의 제도 개선, 군사력 건설 사업을 한꺼번에 모아놓은 것에 지나지 않는다.[84]

『국방개혁 2020』은 총 3단계의 5년 단위 개혁추진계획에 따라 진행되며, 각 추진계획은 지난 2006년 12월에 통과된 『국방개혁법』[85] 제5조 3항에 의거하여 단계별 중간 및 기간 만료시점(즉, 약 3년 주기)에 국내외 안보정세와

83) 국방부, 2005년 9월 15일, p.5.

84) 황일도, "'국방개혁 2020'을 비판한다", 「신동아」, 2005년 11월호.

85) 정식명칭은 『국방개혁에 관한 법률』(법률 제8097호)이며, 전체 5장 32개조 및 부칙으로 구성된다. 각 장은 제1장 '총칙', 제2장 '국방개혁의 추진', 제3장 '국방운영체계의 선진화', 제4장 '군 구조 · 전력체계 및 각 군의 균형발전', 그리고 제5장 '병영문화의 개선 · 발전'으로 되어있다.

국방개혁 추진 실적을 분석 · 평가하여 그 결과를 반영하도록 되어있다. 때마침 이명박 행정부의 임기 첫해인 금년 10~11월 중에 국방개혁 기본계획의 보완 · 조정안이 마련될 예정이다. 여기서 병력감축과 부대구조 개편을 비롯한 주요 국방개혁 과제의 최종 목표시기를 당초 계획보다 5년 늦춰진 2025년으로 조정하는 방안이 유력하게 거론되고 있다.[86)]

그러나 한국군이 현재와 미래의 새로운 군사적 도전으로부터도 한국 주권과 국민, 영토의 안전, 그리고 주요 국익을 지키려면 『국방개혁 2020』을 일부 수정, 보완하는 정도로는 부족하다. 한국 특유의 정치적, 지리적 군사안보 환경 속에서 한국의 국가역량을 최대한 발휘하고, 첨단 정보통신 기술 중심의 미래형 군사기술이 제공하는 전투력 발전의 효과를 극대화할 수 있는 새로운 전력운용 방식과 부대구조로의 전환 필요성이 절실히 요구된다. 요컨대 한국군은 『국방개혁 2020』을 뛰어넘어 '전혀 새로운 군사력(A Whole New Military Power)'으로 거듭나기 위한 군사혁신을 필요로 하고 있는 것이다.

(1) 군사전략의 혁신

기본적으로 군사력 운용방식, 즉 군사전략의 양상과 내용은 해당 국가의 지리적 요소를 포함하는 '전장환경'에 의해 결정된다. 전장환경은 실제 전쟁에서 병력과 주요 무기들이 활동하게 될 물리적 공간이기 때문이다. 한국의 경우, 휴전선 이남의 면적이 9만 9,461km^2(한반도의 45%)인데, 북한을 포함하는 한반도 전체를 기준으로 해도 22만 1,336km^2의 면적에 불과하다. 게다가 한국과 북한 모두 남북 방향의 거리가 약 400~500km에 지나지 않는다. 중국과 일본, 러시아 등 주변 강대국과도 반경 500~1,000km 이내에 들어가는 위치에 놓여있다. 이는 비행속도 마하 1 내외의 항공기로 서울까지 1시간 내지는 1시간 30분만에 도달할 정도의 짧은 거리다.

---

86) 이에 따라 『국방개혁 2020』이라는 명칭도 『국방개혁 2025』로 바뀔 전망이다. 김귀근, "국방부, 국방개혁 목표시기 5년가량 늦춰", 「연합뉴스」, 2008년 7월 6일자.

작은 국토면적만이 문제의 전부가 아니다. 2006년 기준으로 수도 서울을 비롯하여 국토의 11.8% 면적에 불과한 수도권에만 전체 한국 인구의 48.6%인 2,412만 7,000여명이 거주하며, 전국 사업체의 46.7%와 제조업체의 51.9%, 그리고 전국 지역내총생산(GRDP : Gross Regional Domestic Product)의 48.2%가 수도권에 집중되어 있다.[87] 다시 말해 수도권에 국한되는 인적, 물적 피해만으로도 한국 전체가 심각한 타격을 입을 우려가 높은 것이다. 문제는 이처럼 중요한 수도권과 휴전선 사이의 거리가 약 40km에 불과하다는 점이다. 뿐만 아니라 자동차, 조선, 석유화학 등 한국의 주요 산업시설 단지들은 울산이나 포항, 광양 등 항구나 그 인근 지역을 중심으로 분포하고 있다. 내륙지역에 비해 외부세력의 해・공군력 위협에 직접적으로 노출될 위험이 크다.

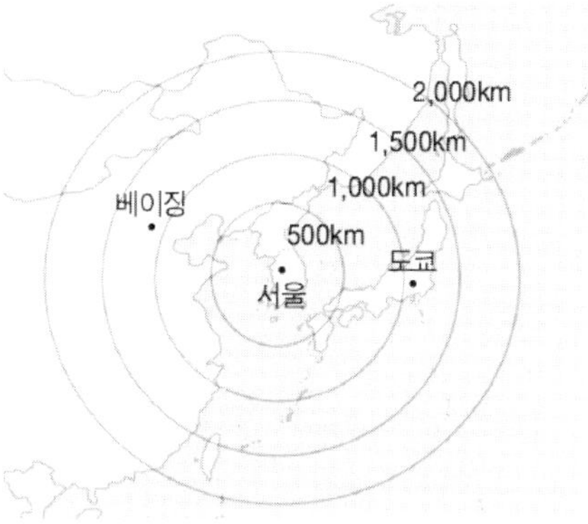

한반도를 중심으로 본 주변 강대국들과의 지리적 거리

출처: 김재엽, 『자주국방론』(선학사, 2007), p.165

요컨대 한국은 영토 면적이 매우 협소하고, 수도권 및 주요 산업시설과 같은 우선적 방어대상이 사실상의 전선(戰線)인 휴전선, 해안선과 가깝다는 점에서 방어를 위한 공간적, 시간적 여유가 매우 부족하다. 이는 유사시 외부세력의 기습 침공에 의한 취약성(Vulnerability)이 대단히 심각함을 의미하는 것이다. 여기에 현재의 휴전선과 통일 이후의 압록강, 두만강이 있는 북쪽을 제외한 동・서・남쪽의 3면으로 약 5,700km(한반도 전체 기준으로는 약 8,700km)

87) GRDP는 특정 지역 내에서 생산되는 모든 경제적 최종생산물의 합계를 뜻하며, 주로 지역별 경제상황의 비교 및 파악을 위한 지표로 사용된다. 이 점에서 전국 단위의 GDP와 구분된다. 인터넷 웹사이트 e-나라지표, http : //www.index.go.kr (검색일자 2008년 6월 3일)

에 걸친 해안선이 분포하는 반도국가의 지리적 특성을 고려하면, 자칫 국토 전체가 육·해·공 전방위에 걸친 동시 전장화의 대상이 될 수 있다. 정도의 차이만 있을 뿐, 앞서 살펴본 이스라엘과 싱가포르의 전장환경과 여러모로 유사하다.

전통적으로 한민족은 정복전쟁이 활발했던 삼국시대를 제외하고는 외부 적성세력의 침공을 용인하는 것을 전제로 하는 수성지구(守城持久 : 성을 굳게 지키며 오래 견디는 것) 성격의 수동적인 군사전략에 치중해 왔다. 6.25 전쟁 이후 한국군의 방위전략도 오랫동안 '수도권 사수를 위한 한강 이북지역 고수(固守) 방어'에 초점을 두고 있었다.[88] 이른바 선수후공(先守後攻 : 먼저 방어하고 이후에 반격하는 것) 개념에 입각한 수세 위주의 전략에 안주해 온 것이다. 심지어 한반도 유사시 북진통일을 최종목적으로 하는 한미 양국의 작전계획 5027조차도 미군의 대규모 증원병력이 도착하기 전인 개전 초 1개월 동안은 휴전선 이남에서의 방어에 주력해야 하는 실정이다.[89]

한반도의 좁은 전장환경을 고려할 때, 위와 같은 전략으로는 전쟁 시작부터 한국 영토의 대부분이 전쟁터가 되는 불리한 조건을 강요받기 쉽다. 단기간 내에 인구 밀집지역과 정치, 경제, 사회적 국력 기반까지 초토화되는 것은 물론이다.[90] 이런 전쟁에서는 침공해온 적을 영토 밖으로 몰아낸다는 측면에

---

88) 박경현, 『한국의 군사전략』(국방대학교 합동참모대학, 2005), pp.26~27; pp.99~102.

89) 작전계획 5027이 상정하는 총 69만명 규모의 미군 병력증원 가운데 전투기, 폭격기 등의 공군 주력부대가 10일, 육군 2~3개 사단이 3주일, 6개 사단은 1개월이 각각 소요된다. 뿐만 아니라 이들 전력을 실전에 직접 투입하기 전에 구체적인 전투계획의 작성, 정보수집, 그리고 다른 전투지원 부대들과의 임무조정 등까지 고려한다면, 더 많은 시일이 걸릴 수밖에 없다. 김일영·조성렬, 『주한미군-역사, 쟁점, 전망』(한울아카데미, 2003), pp.296~297.

90) 한 보기로 지난 2004년 8월 군 당국이 자체 실시한 워게임 결과에 따르면, 한국이 북한의 기습침공을 용인하는 것을 전제로 하는 수세적인 군사전략을 유지할 경우, 대량살상무기가 사용되지 않더라도 개전 24시간만에 수도권에서만 200만명 이상의 사상자가 발생할 것이라는 평가가 나온 바 있다. 이동재, "北 재래식 무기만으로도 開戰 24시간 이내 수도권서 2백여만명 死傷", 「국민일보」, 2004년 8월 20일자.

서의 '승리'는 가능하겠지만, 전쟁 이후의 '생존'과 '번영'까지 보장받기는 기대하기 어려울 것이다. 그 결과 한국은 국가 파멸에 가까운 인적, 물적손실로 귀결될 수도 있는 전쟁을 감수하느냐, 아니면 전쟁을 면하기 위해 외부 적성세력의 일방적이고도 부당한 요구에 굴복해야 하느냐의 딜레마에 빠질 위험이 대단히 크다. 이는 전시뿐만 아니라 평시에도 한국의 정치 · 외교적 자주성과 의지, 행동의 자유를 심각하게 위협하는 문제가 될 수밖에 없다.

"적의 전략을 쓸모없게 만드는 것이 최선의 전략(上兵伐謀)"이라는 『손자병법』의 한 구절처럼, 기본적으로 군사전략은 ① 자신의 강점을 극대화하는 동시에 ② 약점을 보완 · 극복하고, ③ 적에게는 그 반대가 되도록 강요하는 것이 핵심이다. 아울러 군사력 운용의 원칙들 가운데서도 특히 중요한 '목표', '집중', 그리고 '주도권'에 충실할 필요가 있다.[91] 다시 말해 자국에 대한 군사적 도전을 위협 능력의 비중에 따라 체계화 및 서열화하고, 그 가운데서도 적의 가장 심각한 위협 그리고 적 군사력의 총체적인 통제 · 운용능력과 직결되는 기능을 보다 신속하고 효과적으로 제압하는 데 군사력을 집중시켜야 한다. 그렇게 해야 자국의 의도대로 전쟁의 흐름을 이끌어 나가는 행동의 자유를 확보할 수 있게 되는 것이다.

요컨대 한국군의 군사전략 혁신은 유사시에 '목표', '집중', '주도권'의 원칙을 최대한 발휘하는 한편으로, 외부 적성세력의 군사력은 이를 제대로 수행하지 못하게끔 강요하는 방향으로 이루어져야 한다. 이에 관한 내용들을 좀 더 자세히 설명하자면 다음과 같다.

우선 한국군은 적의 재래식 군사력 모두를 상대하는 데 우선순위를 두는 섬멸전 본위의 사고방식에서 벗어나야 한다. 왜냐하면 적 전투력에 대한 파괴, 살상의 극대화를 지향하는 전쟁수행 방식은 전쟁이 장기화될 가능성을

91) 흔히 '전쟁의 원칙'으로 알려져 있는 군사력 운용의 원칙은 "전쟁에서 승리하기 위해 전력운용에 적용되어야 하는 공통적이며 보편적인 요소"로 정의된다. 각국의 군에서 채택되고 있는 내용들은 약간의 차이가 있지만, 일반적으로 주도권, 기습, 기동, 집중, 기만, 보안, 지휘통일 등을 포함한다. 박휘락, 2005, pp.44~66.

높이고, 결과적으로는 한국에 막대한 인적, 물적 손실을 강요할 것이기 때문이다. 가공할만한 기습 및 대량살상 능력을 갖춘 북한, 국력 상으로 우세한 주변 강대국들과 맞서고 있는 한국의 입장에서 결코 바람직하지 못한 선택이다.

대신 외부 적성세력의 군사적 강점과 중추기능을 선별적으로, 신속히 제압하는 마비전 중심의 군사전략을 적극 수용할 필요가 있다. 다시 말해 적의 여러 능력들 가운데서도 한국의 영토와 국력 기반을 결정적으로 위협하고, 전쟁을 지속하는 데 핵심적인 능력을 전쟁 초기부터 무력화하는 것이다. 이는 한국군이 개전 이후 최단기간 내에 도발자들로 하여금 한국에 대한 침략이 실패했음을 자인(自認)하도록 유도하고, 적의 침략에 따른 인적 · 물적 손실을 최소화하면서 '생존과 번영이 보장되는 승리'를 달성하기 위한 선택이다.

특히 한국군은 외부 적성세력에 대한 정보우위를 차지하는 데 승부를 걸어야 한다. 첨단 정보통신 기술을 중심으로 각종 전투기능이 통합 운용되는 정보화전쟁에서 우월한 정보의 수집, 배분, 공유능력은 적을 능가하는 신속한 인식, 판단, 그리고 행동 능력을 보장해준다. 그 결과 적보다 유리한 시간, 공간에서 전쟁을 수행함으로써 기습 효과를 극대화시키고, 전쟁 자체를 한국군의 의도대로 주도할 수 있도록 해주는 역할을 한다. 한마디로 정보화전쟁 시대에는 정보우위가 곧 '승리의 전제조건'이나 다름없다. 이를 위해서는 전쟁 수행 과정에서 전장상황에 대한 적의 정상적인 식별, 인식, 판단, 그리고 결정 능력을 최대한 저지 및 방해하고, 동시에 한국군 스스로는 관련 능력을 지속적으로 유지, 강화해야 할 것이다.

구체적으로는 ① 한국에 대한 기습, 대량살상 능력을 보유하고 있는 외부 적성세력의 주요 무기 배치지역 및 기지, ② 지원시설(예 : 교통로, 군용물자 비축 · 저장설비), 그리고 ③ 적의 정보우위 능력과 직결되는 지휘통제체계와 통신망, 정보수집 기능 등을 최우선적인 무게중심으로 규정, 이들을 전쟁 초부터 동시에 타격하는 마비 · 병렬전을 수행해야 한다. 적의 무력 침공이 국지전쟁 수준에서 악화되지 못하도록 함으로써 전쟁의 범위, 시기 확대에 따른 한국의 국력 부담을 최소화하고, 전쟁에서 주도권을 되찾기 위해서다. 그렇지만 일단 전쟁이 전면전쟁 차원으로까지 확대된다면, 최후 수단으로서 적의 국가 중추기능(예 : 에너지시설, 산업단지, 주요 항구, 해상교통로 등)과 정치 · 군사 지도부[92]도 직접 공격대상으로 삼아 침공 지속을 위한 물리적 · 심리적 기반을 무너뜨려야 한다.

실전을 수행하는 전투 공간의 경우, 한국군은 스스로를 휴전선 이남의 영토와 영해, 영공 등 '최종전장'에 묶어 두어서는 안된다. 다시 말해 국지전쟁에서는 휴전선에서 평양~원산 이남 사이의 육상 전방지대와 연안해역(NLL 포함), 통일 이후 압록강과 두만강을 경계로 하는 중국 · 러시아와의 국경지역, 대륙붕과 EEZ를 포함하는 한반도 주변해역과 주요 도서지역(예 : 독도), 그리고 한국방공식별구역(KADIZ : Korea Air Defense Identification Zone)[93] 이내의 공역과 같은 '완충전장' 이내에서 적의 기습 침공을 저지, 격퇴함으로써 한국 영토의 안전을 보장해야 하는 것이다. 전면전쟁의 경우 북방 · 남방항로를 비롯한 주요 해상교통로, 적의 정치 · 경제 · 군사적 거점이 위치하는 적 영토와 주변의 해역 및 공역, 즉 '확대된 전장'으로까지 전투 공간을 적극적으로 연장시키는 것이 요구된다.

이와 더불어 한국군은 적의 기습 침공을 용인하는 것이나 다름없는 수동적인 선수후공식 방어전략이 아닌, 적 침공에 의한 전쟁의 시작과 거의 동시에 응전태세로 돌입하는 즉응(卽應) 개념의 방어전략으로 전환할 필요가 있다.

---

92) 특히 북한의 경우 김정일을 중심으로 하는 1인 전제체제의 특성상, 정치 · 군사 지도부에 대한 직접적인 공격은 제2차 걸프전쟁에서의 참수공격 사례처럼 북한의 전쟁수행 기능, 의지를 급속히 붕괴시켜 단기간 내에 전쟁을 종식시키는 데 결정적인 기여를 할 것으로 평가된다. 권태영 · 박휘락 · 박창권, "비대칭전/비선형전 교리발전연구", 임길섭 등, 『2006년 육군전투발전-미래육군 개혁과업 및 발전방향』(한국전략문제연구소, 2006), pp.302~303.

93) KADIZ는 6.25 전쟁 기간 중이던 지난 1951년 3월 22일, 미 태평양공군에 의해 처음 설정되었다. 현재 휴전선 일대 지역과 독도를 포함하는 한반도 및 주변 해역의 상공이 관할권 내에 들어있다.

특히 적에 대한 방어와 반격을 단계별로 분리하지 않고, 이들을 전쟁 초부터 동시 · 통합적으로 수행할 수 있어야 한다.[94] 즉, 상당수의 전투부대가 '최종전장'과 '완충전장'에서의 방어 작전을 실시하는 동시에, 보복능력을 갖춘 나머지 전력은 '확대된 전장'을 겨냥한 반격에 나서도록 하는 것이다. 이러한 '제2전선' 구축은 한국에 대한 외부 적성세력의 침공능력을 분산시키도록 강요하고, 한국군 역시 전체 군사력을 방어에만 집중하는 경우보다 훨씬 빨리 전쟁에서의 주도권을 회복하는 효과를 거둘 수 있다.

같은 맥락에서 한국군이 고려할 수 있는 군사전략상의 선택 가운데 하나가 바로 '선제조치(先制措置 : Preemptive Measures)'다. 선제조치란 "외부 세력의 적대적인 군사행동이 임박한 특정 상황, 징후를 전제로 하는 공세적 군사조치"로 정의되는데,[95] 최근 대량살상무기의 위협이 부각되면서 그 군사적 효용성이 더욱 주목받고 있다. 일단 핵무기나 화학 · 생물무기의 공격을 받은 국가는 그에 따른 심각한 인적, 물적피해로 인해 정상적인 방어, 반격을 수행하기가 매우 어렵기 때문이다. 이는 엄청난 규모의 화학 · 생물무기, 그리고 핵실험까지 강행한 북한의 대량살상무기 위협과 맞서고 있는 한국의 입장에서 이론이나 가능성이 아닌, 지극히 현실적인 눈앞의 문제다.

물론 '선제공격' 의사를 명시적으로 나타낼 경우, 자칫 한국의 방위전략이 호전적, 침략적이라는 인식을 심어주어 불필요한 정치 · 외교적 부작용을 가져올 위험이 큰 것은 사실이다.[96] 하지만 대량살상무기에 의한 치명적인 파

---

94) 하대덕, 『軍事戰略學 : 전략이론의 과학화와 체계화』(을지서적 출판부, 1998), pp.384~388.

95) 이 점에서 '선제조치'는 위협의 구체적인 사용, 동원에 대한 징후 없이 단순히 상대측의 군사적 능력이 자국의 안전에 불리하게 쓰일 수 있다는 추측이나 경계심을 근거로 하는 예방전쟁(豫防戰爭 : Preventive War)을 포함하는 '사전조치(事前措置 : Proactive Measures)'와는 구분되어야 한다. 예컨대 지난 2003년의 제2차 걸프전쟁은 선제조치보다 사전조치에 더 가까웠다고 평가할 수 있다. 김재엽, "예방적 군사행동이 정당화되기 위한 조건들에 관한 고찰", 「軍事世界」, 2004년 1월호.

96) 지난 3월 26일 김태영 합참의장은 국회 인사청문회에서 북한의 핵무장에 대한 군사적 대비책을 묻는 질문에 "핵무기의 위치를 재빨리 확인하고, 적이 사용하기 전에 타

괴, 살상의 가능성을 감안한다면, 적어도 대량살상무기 위협에 관한 한 선제조치의 포기는 더더욱 바람직하지 못한 선택이다. 그러므로 한국군은 외부 적성세력이 핵 · 화학 · 생물무기, 그리고 이들의 발사수단인 탄도미사일 등의 대량살상무기를 실제 사용하려는 구체적인 행동에 나설 경우, 적극적인 방어전략의 일환으로서 선제조치의 가능성을 결코 배제하지 말아야 한다. 대신 국내외의 오해를 야기하지 않도록, 이를 간접적으로 전달하는 편이 바람직하다. 예를 들어 "한국 국민과 영토의 안전을 위협할 수 있는 외부 세력의 기습적인 침공, 특히 대량살상무기의 사용을 결코 용납하지 않을 것이며, 한국군은 이에 필요한 군사력 사용의 시간과 수단을 자유롭게 선택할 수 있다"는 표현을 검토할 수 있을 것이다.

군 당국은 지난 2006년 12월 처음으로 작성된 『합동개념서』를 통해 한국군의 미래 전력운용 개념으로서 '효과중심의 동시 · 통합작전'을 제시한 바 있다.[97] 이는 미래의 전쟁이 '공간 확보→효과'와 '물리적 파괴→심리적 마비'의 추구, '개별 무기 중심의 전투력 → 네트워크화된 시스템 중심의 전투력', 그리고 '전통적인 기동 및 화력 → 정보우위' 등을 지향하는 양상으로 전환될 것

격하여 한국 영토가 피해를 입지 않도록 하는 노력이 중요하다"고 답변했다. 당시 김 의장의 발언에서는 '선제공격'이란 표현이 직접적으로 사용되지 않았지만, 일부 언론에서 이를 '북한 핵무기에 대한 선제공격 언급'이라고 대서특필하였다. 곧이어 북한도 남북장성급회담 단장 명의로 된 전화통지문과 관영매체를 통해 김 의장의 관련 발언을 맹렬히 비난하며 취소 및 사과를 요구했다. 군 당국은 4월 2일 '북한의 자의적인 비방과 긴장조성 행위에 대한 유감 표명'과 동시에, '불가침 합의의 성실한 준수 의사 재확인'의 내용을 담은 전화통지문 답신을 북한에 전달하였다.

97) 『합동개념서』는 3년 주기로 작성되는 15년 단위의 『합동군사전략서』(JMS : Joint Military Strategy)의 4개 부록문서 가운데 하나로 '합동전력의 운용', 그리고 '합동 전투발전방향'으로 구분된다. 작성 목적은 미래 전쟁의 양상과 군사적 환경 변화에 부응할 수 있는 육 · 해 · 공 합동전력의 운용 개념을 정립하고, 『합동전략목표기획서』(JSOP : Joint Strategy Object Plan)와 『합동전략능력기획서』(JSCP : Joint Strategy Capability Plan) 작성의 방향, 기준을 제공하는 것이다. 합참 전략기획본부 합동전투발전과 제공, "軍 전력의 합동 · 동시 · 통합성 강화", 「국방일보」, 2007년 8월 10일자.

이라는 인식에 바탕을 둔 것이다.98) 앞으로 한국군의 군사전략 혁신은 ① 적의 군사적 강점과 전쟁 지속능력, 정보우위에 대한 신속하고도 선별적인 마비 · 제압, ② 영토 전장화를 막기 위한 외부로의 적극적인 전장공간 확대, ③ 적의 침공 시작과 대응 사이의 시간차를 최소화하는 즉응 개념의 방어, 그리고 ④ 방어와 반격의 동시 · 통합적 수행을 통한 최단기간 내의 결정적 승리를 지향하는 방향으로 이루어져야 한다.

(2) 전투력의 혁신

국가안보를 집 짓는 일에 비유하자면, 설계도에 해당하는 것이 바로 전략이다. 그리고 실제로 집을 짓기 위해 각종 자재와 도구가 필요하듯, 군사전략을 성공적으로 구현하려면 마땅히 그에 적합한 무기와 병력을 포함하는 유 · 무형의 전투력이 필수적이다. 아무리 치밀하고 합리적으로 세워진 군사전략이라도 이를 뒷받침할 수 있는 전투력을 갖추지 못한다면, 그저 이루어질 수 없는 의욕만 잔뜩 늘어놓은 희망사항에 지나지 않는다. 따라서 군사전략의 혁신은 반드시 전투력의 혁신과 함께 진행되어야 한다.

앞서 지적했듯이 휴전선 이남을 벗어나지 못하는 기존의 '우물안 개구리'식 전투력으로는 결코 북한의 대량살상무기와 주변 강대국들의 강력한 해 · 공군력과 같은 새로운 군사적 도전에 맞설 수 없다. 그렇다고 해서 인구나 경제력 등을 포함하는 국력 전반뿐만 아니라 연간 군사비 지출에서도 중국, 일본, 러시아의 약 40~60%99) 정도에 불과한 한국이 주변 강대국들과 동급 내지 이상 규모의 재래식 군사력을 갖추기도 어렵다. 이 점에서 혹자는 한국도 북한

98) 합참 전략기획본부 합동전투발전과 제공, "'효과 · 심리적 마비' 추구 전쟁 방식 지향", 「국방일보」, 2007년 8월 8일자.

99) 지난 2006년 기준으로 한국의 연간 군사비 지출액수는 219억 달러(세계 11위)로 중국의 44%, 일본의 50%, 러시아의 63%를 기록했다. 한편 구매력환산지수를 기준으로 할 경우 중국의 16%, 러시아의 36%, 일본의 86%에 달하는 것으로 나타났다. SIPRI, 2007, p.270.

처럼 핵무기를 비롯한 대량살상무기로 무장해야 한다고 주장할지 모른다. 그렇지만 한국은 이미 핵·화학·생물무기와 장거리 미사일 등의 개발, 보유를 통제하는 여러 국제조약에 가입한 대량살상무기 비확산체제의 일원이다.[100] 이런 한국이 만약 대량살상무기 보유국이 된다면 지금의 북한처럼 국제사회에서 철저한 고립을 면치 못할 것이며, 중·장기적으로는 한반도 통일 과정에서 주변 강대국들의 견제, 방해가 더욱 강화되는 등 정치·외교적인 불이익만 커질 뿐이다.

사실 한국은 역사상으로 새로운 무기, 군사기술을 통한 전투력의 혁신을 달성해 온 자랑스러운 전통이 있는 나라다. 삼국·고려시대에 맹위를 떨쳤던 쇠뇌, 최무선의 흑색화약 개발, 임진왜란 당시 세계 최초의 다연장 로켓무기 및 내폭형 폭탄으로 운용된 신기전·화차와 비격진천뢰, 그리고 충무공 이순신 제독의 위대한 승리를 가능토록 해준 판옥선, 거북선 등이 그 증거다. 이는 한국이 기존 재래식 군사력의 규모를 확대하거나 대량살상무기에 굳이 눈독을 들이지 않더라도, 신무기와 미래형 군사기술의 잠재력 극대화를 통한 전투력 수준의 일대 도약을 달성함으로써 충분히 북한과 주변 강대국의 새로운 군사적 도전을 상쇄시킬 수 있는 전투력의 혁신이 가능함을 시사한다. 한국군은 외부 적성세력에 대한 군사력의 양적 격차 따라잡기를 과감히 탈피하고, 비록 병력 규모에서는 상대적으로 소수지만 적 군사력의 강점을 효과적으로 견제, 무력화하면서 그들의 취약점과 전쟁수행 능력을 마비, 제압할 수 있도록 질적으로는 대등하거나 우월하며, 차별화된 전투력의 혁신을 지향해야 한다.

100) 한국은 지난 1975년에 『핵확산금지조약』(NPT)을 비준했고, 1987년에는 『생물무기금지협약』(BWC), 1997년에 『화학무기금지협약』(CWC)을 각각 비준하였다. 그리고 2001년에는 정식 조약이 아닌 다자간 국제협의체 형식으로 운용되는 『미사일기술통제체제』(MTCR)에 가입했다.

전략무기를 확보하라

오늘날 한국군이 가장 시급하게 달성해야 할 전투력의 혁신 과제는 바로 '전략무기의 확보'다. 전략무기란 "평시의 전쟁 억지와 더불어 유사시 적의 침공을 격퇴 및 제압하고, 궁극적인 승리를 달성하는 데 유리한 정치·군사적 환경을 조성, 통제하는 능력을 발휘하는 무기"로 정의될 수 있다. 구체적으로는 외부 적성세력에 의한 가장 치명적인 군사적 위협을 무력화시키며, 그들이 중요하게 여기는 대상들을 겨냥하여 감당하기 어려운 물리적, 심리적 손실을 강요함으로써 전·평시를 막론하고 일체의 군사적 적대행위를 단념시키는 견제, 강압 효과를 갖는다. 『손자병법』의 표현을 빌리자면, "전쟁 이전부터 승리를 보장하는(先勝而後求戰)" 기능을 하는 것이다.

전략무기를 보유한 나라와 그렇지 못한 나라의 차이는 마치 손에 무기(예 : 칼, 총, 방패)를 들고 있는 사람과 맨주먹밖에 없는 사람의 차이와도 같다. 국력 총량과 재래식 군사력의 질적 수준에서 더 이상 한국의 적수가 되지 못하는 북한이 핵과 화학·생물무기, 탄도미사일 등의 대량살상무기로 한국과 일본, 심지어는 초강대국인 미국마저 쩔쩔매도록 만드는 것을 보면 알 수 있다. 특정 국가가 국제사회에서 행사할 수 있는 정치·외교적 힘은 곧 그 나라의 미사일 사거리에 비례한다고 해도 결코 지나친 표현이 아니다.

만약 한국군이 이처럼 강력한 위력을 발휘하는 전략무기를 손에 넣는다면 북한과 주변 강대국을 비롯한 외부 적성세력에게 '한국에 대한 침공이 반드시 실패할 것'임을 확신시키고, 한국 입장에서는 전쟁의 억지와 승리를 위한 주도권을 제공하는 '비장의 무기' 역할을 해줄 것이다. 나아가 한국이 스스로의 생존과 안전뿐만 아니라 동아시아 지역, 그리고 세계 질서의 안정, 평화에 보다 적극적으로 기여하는 데 필요한 발언권과 영향력, 그리고 행동의 자유를 뒷받침하는 정치·군사적 지렛대(Leverage)로 활용될 수도 있다.

이를 위해서는 지금까지 휴전선 이남의 '최종전장'으로 제한되었던 한국군의 임무수행 범위를 한반도 전체, 대륙붕과 EEZ를 비롯한 한반도 주변해역,

KADIZ 이내의 공역, 200해리 이상의 해상교통로 등을 포함하는 '완충전장', 그리고 이를 넘어서는 '확대된 전장'으로 넓힐 수 있도록 보다 먼저 알고, 보다 빠른 속도로, 보다 멀리 움직여서, 보다 정확하게 타격하는 능력의 자립이 필요하다. 그동안 한국은 전략무기에 해당하는 군사력의 대부분을 미국과의 동맹에 의존해 왔다. 즉, 주한미군 사령부 산하의 미 국방성 한국지원단(DODSAK)이 인공위성과 정찰기, 공중 조기경보통제기를 통해 수집하는 각종 군사정보, 한반도 유사시 작전계획 5027에 의거하여 투입되는 69만명 규모의 미군 증원전력, 그리고 북한의 핵위협에 대응하기 위한 억지, 보복수단으로서의 핵우산(核雨傘 : Nuclear Umbrella) 제공 등이 대표적이다.[101] 하지만 오는 2012년으로 예정되어 있는 전시 작전통제권의 전환에 따라 유사시 한반도에 대한 미군 증원전력 규모도 재조정될 것이며, 그 수준은 현재보다 대폭 축소될 전망이다.[102] 따라서 한국군은 적어도 미군이 본격적으로 한반도에 증원되기 이전까지 한반도에서의 전쟁 억지, 제한적 국지분쟁, 그리고 전면전쟁 초기의 효과적인 방어 및 반격을 주도할 수 있는 능력을 보장해주는 비핵 전략무기만큼은 스스로 갖추어야 한다.

가장 시급하게 자립이 요구되는 기능은 군사력의 눈과 귀에 해당하는 정보수집 능력이다. 이는 국력의 심장부인 수도권이 휴전선으로부터 불과 40km 이내에 위치하며, 주변 강대국들과도 항공기로 1시간 내외의 거리에 놓여있

101) 미국은 지난 1978년의 제11차 SCM부터 한국에 대한 유사시 핵우산 제공을 약속해 왔으며, 북한의 핵실험 강행으로부터 10여일 후 개최된 2006년 10월 말의 제38차 SCM에서는 이를 '확장억지(Extended Deterrence)의 지속'이라는 표현으로 재확인 한 바 있다.

102) 전시 작전통제권의 전환에 따라 한미 연합사령부가 해체되면 기존의 한반도 유사시 군사전략, 즉 작전계획 5027도 폐기될 예정이다. 한미 양국은 오는 2009년까지 새로운 공동작전계획을 작성하는 과정에서 한반도 유사시 미 증원전력의 규모를 새로 결정하는데, 국방당국은 "69만명은 중요치 않으며, 어떤 전력이 오느냐가 중요하다"는 입장을 나타낸 바 있다. 이는 미군 증원병력 규모의 감축 가능성이 매우 높음을 시사한다. 김귀근 · 이귀원, "한미, 美 증원전력 작계작성 때 산출키로", 「연합뉴스」, 2007년 6월 28일자.

는 한국의 전장환경을 고려할 때, 더욱 절실한 문제가 아닐 수 없다. 현재 한국군의 주력 정보수집 자산은 육군의 RASIT-E 대인감시 레이더, AN/TPQ-36/37 대포병레이더, 공군의 RF-4 정찰기 10여대, 국산 RQ-101 '송골매'와 이스라엘제 '서처' 저고도 무인정찰기 소수, '금강/백두'라는 사업명으로 알려진 미국제 호커 800XP 정찰기 8대,[103] 그리고 공군 중앙방공통제소(MCRC : Master Control & Reporting Center)[104]가 관할하는 약 20개소의 지상 방공기지에 설치된 FPS-117 장거리레이더 등이 있다. 대부분 평양~원산 이남의 휴전선 전방지대에 대한 감시, 정찰 임무만을 수행할 정도로 정보수집 능력이 제한적이다.

이런 현실에서 만약 미국의 정보수집 능력을 지원받지 못한다면, 한국은 북한과 주변 강대국들의 기습 침공에 무방비 상태로 노출되어 전쟁 초기부터 막대한 인적, 물적피해를 강요받을 수밖에 없다. 한마디로 전쟁이 시작되기도 전에 패배한 것이나 마찬가지다. 지난 1996년 9월 북한 잠수정의 동해안 침투사건 당시에 불협화음을 드러냈던 한미 양국의 정보공조 문제와 로버트 김 사건,[105] 그리고 2006년 북한의 탄도미사일 시험발사와 핵실험 당시 한국

103) 영상정보 정찰기 '금강' 4대는 비행고도가 10km 이상이며, 휴전선 이남의 40~50km 거리에서 평양~원산 이남의 북한군 병력에 대한 전천후 감시, 정찰을 담당한다. 금강 정찰기가 탑재하는 SAR 레이더는 고정표적의 경우 해상도가 최고 0.3m(농구공 크기의 물체식별이 가능한 수준)인 것으로 알려져 있다. 신호정보 정찰기 '백두'는 원격조종감시체계(RCSS)를 사용하여 신의주 이북까지의 통신감청 임무를 수행하지만, 탑재장비의 용량에 비해 기체가 너무 작아서 운용에 큰 무리가 따르는 것이 단점으로 지적된다. 황재연 · 박재석 · 김정환 공저, 『2007 한국군 연감』(군사연구, 2006), p.296.

104) 공군은 2개의 MCRC를 운용 중이며, 각각 경기도 오산과 경상북도 대구에 위치한다.

105) 당시 미국의 빌 클린턴 행정부는 북한의 영변 핵시설 가동중단과 미국의 경수로 제공을 골자로 하는 1994년의 『제네바 핵합의』(원제 : *Geneva Agreed Framework*) 체결 이후 북한과의 관계 개선을 지향하고 있었으며, 북한의 잠수함 침투사건이 자신들의 대북정책에 부정적 영향을 가져올 것을 우려했다. 사건 직후 워렌 크리스토퍼 당시 미 국무장관이 "모든 당사자들(All Parties)은 도발을 자제해야 한다"며 동맹 한국을 도발자인 북한과 동격으로 취급하는 발언을 한 배경도 여기에 있었다. 심

이 미국 정부당국자의 발언이나 외신 보도에 일희일비(一喜一悲)해야만 했던 것이 단적인 예다. 따라서 한국군은 평양~원산 이남의 휴전선 전방지대를 넘어 한반도 전체와 주변의 해·공역, 그리고 주변 강대국의 영토 이내까지 포함하는 '완충전장'과 '확대된 전장'에 대한 지속적인 감시, 정찰, 그리고 조기경보를 수행할 수 있도록 정보수집 능력을 확충해야 한다. 이는 한국을 노리는 외부 적성세력의 기습 위협을 예방, 무력화하기 위한 정보우위를 확보하는 데 있어서 가장 기본적인 능력이라고 할 수 있다.

감시 및 정찰기능의 경우, 한국은 대기권 1,000km 내외의 저궤도에서 활동하는 인공위성에 주목하기 시작했다. 지난 1999년 해상도 6m급의 전자광학 카메라를 탑재하는 다목적 실용위성 '아리랑' 1호를 발사한 것을 시작으로, 2006년 7월에는 해상도가 1m로 대폭 향상된 아리랑 2호가 발사되었다. 충분히 고해상도의 군사용 영상정보를 수집하기 위한 정찰위성으로 활용 가능하다. 뿐만 아니라 2010~2012년 사이에는 역시 전자광학, 적외선, SAR 레이더 등의 고해상도 정보수집 장비를 탑재하는 아리랑 3호, 5호, 그리고 3A호의 추가 개발 및 발사가 이루어질 예정이다.106) 이 경우 한국은 총 3대 이상의 정찰위성을 운용

한국의 다목적 실용위성 '아리랑' 2호. 해상도 1m의 전자광학 장비를 탑재하여 사실상의 정찰위성으로 운용될 수 있다.

지어 미국은 문제의 북한 잠수정 항로를 파악하고 있으면서도 한국에 제대로 전달하지 않은 것으로 드러났으며, 이 과정에서 사적으로 한국측에 관련 정보를 제공한 미 해군성 정보국(ONI) 소속의 한국계 미국인 로버트 김(한국이름 김채곤)을 간첩공모 혐의로 체포하여 8년 동안이나 구금했다. 이교관, "미국, 간첩침투 알고 있었다", 「시사저널」, 1996년 10월 17일자.

106) 2010년 발사가 예정되어 있는 아리랑 5호는 해상도 1~3m의 SAR 레이더를 탑재하며, 2011년에는 0.7m의 고해상도 전자광학 카메라를 탑재한 아리랑 3호를 발사한

함으로써 한반도 전체와 주변지역 내에서 집중적인 감시, 정찰이 요구되는 특정 대상을 적어도 하루에 1번씩, 낮과 밤, 그리고 날씨에 구애받지 않고 관측할 수 있는 능력을 확보할 것이다.

하지만 인공위성은 일정 궤도 이내를 비행, 통과해야 하기 때문에 관측지점과 시간, 촬영각도가 고정된다는 것이 한계다. 적 군사력의 배치와 집결 현황, 주요 정치 · 경제 · 군사 거점을 비롯한 고정적인 물체에 대한 지속적인 감시, 정찰에서는 유용하지만, 항공기나 군함, 미사일과 같은 이동식 물체를 추적하기 위한 조기경보 임무의 수행에는 부적합하다. 따라서 한국군은 외부 적성세력의 기습, 대량살상 위협을 효과적으로 탐지, 추적할 수 있는 조기경보 기능을 인공위성에 의한 감시, 정찰기능과 상호 보완적으로 운용해야 한다. 여기에는 필요로 하는 정보를 수집하기 위해 적절한 시간, 장소에서 융통성있게 운용 가능한 중 · 대형 항공기가 적합할 것이다.

그 시작으로 공군은 미국제 E-737 '피스 아이(Peace Eye : 평화의 눈)' 공중 조기경보통제기의 직도입을 진행 중이며, 오는 2012년까지 총 4대를 확보할 예정이다. 호주와 터키에서도 도입하고 있는 E-737은 약 12km의 비행고도에서 9시간 동안을 체공할 수 있으며, MESA 다기능 위상배열레이더를 탑재하여 반경 370km 이내의 바다, 하늘에서 활동하는 3,000여개의 비행체와 선박을 동시에 감시, 추적하면서 전투기 및 지상 방공부대의 임무를 직접 지휘통제하는 것도 가능하다.[107] 중부 지역에서 비

한국 공군의 E-737 '피스 아이' 공중 조기경보통제기. 2012년까지 총 4대가 직도입될 예정이다.

다는 계획이다. 그리고 2012년 발사를 목표로 개발될 아리랑 3A호는 아리랑 3호의 전자광학 카메라에 적외선 탐지장비를 추가하여 밤에도 해상도 7m의 영상정보 수집이 가능하다.

행할 경우 한반도 상공 전체에 대한 조기경보 임무를 수행할 수 있는 것이다. E-737 공중 조기경보통제기가 본격적으로 운용된다면 그동안 지상 배치 방공레이더에 의존해 왔던 한국의 조기경보 능력, 특히 수평선 밖에서 저고도 기습침투를 시도하는 적 항공기에 대한 대응능력이 크게 향상될 것으로 기대된다.

아울러 한국군은 수도권을 직접적으로 위협하는 북한의 장거리 야포와 스커드, 로동 탄도미사일 등 지상 배치 대량살상무기의 움직임을 실시간에 가까울 정도로 탐지, 추적할 수 있는 능력을 확보하기 위해 중·고고도 무인정찰기를 조기경보 자산으로 활용한다는 계획이다. 무인항공기는 10시간이 넘는 지속적인 체공이 가능하며, 따라서 비행시간이 수시간 내외에 불과한 유인 정찰기보다 조기경보 임무를 수행하는 데 훨씬 유리하다. 이에 따라 오는 2014년까지 미 공군의 프레데터에 해당하는 중고도 무인정찰기를 독자개발하고, 미국제 글로벌호크 고고도 무인정찰기의 직도입 가능성도 모색하고 있다.[108] 이들은 모두 15~24시간 이상의 오랜 체공능력과 더불어 적 지상 방공부대의 요격 위협에서 자유로운 고도 10km 이상을 비행하며, 전자광학 및 적외선 카메라, SAR 레이더 등의 다양한 정보수집 장비를 탑재하여 전천후 조기경보 임무의 수행이 가능하다. 공군은 이들 공중 조기경보통제기와 중·고고도 무인정찰기를 포함하는 각종 정보수집용 항공자산을 통합 운용하기 위한 정찰비행단을 오는 2012년까지 창설하는 방안을 검토 중이다.[109]

군사력의 주먹인 화력은 재래식 포병에서 장거리 정밀유도무기를 중심으

107) 유현민, "조기경보기, '피스 아이'로 불러주세요", 「연합뉴스」, 2008년 4월 7일자.
108) 당초 미국은 비행거리 300km, 탑재중량 0.5톤 이상의 무인비행체 수출을 규제하는 MTCR 규정을 근거로 한국의 글로벌호크 직도입 요청에 부정적인 입장을 취해 왔다. 최근에는 미국이 한미 양국 정부간의 '보증판매' 방식으로 MTCR 규정의 적용을 받지 않으면서 글로벌호크를 한국에 판매할 수 있음을 제시한 것으로 전해진다. 유용원, "미(美), '무인정찰기 판매' 한국에 공식 통보", 「중앙일보」, 2008년 8월 11일자.
109) 이귀원, "공군, 정찰비행단 전술항공통제사령부 창설 계획", 「연합뉴스」, 2007년 11월 18일자.

로 재편되어야 한다. 핵·화학·생물무기를 비롯한 대량살상무기는 분명 치명적인 인적, 물적 피해를 강요할 수 있는 가공할만한 위력을 갖는다. 그러나 단 한차례라도 사용된다면 해당 국가는 국제사회로부터 엄청난 정치·외교·윤리적 비판과 압력은 물론, 대대적인 군사적 보복에 직면할 가능성이 매우 높다. 평시의 전쟁 억지나 정치·외교적 강압에는 유용하겠지만, 실제 전쟁에 동원되기에는 위험부담이 큰 것이다. 반면 장거리 정밀유도무기는 불필요한 파괴, 살상을 최소화하면서도 적의 정치·경제·군사적 중추기능만을 정확히 제거, 마비시킬 수 있기 때문에 훨씬 자유로운 사용이 가능하다.[110] 이 점에서 장거리 정밀유도무기는 실전에서의 군사적 효용성과 더불어 전쟁 억지를 위한 정치적 효과까지 함께 발휘하는 우수한 전략무기인 것이다.

그동안 한국군은 탄도미사일 전력을 전략무기 수준으로 강화, 발전시키기 위해 많은 노력을 기울여 왔다. 지난 1978년 9월 26일, 자주국방에 심혈을 기울이고 있던 박정희 행정부의 주도 아래 사거리 180km의 국산 탄도미사일 '백곰'이 시험발사에 성공한 것이다. 이는 한국을 세계 7번째 미사일 개발국의 대열에 합류시켰을 뿐만 아니라, 휴전선 인근에서 발사할 경우 평양까지 직접 공격할 수 있는 무기를 확보했다는 점에서 최초의 전략무기 독자개발이라는 의미를 갖는다. 1980년대에는 백곰의 성능을 개량한 '현무(玄武)' 탄도미사일이 본격적으로 양산, 배치되기 시작했으며, 한국이 『미사일기술통제체제』(MTCR)에 가입한 후인 2004년부터는 사거리가 300km로 연장된 개량형 현무가 실전배치되고 있다. MLRS 다연장로켓포에 탑재, 발사되는 총 220기의 미국제 ATACMS(Army TACtical Missile System) 탄도미사일도 절반이 사거리 300km 이상의 개량형이다. 육군은 지난 2006년 9월 28일부터 소장급 장성이 지휘하는 유도탄사령부를 정식 창설하여 현무, ATACMS 탄도미사일의 운용을 총괄하고 있다.

---

110) 권태영, "첨단기술전력에 의한 비핵 억제전략", 「전략연구」, 통권 제32호, 2004년 11월.

현무와 ATACMS 탄도미사일은 표적에 대한 오차범위가 50m 내외에 불과할 정도로 높은 정확도를 자랑하며, 고체연료를 추진제로 사용하여 신속한 발사가 가능하다. 수백~1,000m 이상의 오차범위에 발사준비 과정이 오래 걸리는 액체연료를 사용하는 북한의 스커드, 로동 탄도미사일보다 성능이 훨씬 우수하다는 것을 알 수 있다. 하지만 지상배치 방식이라는 점에서 유사시 생존성이 취약하며, 300km 이내의 사거리로는 북한 영토의 2/3 정도만을 공격할 수 있으므로 억지 효과가 제한적이다. 그리고 북한의 지하 군사시설[111]이나 핵심 지휘통제체계, 정치 · 군사 지도부와 같이 고도의 정확도가 요구되는 표적을 대상으로 사용되기에는 곤란하다는 것도 탄도미사일의 한계로 지적된다.

한국군의 주력 탄도미사일인 국산 현무(위)와 미국제 ATACMS(아래)

그러므로 한국군은 수상전투함과 잠수함, 항공기에 탑재, 운용되어 지상배치 탄도미사일보다 생존성이 높고, 비행과정에서의 자유로운 궤도 수정을 통해 오차범위 10m 내외의 정밀타격이 가능한 장거리 순항미사일을 화력 기능

111) 북한은 4대 군사노선의 주요 내용 가운데 하나인 '전국토의 요새화'의 일환으로 총 8,000여개의 지하 군사시설을 구축한 것으로 알려져 있다. 이는 휴전선 전방지대에 위치하는 1,800여개를 포함한 것이다. 정병호, "북한의 군사능력 평가 및 전망", 차영구 · 황병무 편저, 『국방정책의 이론과 실제』(오름, 2004), p.207.

의 핵심 전략무기로 육성, 강화해야 한다. 순항미사일의 경우 MTCR이 규정하는 사거리와 탄두 탑재중량 제한의 적용이 탄도미사일에 비해서 덜한 편이어서 기존의 현무, ATACMS 탄도미사일의 300km를 넘어서는 사거리로 개발하기에도 유리하다. 북한뿐만 아니라 주변 강대국에 대해서도 억지 효과를 발휘할 수 있는 것이다. 한국이 MTCR의 정식 가입을 앞둔 지난 2001년 초 미국과 체결했던 『한미 미사일지침』에서도 순항미사일의 경우 "탄두중량은 0.5톤을 넘지 않는다"는 조건 아래 사거리의 제한을 받지 않고 개발할 수 있다는 양해가 포함된 바 있다.112)

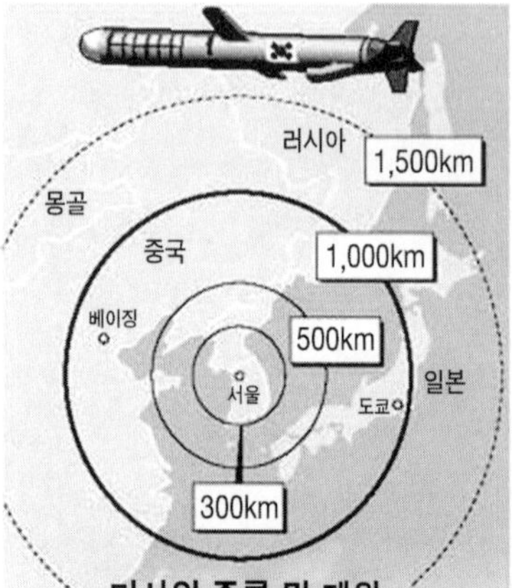

미사일 종류 및 제원

명칭(종류)	사정거리(km)	현 단계
현무III(지대지)	1000	실전배치 중
현무IIIA(지대지)	1500	개발 중
보라매(공대지)	500 이상	실전배치 중
천룡(함대지 · 잠대지)	500 이상	개발 완료

한국군의 신형 순항미사일과 사거리 범위

출처: 「조선일보」, 2006년 10월 25일자

한국군의 독자적인 순항미사일 개발, 확보를 위한 노력도 가시적인 성과를 나타내기 시작했다. 첫 번째 성과물은 해군의 수상전투함과 잠수함에서 탑재, 발사되는 사거리 500km의 '천룡(天龍)' 순항미사일이다. 천룡은 관성항법장치와 TERCOM을 통해 아음속으로, 적 지상 방공전력의 요격을 피하여 50~100m의 저고도를 유지하면서 비행할 수 있다. 그리고 최종 유도단계에

---

112) 지난 1978년 한국의 독자적인 탄도미사일 개발 성공에 놀란 미국은 미사일의 핵심 부품을 한국에 공급하는 조건으로 "사거리는 180km 이내로 제한할 것"을 요구했고, 결국 1979년에 이를 포함시킨 『한미 미사일양해각서』가 체결되었다. 그러나 1990년대 이후 북한의 장거리 탄도미사일 위협이 부각되면서 한국의 자체 대응능력 확보 필요성이 제기되기 시작했고, 마침내 2001년 MTCR 가입을 계기로 그동안의 사거리 180km 제한을 철폐한 『한미 미사일지침』이 채택된 것이다. 이정훈, "본격공개! 이것이 한국군 화력이다", 「신동아」, 2007년 2월호.

서는 적외선 탐지장치를 사용하여 오차범위 약 5m 이내에서 표적을 명중시킬 정도로 정확도가 우수하다. 천룡을 지상배치형으로 개조한 '현무-Ⅲ'과 항공기 탑재방식의 '보라매'도 개발이 진행 중이거나, 실전배치를 눈앞에 두고 있다.113)

천룡과 보라매, 현무-Ⅲ 순항미사일의 사거리는 500km에서 최대 1,000~1,500km로 북한 영토 전체뿐만 아니라 주변 강대국들의 내륙 지역에 위치하는 주요 정치 · 경제 · 군사적 거점 대부분을 공격권 내에 둘 수 있다. 앞으로 현무와 ATACMS를 비롯한 탄도미사일은 한반도 이내, 혹은 국경지대 주변의 작전지역으로 접근하는 적의 대규모 지상 기동전력을 제압하거나, 발사준비단계의 탄도미사일 기지, 대량살상무기 생산 및 비축시설, 공군기지의 활주로, 지원설비 등 비교적 넓은 범위에 걸친 고정된 표적을 대상으로, 전쟁 초기의 신속한 화력지원을 위해 운용하는 편이 바람직할 것이다.

이와 더불어 항공기에 탑재, 발사되는 공대지 정밀유도무기의 도입도 진행되고 있다. 900여발의 JDAM 위성항법유도폭탄, 지하시설 관통능력을 갖춘 다수의 GBU-24/28 레이저유도폭탄을 미국에서 직도입하기 시작한 것이다. 적 방공전력의 요격범위 밖에서 발사될 수 있는 약 400km의 사거리와 스텔스 설계, 그리고 지하시설 공격 기능 등을 특징으로 하는 장거리 공대지 순항미사일 수백기도 오는 2011년까지 해외 직도입으로 확보할 예정이다.114) 도입대상으로는 미국제 JASSM, 유럽제 타우러스 순항미사일이 유력하게 거론되고 있다. 그리고 미국제 '롱샷'과 유사한 공대지 활공유도폭탄도 오는 2012년까지 독자개발한다는 방침이다. 이 폭탄은 사거리가 JDAM의 4배인 100km 이상으로 적 방공전력의 위협으로부터 안전하게 발사가 가능하며, GPS와 관성항법장치, 활공용 날개를 탑재하여 표적을 정확히 명중시킬 수 있도록 개발될 것이다. 공군은 기존의 일반폭탄 다수를 국산 중거리 활공유도폭탄으로 개조할 예정이다.115)

113) 유용원, "사거리 1,000km 크루즈 미사일 실전배치", 「조선일보」, 2006년 10월 25일자.
114) 채병건, "장거리 정밀타격 미사일 도입", 「중앙일보」, 2008년 4월 26일자.

군사력의 다리라고 할 수 있는 육 · 해 · 공 기동 전력 가운데서 전쟁의 억지, 승리를 주도하는 역할은 지상에 발이 묶인 육군보다는 외부 적성세력의 침공을 영토 밖에서 재빨리 격퇴, 제압할 수 있는 해군과 공군에게 달려있다. 따라서 한국의 해 · 공군력은 2010년대 이내에 한반도를 넘어 '완충전장'과 '확대된 전장'에서도 충분한 전투력과 생존성을 갖추면서 임무를 수행할 수 있는 일정 규모의 고성능 수상전투함, 잠수함, 전투기 등을 중심으로 재편되어야 한다. 이를 좀 더 구체적으로 살펴보자.

1980년대까지만 해도 북한에 맞서기 위한 연안해군 수준에 머물렀던 한국해군은 지난 1996~1998년 사이에 건조된 '광개토대왕(배수량 3,800톤)'급 구축함 3척의 전력화를 계기로 대양해군으로의 성장을 본격화했다. 광개토대왕급은 사거리 100km의 대함미사일과 더불어 VLS에 탑재, 운용되는 16기의 시 스패로우 단거리 함대공미사일, 적 대함미사일 요격을 위한 네덜란드제 30mm '골키퍼' CIWS, 그리고 대잠헬기 탑재 기능 등을 갖추어 일정 수준의 대양작전 수행 능력을 보유한 것이 특징이다. 2002년부터 건조된 6척의 '충무공 이순신(배수량 4,400톤)'급 구축함은 VLS 규모가 32기로 확대되었고, 함대방공이 가능한 사거리 100km의 SM-2 장거리 함대공미사일을 탑재하여 대양에서의 작전수행 능력을 양적, 질적으로 강화시켰다. 다만 충무공 이순신급의 방공레이더는 탐지범위를 비롯한 주요 성능이 광개토대왕급의 것과 큰 차이가 없어서 실질적인 동시 다표적 교전능력에 제약을 받는 것이 단점이다.

지난해 5월 25일에는 '세종대왕(배수량 7,700톤)'급 이지스구축함의 1번함을 진수시킴으로써 한국 해군도 세계 5번째로 이지스함을 보유하는 기록을 세웠다. 세종대왕급은 무려 128기 규모의 VLS에 SM-2 함대공미사일, 국산 대잠로켓, 그리고 천룡 순항미사일 등의 다양한 무장을 탑재하며, 기존 수상전투함의 2배나 되는 16기의 국산 '해성(海星)'[116] 대함미사일까지 탑재하는

115) 김귀근, "軍, 2012년까지 `비행 폭탄` 개발", 「연합뉴스」, 2007년 3월 21일자.

116) 최대사거리가 150km나 되는 해성 대함미사일은 지난 2003년의 첫 시험발사에서 성공을 거두었고, 2006년부터는 본격적인 양산 및 실전배치가 시작되었다. 대만의

등 중국과 일본, 러시아의 동급 군함들을 크게 능가하는 전투력을 자랑한다. 뿐만 아니라 AN/SPY-1D 위상배열레이더를 통해 반경 500km(특정 방향의 경우 약 1,000km) 이내의 해・공역에서 활동하는 표적 1,000여개를 동시에 탐지, 추적하고, 그 가운데 20여개와 동시 교전이 가능하다.[117]

해군은 오는 2010년에 충무공 이순신급 구축함과 세종대왕급 이지스구축함으로 구성되는 약 6척 규모의 첫 번째 기동전단을 창설하고, 2020년까지 최대 3개의 기동전단을 보유하는 구축함 15~20척 내외의 기동함대를 확보한다는 계획을 추진하고 있다. 이들 기동전단/함대는 한반도 주변해역의 해양관할권 방어뿐만 아니라, 태평양과 동중국해 등지로 이어지는 200해리 이상의 해상교통로 호송(護送 : Escort)을 포함하는 대양작전 임무를 전담할 예정이다.

현재 세종대왕급 이지스구축함은 오는 2012년까지 3척의 건조가 계획되어 있다. 해군은 장기적으로 세종대왕급 이지스구축함을 총 6척까지 건조, 각 기동전단에 2척씩 배치하길 희망하고 있다.[118] 그러나 척당 1조원이 넘는 이지스구축함의 건조 비용을 고려할 때, 자칫 해군 기동전단/함대의 규모 확대에 부담이 될 우려도 적지 않다. 따라서 세종대왕급 이지스구축함의 건조 수량은 당분간 현재 계획된 3척에서 동결시키고, 대신 충무공 이순신급 구축함의 추가 건조 내지는 함대공 교전능력을 강화시킨 개량형 구축함을 우선적으로 확보하는 편이 바람직할 것이다.

해군의 기동전단/함대는 지난 2006년 준공된 부산의 해군 작전기지에 우선 배치되며,[119] 이후 2014년까지 건설되는 제주 해군기지에 상시적으로 배

승평 미사일 개발사례처럼, 해성의 개발 과정에서 적용된 주요 관련기술들은 천룡 순항미사일의 독자 개발에도 크게 기여한 것으로 알려져 있다.

117) 김민석, "'꿈의 전투함' 동아시아 해양전략 바꾼다", 「중앙일보」, 2007년 5월 26일자.

118) 김귀근, "軍, 이지스 구축함 추가확보 추진", 「연합뉴스」, 2008년 2월 11일자.

119) 부산에 건설된 작전기지는 30척 이상의 군함을 동시에 정박시킬 정도의 대규모 수용능력을 갖추고 있다. 한편으로 해군은 지난해 말 경상남도 진해의 작전사령부를 부산으로 이전했으며, 남해를 관할하는 제3함대 사령부를 부산에서 전라북도 목포로 옮겼다. 이철희, "진해 해작사는 부산으로, 부산 있던 3함대 목포로", 「중앙일보」,

치될 전망이다. 제주도는 남해에 위치하면서 동해와 서해를 연결하는 길목의 입지를 차지하여 한반도 주변 해역 전체로 손쉽게 접근할 수 있으며, 덕분에 중국과 일본의 해군력을 동·서 양쪽방향에서 동시에 견제하는 데 매우 유리하다. 특히 해저유전의 분포 가능성이 높은 것으로 평가되는 남해 일대의 동중국해 대륙붕, 혹은 석유를 비롯한 주요 에너지자원의 수송과 직결되는 남방항로에서 해양 무력충돌이 발생할 경우 중국, 일본보다 신속하게 해군의 주력 군함을 투입시킬 수 있다.[120] 한국 대양 해군력의 선봉인 기동전단/함대를 배치하기에는 가장 적합한 지리적 조건을 갖추고 있는 것이다.

'충무공 이순신'급 구축함(위)과 '세종대왕'급 이지스구축함(아래). 한국 해군의 대양작전을 주도하는 주력함이 될 것으로 기대된다.

한반도 주변해역의 방어를 실질적으로 담당할 주력함은 배수량 2,300톤급의 차기호위함(FFX)이 될 것이다. 차기호위함은 척당 8기의 대함미사일과 더불어 기존의 울산급 호위함, 포항급 초계함에는 없었던 단거리 함대공미사일, 대잠 헬기까지 탑재하여 보다 입체적인 해전수행 능력의 확보를 목표로 하고

2007년 7월 19일자.

120) 제주 해군기지는 제주도 남부 서귀포시의 강정마을에 건설되며, 기지 면적은 20여 척의 군함이 동시에 정박할 수 있는 0.4km^{2}로 한다는 계획이다. 김재엽, "21세기의 청해진-제주 해군기지", 「군사저널」, 2007년 6월호.

있다. 해군은 오는 2011년부터 15척 이상의 차기호위함을 건조하여 동해와 서해, 남해의 3개 해역함대에 나누어 배치할 계획이다. 이들 해역함대는 유사시 충무공 이순신급 구축함과 세종대왕급 이지스구축함을 보유한 기동전단/함대, 혹은 필요할 경우 공군 전투기와의 합동작전을 통해 200해리 이내의 대륙붕, EEZ에 대한 일정 수준의 해양통제(海洋統制 : Sea Control)[121]를 달성할 정도의 국지적 우세를 확보할 수 있어야 한다.

해군의 2,300톤급 차기호위함(FFX) 예상도. 한반도 주변해역 방어의 실질적인 주력함이 될 전망이다.

그러나 한국 해군이 아무리 우수한 수상전투함을 확보한다고 해도, 주변 강대국들이 보유하고 있는 동급의 군함들에 비해서는 양적으로 부족할 수밖에 없는 입장이다. 장차 해군이 운용할 기동전단/함대가 단순히 "대양으로 나아가는(Ocean-Going)" 정도의 능력을 넘어서 "대양에서도 생존, 승리할 수 있는" 수준의 전투력을 보장받고, 한국의 해양주권을 지켜내기 위해서는 주변 강대국 해군력과의 불가피한 양적 격차를 상쇄할 수 있는 전투력의 차별화가 필수적이다.

먼저 수상전투함의 무장 능력을 질적으로 강화하는 방안을 고려할 수 있다. 예를 들어 러시아의 모스키트와 야혼트, 대만의 슝펑 3호처럼 200km 이상의 원거리에서 발사 가능하며, 함대공 요격이 매우 어려운 초음속 대함미

121) 해양통제란 "해당 국가에서 필요로 하는 시간과 범위 내에서 특정 해역에 대한 지배 및 통제를 행사하는 것"을 뜻한다. 때문에 지속적으로 타국의 해군력보다 우위를 차지하면서 관할권을 완전 장악한다는 제해권이나 해양우세보다는 제한적인 개념이라고 할 수 있다. 해군 전투발전단, 『해양전략용어 해설집』(해군본부, 2004) pp.118~119.

사일을 확보 및 개발하여 적 군함에 대한 공격의 성공 가능성을 비약적으로 높이는 것이다. 특히 VLS에 초음속 대함미사일을 탑재, 운용할 수 있다면 우세한 규모의 적 해군력을 상대로도 동시 다발적인 대함교전 수행이 가능해질 것으로 기대된다.[122] 이를 위해 국산 해성 대함미사일의 VLS 탑재, 운용능력 확보를 위한 추가 개량과 더불어 마하 2 이상의 비행속도, 약 300km급의 사거리, 스텔스 기능 보유 등을 특징으로 하는 초음속 대함미사일의 독자개발이 오는 2010년대 이내를 목표로 진행 중이다.[123]

보다 확실한 선택은 해전에서의 비대칭 무기라고 할 수 있는 잠수함 전력을 우선적으로 증강하는 것이다. 잠수함은 좀처럼 탐지되기 어려운 수중에서 활동하는 '은밀성'을 무기로 적이 예상하지 못하는 시간, 위치에서 기습 공격을 가할 수 있기 때문에 적은 규모로도 보다 거대한 적 해군력에게 기습적인 보복과 전력손실, 소모에 따르는 두려움을 강요할 수 있다.[124] 주변 강대국들의 해군력에 비해 소수 세력일 수밖에 없는 한국 해군에게는 매우 이상적인 대안이다. 이미 한국 해군은 기존의 장보고급 소형 디젤추진 잠수함이 최근 수년 동안 환태평양 해상기동훈련(RIMPAC)에서 거둔 여러 차례의 모의해전 활약상을 통해 우수한 잠수함 운용능력을 과시한 바 있다.

수상전투함과 마찬가지로, 해군의 잠수함 전력 강화는 대양작전 능력의 확보에 맞춰져 있다. 먼저 독일제 214급[125]을 기반으로 AIP 잠수함을 자체 건조하는 일명 장보고-Ⅱ 사업이 착수되었고, 그 결과 지난 2006년 '손원일(수중배수량 1,800톤)'급[126] 잠수함의 1번함을 진수시켰다. 한국 해군이 동아시아

---

122) 실제로 세계 각국의 해군은 대함미사일을 VLS에 탑재, 운용하는 방안을 활발히 연구 중이며, 인도는 러시아의 야혼트를 기반으로 개발된 사거리 300km급의 '브라모스' 초음속 대함미사일을 해군의 신형 군함 VLS에 탑재하기 시작했다. 황재연 · 김정환, 『현대 해군의 수상전투함』(군사연구, 2007), pp.220~225.

123) 황재연 · 김정환, 2007, pp.226~229.

124) 정의승, 『한국형 잠수함 KSX』((주)고려원북스, 2006), pp.50~62.

125) 214급 AIP 잠수함은 독일 해군에서 운용 중인 212급을 수출용으로 개조한 것이며, 그리스 해군에서도 도입 중이다.

최초로 AIP 잠수함을 보유하게 된 것이다. 손원일급은 2~3주일의 수중 잠항기간, 심도 400~600m의 잠수능력을 갖추어 장보고급보다 훨씬 장기간에 걸친 원거리 항해임무를 수행할 수 있다. 현재까지 건조된 손원일급 AIP 잠수함은 3척이며, 오는 2012~2018년 사이에 6척을 추가 건조하여 총 9척을 확보한다는 계획이다.[127)]

한국 해군의 '손원일'급 AIP 잠수함. 총 9척을 건조할 예정이다.

2010년부터는 배수량 3,500톤급의 중(重)잠수함을 독자 설계, 개발하는 장보고-Ⅲ 사업에도 착수하여 2018년 이후 총 9척을 건조, 기존의 장보고급 소형 잠수함을 대체할 예정이다.[128)] 장보고-Ⅲ급 국산 중(重)잠수함은 척당 약 10기의 천룡 순항미사일을 탑재하여 유사시 외부 적성세력에 대한 억지, 보복능력을 제공하는 전략무기 역할까지 수행할 것으로 기대된다.

그 결과 해군의 잠수함 전력은 2020년쯤 장보고급 9척, 손원일급 9척, 그리고 장보고-Ⅲ급 소수를 포함하는 약 20척 규모로 성장할 전망이며, 이를 바탕으로 기존의 잠수함전단은 1개 함대급인 잠수함사령부로 승격될 것이다. 잠수함사령부는 예하에 각 9척의 장보고급(이후 장보고-Ⅲ급), 손원일급으로

126) 초대 해군참모총장과 제5대 국방장관을 역임한 손원일 제독의 이름에서 유래한 함명이다.

127) 다만 최근에 손원일급 AIP 잠수함의 항해정숙성 문제가 지적되면서 이를 해결하기 위한 후속 보완조치가 진행 중이며, 6척 규모의 추가건조도 이후에나 가능해질 전망이다. 김귀근, "해군 최신예 잠수함에 '기준치 이상 소음'", 「연합뉴스」, 2008년 3월 15일자.

128) 김귀근, "3천t급 잠수함 독자개발한다", 「연합뉴스」, 2007년 5월 16일자.

우리나라 해군의 잠수함 제원

구분	장보고I	장보고II	장보고III
배수량(톤)	1,285	1,800	3,000
도입시기 및 척수	1990년대(9척)	2007~09년(3척) 2012~17년(6척)	2018년 이후 (9척)
예산(원)	3조	4조5,000억	2조5,000억 (최초 3척)
연속잠수 가능기간	3일	14~21일	3주일
승조원	33명	30명	미정

한국 해군의 잠수함 확보계획

출처: 「한국일보」, 2007년 2월 22일자

편성된 전단 2개를 보유한다. 장보고급이 모두 퇴역하는 2030년 무렵까지는 해군의 잠수함 전체가 대양 작전능력을 갖춘 중·대형 잠수함으로 완전히 재편될 것이다.

위와 같은 해군의 잠수함 전력 증강계획은 그 진행속도와 양적, 질적 전투력의 확대 측면에서 수상전투함의 경우보다 적극적인 양상을 나타내고 있다. 이는 수상전투함보다 우월한 잠수함의 생존성과 기습능력을 통한 효과적인 억지, 보복 효과를 감안할 때, 지극히 타당하고 바람직한 선택이다. 한국 해군은 우수한 대양작전 능력을 갖추는 이들 신형 잠수함을 기동전단/함대와의 협동작전을 통한 대륙붕, EEZ에서의 해양관할권 방어, 해상교통로 호송 임무는 물론, 외부 적성세력의 주요 항구와 해군기지를 겨냥한 봉쇄 및 습격, 그리고 적의 해상교통로를 겨냥한 통상파괴전 등의 임무에 투입해야 한다. 이를 통해 적 해군의 주력에 대한 견제태세를 유지하고, 한국이 해양통제를 달성하기 곤란한 200해리 이상의 대양에서도 일종의 제2전선을 형성하여 이들의 전쟁수행 및 지속 능력을 분산, 소모시키는 해양거부(海洋拒否 : Sea Denial)[129]를 달성하는 것이다. 한국 해군이 '눈에 보이지 않는' 잠수함의 기습, 보복능력과 '눈에 보이는' 기동전단/함대의 지속적 해상배치, 전개, 위

129) 해양거부는 "특정 해역에서의 해양관할권 달성이 어려울 경우, 상대측의 해군력도 정상적으로 활동하지 못하도록 강요하는 것"을 목적으로 한다. 해군 전투발전단, 2004, p.127.

력시위 능력을 잘 결합시킨다면, 강대국에 대한 수적 열세를 극복하며 대륙붕, EEZ, 그리고 해상교통로를 비롯한 한반도 주변해역에서의 해양주권 방어에 큰 힘이 될 것으로 기대된다.

해군의 가장 대표적인 전략무기는 역시 항공모함이다. 그동안 한국에게 항공모함이란 강대국들의 전유물로만 인식되어 온 것이 사실이다. 하지만 중국이 바리야그함의 도입, 복원과 함께 독자적인 항공모함 개발을 공식화하고, 일본도 사실상의 경항공모함인 히유가급 헬기모함을 진수시킨 이상 한국도 더 이상 항공모함의 확보 문제에 무관심할 수 없는 입장이다. 아울러 한국은 세계 10위권의 경제대국이자 세계 1위의 조선산업 대국으로서 항공모함을 자체 건조할 정도의 역량도 갖추고 있다.[130] 요컨대 항공모함은 시기와 조건의 문제일 뿐, 결코 불가능의 대상이 아니다.

한국 해군의 '독도'급 상륙모함. 경항공모함으로의 발전 잠재력이 높은 것으로 평가받고 있다.

지난 2005년 7월 12일 해군은 동아시아 최대 규모의 군함인 '독도(배수량 14,000톤)'급 상륙모함을 진수시켰다. 독도급은 선체 자체의 규모만을 기준으로 해도 일본의 히유가급은 물론, 유럽 국가들의 기존 경항공모함을 능가한다. 또한 400km 범위에 걸쳐 약 1,000개의 표적을 탐지, 추적하는 스마트-L 다목적 방공레이더, 그리고 주변 해역의 군함 및 항공기에 대한 지휘통제 기능까지 갖추어 향후 기동

130) 김징완 한국조선공업협회 회장은 지난 2006년 3월말 한국무역협회(KITA)의 제5회 최고경영자 조찬회에서 열린 '한국 조선산업의 현재와 미래'라는 주제의 강연에서 "현재 우리는 만들지 못하는 배가 없을 정도의 기술력을 가지고 있다. 항공모함의 경우 관련 무기시스템만 뒷받침된다면 제작이 가능할 것"이라고 밝힌 바 있다. 박준식, "한국, 잠수함 · 항공모함도 만들 수 있다", 「머니투데이」, 2006년 3월 31일자.

전단/함대의 기함 역할을 할 예정이다. 갑판에 스키점프대를 설치하는 등의 개량을 거친다면, 충분히 단거리 이착륙기를 탑재, 운용하는 경항공모함으로 개조될 수 있다.[131)]

현 시점에서 해군은 독도급 상륙모함을 경항공모함으로 개조하거나, 이를 기반으로 설계되는 별도의 항공모함 개발에 대한 계획을 공식화하지는 않고 있다. 그러나 중국과 일본에서 진행되고 있는 항공모함의 전력화 시기, 추세를 감안한다면, 늦어도 2016~2020년 사이에는 1개 비행대대(약 15~20대 내외) 규모의 고정익 항공기, 대잠 교전 및 조기경보용 헬기 등 총 30여대의 항공기를 탑재할 수 있는 배수량 20,000~30,000톤급 이상의 중소형 항공모함을 확보하기 위한 예산반영과 건조에 착수할 필요가 있다. 다만 주변 강대국과의 경제력 격차를 고려하여 스페인의 후안 카를로스 1세급, 호주의 캔버라급처럼 상륙부대 수송과 항공기의 탑재, 운용능력을 겸비하는 다목적 수송함 개념으로 추진하는 편이 바람직할 것이다. 탑재될 항공기는 해군 단독으로 확보하는 것보다 영국의 '해리어 합동부대(Joint Force Harrier)'처럼 1~2개 비행대대 이상 규모의 공군 전투기를 유사시 항공모함 탑재용으로 동원할 수 있도록 해·공군이 공동 관리하여 획득비용 부담을 줄이도록 해야 한다.

해군의 항공모함은 한반도 주변해역을 넘어 적어도 대만해협이나 필리핀 바시해협을 비롯한 200~600해리 이상, 확대될 경우 동남아시아의 말라카해협과 인도양 너머의 아랍 인근해역까지 연결되는 수천해리의 해상교통로 호송 작전에서 기동전단/함대에 함대방공 능력을 제공하는 임무를 수행해야 한다. 이는 특히 장거리 대함미사일로 무장한 중국 해·공군의 SU-27/30 전투기가 다수 배치되어 있는 동중국해, 남중국해 인근 해역에서 기동전단/함대의 생존성을 보장하기 위해 꼭 필요한 능력이라고 할 수 있다. 공군 전투기의 엄호를 충분히 제공받을 수 있는 한반도 주변의 200해리 이내에서만 활동할 항공모함이라면 차라리 없는 편이 낫다.

---

131) 이정훈, "독도함! 아시아 세 번째 항모로 키워라", 「주간동아」, 2007년 11월 6일호.

공군에서 큰 기대를 걸고 있는 전략무기는 미국제 F-15E를 개량한 F-15K '슬램 이글' 전폭기다. F-15K는 지난 2002년 차기전투기(F-X) 사업을 통해 직도입이 결정된 제4세대 기종으로 최고 마하 2.5의 비행속도, 한반도 전체와 주변 강대국들의 영토 상공까지 포함하는 1,000~1,200km의 작전 행동반경으로 공군의 기존 전투기들보다 훨씬 우월한 원거리 비행능력을 갖추고 있다.[132] 여기에 암람과 AIM-9X 최신 개량형 사이드와인더를 비롯한 고성능의 중 · 단거리 공대공미사일은 물론, JDAM, GBU-24/28 지하시설 공격용 레이저유도폭탄, 대함미사일, JASSM급의 장거리 공대지 순항미사일 등 최대 13톤에 달하는 엄청난 무장탑재능력을 보유한다. 중국과 러시아의 SU-27/30, 일본의 F-15J와 동급 이상의 전투력을 갖춘 동아시아 최강의 전폭기다. F-15K의 AN/APG-63(V)1 레이더는 미 공군 F-15E에 탑재되는 AN/APG-70 레이더보다 우수한 공대공, 공대지 표적의 탐지 및 추적범위, 정보처리 속도를 자랑하며,[133] 향후 싱가포르의 F-15SG처럼 AESA 위상배열레이더를 탑재하도록 개량될 가능성도 있다.

F-15K '슬램 이글' 전폭기의 편대비행 모습. 2012년까지 총 60대의 도입이 진행 중이다.

F-15K 전폭기는 지난 2005년 10월 처음 공군에 인도된 2대를 시작으로 금년까지 40대가 도입될 예정이며, 2012년까지는 20대를 추가 도입하여 총 60대를 확보할 것이다.[134] 이

132) 한 보기로 기존의 주력기종인 KF-16이 독도 상공에서 작전을 수행할 수 있는 체공시간은 5~20분 사이에 불과하지만, F-15K의 경우 1시간을 훨씬 넘는다.
133) 신선규, "정밀분석! F-15K 공중전 능력은?", 「월간 항공」, 2007년 11월호.
134) 40대의 F-15K 1차 도입수량 가운데 1대는 지난 2006년 6월 훈련 도중에 추락한 바 있다. 최근 결정된 F-15K의 추가도입 규모는 제작사인 미국 보잉이 무상으로 제공

와 함께 공군은 오는 2011년부터 스텔스 기능을 보유하는 약 60대의 제5세대 전투기 직도입 사업을 시작하고, 2014～2019년 사이에 이들을 실전배치하여 F-15K와 함께 전략무기 수준의 주력기로 운용한다는 계획도 추진 중이다.[135] 현재 미국제 F-35 스텔스기가 유력한 대상 기종으로 거론되고 있다. 이를 통해서 지난 1970~1980년대에 도입된 제2, 제3세대 F-4/5가 다수를 차지하는 전투기 약 500대 규모의 전력구조를 KF-16과 F-15K, 그리고 F-35급 스텔스기를 포함하는 420대의 제4, 제5세대 전투기 중심으로 정예화한다는 것이 공군의 계획이다.

공중급유기도 공군이 중 · 장기적으로 도입을 적극 추진할 가능성이 높은 전략무기다. 비록 공중급유기 자체는 아무런 무장도 탑재할 수 없지만, 비행 중인 항공기들의 체공 및 임무수행 시간을 연장시키는 데 필수적인 역할을 담당한다. 이는 공군력에 의한 자국 영공에서의 지속적이면서 신속한 경계, 대응능력을 유지, 강화할 수 있는 방어적 임무뿐만 아니라, 항공기들의 항속거리와 작전 행동반경, 무장 탑재능력까지 확대함으로써 공세적 임무를 포함하는 보다 다양한 작전선택의 기회를 제공해준다.[136] 요컨대 공중급유기는 특정 공역에서의 동일한 임무 수행에 필요한 각 항공기의 출격횟수를 줄여주며, 때문에 상대적으로 소규모의 전투기를 보유하면서도 더욱 효과적인 공군력의 운용을 가능토록 하는 것이다.

최근 국방당국은 공중급유기 도입의 타당성 여부를 평가하는 선행연구에 착수한 상태이며,[137] 늦어도 오는 2010~2015년 사이에는 공중급유기의 도입 사업이 본격화될 것으로 전망된다. 대상 기종으로는 일본과 호주에서 각각 도입을 결정한 미국제 KC-767, 유럽제 KC-30이 유력하다.

하는 1대를 포함한 총 21대로 확정되어 눈길을 끌기도 했다. 김귀근, "정부 "F-15K 21대 도입 확정"", 「연합뉴스」, 2008년 4월 25일자.

135) 이귀원, "공군 5세대 전투기사업' 2011년 착수", 「연합뉴스」, 2007년 10월 24일자.

136) 이동훈, "차세대 한국군 공중급유기를 논한다-MRTT vs KC-767", 「월간 항공」, 2005년 1월호.

137) 김귀근, "방사청 "공중급유기 내년 선행연구 착수"", 「연합뉴스」, 2007년 10월 29일자.

한국군이 확보해야 할 전략무기 가운데는 새로운 형태의 비대칭적 군사위협에 대응하기 위한 수단도 포함되어야 한다. 가장 대표적인 것이 바로 한국 영토를 공격할 수 있는 장거리 미사일의 위협에 대한 방어체계 구축이다. 그동안 한국에서는 미사일 방어를 미국 주도의 MD와 동일시하는 국내 일각의 정치 · 사회적 비판이 계속되어 왔으며, 전임 김대중 · 노무현 행정부의 대북 화해협력정책에 편승한 나머지 미사일 방어능력의 필요성을 제기하는 것만으로도 '대북 강경론자', '미국 추종', '군비경쟁 조장'이라고 매도당하기 일쑤였다. 휴전선 이남에 배치된 무기들 가운데 탄도미사일 요격능력을 갖춘 것이라고는 주한미군의 1개 방공대대가 운용하는 PAC-3 개량형 지대공미사일뿐이다. 세계적 규모의 탄도미사일 전력을 보유한 북한과 중국, 그리고 독자적인 우주로켓 개발을 통해 사실상의 ICBM급 미사일 개발능력을 갖춘 것으로 평가되는 일본[138]과 상대하고 있는 국가로서는 도저히 납득하기 어려운 현상이었다.

그러나 지난 2006년에 연달아 벌어진 북한의 탄도미사일 시험발사, 핵실험 사태를 계기로 미사일 방어능력의 확보 필요성은 비로소 설득력을 얻게 되었다. 이에 따라 2006년 12월 말에는 김관진 당시 합참의장의 취임을 계기로 제작, 발간된 『합참의장 지휘지침서』에 이른바 '한국식 방공 · 미사일방어 체계(KAMD : Korea Air and Missile Defense)' 구축이 명문화되기도 하였다.[139] 『합참의장 지휘지침서』는 각 군의 군사력건설 계획 작성, 소요 제기를 위한 지침 역할을 하는데, 이 점에서 미사일 방어능력 확보에 대한 국방당국의 의지가 얼마나 강한지를 잘 보여준 것이었다.

국방당국은 한국군이 계획하는 미사일 방어체계가 "한반도의 특성과 여건에 맞는 항공기 및 미사일 방어를 위한 것이며, 제한적이나마 북한의 탄도미

---

138) 일본은 지난 1970년 세계 4번째로 독자개발 인공위성의 발사에 성공했으며, 1990년대 이후 수차례에 걸쳐 고도 30,000km 이상의 고궤도위성을 탑재하는 자국산 H-Ⅱ 계열 로켓을 성공리에 발사했다.

139) 유용원, "'한국형 미사일 방어체계' 본격 추진", 「조선일보」, 2006년 12월 21일자.

사일을 조기에 탐지, 요격할 수 있는 기본적인 미사일 방어능력을 우리 스스로 갖추는 것"이라고 설명하고 있다. 미국의 MD와 비교하자면 최종단계 요격에 해당하는 것이다.

그 첫 단계로 1990년대 이후 10년 가까이나 늦춰져 온 차기 방공무기(SAM-X) 사업에 따라 독일군이 잉여장비로 보관 중이던 48기(2개 방공대대 규모)의 미국제 PAC-2 지대공미사일을 도입, 빠르면 금년부터 노후화된 '나이키 허큘리스' 장거리 지대공미사일을 대체한다.[140] 이 경우 PAC-2의 제한적인 탄도미사일 요격 능력을 보완하기 위해 일부를 PAC-3로 추후 교체할 가능성이 있다. 400~600km 밖에서 발사되는 적 탄도미사일의 종류와 비행방향, 궤도, 공격 대상지역 등을 탐지, 추적해내는 조기경보용 지상배치 레이더의 해외 직도입도 결정되었다.[141] 기존의 호크 중거리 지대공미사일을 대체할 사거리 40km의 '철매-Ⅱ' 차기 중거리 지대공미사일(M-SAM)도 주목받고 있다. 오는 2011년까지 개발될 예정인 철매-Ⅱ는 러시아의 SA-10/20과 유럽의 MEADS, SAMP-T, 그리고 일본 육상자위대의 03식 중거리 지대공미사일처럼 이동식 발사대와 자체 방공레이더를 갖추어 항공기뿐만 아니라 탄도미사일에 대한 요격 능력까지 겸비하게 될 것이다.

차기 중거리 지대공미사일(M-SAM) '철매-Ⅱ'의 개념도. 향후 미사일 방어능력까지 갖추도록 개발될 전망이다.

이지스구축함의 장거리 탐지, 추적능력과 동시 다표적 교전능력을 이용한 해상 요격능력 확보도 한국군의 미사일 방어능력 구축에 포함되어 있다. 미국이 오는 2010년까지를 목표로 개발하고 있는 사거리 320~400km의 SM-6

140) 김병수, "韓, 이르면 올해 패트리엇미사일 실전배치", 「연합뉴스」, 2008년 3월 4일자.
141) 김귀근, "정부, 對탄도미사일 레이더 해외구매", 「연합뉴스」, 2008년 6월 26일자.

장거리 함대공미사일을 직도입하여 해군의 세종대왕급 이지스구축함에 탑재, 운용하는 방안이 바로 그것이다.[142] 비록 ICBM급 탄도미사일을 요격할 수 있는 미국, 일본의 SM-3에는 못 미치지만, 한반도의 전장환경에서는 제한적이나마 중간단계 요격까지 가능할 정도의 성능을 발휘할 것으로 기대된다.

현재 계획대로라면 한국군은 2012년부터 PAC-2와 철매-Ⅱ 지대공미사일, 조기경보용 지상레이더를 주축으로 하는 지상 방공전력 중심의 제한적인 미사일 방어능력을 확보하고, PAC-3의 일부 도입과 더불어 SM-6 함대공미사일에 의한 해상 요격능력을 갖추는 2015년에야 겨우 독자적인 미사일 방어체계를 본격 운용할 수 있다는 평가다.[143] 북한 탄도미사일 전력의 절반 이상이 이동식 발사대에서 탑재, 운용되는 스커드 탄도미사일이라는 점을 고려할 때, 한국군이 고성능 정보수집 자산과 정밀유도무기로 북한의 탄도미사일을 발사 이전에 탐지 및 제거하는 데 실패할 경우를 대비하기 위해서도 한반도 이내를 범위로 하는 미사일 방어능력은 꼭 필요하다.

한국의 입장에서 미군의 장거리 조기경보레이더 배치, SM-3급 장거리 함대공미사일의 도입을 비롯한 미국 MD에의 정식 참여는 군사적 효용성이 의심스러울 뿐만 아니라 자칫 중국, 러시아와의 정치·외교적 마찰을 일으키는 등의 부정적 측면이 강하다.[144] 하지만 적어도 한국 영토의 방어를 위한 독자적인 미사일 방어능력의 확보는 지극히 정당하며, 꼭 필요한 과제다. MD와는 무관한 유럽의 MEADS와 SAMP-T, PAAMS도 항공기와 미사일의 요격능

142) 김민석, "탄도미사일 잡는 SM-6 세종대왕함 장착 추진", 「중앙일보」, 2008년 1월 21일자.

143) 유용원, "한국은 2012년에야 '저(低)고도 MD' 가능", 「조선일보」, 2007년 12월 19일자.

144) 이명박 행정부의 출범을 계기로 한국이 미국과의 동맹 강화 차원에서 전임 김대중·노무현 행정부 시절보다 MD 참여에 적극적인 입장을 나타낼 가능성도 제기된다. 하지만 군 당국은 수조원에 달하는 관련 획득비용, 고고도 요격 위주인 MD가 한반도의 좁은 전장공간에서는 효과적이지 못하다는 지적, 그리고 외교적 마찰 등의 문제를 들어서 조심스러운 입장을 피력하고 있다. 김귀근, "軍-인수위, MD문제에 '신중'", 「연합뉴스」, 2008년 1월 20일자.

력 겸비를 지향하며, 심지어는 MD에 강력히 반대하는 러시아와 중국조차 미사일 방어능력을 갖춘 장거리 지상 방공전력의 구축에 나서고 있다. 이는 탄도미사일을 비롯한 대량살상무기 확산이 각국의 공통적인 안보 위협으로 떠오르고 있음을 반영한 것이지, 반드시 MD와 연관되어 있어서가 아니다.

뿐만 아니라 미국과 일본의 MD 구축은 일본과 태평양, 그리고 미국 본토에 배치된 미군 전력을 북한의 탄도미사일 위협으로부터 방어함으로써 한반도 유사시 미군의 원활한 증원을 보장하는 기능을 해준다. 따라서 한국의 안보에도 결코 부정적이지만은 않은 것이다. 이와 같은 엄연한 실상을 외면한 채 '미사일 방어능력=MD=미국 편들기'라고 무리하게 도식화하거나, MD 자체를 절대악(絶對惡)으로 매도하는 것은 맹목적인 반미 감정의 선동일 뿐이다.

물론 한국의 미사일 방어체계 구축이 미국 MD와 연관성을 갖는다는 오해를 불식시키기 위한 정책적 노력은 계속될 필요가 있다. 예컨대 현재 군 당국에서 채택하고 있는 한국식 방공 · 미사일방어 체계(KAMD)라는 용어를 '한국형 전략방공체계(KSAD : Korean Strategic Air Defense)'라는 보다 독자적, 중립적인 용어로 바꾸는 것도 좋은 방법이다.

항공력 중심의 재래식 군사력 도약(跳躍)

앞서 살펴보았듯이 한국군의 전투력 혁신에 있어서 가장 중요한 과제는 전쟁 억지, 승리능력 자립을 위한 고성능의 정보수집 자산, 장거리 정밀유도무기, 그리고 해 · 공군 중심의 원거리 기동전력 등 전략무기의 조속한 확보다. 하지만 이는 영토 방어의 최전선을 담당해 온 기존의 재래식 군사력, 특히 육군과 해군 연안방어 부대의 역할을 경시하는 방향으로 치우쳐서는 안된다. 전쟁이 일어날 경우 병력의 대다수를 차지하는 것은 바로 그들이기 때문이다. 따라서 전통적인 재래식 군사력의 재정비를 위한 노력도 마땅히 한국군이 주목해야 할 전투력의 혁신 과제일 수밖에 없는 것이다. 특히 육지와 바다 위를 벗어나지 못하는 보병이나 탱크, 장갑차, 연안 전투함정보다 빠른 속도로, 멀리, 자유롭게 기동할 수 있는 항공기를 일종의 비대칭 전력으로 육성하여 해당 군의 전투력 수준을 도약시키는 방안을 적극 추진할 필요가 있다.

한국은 반도국가로서 휴전선 이북의 북한뿐만 아니라 통일 이후에는 중국, 러시아라는 거대한 대륙국가와 국경을 마주하는 위치에 놓여있다. 그러므로 영토 방어의 마지막 버팀목 역할을 해낼 육군 전력의 존재는 필수불가결한 것이며, 그 핵심은 보병보다 월등히 우수한 기동능력을 갖춘 기갑, 기계화보병 그리고 항공 전력일 수밖에 없다.

기갑 전력의 경우 육군의 탱크 과반수인 1,300여대가 북한을 질적으로 능가하는 K1 계열이다. 하지만 1970년대에 도입된 구형 M-48 계열 탱크도 그에 못지않은 약 850대나 남아있다. 기계화보병 전력도 자체 무장이 12mm 기관총에 불과한 1,700대 이상의 국산 K200 장갑차와 200여대의 차륜형장갑차, 그리고 약 400대의 미국제 구형 M-113 장갑차를 포함한 절대다수가 병력수송용이어서 공격력과 생존성이 크게 떨어진다.

한국 육군의 K2 차기탱크(위)와 K21 보병전투용 장갑차(아래). 세계 최고수준의 기술과 전투력을 갖춘 것으로 평가받는다.

이에 따라 육군은 노후화된 M-48 계열 탱크와 K200 병력수송용 장갑차 등을 대체할 국산 신형 탱크, 장갑차를 개발해냈다. K2 '흑표' 차기탱크는 최고 주행속도 70km에 항속거리는 430km이며, 수심 4.1m의 하천을 잠수하여 건널 수 있는 우수한 기동력을 갖추고 있다. 또한 120mm 주포와 더불어 표적의 자동탐지 및 추적 장치를 탑재하며, 차체에 복합 · 반응장갑, 대전차미사일 교란 및 요격기능, 그리고 제한적인 대공 교전능력까지 보유하는 등의 우수한 공격과 방어능력을 겸비한다. 한국 최초의 국산 보병전투용 장갑차인 K21은 무장병력 9명을 수송하면서 40mm 기관포, 사거리 2km급의 중거리 대전차미사일을 탑재하여 소형 탱크에 버금가는 전투력을 보유하고 있다. K2 차기탱크와 K21 보병전투용 장갑차는 미국과 러시아, 유럽의 주력 탱크, 장갑차를 능가하는 세계 최고수준으로 평가되며, 각각 900~1,000대 내외의 수량이 양산될 전망이다.

하지만 탱크와 장갑차 중심의 지상 기동전력 강화에 치중하는 것은 바람직하지 못하다. 우선 중국 선양군구와 러시아 극동군관구 소속의 기갑, 기계화보병 부대에 대한 양적 격차를 극복하기 어렵다. 여기에 서부와 남부의 일부 평야지대를 제외한 국토 대부분에 형성된 산악지형, 그리고 동서 방향으로 분포하는 다수의 하천을 비롯한 한반도의 지형은 기갑, 기계화보병 부대의 기동전 수행능력을 크게 제약할 것이다. 따라서 산악과 하천에 의한 자연적 장애를 "뛰어 넘어서" 보병과 기갑, 기계화보병 부대의 속도를 앞질러 기동하는 항공기, 특히 회전익을 사용하여 이동속도와 위치, 경로를 자유롭게 조절할 수 있는 헬기야말로 육군이 우선적으로 육성, 강화해야 할 기동 전력의 핵심무기다.

사실 육군은 일찍부터 헬기 중심의 항공전력이 발휘하는 잠재력을 인식하고 있었다. 북한과 주변 강대국들보다 훨씬 많은 600대 이상의 수색 및 정찰, 수송, 기동, 그리고 대전차 공격헬기를 보유하고, 각 야전군과 주요 군단 사령부 예하에 연대급 항공단을 편성했을 뿐만 아니라 1999년에는 항공여단 2개(대전차 공격 1개, 공중강습 1개)를 통합 지휘하는 항공작전사령부까지 창설한 것이다. 그러나 현재 육군의 헬기 전력도 심각한 노후화 문제에 직면한 상태다. 수색 및 정찰, 수송헬기의 다수를 차지하는 미국제 UH-1 '휴이'와 500MD는 1960~1970년대 사이에 도입된 구형 기종으로 이미 30년의 경제수명을 초과했으며, 2010년대 초까지는 완전 퇴역이 불가피하다. 여기에 2021년이 되면 1980년대 이후 도입된 미국제 UH-60 기동헬기 100여대, CH-47 대형 수송헬기 23대를 제외한 육군의 헬기 전체가 더 이상 작전수행이 불가능한 구식으로 전락하게 된다.[145)]

이 문제를 해결하기 위해 육군은 신형 헬기의 독자개발, 직도입에 박차를 가하고 있다. 먼저 '한국형 헬기개발(KHP : Korean Helicopter Program)'이라는 사업명으로 2009년까지 최대이륙중량 8.7톤에 항속거리는 500km 이상,

2007년 서울에어쇼에서 공개된 한국형 기동헬기의 실물 모형. 2012년부터 본격 양산을 시작한다는 목표로 개발 중이다.

그리고 승무원 13명(완전무장 병력 9명 포함)을 수송하는 중형 기동헬기를 개발하여 오는 2012년부터 총 245대를 양산할 계획이다.[146)] 이 사업은 국내 19개 업체와 세계 최대의 헬기 제조업체인 유럽의 유로콥터가 참여하는 공동개발 형식으로 진행되며, 노후화된 UH-1, 500MD 헬기를 완전히 대체하는 것을 목표로 한다.

100대가 넘는 구형 대전차 공격헬기의 교체 계획도 구체화되고 있다. 군 당국은 이미 수명한계에 도달했다는 평가를 받는 대전차무장형 500MD 30여대의 후속 기종으로 지난 제1, 제2차 걸프전쟁에서의 맹활약으로 유명한 미국제 AH-64 '아파치' 대형 공격헬기 36대를 2012년까지 도입하는 방안을 검

145) 사업평가국 사회행정사업평가팀, 『국방 KHP 사업 사전평가』(국회예산정책처, 2005년 8월 17일), p.5.

146) 당초 군 당국은 기존의 기동헬기와 대전차 공격헬기 모두를 한꺼번에 국산헬기로 교체하는 '한국형 다목적헬기(KMH : Korean Multi-role Helicopter)' 사업을 추진하고자 했다. 그러나 독자개발의 성공 여부에 대한 불확실성, 그리고 최대 15조원으로 추산되는 대규모 투자의 효율성 문제 등이 제기되면서 지난 2005년 2월부터 기동헬기를 우선적으로 국산화하는 KHP 사업으로 바뀌었다.

토 중이다.[147] 이와 함께 AH-1 60여대를 직접 대체할 신형 기종을 독자개발하는 '한국형 공격헬기(K-AH : Korean Attack Helicopter) 사업도 이르면 내년부터 본격 착수될 전망이다. K-AH 사업은 아파치에 버금가는 성능의 국산 중·대형 공격헬기를 오는 2014년까지 개발한 후 최대 200여대 양산, 실전배치하는 것이 목표다. 하지만 아파치의 직도입이 확정될 경우 사업규모의 조정이 불가피할 것으로 예상된다.

한국 육군이 도입을 검토 중인 미국제 AH-64 '아파치' 공격헬기

앞으로 전력화되는 아파치와 국산 공격헬기는 기존의 500MD, AH-1보다 체공시간, 항속거리, 주야간 전천후 임무수행 능력을 비롯한 기동능력이 우월하고, 유선으로 유도되는 TOW 대전차미사일에 비해 사거리와 정확도, 그리고 교전 안전성[148] 등에서 유리한 자동유도식 대전차미사일을 탑재한다. 육군은 이들 신형 공격헬기를 전쟁 초기에 기갑, 기계화보병 부대보다 먼저

147) 아파치 공격헬기의 직도입은 지난 1990년대부터 '차기 공격헬기(AH-X)'라는 사업명으로 추진되어 왔지만, 육군 기동전력에 대한 과잉투자 여부와 한반도 지형에서의 군사적 효용성 문제, 그리고 높은 획득비용 등을 두고 논란이 계속되면서 좀처럼 진전되지 못했다. 최근 도입이 검토되고 있는 아파치 공격헬기는 미 육군에서 운용했던 중고 기종으로 일정한 성능개량을 거칠 예정이며, 도입비용은 약 1조원으로 추산된다. 김귀근, "軍, 아파치헬기 36대 구매 검토", 「연합뉴스」, 2008년 5월 27일자.

148) TOW 대전차미사일은 발사 후에도 표적에 명중할 때까지 헬기의 사수가 발사지점에 체공하면서 계속 표적으로 유도하는 유선 반자동유도 방식이다. 이 경우 북한군이 1만기 이상이나 보유하고 있는 휴대용 지대공미사일, 그리고 자주(自走) 대공포의 요격 위협에 매우 취약해진다는 것이 약점이다.

투입하여 침공해온 적 탱크, 장갑차와 후방의 야전 지휘통제부, 지원시설 등을 제압하여 기습에 따른 충격 효과를 약화시켜야 한다. 그리고 반격 단계에서는 기갑, 기계화보병 부대와의 협동작전을 통해 적의 잔존 지상전력에 대한 추격 및 포위, 격멸, 퇴로차단을 실시할 수 있도록 해야 할 것이다.

1980년대 이후 서해 NLL을 비롯한 연안에서의 주력 전투함정은 70여척의 참수리급 고속정이었다. 항해속도가 최고 37노트로 북한의 연안경비정보다 기동능력이 우수하지만, 탑재무장 수준은 30/40mm 기관포와 20mm 발칸포 2문에 불과하여 근거리 교전에 의존해야 하는 것이 약점이다. 85mm 함포를 탑재한 북한 경비정의 공격에 상당히 취약하기 때문이다. 지난 1999년과 2002년 6월의 제1, 제2차 연평해전은 참수리급 고속정의 우수성과 한계를 동시에 드러낸 사례였다.[149]

'윤영하'급 미사일고속정의 진수식 모습. 기존의 '참수리'급 고속정보다 강력한 전투력을 갖추도록 개발되었다.

해군은 이를 반영하여 기존 참수리급 고속정의 약점을 대폭 보완한 '윤영하(배수량 440톤)'급[150] 미사일

149) 제1, 제2차 연평해전 당시 해군은 북한의 NLL 침범에 맞서 경고방송 → 시위기동 → 차단기동 → 경고사격 → 격파사격의 5단계 교전수칙을 채택했는데, 이 경우 '충돌식 밀어내기' 방식의 차단기동을 위한 근거리 접근 과정에서 북한 전투함정의 선제사격에 큰 피해를 입을 위험이 높다는 지적이 제기되어 왔다. 결국 이러한 우려는 제2차 연평해전에서 현실화되었고, 해군은 교전수칙을 시위기동 → 경고사격 → 격파사격의 3단계로 단축했다.

150) 지난 2002년 6월 29일의 제2차 연평해전에서 전사한 참수리급 고속정 357호의 정장이었던 고(故) 윤영하 해군소령의 이름에서 유래한 함명이다. 해군은 조천형 중사, 황도현 중사, 서후원 중사, 한상국 중사, 그리고 박동혁 병장을 비롯한 나머지 제

고속정을 개발, 건조했다. 윤영하급은 선체 규모가 참수리급 고속정의 2~3배나 되며, 미 해군의 LCS처럼 워터제트 추진장치를 사용하여 최고 40노트의 항해속도를 낼 수 있다. 여기에 각 1문씩의 40/76mm 함포와 4기의 해성 대함미사일, 30km 이내의 표적 100여개를 동시에 탐지, 추적하는 방공레이더 등을 탑재하여 원거리 교전능력을 크게 강화했다. 북한의 주요 전투함정뿐만 아니라 NLL 주변의 지상배치 해안포, 지대함미사일 기지까지 공격할 수 있을 정도의 강력한 화력이다. 해군은 향후 윤영하급 미사일고속정 24척, 그리고 대잠 교전능력에 특화된 배수량 200톤급의 개량형 고속정 18척 등 총 40여척의 차기고속정(PKX)을 건조하여 새로운 주력 연안전투함정으로 운용할 예정이다.

하지만 이것만으로는 불충분하다. 시속 40~50노트 이상의 고속 침투능력을 갖춘 미사일·어뢰정을 비롯하여 300척이 훨씬 넘는 북한의 연안전투함정에 맞서 단순히 동급 이상의 전투함정을 추가 건조하는 것은 근본적 해결책이 될 수 없기 때문이다. 그보다는 함대공 방어능력이 취약한 북한 해군의 약점을 집중 공략할 수 있도록 중소형 무장헬기를 연안전투의 새로운 핵심 전력으로 강화하는 편이 비용대비 효과가 높을 뿐만 아니라, NLL을 비롯한 휴전선 전방해역에서의 방어능력을 훨씬 획기적으로 증대시켜줄 것이다. 60여척에 달하는 북한 잠수함정을 보다 넓은 해역에 걸쳐 지속적으로 추적, 소탕하는 장거리 해상초계기, 그리고 이들에 의한 기뢰부설 위협을 신속하고 안전하게 제거할 수 있는 소해 헬기도 점차 그 필요성이 부각되고 있다.

현재 해군이 운용하는 항공기는 1개 항공전단 소속의 미국제 P-3 해상초계기 8대, 사거리 25km의 '시 스쿠아' 공대함 미사일로 무장하는 영국제 '수퍼 링스'[151] 무장헬기 20여대, 프랑스제 구형 '알루엣-Ⅲ' 무장헬기 10대, 그리고

2차 연평해전 전사자 5명의 이름도 동급 함정의 함명으로 붙일 예정이다. 이귀원, "NLL 수호 차기 주력함 '윤영하함' 진수", 「연합뉴스」, 2007년 6월 28일자.

151) 수퍼 링스 무장헬기는 지난 1982년 포클랜드전쟁과 1991년 제1차 걸프전쟁 당시 영국 해군에 의해 아르헨티나, 이라크의 소형 전투함정 공격임무에 투입되어 상당

미국제 UH-60 기동헬기 10여대를 포함하여 50대 이상의 규모다. 해군은 차기호위함과 충무공 이순신급 구축함, 세종대왕급 이지스구축함 등의 신형 수상전투함 탑재용 헬기를 추가 확보하고, 대잠 추적 및 소탕작전의 수행능력을 강화하기 위해 P-3 해상초계기를 16대로 2배 늘리는 보다 적극적인 항공전력 확충을 계획하고 있다.

한국 해군의 주력 항공기인 '수퍼 링스' 무장헬기(위)와 P-3 해상초계기(아래)

2012~2015년 사이에는 최대 8대의 소해 헬기까지 도입한다는 방침이다.[152] 그 결과 해군의 전체 항공기 수량은 현재의 2배인 110여대로 확대되며, 항공전단도 항공사령부로 승격될 전망이다.

해병대도 항공전력의 가치에 주목하고 있다. 오늘날 한국 해병대는 2개 사단과 1개 여단, 그리고 1개 독립연대 소속의 병력 약 2만 5,000명을 보유하여 미 해병대의 뒤를 잇는 세계 2위의 규모를 자랑한다. 주요 무기의 수량도 탱크 100여대(K1 계열 60여대 포함)와 장갑차 260여대(상륙용 160대 포함), 야포 216문(자주포 일부 포함) 등 웬만한 1개 기계화보병사단에 해당하는 막강한 수준이다. 무엇보다도 해병대는 동 · 서 · 남해안에 걸쳐 긴 해안선이 분포하는

한 전과를 거둔 바 있다.

152) 해군은 2012년까지 4대의 소해 헬기를 우선 도입하고, 2015년 무렵 4대를 추가 확보하는 방안을 추진 중인 것으로 알려져 있다. 대상 기종으로는 미국제 MH-60, 유럽제 EH-101 등이 유력하다. 유현민, "해군, 기뢰제거용 헬기 4대 도입 추진", 「연합뉴스」, 2008년 6월 18일자.

한반도의 전장환경에서 상륙작전을 통해 적 지상전력의 측·후방에 역습을 가하여 전열을 무너뜨리고, 본격적인 반격을 실시하기에 유리한 기회를 만드는 대표적인 선봉 기동부대다. 과거 6.25 전쟁의 전세를 완전히 역전시켰던 인천상륙작전은 해병대의 군사적 가치를 잘 보여준 대표적인 사례로 손꼽힌다. NLL 인근의 서해 5도와 독도를 비롯한 주요 도서지역을 적의 침공으로부터 방어, 탈환하는 것도 해병대의 상륙작전을 통해서만 가능하다.

해병대는 창군 이래 6.25 전쟁과 베트남전쟁에서 거둔 여러 차례의 승리, 장병들의 단결력, 그리고 감투정신으로 명성을 떨쳐왔다. 그러나 상륙작전의 성공을 위해서는 투혼 이상의 것이 요구된다. 상륙함정이 해병대원과 탱크, 장갑차를 해안에 직접 상륙시키는 기존의 연안접안형 방식은 상륙 목표지역에 설치되어있는 기뢰와 해안포, 기관총 등을 동원하는 적의 강력한 저항 앞에서 매우 취약하다. 자칫 상륙 과정에서 다수의 사상자가 발생할 위험부담이 높은 것이다.

이에 따라 한국 해병대는 미 해병대의 초수평선 상륙전을 주시하기 시작했다. 그리하여 상륙 목표지역을 점령하고 있는 적 감시망과 해안포, 지대함미사일, 그리고 연안에 부설되는 기뢰 등의 위협으로부터 안전한, 수평선 너머의 수십km 거리에서, 바다와 해안을 빠른 속도로 건너서 직접 상륙부대를 투입하기 위한 주요 수송수단으로 항공기를 본격 전력화해야 한다는 결론에 이르렀다.

이미 해병대는 창설 50주년을 맞은 지난 1999년에 발표한 '비전 2025-공지기동 해병대'를 통해 "1개 항공여단 규모의 항공단을 창설하여 보병 및 기계화부대 중심의 기존 부대구조를 명실상부한 공지기동 구조로 전환한다"는 발전목표를 제시한 바 있다. 여기서 항공단은 상륙병력과 장비의 수송, 정찰, 수색을 담당하는 기동/지원헬기대대 각 1개, 그리고 상륙 목표지역의 적 병력을 제압하는 공격헬기대대 1개 등 총 3개 항공대대로 구성된다.[153] 헬기

153) 해병대사령부, 『해병대 VISION 2025-NEW WARRIOR 21 : 공지기동 해병대 건설』

수량을 기준으로 하면 상륙병력이 탑승하는 기동헬기와 장비수송, 정찰, 수색을 위한 다목적 지원헬기가 각 24대, 그리고 공격헬기는 18대로 총 66대의 헬기를 보유하는 것이다. 이들 가운데 기동헬기는 러시아제 소형 Ka-32 30여대를 직도입 혹은 육군의 T-80 탱크, BMP-3 보병전투용 장갑차처럼 경제협력차관의 현물상환 방식으로 우선 도입하고,[154] 나머지는 KHP와 K-AH 개발사업에 따라 신형 국산헬기의 양산이 본격화되는 2013~2019년 사이에 확보할 계획이다. 지난해부터는 해병대가 20여명의 항공장교를 육성하기 시작한 것으로 알려지면서 오는 2015년 이후를 목표로 하는 해병대 항공단의 창설은 점차 실현단계로 들어서고 있다.[155]

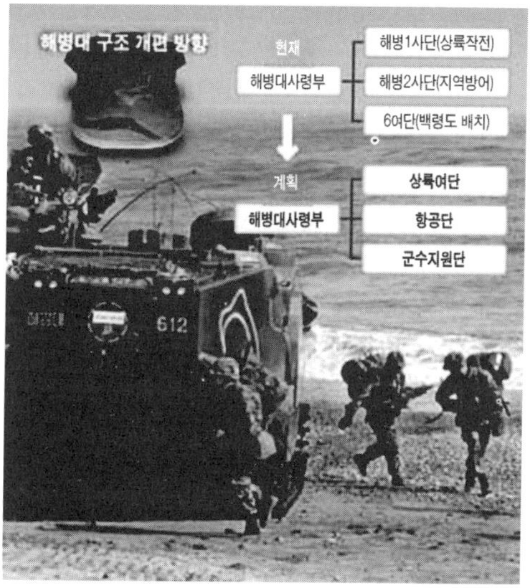

해병대의 항공부대 창설과 부대구조 개편 예상도

출처: 「한국일보」, 2006년 9월 6일자

해병대의 상륙작전을 직접적으로 담당할 해군 상륙함정도 점차 초수평선 상륙전에 적합하게끔 발전하는 추세다. 앞서 설명한 독도급 상륙모함은 700명 규모의 대대급 상륙부대와 탱크, 장갑차, 차량, 야포는 물론, 10대 이상의 기동 · 지원헬기, 그리고 2척의 공기부양정 등을 탑재한다. 한국 해군 역사상 처음으로 초수평선 상륙전을 수행할 수 있도록 건조된 상륙함인 것이다. 2014~2017년 사이에는 배수량 4,500톤급의 차기상륙함(LST-II) 4척의 건조

(해병대사령부, 2001), pp.72~75.

154) 손원제, "해병대 상륙기동헬기 '러시아 카모프' 유력", 「한겨레」, 2008년 6월 17일자.

155) 김귀근 · 이치동, "해병대 '항공여단' 창설 추진", 「연합뉴스」, 2007년 7월 12일자.

도 예정되어 있다. 차기상륙함은 역시 대대급인 700명의 병력과 탱크, 장갑차, 야포를 수송하여 기존의 주력 '고준봉(배수량 2,600톤)'급 상륙함보다 수송능력이 대폭 증가되었다.[156] 또한 76mm 함포를 탑재하여 상륙 목표지역의 제압을 위한 함대지 화력지원이 가능하다. 그리고 헬기 2대가 동시에 이착륙할 수 있는 갑판, 중소형 상륙정의 탑재능력까지 갖추어 제한적이나마 초수평선 상륙전을 위한 잠재력도 있는 것으로 평가된다.

위와 같은 노력을 통해서 해병대는 '상륙함정 → 해안 → 목표지점'의 형태로 진행되어 오던 기존의 함안이동(Ship-to-Shore)식 상륙전을 '상륙함정 → 목표지점'의 함목기동(STOM : Ship-to-Objective Maneuver) 방식으로 단축시킨다는 계획이다. 항공단의 창설, 그리고 초수평선 상륙전을 위한 새로운 중·대형 상륙함들이 본격적으로 전력화되는 2010년대 중반 이후에는 해병대의 독자적인 상륙작전 능력이 현재의 대대급에서 여단급으로 강화될 수 있을 것이다.

그리고 상당규모의 군수지원 물자와 무장병력을 수송하는 공군의 수송기도 보다 대형화될 필요가 있다. 현재 공군에서 운용 중인 20대의 스페인제 CN-235, 12대의 미국제 C-130은 모두 프로펠러를 사용하는 중형 항공기로 비행속도와 항속거리, 그리고 수송 능력 등에서 한반도 외부 지역으로의 기동능력이 제한적이다. 특수전부대의 동원 가능범위를 확대하고, 한국이 UN PKO를 비롯한 해외군사활동에 보다 적극적으로 참여할 수 있는 능력을 보장받으려면 미국제 C-17이나 일본의 C-X에 해당하는 제트엔진형 대형 수송기가 필요하다. 단기간 내에 적정 수량의 획득이 곤란하다면, 일본이나 호주처럼 공중급유기를 수송기 겸용으로 운용하는 방안도 검토할 수 있을 것이다.

---

156) 이 점에서 차기상륙함의 실제 선체규모는 배수량 6,000~7,000톤을 넘을 가능성도 있는 것으로 평가된다. 김귀근, "2014~2017년 차기상륙함 4척 건조사업 확정", 「연합뉴스」, 2007년 11월 9일자.

미래형 군사기술의 적극적인 수용

지금까지 살펴본 전략무기의 확보, 항공력 강화는 이미 『국방개혁 2020』에서도 대부분 포함되어 있는 내용들이다. 문제는 『국방개혁 2020』이 제시하는 군사력 건설과 전투력의 혁신 목표는 상당수가 현 시점의 군사기술을 전제로 하며, 앞으로의 전쟁양상을 바꿔놓을 새로운 군사기술의 영향에 대해서는 상대적으로 소홀히 다뤄지고 있다는 점이다. 이런 방식으로 과연 국방개혁이 완료되는 2020년 무렵의 한국군이 새로운 군사적 도전에 효과적으로 맞설 수 있는 능력을 보장받을 수 있을지 의문스러울 수밖에 없다. 제1차 세계대전 직후의 참호전 경험에서 벗어나지 못했던 프랑스의 마지노선이 제2차 세계대전 초 탱크와 항공기를 앞세운 독일의 전격전 앞에 허무하게 무너지고 말았던 과오를 반복해서는 안된다. 진정한 전투력의 혁신은 미래형 군사기술의 과감한 수용, 그리고 그 잠재력을 극대화하기 위한 노력으로 이어져야만 비로소 가능해지는 것이다.

한국군이 최우선적으로 확보, 실현해야 할 미래형 군사기술은 바로 '정보중심의 전투력복합화'의 기반이라고 할 수 있는 첨단 C^4I 체계다. 지난 2003년의 제2차 걸프전쟁에서 미군이 구현해냈던 네트워크중심전에서 입증되었듯이, C^4I 기능은 이제 군사력의 우열과 승패 여부를 결정짓는 열쇠가 되고 있다. 아무리 우수한 성능의 정보수집 자산, 정밀유도무기, 그리고 장거리 기동수단을 보유하고 있어도, 이들을 하나의 전투력으로 연결 및 지휘통제하는 C^4I 체계가 없다면 무의미하다. 전쟁수행을 위한 각종 정보와 지식 가운데서 필요한 내용을, 필요한 시간에 활용하기가 어려워지고, 그 결과 적보다 신속한 상황인식, 결정, 행동을 취하는 데 문제가 생기기 때문이다. 이는 곧 '정보우위의 상실'을 뜻하며, 정보화전쟁 시대에서는 패배의 동의어나 다름없다.

이것이 얼마나 중요한 문제인지는 수도권을 위협하는 북한의 장거리 야포 위협에 대응하기 위한 한국군의 대포병(對砲兵 : Counter-Artillery) 작전능력 현황에서 잘 나타난다. 그동안 한국 육군은 1,000여문에 달하는 북한군의

170mm 자주포, 240mm 방사포를 제압할 수 있는 K-9 자주포와 MLRS 다연장로켓포 등의 장거리 대구경포를 꾸준히 확보해 왔으며, 주한 미 육군도 동급의 고성능 포병 전력을 갖추고 있다. 그러나 주한 미 육군과 예하 포병부대가 자동화 종심작전협조체계(ADOCS : Automated Deep Operations Coordination System), 첨단야전포병 전술자료체계(AFATDS : Advanced Field Artillery Tactical Data System)로 각각 명명된 야전 C^4I 체계를 통해 북한군의 포격준비 움직임을 탐지한 후 불과 2~3분만에 신속히 대응사격을 할 수 있는 반면, 한국 육군은 별도의 연락반을 배치하여 유・무선 통신으로 좌표를 알려주는 방식이어서 대응사격에 6~11분이나 소요된다.[157] 같은 시간동안 주한 미 육군은 3차례 이상의 추가 대응사격으로 북한의 장거리 야포를 확실히 무력화할 수 있지만, 한국 육군의 경우는 겨우 1차례만이 가능하므로 대응사격의 효과 여부가 불분명한 것이다.

물론 한국군이 C^4I 기능의 중요성에 전혀 무관심했던 것은 아니다. 합참은 지난 1999년부터 육・해・공군의 주요 작전사령부를 연결하는 지휘소자동화체계(CPAS : Command Post Automated System)를 구축하여 각종 지휘업무(예 : 정보, 전술 및 전략, 군수, 인사 등)의 자동화, 정보의 분석 및 판단, 사령부 예하 실전부대와의 전문 송수신 등에 운용해 왔다. 육군과 해군, 공군도 각각 스파이더(SPIDER), 해군 전술자료처리체계(KNTDS : Korea Naval Tactical Data System), 자동화 방공통제체계(MCRC)로 불리는 사령부급 이하 실전부대들의 활용을 위한 전술 C^4I 체계를 구축, 운용하고 있다.

---

157) 참고로 북한군의 240mm 방사포와 170mm 자주포가 지하갱도 형태의 포병 진지에서 노출된 후 포격하기 직전까지의 준비시간은 각각 7분, 14분이 소요되는 것으로 알려져 있다. 황일도, "북한 장사정포 대응임무 전환 2년, 서울은 불안하다!", 「신동아」, 2007년 12월호.

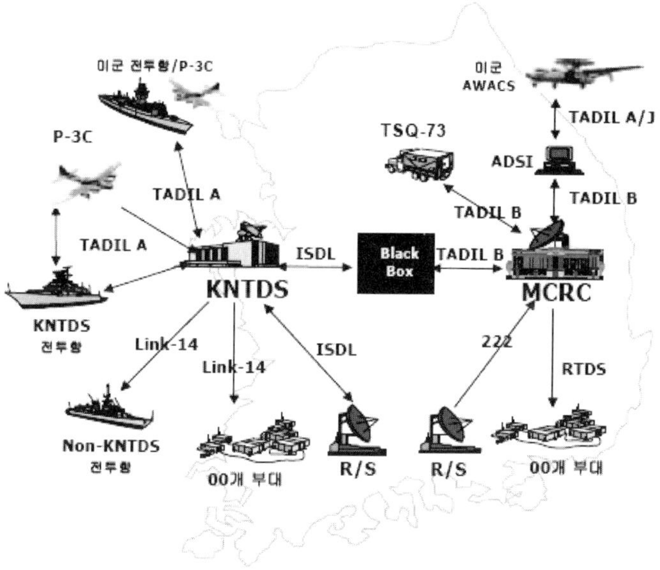

한국 해 · 공군의 기존 전술 C^4I 체계 개념도

출처: 전병욱 · 김의순, "한국군 전술데이터링크 체계 구축을 위한 제언", 「국방정책연구」, 2003년 가을호

그렇다면 무엇이 문제였는가? 첫째, 한국군의 기존 C^4I 체계는 3군 합동 차원이 아닌, 각 군별로 구축되어서 실전부대들 사이의 정보공유 범위가 양적, 질적으로 매우 제한적이다. 다시 말해서 공군 소속의 항공기가 수집한 정보를 육군의 기갑, 기계화보병 부대나 해군의 수상전투함에서도 활용하기는 어려웠던 것이다. 여기에는 합참의 전략급 C^4I 체계인 CPAS가 전술 · 작전급인 KNTDS, MCRC와 상호 연동성이 부족했던 것도 크게 작용했다. 둘째, 주요 정보의 전송, 분석, 가공, 배분을 위해 사용되는 체계규격, 즉 데이터링크의 기술적 낙후성도 큰 문제다. 해 · 공군의 기존 전술 C^4I 체계인 KNTDS와 MCRC에서 사용되는 링크 11(TADIL-A/B)은 취급 정보의 용량과 송수신 범위, 대상, 전송 속도, 그리고 정보형태(예 : 문자, 음성, 신호, 영상 등)의 다양성 등에서 미군의 링크 16보다 크게 뒤떨어져 있다.[158)]

지난해 4월 16일, 국방부는 국회 국방위원회에 제출한 『국방현안보고』 자

료를 통해 미국의 네트워크중심전 이론에 바탕을 두는 미래 전투수행 개념과 부대구조의 발전에 관한 연구 계획을 공식적으로 천명했다.[159] 이는 "한국군이 지향하는 미래 전력운용 개념(즉, 효과중심의 동시·통합작전)을 보장하기 위한 전투력의 상승효과를 창출할 수 있도록 ① 전장공간에서의 모든 전투력을 연결하고, ② 전쟁수행 과정의 상황과 인식을 공유하는 군사력 운용조건"으로 정의될 수 있는 '한국적 네트워크중심 작전환경(NCOE : Network-Centric Operational Environment)' 구축을 뜻한다. 앞서 제시했던 '적 기습 침공에 대한 동시(同時)응전', '방어와 반격의 동시·통합적 수행'에 입각한 군사전략의 혁신도 이를 전제로 하지 않고는 불가능하다.

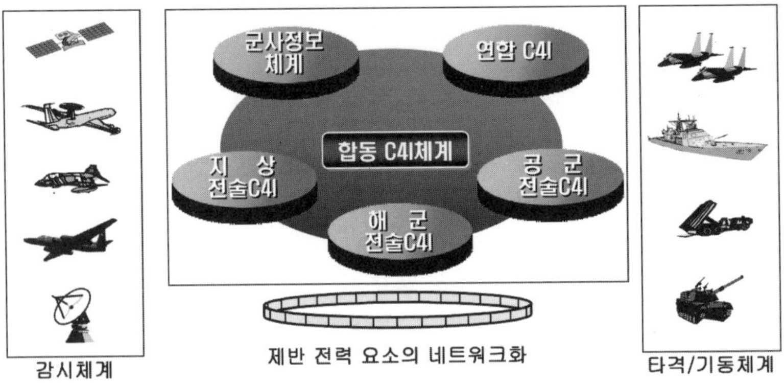

한국군의 C^4I 체계 재정비와 주요 전투력의 복합화 계획 개념도

출처: 국방부, 『국방백서 2006』(국방부, 2006), p.78.

---

158) 해군 KNTDS가 사용하는 링크 11A(TADIL-A)는 서로 다른 군함들, 혹은 군함과 항공기 사이에서 사용될 수 있으며, 상호간의 정보 동시전송은 불가능하다. 공군 MCRC의 링크 11B(TADIL-B)는 송수신자가 서로 동시에 정보를 전송할 수 있지만, 지상의 방공관제소, 대공포 및 지대공미사일 기지 사이의 정보교환으로 그 대상이 제한된다. 때문에 항공기에 대한 지상 방공관제소의 지휘통제는 임무관련 정보의 설명, 지시 하달 등의 과정에서 분(分) 단위의 시간이 소요되는 음성통신에 의존해야 하는 실정이다. 전병욱·김의순, "한국군 전술데이터링크 체계 구축을 위한 제언", 「국방정책연구」, 2003년 가을호.

159) 김귀근, "軍, '네트워크 중심전' 연구 박차", 「연합뉴스」, 2007년 4월 16일자.

이에 따라 한국군은 기존 C^{4}I 체계의 약점 보완과 관련 역량강화에 착수했다. 우선 합참 CPAS의 성능을 대폭 개량, 강화한 한국형 합동지휘통제체계(KJCCS : Korea Joint Command & Control System)가 금년 1월부터 본격 가동되기 시작했다.[160] KJCCS는 주요 정보수집 자산을 통해 확보된 정보들의 집결과 분석, 정리, 그리고 이를 필요로 하는 각 군의 작전사령부급 지휘소와 실전부대에 대한 정보, 지령 전달 등의 각 과정을 통합 · 자동화시킨 것이 특징이다. 한국군의 명실상부한 전략급 합동 C^{4}I 체계라고 할 수 있다. 군사정보통합처리체계(MIMS : Military Intelligence Management System)도 오는 2010년까지 기간 통신망을 비롯한 응용체계 구축을 완료한다는 목표 아래 구축 중이다. MIMS는 각 군과 부대별로 운용되는 정보기능을 자동으로 통합 처리하여 모든 부대가 실시간으로 정보를 유통, 공유할 수 있도록 해주는데, KJCCS와 각 군별 전술 C^{4}I 체계의 기반이 될 것이다.[161]

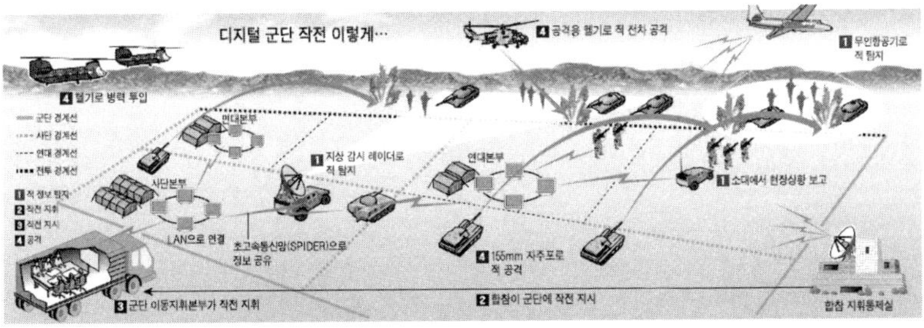

육군 전술지휘정보체계(ATCIS)를 활용한 '디지털 군단'의 작전수행 개념도

출처: 「중앙일보」, 2006년 6월 27일자

육 · 해 · 공 3군도 각자의 전술 C^{4}I 체계 기능을 향상시키기 위한 신규 개량, 개발사업을 진행 중이다. 육군의 경우, 지난 2006년 6월 제5군단에서 육군 전술지휘정보체계(ATCIS : Army Tactical Command Information System)를

---

160) 김귀근, "합참, 전투상황 통합지휘체계 가동", 「연합뉴스」, 2008년 1월 9일자.
161) 백재옥 · 임길섭 · 김상호 등, 『'07 국방예산 분석 · 평가 및 '08 전망』(한국국방연구원, 2007), p.185.

처음 전력화했다.[162] ATCIS는 군단 이하 연대/사단급 전투부대들의 정보수집에서 상황인식 및 파악, 결정, 지시, 그리고 기동과 타격에 이르는 일련의 작전수행 과정을 자동화함으로써 정보우위에 바탕을 둔 신속하고 통합화된 전투력을 발휘할 수 있도록 해준다. 요컨대 적보다 한발 앞서는 유리한 시간, 공간에서의 전투수행이 가능해지는 것이다. 육군이 지향하는 미래 지상전 수행개념, 즉 '네트워크 기반 동시 · 통합전'의 기술적 근간이라고 할 수 있다.[163] 금년 말까지는 ATCIS 체계가 육군의 모든 정규군단 사령부와 해병대에 보급될 예정이다.

해군과 공군은 기존의 KNTDS, MCRC와 연동이 가능하면서도 임무수행의 각종 절차를 자동화할 수 있는 해군 지휘통제체계(KNCCS : Korean Naval Command & Control System), 공군 전술지휘통제체계(AFCCS : Air Force Command & Control System)를 구축 중이다. 해군 KNCCS는 지난해 1단계 사업이 마무리되었고, 2010년까지는 개발을 끝낸다는 목표다. 공군 AFCCS의 경우 이미 지난해에 개발이 완료되어 각 공군 부대에 보급되기 시작했다.[164] 이들 3군의 전술 C^4I 체계는 모두 KJCCS를 중심으로 상호 연동되어 각 전투부대들의 정보 공유의 범위를 확대하는 데 기여할 것으로 기대된다.

KJCCS와 MIMS, 그리고 각 군의 전술 C^4I 체계가 제 기능을 발휘하려면, 역시 이들을 통해 유통되는 각종 군사정보의 양과 질을 결정짓는 데이터링크도 개량되어야 한다. 정보화전쟁 수행에 부적합한 링크 11을 음성과 문자, 신

---

162) 엄기영, "감시 · 타격－지휘 · 통제를 동시 '디지털 군단 탄생'", 「국민일보」, 2006년 6월 27일자.

163) 육군은 네트워크 기반 동시 · 통합전을 구현하기 위한 중점 사항으로 '전장가시화를 통한 공통의 전장상황 인식', '네트워크화된 지휘통제로 전투력 운용의 동시 · 통합성 보장', '효과위주의 여건조성작전으로 적 능력 및 저항의지 무력화', '결정적인 공세기동으로 전투 종결', 그리고 '지속적인 방호 및 효과적 지원을 통한 작전지속성 유지' 등을 제시하고 있다. 육군 전투발전단 편, 『지상전 개념서』(육군본부, 2007), pp.38~43.

164) 배한철 · 김명수, "공군 C4I 떴다…작전 · 정보 통합시스템 완료", 「매일경제」, 2007년 5월 23일자.

호, 영상을 포함하는 다양한 종류의, 보다 대용량의 정보를, 실시간에 가까운 초(秒)단위의 속도로 송수신할 수 있는 링크 16으로 갱신하거나, 그와 동급 수준의 것을 자체개발할 필요성이 절실한 것이다. 최근 한국군이 도입 중인 E-737 공중 조기경보통제기나 세종대왕급 이지스구축함, F-15K 전폭기 등의 일부 신무기는 링크 16의 탑재 능력을 기본적으로 보유하며, 그동안 링크 11 기반의 KNTDS와 MCRC 체계를 운용해 온 해 · 공군 사령부와 지상 기지, 그리고 몇몇 주요 무기들도 링크 16을 탑재할 수 있도록 개량될 예정이다. 링크 16과도 호환이 가능한 한국형 합동 전술데이터링크체계(K-JTDLS : Korean-Joint Tactical Data Link System), 일명 링크 K도 2012년 완성을 목표로 개발 중이다.[165)]

지난 2006년 8월 22일에 발사된 무궁화 5호 통신위성도 C^4I 기능 강화를 통한 한국군의 전투력복합화, 정보우위의 확보 노력에서 중요한 역할을 차지한다. 한국 최초의 민군 겸용위성으로 개발된 무궁화 5호는 12개의 군용 통신중계기를 탑재하여 한반도 전체뿐만 아니라 동서 방향으로는 말라카 해협에서 서태평양 마샬 제도, 남북 방향으로는 호주 북부에서

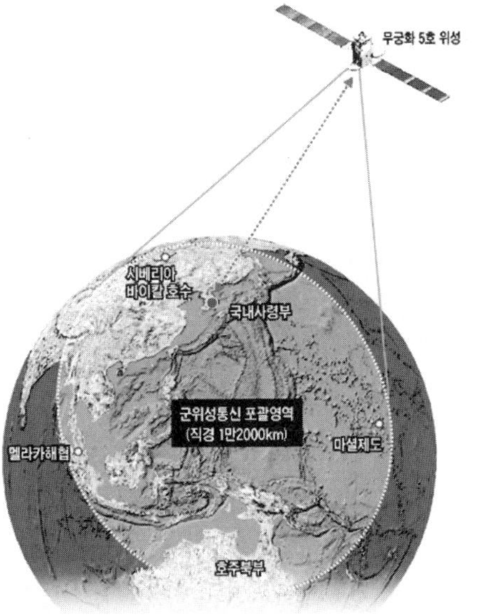

무궁화 5호의 군용 통신중계범위

출처: 「조선일보」, 2007년 12월 5일자

---

165) 김재창 등; 국산소프트웨어 산학연협회 편, 『NCW 구현을 위한 IT 강국 디지털 강군』(한국국방연구원, 2007), p.85.

시베리아 북단에 이르는 직경 1만 2,000km(반경 6,000km) 범위의 광대역 군사통신 중계임무를 수행할 수 있다.[166] 이로써 한국군은 한반도를 넘어 동아시아와 서태평양 대부분을 포함하는 '완충전장'과 '확대된 전장'으로 투입되는 군함, 항공기에도 임무수행에 필요한 대용량의, 다양한 정보를 신속히 제공하고, 이들을 거의 실시간에 가깝게 효과적으로 지휘통제할 수 있는 능력을 확보하게 된 것이다.

군 당국은 지난해 4월부터 무궁화 5호에 대한 지상관제권을 인수했으며, 12월에는 육·해·공 3군 위성통신체계(ANASIS : Army-Navy-Air force Satellite Information System)의 본격 운용에 들어갔다. 한국군은 무궁화 5호의 우수한 광대역 통신중계 능력을 바탕으로 오는 2011년까지 전술정보통신체계(TICN : Tactical Information Communication Network)를 구축한다는 계획을 추진하고 있다. TICN은 지휘통제와 임무수행 절차의 자동화 대상을 대대급의 소규모 부대까지 확대하고, 부대 기동 중에도 대용량의 고속 통신중계, 정보공유가 가능한 것이 특징이다. 한국적 NCOE의 궁극적 형태라고 할 수 있다.

한국군의 각 군별 혹은 3군 합동 C^4I 체계 구축은 미래 정보화전쟁의 성공적인 수행능력을 보장하는 데 꼭 필요한 기술적 조건이며, 따라서 국방당국 차원의 제도적 뒷받침을 통해 이를 보다 원활하게 진행시킬 수 있도록 해야 한다. 이를 위해서 우선 국방장관 직속으로 차관보급 국방정보화 정책담당관을 임명하여 육·해·공군과 합참, 방위사업청의 C^4I 개발 및 획득, 개선정책을 총괄적으로 조정, 통제한다. 아울러 합참본부 혹은 그 직속인 각종 합동부대 소속의 장교들이 갖춰야 할 전문 자격조건[167]에 C^4I 분야를 포함시키고,

---

166) 유용원, "군, 무궁화 꽃이 피었습니다", 「조선일보」, 2007년 12월 5일자.

167) 이를 '합동특기' 제도라고 하는데, 『국방개혁에 관한 법률 시행령』(대통령령 제20675호)의 제10조 2항에 ① 합동직위에 1년 6개월 이상 근무, ② 국방대 합동참모대학에 설치된 기본과정 및 이에 상응하는 국외군사과정 이수자 중 합동직위에 근무 등으로 규정되어 있다. 한편 이 법률의 제11조에는 합동전투력의 발전, 합동작전

앞으로 구축될 주요 C^4I 체계들의 가용성 보장을 위한 유지, 보수를 담당하는 군 자체 전문인력의 확보, 교육에도 만전을 기울여야 할 것이다.

그 다음으로 주목해야 할 미래형 군사기술은 우주 군사력이다. 한국의 우주개발은 1992년 최초의 국산 인공위성인 '우리별 1호'의 발사로 시작되었으며, 이후 실험용 과학기술위성과 통신위성, 지구관측 기능을 갖춘 다목적 실용위성 등의 다양한 인공위성을 자체 개발할 정도의 발전을 이루었다. 지난 4월 8~19일에는 이소연 씨가 러시아 소유즈 우주선 탑승팀의 일원으로 국제우주정거장(ISS : International Space Station)에 체류한 후 무사히 귀환, 한국 최초의 우주비행사로 기록되었다. 전라남도 고흥군 외나로도(島)의 '나로 우주센터'에서 무게 0.1톤의 소형 과학기술위성을 탑재하는 독자 개발 위성발사용 로켓 KSLV(Korea Space Launch Vehicle) 1호의 발사도 내년 3월 이후로 예정되어 있다. 성공한다면 한국은 세계 9번째로 자국 영토에서 자체개발 로켓으로 인공위성을 발사하는 기록을 세우게 된다.[168]

지난 10여년 동안 한국의 우주개발 능력은 나름대로 의미있는 성과를 거둔 것이 사실이지만, 아직 세계 정상급의 국가들과 비교할 때는 70% 내외 수준에 불과한 것으로 평가된다. 특히 러시아와 중국, 일본 등 주변 강대국들이 우주개발은 물론, 우주의 군사적 활용 능력에서도 세계 선두권에 있다는 점은 한국에게 더욱 큰 부담이 되고 있다.[169] 그러나 한국 역시 2006년에 군용 통

지원에 관한 협의 및 조정, 각 군이 보유한 무기들의 상호 운용, 그리고 합동군사교육체계의 개발 · 발전에 관한 사항 등을 심의하는 '합동성위원회' 설치도 포함되어 있다. 합동성위원회는 합참차장을 위원장으로 각 군 본부의 참모차장, 합참본부 예하 4개(작전, 정보, 전략기획, 인사 · 군수) 본부의 본부장, 그리고 해병대 부사령관 등 9명으로 구성된다.

168) 북한의 경우 지난 1998년 8월 31일에 시험발사한 대포동 1호 탄도미사일을 '인공위성 광명성 1호'의 발사라고 발표했지만, 실제로는 지구 궤도에 진입하지 못하고 추락한 것으로 추정되고 있다.

169) 러시아는 미국과 더불어 세계 최고수준의 우주 군사력을 보유하고 있으며, 총참모부 직속의 우주군이 우주배치 군사자산의 운용을 담당한다. 지난해 인공위성 공격 실험을 성공시킨 바 있는 중국도 미국, 러시아처럼 우주 군사력의 운용을 전담하는

신위성인 무궁화 5호와 정찰위성급의 관측능력을 보유한 아리랑 2호를 차례로 발사했으며, 향후 더욱 우수한 성능의 인공위성들을 발사, 운용한다는 계획이다. 이제 한국도 엄연히 우주를 군사적으로 사용하는 시대에 들어선 것이다.

오늘날 우주 배치 군사자산에 대한 감시 및 정찰, 조기경보, 통신 등 C^4ISR 기능의 의존도는 점점 높아지는 추세다. 이는 우주에 대한 군사적 통제능력이 유사시 해당 국가의 정보우위 여부를 좌우할 것임을 뜻한다. 한반도 상공을 매일 경유하는 인공위성만 해도 760개가 넘으며, 그 가운데는 한반도에 대한 정찰능력을 갖춘 주변 강대국들의 것도 다수 포함되어 있다.[170] 한국이 우주의 군사적 활용능력에 결코 무관심해서는 안될 분명한 이유라고 할 수 있다.

한국의 우주 군사력은 이제 겨우 정찰·통신위성과 같은 기본적인 정보수집용 우주배치 자산을 소수 운용하는 수준에 불과하다. 앞으로는 여기서 한 걸음 더 나아가 정밀유도무기의 성능과 직결되는 위성항법체계를 비롯하여 보다 공세적인 목적의 우주공간 활용 능력을 갖추어야 한다. 이를 위해 미국 GPS 이외의 다양한 위성항법체계까지 사용할 수 있는 방안을 마련하거나,[171] 아예 독자적인 위성항법체계 구축을 추진해야 할 것이다. 한반도 상공을 경유하는 외부 적성세력의 우주비행체를 추적, 감시할 수 있는 지상배치형 우주감시 자산의 개발 및 확보도 필수적이다. 궁극적으로는 지구와 우주공간에서 운용 가능한 우주비행체 공격용 무기(예 : 위성공격 로켓, 레이저 무기, 기생위성 등)를 개발, 배치하여 적의 우주공간 활용능력을 견제, 무력화하

일명 '텐쥔(天軍)' 부대의 창설을 추진 중인 것으로 알려진다. 일본은 지난 5월 21일 "방어 목적의 범위 안에서 우주의 군사적 이용을 허용한다"는 내용을 골자로 하는 『우주기본법안』을 통과시켰다.

170) 유용원, "위성 추적감시 시스템 구축 시급", 「국방일보」, 2007년 2월 15일자.

171) 한국은 지난 2006년부터 유럽의 갈릴레오 위성항법체계에 참여하기 시작했다. 이는 그동안 한국이 전적으로 의존해온 미국 GPS에 대한 유사시의 보완장치이자 대안이 될 수 있을 것으로 기대된다. 박방주, "위치 정보 두 배 정확해진다", 「중앙일보」, 2006년 9월 11일자.

거나 한국의 우주배치 자산을 방어할 수 있도록 해야 한다.

현재 한국군의 우주 군사력 확보, 발전 노력을 주도하고 있는 것은 '항공우주군'으로의 도약을 표방하는 공군이다. 최근 공군은 3단계에 걸친 우주 군사력체계의 구축 계획을 제시하여 주목을 받았는데, 구체적인 내용은 다음과 같다.172)

한국 공군의 우주 군사력 구축계획

출처: 「중앙일보」, 2008년 2월 16일자

첫째, 2010년대 초반까지 레이저 위성추적체계(SLR : Satellite Laser Ranging)와 탄도미사일 조기경보용 레이더를 개발하고, 이를 우주 기상관측 및 예보·경보체계와 연동시켜서 우주 군사력의 기반을 마련한다. 둘째, 2010년대 말에는 광학망원경과 레이더를 사용하는 광역 우주감시체계, 위성영상 수신체계, 위성 정밀접근 및 착륙능력의 확보 등을 포함한 제한적인 우주작전 수행능력을 구축한다. 그리고 셋째, 2020년 이후 인공위성 요격용 레이저 무기의 실전배치, 군사 전용 인공위성과 위성발사용 로켓의 운용 능력을 갖추어 독자적인 우주작전 수행능력을 완성한다.

172) 김민석, "공군, 우주전력체계 단계적 구축", 「중앙일보」, 2008년 2월 16일자.

우주 군사력의 확보 및 구축과 더불어 이들을 지휘통제할 공군 산하의 우주부대도 현실화될 예정이다. 공군은 먼저 비행전대 수준의 소규모 우주부대를 창설한 후 이를 우주작전단(團)으로 보강하고, 궁극적으로는 우주사령부까지 설치한다는 방침이다. 최근에는 조종, 항공통제, 기상, 정보통신 등 우주 군사력의 운용과 직접적으로 연관이 있는 8개 병과(兵科) 소속의 대위~대령급 공군장교들을 대상으로 하는 '우주 특기'제도를 신설하여 우주 전문인력의 선발, 육성에 착수한 것으로 전해진다.173)

물론 이와 같은 우주 군사력의 확보는 말 그대로 '천문학적'인 비용과 노력을 요구하는 것이며, 주변 강대국들보다 상대적인 경제력 총량에서 불리한 한국이 그들과 동급의 규모를 추구하는 것은 다분히 비현실적이다. 따라서 한국의 우주 군사력 건설, 발전은 국방당국 단독으로 추진하는 것보다는 범국가적 차원의 우주개발정책과 연계, 병행함으로써 민간부문의 기술 및 인적 역량까지 함께 활용할 수 있도록 진행되는 편이 바람직하다.

무인무기 역시 한국군이 관심을 기울여야 할 미래형 군사기술로 손꼽힌다. 먼저 무인무기는 실전에서의 전투수행 과정에서 불가피하게 발생하는 사상자의 손실을 최소화하는 데 크게 기여할 수 있다. 뿐만 아니라 인간의 탑승 공간이나 제반 지원사항을 고려하지 않아도 되므로 기존의 유인 탑승무기보다 소형으로 개발, 생산하기에도 유리하다. 이는 한국이 군사력 동원에 필요한 주변 강대국들과의 자원, 특히 인구 규모의 격차를 극복하면서 효과적인 전투력의 혁신을 달성할 수 있도록 보장해주는 매우 훌륭한 선택이 될 것이다.

한국군의 무인무기 개발, 운용은 휴전선 전방에서의 감시와 경계임무를 위한 일명 '과학화 경계시스템' 사업에서 비롯되었다. 고성능 감시장비를 통해 침입하는 물체를 감지하고, 필요시 침입자를 향해 사격까지 할 수 있는 지능형 감시로봇을 개발하여 휴전선 일대에 설치한다는 것이다.174) 최근에는 육

173) 진성훈, "공군에 '우주 특기' 생긴다", 「한국일보」, 2008년 8월 20일자.

174) 지난 2004년부터 이라크에서 전후재건, 지원 임무를 수행하고 있는 한국군 자이툰 부대도 이와 같은 지능형 감시로봇 소수를 운용 중이다. 김민석, "휴전선 철책 로봇

군을 중심으로 다양한 무인무기의 개발이 주목받는 추세에 있다. 지난 2005년 11월 국방과학연구소가 공개한 무인자율차량(XAV : eXperimental Autonomous Vehicle)은 그 시작이었다. XAV는 정보수집 및 통신 장비와 5mm 기관총을 탑재하며, 스스로 장애물을 피하며 기동할 수 있을 정도의 제한적인 자율작전 수행능력을 갖춘 것이 특징이다.[175)]

무인무기의 기술력 수준은 ① 인간에 의한 원격조종(1~2단계), ② 지정된 장소, 경로를 따르는 제한적 자율기동(3~5단계), ③ 자체 인식 · 판단을 통한 완전 자율기동(6~7단계), ④ 인간 및 유인 탑승무기와의 공동작전 수행(8~9단계) 그리고 ⑤ 외부의 통제가 필요없는 완전한 자율임무 수행(10단계) 등으로 구분된다. 현재 한국은 '제한적 자율기동'에 해당하는 4단계 수준까지 도달한 상태다. 앞으로의 과제는 6~7단계인 '완전 자율기동'과 8~9단계인 '공동작전 수행'을 위한 보다 고차원의 무인무기 개발 기술을 확보하는 것이다.[176)]

현재 육군은 3단계에 걸친 무인무기 개발, 전력화 계획을 추진하고 있다.[177)] 먼저 1단계로 2015년까지 지뢰탐지와 제거 임무를 담당하는 로봇, 보병이 휴대할 수 있는 소형 정찰용 로봇을 실용화한다. 2단계는 제한적 자율기동 능력이 적용된 다목적 로봇을 2015~2020년 사이에 확보하는 것이다. 일명 '견마(犬馬) 로봇'이라고도 불리는 이 다목적 무인무기는 감시와 정찰, 지뢰탐지 및 제거 그리고 경무장에 의한 제한적인 교전 임무 등을 수행하며, 천

이 지킨다", 「중앙일보」, 2005년 4월 9일자.

175) 유용원, "충성! 로봇장갑차 출동준비 끝", 「조선일보」, 2005년 12월 1일자.

176) 참고로 미 육군 FCS의 무인지상차량(예: MULE)은 완전 자율기동 능력과 더불어 기존 유인 탑승차량의 절반 속도인 시속 20km로 주행하는 6단계 수준이며, 보병과의 공동작전이 가능하다. 현재 미 육군은 기존의 탱크, 장갑차와 대등한 시속 40km의 고속 주행과 완전 자율기동 능력을 겸비하는 7단계 수준의 무인무기 기술 개발을 진행 중이다. 정재용, "국방로봇 '돌격 앞으로'", 「뉴스메이커」, 2006년 7월 5일자.

177) 김민석, "'군사 로봇', 인간 전투병과 함께 작전…지뢰 찾고 적군 정탐한다", 「중앙일보」, 2006년 8월 3일자.

연 장애물이 많은 험준한 지형에서도 자유롭게 기동할 수 있도록 6개 이상의 바퀴나 관절형 인공다리를 갖춘 것이 특징이다. 그리고 3단계인 2025년 이후에는 현재의 주력 탱크, 장갑차, 야포에 해당하는 무게 10톤 이하의 중(重)전투 및 화력지원용 로봇까지 개발 및 실전배치하는 것이 목표다.

정리하자면 앞으로 육군은 적의 공격위협에 직접 노출되는 전방의 근거리 전투지역에 다수의 비전투 무인지상차량을 투입하여 정보수집, 위험물질(예 : 폭발물, 대량살상무기)의 탐지 및 제거 임무를 담당토록 하고, 인근에서는 완전 자율기동 능력을 갖춘 무인 전투무기들이 원거리 교전을 벌이는 방식으로 전투를 수행하게 될 것이다. 상대적으로 안전한 후방에서는 인간이 유인 탑승차량에서 첨단 C4I 체계를 통해 다수의 무인무기들을 동시에 지휘통제한다. 무인 전투무기의 경우 2020년 이후 점차 도태될 기존의 K1 계열 탱크, K200 장갑차, 그리고 주요 야포 등을 직접적으로 대체하면서 K2 차기탱크와 K21 보병전투용 장갑차, K-9 자주포 등과 함께 전투를 수행할 전망이다.

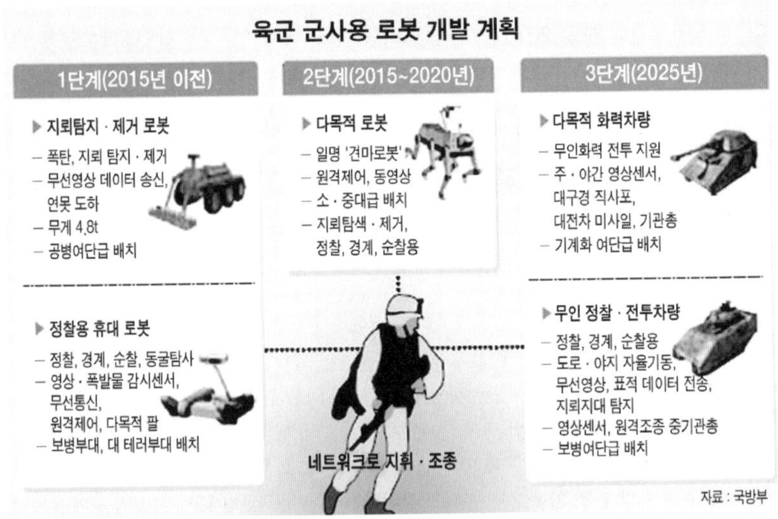

육군의 무인무기 개발 계획

출처: 「중앙일보」, 2006년 8월 3일자

그동안 군단급 부대만 보유할 수 있었던 전술용 무인정찰기의 보급 범위도 확대된다. 우선 현재 실전배치 중인 송골매, 서처보다 우수한 국산 저고도 무인정찰기를 개발, 육군 사단에서 운용한다는 계획이 『국방개혁 2020』에 포함되어 있다. 또한 이스라엘제 '스카이락-II' 소형 무인정찰기를 직도입하여 육군의 각 여단(혹은 대대/연대급)에 보급할 것이다. 스카이락-II는 소형 차량에 탑재되어 이륙하며, 고도 1~2km에서 6시간 동안 체공하면서 50~60km 범위를 비행할 수 있다. 전천후로 6~8km를 감시할 수 있는 적외선 탐지장비도 탑재한다. 스카이락-II 무인정찰기는 TICN 체계와 더불어 여단급 이하 소부대의 작전수행 능력, 범위를 획기적으로 강화시키는 핵심 수단이 될 것이다.

향후 한국 육군이 운용할 예정인 사단급의 국산 무인정찰기 모형(위)과 여단급의 이스라엘제 '스카이락-II' 소형 무인정찰기(아래)

아직 구체화되지는 않고 있지만, 해군과 공군도 중·장기적으로 무인수상함정과 무인잠수정, 그리고 무인전투기를 비롯한 무인무기의 전력화 시기를 앞당기고, 임무수행의 범위도 단순 감시와 정찰, 경계 수준에서 보다 확대할 수 있도록 노력을 기울여야 한다. 특히 기존의 F-5급 소형 전투기를 직접 대체하여 지상 부대를 위한 근접항공지원, 단거리 요격, 그리고 대공제압 등의 임무를 담당하는 무인전투기가 전력화된다면, 공군의 전투력 구조에도 큰 변화를 가져올 것으로 기대된다.[178] 미래의 전쟁에서는 기존의 유인 탑승무기와 무인무기가 같은 부대 혹은 전투공간 내에서 공동으로 작전을 수행하는 것이 일반화될 전망이며, 따라서 한국군도 이를 전제로 하는 통합적인 유·무인무기 운용방식을 정립, 발전시켜야 할 것이다. 다시 말해 2015~2020년 이후에 전력화되는 모든 육·해·공 무기는 무인무기의 탑재, 운용능력을 기본적으로 갖추도록 개발해야 한다.

첨단 C^4I 체계와 우주 군사력, 무인무기가 정보화전쟁 수행을 위한 기반능력이라면, 비화약 에너지무기와 전자공격, 그리고 스텔스 기술은 미래전에서 승패를 결정지을 새로운 비대칭 무기라고 할 수 있다. 이들 대부분이 정보화전쟁의 핵심 능력인 C^4ISR 기능을 무력화하여 전쟁에서의 정보우위를 차지하는 데 효과적이며, 따라서 전략무기로 발전될 수 있는 잠재력이 대단히 높기 때문이다. 흑연폭탄과 EMP 폭탄, HPM 등 대동력/대전자 비살상무기의 경우, 오는 2011~2015년까지 완성시킨다는 목표 아래 국방과학연구소에서 활발히 개발을 진행 중이다.[179] 중·대형 수송기에 대용량의 고성능 교란장비를 탑재하여 수백km 범위의 적 통신망, 지상 방공체계를 마비시키는 원거리 지원 전자전기(K-SOJ : Korean Stand-Off Jammer)도 2010년 이후 실전배치를 목표로 개발되고 있다.[180] 물론 적이 해당 무기를 사용할 가능성으로부터 한국군의 C^4ISR 체계를 방어하기 위한 반(反)정보전 대응 기술의 개발, 실용화도 병행되어야 할 것이다.[181]

---

178) 공군 전투발전단의 이희우 단장(공군준장)은 지난 6월 26일 한국국방안보포럼(KODEF)이 주최한 '공군력 건설방향과 과제 '라는 세미나에서 "앞으로 유·무인전투기가 복합 편대군을 구성하는 시대에 대비하기 위해 유·무인전투기의 기체와 주요 구성품의 동시 설계, 그리고 임무수행 및 비행제어 체계의 통합 개발이 필요하다"는 주장을 피력한 바 있다. 김귀근, "軍, 유.무인기 통합개발 방안 고려해야", 「연합뉴스」, 2008년 6월 26일자.

179) 신인호, "미래 정밀타격 무기 개발 야심차게 추진", 「국방일보」, 2007년 4월 10일자.

180) 황재연·박재석·김정환 공저, 2006, p.293.

181) 국방당국은 북한의 핵실험 직후인 지난 2006년 말 '핵폭발에 의한 EMP 방호능력 보강'을 긴급소요로 포함시켰으며, 현재 러시아로부터 관련 기술의 도입을 추진 중이

최근에는 사거리 수백 m급의 단거리 레이저 무기 개발이 성공을 거두었으며, 2010년대 중반까지는 수 km 밖의 표적을 정확히 명중시킬 수 있는 레이저 무기를 실전배치하는 방안도 검토하고 있다.[182] 이는 현재 개발되고 있는 미사일 방어체계로도 요격하기 어려운 사거리 100km 이하의 단거리 탄도미사일, 로켓무기, 포탄의 위협까지 무력화할 수 있다는 점에서 큰 의미를 갖는다. 전자포의 일종으로 기존의 화약추진식 야포보다 포탄의 비행속도, 사거리 등이 훨씬 우수한 전열화학포는 20/30mm 소구경 대공포와 120mm 탱크 주포의 형태로 개발되고 있는데, 향후 이를 야포, 해군 함포를 비롯한 대구경포로 발전시킨다는 계획이다.

한국의 독자적인 스텔스 기술 확보를 위한 노력도 주목받고 있다. 윤영하급 미사일고속정, 차기호위함, 충무공 이순신급 구축함, 세종대왕급 이지스 구축함, 그리고 독도급 상륙모함 등 최근 개발 및 건조되고 있는 해군의 신형 군함들은 대부분 선체 설계에 스텔스 기능을 적용한 것이다. 국방과학연구소가 스텔스 기술의 독자 개발에 본격 착수한 것은 지난 1999년부터인데, 9년만인 최근 국산 전파흡수용 특수소재를 F-4 전투기의 기체와 항공기 축소모형에 부착하여 실시한 성능시험에서 긍정적인 평가를 얻었다.[183] 이를 바탕으로 오는 2010년대 중반까지는 각종 군용 전투장비, 무기에 스텔스 기능을 구현하기 위한 핵심기술 대부분을 자체 확보한다는 것이 국방당국의 계획이다.

스텔스 기술은 한국의 공군력 증강, 발전 사업과도 밀접하게 연관되어 있다. 당초 공군은 KF-16의 후계 기종으로 약 120대의 국산 스텔스기를 개발, 양산하는 차기 한국형전투기(KFX) 사업을 추진할 계획이었다. 그러나 현재 KFX 사업은 중단 위기에 놓여있다. 국방당국으로부터 사업 타당성에 대한 조사를 의뢰받은 한국개발연구원(KDI)이 금년 초 "투입비용 대비 경제적 파

다. 정충신, "러 경협 차관 '군사기술'로 받는다", 「문화일보」, 2007년 12월 22일자.

182) 유용원, "미사일 요격 레이저 무기 국내 개발", 「조선일보」, 2007년 11월 10일자.

183) 윤상호, "스텔스 일부 핵심기술, 9년만에 국산화 성공", 「동아일보」, 2008년 5월 13일자.

급 효과가 적어 경제성이 없다"는 부정적 평가를 내놓은 것이다.[184] 그동안 숫자상으로 공군의 주력이었던 구형 F-4/5 전투기는 향후 10여 년 이내에 모두 퇴역할 예정이다. 때문에 만약 KFX 사업이 이렇다 할 대안 없이 백지화된다면, 2020년 이후에는 공군의 전투기 규모가 300대 내외로 급감하는 심각한 공군력 부족 사태가 현실화될 우려도 배제할 수 없다.

차기 한국형전투기(KFX)의 모형. 경제적 타당성 문제 때문에 실제 개발, 양산에는 어려움이 많을 것으로 예상된다.

여기서 다음의 2가지 해결책을 고려할 수 있다. 첫째, 약 60대로 계획된 F-35급 스텔스기의 직도입 규모를 100~150대 이상으로 대폭 확대하여 KFX 사업의 공백을 직접적으로 보완한다. 혹은 둘째, KFX 사업을 유럽 등 다른 군사 선진국과의 공동개발, 생산을 통해 이미 성능을 입증받은 KF-16급 이상의 신형 전투기를 확보하는 것으로 전환한다. 최근에는 스웨덴의 사브가 자신들이 개발한 제4.5세대 전투기 그리펜 NG를 공동개발하는 방식으로 한국과 제휴, KFX 사업에 참여할 의사가 있음을 밝히기도 했다.[185]

어느 방안을 선택하든지, 공군은 500대 규모의 제2, 제3세대 구형 기종으로 이루어져 온 기존 전력구조를 오는 2020년 무렵까지 약 400대의 제4, 제5세대 첨단 전투기 중심으로 재편한다는 본래 목표를 반드시 달성해야 할 것이다. 가능하다면 F-35와 같은 스텔스기를 최대한 확보하는 것이 바람직하겠지

---

184) KDI는 KFX 개발사업에 총 10조원 이상이 소요될 것으로 예상되는 반면, 이를 통한 경제적 파급효과는 3조원에도 못 미치는 것으로 평가하고 있다. 김범수, "차세대 한국형 전투기 사업 '적신호'", 「한국일보」, 2008년 1월 28일자.

185) 이정훈, "스웨덴 사브, KFX(한국형 전투기)사업 참여 '러브콜'", 「주간동아」, 2008년 5월 13일호.

만, 여의치 않을 경우 적어도 AESA 위상배열레이더와 초음속순항 기능을 갖춘 제4.5세대 전투기만큼은 반드시 전력화하여 주변 강대국들의 주력 전투기와 동급 이상의 정보우위, 기동력을 보장받아야 한다.186)

국산 스텔스기의 개발 사업도 최소한 기술실험용 시제기의 설계, 제작 수준으로나마 지속할 필요가 있다. 일본의 신신 ATD-X 사업처럼 필요할 경우 한국 스스로 스텔스기를 개발 및 생산할 수 있는 능력은 유지, 발전시켜야 하는 것이다. 이는 미래 공군력에서 그 비중이 확대될 무인전투기에 적용할 독자적인 스텔스 기술을 확보하기 위해서도 필요하다.

나노기술에 의한 보병 전투능력 강화는 가히 공상과학영화를 연상시킬 정도의 전투력 혁신을 가능토록 해줄 것이다. 국방당국은 오는 2017년부터 각종 첨단기능을 갖추는 신형 전투복과 개인용 전투장비의 보급을 시작하고, 2020년까지 3단계에 걸쳐 성능을 개량한다는 계획을 발표했다.187) 전

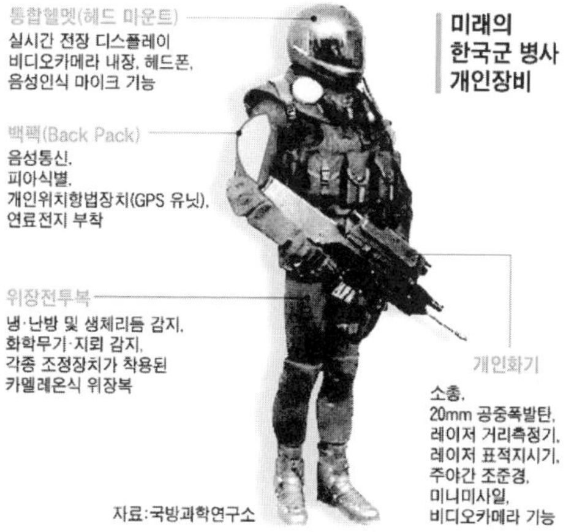

나노기술이 적용된 한국군의 미래형 보병전투장비 개념도

출처: 「조선일보」, 2007년 5월 23일자

186) 한국 공군이 제5세대 전투기를 직도입할 경우 유력한 후보기종으로 거론되는 미국제 F-35의 개발이 당초 계획보다 늦춰지면서 도입비용 상승, 실전배치 지연 등의 문제가 제기되고 있는 점도 스텔스기의 전력화 가능성에 부정적으로 작용할 전망이다. 이 경우 스텔스기보다 무장 탑재능력이 우월하고, AESA 위상배열레이더를 탑재함으로써 제4.5세대급 성능을 갖추는 개량형 F-15K 전폭기를 최대 60대 추가도입하는 방안이 제기될 가능성이 높다. 김귀근, "공군 제5세대 전투기 확보 '빨간불'", 「연합뉴스」, 2008년 8월 31일자.

187) 김범수, "국군, 최첨단 전투복 입는다", 「한국일보」, 2008년 2월 27일자.

투복의 경우 주변 환경에 따라 저절로 색깔이 바뀌고, 체온에 따라서 열을 흡수하거나 발산하며, 총탄이 닿을 경우 자동적으로 전투복 소재가 강화되는 방탄기능까지 갖추도록 하는 것이 목표다. 부대 지휘소와의 통신과 전장 상황인식을 위한 부착형 소형 컴퓨터, 영상정보 송수신 장치와 방탄기능을 보유하는 전투용 헬멧, 그리고 미 육군의 OICW처럼 강력한 원·근거리 교전능력을 동시에 갖춘 첨단 복합형 개인화기[188] 등의 개발도 포함되어 있다.

지난 1990년대 한국은 "산업화는 늦었지만, 정보화는 앞서가자"는 기치 아래 정보통신 분야의 육성, 발전에 많은 노력을 기울여 왔다. 그 결과 오늘날에는 반도체, 디지털 가전, 휴대용전화기를 비롯한 정보통신기기, 인터넷 등을 망라하여 정보화 산업에서 세계 선두권을 차지하게 되었다. 공교롭게도 한국은 군사력 역시 기계화에 뒤처지면서 지난 시절 제국주의 강대국들의 식민지배, 6.25 전쟁이라는 수난을 면치 못했던 바 있다. 이제 정보화전쟁 시대로 들어서고 있는 현재와 미래의 한국군은 기존 군사력의 한계를 극복할 뿐만 아니라, 외부 적성세력에 대한 군사적 열세를 일거에 역전시킬 수 있는 전투력 수준의 획기적인 도약을 달성하기 위한 기회로서 미래형 군사기술의 보다 적극적인 수용, 잠재력 극대화에 나서야 할 것이다.

(3) 부대구조의 혁신

보다 효과적이고 새로운 전략과 더불어 이를 뒷받침할 수 있는 무기를 확

---

188) 국방과학연구소는 지난 7월 5.56mm 소총탄환과 20mm 공중폭발탄을 함께 장착, 운용하는 2중 총열구조의 차기 복합형소총 개발, 시험평가의 완료를 발표했다. 유효사거리는 약 500m이며, 특히 적진 3~4m 상공에서 폭발하는 공중폭발탄은 밀집 병력이나 은폐·엄폐된 표적의 제압에 매우 효과적일 것으로 기대된다. 국방당국은 이르면 내년부터 K11이라는 제식명칭으로 차기 복합형소총을 양산, 실전배치할 계획인데, 이는 공중폭발탄 장착 개인화기가 전력화되는 세계 최초의 사례로 기록될 전망이다. 김민석, "'숨은 적 머리 위서 탄환 폭발 '차세대 소총' 개발", 「중앙일보」, 2008년 7월 29일자.

보했다면, 그 다음으로 남은 것은 무엇일까? 바로 전투력의 조직화다. 아무리 우수한 무기가 많이 있어도 이를 개별적인 단위로 운용한다면, 실전에서의 효과는 제한적일 수밖에 없기 때문이다. 제2차 세계대전 초의 영국 · 프랑스 연합군이 더욱 많은 탱크, 장갑차를 보유하고서도 이들을 독립 기동부대로 조직화하여 운용한 독일군에게 참패했던 것이 그 본보기다. 따라서 한국의 군사혁신은 전략과 전투력의 혁신과 더불어, 마땅히 부대구조의 혁신으로까지 이어져야 하는 것이다.

오늘날 한국군이 우선적으로 실현해야 할 부대구조의 혁신 과제는 '상부구조의 합동성 정립'이다. 한반도는 3면이 바다로 둘러싸여 대륙과 해양으로부터의 위협이 동시에 존재하며, 협소한 영토면적 때문에 유사시 외부 적성세력의 기습 침공에 따른 전 국토의 동시 전장화 위험성이 매우 높다. 여기에 그 군사적 비중이 갈수록 강화되고 있는 항공기와 정밀유도무기, 그리고 첨단 C^4ISR 체계의 위력은 전쟁 수행에서의 시 · 공간적 거리를 더욱 좁힐 것이 분명하다. 이 점에서 한국이 현재와 미래에 직면할 수 있는 군사적 도전은 육 · 해 · 공군 가운데 어느 하나가 아닌, 최소 2개 이상의 군종이 하나의 팀으로서 임무를 수행하는 방식으로 대처할 수밖에 없는 것이다. 요컨대 한국군의 부대 상부구조는 전면전쟁이나 그에 준하는 무력충돌에서 육 · 해 · 공 3군의 주요 실전부대를 단일 사령부가 지휘통제하는 합동군 체제를 취해야 한다.

사실 한국군은 노태우 행정부 시절에 추진된 '군 지휘구조 개선안(일명 818 계획)'의 결과로 지난 1990년 7월 14일 통과된 『국군조직법』 개정안에 따라 합참본부를 군령 기능의 통합기구로 격상시킨 바 있다. 하지만 그 내용을 살펴보면, 진정한 의미의 합동성과는 여러모로 거리가 멀다는 것을 부인하기 어렵다. 우선 합참의장이 전 · 평시를 막론하고 3군의 주요 실전부대에 대한 지휘통제권을 장악하고 있는 반면, 각 군 참모총장의 지휘 · 감독대상은 비전투 지원부대로 제한되어 있는 실정이다.[189] 뿐만 아니라 합참본부는 전투부

189) 현행 『국군조직법』의 제2장 '군사권한'에 명시된 제9조 2항은 "합동참모의장은 군령

대의 작전 지휘통제뿐만 아니라 군사력 기획, 정보, 인사, 군수 등의 행정업무까지 담당하는 막대한 권한을 차지한다. 말이 합동군이지, 실제로는 통합군에 더욱 가까운 구조인 것이다.

이러한 통합군 체제의 부대 상부구조에서는 특정 군이 주도하는 작전을 지원하기 위해 나머지 군종의 전투력이 동원되는 방식으로 전쟁이 수행될 수밖에 없다. 한국의 경우 전체 병력 가운데 약 80%를 차지하며, 합참본부와 합동부대 내부의 주요 직위를 독식하다시피 한 육군 중심으로 이루어질 우려가 매우 크다.[190] 자칫 해·공군의 전투력 대부분이 전방지대에서의 육군 부대를 지원하는 데 동원되고, 전쟁의 억지 및 승리와 직결되는 이들의 '장거리 신속기동 능력' 발휘를 위한 자율성과 전문성이 크게 제약당하는 결과로 이어질 수 있는 것이다.

따라서 한국군은 사실상 육군 중심의 통합군 체제를 취하고 있는 기존의 부대 상부구조를 진정한 의미에서의 합동군 체제로 전환시켜야 마땅하다. 이를 위해서는 다음과 같은 보완 및 수정조치가 요구된다. 첫째, 현재 합참의장에게 부여된 육·해·공군의 주요 전투부대 지휘권을 전면전쟁, 혹은 이에 준하는 대규모 무력충돌의 위기 상황에만 인정하고, 평시와 소규모 국지도발에 대한 전투부대 지휘는 해당 군의 참모총장이나 야전군급 작전사령관이 담당한다. 여기서 평시 및 위기상황, 전면전쟁 여부의 판단과 결정은 국방장관

에 관하여 국방장관을 보좌하며, 국방장관의 명을 받아 전투를 주 임무로 하는 각 군의 작전부대를 작전지휘·감독하고, 합동작전의 수행을 위해여 설치된 합동부대를 지휘·감독한다"라고 규정되어 있다. 이 외에도 합참의장은 대통령과 국방장관에 대한 군사문제 자문, 그리고 합동참모회의를 운영하는 권한을 갖는다.

190) 한 보기로 34명의 전·현직 합참의장들 가운데 공군 출신 1명을 제외한 나머지는 모두 육군 출신이다. 합참본부의 경우 본부장급(중장)과 부장급(소장) 직위의 육·해·공군 비율이 각각 4 : 1 : 1이었으며, 과장급(대령) 직위는 4.6 : 1 : 1로 나타났다. 15개의 국방부 직할부대와 합동부대 가운데서도 14개 부대의 사령관이 육군 출신이다. 이들 부대 내의 대령급 이상 각 군 구성비율도 정보사령부가 8 : 1 : 1이며, 수송사령부와 지휘통신사령부, 화생방 방호사령부는 각각 5 : 1 : 1인 실정이다. 박충제, "한국군의 국방개혁 방향", 「軍事世界」, 2005년 9월호.

의 권한으로 규정하도록 한다. 둘째, 앞으로 합참의장의 임무는 대통령, 국방장관에 대한 군사문제 자문과 합동참모회의 운영에 보다 초점을 맞추고, 평시에는 합참본부 직속의 합동부대만을 지휘통제할 수 있도록 해야 할 것이다. 셋째, 합참의장과 각 군 참모총장으로 구성되는 현행 합동참모회의가 합동 전투력의 운용을 포함하는 광범위한 군사문제를 논의하기 위한 제도화된 협의기구로 운영될 수 있도록 보장한다. 이는 합참의 독단적인 작전지휘가 야기할 수 있는 문제를 예방하기 위해서다.

그리고 넷째, 합참본부와 합동부대의 주요 직위 충원방식에도 육·해·공 3군 균형원칙을 적용하여 군사력 기획, 운용의 합동성을 실질적으로 보장할 수 있어야 할 것이다. 『국방개혁 2020』의 경우 합참의장과 차장을 서로 다른 군 출신으로 임명하고, 합참본부와 합동부대 소속의 육·해·공군 출신 공통직위 비율을 각각 2 : 1 : 1, 3 : 1 : 1로 정하도록 규정되어 있다. 하지만 이 방안은 여전히 육군 출신에게 다수 비율을 보장하고 있을 뿐만 아니라, 각 군별 구성비율을 기계적으로 고정시켜서 인사의 융통성을 저해한다는 비판의 여지가 있다. 따라서 ① 육·해·공군 출신의 공동참여 보장, ② 특정 군 출신의 독점적 충원 배제라는 2개 원칙에 따른 상한선의 설정이 보다 바람직하다.[191] 육군에 대한 배려 이상의 의미가 없는 "합참의장과 차장 가운데 1명은 반드시 육군 출신으로 한다"는 내용도 삭제해야 한다.

아울러 그동안 합참본부가 평시 기획, 전시 작전지휘를 모두 담당해 온 방식에서 벗어나 실전에서 육·해·공 전투부대의 작전지휘를 전담할 사령부급의 합동 작전기구를 조속히 창설해야 할 것이다. 지난해 6월 28일 한국군 합참과 주한미군 사령부 사이에 합의, 서명된 『전시 작전통제권 전환의 이행을 위한 전략적 전환계획』에도 한미 연합사령부로부터 전시 작전통제권을 이

---

191) 다시 말해서 합참본부(혹은 합동부대)의 공통직위 구성에서 "육·해·공군 가운데 제외되는 군이 있어서는 안되며, 특정 군이 전체 직위의 50(60)%를 넘게 임명될 수는 없다"라고 규정하는 방안이 가능할 것이다. 김종하·김재엽, 『국방개혁 2020 추진방향과 입법과제』(한남대 국방전략연구소, 2005), p.63.

양받는 주체를 '한국군 합동참모본부'로 명시하면서, 괄호 속에 '합동군사령부(JFC: Joint Forces Command)'를 포함시킨 내용이 있다. 그런데 당시에는 합동군사령부가 합참본부와는 별개의 조직인지, 아니면 합참본부 자체가 곧 합동군사령부인지의 여부가 불분명했다.

지난 8월 28일의 국방부 기자간담회에서 이상희 국방장관은 "합참의장이 사령관을 겸직하는 형태의 합동군사령부 구조를 설계중이며, 합동군사령부 예하로 전투사령부 조직이 편성될 것"이라고 밝혔다. 이에 따르면 합참의 조직개편이 금년 말까지 마무리됨에 따라 내년 4월쯤 합동군사령부가 정식 창설되며, 전시 작전통제권을 이양받는 오는 2012년까지 점진적으로 인력과 조직을 확충한다는 방침이다.[192] 또한 합참의 4개 참모본부 가운데 정보, 작전, 전략기획 본부도 합동군사령부 예하로 전환, 편성될 것이다. 그 결과 합참본부는 인사 · 군수 담당조직 중심으로 축소된다. 이보다 앞선 8월 18~22일 사이에 5일 동안 실시된 '을지 프리덤가디언' 한미 연례군사훈련에서는 합참의장을 사령관으로 합참본부, 한미연합사령부 소속의 한국군 인원이 참여한 가운데 한국군의 주요 육 · 해 · 공 전투부대들을 작전지휘하는 합동군사령부가 시범 편성된 바 있다.[193]

앞으로 합동군사령부는 한국 육 · 해 · 공군의 작전사령부와 예하 전투부대들에 대한 작전권을 행사하는 최고 사령부로서 한반도와 그 주변 지역에 대한 전쟁수행, 지도능력을 갖춘 명실상부한 한반도 지역사령부의 역할을 담당할 것이다. 다만 합참의장이 합동군사령부의 사령관까지 겸직하는 방안은 재고되어야 마땅하다. 혹자는 합참의장과 합동군사령관의 직책이 분리될 경우

192) 김귀근, "전작권 행사할 '합동군사령부' 윤곽 드러나", 「연합뉴스」, 2008년 8월 28일자.
193) 미국도 을지 프리덤가디언 훈련기간 동안 주한미군 사령관의 지휘 아래 주한미군, 한미 연합사령부 소속 인원들로 구성되는 미군 한국사령부(US KORCOM)를 잠정적으로 편성하였다. 이는 전시 작전통제권의 전환 이후 '한국군 주도-미군 지원' 형태의 한반도 유사시 공동작전수행 개념과 한미 양국군의 기능별 군사협조체계의 효율성을 점검하고, 관련 보완요소를 식별 및 발전시키기 위한 것이다. 손일선, "첫 한국주도 韓美연합훈련... 전작권 전환대비", 「매일경제」, 2008년 8월 18일자.

이들을 보좌할 별도의 참모인력 기구가 필요해지고, 결국 조직과 편제가 비대해지는 문제가 발생할 것이라고 주장할지도 모른다. 그러나 기존 합참본부와는 별도로 전투 기능 중심의 합동군사령부가 신설되는 마당에 합참의장 1인이 평시 기획, 전시 작전지휘를 위한 조직 모두를 장악하는 것은 더욱 비효율적이다.[194] 한국군의 독자적인 위기관리와 전쟁지도, 그리고 관련 세부지침의 작성 및 개발 등을 담당하는 전략기획 기능이 합참본부에서 제외되는 것도 부적절하다.

따라서 전시에 주요 육 · 해 · 공 전투부대들의 총사령탑 역할을 하는 합동작전기구로서 정보, 작전, 군수 기능을 보유하는 합동군사령부의 창설과 더불어 합참본부는 인사, 전략기획 기능 중심으로 평시 전쟁대비 및 지도 체제의 수립, 발전에 전념하는 군사 기획기구로 전환해야 할 것이다. 물론 그동안 합참의장이 행사해 온 육 · 해 · 공군의 주요 전투부대, 합동부대에 대한 작전지휘권은 신설되는 합동군사령부의 사령관에게 이양되어야 한다. 이와 같은 부대 상부구조의 개편은 한국군의 독자적인 전쟁수행에 필요한 인적 기반을 구축함으로써 전략무기 확보와 더불어 자주국방 실현의 핵심역량 기능을 해줄 것으로 기대된다.[195]

---

194) 이상희 국방장관도 8월 28일의 국방부 기자간담회에서 "합참과 군 사령부가 분리 운용되고 있는 나라는 미국뿐"이라면서 "합참의장과 합동군사령관을 별개로 둘 경우 관련 조직이 '옥상 옥'의 형태가 되어 우리 현실에도 맞지 않다"는 입장을 피력했다. 하지만 이 문제는 합동군사령부를 합참본부의 내부 · 산하 조직으로 명시하고, 합창의장과 같은 대장(4성장군)이면서 계급상으로는 아래인 합참차장을 합동군사령관에 임명하는 것으로 충분히 해결될 수 있다.

195) 한국군이 지난 1994년 12월 평시 작전통제권(데프콘(DEFCON) 4 기준)을 회복한 후에도 전쟁대비와 기획, 지도를 위한 주요 핵심권한들은 여전히 '연합권한 위임사항(CODA : Combined Delegated Authority)'이라는 명칭으로 한미 연합사령관, 즉 주한미군 사령관에게 평시에도 위임되어 왔다. CODA에는 전쟁의 억지 및 방어, 정전협정 준수를 위한 연합위기관리, 유사시 작전계획 수립, 연합 합동교리 발전, 연합 합동훈련의 계획 및 실시, 연합 정보관리, 그리고 C4I 상호운용성 등의 권한이 포함된다. 데프콘의 격상 여부는 주한미군 사령관이 한미 연합사령관 자격으로 결정

사단/군단급 이하의 단위부대들을 대상으로 하는 부대 하부구조는 미 육군의 UA, UE와 유사한 모듈 부대로의 개편 방안이 제시되고 있다.[196] 한국적 NCOE 구현의 일환으로 검토 중인 이 계획은 작전 지역의 특수성에 맞춘 3개의 특성화된 대대급 보병부대의 편성을 골자로 한다. 평야 지대에서의 작전을 담당하는 '중형 차량화' 부대, 대도시 내의 시가전에 투입되는 '차륜형장갑차' 부대, 그리고 산악 지형에서 임무를 수행하는 '경보병' 부대가 그들이다. 유사시에 이들 특성화된 대대급 부대들을 기본 단위로 하여 작전 지역에 적합한 보병여단/사단을 편성, 효과적으로 전투를 수행할 수 있도록 한다는 것이 육군의 계획이다.

한국군의 부대구조 혁신이 지향해야 할 궁극적인 목표는 전투 공간별로 편성되어 있는 기존의 육 · 해 · 공 3군 체제를 전투기능, 임무 기준의 새로운 합동 군종 체제로 바꾸는 것이다. 구체적으로는 ① '국토방위군(National Defense Force)', ② '전략군(Strategic Force)', ③ '기동군(Mobility Force)', 그리고 ④ '국제평화지원군(International Peace Assistance Force)' 등으로 재편해야 한다. 이는 앞서 살펴본 독일의 군 구조 개혁안과 유사하다고 할 수 있다. 북한에 의한 주권, 영토 위협이 남아있는 현 시점에서는 다소 시기상조겠지만, 향후 한반도 평화정착과 통일 이후 상대적으로 주권, 영토에 대한 실질적 안보위협이 완화되는 약 10년 내외의 중 · 장기적 시점에서 반드시 실현해야 할 과제다. 주변 강대국들보다 양적 국력과 군사력에서 불가피하게 소수 세력인 한국의 입장에서, 보다 진전된 차원의 합동성 강화는 이들의 위협에 효과적으로 맞서기 위한 차별화된 전투력을 창출하는 효과로 연결되기 때문이다.

먼저 국토방위군은 '한반도와 그 부속도서'로 정의되는 한국 영토를 외부 적성세력의 침공으로부터 직접적으로 지키는 임무를 담당한다. 이들은 전통

하며, 데프콘 3이 발동되면 한국군의 주요 전투부대는 자동적으로 한미 연합사령부의 작전통제 아래에 놓이게 되어있다. 김일영 · 조성렬, 2003, p.182.

196) 김범수, "50여년 만에 손보는 군체제…'모듈형 부대'로 바꾼다", 「한국일보」, 2007년 8월 22일자.

적인 재래식전쟁을 수행하는 중심 세력이며, 최악의 경우 영토 내에서의 장기 저항전을 통해 적을 몰아낼 수 있어야 한다. 여기에 포함되는 병력은 육군의 보병부대(차량화보병 포함), 연안방어를 위한 해군의 해역함대, 대공포와 지대공미사일을 운용하는 지상 방공부대, 그리고 예비전력 등이다.

국토방위군 소속의 보병부대는 영토 방어를 최종적으로 책임지는 무장 세력이며, 따라서 우수한 전투수행 능력과 더불어 병력 규모상의 우위를 차지할 수 있어야 한다. 이 점에서 기본 부대단위는 1만명 이하의 사단급으로 편성하는 것이 적절하다. 아울러 국토방위군 사령부 예하에 1~2개 도(道) 단위를 기준으로 지역별 합동군단을 만들어 해당 지역 내에 배치되는 육·해·공 전투부대들을 총괄 지휘하도록 하는 방안도 검토할 수 있다.

전략군은 평시 한반도와 그 주변지역에서의 전쟁 억지, 그리고 전시에는 한국군의 신속하고도 결정적인 승리를 주도하는 가장 강력하고 중요한 군사력이다. 전략군의 지휘통제 대상에는 정찰위성과 공중 조기경보통제기, 중·고고도 무인정찰기를 비롯한 고성능 정보수집 자산, 우주 군사력, 장거리 정밀유도무기, 그리고 이들을 탑재 및 운용하는 해·공군의 장거리 기동수단(예 : 수상전투함, 잠수함, 대형 전폭기) 등 대부분의 전략무기를 포함시켜야 할 것이다. 해당 무기를 운용하는 부대들은 전략군이 창설되기 전까지는 합동군사령부의 작전지휘를 받는 합동부대, 혹은 기능사령부 예하로 편성하는 것이 바람직하다.

기동군의 최대 임무는 국경지대와 한반도 주변 해·공역에서의 기습적인 국지도발, 혹은 적의 소규모 정예 무장세력(예 : 특수전부대, 테러리즘 집단)이 해안선이나 내륙을 비롯한 측·후방 지역으로 침투할 경우 가장 먼저 출동하여 침범해온 적을 신속히 제압하는 것이다. 또한 전면전에서는 적군의 측·후방에 역습을 가하여 제2전선을 구축, 적 침공능력의 분산 및 소모를 강요하고, 적의 침공을 결정적으로 좌절시키기 위한 반격 작전에서 주공 역할을 담당한다. 아울러 해외에서 한국의 주요 이익이 위협받는다면, 이를 보호하기 위해 세계 어느 지역으로든지 투입될 수 있어야 한다. 구체적으로는 해상교통로 방어, 테러리즘 집단이나 해적 등에 억류된 한국인 인질의 무력 구출작전 등을 들 수 있다.[197] 한반도 통일 과정에서 북한 급변사태가 현실화될 경우에는 휴전선 이북에서의 통제권을 조속히 확보하고, 한반도에 대한 주변 강대국들의 정치 · 군사적 개입 가능성을 견제, 저지하는 임무도 담당해야 할 것이다.[198]

기동군에는 육군의 기갑, 기계화보병 부대와 항공부대, 해군의 기동전단/함대, 해병대, 한반도와 주변해역을 작전범위로 하는 공군의 중 · 소형 전투기 운용부대, 각 군의 특수전부대,[199] 그리고 이들을 수송하는 해군 상륙함과

---

197) 국방당국은 지난해 7~8월의 아프가니스탄 인질 억류사건을 계기로 피랍당한 해외 거주 국민의 구출임무를 전담하는 특수부대 운용을 검토하고 있으며, 지난해 11월에는 한국국방연구원에 관련 과제의 연구를 지시한 바 있다. 이는 지난 1976년 이스라엘이 자국 영토에서 무려 4,000km 떨어진 우간다의 엔테베 공항에 특공대를 투입, 팔레스타인 납치범들에 의해 억류되어 있던 자국민 인질들을 성공적으로 구출해낸 '엔테베 구출작전'과 유사한 개념이다. 김민석, "피랍된 인질 구출 전담…한국형 '엔테베 작전' 부대 추진", 「중앙일보」, 2008년 2월 18일자.

198) 물론 북한 급변사태에서 주변 강대국의 정치 · 군사적 개입이 현실화된다면 한국 단독으로 대응하기에는 상당히 불리할 것으로 우려되며, 따라서 동맹 미국과의 공동 군사대응도 고려대상이 될 수 있을 것이다. 실제로 한미 양국은 지난 1999년에 처음 북한 급변사태에의 공동대응을 위한 개념계획(CONPLAN) 5029를 작성했으며, 이를 병력의 동원 및 배치 등 구체적인 군사력 운용계획까지 포함하는 작전계획으로 구체화시키려 했다. 그러나 노무현 행정부 시절인 2005년 한국 정부가 '주권 침해'의 가능성을 제기하면서 관련 논의가 중단되었다. 최근에는 한미동맹 강화, 발전에 적극적인 이명박 행정부의 출범, 그리고 김정일의 건강 악화설에 따른 북한 정세의 불확실성 가시화를 계기로 개념계획 5029를 정식 작전계획으로 발전시키는 계획이 재추진될 전망이다. 유용원, "한미, 北 급변사태 대비 '작계5029' 재추진", 「조선일보」, 2008년 9월 11일자.

199) 한국군이 보유 중인 특수전부대의 병력 규모는 약 4만명으로 알려져 있다. 육군의 경우 특수전사령부 예하의 7개 공수여단, 항공작전사령부 예하의 1개 공중강습여단, 3개 특공여단, 그리고 주요 군단 사령부 직속인 7개 특공연대를 운용 중이다. 해군은 수중정찰 및 파괴, 침투, 폭발물 처리를 담당하는 UDT/SEAL 여단, 해저 구조와 인양 임무를 수행하는 해난구조대(SSU)를 보유한다. 그리고 공군에는 실종 조종사의 구조를 위한 탐색구조전대, 공정통제부대(CCT)가 있다. 홍희범, "작전명령 떨

공군의 중 · 대형 수송기, 공중급유기 등을 포함시켜야 한다. 탱크와 보병전투용 장갑차를 각각 보유하는 기갑, 기계화보병 부대는 결정적인 역습 및 반격능력을 갖춘 군단급으로 편성하되, 예하 단위부대들은 평야보다 산악지형, 동서방향의 하천이 다수 분포하는 한반도의 지형조건에서 신속히 기동할 수 있도록 여단 규모로 하는 것이 바람직하다. 해병대의 경우 상륙작전, 전방지대 및 주요 도서지역 방어 등으로 임무가 분산되어 있는 각 여단/사단급 전투부대 모두를 진정한 의미에서의 상륙작전 전문부대로 재편성해야 할 것이다.[200] 미군의 특수전사령부(SOCOM)처럼 육 · 해 · 공군의 특수전부대 전체를 총괄 지휘통제하는 기능사령부를 합동군사령부 직속으로 설치하는 방안은 기동군이 정식 창설되기 이전에도 적극 검토할 필요가 있다.

국제평화지원군은 UN PKO처럼 세계 각지에서 무력분쟁의 예방, 질서유지, 재건, 그리고 복구 등을 담당하는 군종이다. 외견상으로는 이들 지역 내부의 안정 여부가 한국의 안전과는 별다른 관계가 없는 것처럼 생각될지도 모른다. 하지만 오늘날 초국가적인 안보 위협으로 떠오른 테러리즘 집단, 해적의 근거지는 대부분 내전과 종교, 종족대립에 허덕이는 소위 '실패국가'들이다. 지난해 많은 이들을 충격에 몰아넣은 한국인 피랍사건이 벌어졌던 아프가니스탄, 소말리아도 그 가운데 하나였다. 이처럼 점차 심화되는 정치 · 경제적 세계화 추세로 인해 다른 나라의 분쟁도 한국 국민들의 안전에 직 · 간접적으로 영향을 주고 있는 것이 엄연한 현실이다. 따라서 이 문제를 '잠재적 안보위협의 예방'이라는 보다 적극적인, 중 · 장기적 투자 차원에서 접근해야

어지면 지구 끝까지-세계의 특수부대", 「위클리 조선」, 2007년 8월 20일호.

200) 현재 해병대에서 상륙작전을 전담할 수 있는 부대는 경상북도 포항의 제1사단뿐이다. 제2사단은 경기도 김포반도에서 휴전선 전방지대 방어를 담당하며, 제6여단과 연대급 '연평부대'도 각각 서해 백령도와 연평도에 배치되어 있어서 선봉 기동부대로서 해병대의 특성을 제대로 살리지 못하고 있는 것으로 평가된다. 때문에 해병대 전체를 상륙작전 전문부대로 재편하려면 최소한 김포반도의 제2사단을 후방으로 재배치해야 한다는 지적이 제기되고 있다. 이정훈, "'개병대'는 싫다, '국방 119'로 나선다", 「신동아」, 1999년 10월호.

할 필요가 있다.

뿐만 아니라 국제평화지원군은 한국의 국제적 지위, 그리고 미국과의 동맹 관계를 보다 강화하는 정치 · 외교적 자산의 역할도 할 수 있다. 세계 10위권의 경제대국이자, UN 사무총장(반기문 전 외교통상부 장관)을 배출한 국제사회의 신흥 지도국가로서 UN PKO를 비롯한 해외군사활동 참여는 세계평화를 위한 책임과 기대에 적극 부응하고 있음을 실천하는 기회인 것이다. 또한 평화유지와 치안 및 복구 지원임무 수행을 통한 한국의 국가 이미지 제고는 현지의 경제 재건과정에서 한국 기업들이 보다 손쉽게 참여할 수 있도록 지원하는 경제적 효과로도 연결된다. 궁극적으로는 한국을 '세계질서 안정에 공헌하는 평화애호국가'로 각인시켜 국제적인 발언권과 영향력의 강화뿐만 아니라, 한반도 유사시 UN을 비롯한 국제사회의 광범위한 지원을 확보하는 데 크게 기여할 것이다.

한미동맹 차원에서는 주한미군의 전략적 유연성 인정, 전시 작전통제권 전환에 따라 앞으로 그 비중이 약화될 수밖에 없는 전통적인 '한반도에서의 전쟁 억지와 방어'를 대신할 새로운 동맹의 존재 근거를 개발하는 계기가 될 수 있다. 특히 한국과 미국이 추진하고 있는 '21세기 전략동맹'에 평화구축 원칙이 포함되면서 양국이 한반도를 넘어 동아시아, 혹은 현재의 이라크처럼 세계 각지에서 평화유지, 대량살상무기 비확산 등을 위한 각종 군사 임무를 함께 수행할 가능성도 이전보다 높아질 전망이다.[201] 요컨대 한미동맹의 기능적, 지리적 협력범위가 넓어질수록 해외군사활동의 정치 · 외교적 효과는 더

201) 구체적으로는 미국의 주요 동맹국인 영국, 일본, 호주 등이 적극 동참하고 있는 MD와 PSI, 한반도 이외의 동아시아 지역분쟁(예 : 대만해협) 개입, 그리고 '테러와의 전쟁'을 위한 전투부대 파병 가능성이 거론되고 있다. 하지만 이들 대부분은 북한이나 중국 등 주변국 관계에의 악영향, 과격 테러리즘 집단의 보복 가능성 등을 비롯한 정치 · 외교적 부담으로 이어질 수 있는 민감한 현안들이다. 때문에 미국과의 협의, 실제 추진 과정에서 상당한 국내외적 논란을 수반할 것으로 예상된다. 김민석, "MB 제시 전략동맹은 한 · 미 관계, 세계적 차원으로 격상", 「중앙일보」, 2008년 4월 21일자.

욱 커질 것이며, 이 점은 앞서 살펴본 호주와 일본의 사례에서 잘 나타난다. 한국군 내에서 해외군사활동을 전담하는 상설부대를 창설, 운영해야 할 충분한 근거라고 할 수 있다.

한국군의 해외 평화유지활동 참여는 지난 1993년 소말리아에 250명 규모의 1개 공병대대를 UN PKO의 일원으로 파병한 것에서 시작되었다. 이후 앙골라, 서사하라, 동티모르, 그루지아, 수단, 네팔, 그리고 지난해부터 약 360명 규모의 '동명부대'가 활동 중인 레바논을 비롯한 여러 분쟁지역에 총 920명의 병력과 요원들이 UN PKO 활동에 참여했다. 금년 2월을 기준으로 8개 지역, 총 399명의 한국군 장병이 평화유지 임무를 수행 중이다.[202] 이는 UN PKO에 참여하고 있는 세계 119개국 가운데 37위에 해당한다. 2002~2007년 사이에는 미국이 주도하는 '테러와의 전쟁'의 동참 차원에서 '다산 · 동의부대'가 아프가니스탄에서 재건, 의료지원 임무를 담당했고, 2004년부터는 이라크 북부의 쿠르드족 자치지역인 아르빌에서 '자이툰 부대'가 역시 재건지원 임무를 활발히 수행하고 있다.

레바논의 한국군 동명부대. 지난해부터 UN PKO의 일원으로 평화유지활동 임무를 수행하고 있다.

그러나 한국의 UN 예산 분담금 지원규모가 전체 회원국들 가운데 10위권이라는 것을 고려할 때, PKO를 비롯한 현재의 해외군사활동 참여 및 기여도는 국력과 국제적인 위상에 비하여 크게 부족하다는 비판을 면하기 어렵다. 이에 따라 현재 평화유지활동에 대한 참여인원, 장비규모, 대응시간, 제한사

202) 외교통상부, 『외교백서 2008』(외교통상부, 2008), pp.81~82.

항 등을 제출하는 수준에 머물러 있는 한국의 UN PKO 상비체제(Stand-by Arrangement System) 참여도를 부대편성, 수송능력, 편제장비 보유 수준, 소요시간 등의 설정까지 포함하는 단계로 강화해야 한다는 지적이 힘을 얻고 있다. 최근 국방당국이 PKO 임무를 전담하는 1,000명 규모의 상설부대 창설을 검토하고 나선 것도 이러한 노력의 일부로 평가된다.[203]

국제평화지원군의 주요 임무는 분쟁지역에서의 무력충돌 예방, 치안 · 질서 유지, 재건 및 복구 지원, 그리고 인도주의적 재난(예 : 자연재해, 질병, 난민)에 대한 긴급구호 활동 등이 될 것이다.[204] '전쟁 이외의 군사작전(MOOTW : Military Operations Other Than War)'이라고도 불리는 이들은 그 성격상 전통적인 군대보다는 민정(民政) 경찰의 임무에 더 가깝다. 때문에 병력 구성도 전투력 중심의 다른 군종보다는 비전투 지원기능이 상당부분 포함되어야 한다. 구체적으로는 주력인 경무장 보병과 공병, 의료, 수색 · 구조, 그리고 정치 · 군사관계 및 주둔지역 전문가를 비롯한 민사심리전 요원 등으로 구성되는 혼성부대의 형태가 바람직하다.[205] 해외 배치지역으로의 전개, 혹은 현지 저항세력과의 제4세대 전쟁을 수행하는 과정에서는 기동군의 해양 · 항공 수송자산과 특수전부대 병력 일부를 지원받을 수도 있다.

국제평화지원군은 우선 1,000~2,000명의 연대급 규모로 창설하되, 조속한 기간 내에 일본 육상자위대의 중앙즉응집단보다는 많은 약 4,000~5,000명으로 강화되어야 한다. 중 · 장기적으로는 아시아, 아프리카, 유럽, 아메리카 등

203) 김민석, "국제평화유지활동 지원…1000명 규모 상비군 추진", 「중앙일보」, 2008년 1월 7일자.

204) 일반적으로 PKO 활동은 분쟁종식을 위한 당사자간의 관련협정 준수 유도, 휴전 감시, 무장해제 등을 포함하는 '평화유지', 분쟁의 종식 이후 해당 지역의 평화와 안정을 정착시키는 데 필요한 경제 재건, 선거 등의 지원을 포함하는 '평화건설', 그리고 적대적 군사행동을 비롯하여 평화유지에 관한 합의를 위반한 분쟁 당사자를 무력으로 제재하는 '평화강제' 등으로 구분된다. 김열수, 『국제기구를 통한 분쟁관리』(오름, 2000), pp.81~100.

205) 김종하, 2002, p.46.

최대 4개 지역에 5,000~1만명의 여단/사단급 부대를 동시에 파병할 수 있도록 병력규모를 총 2~4만명 내외까지 확대하는 것이 바람직하다. 그리고 국제평화지원군의 임무수행 능력을 지속적으로 뒷받침할 수 있도록 국방부와 기타 정부부처 인력까지 참여하는 국가 차원의 해외군사활동 담당기구를 설치할 필요가 있다. 이 기구는 관련 임무에 필요한 전투 · 비전투 인력의 전문적 훈련, 전술 및 행동지침 개발, 그리고 해외군사활동 경험자들의 데이터베이스화를 통한 인력 재충원 등을 총괄하도록 한다.[206)]

끝으로 사이버전쟁 전문 부대의 역할, 위상에 관해서도 짚고 넘어가도록 하자. 현재 한국군은 국방부와 육 · 해 · 공군의 본부, 주요 사령부 소속 인원으로 구성되는 국군 지휘통신사령부의 컴퓨터 침해사고대응팀(CERT : Computer Emergency Response Team)을 운영 중인데, 주로 외부의 해킹, 컴퓨터바이러스 침투에 대한 감시 및 긴급복구 등의 수세적 기능을 담당하고 있다.[207)] 인터넷을 비롯한 정보통신 체계에 대한 국가 주요기능과 군사력 운용의 의존도, 취약성이 높아지고 있는 현재와 미래의 안보환경에서 한국의 정보우위를 보장하기에는 분명 불충분한 수준이다. 따라서 현재의 CERT를 외부의 사이버공격에 대한 방어는 물론, 상대측의 정보통신망을 겨냥한 공세적 사이버전쟁까지 수행할 수 있는 본격 사이버전쟁 전문 부대로 강화, 개편해야 한다. 이 부대는 앞서 제시한 4개 합동 군종들 가운데 전략군 예하로 일단 편성하고, 추후에 독자 사령부 내지는 독립된 '사이버군(軍)'으로의 승격 가능성을 검토할 수 있을 것이다.

206) 김종하, "국방부 'PKO 상비체제'의 보완방안", 「문화일보」, 2008년 1월 9일자.
207) 김정곤, "국방정보 해킹, 동작 그만", 「한국일보」, 2006년 5월 26일자.

3. 실천방안 – 어떻게 혁신할 것인가?

지금까지 필자들이 제시한 군사전략, 전투력, 그리고 부대구조의 혁신이 순조롭게 이루어진다면 한국군은 첨단 전략무기와 미래형 군사기술력을 바탕으로, 다양한 종류의 위협에 맞서, 한반도와 그 주변지역을 넘어서는 범위에서도, 독자적인 전쟁 억지 및 승리능력을 발휘하는 강군(强軍)으로 거듭날 수 있다. 그 어느 나라도 함부로 넘볼 수 없는 '혁신주도형 군사력'으로의 변혁을 달성하는 것이다. 하지만 이와 같은 원대한 목표를 실현해내는 것은 단순히 목표를 세우는 것보다 훨씬 어려운 과업이다. 해당 국가의 정치 · 외교적 환경, 내부 역량, 그리고 국민여론과 지도층의 지지 여부를 비롯한 각종 조건들을 충족시켜야만 가능한 일이기 때문이다. 이에 필자들은 이 책의 마지막 부분으로서 한국의 군사혁신을 성공으로 이끌기 위해 필요한 국가적, 정책적 노력에 관하여 살펴보고자 한다.

(1) 연구개발과 방위산업 역량의 강화

화약의 발명 이후 전쟁에서의 승리를 좌우하는 주역은 장병 개개인의 힘에서 무기로 바뀌었다. 새로운 기술이 전략을 바꾸는 '기술주도형', 혹은 창의적인 전략이 새로운 기술을 요구해내는 '교리주도형' 모두 이전보다 효과적이고 우월한 전투력의 무기가 뒷받침되어야만 군사혁신의 궁극적 지향점인 "새로운 전쟁 양상의 창출을 통한 승리"를 달성할 수 있는 것이다. 따라서 과거의 기술적 한계를 극복하면서 진일보한 전투력을 발휘하는 새로운 무기와 군사기술의 연구개발(硏究開發 : Research & Development) 능력, 그리고 이를 필요한 규모만큼 생산해내는 방위산업(防衛産業 : Defense Industry) 역량은 군사혁신 실현을 위한 여러 차별화된 능력들, 즉 핵심역량 중에서도 가장 으뜸가는 중요성을 차지한다.

박정희 행정부의 자주국방 노력이 가시화되던 1970년대 이래 한국군의 재래식 기계화군사력은 양적으로 큰 성장을 이루었다. 하지만 국방 연구개발과 방위산업 역량의 내실(內實)을 향상시키는 데는 여러모로 미흡했음을 부인할 수 없다. 탱크와 장갑차, 전투함정, 항공기를 비롯한 각 군 주력무기의 부품들 가운데 수입품의 비중이 평균 50%를 상회하고,[208] 탄약의 경우 최근 개발된 해성 대함미사일이나 '천마(天馬)', '신궁(神弓)'[209] 단거리 지대공미사일 등을 제외한 대다수의 정밀유도무기가 수입에 의존해온 것이다. 그 결과 지난 1980~2003년에 걸친 전력투자 액수 66조 7,000여억원 가운데 1/3인 26조 2,200억원이 외화로 지출되었다.[210] 가급적 빠른 시일 내에 북한과의 군사력 격차를 따라잡아야 한다는 절박감 때문에 무기획득은 대부분 자체개발보다 시간이 덜 걸리는 외국산 무기의 수입을 통해 이루어졌다. 1974~2000년 동안에 이루어진 한국군의 무기 획득건수 가운데 전체 평균 79%가 해외 직도입이었다는 것이 그 증거다.[211]

이처럼 빈약한 자체 연구개발 역량은 국내 방위산업까지 위축시키는 악순환을 가져왔다. 그동안 방위산업체들은 각종 무기들을 기술도입이나 면허생산 등의 방식으로 군에 납품하는 수준을 벗어나지 못했던 것이다. 더욱 큰 문제는 이들 방위산업체의 저조한 경영실태에 있다.[212] 80개가 넘는 국내 방위산

208) 각 군의 주요무기 수리를 위한 부품 조달예산은 육군은 23%, 해군의 경우 65%, 공군이 무려 87%가 수입에 의존하고 있는 것으로 나타났다. 안보경영연구원, "建軍 60년의 韓國軍, 精銳化 先進化를 위한 國防經營革新", 「SMI 이슈 & 리포트」, 제35호, 2008년 6월 15일.

209) 천마는 지난 1990년대 중반에 자체 개발된 사거리 10km 이하의 단거리 지대공미사일로 이동식 차량에 탑재되어 지상 기동부대와 함께 움직이며 저고도 방공임무를 수행한다. 신궁은 보병이 직접 사격하는 휴대용 지대공미사일이며, 사거리는 약 7km다.

210) 백재옥 · 박주현 · 임길섭 등, 2005, p.97.

211) 각 분야별로는 정보수집 및 전자전 관련 장비의 88%, C4I 84%, 육군의 화력 및 기동 76%, 군함 37%, 항공기 97%, 유도무기 89%, 대량살상무기 방호 37%가 해외 직도입으로 확보되었다. 백재옥 · 박주현 · 임길섭 등, 2005, p.85.

업체들의 평균가동률은 1986년의 경우 77.8%나 되었지만, 지난 10년 동안에는 48~57%에서 정체되어 온 것으로 나타났다. 제조업 평균가동률인 71~80%에 크게 못 미치는 수준이다. 방위산업체들의 영업이익률 역시 제조업 평균 6~7%보다 낮은 4.7%에 불과하다.

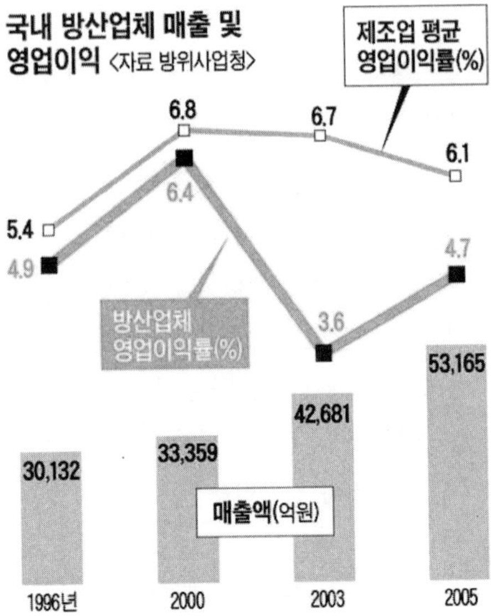

국내 방위산업체의 경영실태 현황

출처: 「조선일보」, 2007년 5월 15일자

전투력의 핵심을 이루는 주요 무기의 확보를 전적으로 외국에 의존해서는 자국이 지향하는 목적, 시간과 부합하는 군사혁신을 실현하는 데 큰 장애가 될 수밖에 없다. 따라서 한국은 스스로가 필요로 하는 군사혁신의 성공 여부를 결정짓는 핵심역량으로서 국방 연구개발, 방위산업의 자립기반 구축을 위해 지속적이면서 충분한 노력을 기울여야 하는 것이다. 구체적으로는 다음과 같은 정책적 조치들이 요구된다.

첫째, 국방 연구개발에 대한 분야별, 주체별 역할분담 체제를 정립한다. 이전까지는 대다수 무기의 연구 초기단계에서 생산에 이르는 거의 모든 과정을 국방과학연구소가 전적으로 떠맡다시피 했는데, 이로 인해 민간 방위산업체들의 활동은 단순 조립이나 생산, 그리고 기존 무기의 점진적, 단계적 개량 정도에 그쳐왔다. '첨단기술 중심의 미래형, 전략무기 개발'에 주력해야 할 국방과학연구소 본연의 기능에도 맞지 않았음은 물론이다. 그러므로 국방과학연

212) 유용원, "재래식 무기는 포화상태… 첨단무기는 해외 직수입", 「조선일보」, 2007년 5월 15일자.

구소가 '전략무기와 미래형 군사기술' 분야를, 그리고 민간 방위산업체는 '전술 · 작전급 재래식 무기와 현용 주요무기 관련 기술'을 각각 주도하는 방식의 분업화가 정착되어야 할 것이다. 국방과학연구소의 기능, 조직도 이를 반영하여 고등 군사과학기술의 연구개발에 보다 적합하도록 재편될 필요성이 요구된다.

둘째, 방위산업의 경영 건전성 개선을 위한 구조조정과 신규시장의 창출이 필요하다. 국방당국은 지난 1983년부터 방위산업에 대한 전문화/계열화 제도를 지속해 왔는데, 이는 '주요 획득계획에 포함된 군용물자 가운데 연구개발 또는 기술도입을 통해 생산할 필요가 있는 품목에 대해 지정업체에게 우선적 참여권을 부여하는 것'을 골자로 하는 일종의 독과점 시장체제다.[213] 전문화/계열화 제도는 시행 초기만 해도 방위산업체들의 안정적인 수요를 제공하고, 중복투자를 방지하여 국내 방위산업의 양적 성장에 기여한 것이 사실이다. 그러나 이후 신규업체의 진입 규제와 정부 발주물량에 대한 의존도 심화, 그리고 기술 · 경영혁신에 대한 동기 약화를 비롯한 부작용이 더욱 커졌다.[214] 날이 갈수록 기술혁신의 속도가 빨라지고 있는 오늘날에는 지극히 실효성이 떨어지는 제도가 된 것이다.

국방당국은 금년 말까지 전문화/계열화 제도를 폐지할 예정이다. 앞으로는 기존의 전문화/계열화 제도가 규정해 온 방위산업의 독과점 체제를 극복하고, 방위산업 전체의 경쟁력과 자생력을 강화할 수 있는 방안을 적극 실천에 옮겨야 한다. 구체적으로는 기존 방위산업체들의 인수합병(M&A)을 포함한 구조조정, 우수한 민간 기업체들에 대한 방위산업 진입의 문호 개방도 포함될 수 있다. 생산이나 조립은 당분간 기존 방위산업체들이 주도하더라도, 핵심부품과 소재, 소프트웨어를 비롯한 연구개발만큼은 하루빨리 경쟁체제

213) 여기서 '전문화'는 완성 군용장비의 최종조립, 그리고 '계열화'는 부품과 소재의 납품을 각각 뜻한다.

214) 정혁훈, "비슷한 무기도 따로 생산. 전문화가 되레 발전저해", 「매일경제」, 2004년 9월 7일자.

가 자리잡을 수 있도록 해야 할 것이다.[215] 이러한 조치들은 국내 방위산업 구조를 생산능력뿐만 아니라 기술력을 기반으로 하는 구조로 전환시키는 데 상당부분 기여할 것으로 기대된다.

방위산업의 구조조정은 궁극적으로 대기업과 중소기업 사이의 수직적 하청관계에 가까운 형태를 취해 온 기존 전문화/계열화 제도를 대체하는 새로운 '방위산업기반(DIB : Defense Industrial Base)'의 구축을 지향해야 한다. 다시 말해 체계통합과 구성부품 제공이라는 2중 분업체제를 ① 복합 전투체계의 설계 및 제작, 관리업체(1st Tier), ② 개별 장비·무기와 C^4I 체계의 설계, 제작업체(2nd Tier), 그리고 ③ 기술집약형의 특수 소재, 부품 제공업체(3rd Tier) 등으로 이루어지는 삼각 분업체제로 전환되어야 하는 것이다. 이는 개별 무기의 성능보다 정보기능 중심의 전투력복합화를 강조하는 현재와 미래의 정보화전쟁에 적합한 군사력을 제공하는 데 유리하며, 각 방위산업체들의 관계를 수평적인 기능협력관계로 재편시킬 수 있다. 그리고 기술 역량이 우수한 중소 방위산업체가 충분히 자생력을 갖추도록 하여 방위산업 전체의 업종 다변화, 경영 건전성에 기여하는 효과도 기대된다.

한국 방위산업이 개척해야 할 신규시장은 물론 해외수출의 확대를 뜻한다. 새로운 성장동력의 확보, 그리고 경쟁력 강화라는 당면 과제를 동시에 달성하려면 단순히 내수 위주의 생산과 개발에 의존해서는 한계에 부딪힐 수밖에 없기 때문이다. 그동안 국내 방위산업체의 수출은 아시아, 아프리카를 비롯한 개발도상국들에 편중되어 왔으며, 수출품목도 첨단기술보다는 주로 규격화를 통한 대량생산에 의존하는 탄약이나 총, 포, 부품 등이 다수를 차지했다. 군사선진국인 미국이나 유럽 등지로의 방위산업 관련 수출은 대부분 한국이 해당 국가들로부터 직도입하는 무기의 부품 일부를 국내에서 생산, 역수출하는 절충교역에 의한 것이었다.[216]

---

215) 김종하, "한국 방위산업의 구조혁신-전문화/계열화 제도 개선방안", 국무조정실 국방획득제도개선위원회, 『한국 방위산업의 경쟁력 강화방안 : 국회 국방정책 토론회 자료』(김명자 의원실, 2004년 12월 7일).

다행히 최근 수년 동안의 국산무기 수출 증대는 한국 방위산업의 해외시장 개척 가능성에 활기를 불어넣고 있다. 먼저 K-9 자주포와 KT-1 '웅비(雄飛)' 기본훈련기의 터키, 인도네시아 수출은 국내 방위산업체들이 상당 수준의 기술집약 능력을 요구하는 최종 완성체계 부문에서도 경쟁할 수 있음을 증명했다. 한국항공우주산업(KAI)이 미국 굴지의 항공업체 록히드 마틴과 공동 개발한 T-50 '골든이글'은 현존하는 세계 최고성능의 초음속 고등훈련기로 각국으로부터 호평을 받았다. 현재 KAI는 향후 25년 동안 약 3,300대 규모로 예상되는 세계 공군 훈련기 시장의 30% 규모인 1,000대 이상의 T-50을 수출한다는 야심찬 계획까지 세우고 있다.[217] 최근에는 K2 차기탱크, K21 보병전투용 장갑차, 그리고 국내 조선소에서 건조되는 해군 전투함정 등의 다양한 국산무기들도 수출 가능성이 높은 것으로 평가된다.[218]

T-50 '골든이글' 초음속 고등훈련기의 비행모습. 한국 방위산업의 발전을 상징하는 대표작이다.

---

216) 김종하 · 김형욱, "방산기술의 국산화 제도개선과 방산물자 수출활성화 방안에 관한 연구", 「한국방위산업학회지」, 제12권 제1호, 2005년 6월.

217) T-50 고등훈련기는 싱가포르, 아랍에미리트에서 도입할 예정인 차기 훈련기의 유력한 후보기종 가운데 하나이며, 미국과 그리스, 중남미 등지로의 수출 가능성도 예상되고 있다. 한국 공군 역시 80대의 T-50과 함께 T-50의 무장탑재형인 F/A-50 공격기 약 60대를 도입, 구형 F-5를 대체할 계획이다. KAI는 T-50을 대형화한 일명 F-50 전투기의 개발도 희망하는 것으로 알려져 있다. 이정훈, "한국 고등훈련기 T-50, 왜 수출 늦어지나", 「신동아」, 2008년 3월호.

218) Jung Sung-Ki, "S. Korean Arms Industry Emerges as Global Power", *Defense News*, July 16, 2007.

한국 방위산업의 연간 수출규모는 2001~2006년 사이에 평균 2억 6,000만 달러였는데, 지난해에는 그 3배가 넘는 8억 4,500만 달러로 크게 증가했다. T-50의 생산업체인 KAI와 K1 계열 탱크를 생산하는 로템은 매출액 기준으로 세계 100대 방위산업체의 대열에 합류했다. 국방당국은 이에 만족하지 않고 현재 세계 17위권에 머물러있는 국내 방위산업의 수출액 규모를 2022년까지 세계 10위에 해당하는 연간 20억 달러 수준으로 끌어올리고, 이를 위해 10대 핵심기술의 무기화, 그리고 10대 주요무기의 국산화를 병행 추진한다는 중 · 장기 발전방향을 제시하였다.[219] 이명박 행정부의 출범 이후에는 국방정책에서의 3대 국정과제 가운데 "방위산업의 신(新)경제성장 동력화"를 포함시켜 더욱 적극적인 방위산업 육성 의지를 나타냈다. 여기에는 2012년까지 방위산업 수출을 30억 달러로 늘려 세계 7대 방위산업 대국으로 성장한다는 계획도 포함되어 있다.[220]

그리고 셋째, 정부 주요부처 및 민간 연구인력과의 공조체제 구축을 포함하는 국가 차원의 국방 연구개발 역량 강화노력이 필요하다. 좀 더 구체적으로는 국방당국뿐만 아니라 과학기술, 산업, 예산기획 관련 정부부처들이 동참하는 관(官)-군(軍) 협의체를 설치하여 국방 연구개발에 대한 중 · 장기적인 정책, 실행계획을 수립하고, 민간 대학이나 연구기관의 우수한 연구인력들이 다수 참여하는 민군 합동의 국방 연구개발사업 추진 및 확대와 같은 방안이 가능할 것이다. 이미 정부는 과학기술 정책의 최고 의결기구인 국가과학기술위원회 산하에 '국방연구개발 전문위원회'를 설치, 운영하기 시작했다. 이 위원회는 주요 국책 연구개발사업에서 국방 분야와 비국방 분야 사업을 서로 연계 및 조정하고, 국방 연구개발의 투자규모에 대한 조정 권한까지 갖는다.[221]

---

219) 김귀근, "방사청, 2022년까지 10대 핵심기술 무기화", 「연합뉴스」, 2007년 9월 17일자.

220) 김귀근, "국방부 업무보고서도 '경제살리기'", 「연합뉴스」, 2008년 3월 12일자.

221) 국방연구개발 전문위원회는 위원장을 포함한 총 15명의 고위 공무원단급 일반직 공무원과 군 관련자로 구성된다. 이정내, "국과위에 '국방전문委' 신설", 「연합뉴스」, 2006년 11월 29일자.

또한 대학을 비롯한 국내 민간 연구기관을 대상으로 하는 '국방 특화연구센터'도 지난 1994년 3개를 시작으로 현재까지 군용 소프트웨어설계, 영상정보, 비행체, 나노기술, 무인화기술, 고에너지 물질 등 총 11개가 지정되어 있다.[222)]

지난해 11월 국방부는 국방과학기술 연구개발에 대한 장기 목표를 제시하는『2010-2024 국방과학기술 진흥정책서』를 발간했다. 이 책자에 따르면 오늘날 한국의 군사 과학기술 수준은 이미 세계 10위권인 선진국 대비 68%에 도달한 것으로 평가된다. 각 분야별 무기를 기준으로는 지상전력 92%, 정보 및 전자전력 83%, 정밀타격 전력 82%, 해상전력 79%, 그리고 C^4I 시설 70%나 되는 것이다.[223)] 그러나 항공기의 경우는 48%에 불과하며, 정보수집의 핵심기능인 감시 및 정찰, 그리고 미래형 특수무기 관련 기술은 40%로 선진국과의 격차가 큰 것으로 나타나고 있다. 이에 따라 국방당국은 스텔스와 무인무기, C^4ISR 체계 마비용 비살상무기(예 : EMP 폭탄, HPM), 그리고 첨단 C^4I 체계 중심의 전투력복합화 능력과 같은 미래형 군사기술 개발에 전력투구한다는 계획이며, 오는 2024년까지 세계 8위권의 국방 연구개발 능력을 확보하는 목표까지 세웠다. 구체적으로는 2010~2014년 사이에 5년 동안 주요 첨단무기의 연구개발 능력을 선진국 수준으로 끌어올리고, 특히 감시 및 정찰, 미래형 특수무기의 개발 능력을 현재의 40%에서 70%로 강화할 계획이다. 이어서 2015~2024년에 걸친 10년 내에는 각종 미래형 특수무기를 독자적으로 개발, 수출까지 할 수 있을 정도의 발전을 달성한다는 것이다. 최근에는 '5-7-7 전략'으로 명명된 이명박 행정부의 과학기술기본계획에 따라 집중 육성되는

222) 그동안 국방당국은 국방 특화연구센터사업을 통해 600여건의 국방기술 획득, 1,600명 이상의 국방관련 연구 전문인력을 배출하는 성과를 거두었다. 앞으로도 매년 2개 이상의 특화연구센터를 설립하여 2011년까지 13개, 그리고 2015년까지는 20개 이상을 운영한다는 방침이다. 유현민, "'국방 나노응용 특화연구센터' 개소",「연합뉴스」, 2008년 6월 17일자.

223) 김귀근, "한국, 국방과학기술 수준 세계 10위권",「연합뉴스」, 2007년 11월 9일자.

50개 중점기술 가운데 미래형 무기개발기술이 포함된 바 있다.[224]

국방당국은 위와 같은 국방 연구개발 역량의 발전을 뒷받침할 수 있도록 현재 국방예산의 5% 내외에 불과한 연구개발비를 2014년까지 NATO 회원국 평균인 7%, 그리고 2024년까지는 미국과 러시아, 서유럽과 같은 10% 수준으로 증액한다는 방침이다. 하지만 일반적으로 새로운 군사기술, 특히 고도의 기술력을 요구하는 첨단 핵심기술의 개발과 확보에 10년 이상이 소요된다는 점을 고려할 때, 이러한 계획은 다분히 소극적이라고 판단된다. 따라서 향후 한국군이 필요로 하는 미래형 군사기술의 자체 확보를 위한 연구개발비의 증액 목표시기를 좀 더 앞당겨야 마땅하다. 다시 말해 국방예산 대비 연구개발비의 비중을 전시 작전통제권의 전환 직전인 2010~2012년까지는 7%대로 확대하고, 늦어도 『국방개혁 2020』의 2단계에서 3단계로 전환되는 2015년 이전에 10% 수준으로의 증액을 달성하도록 해야 할 것이다.

(2) 적정예산 보장과 구조조정의 동시 실천

앞서 살펴본 각종 첨단무기의 도입 사업, 그리고 독자적인 국방 연구개발 계획은 한국군의 발전을 소망하는 이들에게 매우 희망적인 소식이 아닐 수 없다. 제대로만 이루어진다면, 한국은 '정치 · 군사적 약소국'이라는 지난 수세기 동안의 지긋지긋한 멍에에서 벗어나 당당히 동아시아와 세계 질서의 주역으로 우뚝 설 수 있게 될 것이다. 다만 이를 위해서는 매우 중요한 전제 조건을 충족시켜야만 한다. 바로 돈 문제다. 정찰위성이나 공중 조기경보통제기,

---

224) '5-7-7 전략'은 지난 8월 12일 개최된 제28회 국가과학기술위원회에서 확정되었으며, 향후 5년 동안 66조 5,000억원을 투자하여 ① 국가 총 연구개발투자 액수를 GDP 대비5%(정부 1.25%, 민간 3.75%)로 확대하고, ② 7대 기술분야를 집중적으로 육성함으로써 ③ 세계 7위의 과학기술대국으로 도약한다는 것을 골자로 한다. 미래형 무기개발기술은 '국가주도기술' 분야에 해당하는 중점기술 5개(우주개발, 항공, 차세대 원자로, 핵융합 에너지 포함) 가운데 하나다. 이주영, "과학기술 '5-7-7 전략' 어떤 내용 담았나", 「연합뉴스」, 2008년 8월 12일자.

이지스구축함, 장거리 탄도 · 순항미사일, 그리고 스텔스기 등은 이제까지 한국이 운용하거나 개발해본 적이 없었던 최첨단의 고가(高價) 무기들이다. 따라서 이들을 직접 연구개발하거나 도입하려면 불가피하게 기존의 것들보다 더 많은 예산, 그리고 정책적인 노력이 요구될 수밖에 없다.

전임 노무현 행정부 시절에 발표된 『국방개혁 2020』에서는 2006~2020년 사이의 15년 동안 주요 국방개혁 과제의 달성을 위해 총 621조원(순수 개혁소요 67조원 포함)의 국방예산이 소요될 것이라고 추산된 바 있다. 이 가운데 무기 획득, 연구개발을 위한 방위력개선비는 272조원으로 전체 예산의 43.8%를 차지한다. 좀 더 구체적으로 살펴보자면 정보수집 8조 5,900억원(3.7%), C^4I 8조 5,700억원(3.7%), 화력 및 탄약 34조 4,800억원(15%), 정밀유도 · 특수무기 25조 5,100억원(11.1%), 지상기동 38조 9,500억원(16.9%), 해군 함정 26조 3,300억원(11.4%), 항공기 42조 3,600억원(18.4%), 그리고 신기술 연구개발 37조 8,400억원(16.4%) 등으로 각각 이루어진다.[225]

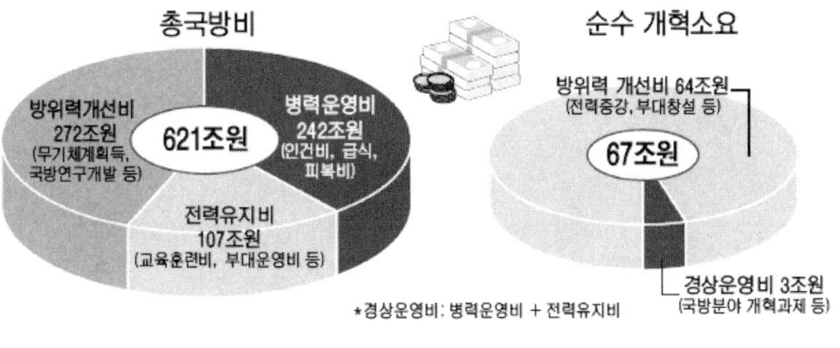

『국방개혁 2020』에서 제시된 국방예산 소요규모와 구성

출처: 「국방일보」, 2006년 9월 14일자

문제는 과연 위와 같은 거액의 국방예산이 향후 10여년 동안 차질없이 마련될 수 있느냐에 달려있다. 『국방개혁 2020』이 제시하는 국방예산 규모는 같은 기간동안 한국이 연간 명목성장률 7.1%(실질 경제성장률 4.8%와 물가상

225) 백재옥 · 임길섭 · 김상호 등, 2007, p.64.

승률 2.3%의 합산)를 유지한다는 전제 아래 책정된 것이다.[226] 하지만 최근 수년 동안 한국 경제는 인구구조의 고령화, 출산율 저하 현상이 급속히 진행되면서 중·장기적인 성장 잠재력의 둔화 가능성이 심각하게 제기되고 있다. 금년 들어서 배럴당 100달러를 돌파한 살인적인 고유가도 경제성장 전망을 더욱 불투명하게 만드는 도전 요인이다. 특히 최근의 유가 폭등현상은 향후 수십년 내에 석유가 고갈될 것으로 전망되는 가운데 공급이 수요를 제대로 충족시키지 못하는 데서 비롯되었으며, 이에 따라 자칫 고유가 현상이 장기화될 가능성마저 조심스럽게 거론되고 있다.[227]

당장 금년만 해도 GDP 성장률이 1/4분기(1~3월) 5.8%에서 2/4분기(4~6월) 4.8%로 추락했으며, 하반기에는 고유가와 국제금융시장의 불안정 및 수출 부진, 물가 상승에 따른 내수(內需)시장 부진 등의 각종 경제적 악조건들이 겹치면서 3.9%까지 떨어질 것으로 우려된다.[228] 여기에 한반도 안보환경의 불안정(예 : 북한 핵문제의 장기화, 북한의 기습적인 무력도발, 북한 급변사태) 가능성도 국가경제에 부정적 영향을 줄 수 있는 문제다.

국방개혁에 요구되는 재원 확보를 둘러싼 우려는 이미 현실로 나타나고 있다. 『국방개혁 2020』의 발표 직후인 지난 2006년과 2007년, 그리고 금년도 국방예산 액수는 당초 계획되었던 국방개혁 소요재원보다 각각 3,500억원, 6,300억원, 9,710억원이 축소된 것이다. 지난 9월 30일 국무회의에서 확정된 내년도 국방예산안의 경우 총 28조 6,379억원 규모로 목표치보다 무려 1조 7,300억원 이상 부족하게 편성되었다.[229] 또한 『국방개혁 2020』의 1단계 기간인 2006~2010년 사이에 연평균 9.9%의 국방예산 증가율을 보장한다는 계획이었지만, 2006년 이후 국방예산의 실제 증가율은 매년 9% 미만에 머물렀다.[230] 이명박 행정부의 출범 이후 국방개혁의 최종 목표시기를 본래 계획보

226) 국방부 계획예산관실, 『국방개혁 2020과 국방비』(국방부, 2006), p.36.
227) 김재두·심경욱·조관식, 『왜 에너지안보인가』(한국국방연구원, 2007), pp.39~41.
228) 연합뉴스 금융팀, "금융 불안.. 악재 '첩첩산중'", 「연합뉴스」, 2008년 9월 1일자.
229) 김귀근, "내년 국방예산안 28조 6천여억 원…올해보다 7.5% 증가", 「연합뉴스」, 2008년 9월 30일자.

다 5년 정도 늦춘 2025년으로 조정하는 방안이 추진되고 있는 배경도 바로 예산확보의 문제 때문이다.

이미 한국은 지난 1997년의 IMF 외환위기 직후 다수의 첨단 전략무기의 획득 · 전력화 사업이 대거 축소, 연기되었던 뼈아픈 경험이 있다.[231] 따라서 국방당국은 첨단무기 확보와 미래형 군사기술의 자체 연구개발에 필요한 적정 수준의 국방예산을 지속적으로 보장하는 것은 물론, 좀 더 효율적인 국방예산 활용을 보장할 수 있도록 자체적으로 강도 높은 체질개선 노력까지 함께 실천에 옮겨야 한다. 이는 『국방개혁 2020』에서 제시했던 것보다 부족한 수준의 국방예산으로도 원활하게 군사혁신의 진행을 뒷받침하기 위해서다. 여기에 해당하는 정책적 선택으로는 다음과 같은 조치들이 포함될 수 있을 것이다.

첫째, 방위력 개선을 위한 주요 획득사업의 우선순위를 명확히 규정하고, 이를 관련 예산의 배분 지침으로 삼아야 한다. 먼저 제1순위는 마땅히 한반도에서의 전쟁 억지, 승리 능력 자립과 직결되는 전략무기(예 : 정찰위성, 공중 조기경보통제기, 중 · 고고도 무인정찰기, 장거리 정밀유도무기와 이를 탑재하는 해 · 공군 기동수단 일부, 지상 · 해상배치 미사일 방어체계, 사이버전쟁 전문 부대), 그리고 정보우위의 기반이 되는 첨단 C^4I 체계의 구축이 차지해야 할 것이다. 국

230) 구체적으로는 2006년에 8.1%, 2007년과 금년 국방예산의 증가율은 8.8%였다. 내년 국방예산안의 경우 당초 국방당국은 금년 대비 9.6% 증액을 계획했지만, 최근의 대내외적 경제여건 악화와 정부 재정규모의 축소에 따라 금년과 같은 8.8%의 증가율을 반영하여 편성, 제출하였으며, 이마저도 정부의 최종예산안에서는 7.5%에 그쳤다. 백재옥 · 임길섭 · 김상호 등, 2007, pp.206~207.

231) 한 보기로 F-15K 전폭기의 직도입 사업은 당초 1999~2008년 사이에 120대 규모였으나, 실제로는 3년 늦춰진 2002년부터 금년까지 40대(최근 확정된 20대 추가도입 제외) 규모로 축소되었다. E-737 공중 조기경보통제기 4대의 경우 1998~2004년 사이 기간 동안 도입한다는 목표였지만, 현재는 2012년까지로 지연되었다. 1999~2005년 사이에 도입될 계획이었던 탄도미사일 요격용 PAC-2/3 지대공미사일은 금년부터 비로소 전력화될 예정이며, 수량도 72기에서 48기로 줄었다. 지난해에 1번함이 진수된 세종대왕급 이지스구축함 3척의 건조는 본래 1999~2008년 사이에 이루어질 계획이었다. 2000~2005년을 목표로 했던 공중급유기 도입은 2015년 이후에나 가능할 전망이다. 국방부 계획예산관실, 『미래를 대비하는 한국의 국방비 2003』(국방부, 2003), p.25.

방당국은 전시 작전통제권의 전환이 예정되어 있는 오는 2012년을 전후로 이들 대부분의 도입, 전력화가 이루어질 수 있도록 최대한의 노력을 기울여야 할 필요성이 절실하다.

제2순위는 기존 재래식 군사력의 신속대응능력을 강화하기 위한 해양·항공 기동수단(예 : 상륙함, 대전차 공격헬기, 기동·수송헬기, 해상초계기, 소해 헬기, 중·대형 수송기)에 배정하며, 『국방개혁 2020』의 2단계 기간인 2011~2015년 사이에 전력화되는 것이 바람직하다. 제3순위는 한반도를 넘어서는 범위의 장거리 기동능력(예 : 항공모함, 기동전단/함대, 중·대형 잠수함, 공중급유기)과 미래형 군사기술(예 : 스텔스, 무인무기, 우주 군사력, 비화약 에너지무기)의 확보 및 실전배치에 맞추고, 『국방개혁 2020』의 3단계이자 마지막 기간인 2016~2020년까지 완료한다는 목표로 추진해야 한다. 그리고 가장 우선순위가 낮은 제4순위는 지상 기동전력(예 : 탱크, 장갑차)과 해군 연안전투함정(예 : 미사일고속정, 차기호위함), 개인 전투장비 등에 배정하며, 2020년 이후 관련 획득사업이 마무리되도록 한다.

둘째, 국방예산 지출 구조를 합리화하기 위한 구조조정이 필요하다. 그동안의 국방예산 편성을 살펴보면 전력증강과 직결되는 방위력개선비는 줄곧 30%를 밑돌아 왔으며, 이는 26조 6,490억원 규모의 금년도 국방예산에서도 마찬가지였다.[232] 반면 인건비를 포함한 병력운영비가 차지하는 비중은 1990년대 중반부터 전체 국방예산의 거의 절반, 방위력개선비의 2배에 육박하는 45% 이상을 차지하고 있다. 이러한 병력 본위의 '고비용 저효율' 구조로는 아무리 많은 국방예산으로도 첨단무기와 국방 연구개발을 위해 쓰여야 할 돈이 장병들의 급여나 수당, 복리후생, 기존 군용장비의 수리 및 유지 등과 같은 용도로 새어나갈 수밖에 없다. 한마디로 '밑 빠진 독에 물 붓기'인 것이다.

언뜻 생각하기에는 단순히 방위력개선비의 비중을 늘리고, 나머지 경상운

---

232) 금년도 국방예산에서 방위력 개선비는 총 7조 6,813억원으로 전체 28.8%를 차지한다. 김귀근·유현민, "올해 국방예산 26조 6490억원…8.8% 증액", 「연합뉴스」, 2008년 1월 2일자.

영비(병력운영비와 전력유지비 포함)는 줄이기만 하면 될 것이라고 여겨질지도 모른다. 그러나 이것 역시 결코 간단한 문제가 아니다. 군 전력에서 갈수록 비중이 높아지는 신형 첨단무기를 능숙하게 운용할 수 있는 우수인력을 확보하려면 장병 개개인의 급료, 복지 수준을 함부로 희생시킬 수 없기 때문이다. 여기에 최근 계속되고 있는 고유가에 따른 군용 연료의 조달 문제,[233] 그리고 도입 무기들의 첨단화 및 고가화 추세로 인해 전력유지비의 충분한 확보도 무시해서는 안될 사안이다.[234]

그러므로 국방당국은 실제 전투력 측면에서 기여도가 낮은 부문의 예산지출 비중을 구조적으로 최소화하기 위한 국방 운영체제 합리화에 적극 나서야 할 것이다. 과거 럼스펠드가 국방장관으로 재직했던 시절에 적극 추진되었던 미국의 '국방변혁' 역시 전투력 강화와 더불어 비전투 행정, 지원기능의 대대적인 효율성 제고 노력을 강조했으며, 실제로 주목할만한 성과를 거둔 바 있다.[235] 한국의 국방 운영체제 합리화도 이에 해당하는 수준으로 단행되어야 한다. 가장 우선적인 구조조정 대상은 보병, 각 부대별 행정조직, 비전투 지원부대, 그리고 야전 이외의 직무를 담당하는 행정인력과 관련 조직들이다.

『국방개혁 2020』에 따르면 육군의 각 사단은 기존의 견인포와 구형 M-48

---

233) 한 보기로 공군 조종사들의 연간 비행시간은 IMF 외환위기 직전인 지난 1997년의 153시간을 정점으로 계속 감소하는 실정이다. 지난해의 경우 평균 150시간을 유지하고 있지만, KF-16과 F-4를 비롯한 일부 기종은 연간 135시간에 그친 것으로 나타났다. 미국과 유럽 등 주요국가 공군 조종사들이 연간 160~180시간 이상의 비행시간을 유지하고 있음을 감안할 때, 전투태세 유지에 큰 부담을 가져올 수 있는 문제다. 백재옥 · 임길섭 · 김상호 등, 2007, p.138.

234) 예를 들어 세종대왕급 이지스구축함은 척당 건조비용이 1조원, 연구개발 비용의 경우 약 1,000억원이 소요되었으며, 장비유지를 위한 비용도 연간 40억원 이상이나 될 것이라는 평가다. 김귀근, "이지스함 띄웠는데… 후속과제 수두룩", 「연합뉴스」, 2007년 5월 25일자.

235) 럼스펠드 전 미 국방장관은 이를 '새로운 국방기업(A New Defense Enterprise)'이라는 개념으로 설정했으며, "관료조직에서 전장으로(From Bureaucracy to the Battlefield)"와 "꼬리에서 이빨로(From the Tail to the Teeth)"의 국방조직 쇄신을 역설하였다. 박휘락, 2008, pp.97~99.

계열 탱크를 각각 자주포, K1 계열 탱크로 교체하고, 병력수송용 장갑차를 갖추어 도보에 의존해 온 기동 능력을 강화시키도록 되어있다. 군단의 경우 K2 차기탱크와 K21 보병전투용 장갑차, 아파치 및 국산 공격헬기, 그리고 미국제 MLRS보다 공격력이 강화된 사거리 60km급의 230mm 국산 다연장로켓포를 확보할 예정이다.[236] 그 결과 사단의 작전수행 범위를 현재의 15×30km^{2}에서 30×60km^{2}로 4배, 군단은 30×70km^{2}에서 100×150km^{2}로 7배 이상 확대한다는 것이다.[237] 이와 같은 사단/군단급 전투부대의 화력, 기동능력 강화는 보병 규모의 감축을 충분히 상쇄할 수 있다. 이 과정에서 육군 보병사단의 병력을 현재의 약 1만명에서 일본 육상자위대처럼 7,000~9,000명 이내로 줄이는 등 기존 단위부대의 병력 규모 재조정까지 병행한다면, 더욱 효과적일 것이다.

각 군의 사령부와 전투부대 규모에 대한 재조정도 같은 맥락에서 이루어질 수 있다.[238] 육군의 경우 산악지형이 많은 동부전선의 제1 야전군사령부와 평야지형 중심의 서부전선을 담당하는 제3 야전군사령부를 통폐합하여 오는 2010년까지 단일 야전군사령부, 즉 지상작전사령부를 창설할 예정이다. 정규군단도 8개에서 6개로 축소되는데, 대신 기갑 및 기계화보병 부대를 보유하는 기계화군단은 1개에서 2개로 늘어난다. 후방지역 방어를 위해 다수의 예비전력을 지휘통제하는 제2 야전군사령부는 지난해 11월 제2 작전사령부로 바뀌었고, 예하의 2개 예비군단과 25개 예비사단 역시 평시에는 해체된다. 해군은 편대(소령급) → 전대(대령급) → 전단(준장급) → 함대사령부(소장급)로 구성되는 기존 지휘구조에서 전단을 해체하기로 결정했으며, 이미 지난해에 동해와 서해의 제1, 제2함대 예하 전투전단을 해체했다. 그리고 공군

236) 앞으로 개발될 신형 국산 다연장로켓포는 노후화된 130mm 구룡을 대체하기 위한 것이며, 오는 2013~2014년부터 양산될 예정이다. 김귀근, "사정 60km 이상 다연장로켓 국내 개발키로", 「연합뉴스」, 2008년 7월 22일자.

237) 국방부, 2005년 9월 15일, pp.45~46.

238) 국방부, 2005년 9월 15일, p.43; p.47; pp.49~50.

은 비행단과 비행대대 사이의 전대를 해체한다는 방침이다.

위와 같은 사령부와 전투부대의 축소는 정보통신 기술을 바탕으로 하는 첨단 C^4I 기능을 통해 하나의 지휘소가 보다 많은 부대들을 지휘통제할 수 있게 되면서 가능해진 것이다. 지휘통제 구조가 단순화되면서 전투수행 과정에서의 의사결정 시간을 단축시키고, 그 결과 적을 능가하는 빠른 임무수행과 정보우위 확보에 크게 기여하는 것도 장점이다. 그리고 이에 따르는 구조조정 효과도 전투력 측면에서의 효과 이상으로 크다. 해체되는 육군 야전군사령부와 각 2개의 정규 및 예비군단, 25개의 예비사단, 해군의 전단, 그리고 공군의 전대 운영과 관련된 장성 및 영관급 장교의 인건비, 부대운영비, 그리고 시설과 토지관리 비용 등을 절약할 수 있기 때문이다.[239] 특히 앞으로 감축되는 부대들의 건축물, 토지자산을 민간용도로 전환하는 과정에서 발생하는 개발이익을 국방개혁 소요재원의 확충에 충당하는 방안을 적극 추진해야 할 것이다.[240]

의료와 운송, 정비, 복지, 시설관리 등을 담당하는 비전투 지원부대는 민간외주조달(Outsourcing) 비중의 확대가 대안으로 떠오르는 추세다. 국방당국은 『국방개혁 2020』의 4대 개혁중점 가운데 하나인 '저비용 · 고효율의 국방관리체제 확립'에 따라 8개 분야의 36개 비전투 지원부대(육군 11개, 해군 6개, 공군 11개, 후방병원 7개 포함)를 계약직 민간인이 부대장으로 재직하는 '책임

---

239) 구체적으로는 오는 2020년까지 약 440명(육군 출신 320여명 포함)의 장성급 고급장교들 가운데 11%인 50여명의 직위가 없어질 것으로 전망된다. 이동재, "軍감축 수술 끝나면 별자리 몇개나 사라지나", 「국민일보」, 2006년 6월 21일자.

240) 현재 진행되고 있는 주한미군 기지의 통폐합 및 재편성으로 한국 정부가 돌려받는 토지의 규모는 전국적으로 약 170km^2(5,000만평)이며, 약 8조원의 경제적 가치를 발생시킨다. 또한 국방개혁에 따른 육군 사단과 군단, 해군 전단, 공군 전대, 그리고 사령부 등이 보유한 부대별 토지사단의 민간용도 전환 가치는 약 10조원으로 추산된다. 그 결과 『국방개혁 2020』에서 제시하는 순수 개혁소요 총액인 67조원의 약 27%나 되는 18조원 이상의 재원을 확보하는 효과가 있다. 이필중, "국방개혁 2020 재원확보를 위한 전략", 「전략연구」, 통권 제41호, 2007년 11월.

운영기관'으로 지정하는 계획을 세운 바 있다. 지난 2월 19일에는 『군 책임운영기관의 지정·운영에 관한 법률』이 국회를 통과했다.[241] 이로써 내년부터 해당 비전투 지원부대 내에서 경쟁원리와 민간경영기법 도입을 통한 업무 효율성의 제고 효과가 기대된다.

이들 책임운영기관은 앞으로의 성과 여부에 따라 민간 위탁운영으로 전환될 가능성이 크며, 그 결과 보다 많은 비전투 지원업무가 민간 외주조달 형식으로 운영되는 계기를 마련할 수 있을 것이다. 최근에는 육·해·공 3군의 복지시설(예 : 매점, 숙소, 체력단련장, 복지회관)들을 통합 운영하는 '국군복지단'이 창설되었다. 이로써 각 군별로 운영되어 온 장병 복지업무의 중복 기능을 단일화하고, 산하 복지시설들도 순차적으로 민영화하여 관련 인력, 예산을 상당 수준 절약할 수 있을 전망이다.[242]

BTL(Build-Transfer-Lease)과 같은 민간자본의 유치 및 활용,[243] 군사용으로도 사용 가능한 비전투 지원장비(예 : 수송차량, 공병장비, 유조차, 급수차 등)를 민간업체로부터 임대, 지원받는 보다 적극적인 재원조달, 절약 방안도 충분히 가능하다. 그리고 각종 국방관련 재정사업에 대한 평가를 강화하고, 예산의 증액과 배분에 따른 정책효과 측정을 위한 구체적 조사, 분석, 평가기법을 개발 및 보완, 발전시키는 노력이 수반되어야 할 것이다.

역시 『국방개혁 2020』의 4대 개혁중점에 포함되어 있는 '국방의 문민기반 확대'도 진행 중이다. 그동안 현역 군인들이 담당해 온 국방부 본부의 주요 직

---

241) 박영민, "'군 책임운영기관 법률' 국회 통과 의미-민간경영마인드로 軍운영 효율화", 「국방일보」, 2008년 2월 21일자.

242) 국군복지단은 국방부 직할부대로 설치되며, 오는 2010년까지 총 158명(현역군인 56명 포함)으로 편성될 예정이다. 이에 따라 군 영내매점(일명 PX) 관리병 2,700명을 비롯한 총 4,154명의 장병들이 야전부대 소속으로 전환되며, 비용절약 효과는 연간 40억원으로 추산된다. 김귀근, "육·해·공군복지단 통합…국군복지단 창설", 「연합뉴스」, 2008년 8월 20일자.

243) 국내에서는 현재 군 주거시설, 정보통신망의 구축을 대상으로 민간자본 유치가 이루어지고 있으며, 미국과 서유럽의 경우 장병교육과 훈련 용역, 위성통신망 등에서도 이미 민간자본이 활용되고 있다. 백재옥·임길섭·김상호 등, 2007, pp.208~209.

위를 민간인 공무원, 즉 군무원(軍務員)의 담당으로 전환하고, 2005년 기준으로 52%에 불과했던 이들의 정원 비율도 내년까지 70% 이상으로 높인다는 것이 목표다. 현재까지 국장급(장성) 직위 16개 가운데 11개가 민간인에게 돌아갔으며, 69명인 과장급(대령) 직위도 49명을 민간인으로 임명했다.[244] 장기적으로는 국방부 본부뿐만 아니라 육 · 해 · 공 3군 본부의 행정인력까지 민간인 공무원으로 대폭 충원하고, 현재 각 군의 참모총장이 담당하는 군별 본부장은 미국의 육 · 해 · 공군성 장관에 해당하는 차관급의 고위 민간인으로 임명하는 방안도 적극 추진할 필요가 있다. 이 경우 참모총장은 현재 야전군 사령관(해 · 공군의 경우 작전사령관)이 맡고 있는 해당 군의 최고사령관으로 전환되어야 할 것이다. 이를 통해 군령과 군정 기능의 보다 명확한 구분, 전문화를 달성하고, 구조조정에 따른 추가적인 운영비용 절약 효과까지 창출할 수 있도록 해야 한다.

오늘날 한국의 국방예산 지출 규모는 세계 11위지만, 군 정예화의 기준으로 통용되는 병력 1인당 국방예산 액수는 세계 53위인 2만 9,568달러로 미국과 일본, 서유럽을 비롯한 군사 선진국들의 10~20% 이하에 불과하다.[245] 국방당국은 지금까지 필자들이 제시한, 혹은 그보다 더욱 적극적인 국방 운영체제의 합리화 노력을 통하여 국방예산 편성 구조를 '저비용 고효율' 형태로 전환시켜야 할 것이다. 우선 한국과 비슷한 안보환경에 놓여있는 이스라엘, 싱가포르의 병력 1인당 5~7만 달러 수준을 조속히 달성하고, 궁극적으로는 선진국 수준인 10만 달러 이상까지 증대하는 것을 목표로 해야 한다. 전체 국방예산에서 방위력개선비가 차지하는 비중도 30~35% 이상으로 끌어올릴 수

244) 다만 이명박 행정부의 출범 이후인 최근에는 국방부 본부의 각 부서별로 현역 군인이 꼭 맡아야 할 국장 · 과장급 직위의 식별을 위한 조사에 착수한 것으로 알려졌다. 이는 국방인력의 문민화 확대 계획에 수정이 이루어질 가능성을 시사하는 대목이다. 유용원, "국방부, 전(前)정부 문민화 계획 전면 재검토", 「조선일보」, 2008년 5월 23일자.

245) 백재옥 · 임길섭 · 김상호 등, 2007, pp.227~228.

있어야 한다.

다만 여기서 분명히 주의해야 할 점이 있다. 병력 감축이나 부대구조의 재조정을 비롯한 국방 운영체제 합리화는 어디까지나 국방예산의 편성, 운용에서 나타날 수 있는 비효율성과 낭비 요인을 최소화하기 위한 것이지, 전력증강을 위한 투자 자체까지 대체할 수는 없다는 사실이다. 필자들이 제안하는 구조조정은 모두 적정 예산의 보장을 통해 한국군이 필요로 하는 전략무기, 미래형 군사기술의 확보가 필요한 시기 이내에 이루어질 수 있다는 것을 전제로 한다. 비전투 지원부대와 행정조직 등을 대상으로 하는 구조조정의 시기, 규모는 최대한 과감하게 추진하되, 군 본연의 기능인 전쟁의 억지 및 수행과 직결되는 야전 전투부대에 대한 구조조정은 반드시 '선(先) 전력증강, 후(後) 병력감축'의 원칙대로 이루어져야 마땅하다.

단순히 병력의 감축 여부나 감군(減軍) 규모만을 국방개혁의 절대적 기준인양 치부하는 일각의 주장은 지극히 근시안적이고, 군사혁신의 본질을 왜곡하는 무지(無知)의 소산이자 정치적 의도에서 비롯된 악의적 선동일 뿐이다. 신규 전투력의 확충도 이루어지기 전에 병력 감축부터 단행하면서 곤경에 빠진 프랑스와 대만의 사례를 타산지석(他山之石)으로 삼아야 할 것이다.

(3) 인적 역량의 정예화

동서고금(東西古今)의 전쟁 역사를 통틀어 새로운 무기가 승리를 가져다주는 사례는 많이 증명되어 왔지만, 결국 실제로 전쟁을 수행하는 주인공은 역시 인간이다. 이는 첨단무기가 전장을 지배하는 현재와 미래의 정보화전쟁 시대에도 마찬가지가 될 것이다. 아무리 우수한 신무기를 다수 보유하고 있다고 해도, 그것을 제대로 다룰 수 있는 인력이 부족하다면 그야말로 무용지물이기 때문이다. 이는 자신들이 보유한 전투력을 최대한 효과적으로 발휘할 수 있는 창의적인 전력운용 방식의 개발과 구현능력, 그리고 전투 현장에서 능숙하게 적과 맞서 싸울 수 있는 장병들의 임무수행 능력 숙련도에 달려있다.

흔히 1990년대 이후 미국이 거둔 수차례의 화려한 군사적 승리들이 첨단 무기의 힘으로만 이루어진 것이라고 생각하기 쉽지만, 이는 절반의 사실일 뿐이다. 미국 군사혁신의 진정한 시작은 베트남전쟁 이후의 반성에서 비롯된 대대적인 교육·훈련 개혁, 그리고 이를 통한 인적 전투역량의 정예화였다.[246] 미국이 8년 동안의 고전 끝에 베트남에서 병력을 완전 철수시켰던 1973년, 미 육군은 산하에 교육사령부(TRADOC)를 창설하였다. 미 육군 교육사령부는 초대 사령관 윌리엄 듀푸이와 후임 도널드 스태리의 지도 아래 새로운 전력운용 방식을 적극 개발, 발전시켰는데, 소련의 대규모 지상 기동전력에 맞서기 위한 공지전투가 대표적이다. 1981년에는 캘리포니아 주에 방대한 면적의 과학화 훈련장, 즉 국립훈련센터(NTC : National Training Center)를 세워 다수의 여단급 전투부대들이 실전에 가까운 고강도의 훈련을 받을 수 있도록 했다. 미 육군이 공지전투 이론을 직접 응용하는 무대 역할을 했던 것도 NTC였다.

이와 같은 미 육군의 교육·훈련 개혁은 1991년의 제1차 걸프전쟁에서 그 효과를 증명해냈다. 미 육군 포병부대와 기갑, 기계화보병 부대는 NTC에서 갈고닦은 공지전투 수행능력을 유감없이 발휘하여 주력 공화국수비대를 비롯한 이라크군의 대부분을 격파하였고, 불과 100시간 동안의 지상전으로 쿠웨이트를 탈환해낸 것이다. 12년 후인 제2차 걸프전쟁 당시 미군 부대들의 활약도 NTC에서의 훈련을 통해 얻은 숙련된 전투수행 능력 덕분이었음은 물론이다. 최근 미 육군은 이라크 내의 저항전에 대비하기 위한 시가전 수행훈련을 NTC 내에 추가시킨 바 있다.

이러한 미국의 사례는 한국에도 시사하는 바가 크다. 동아시아 지역 내에서 주변 강대국들보다 국력 전반에서 소수 세력일 수밖에 없는 한국의 생존, 자주성을 보장하기 위한 군사력은 양적 우위가 아닌 질적 우위에 기반을 두어야 하며, 여기에는 우수한 무기뿐만 아니라 장병들의 전투수행 능력까지 포

---

246) 유용원, “훈련 개혁의 중요성”, 「국방일보」, 2007년 12월 27일자.

함되기 때문이다. 건국 이래 한국이 치렀던 대규모의 전쟁은 6.25 전쟁과 베트남전쟁이 전부다. 그나마 6.25 전쟁은 미군이 주도하는 UN군의 작전지휘 하에서 수행된 것이며, 독자적인 지휘권을 유지했던 베트남전쟁에서도 한국군이 수행한 작전들 가운데 여단~군단급의 대부대 작전은 전체 1%에도 못 미쳤다. 이렇다 보니 한국은 세계 6위 규모의 군사력을 갖추고서도 전쟁다운 전쟁, 전투다운 전투를 치른 경험이 부족했으며, 군인들 역시 전투보다는 일반 공무원처럼 비전투 행정임무에 익숙한 관료형 인력에 가까워질 수 있다는 우려가 제기되는 실정이다.

이명박 행정부의 출범 이후 국방당국에서 '강한 전사(戰士), 강한 군대'를 강조하기 시작한 최근의 움직임도 그동안의 관성에 대한 반성에서 비롯된 것으로 풀이할 수 있다. 이상희 국방장관은 지난 4월 11일에 열렸던 이명박 행정부의 첫 전군 주요지휘관회의를 통해 "각 부대는 오늘밤 당장 전투가 개시되더라도 승리할 수 있는 부대가 되고, 군인은 그것을 감당할 수 있는 전투 전문가, 전문 싸움꾼이 되어야 한다", "불완전한 수십 개의 사단보다 비록 부대 수는 적더라도 기능을 100% 발휘할 수 있는 완전성을 갖춘 군대가 필요하다. 실제로 싸워서 이길 수 있는 부대로 만들어야 한다"고 역설하여 주목받은 바 있다.[247)]

한국 육군은 강원도 인제 · 홍천 지역에 미 육군의 NTC에 해당하는 과학화 전투훈련장(KCTC : Korea Combat Training Center)을 건설, 2005년 9월부터 운영하고 있다. 이곳에서는 총탄 대신 레이저를 사용하는 마일즈(MILES : Multiple Integrated Laser Engagement System) 장비를 갖춘 대대급의 전투부대가 전문 대항군 부대를 상대로 실전을 방불케 하는 훈련을 수행하며, 훈련의 과정 및 결과는 각종 기록, 통신장비를 통해 훈련통제본부에 전달되어 사후평가에 활용된다. 핵전쟁을 제외한 거의 모든 종류의 전투를 경험, 훈련할 수 있는 곳이 바로 KCTC인 것이다. KCTC는 세계 10번째로 건설된 과학화

247) 유용원, "편한 군대가 아니라 싸워 이기는 군대 돼야", 「조선일보」, 2008년 4월 12일자.

훈련장이자 해당 국가의 자체 기술로 건설된 5번째 사례이며, 규모 면에서도 미국의 NTC 다음으로 큰 세계 2위를 자랑한다. 그러나 훈련부대의 규모가 대대급으로 한정되기 때문에 전체 육군병력을 대상으로 과학화 전투훈련 기회를 제공하려면 8년이 넘게 걸리는 것이 단점이다.

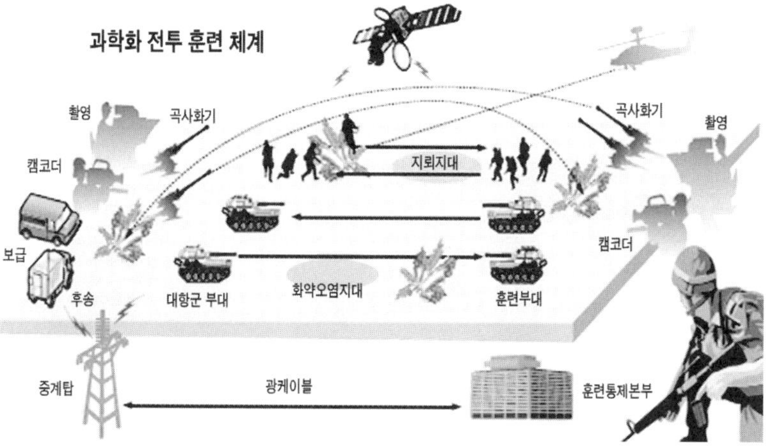

육군 과학화 전투훈련장(KCTC)의 실전훈련 개념도

출처: 「중앙일보」, 2005년 9월 9일자

이에 따라 육군은 KCTC의 규모를 2010년까지 연대급으로, 궁극적으로는 여단급으로 확대한다는 계획이다. 이 경우 육군 소속의 모든 군 장병들이 2년 이상의 복무기간 동안 최소 1차례는 실전에 버금가는 과학화 전투훈련을 체험할 수 있게 된다. 뿐만 아니라 기존 작전 · 전술과 무기, 부대편성의 타당성을 검증하고, 이들의 개선 및 발전에 필요한 정보와 소요를 도출해내는 각종 전투실험의 장을 마련하여 유 · 무형적 전투력 강화에 크게 기여할 전망이다.[248] 해군의 경우 지난해 5월 1개 전대급의 종합전술훈련장(KASTT : Korea Action Speed Tactics Trainer)을 완공하여 앞으로 도입될 신형 군함들과 관련 무기들의 운용 훈련에 활용할 예정이며,[249] 세종대왕급 이지스구축함의 원활

248) 김종하, "연대급 과학화 전투훈련장의 기대효과", 「국방일보」, 2006년 11월 15일자.

한 운용능력 확보를 위한 이지스 전투체계 교육훈련장 건설도 추진 중이다.[249] 앞으로 여단급 육・해・공군 전투부대의 합동작전까지 수용할 수 있는 과학화 훈련장을 확보하고, 각종 미래형 군사기술과 작전・전술의 군사적 효용성 검증을 위한 전투실험을 담당하는 1개 연대/여단 규모의 전문 실험부대(가칭 선도부대(先導部隊 : Vanguard Unit))를 운영한다면, 전투력 발전을 위한 보다 효과적인 인적역량 강화를 달성할 수 있을 것이다.

과학화 훈련을 통한 고도의 전투수행 능력 배양과 더불어 한국군이 군사교육・훈련 분야에서 초점을 두어야 할 과제는 합동성 교육의 강화다. '육・해・공 3군 전투력의 팀워크'로 정의되는 합동성은 현재와 미래의 전쟁에서 그 중요성이 더욱 강조될 것이며, 이를 실전에서 제대로 구현하기 위해서는 합동성에 대한 각 군 장병들 사이의 상호 신뢰, 이해가 필수적이다. 이와 같은 신뢰와 이해를 증진하는 가장 효과적인 방법은 역시 육・해・공군 사관학교나 육・해・공군 대학 등에서부터 관련 교육, 훈련을 받도록 하는 것이다. 영국의 경우 1997년부터 각 군별 참모대학을 합동참모대학으로 통합했으며, 일본은 육상・해상・항공 자위대의 사관생도 모두를 방위대학교 한 곳에서 교육시키고 있다.[250]

이러한 '교육기관의 합동성 강화'는 『국방개혁 2020』의 내용에도 포함되어 있다. 즉, 3군 대학의 통합교육과 교관 교류의 확대, 그리고 3군 사관학교의 1학년 과정을 통합 교육하는 등의 방안을 검토한다는 것이다.[251] 물론 합동성 교육의 강화가 각 군의 전통, 그리고 독자성을 훼손할 것이라는 우려가 제기

---

249) 이석종, "해군 종합전술훈련장 개장", 「국방일보」, 2007년 5월 4일자.

250) 일본 방위대학교의 1학년 과정에서는 사관생도 모두가 공통의 수업, 훈련을 이수하도록 되어 있어서 각 자위대의 임무 및 기능에 대한 이해를 증진시키는 데 초점을 둔다. 전체 생도들은 1학년 과정을 마친 후 2 : 1 : 1 비율로 육상・해상・항공 자위대 가운데 하나를 전공으로 선택하게 된다.

251) 당초에는 일본 방위대학교처럼 3군 사관학교를 하나로 통합하여 전 생도들이 1~2학년 과정을 공통으로 이수하고, 3학년부터 군별로 전공을 나누는 방안도 검토되었지만, 최종 단계에서는 반영되지 못한 것으로 알려진다. 국방부, 2005년 9월 15일, p.16.

될 가능성은 충분하다. 이 점에서 다음과 같은 단계적인 합동성 교육 강화방안을 선택할 수 있을 것이다. 먼저 각 군별 사관학교에서 3군 합동성에 대한 교육을 1~2학년 과정의 공통 필수과목으로 포함시키고, 생도들이 1학기 이상의 일정 기간동안 타 사관학교에서 교환학생 자격으로 수학하도록 의무화해야 한다. 다음으로 최소한 육 · 해 · 공군 대학의 교육만큼은 단일 과정으로 통합하여 각 군별 전문교육과 합동성 교육을 각각 1년씩 이수시키거나, 현재로서는 유일한 합동성 교육기관인 국방대 합동참모대학과 교육과정을 연계 운영할 수도 있다. 그리고 장기과제로서 사관학교 교육 과정의 통합까지 추진한다.

인적 전투역량의 강화에 있어서 마지막 과제는 '병력 구조의 정예화'다. 현재 한국 육 · 해 · 공군 병력에서 간부들이 차지하는 비중은 평균 25%(장교 10%, 부사관 15%)로 약 2년의 복무기간을 마치면 제대하는 일반 병사의 1/3에 불과하다. 간부 비율이 55~65%나 되는 미국, 일본, 서유럽에 비하여 크게 낙후되어 있는 것이다.[252] 게다가 지난해에는 2014년 7월까지 육 · 해 · 공군 병사들의 의무 복무기간을 각각 18, 20, 22개월로 현재보다 6개월(공군의 경우 5개월)씩 점진적으로 단축하는 계획도 논란 끝에 확정된 바 있다.[253] 특단의 후속대책 없이는 인적 전투역량의 급속한 약화를 초래할 수도 있는 문제다.

한국군의 전투력 구조가 보병 중심의 병력 규모에서 탱크, 군함, 항공기 등의 기계화무기, 그리고 정보통신 기술을 기반으로 하는 첨단무기 위주로 재

252) 구체적으로는 육군의 20(11%. 이하 부사관)%, 해군의 43(32)%, 공군의 54(31)%가 간부로 구성되어 있다. 군사 선진국들의 경우 간부는 육군 50~60(40~50)%, 해 · 공군 60~70(45~60)%에 달한다. 조관호 · 이현지, "성공적 국방개혁을 위한 인력구조 발전 방향", 「週刊國防論壇」, 2006년 1월 30일호.

253) 당시 발표된 의무 복무기간의 단축은 청년층 인구의 경제활동 참여도를 촉진하기 위한 이른바 '국가인적자원 활용 2+5(2년 일찍 취직하고 5년 더 일한다는 뜻) 전략'에 따른 것이다. 이 점에서 국가안보 논리보다는 경제 논리의 성격이 강하다고 할 수 있다. 박영민, "현역병 복무기간 5~6개월 점진적 단축", 「국방일보」, 2007년 9월 19일자.

편되고 있는 추세에서는 이들을 능숙하게 운용할 수 있는 전문화된, 장기 복무형 지원병 및 직업군인들이 정규군의 명실상부한 다수 세력이 되어야 한다. 특히 일반 병사들의 규모 축소, 의무 복무기간 단축에 따른 전투력 공백을 대체할 수 있는 부사관급 인력의 적극적인 확충이 중요한 과제가 될 전망이다. 앞으로 주요 전투부대의 인력은 원칙상 간부와 지원병으로 편성하고, 의무 복무병력은 단순 임무에 종사하도록 해야 할 것이다. 『국방개혁 2020』에도 오는 2020년까지 전체 병력구성에서 간부의 비율을 평균 40%(장교 14%, 부사관 26%)로 확대하고, 4만명의 유급지원병을 확보한다는 계획이 포함되어 있다.[254]

중요한 것은 이러한 전문 직업군인들을 중심으로 하는 정규군 정예화가 단순히 간부급 인력의 숫자 자체를 늘리는 데 의의를 두어서는 곤란하다는 점이다. 그에 앞서 장차 한국군이 대비하고자 하는 미래의 군사적 도전과 전쟁양상, 그리고 군사기술의 변화에 따라 발생되는 군사력의 중·장기적 인적소요 변화를 예측하고, 이를 적절히 반영할 수 있는 인력기획 및 관리체계를 구축하는 것이 필요하다.[255] 앞으로 간부와 일반 병사의 비율을 몇 년 내에, 어느 수준으로, 어떻게 바꿀 것이며, 각 임무별 인력구조도 어떻게 발전시킬 것인가에 관한 판단도 이를 바탕으로 내려져야 한다. 이러한 노력을 전제로 하지 않는 간부급 인력 확충은 인적 전투역량의 발전, 정예화와는 거리가 먼 군 내부의 인사상 이해관계 충족을 위한 수단에 불과할 뿐이다.[256]

---

254) 유급지원병은 의무 복무기간을 마친 현역 병사들 가운데 6~18개월의 추가복무 지원자들로 구성되는 '전투기술 · 숙련병' 1만명과 고가의 주요무기(예 : 탱크, 야포, 군함, 방공무기) 조종을 비롯한 전문분야에서 3년 동안 근무하는 '첨단장비 운용전문병' 3만명으로 분류된다. 백재옥 · 임길섭 · 김상호 등, 2007, pp.95~96.

255) 김종하, "군 인력관리체계 개선 시급", 「국민일보」, 2007년 10월 16일자.

256) 국방당국은 지난해 10월 오는 2012년까지 1,420명의 위관급, 영관급 장교를 증원한다는 계획을 발표했으며, 여기에는 2,000억원 이상의 예산이 소요될 것으로 전망된다. 전시 작전통제권 전환에 대비하기 위해 필요한 작전 및 정보수집, 분석능력, 합동성 그리고 첨단무기 운영인력을 확충한다는 것이 국방당국의 입장이지만, 이를 두고 군 내부의 장교 인사적체 문제 해소가 실제 목적이라는 비판이 제기되었다. 유

간부와 지원병 중심의 병력 구조 정예화는 분명 인적 전투역량을 크게 강화하는 데 기여할 것으로 기대된다. 하지만 이와 같은 숙련된 전문군인들을 확보, 육성하기 위해서는 교육이나 급여, 복지 부문에서 상당 수준의 비용이 요구될 수밖에 없다. 정규군의 인적 전투역량을 강화하는 대신, 병력 규모에서는 희생이 불가피함을 뜻한다. 이미 사회적인 문제로 떠오른 지 오래인 출산율 감소,[257] 그리고 정규군의 주요 무기들이 갈수록 첨단화, 고가화되고 있는 현 추세도 대규모의 정규군을 유지하기 어렵게 만들 것이다. 주변 강대국보다 경제력과 군사비 지출규모가 작은 한국이 60만명을 훨씬 넘는 대규모의 병력을 보유하면서 무기, 전투력의 정예화까지 함께 달성하겠다는 것은 명백히 비현실적인 과욕이다.

여기에 대한 해결책은 정규군의 소수 정예화와 더불어 '예비전력의 준(準)정규군화'를 함께 실천하는 것이어야 한다. 한국의 예비전력은 1.21 청와대 습격 미수사태를 계기로 지난 1968년 창설된 향토예비군(鄕土豫備軍)에서 시작되었으며, 현재는 약 300만명 규모의 동원·향토예비군이 편성되어 있다.[258] 그러나 오늘날의 예비전력 운용 체제는 이처럼 방대한 병력 규모를 제대로 뒷받침하지 못하고 있다. 전체 국방예산에서 예비전력의 훈련, 관리를

용원, "'전작권 전환' 대비 장교 1420명 증원", 「조선일보」, 2007년 10월 11일자.

257) 지난 2005년 한국의 연간 신생아수는 약 43만 8,000명으로 1970년대의 절반 이하에 그쳤다. 이러한 저출산 추세로 인해 한국의 총인구는 오는 2018년 4,934만명을 정점으로 감소하고, 15세 미만의 유소년과 15~29세 사이의 청년층 인구비중이 급감하면서 인구구조의 고령화가 심화될 것이라는 전망이 지배적이다. 특히 병역대상 인구인 20~24세의 청소년층 인구는 2012년까지 지속적으로 감소하다가 2013~2016년 사이에 일시적인 증가를 나타내지만, 이후 점점 줄어들 것으로 평가된다. 통계청 인구동향과, 『장래인구추계 결과』(통계청, 2006년 11월), pp.15~50.

258) 동원예비군과 향토예비군의 규모는 2006년 말을 기준으로 각각 153만명과 151만명에 달한다. 동원예비군은 전역 후 4년 이내의 병사와 7년 이내의 간부를 대상으로 유사시 정규군 인력손실의 보충, 증편 및 신규 창설부대 소속으로 전방에서의 지역방어에 투입된다. 전력 후 5~8년 이내의 병사와 8년 이상의 간부가 대상인 향토예비군은 후방 지역방어를 담당한다. 정원영 등, 『예비전력, 미래 국방력 건설의 또 하나의 선택』(한국국방연구원, 2005), pp.17~21; 국방부, 2006, pp.69~70.

위한 예산 비중은 1%에도 못 미친다. 연간 훈련시간은 동원예비군이 2박 3일, 향토예비군은 고작 20시간으로 전투력 유지의 효과 여부가 극히 의문스러운 수준이다. 예비군 부대의 편성도 지역별 인구격차를 제대로 반영하지 않으면서 도시와 산악, 도서지역 내의 단위부대가 보유하는 동원인력 규모가 100배 가까이 차이가 날 정도로 천차만별이다.[259] 그리고 향토예비군의 경우 유사시 후방지역 방어뿐만 아니라 무장간첩 소탕, 소요사태 진압, 민방위업무 지원, 중요시설 및 병참선의 경비 등으로 담당임무가 지나치게 광범위하여 예비전력으로서의 전투 수행에 주력하기 어렵다는 것도 문제로 지적되고 있다.

무엇보다도 가장 큰 문제는 300만명이나 되는 방대한 예비전력이 과연 유사시에 신속히 동원될 수 있을 것인가에 있다. 영토면적이 협소하여 적의 기습에 취약하고, 전쟁 초기의 신속한 대응 여부가 승패를 결정지을 가능성이 큰 한국의 전장환경에서 신속한 동원이 어려운 예비전력은 군사적으로 별다른 효과를 발휘할 수 없다. 가혹하게 표현해서 그동안 한국군의 예비전력은 '서류상으로만 존재하는 대군(大軍)'에 불과했던 것이다.

『국방개혁 2020』에 따르면 예비군의 규모를 오는 2020년까지 현재의 절반인 150만명으로 대폭 줄이고, 동원 기간은 전역 이후 8년에서 5년으로 단축하는 내용이 포함되었다. 13개의 향토사단은 유사시 각 도(道)마다 1개씩만 편성하여 4~5개를 축소하며, 12개의 동원사단 역시 일부 감축될 예정이다.[260] 또한 3,800여개나 되는 읍·면·동 단위의 중대급 예비군 부대들 가운데 100~500명 이하로 구성된 소규모 부대 1,500개 이상을 통폐합하는 대신, 전국적으로 260여개의 대대급 향토방위부대를 신설하여 지역별 방위전력의 임무를 수행할 수 있도록 한다는 방침이다.[261] 예비전력의 연간 훈련기간은 간부 20일, 병사 10일 이상으로 연장하여 전투력 유지 효과를 향상시킬 것으로 기대하고 있다.

---

259) 정원영 등, 2005, pp.44~45.
260) 김귀근, "軍, 향토사단 4~5개 감축 추진", 「연합뉴스」, 2005년 10월 16일자.
261) 김정곤, "예비군을 시·도 방위군으로", 「한국일보」, 2007년 2월 12일자.

한국군이 궁극적으로 지향해야 할 예비전력의 발전 방향은 정규군에 준하는 전투수행 능력을 유지하면서, 신속 동원이 가능한, 정규군 대비 1.5~2배 수준인 100만명 내외의 지역방위병력이다. 다시 말해서 이스라엘과 스웨덴, 스위스처럼 영토 방어의 실질적인 주력 역할을 해낼 수 있는 무장세력이 되어야 한다.[262] 이를 위해서는 예비전력의 동원 및 지휘통제 구조에서 정규군과의 연계를 강화하고, 후방지역 방어를 제외한 상당수의 임무를 군과 경찰 등에 이양하는 조치가 요구된다. 그동안 정규군에서는 도태된 구형 무기를 위주로 했던 예비전력의 주요 무장도 보다 특성화, 차별화된 무기를 중심으로 재편되어야 할 것이다. 이와 같은 '예비전력의 준(準)정규군화'가 성과를 거둔다면, 앞서 제시한 4개의 합동 군종 가운데 국토방위군 소속의 육군 보병부대 대다수를 예비전력으로 편성하도록 한다.

한편 정규군의 병력 규모는 보병과 비전투 지원부대를 대상으로 늦어도 2012~2015년까지 60만명 미만으로 축소하고, 한반도 평화체제의 정착 및 통일 단계에서 40~50만명까지 줄이는 방안이 이상적이다. 육군과 해·공군의 병력 구성비율은 육군이 약 80%를 차지하는 현재의 구조를 조속히 70~75 : 25~30으로, 통일 이후에는 55~60 : 40~45로 균형을 맞추어야 한다. 궁극적으로는 정규군을 현재의 일본 자위대처럼 지원병과 간부들로만 100% 충원되는 약 30만명 규모로 감축하여 전략군과 기동군, 국제평화지원군, 그리고 국토방위군 소속의 일부 해·공군부대에서 임무를 수행하도록 해야 할 것이다. 이러한 정규군 병력의 규모 재조정을 가능한 한 조기에 실현하기 위해서는 전략무기의 확보, 첨단 C^4I 기능을 통한 전투력복합화 달성, 그리고 감소되는 유인 전투력을 보완·대체할 무인무기 등 미래형 군사기술의 전력화를 차질 없이 진행시켜야 함은 물론이다.

---

262) 이스라엘과 스웨덴, 스위스의 경우 유사시 2~3일 이내에 대부분의 예비전력을 동원할 수 있도록 되어있다. 참고로 이들 국가의 예비전력 규모는 이스라엘이 40만 8,000명(정규군의 2.4배), 스웨덴이 26만 2,000명(정규군의 9.5배), 그리고 스위스가 21만명(정규군의 50배)이다. 정원영 등, 2005, pp.96~104.

(4) 정치 · 군사 지도부의 혁신 리더십

제2차 세계대전 당시의 대표적 군사혁신이었던 탱크와 장갑차, 항공기 중심의 기동전은 본래 풀러와 리델하트, 드골을 비롯한 영국과 프랑스 군사사상가들에 의해 이론적 기틀이 마련된 것이다. 하지만 정작 해당 국가들의 정치 · 군사 지도층은 제1차 세계대전 시절의 참호전 경험에 매몰된 나머지 선구자들의 식견을 외면해 버렸고, 결국 이들의 선견지명을 적극 수용한 독일의 전격전 앞에 무릎을 꿇고 말았다. 태평양에서는 일본이 진주만 공습을 통해 해전에서 항공기가 발휘할 수 있는 군사적 위력을 입증해냈지만, 여전히 거함거포주의를 고집하던 일본 해군 수뇌부들에 의해 더 이상의 발전을 이루지 못했다. 그리고 그 결과는 미 해군에 대한 참담한 패배였다. 1991년 제1차 걸프전쟁까지만 해도 여전히 재래식 기계화전쟁 수준에 머물러있던 미군을 12년 후의 제2차 걸프전쟁에서 정보화된 첨단 군사력으로 탈바꿈시킨 국방변혁도 럼스펠드 당시 미 국방장관의 지도력을 빼놓고는 생각할 수 없다.

이처럼 군사혁신의 성패를 결정짓는 데 있어서 최종적인 역할을 하는 것이 바로 정치 · 군사 지도부의 의지와 후원, 그리고 리더십이다. 아무리 군사력의 혁명적 발전을 현실화할 수 있는 인적 · 물적 조건들이 마련되어 있다고 해도, 이들을 국가 및 정부 차원에서 뒷받침해주지 못한다면 군사혁신의 성과는 제한적일 수밖에 없다. 요컨대 과거 전쟁의 경험보다 미래의 전쟁양상 변화를 앞서 인식하고, 이를 적극 수용하기 위한 자국의 군사적 핵심역량을 식별하여, 지속적으로 강화, 발전시키는 데 필요한 조치를 실천에 옮기겠다는 정치적, 정책적 의지가 요구되는 것이다.

성공적인 군사혁신을 지원할 수 있는 대표적인 환경은 바로 '미래지향적(Future-oriented)'인 군 조직의 존재다. 이는 ① 미래에 대한 '생산적 편집증(Productive Paranoia)'과 ② 전쟁양상 변화의 전망에 대한 지속적인 재평가, ③ 군사조직의 미래에 관한 활발한 논의를 독려하는 조직 문화, ④ 기존의 군사적 핵심역량에 도전하는 새로운 사고(思考)의 실험을 수용할 수 있는 내부

기구, ⑤ 새로운 방식을 후원할 의지가 있는 군 고위층, 그리고 ⑥ 새로운 전쟁수행 방식을 구현하고자 하는 군 내부의 참신한 인력들을 위한 인사상의 기회 제공 등을 특징으로 한다.[263]

한국군의 경우 창군 이래 북한에 의한 대규모의 재래식 군사력 위협에 맞서는 것이 지상과제가 되어왔다. 그 결과 국방부와 군 당국은 육군 중심의, 병력 및 무기 수량을 바탕으로 하는, 유사시 동맹 미국과의 연합전력 일부로서의 역할만을 수행할 수 있는 군사력의 건설과 유지에 치중해 온 것이다. 군사혁신을 주도할만한 군 내부의 조직이나 기구는 대부분 잠정적인 연구기능이나 순환보직 형식으로 충원된 '비전문적' 장교들의 임시위원회로 운영되어 전문적이고 포괄적인, 지속적 군사혁신의 청사진 수립과 실천에 많은 한계가 있었다.[264] 가장 최근의 사례로는 지난 1999년 국방부 내에 군사혁신기획단이 수년 동안 편성되어 정보화전쟁 시대에 부합하는 발전 방향을 제시하기도 했지만, 이러한 노력이 승계되거나 관련 전문가들이 군사혁신 구현을 위한 책임있는 지위에 발탁되는 경우는 드물었다.[265]

지난해 국방부는 비(非)편제조직 형태로 운영되어 온 '국방개혁추진단'을 국방장관 직속의 정식기구인 '국방개혁실'로 승격, 신설했다. 국방개혁실은 총 43명(현역 35명 포함) 정원으로 산하에 2관(군 구조개혁, 국방운영계획), 6팀(민간투자, 국유재산, 군사시설재배치 등)을 보유하며 ① 국방개혁의 총괄, ② 모든 국방개혁 추진과제의 조정 및 통제, ③ 국방개혁 추진 관련사항을 정기적으로 대통령과 국회에 보고하는 업무를 담당하게 된다. 국방개혁 관련 업무에 전념하는 장관 직속기구의 설치는 분명 군사혁신에 필요한 지속적이고 강력한 추진력을 제공해준다는 점에서 긍정적이다. 하지만 국방개혁실은 5년 단위의 한시조직이며, 주요 직위가 육군 출신에게 편중되어 있다는

263) Richard O. Hundley, 1999, pp.55~56.

264) 문광건 · 서정해 · 이준호, 『국방업무혁신을 통한 군정예화』(한국국방연구원, 2004), p.232.

265) 박휘락, 2008, pp.216~218.

한계를 벗어나지 못하고 있다.[266] 자칫 육군 현역군인 중심의 단기적, 부분적 개선에 그쳤던 과거 국방개혁 노력들의 전철을 밟을 우려가 매우 높다.

향후 10~15년 이상의 중 · 장기적 시점에서 한국군의 군사혁신이 소기의 성과를 거두려면, 다음과 같은 노력들이 현 시점의 군 지도부에 요구된다. 우선 지금까지 한국의 군사력 건설 및 운용을 지배해 온 병력규모 위주의, 북한과의 재래식 기계화전쟁에 치중하는, 특정 군 중심적인, 한미동맹 의존적 사고방식에서 자유로운 군사 지도자들을 적극적으로 발탁해야 한다. 다가오는 정보화 및 제4세대 전쟁 시대에 대비하며, 정보우위와 전략무기, 미래형 군사기술의 중요성을 인식하고, 한반도를 넘어서는 군사전략적 시야를 갖춘, 육 · 해 · 공 3군의 합동성을 잘 이해하는 이들이야말로 미래 한국군의 진정한 주도세력이 되어야 하는 것이다.

이와 함께 기존의 국방개혁실을 한국 군사혁신의 명실상부한 사령탑 역할을 담당하는 상설연구 · 기획기구가 될 수 있도록 그 구조와 기능을 근본적으로 재편, 확충하고, 여기에 필요한 활동 및 예산상의 재량권을 보장해야 한다. 말하자면 럼스펠드 시절 미 국방성의 전투력변혁국에 해당하는 조직으로 탈바꿈시키는 것이다. 앞으로 국방개혁실은 군 내외에서 능력과 권위를 인정받는 군사혁신의 전문가를 최고 책임자로 하는 정예 현역 · 민간인력으로 구성되며, 최소한 『국방개혁 2020』이 마무리되는 향후 10여 년 동안 장관 직속의 상설기구로 운영할 필요가 있다. 국방개혁실의 주요 임무에는 ① 5~10년 이상 단위의 중 · 장기적 차원에서 예상되는 미래전의 양상, ② 한국이 대비해야 할 군사적 도전, ③ 이에 대처하기 위한 전력 운용방식의 발전과 ④ 이를

266) 국방개혁실의 실장 1인은 육군 중장이 담당하며, 2개의 담당관은 육군 준장 혹은 소장을 임명하게 되어있다. 그리고 6개 팀의 팀장도 절반인 3명이 육군 출신으로 나머지는 해군, 공군 그리고 일반직 민간공무원 각 1명씩에게 배정된다. 이에 대해 국방당국은 "국방개혁실이 추진해 나갈 100여개의 과제 가운데 부대해체, 병력감축 등 90%가 육군 관련 업무"라는 점을 고려해야 한다는 입장이다. 김귀근, "국방부, 국방개혁실 · 전력정책관 신설", 「연합뉴스」, 2007년 7월 18일자.

뒷받침할 유형 군사력의 건설 및 유지, 그리고 ⑤ 국방 운영체제의 쇄신을 비롯한 총괄적인 분야에 걸친 개혁의 청사진과 실천 방안을 중점적으로 연구 및 기획하는 것이 포함되어야 한다. 여기서 결정되는 사항들은 군사력 기획, 발전에 관한 중·장기 계획 수립에 있어서 국방당국의 최고지침이 되며, 참여 인력들에게 군사혁신의 구체적인 실천을 위한 각종 정책에 발탁될 수 있는 우선권을 부여하는 것은 물론이다.

한국의 역대 정치지도자들 가운데 군사혁신을 가장 의욕적으로 실천했던 인물은 단연 1970년대의 박정희 대통령이었다. 당시만 해도 한국은 1인당 국민소득이 1,000달러를 채 넘기지 못할 정도로 경제력이 열악했으며, 4대 군사노선 아래 거대한 군사력을 갖춘 북한의 군사 모험주의 위협에 직면하고 있었다. 국제적인 환경도 주한 미 육군의 부분 철수, 베트남의 공산화 통일 등 매우 불리한 조건으로 가득했다. 하지만 박 대통령은 이에 굴하지 않고 한국의 방위역량을 한층 더 강화, 발전시키기 위한 자체 군사력의 확충에 높은 정책적 우선순위를 부여하였다.

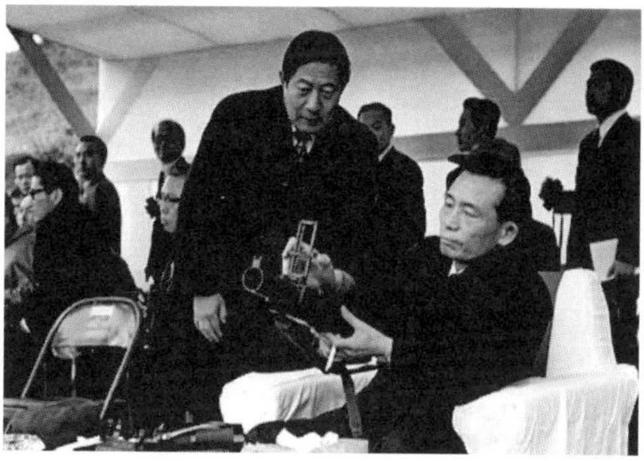

국산무기 시험개발 현장의 박정희 전 대통령. 지난 1970년대 박정희 행정부의 자주국방과 군사력 건설정책은 한국의 대표적인 군사혁신 성공 사례로 손꼽힌다.

출처: 박정희 대통령 전자도서관(http : //www.parkchunghee.or. kr)

박 대통령의 진두지휘 아래 한국군은 병력 중심에서 무기 중심의 기계화된 군사력으로 도약하는 데 성공했다. 지난 1970년 한국의 독자적인 국방 연구개발을 담당하는 국방과학연구소가 설립된 것도 박 대통령의 지시에 따른 것이었다. 박 대통령 시대에 이르러 한국은 탄도미사일을 자체 개발해냈을 뿐만 아니라, 핵무기의 개발에도 나서 전략무기까지 확보하겠다는 야심찬 구상을 추진했다.[267] 이는 한국의 국방전략이 한미동맹 일변도에서 벗어나 자주국방의 단계로 진입하는 것을 뜻했으며, 박 대통령이 염원했던 군사혁신의 최대 지향점이라고 할 수 있었다. 그러나 1979년 10월 26일 박 대통령이 피살당한 후, 그의 후임자들은 다시 한미동맹 만능주의로 회귀했다. 심지어 박정희 행정부에서 심혈을 기울여 진행시켜 온 국산 탄도미사일과 핵무기를 비롯한 전략무기 개발 사업도 '미국과의 관계 개선'이란 미명아래 스스로 중단, 해체하는 어리석음마저 저질렀다. 결국 북한이 핵과 화학 · 생물무기, 수도권을 겨냥하는 장거리 야포, 그리고 탄도미사일과 같은 대량살상무기를 중심으로 군사적 위협능력을 강화시키는 동안 한국군은 줄곧 재래식 전쟁을 위한, 육군 주도의 기계화 군사력에서 탈피하지 못해 온 것이다.

전임 노무현 행정부는 한국의 군사혁신에 있어서 긍정적, 부정적 측면에서 모두 뚜렷한 족적을 남긴 것으로 평가된다. 우선 '협력적 자주국방'의 기치 아래 박 대통령의 서거 이후 지난 20여년 동안 잊혀져 왔던 자주국방의 가치를 되살리는 데 기여했다. 김대중 행정부 시절 IMF 외환위기와 대북 포용정책의 영향으로 GDP 대비 3% 미만, 연평균 증가율이 5~6%로 위축되었던 국방예산이 노무현 전 대통령의 재임 기간동안 다시 연평균 8% 이상의 상승추세로 회복된 것도 빼놓을 수 없는 업적이다. 그리고 『국방개혁법』의 제정을 통해 전력구조의 개편, 병력 감축, 국방 운영체제의 합리화, 합동성 발전 등의 주요 개혁과제들이 향후 10여년 동안 일관성 있게 추진될 수 있는 제도적 기반을 마련하였다.

다만 국방개혁의 추진 과정과 내용에서 민주화와 인권, 수평적 한미관계를 비롯한 노무현 전 대통령 개인의 정치적 소신이 무리하게 반영된 나머지 방위력의 강화 및 발전이라는 군사혁신의 본래 취지와는 어긋나거나, 소모적인 국내 정치 · 사회적 논란으로 변질되는 경우도 종종 나타났다. 군사혁신에 대

267) 박정희 행정부의 전략무기 개발에 대해서는 중앙일보 특별취재팀, 『실록 박정희』(중앙 M&B, 1998), pp.251~281을 참고.

한 국민적 합의와 공감대 형성을 저해하는 역효과를 초래한 것이다. 국가안보보다도 주권, 자존심이라는 추상적 · 감상적 측면을 앞세운 전시 작전통제권의 전환 문제,[268] 그리고 경제 논리에 바탕을 둔 병사들의 의무 복무기간 단축이 대표적 사례다.

그렇다면 금년 2월에 출범한 이명박 행정부는 어떠한가? 이명박 대통령은 대기업의 최고경영자(CEO: Chief Executive Officer) 출신답게 국방 분야에서도 실용주의와 효율성을 강조하고 나섰다. 지난 3월 11일 이 대통령은 육군사관학교 졸업식에서 "세계 안보상황 변화에 능동적으로 대처하도록 구조를 최적화하고, 국방경영을 효율화하며, 항공우주와 정보분야 등 미래 전력을 강화해 21세기 정예강군으로 탈바꿈해야 한다"라고 언급하여 '국방혁신(國防革新)'의 중요성을 강조했다. "'창의'와 '실용'으로 무장해 낡은 관행과 비효율을 과감히 털어내야 한다. 군의 임무는 변하지 않지만 군의 모습은 바뀌어야 한다"는 이 대통령의 언급도 주목을 받았다.[269] 이명박 행정부의 국방혁신이 경상운영비 위주의 국방예산 구조 개선은 물론, 군의 조직과 인력 부문을 위시한 국방 운영체제의 합리화를 보다 의욕적으로 추진하는 데 초점을 둘 것임을 시사하고 있기 때문이다. 방위산업을 국가경제 성장의 새로운 동력으로 적극 육성하겠다는 것도 경제적 실용주의를 국방에 접목시킨 이명박 행정부의 국방혁신이 갖는 특색이라고 할 수 있다.

---

268) 노무현 전 대통령은 취임 2년째를 맞았던 지난 2005년 2월 25일의 국회 국정연설에서 "우리 군대는 스스로 작전권을 가진 자주군대로서, 동북아시아의 균형자로 동북아 지역의 평화를 굳건히 지켜낼 것"이라고 언급하여 처음으로 전시 작전통제권 환수에 대한 의지를 본격 피력했다. 전시 작전통제권의 전환이 본격적으로 쟁점화되었던 2006년 8월 9일 연합뉴스와의 특별 회견에서는 "작전통제권이야말로 자주국방의 핵심이며, 자주국방이야말로 자주국방의 꽃"이라고 발언하여 이 문제에 대한 자신의 소신을 재확인했다. 6일 후인 그해 광복절 경축사에서도 "전시 작전통제권 환수는 나라의 주권을 바로 세우고, 국군 통수권에 관한 헌법정신에 맞지 않는 비정상적인 상태를 바로 잡는 일"이라는 내용을 포함시킨 바 있다.

269) 허범구, "이명박 대통령, '軍도 창의 · 실용으로 무장해야'", 「세계일보」, 2008년 3월 12일자.

그러나 이명박 행정부가 표방하는 국방혁신에는 우려스러운 측면도 없지 않다. 취임 초기부터 '경제살리기'를 기치로 내걸고 출범한 정부이기 때문에 자칫 국방 · 군사 분야에 대한 투자와 발전이 상대적으로 경시되고, 국가정책의 우선순위에서 크게 밀려날 가능성도 배제할 수 없기 때문이다. 이 점은 지난 5월 제2 롯데월드의 건축 허용 여부, 그리고 이와 직결되는 경기도 성남의 공군비행장(통칭 서울공항) 운용 문제를 둘러싼 논쟁에서도 드러난 바 있다.[270)]

이명박 행정부의 출범 이후 활기를 띠고 있는 한미동맹의 강화, 발전 노력에서도 같은 문제가 발생할 수 있다. 물론 굳건한 한미동맹을 통한 한반도에서의 전쟁 억지능력 유지, 전시 작전통제권 전환의 원활한 이행(혹은 시기 재조정)은 안정적인 안보환경을 보장함으로써 한국의 경제성장에도 크게 기여하며, 이는 군사혁신 실현을 위한 적정 국방예산의 지속적 확보를 가능토록 해준다는 점에서 분명 긍정적이다. 하지만 그 과정에서 한미동맹이 제공하는 국가안보 기능에서의 '비용절약' 효과에 안주하여 한국의 독자적인 전쟁 억지, 승리 능력과 직결되는 전략무기 확보를 비롯한 주요 군사혁신 과제의 실천에 소극적인 입장으로 선회할 가능성이 남아있는 것이다. 노무현 행정부 시절인 지난 2005년부터 적극 추진되어 온 미국제 글로벌호크 고고도 무인정찰기 직도입 사업의 잠정 중단 가능성이 국방당국 내 일각에서 제기되고 있다는 점도 그 연장선상의 문제다.[271)]

---

270) 지난 수년 동안 롯데 그룹은 서울 잠실에 높이 555m, 112층 규모의 제2 롯데월드를 신축하고자 했는데, 성남 서울공항에서 이착륙하는 군용기의 안전 문제를 우려하는 공군의 반대로 이루어지지 못해왔다. 그런데 지난 4월 28일 이 대통령은 청와대에서 열린 '투자활성화와 일자리 창출을 위한 민관합동회의'에서 성남 서울공항을 "1년에 한두 번 사용하는 귀빈용 공항"이라고 지칭하며 규제완화를 간접적으로 촉구한 바 있다. 이에 군 당국도 기존 서울공항에 새로운 활주로를 건설하거나, 서울공항에 배치 중인 군용기를 다른 기지로 이전하는 등의 대안 검토에 착수하였다. 그러나 어떤 경우든지 수천억원 이상의 비용 부담이 불가피하다는 평가가 지배적이다. 당시 이 대통령의 발언은 "공군의 주력 정찰기와 수송기들이 배치, 운용되는 성남 서울공항의 군사적 가치에 대한 몰이해"라는 비판을 받았다. 유용원, "군(軍) '제2 롯데월드' 허용할 듯", 「조선일보」, 2008년 5월 19일자.

이 경우 박정희, 노무현 행정부를 제외한 역대 전임 행정부들처럼 자칫 한미동맹 만능주의로 회귀하는 우를 범할 위험이 크다. 한미동맹의 힘을 강조할 때마다 자주 인용되는 주한미군, 정찰 및 조기경보용 항공자산과 인공위성을 동원하는 첨단 정보력, 그리고 최대 69만명 규모의 증원전력도 결국은 미국의 힘이지, 한국 마음대로 움직일 수 있는 힘이 아니다. 분명『국방개혁 2020』은 여러모로 수정과 보완의 여지가 남아있는 불완전한 계획이지만, 과거와 같은 한미동맹 일색의 안보・국방정책은 결코 대안이 될 수 없다. 언제나 한국의 국익과 의지에 부합하도록 작동된다는 보장도 없는 미국과의 동맹만을 믿고 전쟁 억지, 승리 능력의 자립을 포기하는 것은 '실용주의'가 아니라 '편의주의', '무사안일', '패배주의'에 불과할 뿐이다.

만약 이명박 행정부가 한미동맹에 지나치게 의존하면서 한국군의 자체 군사혁신 노력을 소홀히 한다면, 자주국방뿐만 아니라 한미동맹의 장래를 위해서도 결코 바람직하지 못한 선택이 될 것이다. 왜냐하면 휴전선 이남을 벗어나지 못하는, 재래식 기계화무기 위주의 기존 한국 군사력으로는 정보화전쟁 시대의 최첨단을 구가하고 있는 미국과의 극심한 수준 차이를 벗어날 수 없으며, 따라서 동맹국에 걸맞은 의미있는 군사적 역할을 감당하기 어려울 것이

---

271) 구체적으로는 오는 2010~2011년까지 글로벌호크 총 4대를 직도입하는 계획을 잠정 중단하고, 대신 2014년까지를 목표로 하는 국산 중고도 무인정찰기의 개발사업에 주력한다는 내용이다. "「국방개혁 2020」의 보완, 수정 과정에서 단기적으로 천문학적인 예산이 소요되는 일부 무기획득 사업을 유보할 수 밖에 없다"는 주장도 있지만, 이는 설득력이 매우 약하다. 왜냐하면 글로벌호크의 대당 가격은 4,500만 달러(약 450억원)이며, 4대 전체의 도입비용을 기준으로 해도 F-15K 전폭기 2대 가격에 해당할 뿐이다. 뿐만 아니라 척당 1조원을 상회하는 세종대왕급 이지스구축함의 20%, 대당 4,000억원에 달하는 E-737 공중 조기경보통제기의 50%에 불과하다. 여기에 약 40시간 이상의 체공시간과 3,000km급의 작전 행동반경, 그리고 0.3m의 고해상도 영상정보를 전천후로 수집할 수 있는 정찰위성급의 정보수집능력 등을 고려할 때, 글로벌호크 직도입 사업의 중단은 전력증강의 우선순위를 망각하는 무책임한 처사임에 틀림없다. 김귀근, "무인정찰기 글로벌호크 도입할까", 「연합뉴스」, 2008년 7월 21일자.

기 때문이다. 한마디로 말해 동맹으로서의 존재가치를 스스로 떨어뜨리는 것이나 다름없다. 이는 한미동맹의 기능적, 지리적 협력범위를 전세계적 차원으로 확대한다는 '21세기 전략동맹'의 취지와도 어긋난다. 그러므로 이명박 행정부는 장기적 차원에서의 한미동맹 강화, 발전을 위한다는 측면에서도 정보화전쟁 시대에 적합한 군사혁신을 차질없이 진행 및 실천해야 할 것이다.

한국은 향후 5년에 걸친 이명박 행정부의 임기 동안에 『국방개혁 2020』의 제1단계를 마무리하여 제2단계로 본격 진입하고, 전시 작전통제권의 전환을 마무리하도록 되어있다. 한국 군사혁신의 성패를 좌우하는 분수령이라고 할 수 있는 시기다. 따라서 이처럼 중요한 기간 동안 군사혁신의 동력과 지속성을 유지, 강화하는 것이야말로 이명박 행정부에게 부여된 국방정책의 최대 과업이다. 여기에는 한미 동맹관계의 원만한 관리와 발전, 국방 운영체제의 합리화, 그리고 전임 노무현 행정부에서 완수되지 못했던 GDP 대비 3% 수준의 적정 국방예산 보장을 통한 전략무기와 자체 국방 연구개발 역량의 확보를 달성하는 것 등이 포함된다.

일찍이 박정희 전 대통령은 "자유는 그것을 위해 투쟁하는 자만이 누릴 수 있는 것이며, 평화는 그것을 지킬 수 있는 자의 것이다"라고 말했다. 아무리 한국 혼자서만 '평화를 사랑하는 착한 나라'로 남길 원해도, 신성한 민족의 이름을 팔아 권력독점을 고수하려는 북한 독재정권과 한반도의 지정학적 가치를 탐내는 험악한 주변 강대국들의 군사적 위협 앞에서는 소용이 없다. 스스로의 주권과 자유가 보장되지 않을 뿐만 아니라, 오로지 남의 자비심(?)이나 처분에 의존하는 평화는 진정한 평화가 아니다. 그런 사이비 평화는 결코 오래갈 수도 없는 법이다.

"전쟁이 일어나면 서울은 불바다", "선군정치가 남조선을 지켜준다", "다케시마는 일본 땅", "고구려는 중국 역사의 일부"라는 망언(妄言) 앞에서 우리는 언제까지 울분만 삼켜야 할 것인가?! 한반도의 생존, 안전, 평화가 외세와 평양의 독재자들이 아닌 5,000만 한국 국민, 그리고 7,000만 한민족의 손으로 결정될 수 있도록 보장해주는 것은 화려한 외교적 수사(修辭)나 미사여구(美辭麗句), 올림픽 금메달, 촛불집회가 아닌 한국 스스로의 힘뿐이다. 그 가운데서도 국가안보의 마지막 버팀목인 군사력의 역할은 단연 핵심적이라고 할 수 있다. 군사력이 전부는 아닐지라도, 없어서는 안될 요소인 것이다. 따라서 한국의 군사혁신은 국가 생존차원에서 접근해야 할 과제다.

지금이야말로 한국이 북한과 주변 강대국들의 '길들이기' 대상, 혹은 '고래싸움에 등터지는 새우'처럼 동아시아 지역패권 경쟁에서의 각축장 내지는 전리품 취급이나 받는 정치 · 군사적 약소국 신세에서 벗어날 수 있는 천재일우(千載一遇)의 기회다. 이번이 아니면 우리에게 또 다른 기회는 두 번 다시 주어지지 않을지도 모른다. 이웃나라들보다 힘이 약하다는 '죄 아닌 죄' 때문에 이 땅의 수많은 선량한 사람들이 고통을 받아야 했던 역사는 지난 20세기로 끝을 맺어야 한다.

끝으로 여러모로 부족함이 많은 이 책의 출판을 흔쾌히 수락해주신 북코리아의 이찬규 대표님, 그리고 집필 과정에서 물심양면으로 격려와 도움을 주셨던 월간 「디펜스타임즈」의 안승범 편집장님께 진심으로 감사의 인사를 올린다. 대한민국 군사혁신의 성공을 진심으로 기원하며 이 책을 마치고자 한다. 2020년을 넘어서~!

:: 참고문헌

1. 정부 간행물

건설교통부, 『건설교통통계연보 2006』(건설교통부, 2006)

공군본부, 『외국 군구조 편람 2007』(대전 : 공군본부, 2007)

공군전투발전단 편, 『이라크전쟁-항공작전 중심으로 분석』(대전 : 공군본부, 2003)

국가정보원 · 방송통신위원회 공편, 『2008 국가정보보호백서』(국가정보원, 2008)

국방부, 『21세기 선진정예국방을 위한 국방개혁 2020(안)』(국방부, 2005년 9월 15일)

_____, 『국방백서 2006』(국방부, 2006)

국방부 계획예산관실, 『미래를 대비하는 한국의 국방비 2003』(국방부, 2003)

_____, 『국방개혁 2020과 국방비』(국방부, 2006)

국방부 국제협력관실 국제군축팀 편, 『대량살상무기에 대한 이해』(국방부, 2007)

국방부 군사혁신단, 『한국적 군사혁신의 비전과 방책』(국방부, 2003)

국방부 정책실, 『한미동맹과 주한미군』(국방부, 2002)

국방정보본부, 『2003-2004 世界軍事動向』(국방부 국방정보본부, 2004)

사업평가국 사회행정사업평가팀, 『국방 KHP 사업 사전평가』(국회예산정책처, 2005년 8월 17일)

산업자원부, 『산업자원백서 2006』(산업자원부, 2007)

외교통상부, 『싱가포르 개황 2003』(외교통상부, 2003)

_____, 『호주 개황 2006』(외교통상부, 2006)

_____, 『대만 개황 2007』(외교통상부, 2007)

_____, 『이탈리아 개황 2007』(외교통상부, 2007)

_____, 『외교백서 2008』(외교통상부, 2008)

육군 전투발전단 편, 『지상전 개념서』(육군본부, 2007)

통계청 인구동향과, 『장래인구추계 결과』(통계청, 2006년 11월)

통계청 행정정보과, 『통계로 본 남북한의 모습』(통계청, 2005)
해군 전투발전단, 『해양전략용어 해설집』(해군본부, 2004) pp.118~119.
해군대학 해양전략연구부 편, 『世界海戰史』(해군대학, 1999)
해병대사령부, 『해병대 VISION 2025-NEW WARRIOR 21 : 공지기동 해병대 건설』(해병대사령부, 2001)
해양수산부, 『2002-2003 해양수산백서』(해양수산부, 2004)
_____, 『해양수산통계연보 2007』(해양수산부, 2007)

2. 단행본

강진석, 『한국의 안보전략과 국방개혁』(평단, 2005)
구상회, 『韓國의 防衛産業-展望과 對策』(세종연구소, 1998)
권태영 등, 『동북아 전략균형 2007』(한국전략문제연구소, 2007)
권태영 · 노훈, 『21세기 군사혁신과 미래전』(법문사, 2008)
김덕기, 『21세기 중국해군』(한국해양전략연구소, 2000)
김병오 편저, 『군사과학기술의 이해』(경남대학교, 2007)
김상범, 『21세기 항공우주군으로의 도약』(한국국방연구원, 2003)
김성한, 『新군사안보 패러다임과 해외주둔 미군 재배치 전략』(외교안보연구원, 2005)
김열수, 『국제기구를 통한 분쟁관리』(오름, 2000)
김일영 · 조성렬, 『주한미군-역사, 쟁점, 전망』(한울아카데미, 2003)
김재두 · 심경욱 · 조관식, 『왜 에너지안보인가』(한국국방연구원, 2007)
김재엽, 『자주국방론』(선학사, 2007)
김재창 등; 국산소프트웨어 산학연협회 편, 『NCW 구현을 위한 IT 강국 디지털 강군』(한국국방연구원, 2007)
김종래, 『밀레니엄맨 칭기즈칸』(꿈엔들, 2005)
김종하, 『무기획득 의사결정-원칙, 문제, 그리고 대안』(책이 된 나무, 2000)
_____, 『미래전쟁과 국방획득』(책이 된 나무, 2002)
김종하 · 김재엽, 『국방개혁 2020 추진방향과 입법과제』(한남대 국방전략연구소, 2005)
김철환 · 육춘택 공저, 『전쟁 그리고 무기의 발달』(양서각, 1997)
김홍래, 『정보화시대의 항공력』(나남출판, 1996)
노병천, 『圖解世界戰史』(연경문화사, 2001)
문광건 · 김환청 · 엄태암 · 고필훈, 『뉴 테러리즘의 오늘과 내일』(한국국방연구원, 2003)
문광건 · 서정해 · 이준호, 『국방업무혁신을 통한 군정예화』(한국국방연구원, 2004)

박경일 편저, 『동북아 안보의 도화선은 어디에 있는가?』(한국해양전략연구소, 2003)
박경현, 『한국의 군사전략』(국방대학교 합동참모대학, 2005)
박기련, 『기동전이란 무엇인가?』(일조각, 1998)
박휘락, 『전쟁, 전략, 군사 입문』(법문사, 2005)
_____, 『정보화시대 국방개혁의 이론과 실제』(법문사, 2008)
배달형, 『미래전의 요체 정보작전』(한국국방연구원, 2005)
백재옥 · 성채기 등, 『한미동맹의 경제적 역할 평가 및 정책방향』(한국국방연구원, 2005)
백재옥 · 박주현 · 임길섭 등, 『'05 국방예산 분석 · 평가 및 '06 전망』(한국국방연구원, 2005)
백재옥 · 임길섭 · 김상호 등, 『'07 국방예산 분석 · 평가 및 '08 전망』(한국국방연구원, 2007)
서인한, 『한국 고대군사전략』(국방부 군사편찬연구소, 2005)
온창일 · 정토웅 · 김광수 · 박일송 · 황수현, 『군사사상사』(황금알, 2006)
육군사관학교 전사학과, 『세계전쟁사』(황금알, 2004)
이규종 저; 국방과학연구소 편, 『조사분석서-중 · 장거리 대공방어시스템의 운용 및 개발현황』(국방과학연구소, 2005)
이규열 등, 『2006-2007 동북아군사력』(한국국방연구원, 2007)
이내주, 『서양 무기의 역사』(살림, 2006)
이민룡, 『김정일체제의 북한군대 해부』(황금알, 2004)
이장훈, 『홍군 VS 청군-미국과 중국의 21세기 아시아 패권 쟁탈전』(삼인, 2004)
이진호, 『무기의 이해』(양서각, 2007)
이춘근, 『과학기술로 읽는 북한 핵』(생각의 나무, 2005)
이희각 등 편저, 『신편 무기체계학』(청문각, 2007)
임상민, 『전투기의 이해-상권』(이지북, 2005)
_____, 『전투기의 이해-하권』(이지북, 2005)
임채정 외, 『간도에서 마라도까지-한 · 중 · 러 · 일 영토문제 현장』(동아일보사, 2005)
장명순 · 권영안 · 이영주 · 이민형, 『회전익혁명』(한국국방연구원, 1999)
장학근, 『조선시대 군사전략』(국방부 군사편찬연구소, 2006)
장호남 외, 『21세기를 지배하는 10대 공학기술』(김영사, 2002)
정의승, 『한국형 잠수함 KSX』((주)고려원북스, 2006)
정원영 등, 『예비전력, 미래 국방력 건설의 또 하나의 선택』(한국국방연구원, 2005)
정토웅, 『20세기 결전 30장면』(가람기획, 1997)
_____, 『한권으로 보는 전쟁사 101장면』(가람기획, 1997)

정해은, 『고려시대 군사전략』(국방부 군사편찬연구소, 2006)
조성렬, 『한반도 평화체제』(푸른나무, 2007)
조셉 슘페터 저; 박영호 역, 『경제발전의 이론 : 기업가 이윤, 자본, 신용, 이자, 경기순환에 관한 연구』(박영률출판사, 2006)
중앙일보 특별취재팀, 『실록 박정희』(중앙 M&B, 1998)
최석철 편저, 『무기체계@현대 · 미래전』(21세기 군사연구소, 2003)
칼-하인츠 프리저 저, 진중근 역, 『전격전의 전설』(일조각, 2007)
하대덕, 『軍事戰略學 : 전략이론의 과학화와 체계화』(을지서적 출판부, 1998)
한국무역협회 국제무역연구원, 『208개 경제 · 무역 · 사회지표로 본 대한민국 2007』(한국무역협회, 2007)
황재연 · 박재석 · 김정환 공저, 『2007 한국군 연감』(군사연구, 2006)
황재연 · 김정환, 『현대 해군의 수상전투함』(군사연구, 2007)
황재연 · 정경찬, 『퓨처 웨폰-미래 지상전투시스템과 신개념 무기』(군사연구, 2008)

3. 논문 및 기고문

강웅철 등, "지향성 에너지 기술", 「국방과학기술 플러스」, 통권 제53호, 2008년 2월 15일.
권태영, "21세기 미래전 이론분석 및 발전방향", 「국방정책연구」 2004년 가을호.
_____, "첨단기술전력에 의한 비핵 억제전략", 「전략연구」, 통권 제32호, 2004년 11월.
권태영 · 박휘락 · 박창권, "비대칭전/비선형전 교리발전연구", 임길섭 등, 『2006년 육군전투발전-미래육군 개혁과업 및 발전방향』(한국전략문제연구소, 2006)
김재엽, "예방적 군사행동이 정당화되기 위한 조건들에 관한 고찰", 「軍事世界」, 2004년 1월호.
_____, "21세기의 청해진-제주 해군기지", 「군사저널」, 2007년 6월호.
_____, "서해 북방한계선(NLL)과 방어전략", 「군사저널」, 2007년 7월호.
_____, "대만해협의 군사력 균형 재평가", 「新亞細亞」, 2007년 겨울호.
김종율, "한국군의 우주전략과 소요 전력", 「군사논단」, 2008년 가을호.
김경민, "일본의 군비증강이 동북아 안보에 미치는 영향", 「안보세미나-동북아 군비동향과 우리의 대응」(한국국방연구원, 2007년 5월 18일)
김종하, "한국 방위산업의 구조혁신-전문화/계열화 제도 개선방안", 국무조정실 국방획득제도개선위원회, 『한국 방위산업의 경쟁력 강화방안 : 국회 국방정책 토론회 자료』(김명자 의원실, 2004년 12월 7일).

_____, "연대급 과학화 전투훈련장의 기대효과", 「국방일보」, 2006년 11월 15일자.
_____, "군 인력관리체계 개선 시급", 「국민일보」, 2007년 10월 16일자.
_____, "국방부 'PKO 상비체제'의 보완방안", 「문화일보」, 2008년 1월 9일자.
김종하 · 김형욱, "방산기술의 국산화 제도개선과 방산물자 수출활성화 방안에 관한 연구", 「한국방위산업학회지」, 제12권 제1호, 2005년 6월.
김태우, "북핵. 나무를 볼 것인가, 숲을 볼 것인가", 「조선일보」, 2007년 5월 11일자.
김태호, "중국의 군사적 부상", 「국방정책연구」, 2006년 가을호.
노훈 · 임길섭, "미「합동비전 2020」의 내용과 시사점", 「週刊國防論壇」, 2000년 7월 24일호.
박병구, "한 · 중 · 일, 대륙붕 쟁탈전 시작됐다", 「주간조선」, 2006년 5월 29일호.
박병술, "스웨덴의 군사변환과 시사점", 「週刊國防論壇」, 2005년 11월 7일호.
박창희, "중국인민해방군의 군사혁신(RMA)과 군현대화", 「國防硏究」, 제50권 제1호, 2007년 6월.
박충제, "한국군의 국방개혁 방향", 「軍事世界」, 2005년 9월호.
박휘락, "효과기반작전(EBO)에 대한 종합적 이해", 「週刊國防論壇」, 2005년 8월 29일호.
신성택, "비살상 무기체계의 등장과 아국의 대응방향", 「合參」, 통권 제20호, 2003년 1월.
_____, "가짜? 소형핵탄두? 둘 다 아니었다", 「뉴스한국」, 2006년 11월호.
심경욱, "러시아 군사력에 대한 이해", 현대 러시아연구회 편, 『현대 러시아의 이해』(퇴설당, 2001)
_____, "해군의 영광 재현하려는 러시아", 「World Village」, 2004년 겨울호, 통권 7호.
안병억, "경제 거인, 정치 난쟁이, 군사 무지렁이 유럽연합의 얼굴", 「신동아」, 2004년 2월호.
안보경영연구원, "建軍 60년의 韓國軍, 精銳化 先進化를 위한 國防經營革新", 「SMI 이슈 & 리포트」, 제35호, 2008년 6월 15일.
유봉영, "外寇와 鑑訣 所謂十勝之地", 「白山學報」, 1970년 6월호.
유용원, "위성 추적감시 시스템 구축 시급", 「국방일보」, 2007년 2월 15일자.
_____, "훈련 개혁의 중요성", 「국방일보」, 2007년 12월 27일자.
_____, "위기 맞은 프랑스군(軍)이 주는 교훈", 「조선일보」, 2008년 6월 12일자.
유지용, "중국특색 군사변혁과 중국 인민해방군의 현대화 동향", 「週刊國防論壇」, 2005년 7월 11일호.

윤덕민, "비핵·개방 3,000 구상 : 과제와 전망", 『주요국제문제분석』(외교안보연구원, 2008년 4월 29일)
이상현, "미국의 군사변환 전략-기원, 성과, 평가", 「국가전략」, 제13권 제3호, 통권 제41호, 2007년 가을.
이필중, "국방개혁 2020 재원확보를 위한 전략", 「전략연구」, 통권 제41호, 2007년 11월.
전병욱·김의순, "한국군 전술데이터링크 체계 구축을 위한 제언", 「국방정책연구」, 2003년 가을호.
전봉근, "북한의 변화 시나리오와 정세 평가", 『주요국제문제분석』(외교안보연구원, 2008년 5월 13일)
정병호, "북한의 군사능력 평가 및 전망", 차영구·황병무 편저, 『국방정책의 이론과 실제』(오름, 2004)
조관호·이현지, "성공적 국방개혁을 위한 인력구조 발전 방향", 「週刊國防論壇」, 2006년 1월 30일호.
조봉현·정하교, "우주무기체계 소개", 「合參」, 통권 제23호, 2004년 7월.
함형필, "북한의 고농축우라늄 핵개발 상황과 우리의 대응방향", 「국방정책연구」, 2007년 겨울호.
합참 전략기획본부 합동전투발전과 제공, "'효과·심리적 마비' 추구 전쟁 방식 지향", 「국방일보」, 2007년 8월 8일자.
합참 전략기획본부 합동전투발전과 제공, "軍 전력의 합동·동시·통합성 강화", 「국방일보」, 2007년 8월 10일자.
홍희범, "작전명령 떨어지면 지구 끝까지-세계의 특수부대", 「위클리 조선」, 2007년 8월 20일호.

4. 언론기사

강정민·황일도, "美 노틸러스연구소의 '북한군 戰時 연료수급능력 시뮬레이션", 「신동아」, 2006년 8월호.
고동석, "北 생화학무기 1천톤이면 南 4천만명 살상", 「뉴스한국」, 2006년 6월호.
권경복, "러시아 신군사독트린 '해외 적극 군투입", 「조선일보」, 2007년 2월 13일자.
권영석, "중국 정부, 항공모함 건조 사실 공식 시인", 「연합뉴스」, 2007년 3월 18일자.
_____, "中 미래형 정보화 군사작전 훈련에 성공", 「연합뉴스」, 2007년 9월 20일자.
김기성, "수치로 보는 이라크전 5년", 「연합뉴스」, 2008년 3월 18일자.

김귀근, “中, 한반도 유사시 北에 제한적 군사력 지원”, 「연합뉴스」, 2004년 10월 5일자.
_____, “軍, 향토사단 4~5개 감축 추진”, 「연합뉴스」, 2005년 10월 16일자.
_____, “주일미군, 日 자위대와 공동작전협조센터 창설”, 「연합뉴스」, 2006년 9월 4일자.
_____, “北 대포동2호 ‘기술적 결함’ 드러나”, 「연합뉴스」, 2006년 9월 16일자.
_____, “軍, 2012년까지 ‘비행 폭탄’ 개발”, 「연합뉴스」, 2007년 3월 21일자.
_____, “軍, ‘네트워크 중심전’ 연구 박차”, 「연합뉴스」, 2007년 4월 16일자.
_____, “3천t급 잠수함 독자개발한다 ”, 「연합뉴스」, 2007년 5월 16일자.
_____, “이지스함 띄웠는데…후속과제 수두룩”, 「연합뉴스」, 2007년 5월 25일자.
_____, “전작권 이행계획서에 뭘 담았나”, 「연합뉴스」, 2007년 6월 28일자.
_____, “국방부, 국방개혁실 · 전력정책관 신설”, 「연합뉴스」, 2007년 7월 18일자.
_____, “방사청, 2022년까지 10대 핵심기술 무기화”, 「연합뉴스」, 2007년 9월 17일자.
_____, “방사청 ‘공중급유기 내년 선행연구 착수’”, 「연합뉴스」, 2007년 10월 29일자.
_____, “한국, 국방과학기술 수준 세계 10위권”, 「연합뉴스」, 2007년 11월 9일자.
_____, “2014~2017년 차기상륙함 4척 건조사업 확정”, 「연합뉴스」, 2007년 11월 9일자.
_____, “한미, ‘군사협조본부’ 창설 안한다”, 「연합뉴스」, 2007년 12월 26일자.
_____, “북한, 전 · 후방군단에 경보병사단 편성”, 「연합뉴스」, 2007년 12월 31일자.
_____, “합참, 전투상황 통합지휘체계 가동”, 「연합뉴스」, 2008년 1월 9일자.
_____, “軍-인수위, MD문제에 ‘신중’”, 「연합뉴스」, 2008년 1월 20일자.
_____, “軍, 이지스 구축함 추가확보 추진”, 「연합뉴스」, 2008년 2월 11일자.
_____, “국방부 업무보고서도 ‘경제살리기’”, 「연합뉴스」, 2008년 3월 12일자.
_____, “해군 최신예 잠수함에 ‘기준치 이상 소음’”, 「연합뉴스」, 2008년 3월 15일자.
_____, “정부 ‘F-15K 21대 도입 확정’”, 「연합뉴스」, 2008년 4월 25일자.
_____, “軍, 아파치헬기 36대 구매 검토”, 「연합뉴스」, 2008년 5월 27일자.
_____, “정부, 對탄도미사일 레이더 해외구매”, 「연합뉴스」, 2008년 6월 26일자.
_____, “軍, 유 · 무인기 통합개발방안 고려해야”, 「연합뉴스」, 2008년 6월 26일자.
_____, “국방부, 국방개혁 목표시기 5년 가량 늦춰”, 「연합뉴스」, 2008년 7월 6일자.
_____, “사정 60km 이상 다연장로켓 국내 개발키로”, 「연합뉴스」, 2008년 7월 22일자.

김귀근, "무인정찰기 글로벌호크 도입할까", 「연합뉴스」, 2008년 7월 21일자.
_____, "육·해·공군복지단 통합..국군복지단 창설", 「연합뉴스」, 2008년 8월 20일자.
_____, "전작권 행사할 '합동군사령부' 윤곽 드러나", 「연합뉴스」, 2008년 8월 28일자.
_____, "공군 제5세대 전투기 확보 '빨간불'", 「연합뉴스」, 2008년 8월 31일자.
_____, "내년 국방예산안 28조 6천여억 원…올해보다 7.5% 증가", 「연합뉴스」, 2008년 9월 30일자.
김귀근·이귀원, "한미, 美 증원전력 작계작성 때 산출키로", 「연합뉴스」, 2007년 6월 28일자.
김귀근·이치동, "해병대 '항공여단' 창설 추진", 「연합뉴스」, 2007년 7월 12일자.
김귀근·유현민, "올해 국방예산 26조 6490억원…8.8% 증액", 「연합뉴스」, 2008년 1월 2일자.
김민석, "휴전선 철책 로봇이 지킨다", 「중앙일보」, 2005년 4월 9일자.
_____, "'군사 로봇', 인간 전투병과 함께 작전…지뢰 찾고 적군 정탐한다", 「중앙일보」, 2006년 8월 3일자.
_____, "'꿈의 전투함' 동아시아 해양전략 바꾼다", 「중앙일보」, 2007년 5월 26일자.
_____, "한미동맹 평택시대 연다", 「중앙일보」, 2007년 11월 14일자.
_____, "국제평화유지활동 지원…1000명 규모 상비군 추진", 「중앙일보」, 2008년 1월 7일자.
_____, "탄도미사일 잡는 SM-6 세종대왕함 장착 추진", 「중앙일보」, 2008년 1월 21일자.
_____, "공군, 우주전력체계 단계적 구축", 「중앙일보」, 2008년 2월 16일자.
_____, "피랍된 인질 구출 전담…한국형 '엔테베 작전' 부대 추진", 「중앙일보」, 2008년 2월 18일자.
_____, "MB 제시 전략동맹은 한·미 관계, 세계적 차원으로 격상", 「중앙일보」, 2008년 4월 21일자.
_____, "미 8군 사령부 2012년 한국 떠난다", 「중앙일보」, 2008년 6월 5일자.
_____, "'숨은 적 머리 위서 탄환 폭발 '차세대 소총' 개발", 「중앙일보」, 2008년 7월 29일자.
김범수, "50여년 만에 손보는 군체제…'모듈형 부대'로 바꾼다", 「한국일보」, 2007년 8월 22일자.
_____, "차세대 한국형 전투기 사업 '적신호'", 「한국일보」, 2008년 1월 28일자.
_____, "국군, 최첨단 전투복 입는다", 「한국일보」, 2008년 2월 27일자.

김병륜, "미군 군 구조 개편", 「국방일보」, 2005년 5월 26일자.
김병륜, "美 해군… 6+2 개념", 「국방일보」, 2005년 10월 17일자.
_____, "중국의 대군구", 「국방일보」, 2006년 2월 20일자.
_____, "중국군 군사변혁", 「국방일보」, 2006년 3월 6일자.
_____, "프랑스 2015년 군모델", 「국방일보」, 2006년 8월 7일자.
_____, "프랑스 지휘 구조", 「국방일보」, 2006년 8월 28일자.
_____, "독일군 개혁", 「국방일보」, 2006년 10월 30일자.
_____, "中 잠수함, 美 항모 방어망 돌파?", 「국방일보」, 2006년 11월 13일자.
_____, "미 육군 모듈화 편제 개편 가속화", 「국방일보」, 2006년 12월 28일자.
_____, "'디지털 냉전'… 중국발 해킹 사태", 「국방일보」, 2007년 9월 13일자.
_____, "세계는 지금 해적과의 전쟁 중", 「국방일보」, 2007년 11월 8일자.
_____, "위협받는 해로 안보-〈하〉 해로는 생명선", 「국방일보」, 2007년 11월 9일자.
_____, "미국 극초음속 폭격기 개발 2억 달러 추가 배정 등 박차", 「국방일보」, 2007년 11월 14일자.
_____, "러, 신형 대륙간탄도미사일 시험 발사 성공", 「국방일보」, 2007년 12월 27일자.
_____, "항모, 쾌속정으로 벌 떼 공격 펼치면 위험", 「국방일보」, 2008년 1월 14일자.
_____, "美 공군사이버사령부 베일 벗나", 「국방일보」, 2008년 3월 20일자.
_____, "일 자위대 대규모 편제 개편", 「국방일보」, 2008년 4월 3일자.
김병수, "美, 北 신형 지대지미사일 '독사' 명명", 「연합뉴스」, 2008년 2월 11일자.
_____, "韓, 이르면 올해 패트리엇미사일 실전배치", 「연합뉴스」, 2008년 3월 4일자.
_____, "美 원조스텔스기 F-117A '역사'가 됐다. 마지막 비행", 「연합뉴스」, 2008년 4월 22일자.
김정곤, "국방정보 해킹, 동작 그만", 「한국일보」, 2006년 5월 26일자.
_____, "예비군을 시 · 도 방위군으로", 「한국일보」, 2007년 2월 12일자.
김종수, "울릉분지서 초대형 '불타는 얼음' 발견", 「연합뉴스」, 2007년 11월 22일자.
김현기, "첨단 스텔스 전투기 일본 독자 개발 나서", 「중앙일보」, 2007년 12월 8일자.
_____, "일본 MD '완전무장'", 「중앙일보」, 2007년 12월 18일자.
남현호, "러, 장거리 전략 폭격기 임무 15년만에 재개", 「연합뉴스」, 2007년 9월 6일자.
_____, "러, 공군 2013년 5세대 전투기 실전 배치", 「연합뉴스」, 2008년 7월 8일자.
_____, "최악 시나리오로 번진 그루지야 사태", 「연합뉴스」, 2008년 8월 8일자.
문일, "美, 대만에 이지스함 안판다", 「국민일보」, 2001년 4월 24일자.

박방주, "위치 정보 두 배 정확해진다", 「중앙일보」, 2006년 9월 11일자.
박상주, "美대륙 ' 사이버戰爭' 비상", 「문화일보」, 1999년 6월 25일자.
박영민, "현역병 복무기간 5~6개월 점진적 단축", 「국방일보」, 2007년 9월 19일자.
_____, "'군 책임운영기관 법률' 국회 통과 의미-민간경영마인드로 軍운영 효율화", 「국방일보」, 2008년 2월 21일자.
박준식, "한국, 잠수함 · 항공모함도 만들 수 있다", 「머니투데이」, 2006년 3월 31일자.
박희제, "알카에다 韓-日 미군시설에도 테러 모의", 「동아일보」, 2004년 12월 16일자.
배한철 · 김명수, "공군 C^4I 떴다…작전 · 정보 통합시스템 완료", 「매일경제」, 2007년 5월 23일자.
선우정, "일, 수도권에 '패트리어트3' 배치 완료", 「조선일보」, 2008년 3월 31일자.
손원제, "해병대 상륙기동헬기 '러시아 카모프' 유력", 「한겨레」, 2008년 6월 17일자.
손일선, "첫 한국주도 韓美연합훈련 전작권 전환대비", 「매일경제」, 2008년 8월 18일자.
손재언, "대만, 中겨냥 장거리 미사일 개발", 「한국일보」, 2006년 10월 17일자.
손철, "대륙붕개발 다시 본격화", 「서울경제」, 2006년 6월 19일자.
신선규, "정밀분석! F-15K 공중전 능력은?", 「월간 항공」, 2007년 11월호.
신인호, "미래 정밀타격 무기 개발 야심차게 추진", 「국방일보」, 2007년 4월 10일자.
_____, "미래 지상전 '로봇이 주역'", 「국방저널」, 2007년 12월호.
_____, "미래 항공모함의 변화, 신속하고 부드럽게…전투기 2초면 이륙", 「국방일보」, 2008년 3월 6일자.
심재우, "스타워즈…우주가 뜨거워진다", 「중앙일보」, 2003년 10월 23일자.
안석호, "중국, 인공위성 요격 실험 성공", 「세계일보」, 2007년 1월 20일자.
_____, "사제폭탄 IED, 강력한 테러무기로… 첨단 미군도 '기죽어'", 「세계일보」, 2007년 10월 30일자.
엄기영, "감시 · 타격—지휘 · 통제를 동시 '디지털 군단 탄생'", 「국민일보」, 2006년 6월 27일자.
연합뉴스 금융팀, "금융 불안… 악재 '첩첩산중'", 「연합뉴스」, 2008년 9월 1일자.
예영준, "일본 4호 정찰위성 16일 발사…북 미사일 시설 매일 관찰한다", 「중앙일보」, 2007년 2월 14일자.
유용원, "가공할 북한의 대량살상무기", 「주간조선」, 2002년 12월 26일호.
_____, "충성! 로봇장갑차 출동준비 끝", 「조선일보」, 2005년 12월 1일자.
_____, "사거리 1000km 크루즈 미사일 실전배치", 「조선일보」, 2006년 10월 25

일자.
유용원, "'한국형 미사일 방어체계' 본격 추진", 「조선일보」, 2006년 12월 21일자.
_____, "북한 신형 중거리 탄도미사일 첫 공개", 「조선일보」, 2007년 4월 28일자.
_____, "재래식 무기는 포화상태… 첨단무기는 해외 직수입", 「조선일보」, 2007년 5월 15일자.
_____, "군 전산망 보안 취약", 「조선일보」, 2007년 7월 20일자.
_____, "'전작권 전환' 대비 장교 1420명 증원", 「조선일보」, 2007년 10월 11일자.
_____, "미사일 요격 레이저 무기 국내 개발", 「조선일보」, 2007년 11월 10일자.
_____, "군, 무궁화 꽃이 피었습니다", 「조선일보」, 2007년 12월 5일자.
_____, "한국은 2012년에야 '저(低)고도 MD' 가능", 「조선일보」, 2007년 12월 19일자.
_____, "편한 군대가 아니라 싸워 이기는 군대 돼야", 「조선일보」, 2008년 4월 12일자.
_____, "군(軍) '제2 롯데월드' 허용할 듯", 「조선일보」, 2008년 5월 19일자.
_____, "국방부, 전(前)정부 문민화 계획 전면 재검토", 「조선일보」, 2008년 5월 23일자.
_____, "북(北), 미사일 유도 방해 GPS 교란장치 개발", 「조선일보」, 2008년 5월 29일자.
_____, "미(美) '무인정찰기 판매' 한국에 공식 통보", 「조선일보」, 2008년 8월 11일자.
_____, "한미, 北 급변사태 대비 '작계5029' 재추진", 「조선일보」, 2008년 9월 11일자.
유용원·정병선, "첨단무기 전시장 빰친 중러 연합훈련", 「조선일보」, 2005년 8월 29일자.
유현민, "조기경보기, '피스 아이'로 불러주세요", 「연합뉴스」, 2008년 4월 7일자.
_____, "'국방 나노응용 특화연구센터' 개소", 「연합뉴스」, 2008년 6월 17일자.
_____, "해군, 기뢰제거용 헬기 4대 도입 추진", 「연합뉴스」, 2008년 6월 18일자.
윤상호, "한국군 자체 戰力 북한의 83%수준", 「동아일보」, 2003년 5월 21일자.
_____, "스텔스 일부 핵심기술, 9년만에 국산화 성공", 「동아일보」, 2008년 5월 13일자.
이교관, "미국, 간첩침투 알고 있었다", 「시사저널」, 1996년 10월 17일자.
이귀원, "한반도 주변국 공군력 증강 실태", 「연합뉴스」, 2007년 4월 27일자.
_____, "NLL 수호 차기 주력함 '윤영하함' 진수", 「연합뉴스」, 2007년 6월 28일자.
_____, "공군 '5세대 전투기사업' 2011년 착수", 「연합뉴스」, 2007년 10월 24일자.

이귀원, "공군, 정찰비행단 전술항공통제사령부 창설 계획", 「연합뉴스」, 2007년 11월 18일자.
이돈관, "中, 비행기 동원 이어도 해양과학기지 감시 ", 「연합뉴스」, 2006년 9월 13일자.
이동재, "北 재래식 무기만으로도 開戰 24시간 이내 수도권서 2백여만명 死傷", 「국민일보」, 2004년 8월 20일자.
_____, "軍감축 수술 끝나면 별자리 몇개나 사라지나", 「국민일보」, 2006년 6월 21일자.
이동훈, "차세대 한국군 공중급유기를 논한다-MRTT vs KC-767", 「월간 항공」, 2005년 1월호.
이명조, "프랑스 軍장비 부실화 심각", 「연합뉴스」, 2008년 6월 9일자.
_____, "유럽연합, 항모전단. 합동해군 추진", 「연합뉴스」, 2008년 6월 16일자.
이상일, "럼즈펠드의 꿈 '무인 전쟁 프로젝트'", 「중앙일보」, 2007년 4월 2일자.
_____, "북한 신형 중거리 탄도미사일 무수단 1호 사거리 3200㎞ 넘는 듯", 「중앙일보」, 2007년 5월 19일.
이석종, "해군 종합전술훈련장 개장", 「국방일보」, 2007년 5월 4일자.
이우탁, "北 플루토늄 보유량 얼마나 될까", 「연합뉴스」, 2008년 5월 9일자.
_____, "기로 처한 6자회담... '검증 고비' 못넘나 ", 「연합뉴스」, 2008년 8월 26일자.
이왕구, "'러, 이라크 무기지원' 싸고 부시-푸틴 전화舌戰", 「한국일보」, 2003년 3월 26일자.
이정내, "국과위에 '국방전문委' 신설", 「연합뉴스」, 2006년 11월 29일자.
이정진, "인수위 "전작권 전환시기 美협의 전제로 재검토"", 「연합뉴스」, 2008년 1월 8일자.
_____, "북핵신고서 어떤 내용 담겼나", 「연합뉴스」, 2008년 6월 26일자.
이정훈, "'개병대'는 싫다, '국방 119'로 나선다", 「신동아」, 1999년 10월호.
_____, "'충격과 공포'로 선제, 우회접근 종심작전으로 압도", 「신동아」, 2003년 5월호.
_____, "본격공개! 이것이 한국군 화력이다", 「신동아」, 2007년 2월호.
_____, "F-22보다 강한 놈 있으면 나와 봐", 「주간동아」, 2007년 5월 22일호.
_____, "독도함! 아시아 세 번째 항모로 키워라", 「주간동아」, 2007년 11월 6일호.
_____, "한국 고등훈련기 T-50, 왜 수출 늦어지나", 「신동아」, 2008년 3월호.
_____, "스웨덴 사브, KFX(한국형 전투기)사업 참여 '러브콜'", 「주간동아」, 2008년 5월 13일호.

이종훈, "美, 올초 對유고 사이버전쟁 계획했다", 「동아일보」, 1999년 11월 9일자.
이주영, "과학기술 '5 · 7 · 7전략' 어떤 내용 담았나", 「국방일보」, 2008년 8월 12일자.
이주형, "북에 사이버전 담당부대 있다", 「국방일보」, 2006년 7월 13일자.
이철희, "진해 해작사는 부산으로, 부산 있던 3함대 목포로", 「중앙일보」, 2007년 7월 19일자.
이태규, "100만 컴퓨터大軍 에스토니아 '초토화'", 「한국일보」, 2007년 5월 19일자.
이홍기, "日-濠 안보공동선언으로 '준동맹국' 관계 구축", 「연합뉴스」, 2007년 3월 14일자.
_____, "日 방위성, 부대운용 일원화 위해 '작전국' 신설검토", 「연합뉴스」, 2008년 4월 28일자.
_____, "日, 중학교 사회과 해설시에 독도 고유영토 명기", 「연합뉴스」, 2008년 7월 14일자.
_____, "日방위성, 육상자위대 방면총감부 폐지 검토", 「연합뉴스」, 2008년 7월 22일자.
정원수 · 정양환 · 정세진, "국가기관 해커는 中인민군 산하대학 재학생-핵심 안보정책 정보 유출 가능성", 「동아일보」, 2004년 7월 15일자.
정재용, "국방로봇 '돌격 앞으로'", 「뉴스메이커」, 2006년 7월 5일자.
정재홍, "무인항공기가 미 핵심 전력으로", 「중앙일보」, 2008년 1월 3일자.
정주호, "대만 워게임 결과 中침공 2주만에 격퇴", 「연합뉴스」, 2007년 4월 25일자.
정충신, "러 경협 차관 '군사기술'로 받는다", 「문화일보」, 2007년 12월 22일자.
정혁훈, "비슷한 무기도 따로 생산. 전문화가 되레 발전저해", 「매일경제」, 2004년 9월 7일자.
조복래, "日 F-22 스텔스전투기 구매 논란 확산", 「연합뉴스」, 2007년 5월 2일자.
조성대, "中, 모스크바 에어쇼에 첨단 전투기 출품", 「연합뉴스」, 2007년 8월 23일자.
_____, "中 국방예산 2년 연속 17%대 증가", 「연합뉴스」, 2008년 3월 4일자.
_____, "中전투기 샤오룽, 수출 주문 폭주 전망", 「연합뉴스」, 2008년 3월 25일자.
조성식, "박정성 전 해군 2함대사령관의 연평해전 비화", 「신동아」, 2008년 6월호.
조인직 · 홍석민 · 손효림, "1 · 25 인터넷 대란-주말 전국 大혼란, 사이버세상 '9시간 암흑'", 「동아일보」, 2003년 1월 27일자.
조준형, "동해도발에서 극적 타결까지", 「연합뉴스」, 2006년 4월 22일자.
조중식, "中 "한국, 서해 대륙붕 탐사는 해양주권 침해"", 「조선일보」, 2004년 7월 17일자.

진성훈, “공군에 ‘우주 특기’ 생긴다“, 「한국일보」, 2008년 8월 20일자.
채병건, “주한미군 2사단 미래형 사단 개편…’몸집’ 줄였지만 전력은 그대로”, 「중앙일보」, 2005년 7월 6일자.
_____, “장거리 정밀타격 미사일 도입”, 「중앙일보」, 2008년 4월 26일자.
최진주, “美, 고장위성 격추 성공… MD실습?”, 「한국일보」, 2008년 2월 22일자.
허범구, “이명박 대통령, “軍도 창의 · 실용으로 무장해야””, 「세계일보」, 2008년 3월 12일자.
홍인표, “중국軍 사상 첫 1,000km 장거리 기동훈련 ‘한반도 참전’ 거냥했다”, 「경향신문」, 2006년 9월 11일자.
황대일, “南, 北에 비해 공군은 우세.육해군은 열세”, 「연합뉴스」, 2004년 8월 30일자.
황일도, “北 장사정포, 알려지지 않은 다섯 가지 진실”, 「신동아」, 2004년 12월호.
_____, “‘국방개혁 2020’을 비판한다”, 「신동아」, 2005년 11월호.
_____, “북한 장사정포 대응임무 전환 2년, 서울은 불안하다!”, 「신동아」, 2007년 12월호.
황유성, “中-대만-日 군비증강계획 잇달아”, 「동아일보」, 2003년 7월 14일자.
_____, “대만, 中 대륙 선제공격案 수립”, 「동아일보」, 2004년 6월 11일자.
황정욱 · 심인성 · 고승일, “한미정상 ‘21세기 전략동맹 구축’ 합의”, 「연합뉴스」, 2008년 4월 20일자.

5. 외국 단행본

Bob Woodward, *Plan of Attack* (New York : Simon & Schuster, 2004)
IISS, *Military Balance 2007* (London : Routledge, 2007)
James A. Winnefeld · Preston Niblack · Dana J. Johnson, *A League of Airmen : U.S. Air Power in the Gulf War* (Santa Monica, CA : RAND, 1994)
Joseph A. Schumpeter, *Capitalism, Socialism and Democracy* (London : Allen & Unwin, 1952)
Michael E. Porter, *The Competitive Advantage of Nations* (Macmillan, 1998)
Office of the Secretary of Defense, *Military Power of the People's Republic of China 2008* (U.S Department of Defense, 2008)
Peter Schweizer, *Victory : The Reagan Administration's Secret Strategy That Hastened the Collapse of the Soviet Union* (Atlantic Monthly Press, 1996)
Richard O. Hundley, *Past Revolution, Future Transformations* (Santa Monica, C

A : RAND, 1999)
Roger Cliff, Mark Burles, Michael S. Chase, Derek Eaton, and Kevin L. Pollpeter, *Entering the Dragon's Lair-Chinese Antiaccess Strategies and Their Implications for the United States* (Santa Monica, CA : RAND, 2007)
SIPRI, *SIPRI Yearbook 2001 : Armament, Disarmament and International Security* (Oxford : Oxford University Press, 2001)
_____, *SIPRI Yearbook 2007 : Armament, Disarmament and International Security*(Oxford : Oxford University Press, 2007)
Susan E. Rice and Stewart Patrick, *Index of State Weakness in the Developing World* (Washington D.C : Brookings Institution, 2008)
The White House, *The National Security Strategy of the United States of America*, (September 17, 2002)
U.S Department of Defense, *Quadrennial Defense Review Report* (Washington D.C : U.S Department of Defense, September 30, 2001)
_____, *Quadrennial Defense Review Report* (Washington D.C : U.S Department of Defense, February 6, 2006)
U.S Joint Chief of Staff, *The National Military Strategy of the United States of America* (Office of the Chairman Joint Chief of Staff, 2004)
日本 防衛省, 『平成19年版 防衛白書-日本の防衛』(防衛省, 2007)
國防部 國防報告書 編纂委員會, 『中華民國九十五年國防報告書』(臺北 : 黎明文化公司, 2006)
_____, 『中華民國九十七年國防報告書』(臺北 : 黎明文化公司, 2008)

6. 외국 논문 및 언론기사

Admiral Vern Clark, U.S. Navy, "Sea Power 21 : Projecting Decisive Joint Capabilities", *Proceedings*, October 2002.
Allison Krant, "Multi-Year Plan to Strengthen IDF Conventional Capabilities", 인터넷 웹사이트 http : //www.jinsa.org (개재날짜 2007년 11월 12일)
Andrew F. Krepinevich Jr., "Cavalry to Computer; the Pattern of Military Revolutions", *The National Interest*, No. 37, Fall. 1994.
Andrzej Jeziorski, "Toward Transformation : Singapore Focuses on ISR Purchases", 인터넷 웹사이트 http : //www.c4isrjournal.com/story.php?F=3136027 (개재날짜 2008년 1월 4일)

Bill Sweetman, "UCAVs Offer Fast Track to Stealth, Long-Range and Carrier Operations", *Jane's International Defense Review, January, 2007.*

C.K Prahalad and Gary Hamel, "The Core Competence of the Corporation", *Harvard Business Review*, Vol. 68, No. 3, May-June 1990.

Cameron Stewart, "Navy's New Lethal Subs", *The Australian*, December 26, 2007.

Clay Wilson, "High Altitude Electromagnetic Pulse(HEMP) and High Power Microwave(HPM) Devices : Threat Assessments", *CRS Report for Congress*, RL32544 (March 26, 2004)

_____, "Information Operations and Cyberwar : Capabilities and Related Policy Issues", *CRS Report for Congress*, RL31787 (September 14, 2006)

G. R. Sullivan and J. M. Dubik, "Land Warfare in the 21st Century", 4th Annual Conference On Strategy, U.S Army War College, February, 1993.

Ivan Arreguín-Toft, "How the Weak Win Wars-A Theory of Asymmetric Conflict", *International Security*, Vol. 26, No.1 (Summer, 2001).

Joseph S. Bermudez, "Inside North Korea's CW Infrastructure," *Jane's Intelligence Review*, August 1996.

_____, "Moving Missiles", *Jane's Defense Weekly*, August 3, 2005.

Jung Sung-Ki, "S. Korean Arms Industry Emerges as Global Power", *Defense News*, July 16, 2007.

Michael Howard, "Men Against Fire : Expectations of War in 1914", *International Security*, Vol. 9, No. 1, (Summer, 1984).

Michael A. Needham and John Tkacik, "Grim Future for Taiwan's Defenses", *Webmemo* (The Heritage Foundation), October 31, 2006.

Robert Karniol and Tony Skinner, "Country Briefing : Singapore-Making the Connection", *Jane's Defense Weekly*, October 24, 2007.

Shih Hsiu-chuan, "Legislature Finally Passes US Arms Budget", *Taipei Times*, June 16, 2007.

The Fund for Peace and FOREIGN POLICY Magazine, "The Failed States Index 2008", *Foreign Policy*, No. 167, July/August 2008.

The Joint Warfighting Center, "An Effects-Based Approach : Refining How We Think about Joint Operations", *Joint Force Quarterly*, Issue 44, 1st quarter 2007.

Tim Huxley, "Singapore's Military Modernisation-Upgrading the City-State's

Deterrent", *Strategic Comments*, Vol. 13, No. 10, 2007.
Wendell Minnick, "Taiwan Shows 2 New Missiles at Ten-Ten Parade", *Defense News*, October 15, 2007.
_____, "Taiwan To Purchase Patriots, Apaches", *Defense News*, January 7, 2008.
_____, "U.S. Freezes $12B in Arms Sales to Taiwan", *Defense News*, June 9, 2008.
William S. Lind, "Understanding Fourth Generation War", *Military Review*, September-October 2004.
Wyn Q. Bowen and Stanley Shephard, "Living Under the Red Missile Threat," *Jane's Intelligence Review*, December 1996.
Yihong Chang, "China Speeds Production of AEW&C Aircraft", *Jane's Defense Weekly*, October, 24, 2006.

6. 인터넷 웹사이트

e-나라지표 http : //www.index.go.kr
WIKIPEDIA : The Free Encyclopedia http : //en.wikipedia.org
Chinese Defence Today http : //www.sinodefence.com
Global Security http : //www.globalsecurity.org

:: INDEX

1-9

C-U

ㄱ

ㅅ

ㅇ